DICTIONNAIRE

DES

SCIENCES NATURELLES.

TOME XX.

GUA = HEO.

DICTIONNAIRE

DES

SCIENCES NATURELLES,

DANS LEQUEL

ON TRAITE MÉTHODIQUEMENT DES DIFFÉRENS ÊTRES DE LA NATURE, CONSIDÉRÉS SOIT EN EUX-MÊMES, D'APRÈS L'ÉTAT ACTUEL DE NOS CONNOISSANCES, SOIT RELATIVEMENT A L'UTILITÉ QU'EN PEUVENT RETIRER LA MÉDECINE, L'AGRICULTURE, LE COMMERCE ET LES ARTS.

SUIVI D'UNE BIOGRAPHIE DES PLUS CÉLÈBRES NATURALISTES.

Ouvrage destiné aux médecins, aux agriculteurs, aux commerçans, aux artistes, aux manufacturiers, et à tous ceux qui ont intérêt à connoître les productions de la nature, leurs caractères génériques et spécifiques, leur lieu natal, leurs propriétés et leurs usages.

PAR

Plusieurs Professeurs du Jardin du Roi, et des principales Écoles de Paris.

TOME VINGTIÈME.

F. G. Levrault, Editeur, à STRASBOURG,
et rue des Fossés M. le Prince, n.° 33, à PARIS.
Le Normant, rue de Seine, N.° 8, à PARIS.
1821.

Liste des Auteurs par ordre de Matières.

Physique générale.

M. LACROIX, membre de l'Académie des Sciences et professeur au Collége de France. (L.)

Chimie.

M. CHEVREUL, professeur au Collége royal de Charlemagne. (Ch.)

Minéralogie et Géologie.

M. BRONGNIART, membre de l'Académie des Sciences, professeur à la Faculté des Sciences. (B.)

M. BROCHANT DE VILLIERS, membre de l'Académie des Sciences. (B. de V.)

M. DEFRANCE, membre de plusieurs Sociétés savantes. (D. F.)

Botanique.

M. DESFONTAINES, membre de l'Académie des Sciences. (Desf.)

M. DE JUSSIEU, membre de l'Académie des Sciences, professeur au Jardin du Roi. (J.)

M. MIRBEL, membre de l'Académie des Sciences, professeur à la Faculté des Sciences. (B M.)

M. HENRI CASSINI, membre de la Société philomatique de Paris. (H. Cass.)

M. LEMAN, membre de la Société philomatique de Paris. (Lem.)

M. LOISELEUR DESLONGCHAMPS, Docteur en médecine, membre de plusieurs Sociétés savantes. (L. D.)

M. MASSEY. (Mass.)

M. POIRET, membre de plusieurs Sociétés savantes et littéraires, continuateur de l'Encyclopédie botanique. (Poir.)

M. DE TUSSAC, membre de plusieurs Sociétés savantes, auteur de la Flore des Antilles. (De T.)

Zoologie générale, Anatomie et Physiologie.

M. G. CUVIER, membre et secrétaire perpétuel de l'Académie des Sciences, prof. au Jardin du Roi, etc. (G. C. ou CV. ou C.)

Mammifères.

M. GEOFFROI, membre de l'Académie des Sciences, professeur au Jardin du Roi. (G.)

Oiseaux.

M. DUMONT, membre de plusieurs Sociétés savantes. (Ch. D.)

Reptiles et Poissons.

M. DE LACÉPÈDE, membre de l'Académie des Sciences, professeur au Jardin du Roi. (L. L.)

M. DUMERIL, membre de l'Académie des Sciences, professeur à l'École de médecine. (C. D.)

M. CLOQUET, Docteur en médecine. (H. C.)

Insectes.

M. DUMERIL, membre de l'Académie des Sciences, professeur à l'École de médecine. (C. D.)

Crustacés.

M. W. E. LEACH, membre de la Société royale de Londres, Correspondant du Muséum d'histoire naturelle de France. (W. E. L.)

Mollusques, Vers et Zoophytes.

M. DE BLAINVILLE, professeur à la Faculté des Sciences. (De B.)

M. TURPIN, naturaliste, est chargé de l'exécution des dessins et de la direction de la gravure.

MM. DE HUMBOLDT et RAMOND donneront quelques articles sur les objets nouveaux qu'ils ont observés dans leurs voyages, ou sur les sujets dont ils se sont plus particulièrement occupés. M. DE CANDOLLE nous a fait la même promesse.

M. F. CUVIER est chargé de la direction générale de l'ouvrage, et il coopérera aux articles généraux de zoologie et à l'histoire des mammifères. (F. C.)

DICTIONNAIRE

DES

SCIENCES NATURELLES.

GUA

GUAAP. (*Bot.*) Les Hottentots nomment ainsi une espèce de stapele, *stapelia pilifera*, qui leur sert quelquefois de nourriture, au rapport de M. Masson. (J.)

GUABAS. (*Bot.*) Voyez GUABO. (J.)

GUABIPOCAIBA. (*Bot.*) Voyez GUAIBI-POCABA-BIBA. (J.)

GUABIRABA. (*Bot.*) Arbre du Brésil, cité par Pison, qui a un bois très-dur, et s'élève très-haut dans les grands bois. Il est plus bas sur les coteaux et dans les plaines. Sa fleur est blanche et odorante; cueillie avant le lever du soleil, et mise dans un alambic, elle donne une liqueur très-employée pour calmer les inflammations de l'œil. Son fruit est petit, globuleux, de couleur rouge, et d'une saveur très-douce. On ne peut, sur cette indication, déterminer son genre; on soupçonne seulement que ce peut être un sebestier, *cordia*. (J.)

GUABO. (*Bot.*) Nom donné, suivant MM. de Humboldt et Kunth, à l'arbre qu'ils ont publié récemment sous celui de *inga insignis*, inga éclatant. C'est le même qui est nommé *guabas*, dans la province de Quito, et *pacaes* dans le reste du Pérou, et cité sous ces deux noms dans le Recueil des Voyages. Son fruit est une gousse longue de plus d'un pied, remplie d'une pulpe bonne à manger, dans laquelle sont renfermées quelques graines. Voyez GUAVAS. (J.)

GUACA-GUACU. (*Ornith.*) Nom donné par les Brésiliens à la mouette d'hiver, *larus hybernus*, Linn., *gaviola* des Portugais, selon Marcgrave. Le mot *guacu*, que l'on recontre assez souvent dans les noms de ce pays, paroît n'être qu'une épithète. (Ch. D.)

GUACAMAYA. (*Ornith.*) Les aras rouges et les aras bleus paroissent être indistinctement désignés sous ce nom, dans Garcilasso de la Vega, dans Joseph d'Acosta, où ce mot est aussi terminé par un C, et dans d'autres auteurs. Le même nom est écrit *guacamayo*, dans les Oiseaux du Paraguay, de M. d'Azara, N°s 271 et 272. (Ch. D.)

GUACARI. (*Ichthyol.*) Voyez Hypostome. (H. C.)

GUACATANE. (*Bot.*) Clusius parle d'une plante de ce nom, venant de la Nouvelle-Espagne, et ayant, selon lui, de l'affinité avec le *polium*, mais privée d'odeur. (J.)

GUACCO. (*Ornith.*), nom d'un héron crabier, *ardea comata*, Lath. (Ch. D.)

GUACHARO. (*Ornith.*) M. de Humboldt, en parcourant la vallée de Caripe, située dans la partie montueuse de la province de Cumana, au Pérou, a trouvé, à peu de distance de cette vallée, une longue caverne appelée *Guacharo*, du nom de l'oiseau par lequel elle est habitée, et qui offre le premier exemple d'un oiseau nocturne parmi les passereaux dentirostres. Ce volatile, de la taille d'une poule commune, avoit le port des vautours, et la bouche des engoulevens et des procnias. L'illustre voyageur en a formé, sous le nom de *steatornis*, un nouveau genre dont les principaux caractères sont d'avoir le bec de la longueur de la moitié de la tête, solide, comprimé sur les côtés; crochu à la pointe, fendu jusqu'au-dessous de la partie postérieure de l'œil, et présentant une large ouverture; la mandibule supérieure armée de chaque côté, vers le milieu, de deux petites dents, dont l'antérieure est la plus aiguë, et couverte à sa base de poils longs et roides, dirigés en avant; la mandibule inférieure dilatée à sa base, et grêle; les narines placées à la moitié du bec; les pieds courts, les quatre doigts séparés jusqu'à leur origine; les ongles foibles et sans dentelures.

Ce genre ressemblant en beaucoup de points à celui de l'engoulevent, M. de Humboldt fait remarquer qu'il en diffère par la force de son bec, muni d'une double dent, et par le défaut absolu des membranes, dont les doigts de l'engoulevent sont garnis à leur base; mais la force et la dépression latérale du bec, la séparation totale des doigts, et l'absence des dentelures aux ongles, se rencontrent aussi chez les podarges, placés par M. Cuvier immédiatement à la suite des engoulevens; de sorte que, abstraction faite des proportions dans la force et la compression du bec, la nécessité d'isoler les guacharos auroit peut-être besoin d'être établie par une figure et sur des caractères plus précis et plus distincts. Il est vrai, cependant, sous d'autres rapports, que le volume de la voix des guacharos est bien plus considérable, et que leur nourriture n'est pas la même, puisqu'ils sont granivores, ou au moins frugivores.

Au surplus, la seule espèce connue jusqu'à présent est le GUACHARO DE CARIPE, *steatornis caripensis*, décrit par M. de Humboldt, Relation historique, t. 1, comme ayant le plumage d'un gris bleuâtre foncé, avec des stries et des points noirs; la tête, les ailes et la queue marquées de grandes taches blanches en forme de cœur, et bordées de noir; et les ailes composées de dix-huit pennes, et de trois pieds et demi d'envergure. Il ne sort de la caverne qu'à la chute du jour, dont il ne peut supporter l'éclat. Ses yeux sont bleus et plus petits que ceux des engoulevens, avec lesquels la large ouverture du bec, les poils de sa base, la proportion des pates, des ailes et de la queue, lui donnent des traits frappans de ressemblance, tandis qu'il en a, par la forme du bec et des pates, et par le cri aigu, avec des espèces de la famille des corbeaux, telles que le casse-noix, *corvus-caryocatactes*, qui se nourrit aussi presque exclusivement de fruits durs, et le chocard des Alpes, autrement nommé corbeau de nuit, *corvus pyrrhocorax*, lequel, en outre, loge comme lui, dans les cavernes et les pointes naturelles de presque toutes les montagnes calcaires et alpines de l'Europe. Les Indiens assurent que le guacharo ne poursuit ni les insectes lamellicornes, ni les phalènes, qui servent de nourriture aux engoulevens, et l'on n'a en effet trouvé dans le jabot des jeunes individus tués, que des fruits très-durs et des péricarpes osseux.

Ces oiseaux construisent leur nid à près de soixante mètres d'élévation, dans des trous en forme d'entonnoir, dont le plafond de la grotte est criblé. Plusieurs des fruits que les vieux portent à leurs petits tombent à terre, et germent partout où ils peuvent se fixer, dans le terrain qui couvre les incrustations calcaires. Il y croît, malgré les ténèbres, des tiges qui ont jusqu'à deux pieds de hauteur, mais dont les feuilles sont tellement étiolées et rudimentaires, qu'on ne peut reconnoître spécifiquement les végétaux auxquels elles appartiennent. C'est à environ quatre cent trente pieds que l'on est obligé d'allumer des torches, et que l'on commence à entendre de loin le bruit rauque des oiseaux nocturnes que les Indiens croient exclusivement propres à ces lieux souterrains; bientôt les cris perçans des milliers de guacharos, qui, se réfléchissant contre les voûtes des rochers, causent une telle épouvante aux naturels, qu'on ne parvient que difficilement à les faire pénétrer plus loin. Ils attachent d'ailleurs des idées mystiques à cet antre, où ils croient que séjournent les âmes de leurs ancêtres, et où les magiciens font des jongleries pour conjurer les mauvais esprits. Les ténèbres se liant partout à l'idée de la mort, la grotte de Caripe est le tartare des Grecs; et les guacharos, qui planent au-dessus du torrent en poussant des sons plaintifs, rappellent les oiseaux stygiens.

C'est au mois de juin que, chaque année, les Indiens, dirigés par les missionnaires, entrent dans la caverne, armés de perches, au moyen desquelles ils détruisent la majeure partie des nids, pour faire tomber les jeunes et recueillir la graisse dont ceux-ci ont une couche qui se prolonge depuis l'abdomen jusqu'à l'anus. L'obscurité et le repos favorisent la formation de cette graisse, qu'on fait fondre à un feu de broussailles, près de l'entrée de la caverne, et découler dans des pots d'argile : après quoi, elle devient pour les moines une sorte de beurre ou d'huile, connue sous le nom de *manteca* ou *acéite*, et qui est à demi liquide, transparente, inodore, ne donne aux mets aucun goût ni odeur désagréable, et se conserve au-delà d'un an sans devenir rance. La quantité récoltée de cette huile ne répond guère au carnage que les Indiens font des guacharos, puisqu'on n'en retire pas annuellement au-delà de cent soixante bouteilles, tandis que, par un genre d'industrie semblable, on récoltoit autrefois en Caroline, suivant Pennant, *Arctic Zoology*, tom. 2, pag. 13, quelques milliers de bariques d'huile de pigeon, provenant du *columba migratoria*.

Si la race des guacharos n'est pas éteinte par cette énorme destruction, c'est probablement parce que les idées superstitieuses des indigènes leur ôtent le courage de pénétrer bien avant dans la grotte, ou parce que des oiseaux de la même espèce habitent des cavernes voisines, trop étroites pour être accessibles à l'homme, et qui servent à repeupler la grande.

On a envoyé au port de Cumana de jeunes guacharos, qui y ont vécu plusieurs jours sans prendre de nourriture, les fruits qu'on leur offroit n'étant peut-être pas de leur goût. Quant à ceux qu'on trouve desséchés dans l'estomac des jeunes, et que l'on connoît sous le nom bizarre de *semilla del guacharo*, on ramasse soigneusement cette graine comme un remède très-célèbre contre les fièvres intermittentes. (Ch. D.)

GUACHICHIL (*Ornith.*), nom mexicain des colibris. (Ch. D.)

GUACO. (*Bot.*) M. Alibert, dans la nouvelle édition de ses Elémens de thérapeutique et matière médicale, fait mention, vol. 2, pag. 532, d'une plante ainsi nommée aux environs de Santa-Fé, dans laquelle on a reconnu la vertu de guérir parfaitement les morsures des serpens les plus venimeux. Cette vertu étoit d'abord connue de quelques nègres qui se transmettoient ce secret. Le docteur Mutis, célèbre naturaliste de cette ville, parvint à le découvrir, et le communiqua à plusieurs personnes qui voulurent en faire l'expérience en sa présence. Un peintre de cette société consentit à se laisser piquer par un de ces serpens reconnus comme très-venimeux, et muni des dents meurtrières. Le nègre qui dirigeoit l'expérience, frotta la blessure avec des feuilles de guaco, et l'artiste put aussitôt aller continuer ses travaux ordinaires. Il est dit encore que ceux qui se sont fait quelques incisions sur lesquelles ils ont versé du suc de cette plante, et qui ont avalé deux cuillerées de ce suc, sont à l'abri des morsures de ces serpens qu'ils peuvent manier impunément, avec le soin de recourir à cette boisson plusieurs jours chaque mois. Quelques uns se contentent de porter sur eux des feuilles de cette plante, dont la seule odeur étourdit le serpent. M. Alibert, en transcrivant ce récit transmis par M. Zea, élève de M. Mutis, témoigna le désir d'avoir sur ce point de nouveaux renseignemens. Le guaco est mentionné dans le volume 4, pag. 136, des Plantes Equinoxiales de MM. de Humboldt et Bonpland, publié par M. Kunth, et rapporté au genre *Mikania*, voisin de l'eupatoire, sous le nom de *mikania guaco*, avec l'indication de ses caractères botaniques, sans aucune mention de ses propriétés. (J.)

GUADARELLA. (*Bot.*) La plante tinctoriale, ainsi nommée dans la Toscane, suivant Césalpin, est la gaude, *reseda luteola*. (J.)

GUADO, GUADUM. (*Bot.*) Voyez Guède. (J.)

GUADUA (*Bot.*), nom sous lequel est désignée, suivant MM. de Humboldt et Bonpland, une espèce de bambou, *bambusa guadua*, qui croît sur le revers des montagnes de la Nouvelle-Grenade et de Quito. (J)

GUAGUEDI (*Bot.*), nom du *protea abyssinica*, dans son pays natal. (J.)

GUAHEX. (*Mamm.*) Marmol (Description de l'Afrique) désigne, par ce nom de la Haute-Ethiopie, une espèce d'antilope dont il ne donne point les caractères, et qu'il est impossible de reconnoître. (F. C.)

GUAIABARA. (*Bot.*) Voyez Guiabara. (J.)

GUAIACANA. (*Bot.*) Le plaqueminier auquel Tournefort donnoit ce nom, étoit le *guaiacum* de Cordus, le *guaiacum patavinum* de Fallope, le *guaicana* de Belton, l'*ermallinus* de Césalpin, le *lotus africana* de Mathiole et de C. Bauhin. Le nom de *diospyros*, donné par Théophraste, est celui qui a été préféré par Linnæus pour ce genre, et qui a prévalu. (J.)

GUAIARATA. (*Bot.*) M. Bosc fait une simple mention d'un palmier de ce nom, qui croît dans l'Amérique méridionale. (J.)

GUAIAVA. (*Bot.*) Nom latin ancien du goyavier, adopté par Clusius et Tournefort, et rejeté par Linnæus, qui lui a substitué celui de *psidium*, que quelques anciens donnoient au grenadier, genre voisin. Ce changement ne paroissoit pas nécessaire. Le goyavier porte encore dans l'Inde les noms de *guaiabo*, *guaiavos*, *gujavo*, *gujavus*. (J.)

GUAIBI-POCABA-BIBA. (*Bot.*) Suivant Burmann et Aublet, l'arbre du Brésil et de la Guiane, désigné sous ce nom par Marcgrave, est le *mimosa vaga* de Linnæus. Barrère le cite également dans sa Guiane, mais il en fait à tort une espèce de casse. Le même est nommé *guabipocaiba* par Pison. (J.)

GUAICURU. (*Bot.*) Arbrisseau du Chili, dont Molina a fait un genre sous le nom de *plegorhiza*. Son caractère n'est pas assez déterminé pour qu'on puisse le rapporter à une famille connue. C'est avec les laurinées qu'il paroît avoir quelque affinité. (J.)

GUAIERU. (*Bot.*) Marcgrave cite, sous ce nom brésilien, l'arbrisseau nommé *icaque* dans les Antilles, *chrysobalanus* par les botanistes. (J.)

GUAINIER. (*Bot.*) Voyez Gaînier. (L. D.)

GUAINUMBI (*Ornith.*), nom brésilien des colibris et des oiseaux-mouches. (Ch. D.)

GUAJANA-TIMBO. (*Bot.*) C'est un arbrisseau grimpant du Brésil, nommé aussi *cururu-ape*, et cité par Pison, qui est le *paullinia pinnata*. (J.)

GUALLE. (*Ornith.*) Suivant Barrère, les Catalans donnent ce nom et celui de *guatla* à la caille commune, *tetrao coturnix*, Linn. (Ch. D.)

GUALMELLES (*Bot.*), l'un des noms vulgaires de l'*agaricus procerus*. Voyez Fonge, n.° 39. (Lem.)

GUALPA (*Ornith.*), nom péruvien de la poule. (Ch. D.)

GUALTHERIA. (*Bot.*) Voyez Palommier. (Poir.)

GUAMA. (*Bot.*) Clusius soupçonne que l'arbre, cité sous ce nom par Oviedo, est celui qui fournit l'animé, espèce de résine. On sait qu'elle est tirée du courbaril, *hymenea*, dont la gousse est épaisse, ligneuse et grande, contenant plusieurs graines ovoïdes très-dures. (J.)

GUAMAIACU APE. (*Ichthyol.*) Marcgrave (*Hist. nat. Bras.*, *lib.* 3, *cap.* 1) a décrit sous ce nom une espèce de coffre, qui se rapproche, par plusieurs traits de conformation, du coffre maillé, *ostracion concatenatus*, auquel Bloch, Walbaum et l'abbé Ray le rapportent. L'individu que Marcgrave a examiné avoit un pied de longueur et quatre doigts de hauteur : sa cuirasse étoit divisée en pièces hexagonales, fragiles sur le poisson frais, et qui devenoient des boucliers solides lorsque l'animal avoit été exposé au soleil. La bouche étoit étroite, et les mâchoires avoient de petites dents oblongues et peu saillantes, au nombre de cinq en bas et de onze en haut. Les yeux, grands et ronds, étoient d'un brun mêlé d'argent. La queue, à peu près carrée, avoit ses côtés arrondis en arc. La couleur générale étoit un gris blanchâtre. (H. C.)

GUAMAJACU ATINGA (*Ichthyol.*) Dans le nouveau Dictionnaire d'Histoire naturelle, M. Bosc donne ces mots pour le nom brésilien du lompe, *cyclopterus lumpus*. (Voyez Cycloptère.) La plupart des autres ichthyologistes les regardent comme synonymes du *diodon atinga* de Linnæus. Voyez Diodon. (H. C.)

GUAMAJACU GUARA (*Ichthyol.*), nom brésilien du guara, espèce de diodon. Voyez Guara et Diodon. (H. C.)

GUAN (*Ornith.*), nom donné au Brésil à des oiseaux du genre Marail, *penelope*. (Ch. D.)

GUANA. (*Erpétol.*) Dans quelques ouvrages, le nom de l'iguane est ainsi défiguré. Voyez Iguane. (H. C.)

GUANABANUS. (*Bot.*) Ce nom, donné anciennement à un arbre dont le fruit étoit gros et chargé d'aspérités, paroît avoir été appliqué par Oviedo, Clusius et Daléchamps, au durion, genre de la famille des capparidées. Plumier, croyant que ce fruit étoit celui du corossolier, avoit adopté le même nom, pour ce genre, et par suite il été nommé au Pérou *guanavana*, *guanavano*. Oviedo lui-même, trompé par quelque ressemblance, nommoit *guanabano* une espèce de corossolier, mais en même temps il en citoit une autre, sous celui de *anon*, et on en retrouve une troisième dans l'*Hort. Malab.*, sous celui de *anona-maran*. C'est probablement ce qui a déterminé Linnæus à faire revivre cet ancien nom, en nommant *Anona* le genre de Plumier, qui est le type de la famille des anonées. (J.)

GUANACO (*Mamm.*), un des noms que les Espagnols du Pérou donnent au Lama. Voyez ce mot. (F. C.)

GUANAPO. (*Mamm.*) C'est ainsi que Legentil écrit ce nom, que d'autres écrivent guanaco, et que les Espagnols du Pérou donnent au Lama. Voyez ce mot. (F. C.)

GUANARONA (*Ornith.*), nom donné à l'ibis rouge, dans le Brésil, où on l'appelle aussi *guarana guara*. (Ch. D.)

GUANAVANA. (*Bot.*) Voyez Guanabanus. (J.)

GUANAYO. (*Ornith.*) Ce nom, sous lequel on parle d'un oiseau, dans l'Histoire générale des Voyages, tom. 14, p. 116, en citant dom Ulloa (Voyage au Pérou, liv. 2, chap. 5) semble être une corruption de celui de *guacamayo*, qui désigne les aras, puisqu'on se borne à faire mention de la beauté de son plumage, et de ses cris aigus et importuns, qui ressemblent à ceux des loros, des lotoros et des periquitos. (Ch. D.)

GUANDU (*Bot.*), espèce de haricot du Brésil, citée par Pison. (J.)

GUANICOE, GUIANICOE, GUIANICOERO. (*Mamm.*) Les Espagnols du Pérou donnent ces noms au lama. (F. C.)

GUANIMIBIQUE. (*Ornith.*) Ce nom désigne l'oiseau-mouche dans les relations portugaises. (Ch. D.)

GUANO. (*Min.*) Substance mixte, employée avec succès au Pérou, comme engrais, et qui, d'après les expériences de MM. Fourcroy et Vauquelin, est composée, d'une part, de matières animales qui ont beaucoup de rapports avec la fiente des oiseaux; et de l'autre, de sable en partie quarzeux et en partie ferrugineux. Ce singulier fossile, dont nous devons la connoissance à MM. de Humboldt et Bonpland, se trouve très-abondamment dans la mer du Sud, aux îles de Chinche, près de Pisco, ainsi que sur les côtes et les îlots plus méridionaux. Il y forme des couches de cinquante à soixante pieds d'épaisseur, que l'on exploite à ciel ouvert. La fertilité des côtes du Pérou, suivant les célèbres voyageurs que nous venons de citer, est due à l'emploi du guano, qui est l'objet d'un commerce actif pour les habitans de Chancay ou Chanchay, ville capitale de la province de ce nom : ils vont le chercher sur de petits bâtimens qu'on nomme *guaneros*, et qui en portent chacun 1,500 à 2,000 pieds cubes; le voyage entier dure vingt jours.

C'est particulièrement pour la culture du maïs, que le guano, employé modérément, est un excellent engrais; mais une trop forte dose produit le même effet que l'excès de tous les fumiers animaux, et surtout la fiente des oiseaux, qui renferme, comme on le sait, les mêmes principes que l'urine des mammifères. Voici les principes constituans du guano, tels que MM. Fourcroy et Vauquelin les ont publiés dans les Annales de Chimie (1) : 1.° un quart de son poids d'acide

(1) Tom. LVI, pag. 258.

urique, en partie saturé d'ammoniaque et de chaux; 2.° acide oxalique, combiné en partie avec l'ammoniaque et la potasse; 3.° acide phosphorique, uni aux mêmes bases, et à la chaux; 4.° de petites quantités de sulfates et de muriates de potasse et d'ammoniaque; 5.° un peu de matière grasse; 6.° enfin, un sable quarzeux et ferrugineux, simplement mélangé. Cette substance animale fossile, dont l'accumulation énorme n'est point facile à concevoir, est absolument au règne minéral, dans le même rapport que lui sont les bois submergés qui passent aux lignites, et certaines tourbes herbacées où les plantes sont encore reconnoissables. Il n'y a donc rien d'extraordinaire à admettre le guano au nombre des fossiles. (Brard.)

GUAO. (*Bot.*) Dans l'île de Cuba on nomme ainsi, suivant Jacquin, son *comocladia dentata*, genre de la famille des térébinthacées. (J.)

GUAPARAIBA (*Bot.*), nom d'une espèce de manglier du Brésil, *rhizophora*, cité par Pison. Marcgrave le nomme *guapereiba*. (J.)

GUAPERVA ou GUAPERVE. (*Ichthyol.*) Ce nom a été donné au chevalier américain, poisson des eaux de la Caroline, de la Guadeloupe, etc. C'est le *chætodon lanceolatus*, de Linnæus. (Voyez Chevalier.)

Sonnerat a fait, avec quelques espèces de chétodon, voisines de celle-ci, un genre qu'il a appelé *Guaperva*, mais qui n'a point été adopté.

On trouve encore désigné, par le même nom, un chétodon de Linnæus, qui a été rangé par M. de Lacépède dans le genre Holacanthe, sous l'appellation d'*holacanthus arcuatus*. Voyez Holacanthe. (H. C.)

GUAPIRA. (*Bot.*) Genre de plantes de la Guiane, décrit et figuré par Aublet. Il paroît congénère de l'*avicennia*, dont il ne diffère que par l'addition d'une étamine, si le caractère d'Aublet est exact. Necker, admettant ce genre, avoit changé son nom en celui de *gynostrum*. (J.)

GUAPIRE, *Guapira*. (*Bot.*) Genre de plantes dicotylédones, à fleurs complètes, monopétalées, irrégulières, de la famille des *gattiliers*, de la *didynamie angiospermie* de Linnæus, très-rapproché des *avicennia*, et dont le caractère essentiel consiste dans un calice à quatre ou cinq divisions courtes, profondes;

une corolle tubulée; le limbe à cinq ou six dents; six étamines alternativement plus grandes et plus petites; un ovaire supérieur; un style; un stigmate à cinq ou six rayons. Le fruit est une baie à cinq ou six côtes; une seule semence.

Ce genre, d'après M. de Jussieu, doit être réuni aux *avicennia;* mais, n'ayant point été mentionné dans cet article, j'ai cru devoir le rappeler ici. Necker lui a donné le nom de *gynostrum.* Il ne comprend qu'une seule espèce.

Guapire de la Guiane; *Guapira guianensis*, Aubl., *Guian.*, pag. 308, tab. 119. Arbre d'une médiocre grandeur, qui s'élève à peine à dix ou douze pieds de haut sur un tronc d'environ sept à huit pouces de diamètre. Son écorce est verte et lisse; son bois blanc, léger et cassant; ses branches noueuses, éparses, cylindriques, garnies de feuilles opposées, pétiolées, lisses, vertes, ovales-aiguës, très-entières, longues de quatre à six pouces; les rameaux couverts d'écailles velues et roussâtres. Les fleurs sont blanches, petites, disposées en grappe rameuse et médiocre; les découpures du calice courtes, ovales, aiguës; les filamens des étamines aplatis, striés; les anthères vertes, à deux loges écartées par le bas; l'ovaire ovoïde; le style cannelé. Le fruit est une baie rouge, ovoïde, renfermant une seule semence recouverte d'une membrane blanche. Cet arbre croît à la Guiane, dans les haies: il fleurit et fructifie au mois de janvier. (Poir.)

GUAPURU, *Guapurium.* (*Bot.*) Genre de plantes dicotylédones, à fleurs complètes, polypétalées, régulières, rapproché des *psidium*, de la famille des *myrtées*, de l'*icosandrie monogynie* de Linnæus, offrant pour caractère essentiel: Un calice à quatre divisions; quatre pétales; des étamines nombreuses, insérées sur le calice; les anthères arrondies. Le fruit consiste en une baie sphérique, ombiliquée à son sommet, pulpeuse intérieurement, renfermant deux ou quatre semences.

Guapuru du Pérou; *Guapuru peruvianum*, Juss., *Gen. Plant.*, pag. 324. Arbrisseau originaire du Pérou, qui a le port d'un *plinia*, mais dont il diffère par son ovaire inférieur. Ses tiges se divisent en rameaux chargés de feuilles très-caduques; les jeunes rameaux garnis de feuilles opposées, très-simples, à points transparens, imitant, par leur disposition, des feuilles ailées, composées de trois à six paires de folioles sans impaire. Les fleurs sont latérales, et naissent par paquets sur les vieux rameaux. (Poir.)

GUARA (*Ichthyol.*), nom d'un Diodon. Voyez ce mot. (H. C.)

GUARA (*Ornith.*), nom brésilien appliqué à l'ibis rouge, *tantalus ruber*, Gmel. (Ch. D.)

GUARA CAPEMA. (*Ichthyol.*) Ray nomme ainsi un poisson du Brésil, qui nous paroît être une espèce de coryphène. (H. C.)

GUARACIABA. (*Ornith.*) Ce nom et celui de *guaracigaba*, qui signifient rayons et cheveux du soleil, désignent des espèces de guainumbis ou oiseaux-mouches. (Ch. D.)

GUARANGUILLO. (*Bot.*) Dans l'herbier du Pérou, de Dombey, on trouve, sous ce nom, une espèce de casse, *cassia mimosoides*. (J.)

GUARAPUCU. (*Ichthyol.*) Marcgrave a désigné sous ce nom un poisson du Brésil, que l'on a cru, trop légèrement sans doute, être le même que notre thon, *scomber thynnus*, Linn. Il est probable que c'est l'albacore. Voyez Maquereau. (H. C.)

GUARAQUYMIA. (*Bot.*) Arbrisseau du Brésil, cité dans le Recueil des Voyages. On le dit semblable au myrte de Portugal, et ayant une vertu vermifuge. (J.)

GUARA-TEREBA (*Ichthyol.*), nom brésilien du guaré, espèce de scombre. (H. C.)

GUARAUNA. (*Ornith.*) L'oiseau, ainsi nommé au Brésil, est le courlis brun d'Amérique, de Brisson, le *scolopax guarauna*, Linn. (Ch. D.)

GUARCHO. (*Mamm.*) Voyez Guaroho. (F. C.)

GUARDIOLE, *Guardiola*. (*Bot.*) [*Corymbifères*, Juss.; *Syngénésie polygamie nécessaire*, Linn.] Ce genre, établi par M. Bonpland, dans ses descriptions de plantes de l'Amérique équinoxiale, et décrit de nouveau par M. Kunth, dans ses *Nova Genera et Species Plantarum*, appartient à la famille des synanthérées, et probablement à notre tribu naturelle des hélianthées, section des hélianthées-coréopsidées. Voici les caractères génériques, que nous prenons dans la description de M. Kunth, parce que nous n'avons pas pu les observer nous-même.

La calathide est radiée : composée d'un disque pluriflore, réguliflore, masculiflore; et d'une couronne unisériée, pauciflore, liguliflore, féminiflore. Le péricline est inférieur aux fleurs du disque, tubuleux-campanulé, formé de trois squames unisériées, presque égales, oblongues, obtuses, subfoliacées, à bords membraneux. Le clinanthe est garni de squamelles inférieures aux fleurs, oblongues-linéaires, aiguës, concaves, scarieuses, nervées. Les ovaires de la couronne sont oblongs-cunéiformes, obcomprimés, striés, glabres, inaigrettés ; les faux-ovaires du disque sont linéaires, obcomprimés, glabres, inaigrettés. Les corolles de la couronne ont le tube très-long, grêle, un peu velu inférieurement, et la languette petite, oblongue, bi-tridentée, nervée, recourbée; les corolles du disque ont le tube très-long, grêle, glabre, et le limbe campanulé, à cinq divisions lancéolées, recourbées. Les étamines ont le filet velu, et l'anthère noirâtre. Les styles du disque ont deux faux stigmatophores garnis de collecteurs piliformes.

L'excellente description de M. Kunth ne nous laisse rien à désirer, si ce n'est l'indication du sens suivant lequel les ovaires et les faux-ovaires sont aplatis. Ce caractère, négligé par tous les botanistes, est à nos yeux d'une haute importance, surtout dans la tribu des hélianthées, où il nous sert à distinguer une section naturelle. C'est seulement par conjecture que nous avons dit que les ovaires et faux-ovaires sont obcomprimés, c'est-à-dire aplatis en avant et en arrière. Si cette conjecture se réalise, le *guardiola* sera certainement une hélianthée-coréopsidée; dans le cas contraire, il faudroit peut-être rapporter ce genre, soit à la tribu des tagétinées, soit à la section des hélianthées-millériées. M. Kunth le place parmi les hélianthées, entre l'*heterospermum* et le *tragoceros*. M. Bonpland lui trouvoit de l'affinité avec le *piqueria*, qui est une eupatoriée. On ne connoît qu'une seule espèce de *guardiola*.

Guardiole mexicaine : *Guardiola mexicana*, Bonpl., *Plant. Æquin.*, tom. 1, p. 144, tab. 41 ; Kunth, *Nov. Gen. et Sp. Pl.*, in-fol., tom. iv, pag. 194. C'est une plante herbacée, annuelle, haute de trois à quatre pieds, produisant plusieurs tiges dressées, rameuses, cylindriques, striées, un peu poilues dans leur jeunesse, glabres dans l'âge adulte; les feuilles sont opposées; leur pétiole est long de six lignes, canaliculé, un peu poilu en dedans; leur limbe est long de vingt lignes, large de dix, ovale-oblong, aigu à la base, acuminé au sommet, denté en scie sur les bords, avec une dent plus grande sur chaque côté de la base, triplinervé, veiné, réticulé, membraneux, glabre ; les calathides sont disposées en fascicules de deux à cinq, terminales, courtement pédonculées, dressées ; leur péricline est glabre ; leur couronne est composée de trois à cinq fleurs blanches. Cette plante a été découverte par MM. de Humboldt et Bonpland, dans les lieux arides et froids du Mexique, aux environs d'Ario, d'Aguasarco, et sur la montagne volcanique de Jorullo, entre quatre cent et mille toises de hauteur au-dessus du niveau de la mer : elle fleurit au mois de septembre. (H. Cass.)

GUARÉ (*Ichthyol.*), nom d'une espèce de scombre, *scomber cordilla*, de Linnæus (H. C.)

GUAREA. (*Bot.*) Voyez Gouaré. (Poir.)

GUARGHÆD, GUALGET (*Bot.*), noms égyptiens de l'harmale, *peganum*, qui est aussi l'*harmel* des Arabes. (J.)

GUARIBA (*Mamm.*), nom sous lequel Marcgrave parle d'une espèce d'alouate, de l'ouarine. Voyez Sapajous. (F. C.)

GUARIGUE. (*Bot.*) Espèce de champignon de l'Amérique septentrionale, citée dans le Recueil des Voyages, laquelle croît au sommet des pins blancs, et dont les sauvages de ces contrées se servent contre la dyssenterie et les maux de poitrine. (J.)

GUARIMBÉ. (*Ornith.*) Dénomination générale des canards chez les Guaranis, d'après M. d'Azara, *Apuntamientos*, etc., tom. 3, pag. 408. (Ch. D.)

GUARI PARIBA. (*Bot.*) Voyez Guara pariba. (J.)

GUARIRUMA (*Bot.*), nom péruvien de quelques espèces de *mutisia*, genre de composées, consigné dans l'herbier du Pérou, de Joseph de Jussieu. (J.)

GUAROHO (*Mamm.*), nom que les Hottentots donnent au buffle du Cap, suivant Kolbe. On trouve dans quelques ouvrages ce nom écrit *guarcho*, mais par erreur sans doute. (F. C.)

GUAROUBA (*Ornith.*), nom d'une perruche jaune du Brésil, *psittacus guarouba*, Gmel. (Ch. D.)

GUARRACINO (*Ichthyol.*), nom italien du petit castagneau. Voyez Chromis. (H. C.)

GUART. (*Bot.*) Suivant Clusius, les Arabes nomment ainsi l'arbre triste, *nyctanthes ;* c'est le *gul* des Turcs et des Persans, le *singadi* des Malais, le *parizataco* de la côte de Canara, voisine du Malabar, le *prel* des habitans du Decan. (J.)

GUATACARE. (*Bot.*) Loefling a trouvé sous ce nom, aux environs de Cumana, dans l'Amérique méridionale, un petit arbre, qu'il prenoit pour un nerprun, et que Linnæus a ramené au genre *Ehretia* sous le nom de *ehretia exsucca.* (J.)

GUATLA. (*Ornith.*) Voyez Gualle. (Ch. D.)

GUATTE (*Ichthyol.*), nom que l'on donne à Bayonne à l'alose dans son premier âge. Voyez Clupée. (H. C.)

GUATTERIE, *Guatteria.* (*Bot.*) Genre de plantes dicotylédones, à fleurs complètes, polypétalées, régulières, de la famille des *anonées*, de la *polyandrie polygynie* de Linnæus, caractérisé par un calice à trois divisions profondes; une corolle composée de six pétales; un grand nombre d'étamines attachées au réceptacle; les anthères presque sessiles; des ovaires nombreux; autant de styles simples, et de baies sèches, coriaces, monospermes, pédicellées.

Ce genre renferme des arbres ou arbrisseaux nombreux, originaires des contrées les plus chaudes des deux Indes, particulièrement de l'Amérique méridionale, dont les rameaux sont étalés, cylindriques; les feuilles simples, entières; les pédoncules axillaires ou opposés aux feuilles, solitaires, géminés ou ternés, très-ordinairement uniflores. Ce genre a été établi par les auteurs de la Flore du Pérou, traité en monographie par M. Dunal, adopté par M. Decandolle dans son Système du Règne végétal. Il y a fait entrer plusieurs espèces de Lananga, Juss.; d'Uvaria, Lamk.; l'Aberomoa d'Aublet, etc. (Voyez ces mots.) Nous nous bornerons ici à ne citer que quelques unes des espèces qui n'ont point été mentionnées dans les genres précédens.

Guatterie a court pédicelle; *Guatteria brevipes*, Dec., *Syst. Regn. veget.*, 1, pag. 502. Espèce découverte dans la Guiane par Joseph Martin. Ses rameaux sont glabres, bruns, cylindriques, garnis de feuilles amples, médiocrement pétiolées, ovales, un peu acuminées, glabres, luisantes, longues de huit à douze pouces, larges de trois ou quatre; les pédoncules axillaires, uniflores; le fruit consiste, en sept ou huit baies ovales, monospermes, à peine pédicellées.

Guatterie a long pédicelle; *Gualteria podocarpa*, Dec., l. c. Cette plante, très-rapprochée de l'*uvaria monosperma*, Lamk., en diffère par la longueur des pédicelles de ses fruits, trois et quatre fois plus longs que les baies. Ses feuilles sont ovales-oblongues, brusquement acuminées, glabres à leurs deux faces; les pédoncules solitaires, axillaires, un peu hispides, le calice divisé en trois lobes ovales, épais, un peu aigus; les pétales oblongs, aigus, couverts d'un duvet tomenteux, d'un brun roussâtre; les baies, mucronées, très-grosses. Cette plante croît à Cayenne.

Guatterie rousse : *Guatteria rufa*, Dec., l. c.; Dunal, *Monogr.*, tab. 29. Les rameaux sont cylindriques, garnis de feuilles ovales, acuminées, en cœur à leur base, longues de deux à quatre pouces, couvertes en dessous, ainsi que les jeunes rameaux, d'un duvet roux, tomenteux, glabres et un peu pileuses en dessus; les pédoncules très-courts, chargés d'une ou deux fleurs; le calice velouté; les trois lobes larges et courts; la corolle purpurine, un peu tomenteuse; le réceptacle pileux; les baies légèrement veloutées. Cette plante croît à Java, dans les Indes et à l'île de Timor.

Guatterie en cœur : *Guatteria cordata*, Dec., l. c.; Dunal., *Monogr.*, pag. 129, tab. 30. Cette espèce, originaire de Java, a des rameaux légèrement ponctués et ridés, pubescens vers leur sommet, garnis de feuilles oblongues, en cœur à leur base, un peu aiguës, longues de quatre ou six pouces, légèrement tomenteuses, et roussâtres en dessous, rudes en dessus; les pédoncules très-courts, apposés aux feuilles, portant une grappe tomenteuse; le calice presque campanulé; les pétales ovales-aiguës; les anthères alongées; les extérieures courtes, stériles, élargies en pétales.

Guatterie a pédoncule velu; *Guatteria eriopoda*, Dec., l. c. Arbre d'environ dix-huit à vingt pieds, garni de rameaux bruns, munis dans leur jeunesse de poils ferrugineux, garnis de feuilles oblongues, lancéolées, un peu rétrécies à leur base, acuminées, longues de trois à quatre pouces, hispides et velues à leurs deux faces, principalement dans leur jeunesse; les pédoncules latéraux, solitaires, uniflores; les lobes du calice ovales, un peu veloutés; les pétales bruns, ovales-oblongs, couverts d'un duvet cendré; les anthères presque sessiles. Cette plante croît au Pérou.

Guatterie toujours verte : *Guatteria semper virens*, Dec., l. c.; Dunal, *Monogr.*, pag. 133; *Tsierou-panel*, Rhéede, *Hort. Malab.*

5, tab. 16. Arbrisseau peu élevé, découvert dans les possessions anglaises au Malabar : il est presque toujours vert, chargé de fleurs et de fruits; ses feuilles sont médiocrement pétiolées, glabres, épaisses, ovales-oblongues, acuminées, d'un vert sombre et luisant en dessus; les pédoncules cylindriques, uniflores, lanugineux; le calice est petit, à trois divisions; les pétales rougeâtres, oblongs, cuspidés; environ neuf baies glabres, noirâtres, charnues, pédicellées, monospermes, d'une saveur acide assez douce.

Guatterie Korinti : *Guatteria Korinti*, Dunal, *Monogr.* pag. 133; Dec., l. c.; *Korinti-panel*, Rhéede, *Hort. Mal.*, 5, tab. 14. Arbrisseau du Malabar, qui s'élève à la hauteur de dix ou douze pieds. Ses racines sont d'un blanc cendré, revêtues d'une écorce lanugineuse; ses feuilles épaisses, ovales-oblongues, acuminées, glabres, luisantes, d'un vert foncé en dessus, nerveuses en dessous; les pédoncules axillaires, uniflores; le calice à trois divisions profondes; la corolle verte; les pétales oblongs, un peu obtus, et réfléchis à leur sommet; les baies globuleuses, environ au nombre de sept, pédicellées, d'abord verdâtres, puis rouges, monospermes, renfermant une chair assez douce. Le *guatteria montana*, Dec., l. c., *kaltsjerou-panel*, Rhéede, *Hort. Mal.*, 5, tab 17, très-rapproché de l'espèce précédente, en diffère par ses feuilles plus étroites, d'une saveur et d'une odeur aromatiques; les pédoncules plus courts, rameux; les fleurs plus petites. Cette plante croît au Malabar.

Guatterie a fleurs aigues : *Guatteria acutiflora*, Dec., l. c.; Dunal, *Monogr.*, 134. *Katsjam-panel*, *seu panel sylvestris*, Rhéede, *Hort. Malab.*, 5, tab. 18. Arbrisseau toujours vert, qui s'élève à la hauteur de trois pieds; ses tiges sont grêles, rameuses; les rameaux glabres, ridés, cylindriques; le bois blanchâtre; l'écorce cendrée; les feuilles coriaces, presque sessiles, glabres, oblongues, elliptiques, aiguës à leurs deux extrémités, réticulées, un peu rouillées en dessous, d'un vert clair en dessus; les pédoncules courts, axillaires; les lobes du calice obtus; les pétales oblongs, très-aigus; les baies globuleuses, pédicellées. Cette plante croît sur les montagnes du Malabar.

Guatterie ombiliquée; *Guatteria umbilicata*, Dunal, *Monog.*, tab. 33. Plante de l'Amérique méridionale, dont les rameaux sont glabres, bruns, élancés, cylindriques, garnis de feuilles à peine pétiolées, glabres à leurs deux faces, oblongues, elliptiques, acuminées, longues de six pouces, larges de deux ou trois; les pédoncules axillaires, solitaires, uniflores, étalés, longs de huit à neuf lignes, cylindriques, munis de bractées; le calice divisé en trois lobes persistans, courts, élargis à leur base; le réceptacle presque turbiné, portant six baies globuleuses, pédicellées, déprimées à leurs deux faces, ombiliquées, monospermes, de la grosseur d'une petite cerise; la semence globuleuse.

Les auteurs de la Flore du Pérou, en établissant ce nouveau genre, en ont mentionné plusieurs espèces, telles que le *guatteria ovalis*, *Prodr. Syst. Fl. Peruv.*, 1, pag. 146. Ses tiges sont hautes de vingt-quatre pieds; ses feuilles oblongues, ovales, les pédoncules axillaires. *Guatteria pendula*, arbrisseau de douze pieds, à feuilles lancéolées; les pédoncules très-longs, axillaires et pendans. *Guatteria hirsuta*. Cet arbrisseau s'élève à la hauteur de dix ou douze pieds; ses feuilles sont lancéolées, acuminées; les pédoncules glabres, axillaires; les fleurs hérissées. Ces plantes croissent au Pérou. (Poir.)

GUATUCUPA. (*Ichthyol.*) Marcgrave paroît avoir désigné sous ce nom le *labrus chromis* de Linnæus. Voyez Labre. (H. C.)

GUAULDE. (*Bot.*) Voyez Gaude. (L. D.)

GUAVAMAYA. (*Ornith.*) C'est par erreur qu'on lit au tome 1.er de l'Abrégé des Voyages de La Harpe, pag. 333, ce nom au lieu de celui de *guacamaya*, en parlant de perroquets. (Ch. D.)

GUAVAS. (*Bot.*) Le fruit cité par C. Bauhin, sous ce nom, et sous ceux de *hobos* et *pacayes*, est évidemment le même que le *guabo*, cité précédemment, et indiqué comme une espèce de *inga*. Voyez Guabo. (J.)

GUAYACANA. (*Bot.*) Jacquin dit qu'à Carthagène en Amérique, on donne ce nom à une espèce de fabagelle en arbre, qui est son *zygophyllum arboreum*, dont le bois très-dur le devient encore plus dans l'eau. Il ajoute que dans ce pays tous les bois durs sont nommés de même. On sait encore que le plaqueminier, *diospyros*, a, pour le même motif, porté le nom de *guayacana*, à cause de son rapport avec le gayac. (J.)

GUAYAPIN. (*Bot.*) Voyez Guyapin. (J.)

GUAYCURU. (*Bot.*) Voyez Guaicuru. (J.)

GUAYO-COLORADO. (*Bot.*) On nomme ainsi, dans le Chili, le *kagenekia oblonga* de la Flore du Pérou, qui croît sur les montagnes voisines de la Conception. Ce genre se rapproche beaucoup du quillaï, *quillaia*, ou *smegmadermos* de la même Flore, *smegmaria* de Willdenow. Le tronc de cette espèce est employé comme bois de charpente; ses feuilles, très-amères, peuvent servir pour la guérison des fièvres intermittentes. Dans l'herbier du Pérou de Joseph de Jussieu, il est nommé *gayo colorado*, et *lloque*, ou *loque*; et ce voyageur dit que ses rameaux flexibles sont employés dans la province du Casco pour fabriquer de grosses cordes, qui, tendues plusieurs ensemble d'un rocher au rocher opposé, au-dessus des ruisseaux et torrens profonds, tiennent lieu de ponts de communication entre divers lieux. (J.)

GUAZE (*Ichthyol.*), nom d'une espèce de Labre. Voyez ce mot. (H. C.)

GUAZU. (*Ornith.*) Ce nom, qui signifie grand ynambu, ou grande perdrix, est donné par les Guaranis à une espèce de tinamou, dont M. Temminck a fait son tinamou guazu, *tinamus rufescens*, Hist. gén. des Gallinacés, tom. 3, pag. 552. (Ch. D.)

GUAZUMA. (*Bot.*) Genre de plantes dicotylédones, à fleurs complètes, polypétalées, de la famille des *malvacées*, de la *monadelphie décandrie*, de Linnæus, offrant pour caractère essentiel: Un calice à trois folioles; cinq pétales concaves à leur base, terminés à leur sommet par une languette bifide; dix filamens réunis à leur base en un petit tube; cinq de ces filamens lancéolés, stériles; cinq autres alternes, plus courts, terminés par trois anthères; un ovaire supérieur, globuleux; un style simple; un stigmate à cinq divisions. Le fruit consiste en un petit drupe, arrondi, tuberculeux, à cinq loges polyspermes.

Guazuma a feuilles d'orme: *Guazulma ulmifolia*, Lamk., Dict. et *Ill. gen.*, tab 637; Plum., *Gen.*, tab. 18, et *Amer.*, 144, fig. 1; *Bubroma guazuma*, Willd., *Spec.*, 3, pag. 1423? *Guazuma polybothra*, Cavan., *Icon. rar.*, 3, tab. 299; *Theobroma guazuma*, Linn.; *Cenchramedia*, etc., Plum., *Alm.*, tab. 77, fig. 2;

vulgairement Orme d'Amérique. Arbre originaire des Antilles, qui s'élève à la hauteur de trente à quarante pieds, sur un tronc garni de fortes branches, qui s'étalent horizontalement en tout sens, et produisent un très-bel ombrage. Son tronc est de la grosseur du corps d'un homme, revêtu d'une écorce noirâtre et crévassée ; les jeunes rameaux couverts d'un duvet court et cotonneux ; les feuilles alternes, pétiolées, ovales, acuminées, un peu en cœur à leur base, vertes, luisantes et un peu rudes en dessus, cotonneuses en dessous, à dentelures inégales et obtuses, accompagnées de stipules petites, linéaires, subulées ; les poils fasciculés, ouverts en étoile. Les fleurs sont petites, d'un blanc pâle ou jaunâtre, disposées dans l'aisselle des feuilles, en petites grappes axillaires, corymbiformes, portées par des pédoncules cotonneux. Leur calice est composé de trois folioles concaves, cotonneuses en dehors, ouvertes et réfléchies; la corolle un peu plus grande que le calice. Le fruit est un drupe, dur, ligneux, profondément gercé en dehors, et comme hérissé de tubercules; il renferme, dans cinq loges, plusieurs semences réniformes.

Cette plante est cultivée au Jardin du Roi, où elle fleurit rarement. Elle est employée en Amérique à former des allées. Pour lui donner une tête touffue, et se procurer un bel ombrage, on a coutume de l'étêter lorsqu'il est parvenu à la hauteur de huit à dix pieds, et, comme il est sujet à être renversé par le vent, on a soin, tous les cinq ou six ans, de débarrasser son sommet de toutes ses branches. Un mois après cette opération, qui se fait vers la saison des pluies, il est chargé de feuilles, et forme une boule de plus de six pieds de diamètre. Son bois est fort estimé ; il est blanc, liant, flexible ; on l'emploie aux ouvrages de tonnellerie. Ses feuilles sont une excellente nourriture pour les bestiaux. (Voyez Bois d'orme.) Nous sommes obligés, en France, de le tenir dans les serres; mais il passe, sans inconvénient, une partie de l'été en plein air, pourvu qu'il soit placé à une exposition chaude. On le multiplie de graines tirées de son pays natal, semées sur couche, et sous châssis, dans des pots mêlés de terre franche, de terreau et de terre de bruyère. Il lui faut des arrosemens fréquens pendant les chaleurs de l'été, beaucoup plus rares quand il a perdu ses feuilles. Sa terre doit être changée tous les ans en automne. (Poir.)

GUBARTAS (*Mamm.*), un des noms de la baleine jubarte, *balæna boops*. (F. C.)

GUBE (*Bot.*), nom japonois du *rajania quinata* de M. Thunberg. (J.)

GUBERA. (*Bot.*) Sérapion, médecin arabe cité par Clusius, dit, d'après Rhasès, autre médecin de la même nation, que ce nom est donné à une espèce de sorbier, sur lequel on trouve la laque, qui, comme l'on sait, est l'ouvrage d'une espèce d'insecte, mais qu'il qualifie de gomme, et qu'il croit tombée du ciel sur cet arbre, dont il ne donne aucune description. (J.)

GUCHSTERN et GEUSTER (*Ichthyol.*), noms par lesquels, en Silésie, on désigne la bordelière, *cyprinus latus*, Gmel. Voyez Brême, dans le supplément du cinquième volume de ce Dictionnaire. (H. C.)

GUCKAUCK. (*Ornith.*) Ce terme, et ceux de guckguck, gucker, gugckuser, sont des dénominations allemandes du coucou commun, *cuculus canorus*, Linn. (Ch. D.)

GUCKER. (*Ornith.*) Voyez Guckauck. (Ch. D.)

GUCKERLIN (*Ornith.*), nom allemand de l'alouette commune, *alauda arvensis*, Linn. (Ch. D.)

GUDJEON (*Ichthyol.*), un des noms anglois du Goujon. Voyez ce mot. (H. C.)

GUDUNGE (*Ornith.*), nom suédois de l'eider, *anas mollissima*, Linn. (Ch. D.)

GUEBUCRE (*Ichthyol.*), nom brésilien du macaira. Voyez Espadon. (H. C.)

GUEBUNE. (*Ichthyol.*) Voyez Voilier. (H. C.)

GUEDE (*Bot.*), un des noms vulgaires du pastel, *isatis*, qui est le *guadum* ou *glastum* de quelques auteurs cités par C. Bauhin. C'est aussi le *guado* des Italiens, suivant Dodoens. (J.)

GUEGELA-ETTA (*Bot.*), nom du *fagara Avicennæ*, à Ceilan, suivant Burmann. (J.)

GUEGGER. (*Ornith.*), un des noms allemands du bouvreuil, *loxia pyrrhula*, Linn. (Ch. D.)

GUELDENSTEDIA. (*Bot.*) Voyez Diotis. (J.)

GUÉMINTE. (*Ornith.*) M. Geoffroy-Saint-Hilaire, en donnant, dans les Actes de la Société d'histoire naturelle de Paris, tom. 1, pag. 19, une nouvelle description du calao d'Afrique, *buceros africanus*, dit que les Nègres l'appellent guéminte, qu'ils le regardent comme sacré, n'osent jamais le tuer, et sont dans l'opinion que la mort d'un guéminte enrhume tout le canton. (Ch. D.)

GUÉMUL. (*Mamm.*) Cet animal, du Chili, dont Molina a le premier parlé, et qu'il regarde comme devant établir la transition entre les ruminans et les chevaux, parce que, d'une part, il a les pieds fourchus, et que de l'autre il a les dents et la physionomie générale de l'âne, n'est point encore connu des naturalistes; et le rapport de Molina feroit penser que le guémul n'est qu'une nouvelle espèce du genre Lama, si ce qu'il dit des dents de cet animal ne laissoit encore des doutes sur ce point. Le guémul habite les sommets les plus élevés des Andes. (F. C.)

GUENON. (*Mamm.*) Vieux mot françois dont on n'a point donné l'étymologie, et qui pourroit avoir la même origine que *guenipe*, *guenille*, etc. C'est le nom qu'autrefois on donnoit généralement aux singes, pour la plupart femelles, qu'on se plaisoit à élever dans les maisons, et qui, par leur malpropreté et leur impudeur, pouvoient rappeler l'idée qu'on ajoutoit à celui de guenipe. Quoi qu'il en soit, il appartient aujourd'hui, dans le langage des naturalistes, à une famille de quadrumanes de l'Ancien-Monde, qui se caractérise par une tête arrondie, dont l'angle facial est de soixante degrés; par des abajoues, et des callosités aux fesses; par des membres postérieurs beaucoup plus longs que les antérieurs, ce qui relève singulièrement le train de derrière de ces animaux, et donne à leur marche quelque embarras, mais facilite beaucoup leurs sauts; par une queue longue, et généralement relevée en arc sur le dos; enfin, par des molaires à quatre tubercules mousses, sans talon à la dernière de la mâchoire inférieure.

Ces animaux, tous originaires des contrées les plus chaudes de l'Afrique et de l'Asie, et qui sont à peu près de la grandeur d'un chien de moyenne taille, ne sont pas moins remarquables par leur pétulance et leur agilité que par leur finesse et leur malice. Organisés pour monter aux arbres et pour se nourrir de fruits, et portés, par leur instinct, à vivre réunis, ils remplissent les forêts, en couvrent les cimes et viennent, près des habitations et des lieux cultivés, se jeter sur les champs pour les dévaster. On assure qu'ils mettent à leurs excursions la plus grande prudence; que les plus âgés, placés en tête ou en queue de la troupe, la conduisent et veillent à sa sûreté, et s'il faut combattre, s'exposent les premiers aux coups; qu'arrivés sur le lieu du pillage, des sentinelles sont établies sur les points les plus élevés, afin d'avertir au moindre danger, et que, rangés sur une ou plusieurs lignes, les fruits ou les plantes sont jetés, par les individus qui les arrachent ou les cueillent, à ceux dont ils sont les plus proches, qui, à leur tour, les jettent à leurs voisins; de sorte que, dans le moins de temps possible, toute une récolte a passé de main en main d'un champ ou d'un verger dans le repaire de ces animaux dévastateurs. Lorsqu'un animal étranger ou un homme pénètre dans les domaines dont ils se sont établis les souverains, ils se réunissent autour de lui, le poursuivent, lui jettent les branches qu'ils peuvent rompre, et ne le laissent en paix que lorsqu'il se trouve assez éloigné pour ne plus leur inspirer d'inquiétude.

Malgré le haut degré d'intelligence dont ils paroissent être doués, la vivacité et la mobilité de leur sentiment empêchent qu'ils ne se soumettent et ne s'apprivoisent entièrement. C'est pourquoi on est obligé de les tenir continuellement à la chaîne pour éviter les dégâts qu'ils causeroient s'ils étoient en liberté. Dans leur jeunesse ils ont de la douceur, quelque docilité, et leur pétulance est agréable; mais dès qu'ils atteignent l'âge adulte, ils deviennent plus méchans et plus intraitables même que des animaux féroces, les mâles surtout; car les femelles conservent toujours plus ou moins de douceur et de timidité.

Il est cependant nécessaire de diviser, sous le rapport du naturel, les guenons en deux ou trois groupes. Le premier, qui se composera du malbrouck, du callitriche, du grivet, des mangabey, des patas, etc., et auquel conviendra tout ce que je viens de dire; et le second, où se réunissent la mone, l'ascagne, la diane, le moustac, le hocheur, le blanc nez, qui tous paroissent, avec autant d'agilité, avoir moins de violence dans les passions que les premiers, et être plus affectueux. Peut-être même faudroit-il encore séparer de ce second groupe l'entelle et la maure qui, par leur lenteur, semblent annoncer un calme de sentimens dont aucune autre espèce n'est douée ; mais on ne possède point encore d'observations suffisantes pour caractériser ces groupes par des signes extérieurs très-sensibles ; c'est un but de recherches qu'une étude plus exacte de ces animaux fera sans doute bientôt atteindre.

Ces singes, d'après leurs rapports d'organisation, se placent entre les orangs-outangs et les macaques ; mais, sous le rapport de l'intelligence, ils sembleroient ne devoir venir qu'après ceux-ci, beaucoup moins pétulans que les guenons, et plus semblables conséquemment aux premiers, remarquables par le calme et l'apparence de réflexion qui semble présider à leurs mouvemens.

L'organisation interne des guenons a les plus grands rapports avec celle de l'homme ; et elles ont encore avec l'espèce humaine beaucoup de ressemblance par les organes extérieurs.

L'œil est entièrement semblable au nôtre dans toutes ses parties; l'oreille n'a point d'hélix postérieurement ; ce replis s'arrête et finit insensiblement à la partie supérieure de la conque, et tout ce qui vient ensuite est aplati ; d'où il suit que la grande cavité de l'hélix n'existe pas, et qu'on n'aperçoit plus que le bord interne de l'anthélix avec ses branches supérieures et inférieures ; les tragus sont très-sensibles : mais le lobe inférieur s'est effacé ; et on voit généralement au-dessous de l'antétragus deux enfoncemens, séparés par une légère saillie. Le nez, composé dans ses parties essentielles comme celui de l'homme, n'a de cartilages extérieurs qu'en rudimens : aussi cet organe n'est-il point saillant, excepté chez une seule espèce. Les narines s'ouvrent immédiatement dans la face, à peu près à égale distance de la bouche et des yeux. Les lèvres sont simples et minces ; un sac se trouve de chaque côté des joues dans la bouche ; et la langue, fort douce, est terminée en arrière par quatre glandes à calices, disposées comme celles de l'homme.

Le siége principal du toucher est dans les quatre mains, garnies entièrement d'une peau délicate, et organisée comme celle de nos mains. Les lèvres, sans être garnies de moustaches, ont cependant sur ces parties quelques poils beaucoup plus longs que ceux du reste de la face ; et le pelage, généralement assez bien fourni, aux parties supérieures surtout, est entièrement soyeux dans la plupart des espèces. Les organes génitaux des mâles sont semblables à ceux des cynocéphales; le scrotum renferme et les testicules et la verge, et celle-ci se termine par un gland piriforme, percé en dessus par l'orifice du canal de l'urètre. Chez les femelles, toutes les parties extérieures de ces organes sont rudimentaires, et l'ouverture du vagin se montre par une simple fente longitudinale. Chez quelques espèces cependant, le clitoris a un peu de saillie; mais il n'a jamais un grand développement, et elles n'ont de commun, dans la manifestation du rut, que l'accumulation du sang aux parties génitales et la menstruation; quelques unes manifestent cet état par les exubérances dont nous avons parlé à l'article des cynocéphales, tandis que d'autres ne le font point. Deux callosités nues garnissent les fesses et adhèrent aux tubérosités qui se trouvent à la partie postérieure de l'ischion. Les dents sont au nombre de seize à chaque mâchoire : quatre incisives, deux canines et dix molaires; cinq à droite et cinq à gauche. A la mâchoire supérieure, les deux incisives moyennes sont très-larges, comparées surtout aux deux latérales; les canines sont longues et fort aiguës; les deux premières molaires sont seulement à deux racines, et composées, sur leur couronne, de deux tubercules; les suivantes ont trois racines et quatre tubercules. A la mâchoire inférieure, les incisives moyennes sont aussi plus larges que les latérales; mais la différence est beaucoup moindre qu'à la mâchoire opposée : les canines sont un peu plus petites que les supérieures; deux fausses molaires viennent immédiatement après : la première est mince et à une seule pointe, comme celles des carnassiers; la seconde est semblable aux fausses molaires supérieures, et les trois molaires qui suivent ont entièrement la structure de celles qui leur sont opposées.

Comme nous l'avons déjà dit, ces animaux marchent et courent mal; mais ils sautent et grimpent avec une prodigieuse facilité; et la faculté qu'ils ont de pouvoir empoigner avec les quatre mains favorise à tel point leurs mouvemens, qu'un des sujets les plus grands d'étonnement, lorsqu'on les rencontre dans les forêts, est de voir la variété grotesque de leurs attitudes et la bizarrerie de leurs gestes : il n'est point de position difficile qu'ils ne prennent, point de sauts périlleux qu'ils ne fassent, et cela avec une assurance, une prestesse dont aucun autre animal ne pourroit donner l'exemple. Dans le repos, ils se tiennent assis sur leurs fesses, et pour dormir, ils laissent, ainsi assis, tomber leur tête sur leur poitrine.

Quoiqu'on les voie quelquefois ramasser leur nourriture avec la bouche, ils l'y portent ordinairement avec leurs mains, et, toujours avant de remplir leur estomac, ils remplissent leurs abajoues; ils pèlent avec beaucoup d'adresse les fruits qui ont besoin de l'être, en détachent la pelure avec leurs dents, et ils flairent toujours ce qu'on leur donne avant que de le manger. Ils boivent en humant. Ils rejettent leurs excrémens partout où ils se trouvent, et ne paroissent éprouver aucun malaise de la malpropreté qui en résulte pour eux, lorsqu'ils sont en esclavage: bien différens en cela de tant d'autres animaux qui ont un si grand soin de cacher ces matières et d'entretenir la propreté autour d'eux. On ne connoît rien sur leur génération.

Les espèces de ce genre sont nombreuses; on en compte déjà vingt; et toutes celles qui existent ne sont vraisemblablement point encore connues.

Le Callitriche: *Simia sabœa*, Linn.; Callitriche, F. Cuv., Hist. nat. des Mammifères; Buff., t. XIV, pl. 37, Ménagerie du Muséum. Cette guenon a les parties supérieures du corps d'un vert jaunâtre, comme l'indique son nom vulgaire de singe vert. Cette couleur provient de poils couverts d'anneaux jaunes et noirs, sur lesquels le jaune domine; la face externe des jambes et le dessous de la queue est plus gris, le jaune des poils ayant disparu en partie; le dessus de la queue est comme le dessus du corps, mais elle est terminée par un long pinceau de poils jaunes. Les parties inférieures, la face interne des jambes, le dessous de la mâchoire, de la gorge et du cou sont d'un blanc jaunâtres, ainsi que les poils qui environnent, en arrière, les parties de la génération. Ceux du dessus des sourcils et ceux des favoris sont d'un beau jaune, et ces derniers se dirigent d'avant en arrière en s'écartant un peu, de sorte que, vus de face, ils forment comme une sorte de fraise. La face, les oreilles et la peau des mains sont tout-à-fait noires; la peau des testicules est verdâtre; les oreilles commencent à s'alonger en pointe. Le callitriche a la face plus alongée et moins arrondie que l'espèce suivante, sans cependant que cette différence paroisse influer en rien sur les qualités de l'entendement.

Un des callitriches vivant à la Ménagerie du Muséum avoit, de l'occiput aux callosités, 1 pied 4 pouces; au train de devant, 1 pied 3 pouces 9 lignes ; au train de derrière, 1 pied 5 pouces 3 lignes; du bout du museau à l'occiput, 6 lignes; sa queue avoit 2 pieds 2 pouces.

Adanson a trouvé le callitriche en très-grande quantité au Sénégal.

Il paroît qu'il habite en outre la Mauritanie et les îles du cap Vert.

Le Malbrouck : *Simia faunus*, Gmel.; le Malbrouck, F. Cuv., Hist. nat. des Mamm.; *Simia cynosuros*, Scopoli, *Deliciæ Faunæ et Floræ*, t. 19. Toutes les parties supérieures du corps sont d'un gris verdâtre, résultant de la couleur des poils alternativement jaune et noire dans leur moitié extérieure : les membres, en dessus, et la queue dans toute sa longueur, sont d'une couleur grise; la face interne des membres, la partie postérieure des cuisses, le tour des testicules, le ventre, la poitrine, le cou, la gorge, les joues et un bandeau sur les sourcils, sont blancs ; les poils des côtés des joues sont très-longs et se dirigent en arrière, en formant des espèces de favoris; les yeux sont bruns; la face est noire, excepté le tour des yeux qui est couleur de chair; les oreilles et les paumes des mains sont également noires; les callosités et le tour de l'anus sont rouges, et les testicules du plus beau bleu lapis. Il a de l'occiput aux callosités, 1 pied 4 lignes; de l'occiput au bout du museau, 5 pouces 4 lignes ; hauteur du train de devant, 1 pied ; hauteur du train de derrière, 1 pied 2 pouces.

Il est d'un caractère fort irritable, cherche toujours à attaquer par derrière, et s'attache rarement à ceux qui le soignent. Buffon dit que cet animal vient au Bengale, et qu'il y porte le nom de malbrouck.

Le Grivet; *Simia subviridis*, F. Cuv., Hist. nat. des Mammif. Cette espèce, toute nouvelle, se distingue des deux précédentes par ses formes ou ses couleurs; du malbrouck, dont elle a la masse de coloration, par les formes de la tête moins arrondies, par les testicules qui sont d'un vert de cuivre, au lieu d'être bleu lapis, et par la couleur des poils qui environnent ces parties, d'un bel orangé chez le premier, et blancs chez le second. Il se rapproche par là du callitriche, chez lequel cependant ces poils sont jaunes, et aussi par la couleur des testicules et la forme pyramidale de la tête; mais il s'en distingue par sa couleur d'un vert beaucoup plus sombre, le bandeau blanc de ses sourcils, ses favoris blancs, et sa queue grise, terminée de noir. Toutes les parties supérieures de son corps, excepté les membres et la queue, sont d'un vert gris, qui résulte de poils annelés de gris noirâtre, et de jaune livide : les poils des cuisses ont les mêmes couleurs; mais il y a très-peu de jaune, et tous les anneaux sont gris et blancs sur les pates de devant et de derrière. A la face interne des membres, au ventre, à la poitrine, à la partie antérieure des épaules, au cou, et à la face interne de la queue, le pelage est blanc; les favoris et un bandeau qui passe sur les sourcils ont aussi cette couleur; les oreilles, la plante des quatre pieds et la face sont d'un noir violâtre; mais le tour des yeux est d'une couleur de chair livide; quelques poils noirs, longs et roides, assez semblables à des soies, naissent sur la crête sourcilière entre les deux yeux. Sa taille étoit celle du malbrouck, et sa patrie est inconnue. Il ressembloit beaucoup, pour le caractère, aux deux espèces précédentes.

Le grivet arrive assez fréquemment en Europe, et tout porte à croire qu'il aura été confondu, par les naturalistes, avec le callitriche ou avec le malbrouck.

Le Mangabey : *Simia fuliginosa*, Geoff.; le Mangabey, F. Cuv., Hist. nat. des Mammifères; Buff., tom. XIV, pl. 32. Toutes les parties supérieures du corps, ainsi que la queue, sont d'un beau gris d'ardoise, qui devient noir sur les pates; les parties inférieures sont d'un blanc grisâtre; les favoris, plus ou moins foncés, ont quelquefois le gris du dos, et d'autres fois le blanchâtre des parties inférieures, et on en rencontre de toutes les nuances entre ces deux couleurs. Les poils de ces favoris se dirigent en arrière; les mains sont noires, et les sourcils violâtres; la face varie par ses couleurs: quelquefois elle est d'une seule teinte livide très-foncée: d'autres fois la partie antérieure du museau est noirâtre, et le reste de la face cuivré; mais le dessus des paupières est constamment d'un beau blanc. Cette guenon est très-haute sur jambes, et est encore remarquable par la grande largeur de ses incisives moyennes supérieures; elle porte sa queue renversée horizontalement sur le dos; la femelle a, à l'époque du rut, un gonflement considérable autour des parties de la génération, très-large près de l'anus, et se rétrécissant autour de la vulve.

Cette espèce a encore deux variétés, l'une ayant un léger collier blanc sur le cou, et étant brun de chocolat en dessus et blanchâtre en dessous; l'autre étant brun de chocolat, uniforme en dessus et fauve-pâle en dessous. Toutes deux ont les paupières blanches; et, comme cette variation du gris au brun n'a été observée que sur deux individus placés dans la Collection du Muséum, il est à présumer qu'ils ne la doivent qu'à la manière dont ils ont été conservés.

La patrie du mangabey est peu connue; Hasselquist cependant le dit d'Abyssinie.

Le Patas : *Simia rubra*, Gmel.; le Patas, F. Cuv., Hist. nat. des Mammif.; Buff., t. XIV, pl. 25 et 26. Cette espèce a toutes les parties supérieures du corps d'un fauve brillant, qui s'affoiblit de ton et prend une légère teinte grise en descendant sur les bras et sur les jambes; la queue est fauve à son origine, et cette couleur se mélange avec du gris et du jaunâtre à mesure qu'elle s'avance vers l'extrémité de cet organe; et toutes ces teintes sont encore plus foibles en dessous; le ventre, la poitrine, la face interne des membres et les favoris des côtes des joues sont blancs, légèrement nuancés de jaune. La peau des quatre mains est d'une couleur de chair verdâtre, et celle de la face de la même couleur, mais plus claire; des poils noirs forment un bandeau sur les yeux, et le nez, ainsi que deux lignes sur la lèvre supérieure en forme de moustaches, sont aussi revêtus de poils noirs, mais très-courts, ce qui donne à cet animal une physionomie toute particulière.

Le patas a, de l'origine de la queue au bout du museau, 1 pied 4 pouces; du museau à l'occiput, 5 pouces; la queue a 1 pied 5 pouces; et la hauteur à la partie la plus élevée du dos est de 1 pied 2 pouces.

Il paroît se trouver au Sénégal, et peut-être vers le haut de l'Egypte.

La Diane : *Simia diana*, Linn.; le Rolowai, Buff., Suppl. posthume, pl. 20; la Diane, Audebert, Hist. des Singes, fam. 4, sect. 2, pl. 6. Tout le dessus du corps, les flancs, les bras, les cuisses, les jambes et la queue sont d'un noir gris ardoise; le front est garni de poils blancs, assez clair semés; les tempes sont couvertes d'un poil blanc très-touffu, qui se termine sous le menton en une longue barbe mince et pendante; la poitrine et l'intérieur des bras sont blancs; une grande tache triangulaire et d'un brun pourpre s'étend depuis la queue jusqu'aux épaules; les poils de l'intérieur de la cuisse sont de couleur orangée, et une ligne blanche s'étend sur la partie externe de la cuisse, de l'anus au genou; la face est toute noire. On trouve la diane en Guinée.

L'Ascagne : *Simia petaurista*, Gmel.; l'Ascagne, F. Cuv., Hist. nat. des Mammifères; le Blanc-nez, Ménag. du Muséum. Tout le dessus du corps est verdâtre, teint d'un peu de fauve sur le dos et la queue, et de gris sur les pates; la tête et les cuisses sont d'un vert assez pur; toutes les parties inférieures sont blanches, un peu grisâtres sous la queue et à la face interne des membres; quelques poils plus noirs que les autres entourent le front, et, passant au coin de l'œil et au-dessus des oreilles, viennent se rejoindre derrière la tête; les joues et le menton sont garnis de poils blancs, légers et touffus; et, entre l'œil et l'oreille, se trouve un pinceau des mêmes poils séparés des premiers et se dirigeant en arrière; la peau des mains, des lèvres, du menton et des oreilles est violâtre; le bout du nez est blanc, à cause des petits poils de cette couleur qui le recouvrent; le dessus du nez, le tour des yeux et les joues, sur les pommettes, sont bleuâtres; une ligne étroite de poils noirs fort courts descend du nez, entoure le blanc de cette partie, et s'étend sur la lèvre supérieure.

La hauteur de l'ascagne étoit, lorsqu'il se trouvoit sur ses quatre pates, de 10 pouces; sa tête avoit 3 pouces, et sa queue 1 pied 6 pouces.

Cette espèce paroît être, comme la précédente, originaire de la Guinée.

Le blanc-nez Allamand, édition hollandoise des Œuvres de Buffon, et Buff., Suppl. posthumes, dont plusieurs naturalistes ont fait une espèce distincte de l'ascagne, n'en différant que parce qu'il a noirâtre à la face ce que ce dernier a bleu, ne doit être regardé peut-être que comme une variété de cette espèce.

Le Hocheur : *Simia nictitans*, Gmel.; le Hocheur, Audebert, Hist. nat. des Singes, fam. 4, sect. 1.re, pl. 2; Guenon à nez blanc proéminent, Buff., Supplemens posthumes, pl. 18. Tout le dessus du dos, le sommet de la tête, les flancs, le dessus des cuisses, la poitrine et le ventre sont d'un gris d'ardoise, résultant de poils gris à leur base, alternativement annelés de noir, et d'un étroit anneau gris, qui se trouve jaune sur la tête et le dos, et d'autres poils entièrement noirs et en petite quantité; les membres, le cou et la queue sont noirs; les favoris sont très-touffus et de la couleur de la tête; ils sont séparés de celle-ci par une bande d'autres poils totalement noirs, qui va de l'œil à l'oreille : celles-ci sont d'un noir brunâtre; la face est d'un noir bleuâtre; les paupières supérieures sont de couleur tannée; le nez est noir à sa base, et d'un beau blanc à la moitié inférieure; il y a sous la mâchoire inférieure des poils gris, ainsi qu'à la face interne des cuisses et sous les aisselles.

Il a, du bout du museau à l'origine de la queue, 1 pied 4 pouces; du museau à l'occiput, 4 pouces; la queue a 2 pieds 1 pouce; il a de hauteur à l'épaule, 8 pouces.

Il y a tout lieu de croire que cette espèce est, comme la précédente, originaire de Guinée.

La Mone: *Simia mona*, Schreber; la Mone, F. Cuv., Hist. nat. des Mammifères; Buff., tom. XIV, pl. 36, et Supplémens posthumes, pl. 19. Le dos, le dessus du cou, les flancs et le dessus de la croupe, sont d'un beau marron tiqueté de noir; le dessus des jambes et des cuisses et la queue d'un gris ardoisé; de chaque côté de ce dernier organe, sur la croupe, se trouve une tache oblongue d'un beau blanc; le cou en dessous, la poitrine, le ventre et la face interne des membres sont aussi d'un blanc très-pur : la tête est d'un vert doré brillant; les sourcils ont un léger bandeau gris, et, de chaque côté de ses joues, sont d'épais favoris jaunes-paille, tiquetés de noir; la face, depuis les yeux jusqu'au nez, est bleuâtre, et sur le reste du museau, d'une belle couleur de chair; les pates et les oreilles sont couleur de chair livide.

Cette espèce est d'Afrique, et se trouve en Barbarie; mais on ne sait précisément jusqu'où elle s'étend.

Le Moustac: *Simia cephus*, Linn.; le Moustac, Buff., t. XIV, pl. 34; Audebert, Hist. nat. des Singes, fam. 4, sect. 2, pl. 12. Le dos, les épaules, la croupe et le dessus de la cuisse sont d'un cendré roussâtre; le dessus des bras, des jambes et des mains d'un cendré verdâtre foncé; la queue a sa moitié antérieure grise et le reste jaunâtre; tout le dessous du corps et l'intérieur des membres sont d'un blanc grisâtre ; le dessus de la tête est verdâtre : il se trouve une bande noire, allant de l'œil à l'oreille ; les favoris sont touffus et d'une belle couleur jaune ; le tour de la bouche est revêtu de poils noirs ; la face est d'un noir bleuâtre, et l'on voit sur la lèvre supérieure une place nue, d'un joli bleu très-clair, en forme de croissant, dont les pointes remontent de chaque côté du nez.

Il a du museau à l'origine de la queue, 1 pied ; et celle-ci a 1 pied 6 pouces.

Il est vraisemblable qu'il est originaire de la Guinée.

Le BARBIQUE : *Simia latibarbatus*, Temminck ; Guenon à face pourprée, Buff., Supplémens posthumes, fig. 21, et Pennant, Quadrup., tom. 1, p. 184, pl. 21. Cette guenon, l'une des plus petites, est noire ; sa queue, très-longue, se termine par un pinceau de poils blancs très-touffus ; la face et les mains sont d'un violet pourpre ; la barbe et les favoris sont blancs ; la première est triangulaire, courte et descendant en pointe sur la poitrine ; les seconds sont très-grands, cachent les oreilles, et s'étendent en forme d'ailes de chaque côté de la tête.

Cet espèce, fort douce, s'apprivoise facilement, et se trouve dans les bois de Ceilan, où elle se nourrit de fruits et de bourgeons.

Le DOUC : *Simia nemœus*, Linn. ; le Duc, Buff., tom. XIV, pl. 41 ; Audebert, Hist. nat. des Singes, fam. 4, sect. 1.re, pl. 1. Ce grand singe, peu connu, a le corps et la tête gris, l'épaule et le haut des bras d'un gris plus foncé ; l'avant-bras, la queue et une large tache sur le bas de la croupe sont d'un blanc jaunâtre ; la cuisse et les jambes sont d'un brun pourpré ; les pieds, les mains et le front sont noirs ; les favoris et la barbe, peu touffus, sont jaunes ; un collier d'un brun pourpré entoure son cou, d'un rouge bai.

Il habite la Cochinchine, où l'on nomme douc ou dok toute espèce de singe ; se voit très-rarement en Europe, et a plus de deux pieds de haut étant debout.

Le KAHAU : *Simia nasica*, Schreber ; la Guenon à long nez, Buff., Suppl. posthumes, pl. 11 et 12 ; Audeb., Hist nat. des Singes, fam. 4, sect. 2, pl. 1. Encore plus grand que le douc, ayant trois pieds quatre pouces de haut : il est roux, et a, comme le précédent, la queue et une tache sur la croupe blanchâtres ;

la face est d'une couleur tannée, ainsi que les oreilles; le front et le sommet de la tête sont roux foncé; le menton est garni de longs poils, dirigés en avant, courbés en haut, et d'un roux clair; le dos est roux foncé, irrégulièrement varié de roux un peu plus pâle; la poitrine et le ventre ont une légère teinte grise, avec une ligne transversale plus claire sur les mamelles; le bras est d'un roux vif, avec une ligne diagonale jaune pâle; l'avant-bras, les jambes, les mains et les pieds sont d'un gris jaunâtre.

Mais ce qui distingue particulièrement cette guenon, est un nez alongé de 4 pouces, large, fort plat au bout, et légèment échancré, ayant les narines percées en dessous et au bout, et susceptibles de s'élargir et de se renfler à la volonté de l'animal.

Cette espèce habite, en troupes nombreuses, l'île de Bornéo, et se tient près des rivières, où elle fait entendre son cri qui articule assez distinctement *kahau;* elle se trouve aussi à la Cochinchine, où on la nomme dôc ou grand singe.

L'Entelle : *Simia entellus*, Dufrêne; l'Entelle, F. Cuv., Hist. nat. des Mammif.; Audebert, Hist. nat. des Singes, fam. 4, sect. 2, pl. 2. Cette guenon, dont on doit la connoissance à M. Dufrêne, est absolument d'un blanc sale et grisâtre, qui prend une teinte roussâtre sur la croupe, et jaunâtre sur la tête; les épaules ont une teinte grise assez foncée, et la queue est d'un gris roux; la peau du visage, de la gorge, des oreilles, des mains, des pieds et des callosités est d'un noir violet; l'iris est brun roux; les poils du front et du menton sont longs, et se dirigent en avant, en suivant la ligne des mâchoires.

Il a de l'occiput à l'origine de la queue, 1 pied 1 pouce; du museau à l'occiput, 4 pouces 2 lignes; du sol à l'épaule, 9 lig.; du sol de la croupe, 1 pied; la queue a 2 pieds 2 pouces 3 lig.

Cet animal vient du Bengale, a les mouvemens gauches et lents, et les membres très-longs. L'on peut douter qu'il ait des abajoues ou du moins qu'il les remplisse; car, lorsqu'il mange, les côtés de ses joues ne font aucune saillie, bien différent en cela des autres guenons qui commencent ordinairement par remplir ces joues avant d'avaler leur nourriture.

Le Maure : *Simia maura*, Linn.; l'Adulte, Edwards, pl. 311; le Jeune, Schreber, 228. Cette guenon adulte est toute noire, avec une tache blanche sous l'origine de la queue, et de longs poils ombragent son front et ses oreilles. Jeune, elle est d'un roux verdâtre, plus brun sur la queue, et son poil ressemble à du feutre.

Elle habite Java, est plus petite que la précédente, et a, comme elle, les membres fort alongés.

On distingue encore

La Guenon dorée; *Simia auratus*, de M. Geoffroy. D'un jaune doré, avec une tache noire sur le genou : elle offre beaucoup de rapports avec le maure par ses formes générales et les longs poils de ses sourcils et de ses oreilles.

Enfin, nous terminerons la série des espèces de guenons les mieux connues parmi les colobes : ces singes de l'ancien Monde qui, dit-on, sont privés de pouces aux mains de devant, mais sur lesquels on n'a que des renseignemens si vagues, si incertains, que leur existence a paru douteuse aux yeux des naturalistes les moins prévenus et les moins exigeans.

Le Colobe a camail : *Simia policomos*, Schreber ; la Guenon à camail, Buff., Suppl. posthumes, pl. 17 ; le Full-botton, Pennant, Hist. nat. des Quadrupèdes, tom. 1, pag. 197, pl. 24. Noir sur le corps, les bras et les jambes; la queue longue, d'un beau blanc, et terminée par un pinceau de poils; la tête, le tour de la face, le cou, les épaules et la poitrine couverts de longs poils touffus et flottans, d'un jaune mêlé de noir; la face est nue et noire.

Cette espèce a trois pieds de haut lorsqu'elle est debout, et habite la Guinée.

Le Colobe ferrugineux : *Simia ferruginosus*, Shaw; Bay monkey, Pennant, Hist. nat. des Quadrupèdes, tom. 1, p. 198. Cette espèce a la tête et les jambes noires; le dos bai foncé, et les joues, le dessous du corps et la face interne des membres bai très-clair.

Elle habite avec la précédente, dont Buffon la croit une variété.

Le Colobe Temminck ; *Simia Temminck*, Desmarest, Mammifères de l'Encyclopédie. Le dessus de la tête, du cou, du dos, les épaules et la face externe des cuisses sont noirs; les jambes et les bras sont d'un roux clair; la face, les mains et la queue sont d'un roux pourpre; le ventre est d'un jaune roussâtre.

Il a, depuis le museau jusqu'à l'origine de la queue, 1 pied 7 pouces 6 lignes.

Les voyageurs et les naturalistes indiquent encore plusieurs guenons dont nous ne faisons point ici mention, parce qu'elles sont trop imparfaitement caractérisées. Nous en parlerons à l'article de leurs noms propres. (F. C.)

GUENTHÉRIA. (*Bot.-Crypt.*) Genre de la famille des *hépatiques*, récemment établi par Treviranus, et qui l'avoit déjà été par Raddi, dans les *Opusculi Scelti* de Bologne, pour 1818, sous le nom de *Corsinia*. Ce genre est voisin du *Riccia*, et même est formé à ses dépens. Treviranus pose ainsi ses caractères : Périgone à deux ou trois folioles dentées et crêtées sur le bord; bourses ou coiffes agrégées, sans ouvertures; capsules solitaires dans chaque coiffe, presque sessiles, complétement fermées; séminules nues, privées d'élatère. Raddi donne ces caractères aux parties qu'il regarde comme les organes femelles, et il indique, pour les organes mâles, des corpuscules presque coniques, blanchâtres, épars sur la fronde, comme les organes femelles, et tantôt sur le même pied, tantôt sur des pieds séparés.

Quant à présent, une seule espèce de ce genre est décrite : c'est le *riccia*, Michel., tab. 57, fig. 1 ; mais il est à croire que plusieurs des *riccia* de la pl. 57 de Micheli doivent être ramenés dans ce genre.

Guenthéria marchantioïde : *Guentheria graveolens*, Trevir., *in Ann. reg. veget.*, 1, fasc. 3, p. 1, *Ic.*, 1820; *Corsinia marchantioides*, Raddi, *Opuscul. Scelt. Bol.*, 1818, p. 354; *Riccia coriandrina*, Spreng., *Ann.*, 3; *Riccia*, Mich., t. 57, f. 1 et 2; Dill., *Musc.*, t. 78, fig. 15-16. Cette plante est petite; elle ressemble à un *marchantia*, et elle a l'odeur et la saveur de la coriandre, selon Raddi. Treviranus, qui ne l'a observée que desséchée, compare son odeur à celle des ossillatoires. Elle est très-commune aux environs de Florence, dans les lieux humides, montueux et gazonnés. Elle croît pendant l'automne, et en hiver jusqu'au mois d'avril. Ses frondes croissent à côté les unes des autres, et sans ordre; elles sont d'un vert-clair; chaque plante est formée, d'après Treviranus, d'une fronde simple, obovale, échancrée et élargie à l'extrémité (d'après Micheli, elle seroit rameuse-dichotome), bombée en dessous, et radicifère dans le centre. La fructification est située sur la fronde, au milieu, ou plus près du bord antérieur. Raddi fait remarquer que c'est vers le printemps que s'épanouit cette fructification, et qu'il y a plusieurs fossettes sur la même fronde. Mais nous craignons qu'il y ait ici confusion, et que les deux auteurs que nous citons ont probablement décrit deux plantes différentes. Les coiffes qui contiennent les capsules sont surmontées d'un prolongement styliforme, analogue à celui qu'on observe dans les jungermannes, et qui ne s'observe pas sur la capsule. Il est presque certain, selon nous, que le genre *Guentheria* est le même que celui nommé par Linnæus fils (*Suppl.*) *Rupinia;* du moins on ne peut contester la grande ressemblance qu'il y a entre la fig. 2, pl. 57, de Micheli, et celle du *rupinia rupestris*, donnée dans les Aménités Académiques, vol. 10, pl. 5, fig. 5. Cette plante est de l'Amérique méridionale, et ne sauroit être confondue avec l'*aytonia*, Forst. Voyez Rupinia. (Lem.)

GUÊPAIRES, *Vespariæ.* (*Entom.*) M. Latreille a nommé ainsi les insectes hyménoptères qui composent la famille de nos ptérodiples ou duplicipennes, laquelle comprend les guêpes, polistes, épipones, odynères, synagres et eumènes. Voyez Ptérodiples. (C. D.)

GUÊPAR (*Mamm.*), nom que les fourreurs donnent à une espèce de chat moucheté des Indes, dont la peau entre dans leur commerce. C'est le *felis jubata* des naturalistes. Voy. Chat. (F. C.)

GUÊPE, *Vespa.* (*Entomol.*) Genre d'insectes hyménoptères, aiguillonnés, de la famille des ptérodiples ou duplicipennes.

Ce nom de guêpe est évidemment dérivé du mot latin *vespa*, que l'on a d'abord prononcé *uespe*, comme le verbe gâter de *vastare* et beaucoup d'autres. Quant au mot de *vespa*, quoique employé par Pline (*Hist. anim.*, *lib. II*, *cap.* 27), son étymologie est tout-à-fait perdue, car le nom grec correspondant est σφηξ, *sphex*.

Le genre des guêpes est facile à distinguer de tous ceux qui appartiennent à l'ordre des hyménoptères par les caractères suivans : Leur abdomen est pédiculé, non concave en dessous, avec un aiguillon caché; leur lèvre inférieure ne dépasse pas leurs mandibules ; leurs antennes sont en fuseau, brisées, avec les deux premiers articles plus longs ; et, enfin, leurs ailes supérieures sont pliées en long sur toute leur longueur dans l'état de repos, ce qui les fait paroître comme doublées.

Par tous ces caractères on voit que les guêpes diffèrent, 1.° des tenthrèdes et autres genres de la famille des uropristes, dont l'abdomen est sessile, et dont les antennes ne sont jamais brisées; 2.° des abeilles et autres genres de la famille des mellites, dont la lèvre inférieure est plus longue que les mandibules; 3.° des chrysides dont l'abdomen est concave en dessous, et peut se rouler en boule, tandis que dans les guêpes le ventre est toujours arrondi en cône ou en toupie; 4.° de toutes les autres familles, telles que celles des ichneumons, des sphex, des fourmis, des philanthes, des diplolèpes dont les ailes supérieures ne sont jamais doublées.

Les guêpes ont été parfaitement connues des premiers entomologistes : c'est même dans Moufet, dont les ouvrages ont été imprimés il y a près de deux cents ans, que l'on trouve les premiers détails curieux que présente l'histoire de ces insectes. Nous ne pouvons résister au plaisir de copier ici quelques uns des passages de cet auteur, qui a décrit parfaitement les guêpiers (*vespata*).

« *Est autem vespa insectum volucre, gregale, annulosum,* « *oblongum, quatuor alis membranaceis præditum, exangue, intùs* « *aculeatum, sex pedibus donatum, colore luteo deaurato super* « *maculas nigras triangulatim positas, corpore toto transversim* « *variegatum. Corpus vesparum medio pectori tenuissimo quo-* « *dam filo alligatur ut veluti elumbes videantur, atque hiatulæ.* « *Bombum quoque edunt ut apes, sed stridulum magis atque horri-* « *sonum præsertim cùm irritantur. Si animi dotes describi velis,* « *vespa est politicum et gregale animal, monarchiæ subditum,* « *operosum, φιλότεκνον, ἀλληλοφιλον, pugnacis admodum* « *naturæ, et ad iram proclivis; politicæ vitæ signum est, quod* « *solitariæ non vivunt, sed civitatem sibi ædificant ædibus cons-* « *picuam, in quâ statis legibus obtemperant, tamque in operâ* « *quàm animo modum adhibent, etc.* »

L'histoire détaillée que nous avons donnée du genre des abeilles, s'applique à peu près à celui des guêpes. Les larves sont à peu près semblables. Quelques femelles sont souvent privées des organes de la génération, et travaillent en commun, comme des ouvrières, à la construction du nid commun, que l'on nomme un guêpier, dont la forme et la structure sont les mêmes pour chaque race, mais fort différentes dans les diverses espèces. En général les gâteaux ou les rayons d'alvéoles, dont il y a souvent plusieurs rangées dans la même construction, sont formés d'une sorte de carton ou de papier composé de fibrilles solides de végétaux agglutinés à l'aide d'une sorte de colle ou de gomme que l'insecte dégorge dessus pour en former une véritable pâte ductile qu'il étend et qu'il façonne, suivant le besoin, pour en construire une toiture, des murs extérieurs et solides, des planchers, des cloisons, des pilastres et des cellules imperméables, destinées à recevoir les œufs, à protéger les larves, et à envelopper les nymphes, lorsque le développement de ces insectes s'est opéré par les soins que leurs parens ont apportés à leur éducation physique. Mais, en décrivant les mœurs de deux des espèces principales, on connoîtra mieux les détails, qui seront par cela même plus précis.

1.° La Guêpe frelon; *Vespa crabro.*

Nous ne pouvons pas citer de bonnes figures de cette espèce; la moins mauvaise a été donnée par Schæffer, pl. 136, fig. 3. Geoffroy en a parfaitement exprimé les caractères comme il suit:

Jaune, à corselet noir, roux en devant et sans taches; les anneaux de l'abdomen marqués chacun d'un double point noir contigu.

Les antennes et la tête d'une couleur fauve un peu brune; la lèvre supérieure jaune; les yeux noirâtres; le corselet noir au milieu, brun sur le devant, sur les côtés et par derrière; les pates d'une couleur brune, tirant sur le marron; le premier anneau du ventre noir, mêlé de brun, et bordé d'un peu de jaune citron; les autres noirs à la partie supérieure, en partie recouverte par l'anneau qui précède, et jaunes à leur bord libre, où l'on voit cependant les taches ou points noirs qui caractérisent cette espèce.

Les guêpes frelons vivent en très-grande société: elles pratiquent leur demeure commune à l'abri de l'humidité et du vent, dans les troncs d'arbres creusés par le temps, dans les trous de murailles et de rochers ou sous les charpentes de grands édifices. La matière de ces guêpiers est composée du liber ou de la partie fibreuse de l'écorce séchée de jeunes branches de saule, de frêne, que ces insectes broient avec leurs mandibules, en y dégorgeant un suc visqueux qui en forme une sorte de pâte de carton dont les frelons composent la base solide, ou un pilier sur lequel ils attachent ensuite une sorte de calotte ou de voûte de forme variée, suivant l'espace où elle doit s'étendre. Cette première calotte semble être perforée par le pilier sur lequel est construit le premier rayon ou lit de cellules; chacune de ces cellules est à six pans à peu près comme celles des abeilles; leur orifice est constamment dirigé vers le bas : à peine sont-elles formées, que des œufs y sont déposés, à mesure qu'il en éclot des larves qui sont alimentées par leurs mères : car on remarque que toutes ces premières ouvrières sont des femelles fécondées; mais les larves, probablement par la manière dont elles sont nourries, ne produisent que des neutres condamnées à une stérilité complète; l'époque du développement arrivée, ces larves se filent, dans l'intérieur de la cellule ou de l'alvéole, une coque soyeuse, fermée extérieurement par un opercule de même nature : au fur et à mesure que ces ouvrières atteignent à leur perfection, elles rompent leur cellule, et se mettent à travailler au guêpier comme les véritables femelles, et à prendre soin de la recherche de la nourriture et de l'éducation physique de leurs jeunes sœurs. On présume qu'il en est de ces ouvrières comme de celles des abeilles, que leur état de stérilité dépend du non développement des ovaires, mais que l'instinct de la maternité ne s'en manifeste pas moins chez elles : aussi les unes travaillent-elles à l'agrandissement de la croûte extérieure; les autres à la construction de nouveaux rayons ou gâteaux de cellules, disposés par plans horizontaux, offrant un plancher soutenu de distance en distance par des piliers qui les suspendent solidement, et qui laissent, par leur étendue qui dépasse de six à huit lignes le bord libre des alvéoles supérieurs, deux sortes de galeries où les guêpes peuvent facilement se diriger pour le service intérieur. Tout l'édifice ainsi disposé ne s'ouvre au dehors et dans la paroi inférieure que par un seul orifice dont le diamètre est tout au plus d'un pouce. Un guêpier de cette sorte n'est habité que par cent cinquante ou deux cents individus.

C'est dans la saison la plus chaude seulement qu'il naît des larves pondues par les femelles, et des mâles et des femelles susceptibles de devenir mères, ou d'être fécondées : souvent même on ne les aperçoit que dans les premiers jours de l'automne; dès ce moment toutes les autres larves sont négligées, et même le plus souvent elles sont sacrifiées, arrachées de leurs cellules et jetées au dehors. Les mâles périssent eux-mêmes peu de temps après que les jeunes femelles ont été fécondées. Les anciennes ou les plus vieilles femelles succombent elles-mêmes; il ne reste plus que des femelles fécondées, qui rentrent dans le nid et qui s'y engourdissent pendant la saison de l'hiver, pour émigrer au printemps et recommencer les travaux que nous venons d'indiquer.

2.° La Guêpe commune ou vulgaire; *Vespa vulgaris.*

Nous avons donné une figure exacte de cette espèce sous le n.° 8 de la planche de l'Atlas de ce Dictionnaire, qui représente les hyménoptères anthophiles, chrysides et ptérodiples.

Son caractère peut être exprimé comme il suit:

Noire, corselet à deux lignes alongées jaunes, s'étendant vers l'origine de l'aile de chaque côté; écusson à quatre taches jaunes; anneaux de l'abdomen mi-partis de noir à la base, de jaune à l'extrémité libre, avec des points noirs distincts.

Le mâle diffère de la femelle par la longueur de ses antennes et par ses dimensions: cette espèce construit son guêpier sous la terre dans un terrain sec, ordinairement sous le gazon, dans quelque ancien trou de taupe, à huit ou dix pouces de profondeur de la superficie. En général, sa forme est globuleuse, de plus d'un pied de diamètre, et il contient de douze à quinze mille cellules, lorsqu'il est terminé.

L'enveloppe extérieure des guêpiers construits par cette espèce est composée de lames d'une sorte de papier ou de carton léger, mais superposées de manière à acquérir près d'un pouce d'épaisseur; les teintes en sont nuancées diversement du gris au verdâtre, au brun, au bleu ou au rougeâtre, suivant les matériaux qui sont entrés dans la pâte de cette croûte, qui présente ordinairement deux orifices qui servent indifféremment d'issue ou d'entrée.

Quand on ouvre ces guêpiers, on voit qu'ils sont très-régulièrement construits à l'intérieur, par autant d'étages qu'il y a de gâteaux ou de planchers de cellules; et les cloisons sont au nombre de douze à dix-huit, suivant leur forme plus ou moins alongée ou étroite. Il y a, de même que dans les gâteaux des guêpes frelons, deux sortes de pilastres ou de colonnes qui lient entre eux les rayons, car c'est toujours par la partie supérieure que les guêpes commencent leurs travaux de construction.

Les guêpes sont absolument réunies en société : tous leurs travaux, leur profession, leurs dangers sont communs; elles se nourrissent elles et leurs larves, de matières animales, de chair des viandes qui sont exposées à l'air, des insectes morts, des fruits sucrés et bien mûrs, qu'elles déchirent et qu'elles emportent par lambeaux. Pendant les plus fortes chaleurs, les femelles ne sortent pas du guêpier; elles ne s'occupent que des soins domestiques, de la ponte et de la nourriture des larves, auxquelles elles préparent les alimens, suivant leur degré de développement, à peu près de la même manière que les oiseaux délivrent la becquée à leur progéniture. Dans la saison chaude il faut à peu près un mois pour que l'œuf pondu devienne un insecte parfait. Il est vingt jours à croître sous forme de larve ; il file alors son cocon dans l'alvéole, et, de huit à douze jours après, il en sort avec des ailes. La cellule n'est pas perdue pour cela; elle est nettoyée avec soin, et sert de nouveau berceau à une larve dont l'œuf ne tarde pas à être déposé dans une cellule que la femelle trouve préparée.

On a remarqué que les œufs destinés à produire des mâles ou des femelles n'étoient jamais déposés dans les rangs d'alvéoles qui servent à l'éducation des ouvrières : aussi distingue-t-on ces dernières à leurs dimensions, qui sont moindres en largeur et en hauteur.

Un guêpier de cette sorte n'est cependant habité que pendant une seule saison; la plupart des guêpes mâles, ouvrières et femelles, qui ont pondu, périssent pendant l'automne ; quelques jeunes femelles passent l'hiver dans une sorte d'engourdissement dont elles ne sortent qu'au premier printemps, et l'on croit que chacune d'elles, comme une nouvelle Didon, devient la fondatrice d'une nouvelle ville.

Il paroît que, sous un grand nombre de rapports, les mœurs de la guêpe commune sont à peu près les mêmes que celles de la guêpe frelon.

Parmi les guêpes de même forme, à peu près décrites par les auteurs, nous citerons parmi celles du pays :

3.° La Guêpe d'Allemagne ; *Vespa germanica*, figurée par Panzer, cah. 49, pl. 20.

Elle est noire : sa tête a des taches de rouille, dont une

grande sur le chaperon, avec trois points noirs en .·., et une en croissant sur le vertex. Elle ressemble d'ailleurs à la guêpe commune, excepté que le bord libre des anneaux ne présente pas des points distincts et isolés, mais unis à la bande noire de la base.

4.° La Guêpe d'Autriche; *Vespa austriaca.*

Figurée par Panzer, d'après M. de Megerle, mais qui paroît être un mâle. Semblable à la guêpe commune, mais de moitié plus petite, n'ayant que deux taches jaunes sur l'écusson; le chaperon tout jaune, et pas de points sur les cerceaux jaunes de l'abdomen.

5.° La Guêpe saxone; *Vespa saxonica*, qui paroît être encore un mâle par la longueur de ses antennes, la forme de ses yeux plus globuleuse, et dont l'abdomen n'a que de très-petits cerceaux jaunes.

6.° La Guêpe rousse; *Vespa rufa.*

Semblable à peu près à la commune, mais offrant une tache couleur de rouille à la base de l'abdomen.

Parmi les espèces étrangères dont les nids ont quelques rapports avec les guêpiers des deux premières espèces, nous citerons:

7.° La Guêpe tatou; *Vespa morio*, que M. Cuvier a décrite et figurée dans le Bulletin de la Société philomathique, an VIII.

Elle est toute noire, brillante: nous en avons observé un grand nombre d'individus dans un guêpier venant de Cayenne, et semblable à une cloche irrégulière remplie par la base, avec une ouverture latérale.

8.° La Guêpe cartonnière; *Vespa nidulans.*

Décrite et figurée par Réaumur, Hist. des Insectes, tom. vi, pl. xx et suivantes. C'est une petite espèce noire, à abdomen conique, avec des taches et des cerceaux jaunes.

Elle vient également de Cayenne où elle construit des nids de très-grandes dimensions, d'un carton très-fin et très-blanc, qu'elle suspend à l'extrémité des branches d'arbres. L'orifice de ce nid est en dessous et au centre: il correspond à une sorte de cheminée qui traverse chacun des gâteaux, souvent au nombre de seize à vingt, adhérens, par toute leur circonférence, à l'enveloppe extérieure.

On a rapporté à un genre particulier, sous le nom de *poliste*, l'espèce suivante qui est très-commune aux environs de Paris.

9.° La Guêpe française; *Vespa gallica.*

Elle a été décrite par Geoffroy, tom. II, pag. 374, n.° 5, sous le nom de guêpe à anneaux bordés de jaune, et à deux taches jaunes sur le deuxième.

Elle a six taches correspondantes à l'écusson: elle construit un très-petit nid composé de vingt à trente cellules, dont celles du centre sont plus longues. Ce guêpier est très-commun dans les broussailles sur les arbustes. Les mères sont fort attachées aux larves, et ne quittent pas le nid quand on le détache des branches.

Enfin, pour indiquer encore quelques espèces d'une forme particulière, que l'on a même rangées dans des genres particuliers sous le nom de *zethes*, *d'eumènes* et de *discœlies*, nous ferons connoître les suivantes:

10.° La Guêpe en pomme; *Vespa pomiformis.*

Il paroît que la femelle et le mâle ont été figurés sous deux noms différens par Panzer, cah. 63, n.os 7 et 8.

Elle est noire, tachetée de jaune: le pétiole de l'abdomen présente deux points jaunes dans la partie la plus renflée; le deuxième et le troisième anneaux ont une double tache jaune interrompue, tandis que tous les autres sont bordés de jaune.

Elle a été décrite par Rossi, par Allioni.

11.° La Guêpe étranglée; *Vespa coarctata.*

Figurée par Geoffroy, tom. II, pl. 16, fig. 2, sous le nom de guêpe à premier anneau du ventre en poire, et le second en cloche.

Elle est noire; le devant du corselet et la partie postérieure ont des taches jaunes; l'anneau en cloche de l'abdomen a deux points et une bande interrompue jaune.

Geoffroy a observé le nid de cette espèce: il ne contient qu'une seule larve; au dehors il est sphérique et composé d'une terre fine.

Guêpe dégingandée ou disloquée. (Voyez Chalcide ficipède.)

Guêpes dorées. (Voyez Chryside.)

Guêpe ichneumone, maçonne. Voyez Sphège. (C. D.)

GUÊPIER. (*Bot.*) Voyez Favolus. (Lem.)

GUÊPIER. (*Entomol.*) On nomme ainsi les nids de Guêpe. Voyez ce mot. (C. D.)

GUÉPIER (*Ornith.*) : *Merops*, Linn. ; *Apiaster*, Briss. Les oiseaux avec lesquels les guépiers ont le plus d'analogie sont les hirondelles. Ils ont, comme elles, le corps alongé, tout d'une venue, le gosier ample et les ailes longues. Leur manière de voler et de se nourrir est la même ; toujours en l'air ou perchés sur des branches sèches, on ne les voit jamais sur terre, d'où la brièveté de leurs jambes ne leur permettroit de se relever qu'avec beaucoup de difficulté, et c'est avec assez de justesse que les colons hollandois du cap de Bonne-Espérance les appellent *hirondelles de montagne*.

Leurs caractères génériques consistent dans un bec triangulaire à sa base, alongé, en arête, un peu arqué, et terminé en pointe aiguë ; des narines petites, arrondies, couvertes, en général, de plumes dirigées en avant ; une langue cornée, non extensible, à peu près de la moitié de la longueur du bec, étroite, plate, déchiquetée sur ses bords, mais non terminée en filets caverneux ou en un pinceau de fibres nerveuses, comme l'ont supposé quelques naturalistes ; des tarses courts, dénués de plumes ; un doigt derrière et trois devant dont l'extérieur est réuni à l'intermédiaire dans la plus grande partie de sa longueur, comme chez les martins-pêcheurs ou alcyons ; l'ongle intermédiaire le plus fort de tous et dilaté sur son bord interne ; une queue composée de douze pennes, et les plumes couvrant les différentes parties du corps, douces, soyeuses, à longues barbes désunies.

Le mâle est toujours un peu plus fort de taille que la femelle, dont les couleurs ont une teinte moins prononcée et moins éclatante.

Les guépiers ne paroissent appartenir qu'à l'ancien continent. On n'en a pas vu en Amérique, et les oiseaux de la Nouvelle-Hollande qui ont été placés dans ce genre par Latham et par Shaw, sont des polochions et des créadions de M. Vieillot. Le vol est l'état naturel des guépiers, qui mangent, boivent, se baignent en volant, et ne se perchent sur les branches d'arbres, particulièrement sur celles qui sont défeuillées, que pour se reposer. Ils se nourrissent d'insectes diptères ou tétraptères, et surtout de ceux qui font amas de cire et de miel, comme les frélons et les abeilles. Quoiqu'ils tirent leur nom françois du mot guêpe, M. Levaillant n'en a jamais trouvé dans l'estomac des nombreux individus qu'il a ouverts en Afrique. Les graines que Belon dit avoir été retirées de celui de l'espèce européenne, sont aussi étrangères à la nourriture de ces oiseaux que les petits poissons dont Ray a supposé qu'ils faisoient aussi leur proie, d'après l'habitude qu'ils ont de voltiger sur les lieux aquatiques; ils ne se rassemblent en ces endroits que pour saisir les insectes qui y abondent, et ils nichent d'ailleurs, comme les martins-pêcheurs, les martinets et la plupart des hirondelles, au fond des trous qui se rencontrent sur les bords escarpés des rivières, ou qu'ils savent se creuser eux-mêmes avec le bec et les pieds. C'est dans ces trous, au fond desquels, après y être entrés, ils pénètrent en reculant, qu'ils font leur ponte et élèvent leurs petits dans la saison des chaleurs, laquelle, pour l'Afrique, correspond à notre hiver. Les grands martinets leur en disputent souvent la jouissance, et les guépiers, quoique mieux armés, sont quelquefois obligés de céder au vol impétueux et à la rudesse des mouvemens de leurs ennemis.

Les différentes espèces recherchent les mêmes lieux pour leur habitation; mais elles ne se mêlent point, et se réunissent séparément pour leur départ et leur retour. Les unes vivent en troupe, les autres par paires, et ensuite par familles composées du père, de la mère et de toute la nichée. M. Levaillant a observé dans la partie de l'Afrique par lui visitée, que cette dernière habitude appartient aux espèces dont la queue est carrée ou fourchue; tandis que celles dont les deux pennes intermédiaires excèdent les autres, vivent en grandes bandes.

Elien dit que les guépiers volent à rebours. Buffon nie cette assertion, qui seroit en effet absurde, si l'on entendoit par là voler la queue en avant; mais M. Levaillant explique ainsi le fait. Lorsque l'insecte poursuivi par un guépier est près d'être happé, il s'élève ou s'abaisse quelquefois tout droit pour échapper à son ennemi en rétrogradant, et celui-ci, afin de ne pas manquer sa proie, est obligé de s'élancer plus ou moins obliquement par derrière pour couper le passage à l'insecte et le saisir; dans cette action, l'oiseau paroît au spectateur, placé convenablement au-devant de lui, voler un instant à rebours, ou du moins renversé, en n'avançant toutefois que du côté du bec. Le savant voyageur prétend même que tous les oiseaux qui vivent de la chasse ont de ces mouvemens brusques qui présentent de pareils tours de force dans l'art du vol, et il cite le hobereau poursuivant dans les airs une vieille alouette, et les plaisantes cabrioles du traquet qui, de la pointe la plus élevée d'un buisson, fond sur une mouche passant à sa portée, et revient ensuite à sa place en pirouettant et en imitant les culbutes du pigeon dont le nom exprime ce vol bizarre.

Comme les abeilles et les bourdons, qui sont le mets de prédilection des guépiers, se parfument d'odeurs suaves en pompant le suc des fleurs, les guépiers s'en impreignent également; et leur peau épaisse, qui a la même qualité que celle des sucriers et des indicateurs, vivant aussi de miel, la doit probablement à la nature de cette substance.

Les guépiers se laissent assez facilement approcher quand on ne les tourmente pas; mais les coups de fusil les effraient; et lorsqu'on en tire dans les environs d'une berge par eux habitée, on les voit se précipiter hors de leurs trous, en poussant des cris aigus: la répétition de cet exercice par les chasseurs les détermine même à abandonner le canton, surtout lorsque les petits ont pris leur essor. Ces oiseaux, bien fournis en chair, prennent beaucoup de graisse, et sont un mets assez bon; mais, leur peau étant coriace, il faut les écorcher.

On peut provisoirement diviser les guépiers d'après la forme de leur queue. Dans le jeune âge, toutes les pennes en sont à peu près égales; mais lorsqu'ils sont parvenus à leur état parfait, les deux pennes du milieu deviennent, dans beaucoup d'espèces, plus longues que les autres. Le guépier commun présente un indice de ce prolongement; les espèces chez lesquelles il a lieu formeront la première section sous la dénomination de queue en flèche. Plusieurs autres ont la queue à peu près carrée; on en formera la seconde section: et l'on connoit une espèce à queue fourchue, qui constituera la troisième. Mais il y a encore une telle discordance, entre les auteurs, sur les espèces, qu'il seroit difficile d'en rectifier la synonymie.

§. I. *Queue en flèche.*

GUÉPIER COMMUN : *Merops apiaster*, Linn.; Pl. enl. de Buffon, 938; et 1 et 2 de M. Levaillant, Monographie des Guépiers. Cette espèce, la seule qu'on trouve en Europe, est assez commune dans l'île de Candie; on en voit aussi dans plusieurs contrées de la Grèce, en Italie et dans le midi de la France. Mais ils y sont considérés comme oiseaux de passage, et sont encore plus rares dans les pays septentrionaux. On en voit très-peu en Suède, où ils se tiennent près de la mer; et, quoiqu'ils préfèrent les pays chauds, Pallas assure qu'ils sont assez nombreux dans diverses parties de la Russie, où ils arrivent à la fin d'avril, et qu'ils restent dans les environs de la Samara et du Volga jusqu'aux approches de l'hiver, mais sans s'étendre jusqu'en Sibérie, où ils sont inconnus. Cette espèce est répandue en Barbarie, en Arabie et dans toute l'Afrique méridionale. Elle habite aussi quelques parties de l'Asie, et M. Levaillant a vu même plusieurs individus rapportés de la Chine. Ce voyageur a observé que les divers climats n'opéroient sur eux de différences que dans la taille et le plus ou moins d'éclat des couleurs. L'espèce vulgaire est, par exemple, plus grande et plus colorée en Afrique qu'en Europe, tandis qu'en Chine elle est plus petite qu'ailleurs.

Le guépier d'Europe, à peu près de la taille de la grive mauvis et de forme alongée, a dix à onze pouces de longueur, et seize à dix-sept pouces de vol; les deux pennes intermédiaires de la queue dépassent les autres de neuf à dix lignes; le tarse, gros proportionnellement à sa longueur, n'a que cinq à six lignes. Le front est d'une couleur d'aigue marine; les yeux petits, et d'un rouge vif, sont entourés d'un bandeau noir; le dessus de la tête est d'un marron teinté de vert, qui prend une nuance toujours plus claire en approchant du dos; le dessus du corps est d'un fauve pâle avec des reflets de vert et de marron; la gorge est d'un jaune doré éclatant, et quelques individus portent un collier noirâtre; les parties inférieures du corps sont d'un bleu d'aigue marine, qui règne aussi sur le bord extérieur de l'aile, et se retrouve avec des teintes roussâtres sur la queue; presque toutes les pennes sont terminées de noir; le bec est de cette couleur, et les pieds sont d'un brun rougeâtre.

La femelle, plus petite que le mâle, a les couleurs moins prononcées; les deux pennes intermédiaires de sa queue sont plus courtes, et elles ne dépassent pas les autres chez les jeunes.

Au Cap et au Sénégal, où les guépiers sont très-abondans,

les individus de cette espèce sont plus forts; les deux pennes caudales plus longues; les couleurs plus vives et plus brillantes; le collier noir plus apparent. Les individus qui habitent l'Europe ressemblent davantage aux jeunes de ceux d'Afrique.

Le cri que fait entendre le guépier commun est, suivant Belon, aussi fort que celui du loriot, et exprime les syllabes *grulgru rurural*, ou, selon d'autres, *crou*, *crou*, *crou*. Sonnini prétend que l'oiseau l'accompagne, de temps à autre, d'un craquement de bec.

Comme les cigales sont une proie friande pour les guépiers, les enfans de l'île de Candie en font un appât pour les prendre; ils traversent à cet effet la cigale avec une épingle recourbée, et à laquelle est attaché un long fil, ce qui ne l'empêche pas de voltiger et de devenir une sorte de hameçon pour l'oiseau qui l'avale.

Les trous dans lesquels ces oiseaux font leur nid sur les rives sablonneuses des fleuves, ou sur les coteaux dont le terrain est le moins dur, ont, dit-on, plusieurs pieds de profondeur; la femelle y dépose, sur un matelas de mousse, quatre à six œufs blancs, un peu plus petits que ceux du merle. Les mâles partagent les soins de l'incubation, qui dure dix-sept à dix-huit jours en Afrique.

Guépier a gorge bleue ou Guépier Lamarck. Cette espèce, qui a été décrite par Brisson sous le nom de guépier à collier de Madagascar; par Edwards sous celui de mangeur d'abeilles, avec une figure, pl. 183; par Buffon sous celui de guépier vert à gorge bleue, et qu'on a représentée dans ses planches enluminées, n.° 740, avec la dénomination de guépier à collier de Madagascar, laquelle ne diffère que par le sexe du guépier à collier du Bengale, est le *merops viridis* de Linnæus et de Latham, que M. Levaillant a dédié, dans sa Monographie, à M. de Lamarck, et dont il a fait figurer le mâle, pl. 10. Un bandeau noir, qui part du coin des narines, passe sous les yeux, et se prolonge jusqu'aux oreilles; sa gorge, d'un bleu turquin, est entourée d'un demi-collier noir, en forme de croissant renversé; le dessus de la tête et le derrière du cou sont d'un vert-roussâtre, tirant au bleu sur le front et aux environs de la bouche; les parties supérieures sont d'un vert plus ou moins lustré de bleu ou de roux, suivant les aspects; les pennes alaires, bordées de vert, ont leur extrémité noire; la poitrine et les autres parties inférieures sont d'un vert-bleuâtre qui s'éclaicit jusqu'à l'anus; les flancs et le dessous des ailes sont roussâtres; les deux pennes du milieu de la queue forment un prolongement très-délié, et d'une longueur à peu près égale à celle des plumes latérales. Le bec et les ongles sont noirs, et les pieds bruns.

La femelle, plus petite que le mâle, a les couleurs moins vives, moins lustrées de bleu sur le front, et d'un vert jaunâtre sur la tête et le derrière du cou; les deux pennes centrales de la queue sont plus courtes, mais elle a, comme lui, un collier noir. Les jeunes, qui ressemblent, en général, aux femelles, n'ont pas ce collier, et leurs pennes caudales sont d'égale longueur.

Ce guépier est répandu depuis les côtes d'Afrique jusqu'aux îles les plus orientales de l'Asie. Il en existe au Muséum françois deux individus, dont un a été tué au Bengale par Macé, et l'autre à Pondichéri par M. Leschenault.

Guépier patirich ou Savigny. L'oiseau que M. Levaillant a dédié au naturaliste qui l'a rapporté de l'Egypte avec tant d'autres productions du même pays, est le *merops superciliosus* de Linnæus, ou guépier de Madagascar, Pl. enl., n.° 259, de Buffon. Le guépier de Perse, le chaddœjr, *merops ægyptius* de Forskael, *Flora Ægyptiaco-arabica*, part. 2, pag. 2, n.° 2, ou qroddeir de Savigny, paroissent aussi devoir être rapportés à la même espèce, qui, selon M. Levaillant, ne formeroit, avec les individus recueillis à Malimbe par M. Perrein, de Bordeaux, que trois races particulières. Les grandes différences que présentent les figures, ne permettent guère de considérer les conjectures de ce naturaliste, comme une vérité positive et démontrée; mais c'est lui qui a le plus étudié le genre Guépier; et, son ouvrage offrant à cet égard le dernier état de la science, il paroît convenable de le prendre ici pour guide. Il y a donné, sous les n.os 6 et 6 bis, la figure du mâle et du jeune; et, d'après la comparaison d'individus provenant d'Egypte, de Perse, de Madagascar, du Sénégal, de Malimbe, il a indiqué les variations provenant de ces divers climats, dans des descriptions dont voici l'analyse.

En Egypte, le front est ceint d'un bandeau blanc, et ensuite bleu turquin, qui, de chaque côté, se prolonge sur les yeux en forme de sourcils; et un autre bandeau noir, bordé de bleu, s'étend des coins de la bouche jusqu'au-delà des oreilles; le dessus de la tête, le cou et le dos sont d'un vert gai avec des nuances bleues; les grandes pennes alaires, d'un vert roux et bordées de bleu, ont leur bout noir; la queue, en flèche, est de la même couleur; la gorge est d'un marron vif qui se termine circulairement au bas du cou, et les autres parties inférieures sont d'un vert bleu, à l'exception des flancs, qui sont roux. Les yeux sont d'un brun roux, le bec est noir, et les pieds sont roussâtres. La femelle diffère du mâle par moins de vivacité dans les couleurs.

Chez les individus de Perse et d'Egypte, les ailes s'étendent presque jusqu'à l'extrémité des pennes latérales de la queue, ce qui n'a pas lieu chez ceux qui habitent des parties plus élevées de l'Afrique. A Madagascar, les individus de l'espèce sont plus petits qu'en Egypte et en Perse, et le plumage, d'une teinte rousse, n'a aucune trace de bleu; le front des premiers, au lieu d'être blanc, comme chez ceux-ci, est d'un vert d'aigue marine. Au Sénégal et à Malimbe, où l'espèce est la plus forte, le bec est aussi plus long, mais plus grêle que chez les individus rapportés de Perse et d'Egypte; le vert de leur plumage n'est pas mélangé de bleu, et les pennes du centre de la queue, qui surpassent les pennes latérales d'environ la moitié de leur longueur, ont cet excédant noirâtre; les ailes sont de dix-huit pouces moins longues que chez les autres, et l'on remarque dans leur milieu une ligne bleue.

M. Levaillant conclut de ces diverses observations que les guépiers qui habitent la Perse et l'Egypte, ne sont pas les mêmes qui se rendent au Sénégal, à Malimbe et à Madagascar; et que, ceux qui habitent cette île différant encore des individus qui passent sur le continent d'Afrique, l'espèce forme trois races distinctes qui ne se mêlent pas ensemble.

Guépier marron et bleu. Cette espèce, figurée dans les Oiseaux enluminés de Buffon sous le nom de guépier de l'île de France, paroît être la même que celle dont la figure se trouve au n.° 314 de ces planches, sous la dénomination de guépier à longue queue du Sénégal, *merops badius*, Linn., et *castaneus*, Lath. Quoique M. Levaillant en forme deux espèces, dont il donne les figures sous les n.os 12 et 13, qu'il nomme, le premier guépier Latreille et le second guépier Adanson, et qu'il prétende que celui-ci est d'un tiers moins fort que l'autre, les observations sur lesquelles il fonde des différences spécifiques, ne semblent pas plus tranchantes que celles d'après lesquelles il a cru devoir réunir en une seule les espèces qui ne constituent, suivant lui, que des races particulières du guépier Lamarck. Outre que les deux guépiers n'ont, d'après les auteurs, qu'environ un pied de long chacun, ils n'offrent que les couleurs marron et bleue dans des proportions et des distributions un peu différentes, l'une présentant le marron, non seulement sur la tête et sur le dos, mais encore sur une partie des pennes alaires et caudales.

Guépier rose a tête bleue; *Merops nubicus*, Gmel., et *cæruleocephalus*, Sh., pl. 3 de Lev. Cette espèce, figurée dans les Planches enluminées de Buffon sous le nom de guépier de Nubie, comme ayant la queue carrée, n'a vraisemblablement été dessinée par Bruce que sur un jeune individu qui n'avoit pas encore les deux longues pennes dont l'oiseau est pourvu dans son état parfait, époque à laquelle le mâle a le front et le dessus de la tête entourés d'un capuchon bleu à nuances vertes, qui passe derrière les yeux, lui enveloppe la gorge, reparoît sur le croupion et teint les couvertures supérieures et inférieures de la queue et le bas ventre. Le derrière de la tête et du cou, le manteau, les couvertures du dessus des ailes et la queue sont d'un rouge de brique, pendant que toutes les plumes, à partir du bleu de la gorge jusqu'à celui du bas-ventre, sont d'un rose foncé, plus vif sur la poitrine que sur les flancs. Le bec est d'un noir luisant, ainsi que les ongles; les yeux sont rougeâtres, et les pieds d'un brun rouge. Les pennes centrales de la queue qui excèdent quelquefois du double la longueur des autres, sont plus courtes chez les femelles, dont la couleur a moins de vivacité.

Guépier gris-rose: *Merops bicolor*, Daud., Ann. du Mus.; et *malimbicus*, Sh., *Miscel.* Cette espèce, qui voyage en troupes, et qu'on a apportée de la côte d'Angole, ne paroît dans les terres de Malimbe que pendant trois mois de l'année; elle a dix pouces de longueur totale, et la queue a sept pouces et demi en y comprenant les deux pennes intermédiaires qui dépassent les autres de dix-huit lignes, et se terminent en pointe fort aiguë. Le mâle a le front, le dessus de la tête, le derrière du cou, le manteau, les ailes en entier, le croupion et le dessus de la queue d'un gris ardoisé avec des tons rougeâtres; un bandeau noir, partant des coins de la bouche, s'étend jusque derrière les yeux, et une bande blanche règne sous ce bandeau; toutes les parties inférieures sont d'un rose foncé très-luisant; les deux filets de la queue sont d'un gris rougeâtre; les yeux sont rouges, le bec et les pieds noirs. Toutes les parties supérieures sont d'un gris de perle chez la femelle, dont le corps est en dessous d'un rose tendre.

Guépier a longs brins ou Thouin. Cette espèce, que M. Levaillant a figurée pl. 4, et qu'il présente comme nouvelle, pourroit être appelée *merops tenuipennis*, ou *merops Thouini;* elle se distingue surtout par le peu de largeur des filets des deux pennes centrales de la queue, dont la tige, presque dénuée de barbes, est terminée par une sorte de palette; les autres pennes, au lieu d'être égales entre elles, sont fourchues; une large bande noire, bordée en bas d'une ligne bleue, va du coin de la bouche aux oreilles; le front, le derrière du cou, le manteau et les couvertures des ailes sont d'un vert olivâtre, nuancé de roux, et dont les reflets sont tels que cette dernière couleur paroît dominer quand on regarde l'oiseau en devant, et le vert, lorsqu'on est placé dans un sens contraire. Le gosier est jaune, et l'occiput roux, ainsi que le haut de la gorge, dont le bas offre une tache noire triangulaire; la poitrine, les flancs et le ventre sont d'un vert roussâtre, qui prend une teinte bleue aux parties postérieures; le croupion et les couvertures de la queue sont d'un bleu d'outre-mer, glacé de vert sur les dernières pennes alaires, dont plusieurs sont rousses et terminées de noir. Cette dernière couleur est celle de la queue et du bec; les pieds sont bruns. On a dit à M. Levaillant que cet oiseau étoit d'Afrique; l'individu qui existe au Muséum françois, est annoncé comme provenant du voyage aux Terres Australes.

Guépier a gorge blanche ou Cuvier: *Merops albicollis*, Vieill.; pl. 9 de Lev. Cet oiseau, de dix pouces de longueur, qui vient du Sénégal, a les yeux traversés par une barre noire, une calotte et un large plastron de la même couleur; le front et les cotés de la tête sont ceints d'un bandeau blanc, et la gorge, également blanche, est encore un signe distinctif de cette espèce. Le dessous du corps est d'un vert clair qui s'affoiblit sur les parties les plus basses; les côtés et le dessus du cou, le dos et les couvertures des ailes sont d'un vert à reflets roux; les scapulaires, le croupion et les couvertures supérieures et inférieures de la queue sont d'un bleu pâle; les pennes alaires, d'un roux clair, sont terminées de noir, et cette couleur est aussi celle de la partie des pennes caudales qui excède les autres. Le bec et les ongles sont noirs et les pieds bruns.

Guépier rousse-tête ou Bonelli : *Merops ruficapillus*, Vieill.; pl. 19 de Lev. Cette espèce d'Afrique, à peu près de la même taille que le guépier commun, mais d'une forme plus alongée, a les deux pennes intermédiaires de la queue beaucoup plus longues, et son caractère distinctif peut être tiré du capuchon roux qui lui enveloppe la tête et le cou, à l'exception de la barre noire par laquelle les yeux sont traversés, et qui est encadrée dans une bande blanche. Presque tout le reste du plumage est d'un vert lustré. Les yeux sont rougeâtres, les pieds bruns, le bec et les ongles noirs. Les deux pennes caudales intermédiaires sont plus courtes chez les femelles dont les couleurs sont moins vives. Le roux de la tête a une teinte verte chez les jeunes, dont les parties vertes sont nuancées de roux, et dont la queue est sans prolongement, circonstance qui permettroit de rapprocher de cette espèce celle que Brisson a figurée avec la queue carrée, d'après un dessin de Poivre, tome 4, pl. 44, n.° 3, sous le nom de guépier à tête rouge.

Guépier superbe; *Merops superbus*, Lath. Le docteur Shaw, en décrivant cet oiseau dans ses Mélanges, planche 78, annonce qu'il le croit de la même espèce que le guépier rouge et bleu; mais Latham en fait une espèce particulière dans le deuxième Supplément du *Synopsis*, et M. Cuvier l'indique comme telle parmi celles de la première section à queue en flèche. Cet oiseau a huit à neuf pouces de longueur; le tour des yeux, la gorge et le croupion sont bleus; le reste du plumage est rouge, et la pointe des deux pennes caudales intermédiaires, noire.

M. Cuvier range aussi dans la même section le *merops ornatus*, Lath., pag. 155, et pl. 128 du deuxième Supplément au *General Synopsis*; mais, cet oiseau étant de la Nouvelle-Galles du Sud, où on le nomme *dee-weed-gang*, son admission dans le genre Guépier résoudroit, d'une manière contraire à l'opinion de MM. Levaillant et Vieillot, la question relative aux espèces de la Nouvelle-Hollande que ce dernier a rejetées parmi ses pochions et créadions, correspondant aux philédons de M. Cuvier, et l'on croit devoir encore laisser cette question sans solution positive, en se bornant à décrire l'oiseau dont il s'agit, qui a les plumes du sommet de la tête orangées, une bande noire traversant les yeux, comme presque tous les guépiers ; la poitrine jaune ainsi que la gorge, au milieu de laquelle est une tache triangulaire noire ; les parties inférieures d'un blanc bleuâtre ; le dessus du cou d'un vert pur, qui brunit sur le dos ; le croupion et les couvertures du dessus de la queue bleus ; les couvertures des ailes fauves; leurs grandes pennes vertes, et les pennes secondaires bordées de jaune ; les pennes intermédiaires de la queue bleues, et garnies de petites barbes d'un rouge brun dans la partie qui excède les autres.

§. II. *Queue carrée.*

Guépier a queue d'azur ou Daudin : *Merops philippinus*, Linn.; Pl. enl. de Buff., n.° 57, et de Lev., n.° 14. Cette espèce, rapportée des Philippines par Sonnerat et Poivre, et dont les pennes caudales sont toutes d'égale longueur, n'a qu'environ neuf pouces. On lui voit le trait noir passant sur les yeux, mais le reste de la tête et les parties supérieures du corps sont uniformément d'un vert gai très-lustré, à l'exception de la queue, qui est d'un bleu céleste, et du bout des pennes alaires, qui est noir. Les parties inférieures sont d'un jaune plus brillant sur la gorge et la poitrine, et qui prend ensuite des teintes verdâtres et roussâtres.

Guépier rousse-gorge : *Merops ruficollis*, Vieill. ; pl. 16 de Lev. Cette espèce venant d'Egypte, et qui se trouve au Muséum de Paris, est à peu près de la taille du guépier commun, mais elle en diffère par sa queue carrée et par la plaque fauve qui lui couvre la gorge ; elle a le front roussâtre ; une bande noire va du bec aux oreilles ; le dessus de la tête et les parties supérieures du corps sont d'un vert pâle et comme glacé de gris avec quelques nuances bleuâtres ; le bout des pennes alaires est d'un noir brun. Toutes les parties inférieures sont d'un vert pâle, et présentent des nuances bleuâtres suivant les incidences de la lumière. Le bec est noir, et les pieds sont bruns.

Guépier a collier gros bleu ou Sonnini : *Merops variegatus*, Vieill.; pl. 7 de Lev. Cette espèce, qui n'a pas plus de six pouces de longueur totale, et que le voyageur Perrein a rapportée de Malimbe, où elle est commune, a la tête et tout le dessus du corps d'un vert foncé; le trait noir qui traverse les yeux, descend plus bas que chez les autres espèces; la gorge est d'un jaune jonquille; le collier, d'un bleu d'indigo, en est séparé par une ligne blanche; la poitrine et les flancs sont d'un rouge marron; les parties inférieures sont d'un vert roussâtre: les pennes alaires, rousses intérieurement, sont terminées de noir à leur bout, ainsi que les pennes caudales, dont le haut est d'un roux clair. Les yeux sont rouges, et le bec, les pieds et les ongles noirs. La femelle diffère du mâle par des couleurs moins vives et par l'absence d'une tache rouge qui se remarque sous l'aile de celui-ci.

M. Vieillot décrit, sous le nom de guépier hausse-col noir, *merops collaris*, une espèce venant du Sénégal, à laquelle il trouve lui-même de grands rapports avec celle-ci, à l'exception de la taille, plus petite chez ce dernier.

Cette espèce, dont le vol est aussi rapide que celui des autres, se pose fréquemment sur des arbres peu élevés, d'où elle se précipite sur les insectes qui volent à sa portée, pour y revenir après avoir saisi sa proie, et elle quitte le canton lorsque le nombre de ceux dont elle se nourrit diminue.

Guépier minule: *Merops erythropterus*, Gmel. et Lath. Cet oiseau, décrit par Buffon sous le nom de guépier rouge et vert du Sénégal, et représenté n.° 318 de ses Planches enluminées, sous celui de petit guépier du Sénégal, est le même qu'on trouve, pag. 17 de la Monographie de M. Levaillant, qui l'a appelé *minule*, parce que c'est la plus petite espèce connue jusqu'à ce jour. La tête, le derrière du cou, le manteau, les scapulaires, le croupion, les couvertures des ailes et de la queue, et les deux pennes centrales de cette dernière sont d'un vert clair et nuancé de jaune et de bleu; le trait qui passe sur les yeux est noir; au-dessous de la gorge, qui est d'un jaune jonquille, se fait remarquer un plastron d'un marron pourpré, plus foncé en haut qu'en bas; les parties inférieures sont d'un vert pâle et nuancé de roux; les pennes latérales des ailes et de la queue sont d'un roux clair, et terminées par une zone noire, suivie d'une ligne fauve, couleur qu'on observe aussi dessous les ailes, aux flancs et aux cuisses. Les yeux sont rougeâtres et les pieds bruns; le bec est noir. Cette espèce existe dans une très-grande partie de l'Afrique méridionale.

Guépier Leschenault : *Merops Leschenaulti*, Vieill.; pl. 18 de Lev. L'oiseau, auquel M. Levaillant a donné le nom du voyageur françois qui l'a rapporté de l'île de Java, ressemble beaucoup à celui qu'il a figuré, pl. 15, sous le nom de guépier quinticolore, et qui est de Ceilan : aussi cet ornithologiste a-t-il soin de combattre d'avance l'objection qu'il prévoit, en faisant observer que ce dernier, dont la taille est plus forte en général, quoiqu'il avoue lui-même que, parmi les individus qu'il a eus en sa possession, les uns étoient plus petits que les autres, n'avoit pas le bandeau noir qu'on remarque chez le guépier Leschenault, et que tout le dessus de la tête, du cou et le manteau étoient d'un marron vif chez le guépier quinticolore, tandis que le front et le sinciput du guépier Leschenault étoient d'un vert sombre, prenant toutefois des tons marrons à certains jours. En supposant que les différences dans la taille ne puissent être attribuées aux différences de climats ou de sexe, et que les plus petits individus fussent nécessairement des jeunes, la raison la plus forte que M. Levaillant apporte en faveur de la distinction d'espèces, est que la couleur noire étant permanente, si le guépier Leschenault, dont la taille est inférieure, possède le bandeau, ce trait caractéristique n'a pu disparoître avec l'âge chez le guépier quinticolore, qui en est privé. Au reste, en invitant à examiner en nature le guépier Leschenault, du Muséum de Paris, et à en rapprocher les deux planches de M. Levaillant, on se bornera ici à exposer que les deux oiseaux figurés ont la gorge d'un jaune citron, un collier d'un vert noirâtre, fort étroit; que les plumes scapulaires, les couvertures supérieures des ailes et le bord extérieur de leurs pennes sont verts; que les premières et les secondes pennes sont terminées de noir brun; que le croupion est bleu; que les pennes caudales sont d'un bleu verdissant en dessus; que la poitrine et les parties inférieures sont d'un vert jaunâtre; enfin, que le bec est noir, et que les pieds sont d'un brun peu foncé.

Guépier a gorge rouge. Shaw avoit déjà figuré dans ses Mélanges, pl. 337, sous le nom de *merops gularis*, un guépier à gorge rouge, trouvé à Sierra-Leone, dont la taille étoit celle du guépier commun, dont le front et le croupion étoient bleus, le dessus du corps noir, la gorge d'un beau rouge de feu; le ventre marqué de taches bleues et noires, et les ailes d'une grande tache ferrugineuse; les pennes de la queue d'égale longueur, ayant les bords bleus ainsi que celles des ailes, qui ne dépassoient guère son origine. Latham a compris cette espèce dans le Supplément de son *Index ornithologicus*.

On voit, dans les Galeries du Muséum de Paris, une autre espèce de même taille, sous la même dénomination, et qui a en effet la gorge de la même couleur, et les ailes aussi courtes, mais dont le plumage est d'ailleurs bien différent. M. Levaillant a fait figurer cet oiseau, pl. 20, sous le double nom de Guépier a gorge rouge ou Bulock, parce que l'individu provient d'un échange fait avec le naturaliste anglois. Les plumes de cette espèce, plus courtes et encore plus soyeuses que celles des autres, sont d'un vert éteint et nuancé de fauve sur toutes les parties supérieures du corps, à l'exception du dessus de la tête, où ces nuances sont bleuâtres; les moyennes pennes de l'aile sont largement terminées de noir; la gorge, d'un vert bleu à sa naissance, offre ensuite une plaque rouge circulaire; la poitrine est d'un fauve olivâtre, et le bas-ventre, ainsi que les plumes anales, sont d'un bleu d'outre-mer. Le bec et les pieds sont noirs, comme le bandeau qui traverse les yeux. Ce second individu, qui paroît jeune, ne seroit-il qu'une variété d'âge ou de sexe du précédent?

M. Cuvier indique comme appartenant à la section des queues à peu près carrées, le *merops cayennensis* représenté dans les Planches enluminées de Buffon, n.° 454, sous le nom de guépier à ailes et queue rousses de Cayenne, en observant que cet oiseau, dont les autres parties n'offrent qu'un vert olivâtre, ne vient pas d'Amérique: mais, suivant M. Levaillant, l'oiseau lui-même seroit un merle et non un guépier.

M. Levaillant a compris, n.° 11, parmi les espèces dont il a donné la figure, le guépier citrin, qui se voit au Muséum de Paris, et que Sonnerat avoit rapporté de l'Inde, avec quatre autres individus à peu près pareils; mais il pense lui-même, d'après des considérations très-bien développées, qu'il ne s'agit ici que d'une de ces dégénérations ou variétés accidentelles dont on a trouvé des exemples en Europe sur des nichées d'oiseaux tout entières; et comme les jeunes des espèces de guépiers à queue en flèche n'ont pas de pennes caudales prolongées dans leur jeune âge, il ne répugne pas à croire, avec d'autres naturalistes, que ces guépiers citrins, à queue égale, appartiendroient à l'espèce du guépier à gorge bleue, dont la queue est en flèche.

§. III. *Queue fourchue.*

Guépier tawa, Lev., pl. 8. Au lieu de joindre à cette dénomination celle de guépier à queue fourchue, Lev., ou de guépier à queue d'hirondelle, *merops hirundinaceus*, Vieill., on croit devoir l'employer seule, parce que l'autre cesseroit d'être spécifique si l'on trouvoit de nouvelles espèces présentant le même caractère. Le mot *tawa*, qui peut se joindre au terme latin comme au nom françois, signifie fiel, dans la langue des grands namaquois : il a été donné à cet oiseau à cause de sa couleur, par ces Africains, voisins du cap de Bonne-Espérance. Sa queue, fort longue, est fourchue du bout comme l'est celle de notre milan, et non comme celle de certaines hirondelles. Le dessus de la tête, le derrière du cou, les scapulaires et les couvertures supérieures des ailes sont d'un vert jaunâtre et luisant sous certains aspects. Les pennes alaires sont d'un vert gai à l'extérieur et roussâtres intérieurement, avec le bout noir; les yeux, rougeâtres, sont traversés par un bandeau noir; à une plaque jaune dont la gorge est d'abord couverte, succède un large collier d'un beau bleu d'outre-mer, qui colore également le croupion et le dessus de la queue; la poitrine et les parties inférieures sont d'un vert clair. Le bec et les ongles sont noirs et les pieds bruns. La femelle, un peu plus petite, a les couleurs moins prononcées. Les jeunes ont la queue moins fourchue, et ressemblent d'ailleurs aux femelles.

Cette espèce vit isolément, par couple, sur les bords de la rivière d'Orange, au cap de Bonne-Espérance, et jusqu'au tropique; elle fait dans l'intérieur des berges, dans des creux de rochers, et quelquefois dans un grand trou d'arbre, un nid où la femelle pond cinq à six œufs d'un blanc bleuâtre, dont l'incubation dure dix-huit jours. Les petits forment, avec le père et la mère, une troupe de sept à huit individus, et les diverses familles du canton ne se réunissent qu'à l'époque du départ. Le cri de l'oiseau exprime la syllabe *wi*, répétée cinq à six fois de suite en traînant.

Ce seroit le cas de former ici une quatrième section à queue étagée, si l'on pouvoit s'en rapporter au dessin de M. Poivre, d'après lequel Brisson, et ensuite Buffon, ont décrit le guépier d'Angola, ou petit guépier vert et bleu, *merops angolensis*, Gmel. et Lath., lequel auroit effectivement la queue étagée; mais, outre cette singularité, l'oiseau, long seulement de cinq pouces et demi, c'est-à-dire d'une taille inférieure à celle du guépier minule, est annoncé comme étant d'un vert doré sur la tête, le cou et le dessus du corps, tandis qu'aucune autre espèce ne présente des reflets métalliques; on sait d'ailleurs combien peu les dessins de Poivre et de Sonnerat sont exacts. Quoi qu'il en soit, la bande passant sur les yeux étoit cendrée et pointillée de noir, la gorge jaune, le devant du cou d'un beau marron. Les pennes alaires et caudales étoient vertes en dessus et cendrées en dessous; la poitrine et le ventre d'un vert d'aigue marine un peu doré; les plumes anales d'un vert marron ; les pieds cendrés ; l'iris étoit rouge, et le bec noir.

Les auteurs ont placé beaucoup d'autres oiseaux dans le genre Guépier ; mais quelques unes de ces espèces sont douteuses, et la plupart appartiennent évidemment à d'autres genres.

Le Guépier a tête jaune, ou ictérocéphale, *Merops congener*, de Linnæus et de Latham, qui l'ont décrit d'après Gesner, Aldrovande et Brisson, paroît à M. Levaillant n'être qu'un jeune du guépier d'Europe.

Le Guépier gris d'Ethiopie, *Merops cafer*, Linn., que plusieurs naturalistes ont rapporté au promérops à ventre brun, *upupa promerops*, Linn., est, suivant M. Levaillant, le sucrier du *Protea*.

Le Guépier du Brésil, de Seba, est probablement quelque troupiale ; et le Guépier de Surinam, qui est décrit par Fermin, ne peut pas plus appartenir à ce genre, étranger au nouveau continent.

Le Guépier a tête grise, *Merops cinereus*, Lath., que Seba

donne pour un oiseau du Mexique, est regardé par M. Cuvier comme un souï-manga à longue queue.

Le Grand Guépier vert et bleu a gorge jaune, *Merops chrysocephalus*, Lath., n'est, selon M. Levaillant, qu'un jeune individu du guépier commun.

Le Guépier a tête jaune et blanche, *Merops flavicans*, Lath., dont Aldrovande a originairement donné la description sous le nom de *manucodiata secunda*, après l'avoir vu à Rome dans le cabinet de M. Cavalieri, paroît à M. Levaillant n'avoir été autre chose qu'un individu falsifié par des préparateurs, et qui, dans tous les cas, étoit étranger au genre Guépier.

Le Guépier a collier et a très-longue queue, *Merops longicauda*, Vieill., n'est encore, selon le même naturaliste, qu'un individu travesti de la variété de son guépier Savigny, pl. 6 bis. M. Vieillot, en niant que les longues pennes eussent été ajoutées, avoue que c'est en elles seules que consiste la différence des deux oiseaux rapprochés par M. Levaillant.

Le Guépier Schæhagha, dont Forskael fait mention dans sa *Flora Ægyptiaco-arabica*, a été considéré par Gmelin et Latham comme une variété du guépier commun; mais il est même douteux que ce soit un guépier, puisque son bec n'est pas en arête, et qu'il ne paroît pas avoir deux doigts joints jusqu'à la première articulation.

Le Guépier cornu, *Merops corniculatus*, Lath., dont M. Vieillot a fait un créadion, est, suivant M. Levaillant, son corbicalao.

Le Guépier caronculé, *Merops caruncutatus*, Lath., est aussi le créadion à pendeloques du même auteur, plus vulgairement pie à pendeloques; et le guépier natté en est la femelle.

Le guépier wergan, *merops monachus*, Lath.; le guépier noir et jaune, *merops phrygius;* le guépier à capuchon, *merops cucullatus;* le guépier aux joues bleues, *merops cyanops;* le guépier jaseur, *merops garrulus;* le guépier kogo, *merops cincinnatus;* le guépier moho, *merops fasciculatus*, sont placés par M. Cuvier parmi ses philédons, et par M. Vieillot avec ses polochions. M. Levaillant fait observer, dans sa Monographie des guépiers, que le moho se rapproche des sucriers, et que le kogo a été par lui décrit, à la suite des étourneaux d'Afrique, sous le nom de *cravate frisée*, et figuré pl. 92. (Ch. D.)

GUEREBA. (*Mamm.*) Voyez Guariba. (F. C.)

GUÉRÉZA. (*Mamm.*) Ludolphe, dans sa Description de l'Abyssinie, donne, sous le nom de guéréza, la figure d'un animal singulier, et tout-à-fait inconnu des naturalistes, qui semble avoir des rapports avec les sagouins de Buffon. Aussi quelques auteurs l'ont-ils regardé, mais à tort, comme un ouistiti.

Poncet, dans la relation de son Voyage en Ethiopie, paroît aussi parler de cet animal, qui, dit-il, est de la grandeur du chat domestique, qui a le visage d'un homme et une barbe blanche, et qui vit continuellement sur les arbres. Sa voix est semblable à celle d'une personne qui se plaint.

Enfin M. Salt, dans son Voyage en Abyssinie, donne la description suivante du guéréza :

« Cet animal est de la taille d'un chat; on le voit sur les arbres. Il a la queue longue, légèrement rayée de noir et de blanc, et terminée par une touffe de poils blancs Sa robe a le poil long, et elle est partout d'un blanc très-clair, excepté sur le dos, où elle a une grande tache ovale, dont le poil est très-court et très-noir. »

Les peaux de ces animaux sont apportées du Damet et du Gojan, pays situés au sud-ouest de l'Abyssinie; on en fait des couvertures, et M. Salt en rapporta une dont il fit hommage au prince Régent, actuellement Roi d'Angleterre. Nous ignorions une partie de ces détails, lorsque nous avons fait l'article Fonkes. (F. C.)

GUERRIER. (*Ornith.*) Le voyageur Dampier donne ce nom à la frégate, *pelecanus aquilus*, Linn. et Lath. (Ch. D.)

GUESISAMI, BUNEPALLA (*Bot.*), noms arabes anciens, cités par Mentzel, du macis, qui est le tégument aromatique, recouvrant la coque de la noix muscade. L'auteur ajoute que les Arabes modernes le nomment, comme Serapion, *bisbele* et *besbaca* (J.)

GUETHS. (*Bot.*) Voyez Guiti. (J.)

GUETTARDA. (*Bot.*) Le genre, fait par Linnæus sous ce nom, est le même que le *matthiola* de Plumier, établi long-temps auparavant. Cette analogie, que nous avions indiquée, a été confirmée par Ventenat et par M. Persoon, qui ont supprimé le *matthiola*. Il auroit paru plus naturel de conserver le nom le plus ancien. M. Persoon réunit aux précédens le *laugeria* de Jacquin, qui, en effet, n'en diffère presque pas. Le *ravapu* des

Malabares, ou *cadamba* de Sonnerat, appartient au même genre. Aublet avoit placé dans le *guettarda* une autre plante sous le nom de *guettarda coccinea*. La pluralité des graines, dans chaque loge, oblige de les séparer, et même de les placer dans une autre section de la famille. Nous l'avions d'abord rapproché de l'*hamelia;* Schreber en a fait le genre voisin, *isertia*, adopté généralement. (J.)

GUETTARDE, *Guettarda*. (*Bot.*) Genre de plantes dicotylédones, à fleurs complètes, monopétalées, régulières, de la famille des *rubiacées*, de la *pentandrie monogynie* de Linnæus, offrant pour caractère essentiel : Un calice oblong, entier, comme tronqué à son bord ; une corolle tubulée, alongée ; le limbe ouvert, de quatre à huit divisions ; autant d'étamines ; un ovaire inférieur, surmonté d'un style simple et d'un stigmate obtus. Le fruit est un drupe sec, un peu arrondi, comprimé ou ombiliqué à son sommet, tortueux, à six côtes, renfermant un noyau à six loges monospermes.

Le nombre variable des parties de la fleur dans ce genre, a rendu son caractère difficile à déterminer, et surtout à le distinguer du *laugeria* et du *matthiola*, qui n'en diffèrent essentiellement que par le nombre des loges de leur fruit. Plusieurs botanistes ont cru devoir les réunir en un seul genre, surtout le *matthiola*.

Guettarde élégante : *Guettarda spinosa*, Linn. ; Lamk., *Ill. gen.*, tab. 154, fig. 2 ; Sonner., *Voyag. aux Ind.*, vol. 2, tab. 128 ; vulgairement Fleur de Saint-Thomé. Arbre élégant, à fleurs odorantes, cultivé, comme arbre d'ornement, dans l'Inde, son pays natal. Il s'élève peu, mais il procure une ombre agréable par ses grandes feuilles pétiolées, opposées, glabres, ovales, très-entières, longues de huit ou neuf pouces sur cinq de large ; les stipules lancéolées, très-caduques ; les fleurs sont blanches, veloutées en dehors, assez semblables à celles du jasmin, portées sur de longs pédoncules dichotomes, axillaires, toutes sessiles, alternes sur le pédoncule ; quelques unes avortent ; elles répandent une odeur très-agréable.

Guettarde argentée : *Guettarda argentea*, Lamk., Dict. et *Ill. gen.*, tab 164, fig. 1 ; *Halesia*, etc. Brown, *Jam.*, 205, tab. 20, fig. 1. Arbre originaire de la Jamaïque et de l'île de Cayenne, distingué par ses feuilles glabres, finement ridées en dessus, velues et argentées en dessous, remarquables par une quantité de veines transverses, qui les font paroître élégamment striées entre les nervures; les stipules élargies à leur base, puis subulées; les pétioles, les pédoncules et les fleurs sont chargés d'un duvet cotonneux très-fin; la corolle à six divisions, et le drupe divisé en six loges monospermes.

GUETTARDE RIDÉE : *Guettarda rugosa*, Sw., *Hist. Ind. occid.*, 1, pag. 632; Vahl., *Symb.*, 3, pag. 50. Ses tiges sont moins hautes que celles de la guettarde élégante; ses feuilles alongées, moins larges, rudes, hérissées en dessus, tomenteuses en dessous; les pédoncules plus courts que les feuilles, presque dichotomes; les fleurs blanches, petites, sessiles; le calice tubulé, hérissé et bifide; le tube de la corolle court, un peu courbé, pubescent et argenté en dehors; le limbe à six découpures, en ovale renversé; six étamines; le stigmate globuleux, à deux lobes. Le fruit est un drupe arrondi, de couleur purpurine, contenant six semences enveloppées d'une pulpe charnue. Cette plante croît à Saint-Domingue, et dans les îles de l'Amérique.

GUETTARDE A FEUILLES ELLIPTIQUES; *Guettarda elliptica*, Swartz, l. c. Arbre de la Jamaïque, qui s'élève à la hauteur d'environ vingt pieds, chargé de rameaux lisses et cylindriques; les feuilles sont souvent ternées, elliptiques, obtuses, très-entières, pubescentes en dessous; les pédoncules axillaires, dichotomes, plus courts que les feuilles; les fleurs petites, sessiles, unilatérales, à quatre étamines; le calice à quatre dents obtuses; le tube de la corolle soyeux, long d'un pouce; le limbe à quatre lobes courts, ovales et réfléchis; le style bifide; le fruit est un drupe sec, un peu arrondi, ombiliqué, à quatre semences.

GUETTARDE MEMBRANEUSE; *Guettarda membranacea*, Swartz, l. c. Cette espèce se distingue de la précédente par ses feuilles membraneuses, acuminées, rudes, hérissées. Son port est celui d'un arbrisseau, dont la tige n'a qu'un pouce d'épaisseur, revêtue d'une écorce rude; les rameaux un peu hérissés; les fleurs sont presque sessiles, unilatérales, disposées en grappes terminales, opposées, dichotomes, de la longueur des pétioles; le calice tubulé, tronqué, presque à deux lobes; la corolle blanche; le tube pubescent, long d'un demi-pouce; le limbe à quatre lobes oblongs et obtus; quatre étamines; un style subulé; le stigmate en tête. Le fruit est un drupe sec, blanchâtre, de la grosseur d'un petit pois, à quatre semences. Cette plante croît à la Nouvelle-Espagne, sur les hautes montagnes.

Guettarde a petites fleurs; *Guettarda parviflora*, Vahl, *Egl.*, 2, pag. 26. Arbrisseau de l'île Sainte-Croix, en Amérique. Il s'élève à seize pieds de haut; ses rameaux sont tétragones, d'un brun pourpre, parsemés de points grisâtres; ses feuilles ovales, oblongues, lisses, membraneuses, longues d'un pouce; les pédoncules capillaires, plus courts que les feuilles, à trois fleurs très-petites; l'intermédiaire sessile; quelquefois les pédoncules latéraux portent deux ou trois fleurs; le calice est tubulé, obscurément trifide; la corolle en soucoupe; son tube grêle, velu; le limbe à six découpures oblongues, blanchâtres en dehors; cinq à six anthères presque sessiles; le stigmate en tête. Le fruit est un drupe globuleux, de la grosseur d'un pois, un peu tétragone, ombiliqué, à quatre loges monospermes.

Guettarde a feuilles rudes: *Guettarda scabra*, Vent., Choix des Pl., tab. 1; Lamk., *Ill. gen.*, tab. 154, fig. 3; *Matthiola scabra*, Linn., *Spec.*; Plum., *Amer.*, fig. 6, et Burm., *Amer.*, ab. 176, fig. 2. Arbre de moyenne grandeur, originaire des Antilles, chargé de branches nombreuses, de rameaux opposés, hérissés de poils courts et blanchâtres; ses feuilles sont opposées, pétiolées, ovales, arrondies à leurs deux extrémités, un peu mucronées, rudes à leurs deux faces, velues et blanchâtres en dessous; les stipules lancéolées, très-aiguës; les pédoncules velus, axillaires, bifurqués à leur sommet, formant une cime chargée de fleurs blanchâtres, sessiles, très-odorantes, accompagnées de bractées soyeuses, lancéolées; le calice tubulé, pubescent, à six crénelures; le tube de la corolle élargi à son orifice; le limbe à six divisions ovales, oblongues; six anthères sessiles; le stigmate en massue; le fruit est un drupe de la grosseur d'une cerise, contenant un noyau à cinq ou six loges monospermes.

Guettarde a fleurs crépues; *Guettarda crispiflora*, Vahl, *Egl.*, 2, tab. 6. Arbrisseau de dix pieds, à tiges grêles. Ses rameaux sont tétragones, un peu velus; ses feuilles grandes, élargies, ovales, acuminées, longues de six pouces, un peu pileuses en dessus, velues, et un peu soyeuses en dessous ; les stipules ovales, longues d'un pouce ; les pédoncules axillaires et pileux, plus courts que les pétioles ; les fleurs sessiles, disposées en épis unilatéraux, bifides ; le calice très-court, à trois petites dents ; le tube de la corolle long d'un pouce ; le limbe à cinq lobes oblongs, crépus, laciniés ; cinq anthères presque sessiles ; le stigmate en tête. Le fruit est un drupe velu, alongé, presque anguleux, à quatre faces, presqu'à quatre ailes, et autant de loges monospermes. Cette plante croît dans l'Amérique, au Mont-Serrat, sur les hautes montagnes. (Poir.)

GUEULE DE FOUR (*Ornith.*), un des noms vulgaires de la mésange à longue queue, *parus caudatus*, Linn. (Ch. D.)

GUEULE DE LION ou GUEULE DE LOUP (*Bot.*), noms vulgaires du muflier des jardins. (L. D.)

GUEULE DE LOUP (*Conchyl.*), nom que les marchands de coquilles donnent encore assez fréquemment à une espèce de coquille, dont Linnæus a fait son *helix scarabœus*, que l'on a depuis reportée parmi les auricules, et dont M. Denys de Montfort fait un genre, sous le nom de Scarabé. Voyez ce mot. (De B.)

GUEULE NOIRE. (*Bot.*) On donne ce nom aux fruits de l'airelle myrtile, qui noircissent les lèvres lorsqu'on les mange. (L. D.)

GUEULE NOIRE (*Conchyl.*), *Strombus luhanus*, Linn. (De B.)

GUEULE DE SOURIS (*Conchyl.*), nom marchand d'une espèce de moule, le *mytilus murinus*, Linn. (De B.)

GUEUSE. (*Chim.*) Ce mot est employé dans les ateliers, pour désigner la fonte de fer. (Ch.)

GUEUX. (*Ornith.*) Bartram cite parmi les oiseaux de mer qui se trouvent aux environs de la rivière Saint-Jean, dans la Floride, des gueux de diverses espèces, qu'il n'indique que par leur association aux hérons, aux pélicans, etc. (Ch. D.)

GUEVEI, GUEVAI KAYOR. (*Mamm.*), noms que l'on donne, au Sénégal, à une espèce d'Antilope. Voyez ce mot. (F. C.)

GUEVILLGUEVILL (*Bot.*), nom d'un arbrisseau du Chili,

qui est le *periphragmos fœtidus* de la Flore du Pérou. Nous l'avions nommé, dans les Annales du Muséum, vol. 3, pag. 118, *cantua ligustrina*, en conservant le nom générique précédemment adopté. Willdenow, dans son *Hort. Berol.*, le cite comme étant le même que son *vestia*, qu'il distingue du cantua par une capsule à quatre loges, et des graines non ailées. Cependant, la gravure de cette plante, dans la Flore, présente une capsule à trois loges et des graines ailées, comme dans le cantua, ce qui infirme l'assertion de Willdenow. (J.)

GUFO. (*Ornith.*) L'oiseau auquel les Bolonois donnent ce nom, et celui de *guuo*, est le grand-duc, *strix bubo*, Linn. (Ch. D.)

GUGELFIRAUS. (*Ornith.*) Dénomination allemande du loriot d'Europe, *oriolus galbula*, Linn., qui se nomme aussi gutmerle. (Ch. D.)

GUGER. (*Ornith.*) Voyez Guegger. (Ch. D.)

GUGGEL (*Ornith.*), un des noms allemands du coq, *gallus*, qui se nomme aussi *gul.* (Ch. D.)

GUGHAREO (*Ichthyol.*), nom que l'on donne à Nice, suivant M. Risso, au centropome rayé, de M. Lacépède, poisson que nous décrirons à l'article Perche. (H. C.)

GUGLIA. (*Bot.*) Nom florentin du genre Agaric. Champignon remarquable par son chapeau conique, long de six pouces, d'un blanc rosé ou d'un rose agréable, garni de feuillets noirâtres et porté sur un stipe élevé, cylindrique, fistuleux, blanc, muni d'un collier caduc. Il croît en automne dans les lieux sablonneux; il fait partie des Œufs-a-l'encre. Voyez cet article de Paulet, où se trouve rangé l'*agaricus fimetarius*, Linn. (Lem.)

GUGRUMBY (*Ichthyol.*), un des noms arabes de la vaudoise. Voyez Able, dans le Supplément du premier volume. (H. C.)

GUGULUS. (*Ornith.*) Ce nom, dans Albert, s'applique au coucou, *cuculus*. (Ch. D.)

GUHAHA (*Ornith.*), dénomination générale des aras au Paraguay. (Ch. D.)

GUHR. (*Min.*) Matière visqueuse, formée, suivant M. Beurard, d'un mélange de terres très-divisées, chargées de quelques substances métalliques, provenant de la décomposition des minérais, et suintant dans les travaux de mine à travers les fentes de la roche.

On a donné, par une fausse analogie, le même nom de guhr à la chaux sulfatée niviforme, et à la chaux carbonatée pulvérulente, parce que l'on considéroit ces deux variétés comme des produits d'altération. (Brard.)

GUI ou GUY (*Bot.*), *Viscum*, Linn. Genre de plantes dicotylédones, de la famille des *loranthées*, Juss., et de la *dioécie tétrandrie*, Linn., dont les fleurs sont dioïques, ayant un calice à bord entier, à peine saillant; quatre pétales caliciformes, réunis par leur base. Dans les fleurs mâles, chaque pétale porte, sur le milieu de sa face interne, une anthère sessile, oblongue. Dans les femelles, l'ovaire est inférieur, couronné par le calice, et surmonté d'un style court, terminé par un stigmate arrondi. Le fruit est une baie globuleuse, remplie d'une pulpe visqueuse, et contenant une seule graine en cœur, un peu comprimée et charnue.

Les guis sont des plantes ligneuses et parasites des arbres; ils ont des feuilles simples, ordinairement opposées, quelquefois nulles, et des fleurs disposées en épis ou en grappes axillaires. On en connoît aujourd'hui une vingtaine d'espèces qui, excepté deux, sont toutes exotiques. Nous nous contenterons de mentionner ici les suivantes.

Gui blanc ou Gui commun: *Viscum album*, Linn., *Spec.*, 1451; *Viscum baccis albis*, Tournef., *Inst.*, 609; Duhamel, *Arb.*, 2, p. 334, t. 104. Sa tige est ligneuse, cylindrique, divisée presque dès sa base en rameaux dichotomes, articulés, nombreux, étalés, d'un vert assez clair, ou un peu jaunâtre, de même que toute la plante, formant une touffe arrondie, haute d'un pied à un pied et demi. Ses feuilles sont sessiles, oblongues, entières, un peu épaisses et glabres; ses fleurs sont petites, d'un jaune verdâtre, ramassées trois à six ensemble dans les bifurcations supérieures des rameaux, les mâles et les femelles séparées sur des pieds différens; elles paroissent à la fin de l'hiver, ou au commencement du printemps. Ses fruits sont de petites baies blanches, de la grosseur d'un grain de groseille. Le gui n'a point ses racines dans la terre, mais il vit parasite sur les branches des arbres, où elles s'implantent dans le liber entre l'écorce et le bois. On le trouve fréquemment sur les pommiers, les poiriers, les tilleuls, et il vient aussi sur les frênes, les peupliers, les pins, les saules, etc. Il ne croît que très-rarement sur les chênes; nous ne l'y avons jamais vu. Cependant il y a, dans le cabinet de botanique du Muséum d'histoire naturelle, une branche de chêne sur laquelle le gui est implanté. Cette branche a été apportée de Bourgogne, et donnée au Muséum par M. le marquis de Chatenay.

Dans toutes les plantes dont la germination s'opère dans la terre, ou même à sa surface, la radicule tend toujours à descendre et à s'enfoncer perpendiculairement: le gui s'écarte de cette loi; et, d'après l'observation de Duhamel, lorsque sa graine se trouve appliquée, par la substance visqueuse qui l'enveloppe, à une branche ou au tronc d'un arbre, quelle que soit sa position, lorsqu'elle se trouve dans une circonstance convenable pour déterminer la germination, c'est-à-dire, dans un degré d'humidité suffisant, car elle n'a pas besoin de passer auparavant par l'estomac des oiseaux qui se nourrissent des baies, sa radicule, qui est renflée à son extrémité, se recourbe en tout sens; et lorsque cette extrémité touche au corps qui supporte la semence, elle s'ouvre et présente à peu près la forme d'une trompe dont l'intérieur paroit comme glanduleux, et cette partie évasée s'applique exactement sur l'écorce de l'arbre. Alors la plumule commence à se développer, se redresse, et produit en premier lieu des feuilles, puis la tige et les rameaux qui ne paroissent pas avoir, comme dans les autres végétaux, une disposition à se diriger vers le ciel; car cette tige et ces rameaux ne s'élèvent en haut que lorsque le pied de gui a pris naissance sur la surface supérieure d'une branche d'arbre; si, au contraire, il est placé en dessous de la branche, les tiges descendent.

Duhamel a encore observé que les graines de gui contenoient quelquefois deux à trois et même jusqu'à quatre embryons.

Quoique implanté sur des arbres de diverses espèces, le gui ne varie pourtant point; il est absolument le même sur le pommier, sur le mélèze, le peuplier, etc. La sève de ces arbres de familles et de genres très-différens n'a aucune influence sur ses formes extérieures.

M. Decandolle a constaté de nouveau que cet arbuste vit

aux dépens de la séve même des arbres sur lesquels il croit, et que ses tiges et ses feuilles ne peuvent absorber l'eau dans laquelle on les plonge; ses observations à ce sujet sont consignées dans les Mémoires de l'Institut, année 1806. Duhamel avoit déjà tenté, mais inutilement, de l'élever sur la terre.

Se nourrissant uniquement de la séve des arbres, le gui fait tort à ceux sur lesquels il s'établit; et il leur nuit d'autant plus qu'il y est plus multiplié. Les cultivateurs doivent donc le détruire et l'empêcher de se propager dans leurs vergers.

Les anciens Gaulois avoient pour le gui un respect religieux, particulièrement pour celui qui croissoit sur les chênes. Tous les ans, au commencement de leur année, qui arrivoit au solstice d'hiver, les druïdes, en même temps philosophes, prêtres et magistrats chez les Celtes, accompagnés du peuple qui faisoit retentir l'air du cri célèbre : *au gui l'an neuf*, se rendoient dans une forêt au pied d'un chêne antique et chargé de gui. On dressoit autour, avec du gazon, un autel triangulaire, et on préparoit toutes les choses nécessaires pour le sacrifice, et le festin qui devoit suivre. On gravoit sur le tronc et sur les deux plus grosses branches les noms des dieux les plus puissans : ensuite un druide, vêtu d'une tunique blanche, montoit sur l'arbre, et coupoit le gui avec une serpe d'or, tandis que deux autres étoient au pied pour le recevoir dans un linge blanc, et prendre bien garde qu'il ne touchât à terre. Alors ils immoloient les victimes, prioient les dieux de les faire jouir des vertus divines du gui, distribuoient l'eau dans laquelle ils l'avoient trempé, et persuadoient au peuple qu'elle purifioit, donnoit la fécondité, détruisoit l'effet des sortiléges et des poisons, et guérissoit de plusieurs maladies. (Pline, *lib. XVI*, *cap.* 44.)

Le mot *aiguillan*, qui se dit encore pour étrennes dans certaines provinces, et particulièrement dans le pays Chartrain, rappelle le cri : *au gui l'an neuf*, dont l'air retentissoit pendant cette cérémonie gauloise, et qui est cité et traduit par Ovide dans le vers suivant de son poëme des Fastes :

> Ad viscum druidæ, druidæ clamare solebant.

C'est sans doute dans un reste de la vénération des anciens

druïdes pour le gui, et des idées superstitieuses qu'ils avoient attachées à cette plante, qu'il faut chercher la cause de la grande réputation dont le gui a joui pendant long-temps en médecine. On lui attribuoit jadis une vertu spécifique contre l'épilepsie, et on l'employoit aussi dans toutes les affections nerveuses et convulsives, dans l'apoplexie, les fièvres intermittentes, etc. Ses fruits sont âcres, amers, et passent pour être fortement purgatifs; mais aujourd'hui on n'en fait aucun usage, et toutes les autres parties de la plante sont également tombées en désuétude.

On faisoit autrefois de la glu avec l'écorce du gui; mais on la prépare maintenant de préférence avec la substance glutineuse que fournit l'écorce de houx.

Les grives, les merles, et quantité d'autres oiseaux se nourrissent des baies du gui pendant l'hiver, et c'est par ce moyen que la nature opère la dissémination des graines de cette plante. La substance glutineuse dont celles-ci sont enveloppées, fait qu'elles passent dans l'estomac et les intestins des oiseaux, sans perdre leur faculté germinative, et ceux-ci les répandent avec leurs excrémens sur les arbres où ces semences germent et prennent racine.

Gui de l'oxycèdre: *Viscum oxycedri*, Decand., Fl. Fr., 4, pag. 274; *Viscum in oxycedro*, Clus., *Hist.*, 39. Sa tige est droite, grêle, longue de trois à quatre pouces, d'un vert jaunâtre, charnue, rameuse, dépourvue de feuilles, mais munie à leur place de petites gaines à peu près comme dans les salicornes. La fructification consiste dans un petit renflement ovoïde, situé à l'extrémité de chaque rameau. Cette plante est parasite des rameaux du genévrier oxycèdre, dans le midi de la France et de l'Europe.

Gui a fruits pourpres; *Viscum purpureum*, Linn., *Spec.*, 1451. Cette espèce n'a pas ses tiges noueuses et ses rameaux articulés; ses feuilles sont opposées, ovoïdes, rétrécies et pétiolées à leur base; ses fleurs sont disposées en grappes axillaires, lâches, et les fruits sont des baies oblongues, d'un pourpre violet. Ce gui croît sur les mancenilliers, à Saint-Domingue.

Gui du Cap; *Viscum capense*, Linn. fils, *Suppl.*, 426. Ce gui est un arbuste dont la tige est divisée en rameaux nombreux, articulés, dépourvus de feuilles, mais dont chaque articulation est terminée à son sommet par une écaille obtuse. Les anthères sont sessiles au nombre de deux ou de quatre ; les baies sont sessiles, latérales, opposées, souvent trois ensemble, de la grosseur d'un grain de groseille, couronnées par un rebord tétragone, quadrifide, et chargées d'un style persistant. Cette espèce croît sur les arbres au cap de Bonne-Espérance. (L. D.)

GUIABARA. (*Bot.*) Nom donné dans les Antilles, suivant Oviedo, au raisinier de mer, adopté par Plumier et Adanson, regardé comme barbare par Linnæus, qui lui a substitué celui de *coccoloba*, en adoptant le nom *coccolobis* de P. Brown, avec une terminaison différente. Miller l'avoit nommé *schlosseria*. (J.)

GUIABELHA (*Bot.*), nom espagnol de la corne de cerf, *plantago coronopus*, suivant Matthiole. (J.)

GUIACUM. (*Bot.*) Voyez Gayac. (Poir.)

GUIANDAN. (*Bot.*) L'arbrisseau existant dans l'herbier du Sénégal, d'Adanson, et nommé ainsi par les Ouolofs, paroît être de la famille des capparidées, et se rapprocher du genre *Boscia*. (J.)

GUIAREBAROGU. (*Bot.*) Une espèce de genipayer est ainsi nommée dans le pays des Ouolofs, voisin du Sénégal, suivant Adanson. (J.)

GUIARUBA. (*Ornith.*) Voyez Guarouba. (Ch. D.)

GUIAVA. (*Bot.*) Ce nom consacré par Daléchamps, Clusius et d'autres, pour désigner le goyavier, arbre à fruit des pays chauds, avoit été adopté par Tournefort, et ensuite par Adanson. Linnæus l'a rangé, peut-être à tort, au nombre des noms barbares à rejeter, et lui a substitué celui de *psidium*, maintenant adopté. On trouve dans d'autres cantons le même arbre nommé *guyabo*, *guyavos*. C'est encore, suivant Hernandez, le *xalcocotl* des Mexicains. (J.)

GUIB (*Mamm.*), nom que les nègres yolofs donnent à une espèce d'Antilope. Voyez ce mot. (F. C.)

GUIDONIA. (*Bot.*) Ce nom avoit été consacré par Plumier à Guy Fagon, premier médecin de Louis XIV, et surintendant du Jardin du Roi, d'abord professeur de botanique dans ce lieu, et ensuite protecteur zélé de cette science et de ceux qui la cultivoient. Comme le nom de *fagonia* avoit déja été donné par Tournefort à une autre plante, celui de *guidona*, désignant la même personne, a dû être supprimé. D'ailleurs les différentes espèces de ce genre ont été disposées dans d'autres genres, tels que l'*anavinga*, le *samyda*, le *guarea*, le *swietenia*, P. Brown, dans son Histoire de la Jamaïque, a aussi fait un *guidonia*, nommé *mesterna* par Adanson, indiqué par l'un et l'autre comme polypétale, et que Swartz cite comme synonyme de son *laetia guidonia*, qu'il dit apétale. (J.)

GUIDE DU LION. (*Mamm.*) On a désigné ainsi quelques animaux carnassiers, et, entre autres, le caracal, espèce de lynx, pensant qu'il précédoit le lion pour lui indiquer sa proie dont il mangeoit les restes. (F. C.)

GUIDE DU MIEL (*Ornith.*), dénomination du coucou indicateur, *cuculus indicator*, Gmel. et Lath. (Ch. D.)

GUIEBEKEOLL. (*Bot.*) Les peuples voisins du Sénégal nomment ainsi, au rapport d'Adanson, une plante légumineuse de son herbier, qui est le *glycine parviflora* de M. Lamarck. (J.)

GUIER, *Guiera*. (*Bot.*) Genre de plantes dicotylédones, à fleurs complètes, polypétalées, de la famille des *onagraires*, de la *décandrie monogynie* de Linnæus, offrant pour caractère essentiel : Un calice cylindrique, à quatre dents ; quatre pétales courts ; dix étamines saillantes ; un style simple. Le fruit est une capsule inférieure, oblongue, pentagone, très-velue, couronnée par les dents du calice, à une seule loge, renfermant environ cinq semences.

Guier du Sénégal : *Guiera senegalensis*, Juss., *Gen.*; Lamk., *Ill. gen.*, tab. 360. Arbrisseau découvert par Adanson au Sénégal, dont les rameaux sont cylindriques, presque glabres, de couleur cendrée, garnis de feuilles opposées, médiocrement pétiolées, molles, ovales, obtuses, un peu mucronées, très-entières, à peine longues d'un pouce, ponctuées, pubescentes, et cendrées à leurs deux faces. Les fleurs sont sessiles, assez nombreuses, réunies en tête à l'extrémité des rameaux, placées sur un axe commun, muni, à son sommet, d'un involucre persistant ; à quatre folioles lancéolées, aiguës, pubescentes, réfléchies après la floraison.

Le calice est court, campanulé, persistant, à quatre petites dents ; la corolle fort petite, composée de quatre pétales ; dix étamines saillantes, très-longues, alternativement plus courtes; les anthères globuleuses, à deux loges; le style plus court que les étamines. Le fruit consiste en une capsule très-étroite, presque filiforme, longue d'un pouce et demi, hérissée de très-longs poils roussâtres et touffus, un peu renflée dans son milieu, subulée à ses deux extrémités, à une seule loge, renfermant cinq semences fort petites, suspendues par un fil. (Poir.)

GUIFETTE. (*Ornith.*) Ce nom est donné, sur les côtes du département de la Somme, à plusieurs espèces de sternes ou hirondelles de mer. La guifette proprement dite de Buffon, est le *sterna nævia* de Brisson et de Linnæus; le *sterna fissipes* est appelé guifette noire, ou épouvantail. (Ch. D.)

GUIFSO-BALITO. (*Ornith.*) Ce passereau à bec dentelé et à trois doigts, est le phytotome d'Abyssinie, *loxia tridactyla*, Gmel. (Ch. D.)

GUIGNARD. (*Ornith.*) Cette espèce de pluvier est le *charadrius morinellus*, Linn. (Ch. D.)

GUIGNE. (*Bot.*) C'est le fruit du guignier. (L. D.)

GUIGNEQUEUE. (*Ornith.*) Un des noms vulgaires de la lavandière, *motacilla alba* et *cinerea*, Linn., que dans les départemens méridionaux on appelle aussi *guigne-quoye*, ou *guigno-quoue*. (Ch. D.)

GUIGNETTE. (*Ornith.*) Cette espèce de chevalier est le *tringa hypoleucos*. Linn. (Ch. D.)

GUIGNIER. (*Bot.*) On donne ce nom à une variété du cerisier des oiseaux. (L. D.)

GUIGNOT (*Ornith.*), un des noms vulgaires du pinson, *fringilla cœlebs*, Linn. (Ch. D.

GUILANDINA. (*Bot.*) Voyez Bondue. (Poir.)

GUILANDINOIDES. (*Bot.*) Linnæus, dans son *Hort. Cliff.*, avoit d'abord donné ce nom à l'arbre qui est devenu ensuite son *guaiacum afrum*, et qui maintenant est le *schotia* de Jacquin, genre distinct rapporté aux légumineuses. (J.)

GUILLELMINIA. (*Bot.*) Voyez Glossoma. (J.)

GUILLEM. (*Ornith.*) On appelle ainsi le grand guillemot, *colymbus troile*, Linn., dans la principauté de Galles. (Ch. D.)

GUILLEMOT (*Ornith.*) : *Uria*, Briss., Lath. et Illig.; Co-

lymbus, Linn. Les oiseaux de ce genre, qui appartient à la famille des brachyptères, ont pour caractères généraux la tête alongée, aplatie; le bec comprimé sur les côtés, pointu, avec une légère échancrure à l'extrémité des deux mandibules, dont la supérieure est convexe, un peu courbée à la pointe, dans laquelle s'insère celle de l'inférieure, qui est moins longue, et a un renflement anguleux vers son centre; des narines latérales percées de part en part, et à demi cachées par une membrane couverte de plumes; une langue médiocre, grêle et entière; des jambes courtes, comprimées et placées à l'arrière du corps; point de pouce, et les trois doigts antérieurs engagés dans la même membrane; les ongles recourbés et pointus; les ailes courtes et étroites; la queue très-courte et composée de douze ou quatorze pennes.

Ces caractères, dont le principal est le défaut de pouce ont été établis sur les *uria troile* et *grylle*, de Latham; ils sont susceptibles de quelques modifications, si l'on y ajoute, avec M. Temminck, l'*alca alle* du même, dont M. Cuvier a proposé de faire une section particulière sous le nom de *cephus*, et dont M. Vieillot a formé le genre *Mergule*. Le bec de cet oiseau est moins long, et a la symphise de la mandibule inférieure extrêmement courte; il n'a pas d'échancrure, suivant M. Cuvier, tandis que chaque mandibule est échancrée, comme chez les guillemots proprement dits, selon M. Vieillot, qui, d'une autre part, lui donne des narines arrondies, tandis qu'elles sont linéaires suivant d'autres. M. Cuvier observe, de plus, que les ailes de l'*alca* ou *uria alle* sont plus fortes, et que les membranes de ses pieds, entières chez les guillemots, sont échancrées. Dans ces circonstances, on laissera provisoirement l'*uria alle* ou colombe du Groënland, avec les guillemots, dont les mœurs et l'habitation sont d'ailleurs les mêmes.

Le nom de guillemot, tiré de l'anglois, annonceroit un oiseau stupide, si, en l'appliquant à celui-ci, on avoit suffisamment réfléchi sur les inconvéniens résultant de la structure d'un être dont les ailes sont tellement courtes et étroites, qu'il peut à peine voleter; dont les jambes, par leur position, sont encore moins propres à la marche, et qui ne se trouve dans son élément naturel qu'au sein des mers, où il nage avec la plus grande vitesse, et plonge même sous la glace. *Uria* est le nom grec, ou plutôt latin, d'un oiseau aquatique qu'on ne peut point positivement déterminer, mais qui avoit des rapports avec les guillemots ou les grèbes, auxquels on en a donné un autre.

Les guillemots, presque étrangers aux contrées tempérées de l'Europe, quoique, d'après une note communiquée par Scopoli, Pennant dise qu'ils se montrent jusque sur les côtes d'Italie, sont assez communs sur celles de la Norwége, de l'Islande, des îles Féroé, au Spitzberg, au Kamtschatka, à l'île de Terre-Neuve, à Nootka, et sur les côtes boréales de l'Amérique et de l'Asie. Ces oiseaux, dont les ailes ne peuvent fournir qu'un vol foible et de peu de durée à la surface des mers arctiques, s'en servent plutôt pour accélérer leurs mouvemens lorsqu'ils nagent entre deux eaux à la poursuite des poissons, des insectes marins et des crabes, et autres crustacés, qui font leur nourriture; c'est aussi par le secours de ces courtes ailes qu'ils s'élancent sur les rebords saillans des rochers, ou sautent de pointe en pointe, jusqu'aux endroits assez escarpés où ils placent leurs nids; mais, quoiqu'ils soient accoutumés à des froids rigoureux, et se tiennent volontiers sur les glaçons flottans, comme ils ne peuvent trouver leur subsistance que dans une mer ouverte, ils sont forcés d'émigrer quand elle se glace entièrement; c'est alors qu'ils descendent le long des côtes d'Angleterre, où l'on a vu des familles rester et s'établir sur des écueils, et même de celles de Hollande et de France.

Il y a peu de différences extérieures entre les sexes, et l'on n'a encore pu s'assurer si ces oiseaux éprouvent deux mues.

Guillemot a capuchon, ou grand guillemot: *Uria troile*, Lath.; *Colymbus troile*, Linn.; Pl. enl. de Buffon, n.° 903. Cet oiseau a quatorze à quinze pouces de longueur; la tête et le cou, qui sont de couleur de suie, forment une sorte de capuchon; le dos et les ailes sont d'un brun noir; la poitrine et toutes les parties inférieures sont blanches; on voit sur l'aile une ligne de cette couleur, formée par les bouts des pennes secondaires. Le bec, d'un noir verdâtre, et long de trois doigts, est en partie couvert d'un duvet enfumé; l'intérieur de la bouche est jaune, l'iris brun; les pieds sont d'un noir jaunâtre, et les membranes noires.

La femelle, un peu plus petite, ne diffère presque point du vieux mâle; mais il n'en est pas de même des jeunes, chez lesquels domine une teinte cendrée, qui, à l'âge d'un an, se rembrunit, et laisse du blanc sur la gorge, et entre une raie brune qui descend de derrière les yeux sur la partie latérale du cou; les pieds et la base du bec sont alors d'un brun jaunâtre.

Cet oiseau qui habite, pendant la plus grande partie de l'année, les mers arctiques des deux Mondes, se rend, en hiver, le long des bords de la Baltique; il paroît plus rarement sur les côtes de Hollande et de France, et accidentellement sur les mers de l'intérieur. Il fait en grandes bandes, dans les fentes des rochers, un nid sans apprêt, où la femelle pond des œufs d'un bleu verdâtre, plus ou moins brouillés de maculatures noires, qui sont pointus par un bout, et très-gros pour la taille de l'oiseau, laquelle est, à peu près, celle du canard morillon.

Guillemot a miroir blanc : *Uria grylle*, Lath.; *Colymbus grylle*, Linn.; planch. 50 des Glanures d'Edwards. Cette espèce, longue de douze à treize pouces, qu'on nomme aussi colombe du Groënland, n'est pas celle qui a été peinte dans les Planches de Buffon, sous le n.° 917; elle a sur le milieu des ailes une grande tache blanche, formée par leurs couvertures, et le reste du corps est noir chez les vieux. Cette dernière couleur est aussi celle du bec; l'iris est brun; l'intérieur de la bouche et les pieds sont rouges. Le noir du plumage est moins profond chez la femelle. Les jeunes de l'année ont la gorge et toutes les parties inférieures d'un blanc pur; le sommet de la tête, la nuque, la partie inférieure du cou et les côtés de la poitrine ont des taches grises et blanches sur un fond noirâtre; le dos et le croupion sont d'un noir mat; les ailes sont noires, à l'exception du miroir, dont le blanc est parsemé de taches cendrées ou noirâtres; l'intérieur de la bouche et les pieds sont d'un rougeâtre livide.

Quand l'oiseau a atteint sa première année, le noir domine davantage sur la tête et sur le cou; mais la plus grande partie de la poitrine et du ventre est encore blanche, et le miroir de l'aile est déjà d'un blanc pur. Ce n'est qu'à l'âge de deux ou trois ans que toutes les parties du corps sont d'un noir plus ou moins profond, entremêlé seulement de quelques plumes blanches sur les parties inférieures.

L'individu qui a servi à la description du *cepphus lacteolus* de Pallas, *Spicileg.*, *fasc.* 5, p. 33, étoit un jeune de l'année, dont Gmelin a fait son *colymbus lacteolus*, et Latham son *uria lacteola*. C'est celui auquel Sonnini a donné le nom françois de guillemot blanc de lait; et le guillemot marbré du même auteur, *uria marmorata*, Lath., est un individu plus avancé en âge, qui commence à prendre les couleurs de l'adulte.

Le guillemot à miroir, nom que lui a donné M. Temminck, est revêtu d'un duvet noir dans les premiers jours de sa naissance; les parties nues sont de la même couleur, et le bec seul est blanc à son extrémité. Ces oiseaux habitent les mêmes contrées que le grand guillemot. Ils sont de passage en hiver le long des bords de l'Océan, et se montrent très-rarement sur les lacs et les mers de l'intérieur.

On les voit ordinairement voler par couples et en rasant de près la surface de la mer avec un battement vif de leurs petites ailes. Ils posent leur nid dans les crevasses de rochers peu élevés, d'où les petits peuvent se jeter à l'eau, et éviter de devenir la proie des renards, qui, suivant Anderson, Histoire naturelle de l'Islande et du Groënland, tome 2, p. 55, ne cessent de les guetter. Les grandes nichées se font au Spitzberg et au Groënland, mais l'on en trouve quelques unes sur les côtes du pays de Galles, de l'Ecosse et de la province de Gothland, en Suède. La ponte ne consiste qu'en deux œufs d'un cendré clair, marqué de taches noires, très-rapprochées vers le gros bout.

Suivant Othon Fabricius, *Zool. Dan. Prodromus*, cet oiseau est si défiant qu'on ne peut le tuer qu'en cherchant à le surprendre ou en tendant des lacets près de son nid, circonstance bien propre à détruire toute idée de stupidité déjà combattue en tête de cet article.

Guillemot mergule, ou nain; *Uria alle*, Temm. Cet oiseau, dont M. Vieillot a fait le genre *Mergulus*, et qui est l'*alca alle* de Linnæus et de Latham, n'a que huit pouces et demi à neuf pouces de longueur. Son bec, très-peu arqué, et dont la mandibule inférieure n'est pas effilée comme celle des deux autres, est de moitié moins long que la tête, dont le sommet est d'un noir profond, ainsi que les joues, la gorge, la partie supérieure du cou, la nuque et tout le dessus du corps, à l'exception des pennes secondaires des ailes, qui sont terminées de blanc, et des rémiges, qui le sont de brun noirâtre. Le dessous du corps est d'un blanc pur; le bec est noir, l'iris d'un brun noirâtre; les tarses et les doigts sont d'un brun rougeâtre, mais les membranes sont noirâtres. M. Temminck cite la planche 91 des Glanures d'Edwards, comme représentant un vieux mâle dans la figure du fond, et un individu d'un an dans celle de devant.

Il n'y a pas, selon cet auteur, de différence entre les sexes, mais beaucoup de variations, suivant les âges. Chez les jeunes de l'année, le sommet de la tête, la région des yeux, la nuque, les côtés de la poitrine et toutes les parties supérieures sont noirs, à l'exception des pennes secondaires des ailes, qui sont terminées de blanc, et de trois ou quatre bandes longitudinales d'un blanc pur sur les grandes couvertures les plus près du corps, dont tout le dessous est blanc. Cette dernière couleur, parsemée de quelques traits noirâtres, occupe aussi les côtés de la tête, et se dirige sur l'occiput en formant une bande très-étroite et peu apparente. Les tarses et les doigts sont d'un brun jaunâtre et les membranes d'un brun verdâtre. C'est dans cet état qu'on le trouve dans la 197e planche enluminée de Buffon. Parmi les autres variations qu'offre la différence des âges, on a rencontré des individus tout blancs, dont Brunnich, *Ornith. boreal.*, a formé son *alca candida*, n.° 107.

Cet oiseau, qui habite jusque sur les côtes glacées du pôle, se trouve en plus grand nombre dans l'Amérique qu'en Europe; et il n'y en a de passages accidentels sur les côtes de Hollande et de France que dans les hivers très-rigoureux, ou par suite d'ouragans : il fait son nid dans les fentes de rochers escarpés, et y pond, suivant le rapport des voyageurs, deux œufs d'un bleu clair. (Ch. D.)

GUILLERI (*Ornith.*), un des noms vulgaires du moineau domestique, *fringilla domestica*, Linn., qu'on appelle aussi gros pilleri. (Ch. D.)

GUILLOT. (*Ornith.*) Le pingouin et le guillemot sont nommés, sur les côtes du département de la Somme, guillot à bec plat, guillot à long bec. (Ch. D.)

GUIMAUVE (*Bot.*), *Althæa*, Linn. Genre de plantes dicotylédones, de la famille des *malvacées*, Juss., et de la *monadelphie polyandrie*, Linn., dont les caractères essentiels sont d'avoir : Un calice double, monophylle, l'extérieur à six ou neuf divisions, et l'intérieur à cinq; une corolle de cinq pétales, réunis à leur base, et adhérens au tube staminifère; des étamines nombreuses, ayant leurs filamens réunis inférieurement en un tube cylindrique et adhérent aux pétales, libres dans leur partie supérieure, portant des anthères presque réniformes; un ovaire supérieur, arrondi, surmonté d'un style multifide, à stigmates nombreux et sétacés; dix à vingt capsules monospermes, rassemblées en un plateau orbiculaire, au fond du calice persistant.

Les guimauves sont des plantes herbacées, à feuilles alternes, simples ou découpées, à fleurs axillaires ou en épi terminal. On en connoît dix espèces, la plupart indigènes de l'Europe, parmi lesquelles sont compris les *alcœa* de Linnæus, réunis à ce genre par Cavanilles et M. de Jussieu.

. Guimauve officinale : Linn., *Spec.*, 966; *Flor. Dan.*, 580. Sa racine est vivace, pivotante; elle produit une ou plusieurs tiges, simples, cylindriques, hautes de deux à quatre pieds, cotonneuses et blanchâtres comme toute la plante. Ses feuilles sont pétiolées, ovales-aiguës, anguleuses, douces au toucher, comme veloutées. Ses fleurs sont blanchâtres ou légèrement purpurines, assez grandes, ramassées plusieurs ensemble dans les aisselles des feuilles supérieures; leur calice extérieur est à neuf divisions. Cette plante croît dans les terrains humides et sur les bords des ruisseaux, en France, en Angleterre, en Allemagne, etc.; elle fleurit en juillet et août.

Toutes les parties de la guimauve sont mucilagineuses, émollientes; on en fait beaucoup d'usage en médecine, soit intérieurement, soit extérieurement. De la première manière, c'est principalement les feuilles que l'on emploie. Convenablement cuites, on les applique, en fomentations ou en cataplasmes sur les parties douloureuses ou enflammées; leur décoction fait la base de la plupart des bains ou lavemens émolliens. Intérieurement, c'est surtout la décoction légère des racines, ou l'infusion des fleurs dont on se sert, et on en fait un grand usage dans les rhumes et dans toutes les maladies inflammatoires en général. La racine de guimauve entre encore dans la composition de plusieurs préparations pharmaceutiques ; elle donne son nom à un sirop, à des tablettes, à une pâte, etc.

En préparant les tiges de la guimauve à la manière de celles du chanvre, on peut, selon Cavanilles, en extraire de la filasse ; et M. Martres, pharmacien à Montauban, en traitant les racines d'une manière particulière, en a également retiré de la filasse, qu'il a fait filer, et des étoupes propres à ouater, ou dont on peut fabriquer du papier.

Guimauve a feuilles de chanvre : *Althœa cannabina*, Linn., *Spec.*, 966 ; Jacq., *Fl. Aust.*, t. 101. Ses tiges sont droites, effilées, un peu rameuses, légèrement velues, hautes de cinq à six pieds, garnies de feuilles rudes au toucher ; les inférieures partagées jusqu'au pétiole en cinq digitations, lancéolées et dentées ; les supérieures partagées en trois découpures étroites. Les fleurs sont rougeâtres ou purpurines, assez petites, portées une ou deux ensemble sur des pédoncules axillaires et plus longs que les feuilles. Cette espèce croît dans le midi de la France et de l'Europe ; elle fleurit en juillet et août.

Guimauve de Narbonne ; *Althœa narbonensis*, Cavan., *Diss.*, 2, pag. 94, tab. 29, fig. 2. Cette plante se rapproche beaucoup de la précédente, mais elle s'élève moins ; ses feuilles sont moins profondément découpées, et toutes ses parties sont cotonneuses et blanchâtres. Elle croît dans les parties méridionales de la France et de l'Europe.

La guimauve à feuilles de chanvre, et celle de Narbonne sont vivaces. Dans quelques cantons de l'Espagne, on fait rouir leurs tiges, et on en tire de la filasse, que l'on file pour en fabriquer de la toile, qui auroit peut-être toutes les qualités de celle faite avec le chanvre, si les procédés, pour préparer cette filasse et la mettre en œuvre, étoient aussi perfectionnés. Ces plantes sont entièrement négligées en France, et ne sont cultivées nulle part. M. Bosc s'en étonne, parce que leur culture est facile, qu'elles croissent dans les plus mauvais terrains, et qu'une fois semées, elles peuvent durer dix à douze ans, et peut-être plus, sans autre soin qu'un ou deux binages chaque année. La filasse qu'elles donnent est d'ailleurs d'une beaucoup meilleure qualité que celle fournie par la guimauve officinale.

Guimauve alcée : vulgairement Passe-rose, Rose trémière, Trémier, Bourdon de Saint-Jacques ; *Althæa rosea*, Cavan., *Dissert.*, 2, n.° 156, t. 28, fig. 1 ; *Alcea rosea*, Linn., *Spec.*, 966. Sa racine est bisannuelle ; elle produit une ou plusieurs tiges, hautes de cinq à huit pieds, droites, cylindriques, velues, garnies de feuilles larges, cordiformes, arrondies ; partagées en cinq à sept lobes crénelés, et couvertes de poils des deux côtés. Ses fleurs sont grandes, belles, de différentes couleurs selon les variétés, portées sur de très-courts pédoncules dans les aisselles des feuilles supérieures, où elles forment, par leur rapprochement, un long épi terminal ; leur calice extérieur n'a ordinairement que six divisions. Cette plante croît naturellement dans les lieux montagneux du midi de la France et de l'Europe ; on la cultive pour l'ornement des jardins, à cause de la beauté de ses fleurs qui se développent en juillet et août, et qui, souvent doubles, offrent des nuances infinies, depuis le blanc et le jaune jusqu'au rouge plus ou moins foncé, ou qui sont agréablement panachées de ces diverses couleurs.

Les différentes parties de la passe-rose paroissent jouir des mêmes propriétés que la guimauve officinale ; mais on ne les emploie pas en médecine.

Guimauve a feuilles de figuier ; *Althæa ficifolia*, Cavan., *Dissert.* 2, pag. 92, t. 28, fig. 2. Cette plante ressemble beaucoup à la précédente ; elle en diffère seulement parce que ses feuilles sont presque palmées, découpées en lobes très-profonds. Elle passe pour être originaire de la Sibérie, et on la cultive dans les jardins comme la passe-rose.

Les cinq autres espèces de guimauve, dont nous donnerons seulement les noms, sont : l'*Althæa hirsuta*, Linn., *Spec.*, 966, indigène de l'Europe ; l'*Althæa Ludwigii*, Linn., *Mant.*, 88, qui croît en Sicile ; l'*Althæa acaulis*, Willd., *Spec.*, 3, pag. 773, qui vient dans l'Orient ; l'*Althæa pallida*, Willd., *Spec.*, 3, pag. 773, naturelle à la Hongrie ; et l'*Althæa corymbosa*, Swartz, *Flor. Ind. occid.*, 2, pag. 1213, de la Nouvelle-Espagne, et la seule du genre qui, jusqu'à présent, ait été trouvée en Amérique.

Outre les espèces de ce nom, rapportées au genre *Althæa*, et parmi lesquelles est la guimauve officinale, on désigne encore vulgairement sous ce nom des plantes d'autres genres avec des épithètes particulières. Ainsi le *sida abutilon* est la fausse guimauve ; le *lavatera olbia* est la guimauve en arbre ; l'*hibiscus abelmoschus* est la guimauve veloutée, le *corchorus olitorius* est la guimauve potagère. (J.)

GUIMAUVE ROYALE (*Bot.*), un des noms vulgaires de la ketmie de Syrie. (L. D.)

GUIMAUVE VELOUTÉE DES INDES. (*Bot.*) On a donné ce nom à la ketmie musquée. (L. D.)

GUINAMBI. (*Ornith.*) Voyez Guainumbi. (Ch. D.)

GUINARIA. (*Bot.*) Genre de Loureiro, qui doit être rapporté au Cookia. Voyez ce mot. (Poir.)

GUINDOULIER (*Bot.*), nom vulgaire, donné dans le Languedoc au jujubier. (J.)

GUINDOUX. (*Bot.*) C'est une variété de cerise. (L. D.)

GUINGARROUN (*Ornith.*), nom provençal de la mesange bleue, *parus cœruleus*, Linn. (Ch. D.)

GUINSON (*Ornith.*), un des noms vulgaires du pinson, *fringilla cœlebs*, Linn. (Ch. D.)

GUIOA. (*Bot.*) Le genre que Cavanilles a fait sous ce nom, ne peut être séparé du *Molinœa* de Commerson ; et, de plus, en examinant avec attention ce dernier genre, cité dans la famille des sapindées, on est porté à le réunir lui-même au *cupania*. (J.)

GUIRA. (*Ornith.*) Ce mot, qui précède le nom de plusieurs oiseaux de l'Amérique méridionale, signifie *oiseau* dans la langue du Brésil, et peut conséquemment être détaché du nom de l'espèce, qu'il alonge inutilement. D'un autre côté, le mot *guacu* paroit n'être qu'une épithète dans les noms dont il fait partie. (Ch. D.)

GUIRA ACANGATARA. (*Ornith.*) C'est le coulicou huppé, Vieill., *cuculus cristatus*, Lath. (Ch. D.)

GUIRA BERABA. (*Ornith.*) Abréviation faite par Buffon du mot *guira guacu beraba* par lequel Marcgrave désigne l'espèce de pitpit que Linnæus nomme *motacilla guira*, et Latham, *sylvia guira*.

GUIRA CANTARA. (*Ornith.*) Cet oiseau, qui est accolé par Gmelin au *guira-acangatara*, comme synonyme du *cuculus guira*, a été rangé par M. Vieillot parmi les anis, sous le nom de *crotophaga piririgua*. (Ch. D.)

GUIRA COEREBA. (*Ornith.*) C'est le guit-guit noir et bleu, *certhia cærulea*, Gmel. (Ch. D.)

GUIRA GUACEBERABA. (*Ornith.*) L'oiseau auquel ce nom est appliqué dans Edwards, est le tangara à gorge noire. (Ch. D.)

GUIRA GUACU (*Ichthyol.*), nom brésilien du Bagre. Voyez ce mot. (H. C.)

GUIRA GUAINUMBI (*Ornith.*), nom brésilien du momot houtou, *ramphastos momota*, Linn. (Ch. D.)

GUIRA JENOIA. (*Ornith.*) Ce passereau du Brésil a été rapporté au tangara bleu de ce pays, *tanagra brasiliensis*, Gmel. (Ch. D.)

GUIRA NHEEMGATU. (*Ornith.*) L'oiseau des topinambous, ainsi nommé dans Marcgrave, p. 211, est le guirnégat, *emberiza brasiliensis*, Linn. (Ch. D.)

GUIRA NHEMGETA. (*Ornith.*) Ce nom brésilien et celui de *guraundi* et *guranhœ engera*, sont donnés au même oiseau, qu'on appelle aussi *teitei*, en françois tangara teïté. (Ch. D.)

GUIRA PANGA (*Ornith.*), nom brésilien du cotinga blanc, *ampelis carunculata*, Gmel. Voyez Guira punga. (Ch. D.)

GUIRAPARIBA (*Bot.*), arbrisseau du Brésil, cité par Marcgrave, et rapporté par Linnæus (sous le nom de *guari pariba*), à son *bignonia pentaphylla*, qui est maintenant une espèce de *tecoma*. (J.)

GUIRA PAYÉ. (*Ornith.*) Ce nom, qui signifie oiseau sorcier, désigne le même oiseau que le mot *tingazu*, sous lequel M. d'Azara, n.° 265, décrit le coucou piaye, *cuculus cayanus*, Linn. (Ch. D.)

GUIRA PEREA. (*Ornith.*) L'oiseau décrit sous ce nom par Pison, et que Brisson a confondu avec le *guira beraba* de Marcgrave, paroît à Buffon être une espèce différente, dont le plumage est de couleur d'or, à l'exception des ailes et de la queue, qui sont d'un vert clair, et de mouchetures pareilles à celles de l'étourneau sur le ventre. (Ch. D.)

GUIRA PITA. (*Ornith.*) Ce nom, qui signifie oiseau rouge, est donné dans le Paraguay à la spatule rose. D'autres, suivant M. d'Azara, n.° 345, la désignent par le nom de *guira ti*, oiseau blanc. (Ch. D.)

GUIRA PUNGA. (*Ornith.*) C'est l'*ampelis variegata*, Gmel., ou *procnias carnis barbe*. Cuv.; mais il est bon d'observer, s'il s'agit ici de deux espèces différentes, que Marcgrave écrit les deux noms, *guira punga*. (Ch. D.)

GUIRA QUEREA (*Ornith.*), nom d'une espèce d'engoulevent du Brésil et de la Jamaïque, *caprimulgus jamaicensis*, Linn. et Lath. (Ch. D.)

GUIRAROU. (*Ornith.*) L'ignorance dans laquelle on est resté long-temps sur la signification générale du mot *guira*, a occasionné beaucoup d'erreurs et de confusion, et a contribué sans doute à la mauvaise orthographe d'un assez grand nombre de noms dont la seconde partie auroit été plus correctement écrite si l'on avoit considéré que c'étoit la seule essentielle. Le mot *guirarou* est évidemment formé de *guira huro* : cependant les auteurs sont assez d'accord de considérer le dernier comme un troupiale; et, tandis que Brisson fait un cotinga du premier, c'est un motteux pour Willughby; une piegrièche, *lanius nengeta*, pour Linnæus et pour Latham; un tyran pour M. Levaillant; et Montbeillard le place à la suite des cotingas d'après la forme un peu aplatie de son bec, la force de sa voix et son séjour sur le bord des eaux. Au reste, cet oiseau du Brésil, long de neuf pouces et demi, a la tête, le cou et tout le dessous du corps gris, et le dessus cendré. Les couvertures et les pennes des ailes sont noirâtres; la queue, coupée carrément, est blanche; le bec est entouré de barbes. (Ch. D.)

GUIRA TANGEIMA. (*Ornith.*) Cet oiseau du Brésil est le carouge à long bec, *oriolos icterus*, Linn. (Ch. D.)

GUIRA TI. (*Ornith.*) Voyez Guira piti. (Ch. D.)

GUIRA TINGA (*Ornith.*), nom brésilien du héron blanc, *ardea alba*, Linn. (Ch. D.)

GUIRA TIRICA. (*Ornith.*) Cet oiseau du Brésil a été rapporté par Buffon au grivelin, *loxia brasiliana*, Linn. (Ch. D.)

GUIRA TONTEON. (*Ornith.*) On lit, dans les Voyages de La Harpe, tom. 13, p. 432, que cet oiseau du Brésil tire son nom de l'épilepsie à laquelle il est si sujet qu'on a voulu exprimer par ce mot composé qu'il meurt et ressuscite souvent. On se borne, pour toute description, à annoncer qu'il est très-blanc et d'une beauté rare. (Ch. D.)

GUIRA YETAPA (*Ornith.*) Ce nom brésilien, qui signifie oiseau coupeur ou en ciseaux, est celui que donnent les guaranis à l'espèce décrite par M. d'Azara, sous le n.° 226, et qui a les mêmes formes et les mêmes habitudes que son petit coq ; dont M. Vieillot a fait le genre *Gallite*. (Ch. D.)

GUIRNÉGAT. (*Ornith.*) Ce mot a été formé, par contraction, de *guira nheemgatu*, nom que porte au Brésil l'oiseau que des naturalistes ont placé parmi les bruants, *emberiza brasiliensis*, Linn., et dont M. Vieillot a fait une passerine. (Ch. D.)

GUIRZIM. (*Bot.*) L'arbrisseau qui porte ce nom chez les Maures, doit être reporté au genre *Nitraria*, quoique, selon Adanson, son fruit se partage en sept coques coriaces. (J.)

GUISEAU. (*Ichthyol.*) Suivant M. Noël, c'est le nom que les pêcheurs donnent à une variété de l'anguille commune, que l'on prend dans la Seine, depuis le Hoc jusqu'à Villequier. Sa tête est plus courte et plus large que celle de l'anguille ordinaire ; son corps est aussi plus court, son œil plus gros, sa chair plus ferme et sa graisse plus délicate. On en pêche quelquefois plusieurs centaines d'un seul coup de filet. (H. C.)

GUISSE. (*Bot.*) Dans quelques cantons on donne ce nom aux gesses. (L. D.)

GUISTRICO. (*Bot.*) Dodoens dit que le troëne, *ligustrum*, est ainsi nommé par les Italiens. (J.)

GUIT (*Ornith.*), nom vulgaire du canard dans le midi de la France. (Ch. D.)

GUIT-GUIT. (*Ornith.*) Ces oiseaux forment, dans le Règne Animal de M. Cuvier, une section de ses sucriers, *nectarinia*, Illig., dont le bec, de longueur médiocre, arqué, pointu et comprimé, ressemble à celui des grimpereaux, et qui cependant ne grimpent pas, ainsi que l'annonce leur queue non usée ; mais, comme la dénomination de *sucriers*, qui, d'ailleurs, est d'une acception plus générale, a déjà été appliquée par M. Levaillant, Ornithol. d'Af., aux souï-mangas, afin d'éviter des confusions, l'on croit devoir préférer ici le nom de *guit-guit* pour désigner ces oiseaux, dont M. Vieillot a fait un genre sous celui de *coereba*, qu'une des espèces porte au Brésil. Les caractères que leur assigne ce naturaliste, sont d'avoir un bec grêle, trigone, arqué, à pointe aiguë ; la mandibule supérieure finement entaillée vers le bout ; les narines couvertes d'une membrane ; la langue divisée en deux filets ou ciliée à la pointe ; les deux premières rémiges les plus longues ; quatre doigts, deux devant et un derrière, dont les extérieurs sont soudés à leur base. Mais les espèces qui composent le genre de M. Vieillot, appartiennent exclusivement à l'Amérique méridionale, et M. Cuvier y en fait entrer quelques unes qui se trouvent dans d'autres contrées.

Les insectes sont la nourriture ordinaire de ces oiseaux qui y joignent le suc doux et visqueux de la canne à sucre, par eux recueilli en enfonçant le bec dans les gerçures de la tige. Il y en a qui vivent en troupes, et même dans la société d'autres petits oiseaux, tels que des sittelles, des picucules, des tangaras, mais les autres ne se rencontrent que par paires. Quoiqu'ils ne voltigent auprès des fleurs que pour saisir avec le bec les insectes qui viennent s'y poser, les créoles de Cayenne les confondent avec les colibris, et Gueneau de Montbeillard conseille d'y prendre garde en lisant les relations des voyageurs qui souvent ne les distinguent pas davantage. Les espèces dont on connoit les nids les suspendent à l'extrémité d'une branche foible, et l'ouverture en est tournée vers la terre, ce qui garantit la couvée contre les attaques des araignées, des lézards et des autres ennemis. La ponte, qui se répète plusieurs fois dans l'année, est ordinairement de quatre œufs. Les variations que les guit-guits éprouvent dans leur plumage, suivant leur sexe et aux diverses époques de leur vie, ont contribué à faire considérablement augmenter le nombre des espèces. M. Cuvier n'en indique pour l'Amérique que deux, auxquelles il pense qu'on en doit ajouter trois d'Orient.

Guit-guit proprement dit : *Coereba cyanea*, Vieill.; *Certhia cyanea*, Linn. et Lath.: Pl. enl., de Buff., n.° 83, fig. 2, sous le nom de grimpereau du Brésil; et pl. 41, 42, 43 des Grimpereaux de M. Vieillot dans les Oiseaux dorés. Celui-ci, dont la longueur totale est de quatre pouces trois lignes, se trouve au Mexique, au Brésil et à la Guiane. Son front est d'une couleur brillante d'aigue-marine ; il a sur les yeux un bandeau d'un noir velouté, couleur qui se remarque aussi sur le haut du dos, sur la partie du cou qui est voisine, et sur les ailes, lorsqu'elles sont pliées, à l'exception d'une bande bleue traversant obliquement leurs couvertures : le reste de la tête, le bas du dos, les couvertures supérieures de la queue, la gorge et tout le dessous du corps sont couverts de plumes brunes à leur base, vertes dans leur partie moyenne, et bleues à leur extrémité, mais lorsqu'elles sont bien couchées elles paroissent entièrement d'un bleu d'outre-mer ; le dessous des ailes est d'un brun jaune, et les couvertures inférieures de la queue sont d'un noir-mat. Le bec est noir, et les pieds, tantôt rouges ou orangés, sont quelquefois jaunes ou blanchâtres. Certains individus ont la gorge mêlée de brun, d'autres l'ont noire ; il arrive aussi que le bleu prend une teinte de violet.

Guit-Guit noir et bleu : *Certhia cærulea*, Linn. et Lath. ; *Coereba cœrulea*, Vieill.; pl. 21 d'Edwards, et 44, 45, 46 des Grimpereaux de M. Vieillot. Cet oiseau, dont la longueur est d'environ quatre pouces, n'a d'abord été présenté par Gueneau de Montbeillard que comme une variété de la précédente ; mais ce naturaliste a reconnu depuis que c'étoit une espèce réelle, qui, en effet, se distingue aisément de l'autre par une taille plus petite, la queue plus courte, les ailes non doublées de jaune, et le dessus de la tête du même bleu que le dos. Le mâle a le bec, le front, la gorge, les pennes des ailes et de la queue d'un beau noir, et le reste du plumage d'un bleu nuancé de violet, sur quelques individus; les pieds sont, en général, jaunes ou noirs, et les plumes de la poitrine sont de trois couleurs, comme dans l'espèce précédente. L'individu qu'on suppose être la femelle, et qui est un peu plus petit, a un trait blanc sur les yeux; le dessus du corps et la queue d'un brun clair; la poitrine et la gorge d'un gris jaunâtre ; les plumes abdominales et anales roussâtres ; le bec brun en dessus et jaunâtre en dessous, les pieds bruns. Les jeunes ont le dessus de la tête et du corps, et le bord extérieur des ailes et de la queue d'un brun vert; les parties inférieures sont mélangées longitudinalement de vert, de jaune et de blanchâtre, et leur plumage est d'ailleurs parsemé de tâches bleues et noires pendant la mue.

Le nid de cette espèce, qui a la forme d'une cornue, est composé en dehors de grosse paille et de brins d'herbes un peu fermes. L'oiseau entre par l'ouverture inférieure dans le col de cette cornue, qui est presque droit et de la longueur d'un pied, et il grimpe jusqu'à l'endroit où est le vrai nid, dont les matériaux sont plus mollets et plus doux.

Les guit-guits vert-tacheté, *certhia cayana*, Linn.; Pl. enl., 682, fig. 2 ; à bracelets, *certhia armillata*, Sparrm., pl. 36 ; varié, *certhia variegata*, Seba, tom. 2, p. 5, tab. 3, fig. 3 ; colibri, *certhia trochilea*; vert bleu de Surinam, *certhia surinamensis*, Lath., et *ochroclora*, Gmel., sont des variétés des deux espèces qu'on vient de décrire, et le guit-guit vert et bleu, *certhia cyanogastra*, Lath., n'est qu'un jeune en mue de la dernière.

Ces observations doivent contribuer à faire naître des doutes sur beaucoup d'autres espèces, regardées un peu légèrement comme réelles; mais la plupart des auteurs paroissent n'en pas élever sur le guit-guit sucrier, ou simplement sucrier de Gueneau de Montbeillard, *coereba flaveola*, Vieill., *certhia flaveola*, Linn. et Lath., figuré dans les Oiseaux dorés, pl. 51 des Grimpereaux, quoiqu'il y ait des différences assez considérables dans les descriptions qu'on a faites des individus provenant de Cayenne, de Saint-Domingue, de la Martinique, ou de la Jamaïque. Celui de Cayenne, que les Créoles et les Nègres appellent *sicouri*, et dont la queue dépasse fort peu les ailes, a la tête noirâtre; deux sourcils blancs qui se prolongent jusqu'au derrière du cou; la gorge d'un gris cendré clair, qui devient plus foncé sur le dos, et les couvertures supérieures des ailes, dont la partie antérieure est bordée de jaune citron, couleur qui se trouve sur le croupion, la poitrine et le dessous du corps. Le bec est noir, et les pieds sont bleuâtres.

Celui de Saint-Domingue a la tête, le dessus du cou et le dos d'un brun noirâtre; le dessous du corps gris et les ailes noirâtres, avec du blanc au milieu des pennes primaires; la queue de la même couleur, avec du blanc à l'extrémité; le bec et les pieds noirs.

A la Martinique, le même oiseau a les sourcils jaunes, la gorge noirâtre. A la Jamaïque, la tête, le cou, le dos et la gorge sont noirs, et la femelle a cette dernière partie d'un blanc jaunâtre, ainsi qu'il résulte des planches 122 et 321 d'Edwards.

Cet oiseau, dont il a déjà été fait mention dans ce Dictionnaire à la suite du mot Fournier, tom. 17, pag. 336, a un cri foible qu'on peut exprimer par *zi*, *zi*. Il se nourrit, comme les autres espèces, du suc de la canne, en insérant son bec dans les gerçures de la tige, et il attache son nid à l'extrémité des lianes qui pendent sur le milieu d'un ruisseau. Ce nid, dont l'entrée est dessous, et qui a la forme d'un œuf d'autruche, est divisé en deux pièces par une cloison.

M. Vieillot regarde aussi comme une espèce réelle le guit-guit vert à tête noire, *coereba atricapilla*, pl. 47 des Grimpereaux dans les Oiseaux dorés : il pense même que cet oiseau, long d'environ cinq pouces, dont Latham ne fait qu'une variété de son *certhia spiza*, et qui est fort commun au Brésil et à Cayenne, doit être plutôt considéré comme le type de l'espèce. Le cou, le haut du dos, le menton et la gorge sont d'un vert-pomme brillant; le reste du dos, le croupion, la poitrine, le ventre sont d'un vert bleu, ainsi que le bord des pennes alaires et caudales, qui sont d'un brun foncé. Le bec, fort peu courbé, est noir en dessus et blanchâtre en dessous; les pieds sont de couleur plombée.

La femelle, qui est représentée pl. 48 de l'ouvrage qu'on vient de citer, est d'un vert plus tendre au-dessus du corps et jaunâtre sur la gorge; les pennes primaires de l'aile sont bordées de vert, et les pennes caudales intermédiaires pareilles au dos. Le bec est de couleur de corne, et les pieds sont bruns: c'est le guit-guit tout vert, *certhia spiza*, var. de Latham. Avant la mue le jeune mâle a les parties supérieures d'un vert tendre et le dessous du corps d'un vert jaune. Il est représenté à l'âge de la mue dans la pl. 49. Le guit-guit fauve, *certhia fulva*, Lath., paroît être aussi une variété du jeune âge de la même espèce.

M. Vieillot donne le nom de guit-guit à tête grise, *coereba griseicapilla*, à un oiseau de Cayenne peint sur la 50.e pl. de ses Grimpereaux, dont la queue est un peu arrondie à son extrémité, et qui a la tête grise en dessus; les yeux et les joues sont entourés de noir; le dessus du cou, le dos, le croupion et la queue sont d'un vert olive, et les parties inférieures d'un jaune vif.

Le même auteur range avec ses guit-guits le *certhia gularis*, Sparrm., pl. 79, ou guit-guit à gorge bleue, oiseau de la Martinique de trois pouces trois quarts de longueur, qui a la gorge, le devant du cou et le haut de la poitrine bleus; le ventre jaune avec une ligne de cette couleur au-dessus des yeux et sur les côtés du cou; les ailes fuligineuses en dessus et jaunes en dessous; la queue et le bec noirs. Mais l'opinion de cet ornithologiste est que le guit-guit vert et bleu à gorge blanche, Edw., pl. 25, fig. inf.; *certhia spiza*, var., Lath., n'appartient pas à ce genre, quoique le dessinateur lui ait donné un bec un peu incliné à son extrémité, vu qu'il croit reconnoître dans cet oiseau du Brésil, le pipit vert, *motacilla cyanocephala*, Gmel.

Les trois oiseaux que M. Cuvier juge susceptibles d'être classés avec les guit-guits, sont les *certhia borbonica*, *sanguinea* et *cardinalis*, Gmel.

Le premier, peint dans les Planches enluminées de Buffon, n.° 681, fig. 2, sous le nom de grimpereau de l'île de Bourbon, *certhia borbonica*, Gmel. et Lath., a le dessus de la tête et du corps d'un brun verdâtre; le croupion d'un jaune olivâtre; la gorge et tout le dessous du corps d'un gris brouillé, qui prend une teinte jaunâtre près de la queue; les flancs roux; les pennes alaires et caudales noirâtres: le bec et les pieds noirs.

Le second, *certhia sanguinea*, Gmel., est représenté dans l'Histoire naturelle des Grimpereaux de M. Vieillot, n.° 66, sous le nom d'*héorotaire cramoisi;* il a cinq pouces et demi de longueur, et il est d'un rouge-cramoisi sur la tête, le dessus du corps, la gorge et la poitrine, avec une teinte marron sur le bord extérieur des pennes secondaires; le bas-ventre est blanc, ainsi que les couvertures inférieures et la tige des pennes de la queue, dont l'extrémité est pointue; le bec, très-peu arqué, est noir, et les pieds sont jaunâtres.

Le troisième, qui a été décrit par Gmelin, sous les noms de *certhia rubra* et de *certhia cardinalis*, grimpereau cardinal, et représenté parmi les Grimpereaux de M. Vieillot, sous ceux d'héorotaire scarlate, pl. 54, et de kuyameta, pl. 58, est un oiseau de la Nouvelle-Hollande, et des îles de la mer du Sud, qui a environ trois pouces et demi de longueur, et dans le plumage duquel l'écarlate domine, mais dont les ailes et la queue sont noires, ainsi que le bec, qui est très-peu courbé, et dont les pieds et les ongles sont noirâtres. (Ch. D.)

GUITI. (*Bot.*) Les arbres du Brésil, cités sous ce nom par Marcgrave, paroissent appartenir au genre Sapotillier, *Achras*, ou au moins à un genre très-voisin, puisque, selon la description, ils sont de même laiteux, à feuilles simples, à fleurs axillaires; leur corolle est monopétale, à six divisions, et portant six étamines. Leur fruit, de la grosseur d'une orange, est charnu et contient des noyaux sphériques, lisses et brillans d'un côté, inégaux à leur surface de l'autre. Marcgrave dit que ce fruit contenant un lait âcre, n'est pas bon à manger. Cette circonstance le fait cependant différer de la sapotille vraie, qui est au nombre des bons fruits d'Amérique. Marcgrave distingue plusieurs espèces ou variétés qu'il nomme *guiti toroba*, *guiti coroya*, *guiti iba*: les mêmes sont nommés *guetiis* par Pison. (J.)

GUITNE. (*Conchyl.*) C'est le *murex perversus* de Linnæus, type du genre Foudre de M. Denis de Montfort. (De B.)

GUITTARIN (*Bot.*), nom françois du *citharexylum* ou bois de guitare. (J.)

GUL. (*Bot.*) Ce nom est donné par les Turcs, suivant Clusius, *Stirp. Pannon.*, p. 138, à la rose, et par suite à d'autres fleurs qui ont la même forme, et surtout à celles qui sont doubles et qu'ils nomment *gul-catamer;* telles sont la rose, l'anémone, le pavot, la rose trémière, etc. Le même auteur, dans ses *Exotica*, dit que l'arbre triste, *nyctanthes*, est aussi nommé *gul* par les Turcs et les Persans. Voyez Guart. (J.)

GUL. (*Ornith.*) Voyez Guggel. (Ch. D.)

GULAUN (*Ornith.*), nom islandois de l'oie, que Gmelin et Latham appellent *anas borealis*. La dénomination de gul-ond est, suivant Muller, n.° 131, donnée au harle commun, *mergus merganser*, Linn. (Ch. D.)

GULDSHAH. (*Mamm.*), nom que les Mongols donnent à l'argali mâle. Ce dernier nom est celui de la femelle. (F. C.)

GULEDER. (*Ornith.*) On appelle ainsi, sur le lac de Constance, la petite mouette cendrée, *larus cinerarius*, Linn. (Ch. D.)

GULFOTTING (*Ornith.*), nom norwégien du goéland brun, *larus fuscus*, Linn. (Ch. D.)

GUL-GAT. (*Ornith.*) Les Hollandois ont imposé ce nom, qui signifie cul-jaune, au merle brunet, *turdus capensis*, Lath., parce que son croupion est jaune. (Ch. D.)

GULGURUK (*Ornith.*), nom turc du vanneau, *tringa vanellus*, Linn. (Ch. D.)

GULIHAYANG, CULICADAYANG, LOYONG (*Bot.*), noms donnés dans les Philippines, suivant Camelli, cité par Rai, à une espèce d'ébénier, *diospyros*. (J.)

GULIN. (*Ornith.*) Voyez Goulin. (Ch. D.)

GULL (*Ornith.*), nom anglois des mauves ou mouettes. (Ch. D.)

GULLA-CAVALLA. (*Ornith.*) Voyez, pour cet oiseau des

environs du fort Saint-Georges, aux Indes, le mot SANGUILLO. (CH. D.)

GULO. (*Ornith.*) L'oiseau désigné sous le nom de *plancus gulo* dans Klein, p. 142, n.° 1, est le pélican, *pelecanus onocrotalus*, Linn.; et le *gulo* de Schwenckfeld, cité par Klein, pag. 144, n.° 5, est le cormoran, *pelecanus carbo*, Linn. (CH. D.)

GULO (*Mamm.*), nom du glouton en latin moderne. (F. C.)

GULSPARF. (*Ornith.*) Le bruant commun, *emberiza citrinella*, Linn., porte ce nom et celui de *golspink* dans la Suède. On l'appelle aussi en Danemarck *gulspury* et *gulvesling*. (CH. D.)

GUMARA, GUMALLA. (*Bot.*) Dans l'île d'Otahiti et dans d'autres îles voisines, on donne ces noms et celui de *umara*, à la racine tubéreuse d'un liseron, *convolvulus chrysorrhizus*, qui a beaucoup de rapport avec la patate. Forster la prenoit pour une simple variété; mais Solander en fait une espèce distincte. On la cultive dans toutes ces îles, où elle est une des nourritures des habitans. (J.)

GUMENISKI. (*Ornith.*) Krascheninnikow se borne à donner, d'après Steller, le nom de cette oie du Kamtschatka. (CH. D.)

GUMILLÉE, *Gumillæa*. (*Bot.*) Genre de plantes dicotylédones, à fleurs incomplètes, de la *pentandrie décandrie* de Linnæus, offrant pour caractère essentiel : Un calice campanulé, à cinq divisions ; point de corolle ; cinq étamines placées sur le réceptacle ; un ovaire supérieur, à demi bifide ; deux styles. Le fruit est une capsule à deux loges, à deux becs réfléchis, renfermant des semenses nombreuses.

GUMILLÉE AURICULÉE ; *Gumillæa auriculata*, Ruiz et Pav., *Fl. Per.*, 3, pag. 23, tab. 245, fig. 2. Arbrisseau découvert dans les grandes forêts du Pérou, qui s'élève à la hauteur de dix à douze pieds et plus, sur une tige droite, cylindrique, munie de rameaux étalés, velus dans leur jeunesse, garnis de feuilles pétiolées, alternes, ailées avec une impaire ; les folioles pédicellées, glabres, ovales, oblongues, un peu acuminées, très-entières, pubescentes en dessous sur leur nervure du milieu, un peu roulées à leurs bords ; les pétioles hérissés, longs d'un pied ; les stipules opposées, sessiles, presque réniformes, réfléchies latéralement.

Les fleurs sont sessiles, agrégées, disposées en grappes longues, pendantes, hérissées, presque en épis. Le calice est jaunâtre, à cinq découpures droites, aiguës, étalées; point de corolle; les filamens des étamines presque planes, subulés, un peu recourbés, entourant l'ovaire; les anthères un peu pendantes, arrondies, à deux loges; l'ovaire presque en cœur, à demi bifide, surmonté de deux styles subulés et réfléchis ; les stigmates aigus. Le fruit consiste en une capsule ovale, bifide, à deux becs réfléchis, à deux loges; les semenses petites, nombreuses, arrondies. (Poir.)

GUMMÆLE, NÆDÆVA (*Bot.*), noms égyptiens de l'espèce de soude, qui est le *salsola inermis* de Forskael: le dernier de ces noms est encore donné au *cressa.* (J.)

GUMPEL. (*Ornith.*) Le bouvreuil ordinaire, *loxia pyrrhula*, Linn., est désigné par ce nom et par celui de *gympel* dans différentes parties de l'Allemagne. (Ch. D.)

GUNDÉLIACÉES. (*Bot.*) M. Decandolle, dans son premier Mémoire sur les Composées, présenté à l'Institut, en janvier 1808, a distribué les cinarocéphales de Vaillant et de M. de Jussieu en quatre divisions, sous les titres d'échinopées, gundéliacées, carduacées, centaurées. Dans notre article Composées ou Synanthérées, nous avons dit (tom. X, pag. 155) que la dernière division, celle des centaurées, étoit la seule qui fût naturelle. Celle des gundéliacées, au contraire, est tout-à-fait inadmissible, car l'auteur la compose des deux seuls genres *Gundelia* et *Acicarpha*, dont le premier appartient à la famille des synanthérées, et le second à une nouvelle famille que nous avons établie, en août 1816, sous le nom de boopidées. Cette petite famille des boopidées, composée des trois genres *Boopis*, *Calicera* et *Acicarpha* ou *Cryptocarpha*, est dispersée par M. Decandolle de telle sorte, que le *boopis* est rapporté par lui à ses échinopées, le *cryptocarpha* à ses gundéliacées, et le *calycera* à la famille des dipsacées. Le caractère distinctif assigné par M. Decandolle à sa division des gundéliacées, est d'avoir les paillettes du réceptacle soudées et formant des loges monospermes. Voyez nos articles Boopidées et Boopis, tom. V, Suppl., pag. 26 et 28; Calicera, tom. VI, Suppl., pag. 36; Cryptocarpha, tom. XII, pag. 84. (H. Cass.)

GUNDÉLIE, *Gundelia.* (*Bot.*) [*Cinarocephales*, Juss.; *Syngé-*

nésie polygamie séparée, Linn.] Ce genre de plantes, établi par Tournefort, en 1703, dans son *Corollarium institutionum Rei Herbariæ*, et dédié par lui à Gundelsheimer, son compagnon de voyage dans le Levant, appartient à la famille des synanthérées, et à notre tribu naturelle des vernoniées, dans laquelle nous le plaçons auprès des *Corymbium*, *Lagascea*, *Rolandra*, *Elephantopus*, et autres genres analogues.

Nous regrettons beaucoup de n'avoir pu jusqu'aujourd'hui observer ce genre intéressant, que sur des échantillons secs très-vieux, très-comprimés, et à moitié détruits par les insectes. Nous n'avons pu y étudier avec fruit que le style, les étamines et la corolle ; mais cela nous a suffi pour nous faire reconnoître que le *gundelia* avoit une très-grande affinité avec le *corymbium*, et qu'il devoit, comme lui, être rapporté à la tribu des vernoniées. Plus heureux que nous, Gærtner a décrit et figuré les caractères génériques du *gundelia* sur des individus vivans : cet excellent observateur va donc nous servir de guide ; et néanmoins, en nous fondant sur la comparaison des genres analogues, que nous avons soigneusement observés, nous risquerons de décrire les caractères de celui-ci, selon un système qui nous est propre, de la manière suivante.

La calathide est uniflore, régulariflore, androgyniflore. Le péricline est très-inférieur à la fleur, tubuleux, plécolépide ; formé de plusieurs squames unisériées, entre-greffées depuis la base jusqu'au dessous du sommet qui est libre, subulé, spinescent. Le clinanthe est ponctiforme, inappendiculé. L'ovaire est oblong-elliptique, aplati, glabre, atténué supérieurement en un col court, épais et plein ; son aigrette est coronaire, cupuliforme, membraneuse, découpée au sommet en lanières courtes, filiformes. La corolle est névramphipétale ; son limbe, plus long que son tube, est divisé par des incisions égales et très-profondes, en cinq lanières longues, linéaires, épaisses. Le style est épaissi supérieurement ; ses deux stigmatophores sont courts, larges, obtus, arqués en dehors ; leur face intérieure stigmatique est plane et glabre ; leur face extérieure est garnie, ainsi que la partie supérieure du style, de collecteurs lamelliformes, membraneux, courts, larges, obtus.

Les calathides sont réunies en plusieurs capitules partiels, qui sont eux-mêmes rapprochés en un capitule général. Chaque capitule partiel est composé de trois à sept calathides uniflores, dont les périclines sont entre-greffés depuis la base jusque près du sommet, et forment par leur réunion un seul corps charnu, obpyramidal; les calathides extérieures de chaque capitule partiel sont stériles par avortement de l'ovaire. Le capitule général est composé de nombreux capitules partiels, rapprochés et sessiles sur un axe cylindrique, garni de bractées, dont chacune accompagne extérieurement un capitule partiel; il n'y a point d'involucre proprement dit à la base du capitule général.

Gundélie de Tournefort; *Gundelia Tournefortii*, Linn. C'est une plante herbacée, à racine vivace. Sa tige, haute d'un pied ou un peu plus, est rameuse, cylindrique, un peu épaisse, glabre. Ses feuilles radicales sont longues, nues, vertes, incisées assez profondément et inégalement sur les bords en découpures épineuses; leur côte est un peu grosse, saillante en dessous, blanche, et garnie d'un peu de duvet lanugineux. Les feuilles caulinaires sont sessiles, et même semi-décurrentes sur les rameaux; elles paroissent un peu larges, parce qu'elles sont plus courtes et moins profondément découpées que les radicales. Les capitules généraux sont terminaux, solitaires, sessiles, ovales-coniques, analogues en apparence aux têtes de la cardère, ou à celles du panicaut des Alpes; ils sont plus ou moins lanugineux, et munis chacun, à la base, de quelques bractées involucriformes, inégales, sessiles. Les corolles sont rougeâtres ou purpurines. Cette plante, qui est la seule espèce du genre, habite l'Arménie et la Syrie, dans les lieux arides et incultes. On en distingue deux variétés, l'une à capitules glabres, l'autre à capitules pourvus d'un duvet laineux, imitant la toile d'araignée. Nous avons emprunté la description spécifique qu'on vient de lire à M. de Lamarck, dans l'Encyclopédie. Ce botaniste pense que la gundélie a de l'affinité avec les échinopes; mais il remarque que c'est une plante singulière, ayant le feuillage épineux d'un chardon ou d'une carline, le port et le suc laiteux d'un scolyme, et les têtes de fleurs d'un panicaut ou d'une cardère.

Le genre *Echinops*, les genres *Xanthium*, *Franseria*, *Ambrosia*, et le genre *Gundelia*, offrent des caractères très-singuliers et bien propres à exercer la sagacité des botanistes qui, sans s'arrêter aux apparences extérieures, s'efforcent de pénétrer le fond des choses. Le système que nous venons de proposer sur le *gundelia* paroîtra sans doute aussi bizarre que ceux que nous avons publiés depuis long-temps, concernant l'*echinops*, le *xanthium*, le *franseria* et l'*ambrosia*. Ce n'est pas pourtant par amour du paradoxe, et dans l'intention de nous faire remarquer par des idées contraires aux opinions reçues, que nous avons hasardé les systèmes dont il s'agit : ils nous ont été suggérés par l'étude des analogies, qui nous a constamment servi de guide dans tous nos travaux ; et nous osons espérer que les botanistes, dégagés de préjugés et de préventions, voudront bien, avant de condamner nos idées, les examiner sérieusement. En étudiant comparativement le *corymbium*, le *gundelia* et le *lagascea*, ils reconnoîtront que notre système sur le *gundelia* est moins absurde qu'il ne paroît au premier coup-d'œil. Nous ne dissimulerons pas que le *gundelia* nous a offert quelques traits d'analogie avec notre tribu des arctotidées, et avec celle des échinopsées. Ce genre semble aussi se rapprocher, par quelques points, du *scolymus*, qui est de la tribu des lactucées. Mais on n'oubliera pas que, dans notre classification des synanthérées, les lactucées et les vernoniées, quoique placées aux deux extrémités de la série, se touchent immédiatement, parce que nous courbons cette série en cercle. Nous devrions peut-être offrir ici l'analyse comparée des caractères génériques du *corymbium*, du *gundelia* et du *lagascea*, pour démontrer les rapports qui existent entre ces trois genres : mais cette comparaison nous entraîneroit dans de trop longs détails ; c'est pourquoi nous nous bornons à renvoyer le lecteur à notre article Corymbium, t. X, pag. 580. (H. Cass.)

GUNEL. (*Ichthyol.*) Voyez Gunnel. (H. C.)

GUNNEL (*Ichthyol.*), nom spécifique d'une gonnelle, qui avoit été rapportée par Linnæus au genre Blennie. Voyez Blennie et Gonnelle. (H. C.)

GUNNERE, *Gunnera*. (*Bot.*) Genre de plantes dicotylédones, à fleurs incomplètes, de la famille des *urticées*, de la *diandrie digynie* de Linnæus, offrant pour caractère essentiel : Des fleurs hermaphrodites, quelquefois dioïques, disposées en épis ; un calice à deux dents, point de corolle ; deux étamines placées sur l'ovaire ; un ovaire inférieur, ovale, bidenté au sommet ; deux styles, les stigmates simples. Le fruit est une semence recouverte par le calice charnu, presque en baie.

Ce genre, considéré quant à son port, se rapproche beaucoup des poivres par ses feuilles réniformes ou palmées, par ses fleurs sessiles, disposées en un épi droit, touffu, ramifié, par ses deux étamines. Il est même possible qu'on y place, par la suite, quelques espèces de poivres médiocrement examinées. Il est à présumer que les espèces qu'on cite à fleurs dioïques, ne sont telles que par avortement. M. de Lamarck y rapporte le genre *Misandra* de Commerson.

Gunnère d'Afrique : *Gunnera perpensa*, Linn., *Amœn.*; Pluken., *Almag.*, tab 18, fig. 2; *Perpensum blitispermum*, Burm., *Prodr.*, 26. Plante herbacée, du cap de Bonne-Espérance, dont les feuilles, toutes radicales, sont pétiolées, en cœur, presque réniformes, nues, obtuses, crénelées, un peu pubescentes sur leur pétiole. Il s'en élève une hampe nue, haute de deux pieds, terminée par une grappe droite, longue d'environ huit pouces, composée de rameaux simples, nombreux, épars, munis, chacun à leur base, d'une bractée linéaire-lancéolée. Les fleurs sont nombreuses, petites et sessiles, monoïques selon Burmann. Cette plante se plaît dans les lieux humides et marécageux.

Gunnère du Chili : *Gunnera chilensis*, Lamk., Encycl. et *Ill. gen.*, tab. 801, fig. 1; *Gunnera scabra*, *Fl. Per.*, tab. 44, fig. a; Vahl, *Enum.* 1, pag. 308; *Panke*, etc.; Feuill., *Per.*, 2, pag. 742, tab. 30. Cette espèce n'a que des feuilles radicales, roides, très-dures, pétiolées, un peu arrondies, divisées en cinq lobes, larges de cinq pouces; les lobes oblongs, laciniés à leurs bords; leurs découpures denticulées; les pétioles cannelés, hérissés, longs de deux pieds; les hampes longues d'un pied, terminées par un épi composé d'un grand nombre de petits épis étalés, presque verticillés. Le calice est un peu charnu, à deux dents; deux étamines attachées à la base de l'ovaire; les anthères un peu arrondies, à deux loges; l'ovaire oblong.

Cette plante croît dans les lieux humides, au Chili et au Pérou; elle est rafraîchissante, d'après le père Feuillée. On prend, dans les chaleurs, la décoction de ses feuilles pour se rafraîchir : on mange les pétioles crus, dépouillés de leur écorce. Les teinturiers se servent de sa racine pour teindre en noir; ils la coupent par petites tranches, et la font bouillir avec une sorte de terre noire. Les tanneurs préparent leurs peaux avec les mêmes racines, en les mettant bouillir dans l'eau les unes après les autres; alors elles se dilatent et s'épaississent deux ou trois fois plus qu'elles ne le font ordinairement.

La *gunnera pilosa*, Kunth, *in* Humb. *et* Bonpl. *Nov. Gen.*, 2, p. 24, n'est probablement qu'une variété de l'espèce précédente; elle en diffère par ses feuilles et ses pétioles beaucoup plus hérissés, par les lobes obtus, par les nervures et veines réticulées, rougeâtres, hispides. Elle croît dans les environs de Quito, dans les Andes, et à Santa-Fé de Bogota.

Gunnère de Magellan : *Gunnera magellanica*, Lamk., Encycl. et *Ill. gen.*, tab. 801, fig. 2; *Misandra*, Commers., *Herb.; Gunnera plicata*, Vahl, *Enum*, 1, pag. 338; *Disomene*, Banck. et Soland.; vulgairement la Boudeuse. Cette plante a été découverte par Commerson, au détroit de Magellan; ses racines poussent, de leur collet, des rejets rampans et fertiles, comme le fraisier. Les feuilles sont radicales, pétiolées, réniformes, crénelées, presque glabres; les pétioles chargés de poils rares, entourés à leur base par des écailles membraneuses. Les fleurs sont dioïques, d'après Commerson. (Poir.)

GUNSII. (*Bot.*) Voyez Gonsii. (J.)

GUNUN. (*Ornith.*) D'après Molina, Essai sur l'Histoire naturelle du Chili, pag. 211 de la traduction, ce terme signifie oiseau en chilien, et les réflexions faites sur le mot *guira* déterminent à consigner ici cette observation. (Ch. D.)

GUOR (*Ichthyol.*), nom que, chez les Yolofs, sur les côtes du cap Vert, on donne au tétrodon mal armé, de M. Lacépède. Voyez Tétrodon. (H. C.)

GUORACA. (*Ichthyol.*) Le poisson que Russel a désigné sous ce nom, est rapporté par M. Cuvier à son genre Pristipome. Voyez ce mot. (H. C.)

GUORGA. (*Ornith.*) L'oiseau que les Lapons nomment ainsi est le héron commun, *ardea cinerea*, Linn. (Ch. D.)

GURANHÆ-ENGERA. (*Ornith.*) L'oiseau que Jean de Laet nomme ainsi, et qui est appelé *gurandi* par Marcgrave, est le tangara téité. Voyez Guira nhemgeta. (Ch. D.)

GURG (*Mamm.*), un des noms persans du rhinocéros unicorne. (F. C.)

GURGULUS. (*Ornith.*) Albert se trompe quand il applique à un oiseau ce nom, qui n'est qu'une corruption du mot *curculio*, charançon. (Ch. D.)

GURHOFIAN ou GURHOSIAN. (*Min.*) M. Karsten a donné ce nom à un minéral qui existe en filons dans une serpentine parsemée de grenats, qui se trouve près de Gurof, en Basse-Autriche. Sa couleur est le blanc de neige; sa cassure, conchoïde, plate, passe à l'unie. Sa dureté est moyenne, ainsi que sa pesanteur spécifique, et sa transfluidité n'est sensible que sur les bords. Klaproth, qui en a fait l'analyse, l'a trouvé composé de carbonate de chaux, 78,5, et carbonate de magnésie, 29,5. Le gurhofian n'est donc qu'une chaux carbonatée magnésifère. Voyez Chaux carbonatée lente. (Brard.)

GURNAOU (*Ichthyol.*), nom nicéen de la trigle gurnau, suivant M. Risso. Voyez Trigle. (H. C.)

GURNAU et GURNEAU (*Ichthyol.*), noms vulgaires d'une espèce de trigle, *trigla gurnardus*, Linn. Voyez Trigle. (H. C.)

GURON (*Conchyl.*); Adans., Sénég., p. 203, pl. 14. C'est le spondyle gardirope. (De B.)

GURT. (*Bot.*) Le mélilot est ainsi nommé aux environs du Caire, où il est très-commun. Suivant Forskael, dans le canton d'Yémen en Arabie, il est nommé *rijan*. On le trouve dans le catalogue de M. Delile sous les noms de *regrâq* et de *nafal*. (J.)

GURTELTHIER (*Mamm.*), nom allemand qui signifie animal à ceinture, et que l'on a donné aux tatous. (F. C.)

GURULLA (*Bot.*), nom d'un arbrisseau de Ceilan, que Hermann croit être un sureau. (J.)

GURUMFIL (*Bot.*), nom égyptien de l'œillet des jardins, *dianthus caryophyllus*, suivant Forskael. (J.)

GUSEZOWA (*Ichthyol.*), nom polonois de l'ablette. Voyez Able, dans le Supplément du premier volume de ce Dictionnaire. (H. C.)

GUSGASTAK. (*Ornith.*) L'oiseau, ainsi nommé dans le *Musæum wormianum*, est le courlis d'Europe, *scolopax arcuata*, Linn. (Ch. D.)

GUSMANNIA. (*Bot.*) Ce genre de la Flore du Pérou, appartenant à la famille des *broméliacées*, paroît devoir être réuni au *puya* de Molina, qui est le même que le *pourretia* de cette

Flore et le *renealmia* de Feuillée. Le *gusmannia* diffère de ceux-ci par des anthères presque réunies, par son épi de fleurs, plus lâche et plus long, et par ses feuilles non épineuses. (J.)

GUSSELA (*Mamm.*), nom abyssin d'une grande espèce de chat noir, dont parle M. Salf, dans son Voyage en Abyssinie, dont la peau se vend très-cher, et que les gouverneurs de province ont seuls le droit de porter. (F. C.)

GUSTABIRA. (*Bot.*) Le *cynoglossum japonicum* de M. Thunberg est ainsi nommé au Japon. (J.)

GUSTARD (*Ornith.*), nom écossois de l'outarde, *otisturda*, Linn., qui se nomme aussi *starda* et *bistarda*. La *gustarda* de Gesner appartient au genre de l'oie. (Ch. D.)

GUSTAVIA. (*Bot.*) Linnæus fils et Willdenow ont substitué ce nom à celui de *pirigara*, employé par Aublet pour un de ses genres dans la Guiane, lequel doit être conservé comme plus ancien. Pour la même raison il faut supprimer celui de *spalanzania* donné à ce genre par Necker. (J.)

GUSZ (*Ornith.*), nom de l'oie, *anas anser*, chez les Frisons. (Ch. D.)

GUTIERRÈZE, *Gutierrezia*. (*Bot.*) [*Corymbifères*, Juss.; *Syngénésie polygamie superflue*, Linn.] Ce genre de plantes, établi par M. Lagasca, en 1816, dans ses *Genera et Species Plantarum*, appartient à la famille des synanthérées, et probablement à notre tribu naturelle des astérées, dans laquelle nous hasardons de le placer auprès du *brachyris* de M. Nuttal, qui nous paroît peu différent.

La calathide est radiée: composée d'un disque quinquéflore, régulariflore, androgyniflore; et d'une couronne unisériée, triflore, liguliflore, féminiflore. Le péricline est oblong, formé de squames imbriquées, réfléchies au sommet. Le clinanthe est alvéolé; les cloisons des alvéoles se prolongent supérieurement en membranes dentées, imitant des squamelles. Les ovaires portent une aigrette composée de plusieurs squamellules paléiformes.

Gutierrèze a feuilles linéaires; *Gutierrezia linearifolia*, Lag. C'est une plante du Mexique, vivace, un peu ligneuse, glabre, résineuse: ses feuilles sont éparses, sessiles, longues d'environ un pouce, larges d'environ une ligne, linéaires, aiguës, très-entières; les supérieures plus courtes que les inférieures : les calathides sont peu nombreuses, et disposées en un corymbe terminal.

Nous ne connoissons la gutierrèze que par la description de M. Lagasca; et cette description très-imparfaite ne peut nous fournir les élémens nécessaires pour déterminer avec certitude la place que ce genre doit occuper dans notre classification naturelle des synanthérées. Cependant nous avons quelque confiance dans les probabilités qui nous font rapporter le *gutierrezia* à la tribu des astérées. Le *brachyris* de M. Nuttal, très-bien décrit par son auteur, nous semble appartenir indubitablement à la tribu dont il s'agit, et il nous semble aussi que ce genre est infiniment analogue au *gutierrezia*. Si le clinanthe du *gutierrezia* est tel que nous l'avons décrit, en prêtant aux expressions de M. Lagasca un sens un peu différent de celui qu'elles paroissent présenter, ce genre devra être rapproché du *pteronia*, qui est aussi de la tribu des astérées. Enfin, notre genre *Lepidophyllum* (*conyza cupressiformis*, Lamk.), établi dans le Bulletin de la Société philomathique de décembre 1816, est encore une astérée qui semble très-analogue au *gutierrezia* et au *brachyris*. Nous concluons de toutes ces remarques, que le *gutierrezia* doit être placé, au moins provisoirement, dans notre tribu naturelle des astérées, auprès des *brachyris*, *lepidophyllum*, *pteronia*. M. Lagasca dit que son genre doit être placé auprès du *columellea* de Jacquin. Si, comme nous le présumons, le *columellea* est de la tribu des inulées, nos idées sur le classement du *gutierrezia* ne s'accorderoient point avec celles de l'auteur du genre. Voyez notre article Columellea, tom. X, pag. 102. (H. Cass.)

GUT-MERLE (*Ornith.*), nom allemand du loriot d'Europe, *oriolus galbula*, Linn. (Ch. D.)

GUTTÆFERA. (*Bot.*) C'est à Kœnig que nous devons la connoissance précise de l'arbre qui fournit la substance connue sous le nom de gomme-gutte, et qu'à cause de cela il a nommé *guttæfera*. Il vient dans la même famille que le *cambogia*, duquel on croyoit auparavant que découloit cette gomme-résine, et qui laisse en effet suinter une substance presque analogue, ainsi que d'autres genres de la même série, qui, pour cette raison, a été nommée famille des guttifères.

Le *guttæfera* est maintenant le *stalagmitis* de Murrai et de Schreber. (J.)

GUTTA GAMANDA. (*Bot.*) Voyez Ghitaiemon. (J.)

GUTTIER, *Cambogia*. (*Bot.*) Genre de plantes dycotylédones, à fleurs complètes, polypétalées, régulières, de la famille des *guttifères*, de la *polyandrie monogynie* de Linnæus, très-rapproché des mangoustans (*garcinia*), offrant pour caractère essentiel : Un calice à quatre folioles; quatre pétales; un grand nombre d'étamines placées sur le réceptacle; les anthères arrondies; un ovaire supérieur; point de styles; un stigmate persistant, à quatre divisions. Le fruit est une grosse baie sphérique, à huit côtes saillantes, à huit loges monospermes; les semences entourées d'une substance pulpeuse.

Ce genre a été réuni, par plusieurs auteurs modernes, au *garcinia*, auquel il paroît en effet devoir appartenir, n'offrant que de légères différences dans son caractère essentiel, telles qu'un plus grand nombre d'étamines, un stigmate à quatre divisions profondes, une baie à huit loges. Ce genre est d'ailleurs borné à une seule espèce.

Guttier gommier : *Cambogia gutta*, Linn., *Spec.;* Blakw., tab. 39; *Coddam-Pulli*, Rhéede, *Malab.*, 1, tab. 24; *Carcapuli*, Acosta, *Hist. arom.*, *cap.* 46; *Mangostana cambogia*, Gærtn., *de Fruct.*, 2, tab. 105; *Curcapule*, J. Bauh., *Hist.*, 1, pag. 105. Grand arbre des Indes orientales, muni d'une belle cime étalée et touffue. Sa racine, grosse et très-ramifiée, répand ses rameaux au large dans la terre et au-dessus. Son tronc a dix ou douze pieds de circonférence; le bois est blanchâtre, revêtu d'une écorce noirâtre extérieurement, rouge au-dessous, jaunâtre à l'intérieur. Les feuilles sont pétiolées, opposées, glabres, ovales-entières, aiguës à leurs deux extrémités, fermes, luisantes, un peu épaisses : les fleurs peu nombreuses, jaunâtres ou couleur de chair, portées sur des pédoncules simples, très-courts; leur calice est à quatre folioles arrondies, concaves et caduques; la corolle, composée de quatre pétales oblongs, concaves, onguiculés; les étamines courtes et nombreuses; l'ovaire arrondi, à huit côtes, couronné par un stigmate persistant, à quatre découpures obtuses. Le fruit consiste en une baie sphéroïde, au moins de la grosseur d'une orange, jaunâtre à sa maturité, à huit côtes saillantes, obtuses, partagées intérieurement en huit loges membraneuses, contenant chacune une semence brune, oblongue, entourée d'une double enveloppe, enfoncée dans une substance pulpeuse.

Le fruit de cet arbre est d'une saveur un peu acide. On le mange cru. Les Malabares l'emploient sec, en poudre, dans leurs alimens. Il passe pour astringent, favorable dans les flux de ventre. Lorsqu'on fait une incision à l'écorce du tronc et des racines de cet arbre, il en découle une liqueur visqueuse, sans odeur, et qui, à ce que l'on croit, forme, en se séchant, une gomme-résine opaque, d'un jaune-safran. (Poir.)

GUTTIFÈRES. (*Bot.*) On a donné ce nom à une famille de plantes dont tous ou presque tous les genres laissent suinter de leurs diverses parties un suc résineux ou résino-gommeux, qui a plus ou moins de rapport avec la gomme-gutte fournie par un de ces genres. Elle est placée dans la classe des hypopétalées ou dicotylédones polypétales, à étamines insérées sous l'ovaire, et voisine des hypéricées, dont les genres donnent aussi un suc presque de même nature, surtout ceux qui s'élèvent en arbres.

Les caractères de cette famille sont: Un calice de plusieurs pièces, ou d'une seule divisée profondément en plusieurs lobes; les pétales, ordinairement au nombre de quatre, portés sur le support de l'ovaire; les étamines insérées au même point, nombreuses ou plus rarement définies; leurs filets souvent distincts, quelquefois réunis par le bas en un seul tube ou en plusieurs faisceaux; leurs anthères un peu alongées, appliquées contre l'extrémité des filets; un ovaire libre, simple, surmonté d'un seul style ou seulement d'un stigmate simple ou divisé; un fruit en baie, plus ou moins charnu, ou plus rarement capsulaire, s'ouvrant par le haut en quelques valves; plusieurs loges (réduites quelquefois à une, peut-être par avortement) renfermant une ou plusieurs graines assez grosses, attachées tantôt au centre du fruit, tantôt contre ses parois (peut-être par suite de l'avortement de quelques loges); l'embryon, renfermé dans une coque membraneuse, ou coriace, ou cassante, n'a point d'autre tégument propre; il est sans périsperme, à lobes grands, fermes, comme calleux, quelquefois intimement unis, à radicule petite et placée près de l'attache de la graine.

Cette famille est composée d'arbres ou arbrisseaux, remplis, le plus souvent, d'un suc résineux ou résino-gommeux. Les feuilles, le plus souvent opposées, sont généralement entières, glabres et coriaces, n'offrant ordinairement qu'une nervure longitudinale, d'où partent beaucoup d'autres plus ou moins transversales. Les fleurs sont axillaires ou terminales; plusieurs sont mâles ou femelles, par suite d'avortement.

On divise maintenant cette série en deux sections, caractérisées par la présence ou l'absence du style.

On ne trouve pas de style dans les genres suivans : *Clusia*, *Quapoya*, *Cambogia*, *Garcinia*, *Ochrocarpus* de M. du Petit-Thouars ; *Marialva*, de Vandelli, dont le *tovomita* d'Aublet est congénère ; *Brindonia* du Petit-Thouars; *Ruyschia* et son congénère *souroubea*, *Marcgravia*, *Norantea*.

Les genres qui ont un style sont les suivans : *Antholoma*, *Souroubea*, de M. La Billardière; *Stalagmitis* de Murrai, auquel se rapporte le *guttæfera* de Kœnig, qui fournit la vraie gomme-gutte : *Moronobea* et son congénère *symphonia* ; *Macoubea*, *Mammea*, *Rheedia*, *Macanea*, *Singana*, *Mesua*, *Chloromyron* de M. Persoon ou *verticillaria* de la Flore du Pérou ; *Calophyllum*, *venana*, de M. de Lamarck, avec doute, et peut-être *vateria*.

Cette distribution n'est pas définitive, parce que plusieurs genres ne sont pas encore assez connus. Nous avons déjà annoncé ailleurs que le *clusia* pourroit dans la suite devenir le type d'une famille voisine. L'affinité du *marcgravia*, nouvellement rapproché, n'est pas complète, de même que celle des derniers genres de la série. Nous y avions rapporté le *qualea* et le *vochisia* d'Aublet, dont M. Auguste Saint-Hilaire vient de faire une nouvelle famille, augmentée de deux nouveaux genres du Brésil. Il est donc nécessaire de retravailler les guttifères, d'en observer avec soin les caractères dans leur lieu natal, pour mieux reconnoître ceux qui sont les plus essentiels. (J.)

GUTTURNIUM. (*Conchyl.*) Klein, *Tentam. ostrac.*, p. 51, propose, sous ce nom, un petit genre de coquilles, qui ne diffère des murex cordonnés que parce que le canal qui termine antérieurement l'ouverture, est long et un peu recourbé en dessus. Le type est l'espèce figurée par Rumph, tab. 24, let. H. (De B.)

GUULAGTIG. (*Ichthyol.*) En Norwége on donne ce nom au gunnel, espèce de poisson rapportée par M. Cuvier au genre Gonnelle. Voyez ce mot. (H. C.)

GUUO. (*Ornith.*) Voyez Gufo. (Ch. D.)

GUYAPIN, GUAYAPIN. (*Bot.*) Dans le Craonnois, limitrophe de la Bretagne, on nomme ainsi le *genista anglica*. (J.)

GUYNETTE. (*Ornith.*) Ce nom, dans Cotgrave, désigne la peintade, *numida meleagris*, Linn. (Ch. D.)

GUZMANE, *Guzmania*. (*Bot.*) Genre de plantes monocotylédones, de la famille des *amomées*, de l'*hexandrie monogynie* de Linnæus, offrant pour caractère essentiel : Un calice à trois découpures roulées sur elles-mêmes ; trois pétales rapprochés en tube ; six filamens ; les anthères rapprochées en cylindre ; un ovaire pyramidal ; un style ; trois stigmates ; une capsule à trois loges.

Les auteurs de la Flore du Pérou avoient d'abord placé ce genre parmi les *pourretia*, qu'ils ont depuis supprimés. Le *guzmannia* a de très-grands rapports avec le *puya* de Molina, auquel il pourroit être réuni : il en diffère par ses anthères presque réunies en cylindre, par son port offrant des feuilles dépourvues d'épines, des fleurs disposées en un épi très-lâche.

Guzmane tricolore ; *Guzmana tricolor*, Ruiz et Pav., *Fl. Per.*, 3, pag. 38, tab. 361. Plante découverte sur les montagnes du Pérou. Ses racines sont fusiformes et fibreuses ; ses tiges dressées, cylindriques, hautes d'un pied, couvertes d'écailles ovales-lancéolées, aiguës ; garnies, à leur partie inférieure, de feuilles glabres, imbriquées presque sur deux rangs, s'engainant les unes les autres par leur base, étalées, ensiformes, très-élargies à leur partie inférieure, canaliculées. Les fleurs sont sessiles, distantes, disposées en un épi simple, long d'un pied ; chaque fleur accompagnée de bractées concaves, imbriquées ; les inférieures plus longues, ovales-lancéolées, très-aiguës ; les intermédiaires plus larges, ovales-acuminées, rayées de lignes violettes ; les supérieures plus courtes.

Le calice est pâle, partagé en trois divisions profondes, coriaces, ovales, roulées sur elles-mêmes ; la corolle blanche, composée de trois pétales linéaires, obtus, serrés et roulés en tube, une fois plus longs que le calice, insérés sur le réceptacle, se desséchant et persistant ; six étamines plus courtes que la corolle, placées sur le réceptacle; les filamens planes, linéaires; les anthères linéaires, aiguës à leurs deux extrémités, rapprochées en cylindre, à deux loges, s'ouvrant longitudinalement; l'ovaire supérieur, pyramidal, trigone, obtus, surmonté d'un style filiforme, à trois sillons, de la longueur des étamines; trois stigmates aigus. Le fruit est une capsule pyramidale, trigone, à trois loges, à trois valves, renfermant un grand nombre de semences oblongues, acuminées. (Poir.)

GWAZ (*Ornith.*), nom breton de l'oie domestique, *anas anser*, Linn. (Ch. D.)

GWENNELI (*Ornith.*), nom des hirondelles en bas-breton. (Ch. D.)

GWILLIMIA. (*Bot.*) Voyez Magnolier. (Poir.)

GWINIARD (*Ichthyol.*), nom anglois du lavaret, *coregonus lavaretus*. Voyez Corégone. (H. C.)

GWRACH (*Ichthyol.*), nom que l'on donne, en Angleterre, au labre tancoïde de M. de Lacépède, *labrus tinca*, Linnæus. Voyez Labre. (H. C.)

GYALECTA. (*Bot. Crypt.*) Genre de la famille des lichens, établi par Acharius, et qu'il place entre les genres *Solorina* et *Lecidea*, rapprochement qui nous paroît peu naturel. Ses caractères sont d'être crustacé, plane, étalé, uniforme, adhérent; d'offrir des conceptacles scutelliformes et en godets, enfoncés dans la croûte, presque cartilagineux, minces, à ouvertures resserrées, à peine marginées. Ce qui distingue le gyalecta du genre *Urceolaria*, dont il faisoit partie dans le *Methodus* d'Acharius, c'est que les conceptacles sont formés d'une substance propre, différente de celle qui constitue le thallus, et de couleur aussi différente. Dans l'*urceolaria*, au contraire, les conceptacles sont formés par la substance même du thallus. Cette distinction, qui dans le *Synopsis* d'Acharius est la base de sa classification, est loin d'avoir l'importance qu'on lui a attribuée, et n'a pas peu contribué à rendre cette classification artificielle.

Dans sa Lichénographie universelle, Acharius fait connoître cinq espèces de ce genre, et, dans son *Synopsis*, il en porte le nombre à huit. Elles croissent à terre ou sur les rochers, et plus rarement sur les mousses et l'écorce des arbres.

1. Gyalecta epulotique: *Gyalecta epulotica*, Ach., *Lich.*

univ., p. 151, t. 1, fig. 7; *Syn.*, p. 9. Croûte couleur de tuile, mais pâle; d'abord contiguë, puis presque plissée; conceptacles arrondis, se touchant çà et là, difformes, rougeâtres, à bord libre, élevé, entier. Cette espèce a été observée sur les rochers.

2. Gyalecta terrestre: *Gyalecta geoica*, Ach., *Lich. univ.*, p. 151; *Syn.*, 9; *Urceolaria geoica*, Ach., *Meth.*, p. 149; *Lichen geoicus*, Wahlenb., *Nov. Act. Stockh.*, 27, t. 4, fig. 6. Croûte raboteuse, presque pulvérulente, cendrée; conceptacles rapprochés, jaunâtres au fond, à bord gris, pulvérulent. Cette plante a été observée par Wahlenberg, sur le sable, près des montagnes calcaires de la province de Gothland, en Suède.

3. Gyalecta de Wahlenberg; *Gyalecta wahlenbergiana*, Achar., *Lich.* et *Syn.*, l. c. Croûte lépreuse, raboteuse, d'un blanc pâle; conceptacles épars, pâles, bruns, roussâtres au fond, à bord rétréci, infléchi, un peu rugueux. Cette espèce a été observée à terre, sur les mousses, dans les cavernes des Alpes, de la Laponie et jusque vers le Cap-Nord.

Selon Acharius, Schleicher auroit découvert une variété de cette plante sur des troncs d'arbres en Suisse; elle se fait remarquer par ses conceptacles très-petits et peu enfoncés dans la croûte: celle-ci est d'un gris verdâtre.

4. Gyalecta de Persoon; *Gyalecta persooniana*, Ach., *Syn.*, 10. Croûte cartilagineuse, raboteuse, blanchâtre; conceptacles un peu membraneux, épars, d'un jaune de cire, concaves, à pourtour proéminent, un peu flexueux, s'aplanissant avec l'âge. Cette plante a été observée en France, sur les écorces d'arbres.

5. Gyalecta bryophile: *Gyalecta bryophila*, Ach., *Syn.*, 10; *Urceolaria bryophila*, Ach., *Lich. univ.*, p. 341; *Encl. syn.*, Hoffm. et *varietat.*; *Urceolaria scruposa*; *Bryophila*, Ach., *Meth.*, 148; *Fl. Dan.*, tab. 1351, fig. 2. Croûte rugueuse, plissée, blanc-grisâtre; conceptacles d'un noir bleuâtre, élargis dans le fond, à bord élevé, infléchi, à peine rétréci, un peu tranchant, entouré dès la base par un rebord étranger au vrai thallus de la plante. On trouve cette plante sur les mousses mortes, à terre, et sur les rochers, en Suède, en Allemagne, en Suisse, en France, etc. (Lem.)

GYCKEN (*Bot.*), nom de la massette, *typha*, dans la Hongrie, suivant Mentzel. (J.)

GYFITZ (*Ornith.*), nom suisse du vanneau commun, *tringa vanellus*, Linn., qui est aussi appelé *gybitz* et *giwitz*. (Ch. D.)

GYGES. (*Ornith.*) Cet oiseau n'est désigné, dans Gesner, pag. 523, que par son habitude de faire entendre des cris presque perpétuels. (Ch. D.)

GYLFINBRAFF (*Ornith.*), nom du gros-bec ordinaire, *loxia coccothraustes*, Linn., en gallois, langue dans laquelle le bec-croisé, *loxia curvirostra*, Linn., est appelé *gylfingroes*. (Ch. D.)

GYLLENRENA (*Ornith.*), nom suédois de l'épeiche, *picus major*, Linn. (Ch. D.)

GYMNADENIA (*Bot.*); Rob. Brown, *in* Ait., *Hort. Kew.*, *edit. nov.* Ce genre de la famille des *orchidées* a été établi par Rob. Brown pour l'*orchis conopsea* de Linnæus: il le caractérise par une corolle ringente; la lèvre munie à sa base d'un long éperon; les glandes des pédicelles du pollen nues et rapprochées. Voyez Orchis. (Poir.)

GYMNANDRA. (*Bot.*) Ce genre de Pallas, le même que le *lagotis* de Gærtner et de M. du Petit-Thouars, a été réuni par Linnæus fils au *bartsia*. On devra peut-être y rapporter aussi, 1.° le *sturbia* de M. du Petit-Thouars, différent seulement par un calice à cinq divisions au lieu de quatre, et par une corolle globuleuse plus renflée; 2.° le *rhinanthus alpina* de M. de Lamarck, qui est le *stæhelina* de Crantz; 3.° le *rhinanthus versicolor* du même, qu'Allioni nommoit *bellardis*. (J.)

GYMNANTHÈME, *Gymnanthemum*. (*Bot.*) [*Corymbifères*, Juss.; *Syngénésie polygamie égale*, Linn.] Ce genre de plantes, que nous avons proposé dans le Bulletin de la Société philomathique de janvier et d'avril 1817, appartient à la famille des synanthérées, à notre tribu naturelle des vernoniées, et à la section des vernoniées-prototypes, dans laquelle nous le plaçons auprès des genres *Lepidaploa*, *Vernonia*, *Ascaricida*, *Centrapalus*, *Centratherum*, *Oligocarpha*, *etc.*

La calathide est incouronnée, équaliflore, multi-pauciflore, régulariflore, androgyniflore. Le péricline, hémisphérique ou cylindracé, et beaucoup plus court que les fleurs, est formé de squames régulièrement imbriquées, appliquées, inappendiculées, ovales, coriaces. Le clinanthe est plane, inappendiculé, rarement muni de quelques fimbrilles piliformes, éparses. Les ovaires sont cylindracés, garnis de glandes ou de poils, et pourvus d'un bourrelet basilaire cartilagineux ; leur aigrette est composée de squamellules nombreuses, plurisériées, très-inégales, toutes filiformes et barbellulées ; les corolles ont le limbe divisé, par des incisions égales et profondes, en cinq lanières longues, étroites, linéaires ; le syle offre les caractères propres à la tribu des vernoniées.

Gymnanthême cupulaire : *Gymnanthemum cupulare*, H. Cass. ; *Baccharis senegalensis*, Persoon, *Syn. Plant.*, tom. 2, pag. 424. La tige est épaisse, cylindrique, striée, subtomenteuse, roussâtre, très-ramifiée supérieurement; les feuilles sont alternes, à pétiole long d'un pouce, à limbe long de cinq pouces, large de trois, ovale, entier, glabre en dessus, subtomenteux en dessous ; les calathides sont nombreuses, disposées en panicule corymbiforme à l'extrémité de la tige et des rameaux, et portées sur des pédoncules rameux, nus ; chaque calathide est composée de fleurs nombreuses, à corolle blanc-jaunâtre. Le péricline, hémisphérique et assez semblable à la cupule d'un gland de chêne, ne couvre que le tiers inférieur des fleurs ; il est formé de squames très-régulièrement imbriquées, appliquées, ovales, coriaces, parsemées de glandes. Le clinanthe est inappendiculé : les ovaires sont cylindracés, couverts de glandes, et pourvus d'un bourrelet basilaire ; leur aigrette est roussâtre : les corolles sont arquées et parsemées de glandes. Nous avons observé cette belle espèce de gymnanthême, qui est le type du genre, dans un herbier de M. de Jussieu, composé de plantes recueillies au Sénégal par Roussillon. L'échantillon étant incomplet, nous doutons si c'est une tige ou une branche, et si la plante est herbacée ou ligneuse : si c'est une tige herbacée, elle est haute probablement de deux à trois pieds au moins. M. Persoon, qui a mentionné cette plante sous le nom de *baccharis senegalensis*, suppose que sa tige est ligneuse, ce qui nous paroît vraisemblable.

Gymnanthême fimbrillifère ; *Gymnanthemum fimbrilliferum*, H. Cass. La tige est pubescente, presque tomenteuse, striée. Les feuilles sont alternes, longues d'environ sept pouces, larges de deux pouces et demi, obovales-lancéolées-acuminées, étrécies à la base en forme de pétiole, bordées, autour de leur partie supérieure, de quelques dents très-petites, inégales, irrégulières; leur face supérieure est glabre; l'inférieure est parsemée de points glanduleux, et pubescente sur les nervures, qui sont pennées. Les calathides, très-nombreuses, sont disposées en une très-grande panicule corymbiforme, terminale, très-ramifiée, dépourvue de feuilles et de bractées, et dont les dernières ramifications fournissent des pédoncules particuliers à toutes les calathides; chaque calathide est composée ordinairement de trois, quelquefois de quatre fleurs. Le péricline, cylindracé, beaucoup plus court que les fleurs, est formé de squames paucisériées, régulièrement imbriquées, appliquées, ovales, coriaces, pubescentes; le clinanthe est petit, plane, muni de quelques fimbrilles piliformes, éparses. Les ovaires sont hispides, pourvus d'un bourrelet basilaire cartilagineux; leur aigrette est roussâtre, composée de squamellules très-nombreuses, très-inégales, filiformes, épaisses, barbellulées: les corolles, probablement jaunes, ont le limbe divisé en cinq lanières égales, longues, linéaires; le style offre les caractères propres à la tribu des vernoniées. Nous avons observé cette espèce chez M. de Jussieu, sur un échantillon sec, très-incomplet, recueilli à l'île de Bourbon par Commerson, et qui appartient probablement à une plante ligneuse.

Gymnanthême entassé; *Gymnanthemum congestum*, H. Cass. La tige est ligneuse, cylindrique, glabre; les feuilles sont alternes, courtement pétiolées, longues de quatre pouces, ovales-entières, glabres en-dessus, pubescentes en-dessous, parsemées de petites glandes ponctiformes. Les calathides sont petites, très-nombreuses, disposées en panicule terminal, et rassemblées, au sommet des dernières ramifications de la panicule, en faisceaux composés de plusieurs calathides sessiles, et immédiatement rapprochées; chaque calathide est composée constamment de trois fleurs. Le péricline, cylindrique et plus court que les fleurs, est formé de squames régulièrement imbriquées, appliquées, ovales, à peine coriaces, presque glabres. Le clinanthe est petit et inappendiculé: les ovaires sont cylindracés, striés, velus, pourvus d'un gros bourrelet basilaire cartilagineux; leur aigrette est blanche, composée des quamellules nombreuses, très-inégales, filiformes, épaisses, barbellullées: les corolles sont jaunâtres, et divisées en lanières longues, linéaires; les anthères ont l'appendice apicilaire long, obtus, les appendices basilaires pollinifères; le style offre les caractères propres à notre tribu des vernoniées. Nous avons observé cette espèce dans l'herbier de M. de Jussieu, où elle est faussement étiquetée *eupatorium dalea*, et accompagnée d'une note indiquant que l'échantillon vient du Mexique, et a été donné par M. Bonpland. (Voyez notre article Critonia, tom. XII, pag. 1.)

Le genre *Gymnanthemum* diffère des *lepidaploa*, *vernonia*, *ascaricida*, en ce que l'aigrette est uniforme, les squamellules extérieures n'étant point laminées; il diffère des *centrapalus* et *centratherum*, en ce que les squames du péricline ne sont point appendiculées; de l'*oligocarpha*, en ce que la calathide est androgyniflore. (H. Cass.)

GYMNANTHÈRE, *Gymnanthera*. (*Bot.*) Genre de plantes dicotylédones, à fleurs complètes, monopétalées, régulières, de la famille des *apocynées*, de la *pentandrie digynie* de Linnæus, caractérisé par un calice à cinq divisions; une corolle en soucoupe; cinq écailles, terminées par une arête, situées à l'orifice du tube; cinq étamines saillantes; deux styles; deux follicules lisses, cylindriques.

Gymnanthère luisante; *Gymnanthera nitida*, Rob. Brown, *Nov. Holl.*, 1, pag. 464. Arbrisseau de la Nouvelle-Hollande, dont les tiges sont grimpantes, cylindriques, très-glabres; il en découle une liqueur laiteuse. Les feuilles sont opposées, glabres, luisantes; les pédoncules latéraux, presque dichotomes; les fleurs d'un blanc verdâtre, sans poils; la corolle en forme de soucoupe, ayant le limbe partagé en cinq découpures; cinq écailles découpées, placées à l'orifice de la corolle, un peu au-dessous des échancrures du calice, surmontées chacune d'une arête; les filamens saillans, distincts, situés à l'ouverture de la corolle; les anthères acuminées, appliquées contre les divisions du stigmate. Le fruit consiste en deux follicules lisses, cylindriques, divergens, renfermant des semenses aigrettées. (Poir.)

GYMNARRHÈNE, *Gymnarrhena*. (*Bot.*) [*Corymbifères*, Juss.;

Syngénésie polygamie nécessaire, Linn.] Ce genre de plantes, établi par M. Desfontaines, en 1818, dans le quatrième volume des Mémoires du Muséum d'Histoire naturelle, appartient à la famille des synanthérées, et probablement à notre tribu naturelle des inulées, section des inulées-buphtalmées, dans laquelle nous hasardons de le placer auprès des *grangea*, *ceruana*, et autres genres analogues. M. Desfontaines ayant bien voulu nous associer à son travail sur le *gymnarrhena*, nous allons exposer les résultats des observations que nous avons faites avec lui, en octobre 1816, sur des échantillons secs de cette plante remarquable. Les différences qu'on pourra trouver entre la description publiée par ce botaniste et celle qu'on va lire, doivent être attribuées à ce que notre manière, bonne ou mauvaise, de considérer, de décrire et de classer les synanthérées, ne ressemble à celle d'aucun autre. Il ne faut donc pas s'étonner si notre description offre beaucoup de détails que M. Desfontaines a dû négliger, comme trop minutieux, et comme étrangers à ses vues et à son plan. Le *gymnarrhena* présente plusieurs particularités très-extraordinaires dans la famille des synanthérées. Une des plus notables consiste dans les différences que l'on remarque sur les mêmes parties, selon qu'on les observe au commencement ou à la fin de la fleuraison. Cela nous détermine à donner deux descriptions des caractères génériques, observés à ces deux époques. Nous pouvons espérer, par ce moyen, de les exposer clairement et complétement.

Description de la calathide, observée au commencement de la fleuraison.

La calathide est subcylindracée, discoïde; composée d'un disque pauciflore, régulariflore, masculiflore, et d'une couronne multisériée, multiflore, tubuliflore, féminiflore. Le péricline, qui paroît manquer souvent, ou plutôt se réduire aux squamelles extérieures du clinanthe, est quelquefois manifeste, mais très-irrégulier, incomplet, interrompu, formé de quelques squames unisériées, inégales, dissemblables, membraneuses-foliacées. Le clinanthe est plane, oblique, large, orbiculaire; son disque est garni de fimbrilles seulement; sa couronne est garnie de squamelles, et de fimbrilles interposées entre les squamelles; les fimbrilles, plus nombreuses que les fleurs, sont inégales, laminées, membraneuses, subulées, denticulées sur les bords, comme barbellulées, marquées de stries pennées; les squamelles, égales en nombre aux fleurs de la couronne, sont enveloppantes, linéaires-lancéolées-aiguës, membraneuses inférieurement, coriaces supérieurement, spinescentes au sommet. Les fleurs du disque, au nombre d'environ dix ou douze, et accompagnées de fimbrilles seulement, offrent: 1.° un faux ovaire très-long, filiforme, glabre; son aigrette, égale à la corolle, est composée d'environ cinq ou six squamellules unisériées, entre-greffées inférieurement, libres supérieurement, à peu près égales, blanches; leur partie inférieure est laminée-paléiforme, membraneuse, oblongue, laciniée sur les bords; leur partie supérieure est filiforme, irrégulièrement barbellulée; 2.° une corolle glabre, formée d'un tube long, grêle, filiforme, et d'un limbe court, campanulé, profondément partagé en trois ou quatre divisions oblongues, presque obtuses, à nervures marginales; 3.° trois ou quatre étamines; leur filet est greffé à la corolle jusqu'au sommet de son tube; sa partie supérieure est libre, courte et grêle; son article anthérifère est conforme au filet, et peu distinct; l'anthère est libre, arquée en dedans, canaliculée; son appendice apicilaire est très-petit, aigu; ses appendices basilaires sont nuls ou presque nuls; 4.° un style filiforme, simple, dont la partie supérieure est un peu épaissie, pointue au sommet, hérissée de quelques grosses papilles éparses. Les fleurs de la couronne, enveloppées chacune immédiatement par une squamelle, qui est elle-même entourée extérieurement de plusieurs fimbrilles, offrent: 1.° un ovaire grêle, cylindracé, hérissé de poils biapiculés; son aigrette est composée de squamellules nombreuses, plurisériées, très-inégales, filiformes, barbellulées; 2.° une corolle tubuleuse, grêle, cylindrique, filiforme, membraneuse, ayant le sommet tronqué, ou découpé en trois ou quatre dents ou crénelures extrêmement petites; 3.° un style filiforme, qui s'élève au-dessus de la corolle, et qui porte deux stigmatophores longs, grêles, arqués en dehors, demi-cylindriques, bordés de deux bourrelets stigmatiques.

Description des changemens opérés dans la calathide, durant la fleuraison.

La calathide, observée à la fin de la fleuraison, est globuleuse, et beaucoup plus grande qu'elle n'étoit au commencement. Le clinanthe est devenu un peu convexe. Les squamelles, qui étoient plus courtes que les fleurs de la couronne, se sont alongées, et sont devenues égales ou supérieures à ces fleurs qu'elles accompagnent. Les fleurs de la couronne, primitivement égales à celles du disque, sont devenues plus longues. L'ovaire de ces fleurs est obconique ou obovoïde-oblong, et prolongé inférieurement en une sorte de pied ou de bourrelet basilaire glabre; les poils dont il est tout couvert, et qui sont dressés, droits, fins, biapiculés au sommet, sont devenus excessivement longs; son aigrette, auparavant beaucoup plus courte que la corolle, s'est alongée au point d'être égale ou supérieure à cette corolle; les cinq ou sept squamellules intérieures de cette aigrette, s'étant élargies inférieurement, sont devenues laminées, paléiformes, membraneuses, linéaires-lancéolées, aiguës au sommet, dentées sur les bords, munies d'une côte médiaire. La corolle des fleurs de la couronne s'est alongée par sa partie inférieure, qui s'est en même temps renflée prodigieusement et est devenue ovoïde; il est résulté de cet alongement de la corolle, que le style qui s'élevoit au-dessus de son sommet, se trouve entièrement inclus dans son intérieur, et que sa partie supérieure semble avoir été coupée. Les fleurs du disque ne paroissent avoir éprouvé aucun changement.

Gymnarrhène a petites fleurs : *Gymnarrhena micrantha*, Desfont. C'est une petite plante herbacée, probablement annuelle; sa racine simple, pivotante; produit de son collet quelques tiges courtes, étalées horizontalement, dichotomes, qui paroissent être un peu ligneuses, et dont la largeur semble indiquer qu'elles sont comme aplaties ou déprimées; les calathides, composées de fleurs à corolle et anthères jaunes, sont sessiles, et réunies en capitules qui occupent l'extrémité des tiges et des rameaux, et sont immédiatement appliqués sur leur face supérieure; ces capitules sont entourés de quelques feuilles oblongues, larges, membraneuses, et qui nous ont paroît être les seules feuilles que porte la plante. Les échantillons que nous avons analysés, et qui ne sont peut-être pas complets, au moins à l'égard des feuilles, ont été recueillis dans la Turquie asiatique, sur la route de Mosul à Bagdad, par Bruguières et Olivier.

Malgré le soin que nous avons apporté à l'analyse de ces échantillons secs, dont nous avons décrit et dessiné plusieurs fois toutes les parties, nous ne dissimulons pas que les difficultés de cette analyse nous laissent des doutes sur quelques points, qui ne pourront être entièrement éclaircis que par l'observation future de la plante vivante. La place que le *gymnarrhena* doit occuper dans notre classification naturelle des synanthérées, est aussi un problème que nous ne croyons pas avoir résolu définitivement. La corolle et les étamines ressemblent un peu à celles de la famille des boopidées; le fruit et son aigrette ont de l'analogie avec ceux de la tribu des arctotidées; le port de la plante semble la rapprocher du *navenburgia*, qui est une hélianthée-millériée; elle a aussi de l'affinité avec le *gymnostyles*, qui est une anthémidée; on peut enfin lui trouver des rapports avec le *sphæranthus*. M. Desfontaine croit qu'elle est voisine de l'*evax* de Gærtner, qui est une inulée-gnaphaliée. Après avoir long-temps hésité, nous nous sommes décidé à placer le *gymnarrhena* dans notre tribu naturelle des inulées, et dans la section des inulées-buphtalmées, auprès des *grangea*, *ceruana*, et autres genres analogues. Mais nous avouons que cette synanthérée, très-extraordinaire, ne nous paroît pas pouvoir être associée d'une manière tout-à-fait satisfaisante avec aucun des autres genres connus jusqu'à présent dans la famille. (H. Cass.)

GYMNÈTRE, *Gymnetrus*. (*Ichthyol.*) Bloch a donné ce nom à un genre de poissons osseux thoraciques de la famille des pétalosomes, lequel comprend des espèces fort bizarres et dépourvues de nageoire anale, ainsi que leur nom, tiré du grec, l'indique suffisamment.

Le genre Gymnètre est facilement reconnoissable aux caractères suivans :

Une seule nageoire dorsale : point de nageoire anale; les rayons des catopes très-alongés, mais non en forme de fil; les nageoires pectorales petites; la nageoire caudale isolée; les dents très-petites.

Les Gymnètres ont beaucoup de rapports avec les Régalecs, mais ils en diffèrent en ce que ceux-ci ont deux nageoires dorsales et les rayons des catopes isolés et filiformes. On les distingue aussi sans peine des Lépidopes, qui ont les catopes écailleux.

Ce genre doit être encore très-voisin de celui des Bogmares, dont nous avons parlé dans le Supplément du cinquième volume, et de celui des Trachyptères, dont nous nous occuperons plus tard.

On n'en connoît bien encore que fort peu d'espèces.

Le Gymnètre Lacépède; *Gymnetrus cepedianus*, Risso, pl. v, fig. 17. Corps très-comprimé, diminuant insensiblement de hauteur en approchant de la queue; museau rétractile; ouverture de la bouche ample et oblongue; mâchoire supérieure garnie de quatre grosses dents: cinq aiguës et crochues à l'inférieure; deux orifices à chaque narine; opercules oblongs et osseux; ouverture des branchies large; ligne latérale formée par de petites aspérités qui grossissent vers la queue; anus situé au milieu du corps; nageoire dorsale, grande et régnant tout le long du dos; catopes très-longs.

Ce poisson, qui habite la mer Méditerranée, atteint trois et quatre pieds de longueur, et pèse jusqu'à dix et douze livres. La nature a versé sur lui ses trésors avec une grande profusion, et c'est la richesse de sa parure qui a engagé M. Risso à lui faire porter le nom de notre grand ichthyologiste françois.

Une poussière d'argent le recouvre; trois grandes taches noires et rondes, imprimées sur son dos, et une oblongue, située sur l'abdomen, en relèvent l'éclat. Ses yeux sont très-grands; l'iris a le brillant du platine, et la pupille ovale est d'un noir de jayet. La nageoire dorsale est d'un beau rouge pourpre, et les pectorales sont d'un rose pâle; la caudale brille d'un rouge carmin.

La chair du gymnètre cépédien est muqueuse, et se putréfie quelques heures après que l'animal a été retiré de l'eau.

Ce poisson s'approche des côtes de Nice, quand la mer est calme et tranquille, mais plus particulièrement pendant les mois d'avril et de mai.

Sa nourriture ordinaire consiste en salpes, en méduses, en velelles et en petits poissons.

Le GYMNÈTRE HAWKEN; *Gymnetrus Hawkenii*, Bloch, tab. 423. Chaque catope formé de deux rayons, qui se partagent vers le bout en plusieurs rameaux enfermés dans une large membrane : nageoire caudale en croissant; corps ensiforme.

Bloch a décrit cette espèce de poisson d'après un individu qui lui avoit été envoyé par M. Hawken, et qui avoit été pêché dans la mer des Indes, aux environs de Goa, en juillet 1788. Il avoit trois pieds et demi de longueur sur dix pouces de largeur, et pesoit dix livres. Ses nageoires étoient d'un rouge de sang; le corps et la queue, d'un gris bleu, avec des taches et de petites bandes brunes, disposées assez régulièrement.

Cette espèce a, du reste, été représentée d'après un dessin que l'on a reconnu depuis pour être défectueux, au moins par rapport à la queue. (Voyez SCHNEIDER, p. 481.) Aussi M. Cuvier hésite-t-il à la classer définitivement. (H. C.)

GYMNOCARPE, *Gymnocarpus*. (*Bot.*) Genre de plantes dicotylédones, à fleurs incomplètes, de la famille des *portulacées*, de la *pentandrie monogynie* de Linnæus, offrant pour caractère essentiel : Un calice coloré, persistant, à cinq divisions; point de corolle; dix filamens, dont cinq alternes, stériles; un ovaire supérieur; un style; un stigmate simple; une semence renfermée dans un péricarpe membraneux.

Ce genre ne diffère des *trianthema* que par ses capsules uniloculaires et monospermes, tandis que les *trianthema* offrent une capsule à deux loges, renfermant chacune deux semences; cette différence n'a point paru suffisante à plusieurs auteurs pour tenir ces deux genres séparés. D'ailleurs celui-ci se borne à une seule espèce.

GYMNOCARPE A DIX ÉTAMINES : *Gymnocarpus decandrum*, Forsk., *Fl. Ægypt. arab.*, pag. 65, et *Icon.*, tab. 10; *Trianthema fruticosa*, Vahl, *Symb.*, 1, pag, 32. Arbrisseau d'un à deux pieds, à tige droite, noueuse, chargée de rameaux diffus; l'écorce d'un vert cendré, plus blanche en vieillissant; les feuilles opposées, charnues, un peu cylindriques, glabres, subulées; mucronées à leur sommet, longues de quatre à cinq lignes, placées aux nœuds des tiges, contenant la plupart des fascicules de petites feuilles dans leur aisselle, munies d'une petite stipule intermédiaire, membraneuse, ovale, aiguë, presque triangulaire.

Les fleurs sont situées vers l'extrémité des rameaux, dans l'aisselle des feuilles, réunies trois ou cinq en petits paquets sessiles, entremêlées de bractées fort petites. Leur calice est court, vert en dehors, d'un violet pourpre en dedans, à cinq découpures linéaires, membraneuses à leur contour, tomenteuses et mucronées à leur sommet; point de corolle; dix étamines un peu plus courtes que le calice, dont cinq stériles, alternes; cinq fertiles opposées aux divisions du calice; les anthères petites, simples, jaunâtres, versatiles; l'ovaire globuleux, pubescent, surmonté d'un style grêle, subulé, d'un stigmate simple, aigu; le fruit est une capsule dont le péricarpe membraneux ne renferme qu'une seule semence nue, ovale, aiguë. Cette plante croît en Barbarie, dans les environs de Cafza, et dans les déserts de l'Arabie. (Poir.)

GYMNOCARPES [fruits]. (*Bot.*) M. Mirbel désigne par ce mot les fruits qui ne sont masqués par aucun organe étranger. La plupart sont dans ce cas: il nomme *angiocarpes* (fruits couverts) ceux qui sont masqués par des organes essentiels ou accessoires de la fleur, qui subsistent après la maturité, et semblent faire partie du fruit lui-même. Tels sont ceux du châtaigner, de l'if, du noisetier, du pin, etc. (Mass.)

GYMNOCARPES, *Gymnocarpi.* (*Bot.*), nom du premier ordre de la famille des champignons, dans la méthode de M. Persoon. Voyez Champignons. (Lem.)

GYMNOCÉPHALE (*Ichthyol.*), nom donné par M. de Lacépède à une espèce de Lutjan. Voyez ce mot. (H. C.)

GYMNOCÉPHALE. (*Ornith.*) Voyez la description de cet oiseau et du gymnodère, sous le mot Cotinga, §. IV. (Ch. D.)

GYMNOCEPHALUS. (*Bot.-Crypt.*) Les fleurs mâles disposées en petites têtes pédicellées et dégarnies de feuilles, voilà le caractère essentiel assigné à ce genre par Schwægrichen, son auteur; mais si ce caractère existe dans le *gymnocephalus androgynus* (*mnium androgynum*, Linn.; *bryum*, Hedw.), il n'a pas encore été vu dans le *gymnocephalus conoides* (*bryum conoideum*, Dicks.), du moins aucun auteur n'en a parlé. Ces deux mousses, les seules que Schwægrichen ramène dans ce genre, ont deux péristomes, un extérieur à seize dents droites, aiguës, libres à leur sommet, un intérieur membraneux, lacinié, à dents carénées, alternes avec des cils capillaires.

Bridel, qui avoit cru devoir adopter ce genre, et même l'augmenter d'une troisième espèce, a fini par le réunir à son *bryum*, et à en faire la première section du genre. Hooker et Taylor, dans leur Muscologie britannique, ont jugé convenable de laisser le *gymnocephalus androgynus* avec les *bryum* où Hedwig l'avoit placé le premier, et ils ont conservé le *gymnocephalus conoides;* mais, attendu que les fleurs mâles ne sont pas connues, ils n'ont pu adopter le même nom générique que celui imposé par Schwægrichen. Cependant il n'est peut-être pas impossible que les fleurs mâles existent, comme le soupçonne ce dernier botaniste, car il y a tant de rapports entre cette plante et le *gymnocephalus androgynus*, Linn., qu'on doit croire à la similitude de leurs fleurs mâles; mais jusques-là Hooker et Taylor ont préféré le nom de *zygodon*, de leur invention, et composé de deux mots grecs qui signifient joug et dents, et qui rappelle que dans ce genre les dents des péristomes externes sont rapprochées deux à deux, c'est-à-dire sont disposées par paires: caractère fréquent dans les mousses, et qui pourroit faire critiquer le nom de *zygodon*, s'il ne falloit être indulgent sur la signification des noms, à une époque où l'on crée un si grand nombre de genres en botanique, de sorte que l'on est fort embarrassé pour les nommer.

Bien avant Schwægrichen, Palisot de Beauvois avoit ôté le *bryum androgynum*, du genre *Bryum*, et avoit cru qu'il devoit former un genre, ou appartenir à un autre, et il en fit une espèce de *orthopyxis;* c'est pourquoi il ne l'avoit pas mentionné dans ce Dictionnaire à son article Bry, et qu'il n'en a pas été question non plus dans notre article Bryum, nous réservant d'y revenir à l'article Orthopyxis. (Lem.)

GYMNOCLADUS. (*Bot.*) Voyez Chicot. (Poir.)

GYMNOCLINE, *Gymnocline.* (*Bot.*) [*Corymbifères*, Juss.; *Syngénésie polygamie superflue*, Linn.] Ce genre de plantes, que nous avons proposé, dans le Bulletin des Sciences de décembre 1816, appartient à l'ordre des synanthérées, et à notre tribu naturelle des anthémidées, dans laquelle nous le plaçons entre les genres *Pyrethrum* et *Achillea;* il diffère du *pyrethrum* par les corolles de sa couronne, qui sont semblables à celles de l'*achillea;* il diffère de l'*achillea* par son clinanthe qui est inappendiculé comme celui du *pyrethrum*, et par ses ovaires qui sont aigrettés.

La calathide est radiée : composée d'un disque multiflore, régulariflore, androgyniflore ; et d'une couronne unisériée, pauciflore, liguliflore, féminiflore. Le péricline subhémisphérique, et presque égal aux fleurs du disque, est formé de squames paucisériées, imbriquées, appliquées, oblongues, subcoriaces, pourvues d'une bordure scarieuse. Le clinanthe est convexe, inappendiculé. Les ovaires sont oblongs, non comprimés, munis de plusieurs côtes, et de globules parsemés entre les côtes ; leur aigrette est stéphanoïde, courte, continue, formée d'une membrane cartilagineuse, entière ou denticulée. Les corolles de la couronne ont la languette courte, aussi large que longue, découpée au sommet en trois grosses dents arrondies.

Gymnocline a calathides blanches : *Gymnocline leucocephala*, H. Cass. ; *Chrysanthemum macrophyllum*, Waldst. et Kit., *Descr. et Ic. Pl. rar. Hung.; Achillea sambucifolia*, Desf., Tabl. de l'Ec. de Bot. du Jard. du Roi. C'est une plante herbacée, à racine vivace, produisant des tiges hautes de quatre pieds, dressées, droites, cylindriques, striées, pubescentes. Les feuilles sont alternes, sessiles, étalées, ovales-lancéolées, d'un vert sombre, un peu pubescentes, ponctuées en dessous, très-profondément pinnatifides, surtout en leur partie inférieure; les divisions inférieures distancées, les supérieures rapprochées ; toutes oblongues-lancéolées, partagées en lobes aigus, qui sont eux-mêmes découpés, sur le côté extérieur, en grosses dents aiguës ; les feuilles inférieures sont longues de près d'un pied, et larges de cinq pouces ; les supérieures sont graduellement plus courtes. Chaque tige est terminée par un corymbe large d'environ cinq pouces, arrondi, convexe, serré, dont les ramifications presque nues portent des calathides nombreuses, subglobuleuses, larges de quatre lignes, hautes de trois lignes. Les fleurs du disque sont blanches, aussi bien que celles de la couronne, qui sont au nombre de dix, et dont la languette est presque orbiculaire. Les squames du péricline ont une bordure noirâtre, frangée : les ovaires du disque sont munis de cinq côtes ; l'aigrette n'est point dentée. Cette belle plante a une odeur analogue à celle des *anthemis* ou des *achillea*; son port est tout-à-fait semblable à celui des *achillea*, et nullement à celui des *chrysanthemum*. Nous l'avons décrite sur des individus vivans cultivés au Jardin du Roi, où ils fleurissent au mois de juillet. Elle habite les forêts de la Croatie, les montagnes de l'Esclavonie et du Bannat, et les confins de la Valachie.

Gymnocline a calathides jaunes : *Gymnocline xanthocephala*, H. Cass.; *Achillea pauciflora*, Lamk., Encycl. Une souche, vivace, diffuse, brune, produit des tiges herbacées, longues d'un pied et demi, ascendantes, rameuses, cylindriques, striées, pubescentes. Les feuilles sont alternes : celles qui occupent la base des tiges sont longues de sept pouces, larges de deux pouces, pétiolées, tripinnées, pubescentes, d'un vert blanchâtre, à pinnules courtes, étroites, linéaires, obtuses; les autres feuilles sont plus courtes, sessiles, bipinnées. Les calathides sont disposées en corymbes terminaux peu réguliers; elles sont larges de cinq lignes, et composées de fleurs jaunes; leur couronne est interrompue; l'aigrette des ovaires est denticulée. Cette plante exhale, quand on la froisse, une odeur aromatique analogue à celle des *achillea*. Nous l'avons décrite, comme la précédente, sur des individus vivans cultivés au Jardin du Roi, où ils fleurissent au mois d'août. Elle habite le Levant et l'Espagne.

Gymnocline de Vaillant : *Gymnocline Vaillantii*, H. Cass.; *Achillea pubescens*, Linn. Nous n'avons point vu cette plante, qui est peut-être la même que la précédente, ou qui n'en est peut-être qu'une variété. Cependant M. de Lamarck, qui les a observées l'une et l'autre, les regarde comme deux espèces distinctes; mais l'*achillea pubescens* de M. de Lamarck est-elle celle de Linnæus? Nous ne croyons pas du moins que ce soit celle de Willdenow, car la description donnée par ce botaniste diffère beaucoup de celle de M. de Lamarck, surtout pour la longueur des feuilles. Quelle est de ces deux descriptions celle qui s'applique à la plante de Linnæus? Vaillant, Linnæus, Gærtner s'accordent à lui attribuer un clinanthe dépourvu de squamelles; c'est pourquoi Vaillant la rapportoit au genre *Matricaria*, et Gærtner, au genre *Pyrethrum*. Il est donc indubitable que la plante en question appartient à notre genre *Gymnocline*. Mais, quoique la nudité du clinanthe soit bien remarquable dans une *achillea*, M. de Lamarck et Willdenow n'en font aucune mention dans leurs descriptions.

On ne prétendra pas sans doute que le genre *Gymnocline* n'est pas suffisamment distinct de l'*Achilleà;* mais on voudra probablement le confondre avec les *Chrysanthemum*, *Pyrethrum*, *Matricaria*. En ce cas, pour être conséquent, il faudra réunir en un seul genre les *Anthemis* et les *Achilleà*. (H. Cass.)

GYMNOCRITHON. (*Bot.*) J. Bauhin cite sous ce nom une plante céréale qui est son *hordeum nudum*. Rai et Tournefort la nomment *triticum spicà hordei*. Elle n'est citée par aucun des auteurs plus récens. C'est la même que C. Bauhin nomme *zeopyron* et *tritico-speltum*. (J.)

GYMNODÈRE. (*Ornith.*) Voyez Cotinga. (Ch. D.)

GYMNODERMATES, *Gymnodermati*. (*Bot.*) Ce sont les champignons qui forment la troisième division de la deuxième section de l'ordre premier dans la méthode de M. Persoon. Voyez Champignons. (Lem.)

GYMNODONTES. (*Ichthyol.*) M. Cuvier donne ce nom à la première famille de ses poissons plectognathes. Les espèces qui la composent sont reconnoissables à leurs mâchoires garnies d'une substance d'ivoire, divisée intérieurement en lames, dont l'ensemble représente une sorte de bec de perroquet, et qui, pour l'essentiel, sont de véritables dents réunies. Cette disposition est indiquée par le mot *gymnodontes*, tiré du grec (γυμνος, nu, et οδυς, dent), et signifiant *animaux à dents nues*.

La famille des gymnodontes renferme les genres Diodon, Mole et Tétraodon. Voyez ces mots. (H. C.)

GYMNOGASTER. (*Ichthyol.*) Brünnich, le premier, a établi sous ce nom un genre de poissons que nous avons décrit sous celui de Bogmare, dans le Supplément du cinquième volume de ce Dictionnaire.

Le mot *Gymnogaster* est tiré du grec (γυμνος, nu, et γαςτηρ, ventre), et indique l'absence des catopes et de la nageoire anale dans ce genre de poissons. (H. C.)

GYMNOGRAMMA. (*Bot.-Crypt.*) Parmi les espèces de fougères que Swartz et Willdenow avoient classées dans les genres *Hemionitis* et *Grammitis*, il s'en trouve plusieurs qui n'offrent point les caractères assignés à ces genres, tandis qu'elles en possèdent qui ont paru suffisans à M. Desvaux pour en faire un genre propre, Γυμνογραμμα, ainsi nommé en grec, parce que sa fructification est disposée en lignes droites, simples ou bifurquées, placées sur les nervures des feuilles, et quelquefois sur la côte, et qu'elles sont nues, c'est-à-dire non recouvertes d'une membrane.

Treize espèces sont décrites par M. Desvaux, parmi lesquelles se trouve le *polypodium leptophyllum*, Linn., que nous avons laissé dans le genre *Grammitis*. Swartz augmente ce nombre de trois espèces qu'il a décrites dans les Mémoires de l'Académie de Stockholm pour 1817, p. 53. Ainsi ce genre compteroit une vingtaine d'espèces; toutes, à l'exception du *polypodium leptophyllum*, sont exotiques, la plupart des Antilles et du Brésil; quelques unes de la côte d'Afrique, des îles Bourbons, et même du Japon. Elles ont le port des *acrostichum* et des *asplenium*, genres dans lesquels plusieurs espèces ont été placées anciennement. Leurs frondes sont simplement ailées, ou bien une, deux et trois fois ailées, et même davantage. La plus remarquable de toutes est le *gymnogramma rufa*, ou *hemionitis rufa*, Swartz, et *acrostichum rufum*, Linn.; plante à fronde ailée, à découpures velues, alternes, distantes, oblongues, pointues, un peu en cœur à leur base; à fructification en lignes un peu courbes, fourchues à l'extrémité; à stipe court, cylindrique, velu. Cette fougère est velue, et recouverte d'un duvet roux, qui lui a fait donner son nom spécifique; elle croît à la Jamaïque. Elle a servi de type au genre *Gymnopteris* de Bernhardi, qui se distingue des *acrostichum* par ses capsules pédicellées, groupées en lignes. Il est très-possible qu'une partie des espèces de *gymnogramma* appartienne à ce genre.

On peut voir les caractères des autres espèces, dans le Journal de Botanique de janvier 1813. Voyez Grammitis et Hemionitis. (Lem.)

GYMNOGYNUM. (*Bot.-Crypt.*) Un des sept genres en lesquels Palisot de Beauvois divise les lycop[odiac]ées. Dans ce genre, il reconnoit des fleurs mâles et des fleurs femelles sur la même pied. Les premières sont réniformes, bivalves, sessiles, éparses, sous des bractées, herbacées, réunies en un épi terminal, anguleux et sessile. Les fleurs femelles sont solitaires à l'embranchement des rameaux. La capsule est nue, sphérique, bivalve, s'ouvrant verticalement, monosperme, à semence sphérique.

Une seule espèce est placée dans ce genre par de Beauvois; il l'appelle *Gymnogynum domingense*, parce que c'est à Saint-Domingue qu'il en a fait la découverte, le long d'une ravine, en allant du quartier de la grande rivière à l'Attalaye. Cette plante est rampante, avec des surgeons droits, garnie de deux sortes de feuilles, les unes distiques, ovales, oblongues; les autres très-petites, et étroitement imbriquées sur la tige et les surgeons.

Ce genre avoit d'abord été nommé *didiclis* par de Beauvois, et il y rapportoit encore le *lycopodium ornithopodioides*, Linn., qu'il a depuis placé dans son genre *Stachygynandrum*. (Lem.)

GYMNOLOMIE, *Gymnolomia*. (*Bot.*) [*Corymbifères*, Juss.; *Syngénésie polygamie frustranée*, Linn.] Ce genre de plantes, établi par M. Kunth, et publié en 1820, dans le quatrième volume des *Nova Genera et Species Plantarum*, appartient à l'ordre des synanthérées, à notre tribu naturelle des hélianthées, et probablement à la section des hélianthées-rudbeckiées.

La calathide est radiée, composée d'un disque multiflore, régulariflore, androgyniflore (souvent masculiflore au centre), et d'une couronne unisériée, liguliflore, neutriflore; le péricline subhémisphérique, est formé d'environ vingt squames imbriquées, inappliquées, sublancéolées, aiguës, foliacées, membraneuses; le clinanthe est un peu convexe, pourvu de squamelles inférieures aux fleurs, linéaires ou lancéolées, subulées au sommet, un peu carénées, scarieuses, persistantes; les ovaires, qui sont d'abord linéaires, deviennent ensuite obovés ou cunéiformes, un peu comprimés, un peu tétragones, lisses, convexes sur le sommet; leur aigrette est stéphanoïde, en forme de rebord étroit, lacinié, frangé, et elle finit par disparoître entièrement; les fleurs de la couronne ont un faux ovaire sans style, et une corolle à tube court, à languette elliptique-oblongue, bi-trilobée au sommet.

M. Kunth a décrit quatre espèces de ce genre, recueillies par MM. de Humboldt et Bonpland, dans l'Amérique équinoxiale. Ce sont des plantes herbacées, poilues, hispides, scabres, à feuilles opposées, ovales, entières, dentées ou crénelées, trinervées ou triplinervées, et à pédoncules, les uns axillaires, les autres presque terminaux, solitaires, alongés, portant chacun une calathide de fleurs jaunes.

La première espèce, nommée *gymnolomia tenella*, a les feuilles ovales, un peu cordiformes à la base, aiguës au sommet, scabres sur les deux faces. La seconde espèce, nommée *gymnolomia hondensis*, a les feuilles ovales, arrondies à la base, presque acuminées au sommet, trinervées, poilues sur les deux faces. La troisième espèce, nommée *gymnolomia triplinervia*, a les feuilles ovales, aiguës à la base, étrécies et acuminées au sommet, triplinervées, munies sur leurs deux faces de petits poils appliqués. La quatrième espèce, nommée *gymnolomia rudbeckioides*, a les feuilles ovales, arrondies à la base, acuminées au sommet, trinervées, poilues sur les deux faces; la couronne de ses calathides est composée de sept fleurs seulement; les fleurs du disque ont les anthères exertes.

M. Kunth pense que ce genre a beaucoup d'affinité avec le *wedelia* de Jacquin, et le *chrysanthellum* de M. Richard. Il soupçonne que le *wulffia* de Necker est congénère du *gymnolomia* (H. Cass.)

GYMNOMURÈNE, *Gymnomuræna.* (*Ichthyol.*) Commerson nous a fait connoître deux espèces de poissons que M. de Lacépède a réunies en un même genre sous le nom de gymnomurène. Ce genre appartient à la famille naturelle des ophichthyctes, suivant l'auteur de la Zoologie analytique, et est reconnoissable aux caractères suivans :

Ouvertures des branchies latérales; nageoires impaires peu apparentes; dents obtuses; corps et queue presque cylindriques.

Dans les gymnomurènes, les nageoires sont si basses et si peu visibles, qu'elles semblent manquer, et qu'il faut les disséquer pour reconnoître la présence des arêtes qui doivent leur tenir lieu de rayons. C'est ce qu'indique leur nom, tiré du grec (γυμνος, nu, et μυραινα, murène).

La Gymnomurène cerclée; *Gymnomuræna doliata*, Lacépède. Anus beaucoup plus près du bout de la queue que de la tête;

corps et queue comprimés; mâchoire supérieure plus avancée que l'inférieure; deux orifices à chaque narine; point de véritable ligne latérale.

La gymnomurène cerclée parvient à la taille de trois pieds environ. Sa couleur générale est brune; on observe à peu près soixante bandes transversales, très-étroites, et formant presque toutes une roue autour du corps, et quelques bandes plus longues, irrégulières et interrompues, sur les côtés.

Des dents molaires garnissent le disque formé par chaque mâchoire.

Ce poisson a été observé, comme le suivant, par Commerson, auprès des rivages de la Nouvelle-Bretagne, où on le trouve, lors de la basse-mer, sous de grosses pierres ou des blocs de rochers. Sa morsure passe pour très-douloureuse.

La Gymnomurène marbrée; *gymnomuræna marmorata*, Lacépède. Anus plus près de la tête que du bout de la queue; nageoire caudale très-courte; corps et queue marbrés de brun et de blanc. Museau alongé; joues et derrière des yeux comme gonflés; mâchoire supérieure avancée. Peau dénuée d'écailles facilement visibles, et très-visqueuse. Iris doré.

Cette espèce est de la même taille que la précédente. On la voit souvent cachée à demi sous des roches un peu submergées, levant sa tête au-dessus de l'eau pour attendre sa proie, qu'elle mord avec force et acharnement.

La morsure de cette gymnomurène est d'autant plus douloureuse, qu'indépendamment d'une rangée de dents très-aiguës qui garnit chaque mâchoire, des dents semblables hérissent le palais. (H. C.)

GYMNONOTE, *Gymnonotus*. (*Ichthyol.*) C'est ainsi que nous désignerons un genre de poissons d'abord établi par Artédi sous la dénomination latine de *gymnotus*, et reproduit dans tous les ichthyologistes françois sous celle de *gymnote*, dénominations évidemment vicieuses, puisque ce mot, qui dérive du grec, et signifie *dos nu*, est formé de l'adjectif γυμνὸς, nu, et du substantif νῶτος, dos.

Le genre Gymnonote appartient à la famille des péroptères, et est reconnoissable aux caractères suivans:

Pas de nageoire caudale ni de nageoire dorsale; anus placé fort en avant; nageoire anale régnant sous la plus grande partie du corps, et le plus souvent jusqu'au bout de la queue; peau sans écailles sensibles.

A l'aide de ces notes et de la table synoptique que nous donnons à l'article Péroptères, on distinguera aisément les Gymnonotes vrais des Carapes, qui ont le corps couvert d'écailles; des Trichiures, qui n'ont point de nageoire anale; des Régalecs et des Aptéronotes, qui en ont une caudale; des Notoptères et des Ophisures, qui en ont une dorsale. (Voyez ces différens mots, et Péroptères.)

Les intestins des gymnonotes, pliés plusieurs fois, n'occupent qu'une cavité médiocre. Ils ont de nombreux cœcums, et un estomac en forme de sac court et obtus, fort plissé en dedans, et presque aussi calleux que celui du dindon.

Comme les anguilles, ces poissons ont les ouïes en partie fermées par une membrane, mais cette membrane s'ouvre au devant des nageoires pectorales.

Une de leurs vessies aériennes, cylindrique et alongée, s'étend beaucoup en arrière dans un sinus de la cavité abdominale; l'autre, ovale et bilobée, de substance épaisse, occupe le haut de l'abdomen, sur l'œsophage.

Toutes les espèces que l'on connoît dans ce genre, habitent les rivières de l'Amérique méridionale; la plus remarquable, sans contredit, est :

Le Gymnonote électrique : *Gymnonotus electricus; Gymnotus electricus*, Linn.; Bloch, 156. Tête parsemée de petites ouvertures; nageoire anale s'étendant jusqu'à l'extrémité de la queue; forme presque tout d'une venue; tête et queue obtuses; mâchoire inférieure plus avancée que la supérieure.

Le gymnonote électrique parvient ordinairement à la taille de trois pieds ou trois pieds et demi, et la circonférence de son corps, dans l'endroit le plus gros, est alors de quatorze à quinze pouces; il a donc onze ou douze fois plus de longueur que de largeur. On en a vu des individus de la taille de cinq et six pieds.

La tête est, comme nous l'avons dit, percée de petits trous ou pores très-sensibles, qui sont les orifices de vaisseaux destinés à répandre sur sa surface une humeur visqueuse; des ouvertures plus petites, mais analogues, sont disséminées en très-grand nombre sur le corps et sur la queue, et y répandent une matière gluante en telle abondance, que, si l'on veût conserver, ainsi que cela se pratique à Surinam, des gymnonotes électriques dans de larges baquets, où on les nourrit de vers et de petits poissons, l'on est obligé de changer l'eau à peu près tous les jours. La bouche est large comme celle des grenouilles.

Les dents du poisson que nous décrivons sont nombreuses et acérées, et l'on voit des verrues sur son palais ainsi que sur sa langue, qui est large, charnue, et couverte de papilles rameuses d'un jaune orangé.

Les nageoires pectorales sont très-petites et ovales.

La couleur générale de l'animal est noirâtre, et relevée par quelques raies étroites, et longitudinales d'une nuance plus foncée. Cette couleur paroît varier selon l'âge, la nourriture, et selon la nature de l'eau bourbeuse dans laquelle il vit. Bajon a vu des gymnonotes d'un noir d'ardoise; Bloch assure qu'il y en a de rougeâtres; tous ceux que M. de Humboldt a observés étoient d'un vert d'olive un peu foncé.

La queue est beaucoup plus longue que l'ensemble de la tête et du corps proprement dit; la hauteur de cette partie est assez considérable, et est encore augmentée par la nageoire de l'ânus, qui en garnit la partie inférieure. Les muscles destinés à la mouvoir sont très-puissans, et l'animal la remue avec une agilité étonnante; les deux élémens de la force, la masse et la vitesse, sont donc réunis dans cet organe.

La vessie natatoire, comme nous le dirons incessamment, est contenue en grande partie dans la queue de l'animal. On a cru pendant quelque temps, et même des naturalistes fort instruits, Bloch, entre autres, ont publié que le gymnonote électrique étoit privé de cette vessie, et c'est probablement la position de cet organe qui aura été cause de cette erreur.

Quoi qu'il en soit, la poche membraneuse dont il est question est entourée d'un lacis de vaisseaux sanguins, dont Hunter nous a fait connoître la disposition, et qui partent de la grande artère qui passe au-dessous de la colonne vertébrale.

Le gymnonote électrique, par son corps très-alongé, tout d'une venue, cylindrique et serpentiforme, ressemble à une anguille de cinq à six pieds de longueur. Mais il habite le sein de ces fleuves immenses qui coulent vers les bords orientaux de l'Amérique méridionale, dans des régions brûlées par les feux de l'atmosphère, et sans cesse humectées par l'eau des mers et des rivières. C'est là que la terre est prodigue de végétaux vénéneux et d'animaux nuisibles, impurs habitans de savanes noyées. Aussi, quoiqu'à Surinam, à la Guiane françoise et au Pérou, ce poisson porte le nom d'anguille, il se ressent de la nature du climat sous lequel il est destiné à vivre. De loin, il attaque et renverse d'une commotion électrique, les hommes et même les chevaux les plus vigoureux et les plus agiles. Il est d'autant plus redoutable que, doué d'organes de natation très-énergiques, il est, dans un espace de temps incalculable, transporté près de sa proie, ou loin de ses ennemis, et peut par là ménager l'électricité qu'il sécrète, pour ainsi dire, afin de répandre tout à coup autour de lui la mort ou la stupeur. Plus terrible que la torpille, il ne cesse d'être à craindre que quelque temps après avoir perdu la vie.

Le gymnonote électrique est très-commun dans les petits ruisseaux et les mares que l'on trouve çà et là dans les plaines immenses et généralement arides qui séparent la rive orientale de l'Orénoque, de la Cordilière de la côte de Venezuela. Moins ces mares sont profondes, plus il est facile d'y prendre ce poisson; car, dans les grands fleuves de l'Amérique, dans le Méta, l'Apure et l'Orénoque même, la force du courant, l'abondance et la profondeur des eaux empêchent les Indiens de s'en emparer.

Il y en a une immense quantité dans les environs de la petite ville de Calabazo; et, près d'Uritucu, une route jadis très-fréquentée a été abandonnée à cause des poissons électriques. Il falloit passer à gué un ruisseau dans lequel beaucoup de mulets se noyoient annuellement, étourdis par les commotions que ces animaux leur faisoient éprouver.

La qualité torporifique de cette anguille, ou, pour parler plus exactement, de ce gymnonote électrique, que Muschenbroëck et Priestley confondent avec la torpille, avoit été observée à Cayenne dès 1671, par le naturaliste et astronome Richer; mais ce n'est que long-temps après cette époque, que les physiciens et les médecins cherchèrent à en approfondir les phénomènes. La Condamine, Jngram, Gravesand, Allamand, Gronou, Van der Lott, Bankroft, Schilling, Bajon, etc., jetèrent quelque jour sur cette matière intéressante. Vers 1773, Williamson, à Philadelphie; Garden, dans la Caroline; Walsh et Pringle, à Londres, ont fait connoître la source et la nature de cette puissance étonnante. Mais c'est surtout à M. le baron de Humboldt que l'on doit des détails précieux sur l'animal qui nous occupe: un homme, aussi riche en connoissances exactes que l'est ce célèbre voyageur, pouvoit seul les donner.

Au reste, ce poisson extraordinaire a été transporté deux fois vivant en Europe. Walsh, comme nous l'avons fait présumer déjà, en a eu un individu à Londres en 1778, et un autre a existé quatre mois dans la maison de M. Tahlberg, à Stockholm, au commencement de l'année 1797.

Si l'on touche le gymnonote électrique avec une seule main, on n'éprouve point de commotion, ou du moins on n'en ressent qu'une très-foible; tandis que la secousse est violente si l'on applique les deux mains à une distance assez grande l'une de l'autre sur ce même animal. Ne peut-on point, avec M. de Lacépède, voir ici une action analogue à celle qui se passe lorsqu'on cherche à recevoir un coup électrique par le moyen d'un plateau de verre garni convenablement de plaques métalliques, et connu sous le nom de *carreau fulminant?* Si l'on n'approche qu'une main, et qu'on ne touche qu'une surface, à peine est-on frappé; mais on reçoit un choc très-vif si l'on emploie les deux mains, et si, en s'appliquant aux deux surfaces, elles les déchargent simultanément.

Touché ainsi avec les deux mains à la fois, le poisson dont il s'agit, assure Collins-Flagg (*Philosoph. Transactions of the American Society*, vol. 11, p. 170), peut fournir assez de fluide électrique pour causer aux deux bras une paralysie de plusieurs années de durée.

Suivant M. de Humboldt, les commotions des gymnonotes qu'il a reçues surpassent en force les coups électriques les plus douloureux qu'il se souvînt jamais d'avoir reçus fortuitement d'une grande bouteille de Leyde complétement chargée. Il pense donc qu'il n'y a point d'exagération dans le récit des Indiens, lorsqu'ils assurent que des personnes qui nagent se noient quand un de ces animaux les attaque par la jambe ou par le bras. Une décharge aussi violente, dit-il, est bien capable de priver l'homme, pour plusieurs minutes, de l'usage de ses membres.

Pour avoir placé ses deux pieds sur un gymnonote que l'on venoit de sortir de l'eau, il fut frappé d'une commotion effrayante, et ressentit le reste du jour une vive douleur dans les genoux, et presque dans toutes les articulations du corps.

Les métaux, l'eau, les corps mouillés, etc., transmettent la force engourdissante du gymnonote, et cela nous explique comment on est atteint au milieu des fleuves, quoiqu'on soit encore assez éloigné de l'animal, et comment, à environ quinze pieds de distance, de petits poissons sont immédiatement frappés de mort.

Au reste, ainsi que cela a lieu pour la torpille, l'espèce d'arc de cercle que forment les deux mains, peut être très-agrandie, sans que la force de la commotion soit sensiblement diminuée. Vingt-sept personnes se tenant par la main, et composant une chaîne dont les deux bouts correspondoient à deux points de la surface du gymnonote, ont ressenti à la fois une très-vive secousse.

Il dépend de la volonté de l'animal de donner des commotions plus ou moins fortes; souvent même il faut qu'il se soit, pour ainsi dire, progressivement animé. Ordinairement, les premières de ces commotions sont plus foibles; elles deviennent de plus en plus vives à mesure que l'irritation et l'agitation se prononcent davantage; enfin, elles sont terribles, disent les observateurs, quand il est livré à une sorte de rage.

Lorsqu'un gymnonote a frappé ainsi à coups redoublés autour de lui, il semble épuisé, et il lui faut un repos plus ou moins prolongé avant qu'il puisse faire éprouver de nouveaux chocs. On diroit qu'il emploie ce temps à charger ses organes foudroyans d'une nouvelle quantité de fluide torporifique. En Amérique, suivant M. de Humboldt, on profite de cette circonstance pour prendre ces poissons avec peu de risques à courir. On fait entrer de force des chevaux sauvages dans les étangs qu'ils habitent; ces malheureux quadrupèdes reçoivent les premières décharges; étourdis, abattus, ils disparoissent sous l'eau, et les pêcheurs s'emparent ensuite des assaillans, soit avec des filets, soit avec le harpon (*Observat. Zoolog.*, 1, p. 49 et suiv.), car le combat est fini au bout d'un quart-d'heure.

Les Indiens ont assuré à M. de Humboldt qu'en mettant les chevaux, deux jours de suite, dans une mare remplie de gymnonotes, aucun cheval n'est tué le second jour : autre preuve de la nécessité du repos chez ces poissons pour l'accumulation d'une nouvelle quantité de fluide électrique.

Un phénomène bien digne d'attention, et que nous présente encore le même poisson, est le suivant : on assure que des Nègres, et certains indigènes du pays où il se trouve, jouissent du privilége de le toucher sans ressentir l'influence de son action. On ignore si c'est en le pressant fortement par le dos, comme l'ont dit quelques personnes, ou si c'est en interposant entre leurs mains et le corps de l'animal, quelque substance non conductrice de l'électrité, ou en employant quelque autre moyen d'adresse, qu'ils ont intérêt de faire passer pour une faculté surnaturelle; mais on sait positivement que des femmes atteintes de fièvres nerveuses ou hectiques ont pu le manier sans nul inconvénient. Henri Collins Flagg a vu une femme, affectée d'une des maladies que nous venons de citer, interrompre une chaîne préparée pour le passage du courant électrique de l'animal.

Des étincelles entièrement semblables à celles que l'on doit à l'électricité dans nos laboratoires, manifestent les commotions produites par le gymnonote. Elles ont été vues, pour la première fois, à Londres, par Walsh, Pringle et Magellan. Il a suffi au premier de ces observateurs, pour les obtenir, de composer une partie de la chaîne avec deux lames de métal isolées sur un carreau de verre, et assez rapprochées pour ne laisser entre elles qu'un très-petit intervalle. On distingue alors facilement la lueur lorsque l'expérience se fait dans une chambre où la clarté du jour ne peut point pénétrer. Williamson (*Philosoph. Transactions*, vol. LXV) a aussi fait un grand nombre d'expériences qui prouvent l'identité de l'électricité et du fluide actif du gymnonote.

C'est au-dessus de la vessie natatoire qui, chez ce poisson, s'étend à l'intérieur de la queue, et se prolonge presque depuis la tête jusqu'à son extrémité, que l'on trouve un appareil plus étonnant encore par son volume que par sa structure, appareil qu'il est impossible de ne point reconnoître pour l'organe électrique, et que Hunter le premier a décrit avec exactitude; tandis que, dès 1673, Sténon avoit vu l'organe électrique de la torpille, que Lorenzini paroît avoir observé à la même époque à peu près.

Chaque gymnonote a quatre organes engourdissans, deux grands et deux petits, étendus de chaque côté du corps depuis l'abdomen jusqu'au bout de la queue, les premiers en dessus, les seconds en dessous et contre la base de la nageoire anale. L'ensemble de ces quatre faisceaux est si considérable, qu'il forme peut-être le tiers de la totalité du poisson.

Les deux grands faisceaux sont assez larges pour n'être séparés l'un de l'autre vers le haut que par les muscles dorsaux, vers le milieu du corps, par la vessie natatoire, et vers le bas, par une cloison avec laquelle ils s'unissent intimement, tandis qu'ils sont attachés par une membrane cellulaire lâche, mais très-forte, aux autres parties qu'ils touchent.

Les petits faisceaux inférieurs sont séparés des deux grands faisceaux supérieurs par une membrane longitudinale et presque horizontale.

Chacun de ces quatre faisceaux est formé par un grand nombre d'aponévroses longitudinales, parallèles, horizontales, et écartées les unes des autres d'environ une demi-ligne. Hunter en a compté trente-quatre dans un des grands faisceaux, et quatorze seulement dans un petit. (*Philos. transact.*, LXV.)

D'autres lames verticales et de la même nature, mais beaucoup plus nombreuses, coupent les précédentes presqu'à angle droit ; ce qui forme un réseau large et profond, composé de cellules multipliées et à plans rhomboïdaux. Hunter a compté deux cent quarante de ces lames verticales dans une longueur de onze lignes environ.

L'intérieur des cellules est rempli d'une substance onctueuse et comme gélatineuse.

Cet appareil, tout aussi analogue à la pile voltaïque que celui de la torpille, est mis en jeu par un système de nerfs émanés de la moelle vertébrale, composé d'autant de troncs qu'il y a de vertèbres, et reçoit en outre des branches d'un gros nerf, qui se dirige en ligne droite du crâne à l'extrémité de la queue, en passant au-dessus du rachis. Toutes les ramifications de ces divers nerfs se répandent et s'épanouissent dans les alvéoles des organes électriques, et deviennent ainsi, dit M. le professeur Geoffroy Saint-Hilaire, autant d'instrumens capables de frapper de mort, ou au moins de torpeur, tous les animaux qui se trouvent à leur portée.

L'assemblage des parois des aréoles de ces organes est comparé par M. de Lacépède, avec beaucoup de vraisemblance, à une batterie composée d'une multitude de pièces idio-électriques, ou d'une suite nombreuse de petits carreaux foudroyans. Or, comme la force d'une batterie de cette sorte s'évalue par l'étendue plus ou moins grande de la surface des carreaux ou des vases qui la forment, il a calculé quelle pourroit être la grandeur d'un ensemble que l'on supposeroit produit par les surfaces réunies de toutes les membranes verticales et horizontales que renferment les quatre organes torporifiques d'un gymnonote de la Guiane, long d'environ quatre pieds, en ne comptant cependant pour chaque membrane que la surface d'un des grands côtés de la cloison; il a trouvé que cet ensemble offriroit une étendue d'au moins cent vingt-trois pieds carrés, et, chez la torpille, les deux organes ne donnent, pour la même étendue, que cinquante-huit pieds également carrés.

Que l'on se rappelle les effets terribles que produisent, dans les cabinets des physiciens, des carreaux de verre dont la surface n'est que de quelques pieds, et l'on ne sera point étonné qu'un animal qui renferme dans son intérieur, et peut employer à volonté un instrument électrique de cent vingt-trois pieds carrés de surface, puisse frapper des coups tels que ceux dont nous avons parlé.

De même que l'anguille et tous les poissons très-alongés et plus ou moins cylindriques, le gymnonote électrique, dont la peau est entretenue dans son état de souplesse par la matière visqueuse et souvent renouvelée qui l'enduit, agit successivement sur l'eau qui l'environne par diverses portions de son corps ou de sa queue, qu'il met en mouvement les unes après les autres, dans l'ordre de leur moindre éloignement de la tête; il ondule, il partage, ainsi que le disent Garden et M. de Lacépède, son action en plusieurs actions particulières, dont il combine les degrés de force et les directions de la manière la plus convenable pour vaincre les obstacles et parvenir à son but; il commence à recourber les parties antérieures de sa queue lorsqu'il veut aller en avant; il contourne au contraire, avant toutes les autres, les parties postérieures de cette même queue lorsqu'il désire aller en arrière; en un mot, il nage dans l'eau comme les serpens rampent sur la terre.

Quoique muni d'une arme invisible et redoutable, le gymnonote électrique ne paroît pas vorace.

On lit aussi dans quelques ouvrages que ce poisson a une chair délicate et savoureuse. C'est une erreur qui prouve que les auteurs qui en font l'éloge n'en ont jamais goûté. Cette chair a en effet quelque chose de répugnant, tant à cause de la mauvaise odeur qu'elle exhale, que par sa consistance mucilagineuse. Les colons de la Guiane la dédaignent, et il n'y a guère que les Nègres qui en mangent.

L'air contenu dans la vessie natatoire du poisson que nous décrivons, a paru, à M. de Humboldt, contenir 0,04 d'oxygène, et 0,96 d'azote.

Il existe d'ailleurs peu de poissons d'eau douce aussi nombreux que les gymnonotes électriques. Dans les plaines immenses ou savanes que l'on désigne sous le nom des *Planos de Caracas* ou de *Apuros*, chaque lieue carrée, d'après le calcul de M. de Humboldt, contient au moins deux ou trois étangs qui en sont remplis.

La température des eaux dans lesquelles on les trouve est de 26° du thermomètre centigrade.

M. Van der Lott, chirurgien à Esséquibo, a publié, en Hollande, un Mémoire sur les propriétés médicales des gymnonotes électriques. Bankroft assure qu'à Déméraгy on les emploie pour guérir les paralytiques, et nous savons qu'en Abyssinie on se sert de la torpille dans la même intention. Au reste, ce moyen ne paroît point connu dans les colonies espagnoles.

Il y a quarante ans environ que le docteur Schilling, médecin de Surinam, a avancé que le gymnonote perdoit de ses forces en approchant du fer aimanté ; qu'il se sentoit attiré malgré lui par l'aimant; et que, pour lui rendre sa première énergie, il falloit le couvrir de limaille de fer. Ingenhouz a déjà essayé de réfuter ces assertions extravagantes, et a fait quelques expériences à ce sujet, conjointement avec Beerenbrœk. Les nouvelles observations de M. de Humboldt ont fait totalement justice de ce préjugé.

Le Gymnonote a lèvres égales; *Gymnonotus æquilabiatus*, *Gymnotus æquilabiatus*, Humboldt. Corps alongé, serpentiforme, comprimé, nu et visqueux; lèvres obtuses, égales;

dos d'un vert d'olive; ventre argenté, et tacheté de petits points rougeâtres. Taille de vingt-huit à trente pouces.

Cette nouvelle espèce a été décrite par M. de Humboldt pour la première fois. Ce savant l'a observée dans la grande rivière de la Madelaine, et les habitans du royaume de la Nouvelle-Grenade le nomment le rat, *el raton*, à cause de la conformation extraordinaire de sa queue.

Ce poisson offre une nourriture assez recherchée par ceux qui remontent la rivière pour se rendre de Carthagène des Andes à la capitale de Santa-Fé de Bogota.

Il paroît avoir les mœurs du gymnonote électrique, sans jouir de la propriété de lancer des coups galvaniques. Aussi son anatomie ne présente-t-elle rien d'analogue aux organes décrits par Hunter. Sa vessie natatoire est placée uniquement dans la partie antérieure du corps. Elle est très-petite, ovale par derrière, échancrée par devant, et, en somme, bien différente de celle de l'espèce précédente. Un canal étroit, muni d'un sphincter, la fait communiquer avec l'estomac.

Le Gymnonote putaol: *Gymnonotus putaol; Gymnotus putaol*, Lacép.; *Gymnotus fasciatus*, Linn. Tête petite, queue courte, mâchoire inférieure plus avancée que la supérieure. Teinte générale jaunâtre, avec des raies transversales, souvent ondées et brunes, ou rousses, ou blanches.

Ce gymnonote, qui ressemble beaucoup à l'électrique, vit dans les eaux du Brésil.

Il a été figuré par Bloch, pl. 107, fig. 1.

Plusieurs espèces de gymnonotes des auteurs ont été décrites à l'article Carape. Voyez ce mot. (H. C.)

GYMNONTHES. (*Bot.*) M. Swartz, dans son *Prodromus*, avoit établi ce genre de plantes, que lui-même a reconnu ensuite dans sa Flore comme congénère de l'*excœcaria*, dans la famille des euphorbiacées: il y rapporte également le *cametti* de l'*Hort. Malab.*, et Willdenow a adopté cette double réunion. (J.)

GYMNOPERISTOMATI. (*Bot.-Crypt.*) Nom de la seconde classe de la famille des mousses, dans la première classification de Bridel. Cette classe comprend les genres *Sphagnum*, *anictangeum*, *Gymnostomum* et *Anodontion*. Les trois derniers genres, divisés en quatre: *gymnostomum*, *pyramidula*, *schisti-*

dium et *anoectangium*, forment la deuxième classe, les *gymnostomi*, dans la nouvelle classification publiée par le même auteur. Voyez Mousses. (Lem.)

GYMNOPOGON. (*Bot.*) Genre de plantes monocotylédones, à fleurs glumacées, de la famille des *graminées*, de la *polygamie monoécie* de Linnæus, établi par Palisot de Beauvois pour une espèce d'*andropogon*, découverte par Michaux dans l'Amérique septentrionale. Son caractère essentiel consiste dans des fleurs polygames, munies d'un calice bivalve, à deux fleurs; les valves roides, subulées, inégales, sortant de la concavité d'un rachis anguleux; une fleur stérile, sous la forme d'une soie pédicellée. Dans la fleur hermaphrodite, la corolle est bivalve; la valve extérieure terminée par une arête roide et longue; la fleur stérile fort petite, munie d'une seule valve, avec une arête un peu plus longue que le pédicelle; une semence linéaire, oblongue, marquée d'un sillon longitudinal.

Le caractère de ce genre, tel que je viens de le présenter, est extrait de Nuttal, qui a formé également un genre particulier, ainsi que de Beauvois, de l'*andropogon ambiguum* de Michaux, sous le nom d'*anthopogon*. Comme je n'ai pu avoir à ma disposition la plante de Michaux, et que les caractères présentés par de Beauvois diffèrent de ceux de Nuttal, j'ai cru devoir les rapporter ici, afin de les soumettre au jugement de ceux qui possèderont des individus de cette plante.

Selon de Beauvois, ce genre est caractérisé par des épillets sessiles, alternes et distans; les deux valves calicinales, lancéolées, aigues, plus longues que celles de la corolle: celles-ci sont bifides ou à deux dents; l'inférieure munie d'une soie sous son sommet, le rudiment d'une fleur avortée sous la forme d'une nervure de la valve inférieure, dégagée de sa partie membraneuse; des écailles très-petites, presque tronquées, glabres et entières; la semence libre, oblongue, sans sillon.

Gymnopogon a grappes : *Gymnopogon racemosus*, Pal. Beauv., *Agrost.*, pag. 41, tab. 9, fig. 3; *Andropogon ambiguum*, Mich., *Fl. bor. Amer.*, 1, pag. 58; *Anthopogon lepturoides*, Nuttal, *Amer.*, 1, pag. 82. Cette plante a des feuilles amplexicaules, lancéolées, presque en cœur. Ses tiges se terminent par une panicule longue, diffuse: ses ramifications sont droites, simples, alternes, très-longues; les épillets alternes, solitaires, distans, sessiles; les valves calicinales lancéolées, aiguës, plus longues que celles de la corolle; celles-ci bifides ou dentées au sommet; l'inférieure munie d'une arête un peu au-dessous du sommet. Cette plante croît aux lieux sablonneux, dans la Caroline. (Poir.)

GYMNOPOMES. (*Ichthyol.*) M. Duméril, dans sa Zoologie analytique, a établi, sous ce nom, une famille parmi les poissons holobranches abdominaux, et lui a assigné les caractères suivans :

Rayons des nageoires pectorales réunis; opercules lisses, sans écailles; des rayons osseux aux nageoires du dos; mâchoires non prolongées.

Cette famille, qui correspond aux genres Cyprin et Clupée des auteurs, présente beaucoup de difficultés pour la détermination des espèces, qui sont très-nombreuses, et qui ne se trouvent ainsi réunies que par la peine que les ichthyologistes ont éprouvée quand ils ont voulu les diviser en genres établis sur des caractères solides et bien tranchés.

Tous les gymnopomes avoient été compris par Linnæus et par Artédi dans les genres Clupée et Cyprin : quelques autres naturalistes ont partagé postérieurement ces deux genres en plusieurs sous-genres; M. de Lacépède y a ajouté des genres nouveaux, ceux des hydrargyres, des stoléphores, des clupanodons : Bloch y a introduit le genre Serpe; mais, plus récemment encore, cette famille a été beaucoup augmentée, et nous allons tâcher d'en offrir l'ensemble dans la table synoptique ci-jointe, en avertissant toutefois que ce mot *gymnopomes* est tiré du grec, *γυμνὸς*, *nu*, et *πῶμα*, *opercule*, et indique le caractère des opercules dans le groupe de poissons qu'il désigne.

TABLE SYNOPTIQUE.

Famille des Gymnopomes.

- Ventre
  - arrondi; nageoire du dos
    - unique
      - des dents.................................... HYDRARGYRE.
      - pas de dents; lèvres
        - protractiles; nageoire dorsale
          - longue, à deuxième rayon
            - épineux........................ CARPE.
            - non épineux.................... LABÉON.
          - courte; à 2.e rayon
            - épineux; barbillons
              - sur le milieu de la lèvre. CIRRHINE.
              - aux angles du museau... BARBEAU.
            - non épineux
              - des barbillons; écailles
                - ordinaires. GOUJON.
                - très-petites. TANCHE.
              - pas de barbillons; anale...
                - courte. ABLE.
                - longue. BRÊME.
        - non extensibles.................... STOLÉPHORE.
    - double.................................... ATHÉRINE.
  - caréné, dentelé et..............
    - convexe; nageoire dorsale....
      - unique
        - très-longue; catopes
          - à piquans... BURO.
          - sans piquans. MÉNÉ.
        - courte; dos....
          - convexe, régulier. XYSTÈRE.
          - comme bossu.... DORSUAIRE.
      - double; catopes très-petits................ SERPE.
    - presque droit; nageoire anale
      - libre et...
        - des dents; bouche
          - médiocre... CLUPÉE.
          - très-fendue. ANCHOIS.
        - point de dents................ CLUPANODON.
      - unie à la nageoire caudale.............. MYSTE.

Voyez ces différens noms de genres, et le mot CYPRIN. (H. C.)

GYMNOPTÈRES (*Entom.*) : *Gymnoptera; Nudailes.* Nom donné par Schæffer et Degéer aux insectes à quatre ailes nues, sans écailles ou sans étuis, comme les hyménoptères et les névroptères, par opposition aux coléoptères et aux lépidoptères. (C. D.)

GYMNOPTERIS. (*Bot.-Crypt.*) Ce genre, de la famille des fougères, établi par Bernhardi, et qui n'a pas été adopté, diffère à peine du genre GYMNOGRAMMA. Voyez cet article. (LEM.)

GYMNOPUS (*Bot.*), nom imposé, par M. Persoon, à la onzième section de son genre *Agaricus* (Voyez FONGE.), dont les espèces sont privées de collier, d'où le nom de *gymnopus*, pied nu, en grec. (LEM.)

GYMNOSE (*Ichthyol.*), nom d'un holocentre, *holocentrus gymnosus*, Lacép., que M. Cuvier présume être le même poisson que le bodian à grosse tête. Voyez BODIAN et HOLOCENTRE. (H. C.)

GYMNOSPERMIE. (*Bot.*) La didynamie, XIV.ᵉ classe du système de Linnæus, est divisée en deux ordres, la *gymnospermie* et l'*angiospermie*. Le premier réunit les plantes qui ont quatre graines nues (érêmes) au fond du calice (*lamium*); et le second, celles qui ont les graines renfermées dans une capsule (*melampyrum*, etc.) (MASS.)

GYMNOSPORANGIUM. (*Bot.-Crypt.*) Champignons formés d'une masse gélatineuse, de diverses formes, traversée par des filamens qui partent de la base, et viennent aboutir à la surface, où ils portent chacun un réceptacle à deux loges, coniques, appliquées par leur base, et qui se séparent à leur maturité.

Ce genre, établi par Hedwig fils sur le *tremella juniperina*, Linn., a été adopté par M. Decandolle, qui, le premier, a fait connoître le travail d'Hedwig fils. Il l'a augmenté de deux espèces déjà connues ; ce sont le *tremella sabinæ*, Dicks., ou *puccinia juniperi*, Pers., et le *tremella clavariæ formis*, Jacq.

Linck a également adopté ce genre; mais il n'y rapportoit pas d'abord les deux dernières espèces qu'il plaçoit dans son genre *Podisoma;* mais celui-ci est lui-même à peine distinct du *gymnosporangium*. Théodore Nees persiste à les séparer. Lyngbye croit dans l'opinion que le *tremella junipernia* de Roth est son *palmella rupestris ;* ce qui ne paroît pas devoir être, puisque dans le genre *Palmella*, les réceptacles sont granuleux, globuleux et solitaires dans la masse gélatineuse. Il dit aussi que c'est encore la même plante que le *tremella sabinæ*, *Engl. Bot.*, t. 710. Mais il est plus que probable qu'il aura observé une espèce différente.

Le genre *Gymnosporangium* n'est donc qu'un démembrement du *tremella* de Linnæus. Il est très-voisin de l'Acrospermum. (Voyez cet article, vol. 1, Suppl.) On peut considérer ces espèces comme formées de filamens gélatineux, réunis en masses, ayant une forme propre. Ce caractère est si peu différent de celui assigné au *podisoma* par Linck, qu'il réunit ces deux genres. La sécheresse fait presque disparoître ces plantes que l'humidité gonfle et rend gélatineuses.

Les espèces de gymnosporange sont d'un jaune fauve ou brun, ou orange; elles vivent sur les branches des conifères, et particulièrement sur celles des genévriers : elles naissent sous l'épiderme, qu'elles percent pour se développer.

1. Gymnosporangium du genévrier : *Gymnosporangium conicum*, Decand., Fl. Fr., n.° 578.; *Tremella juniperina*, Linn. Champignon sessile, d'un jaune fauve, en forme d'oreille ou de cône, obtus, souvent creusé à son sommet. Cette plante croît au printemps sur le genévrier commun et la sabine, et forme des touffes de cinq à six individus. Les genévriers en sont quelquefois tellement couverts, qu'on prétend qu'ils en périssent. Elle est très-gélatineuse; sa surface, vue à la loupe, paroît veloutée. Cette plante est considérée comme une espèce de *stilbospora*, dans la Flore de Scandinavie.

2. Gymnosporangium brun : *Gymnosporangium fuscum*, Dec., l. c., n.° 509; *Puccinia juniperi*, Pers., *Desp. Fung.*, t. 2, fig. 1; *Clavaria resinosorum*, Gmel.; *Tremella sabinæ*, Dicks., *Crypt.*, *Engl. Bot.*, 710; *Puccinia*, Michel., *Gen. Pl.*, t. 92, fig. 1. Champignon d'un roux fauve ou brun, conique ou presque cylindrique, obtus, quelquefois marqué par un sillon. Cette plante croît en touffe de quatre à cinq lignes de hauteur, sur le genévrier de la Virginie et sur la sabine. Elle est un peu gélatineuse; sa surface est veloutée; lorsqu'elle est sèche, sa chair est blanche et comme cotonneuse en dedans.

3. Gymnosporangium clavaire : *Gymnosporangium clavariæ-*

formis, Decand., l. c., n.° 380; *Tremella clavariæformis*, Jacq.; Pers., *Synops.*, 629; *Tremella digitata*. Vill., *Fl. Dauph.*, 3, t. 56; *Tremella ligularis*, Bull., Champ., t. 427, fig. 1. Champignon d'un jaune orange, gélatineux, pulpeux, cylindrique, souvent un peu comprimé, obtus et simple ou bicorne à l'extrémité, avec un sillon longitudinal partant de la bifurcation. Cette plante croît en petits paquets, de six lignes de hauteur, sur le genévrier commun. (Lem.)

GYMNOSTACHYS. (*Bot.*) Genre de plantes monocotylédones, à fleurs incomplètes, de la famille des *aroïdes*, de la *tétrandrie monogynie*, rapproché des *dracontium*, et offrant pour caractère essentiel : Une spathe fort petite, en forme de carène; les fleurs disposées en un chaton cylindrique, munies chacune d'un calice à quatre divisions; point de corolle; quatre étamines insérées à la base des divisions du calice: un stigmate sessile, en forme de sphincter; le fruit est une baie nue, monosperme.

Gymnostachys a deux angles; *Gymnostachys anceps*, Rob. Brown, *Nov. Holl.*, 1, pag. 337. Cette plante, découverte dans la Nouvelle-Hollande, a des racines composées de tubercules fusiformes, fasciculées; il en sort des feuilles toutes radicales, alongées, nerveuses, semblables à celles des graminées. De leur centre s'élève une hampe nue, à deux angles opposés, terminée par plusieurs chatons alternes, pédonculés, grêles, fasciculés, munis chacun d'une spathe en carène, aiguë, à peine plus longue que le pédoncule, chargés d'un grand nombre de fleurs sessiles, dépourvues de bractées. Le fruit est une baie bleuâtre, renfermant une seule semence. (Poir.)

GYMNOSTOMUM, *Rasule*, Bridel. (*Bot.-Crypt.*) Genre de plantes de la famille des mousses. Point de péristome; fleurs mâles et femelles terminales : voilà les caractères assignés à ce genre par Hedwig. Cet auteur plaçoit dans son genre *Anictangium* (ou *Anoectangium*) des mousses également à péristome nul, mais chez lesquelles les fleurs mâles sont axillaires. Ces deux genres réunis forment le *gymnostomum* de Smith, adopté par Decandolle, qui ajoute au caractère de l'absence du péristome, celui offert par la coiffe qui n'entoure pas la capsule à sa base, comme cela arrive dans le *sphagnum*, genre aussi à péristome nul, mais qui, du reste, diffère totalement du *gymnostomum*. Bridel avoit d'abord adopté les genres *Gymnostomum* et *Anictangium*, Hedw. Dans le premier se trouvoient les espèces dioïques à fleurs mâles disciformes et terminales, ainsi que les femelles; dans le second, il rangeoit les espèces monoïques ou dioïques, ayant les fleurs mâles, gemmiformes et axillaires, et les femelles terminales ou latérales. A ces deux genres, il en joignoit un troisième, l'*anodontion*, dont nous avons parlé à cet article, et que Bridel a sagement supprimé dans la quatrième partie de son Supplément, où il classe les mousses suivant une méthode différente de celle qu'il avoit adoptée jusqu'ici. Dans cette nouvelle méthode, on voit reparoître les genres *Gymnostomum* et *Anoectangium*; plus, les genres *Pyramidula* et *Schistidium*, et ces quatre genres ne sont plus caractérisés, comme précédemment, mais d'après la forme de la coiffe: elle est cuculliforme, ou dimidiée, subulée et tombante, dans le *gymnostomum*; pyramidée, persistante, et avec l'âge déchirée par le côté jusqu'au milieu, dans le *pyramidula*; en forme de mitre ou de cloche conique, fendue à la base en plusieurs lanières presque égales, dans le *schistidium*; dimidiée et subulée, dans l'*anoectangium* qui se distingue encore par sa capsule latérale. Il résulte de cette manière de caractériser ces genres que l'*anoectangium* ne conserve qu'une seule des espèces d'Hedwig; plus, la *compactum*, Schleich. (*gymnostomum æstivum*, Schkuhr, *Deut. Moos.*, t. 11), qui y est rapporté avec doute. Toutes les autres espèces rentrent dans le *schistidium* et le *gymnostomum*.

Palisot de Beauvois conserve le *gymnostomum* d'Hedwig, et lui assigne les caractères suivans: Coiffe cuculliforme, quelquefois presque campaniforme; opercule conique plus ou moins alongé et aigu, quelquefois plane; urne ovale ou pyriforme, droite, sans péristome; tube médiocre, quelquefois très-court; point de périchèse; gaîne oblongue.

Ce botaniste partage l'*anictangium* en deux genres, *Hedwigia* et *Anictangium*: le premier offre un périchèse, et le second n'en offre pas. C'est dans ce dernier que se retrouve l'*anictangium setosum* d'Hedw. (Voyez Anictangium.) Nous ne devons pas omettre ici que ces deux genres avoient été créés par Hedwig; ils furent réunis depuis en un seul par cet auteur dans son *Species Muscorum*, ouvrage publié après sa mort.

Les travaux de Beauvois sont antérieurs d'un an à la publication du Supplément de Bridel, achevé d'être imprimé en 1819; mais la première et la dernière partie de ce Supplément sont postérieures à la Muscologie britannique de Hooker et de Taylor, dans laquelle on retrouve les trois genres *Gymnostomum*, *Anictangium* et *Schistostega*. Le premier est celui de même nom de Bridel; le second, son *schistidium*; et le troisième, le *schistostega* (Web. et Mohr), doit être supprimé, étant établi sur un faux caractère, comme l'ont fait observer Schkuhr et Bridel; par conséquent, l'espèce qui le compose doit être reportée dans le genre où Hedwig l'avoit placée: c'est le *gymnostomum pennatum*, Hedw., qui n'a pas l'opercule lacinié, comme le croyoit ce botaniste. Cependant, cette espèce s'éloigne des autres par son port qui est parfaitement celui des mousses du genre *Fissidens*.

Ces nombreux changemens démontrent que les genres que nous venons de citer méritent avec raison de n'en former qu'un seul et d'autant plus que les espèces ne s'élèvent guère qu'à une quarantaine; qu'elles font déjà partie presque toutes du genre *Gymnostomum*, et que le caractère suivant suffit pour les distinguer : capsule à péristome nul, munie d'un opercule caduc et d'une gaîne (*vaginula*).

Le genre *Gymnostomum*, ainsi établi, contient des mousses terrestres qui croissent sur la terre, sur les pierres et sur les rochers; elles forment des gazons qui sont quelquefois très-étendus, serrés, et leur tige est généralement très-courte, quelquefois presque nulle, quelquefois aussi rameuse; les pédicelles sont presque toujours terminaux, droits, assez longs, et supportent chacun une capsule ovale ou oblongue, quelquefois pyriforme. Souvent, après la chute de l'opercule, elle paroit avoir été tronquée. Presque toutes les espèces connues croissent en Europe, plusieurs en Amérique, et même en Asie. Les espèces connues de Linnæus ont été placées par lui parmi ses *Bryum*.

A. *Pédicelle terminal; coiffe fendue latéralement.*

I.er §. *Tige presque nulle ou fort courte.*

Gymnostomum ovoïde: *Gymnostomum ovatum*, Hedw., *Musc.*, 2, tab. 6, Schkuhr, *Deut. Moos.*, tab. 9; Hook. et Tayl., *Musc. Brit.*, 11, tab. 7; *Engl. Bot.*, 1889. Tige droite, simple; feuilles ovales, concaves, terminées par un long poil blanc; capsule ovoïde ou elliptique. Cette mousse est fort commune partout, en automne, dans les fossés, sur les murs de terre. Elle forme des gazons serrés de la hauteur de six à sept lignes, remarquables par le grand nombre de capsules pressées qui les couvrent; le pédicelle et les capsules se font remarquer sur le beau vert des feuilles, par leur couleur rouge ou brune. Toutes les espèces de ce genre offrent le même apsect à la maturité des capsules.

Gymnostomum conique : *Gymnostomum conicum*, Schw., *Suppl.*, 1, tab. 9; Hook. et Tayl., *Musc. Brit.*, tab. 7. Tige très-courte, simple; feuilles ovales-oblongues, très-entières, mucronées; capsules ovales, renflées; opercule conique, obtus. Cette mousse, dont la tige n'a pas une ligne, et le pédicelle quatre lignes de longueur, a été observée en Suisse et près Rome, sur la terre.

Gymnostomum mince : *Gymnostomum tenue*, Schrad.; Hedw., *Musc.*, t. 4, fig. 1-4; Schkuhr, *Deut. Moos.*, t. 11; Hook. et Taylor, *Musc.*, t. 7; *Gymnostomum paucifolium*, *Engl. Bot.*, t. 2506; *Bryum paucifolium*, Dicks., *Crypt.*, 4, t. 11, f. 5. Tige extrêmement courte, simple; feuilles linéaires, carénées, étalées, un peu obtuses; capsules ovales; opercules coniques. Cette espèce n'a guère que trois à quatre lignes de hauteur, y compris le pédicelle qui en a deux ou trois : c'est une des plus petites de ce genre. Elle croît à terre, sur le sable, en Allemagne, en Suisse, en Dauphiné.

Gymnostomum pyriforme : *Gymnostomum pyriforme*, Hedw., *Fund.*, 2, tab. 1, fig. 2, 3; tab. 2, f. 6; tab. 4, f. 18, 24, 26; *Engl. Bot.*, tom. 413; Hook. et Tayl., *Musc. Brit.*, tom 7; Schkuhr, *Deut. Moos.*, tom. 12; *Bryum pyriforme*, Linn.; Dillen., *Musc.*, 44, tom. 5; Vaill., *Bot.*, t. 29, f. 3. Tige droite, très-courte, simple; feuilles d'un vert pâle, planes, ovales-pointues, obscurément dentées; capsule en forme de poire droite; opercule très-convexe. Cette jolie espèce, l'une des plus remarquables, croît sur la terre grasse, dans les jardins, les vergers, les prés et les champs humides; on la trouve dans toute l'Europe et dans l'Afrique septentrionale. Ses pédicelles ont six à huit lignes de longueur. Elle fleurit au printemps, et ses capsules sont mûres au printemps suivant. Les graines, visibles à la loupe, sont hérissées.

Gymnostomum en faisceau : *Gymnostomum fasciculare*, Hedw., *Musc.*, tom. 4 ; Schkuhr, *Deut. Moos.*, tom. 12 ; Hook. et Tayl., *Musc. Brit.*, tom 8 ; *Bryum fasciculare*, Dicks., *Fasc.*, 3, t. 7, f. 4 ; *Engl. Bot.*, t. 1245. Tige droite, simple ; feuilles ovales-lancéolées, dentelées, aiguës ; capsule droite, en forme de poire ; opercule plane, ou légèrement convexe. Cette espèce ressemble beaucoup à la précédente : elle a la moitié de sa grandeur. Elle croît dans les lieux sablonneux et stériles de l'Ecosse, de l'Angleterre, de l'Allemagne et de la Suisse, de la France, et même de l'Egypte. D'après les échantillons de l'Herbier de Linnæus, recueillis par Hasselquist, elle forme de petits gazons, fleurit en hiver, et fructifie au printemps.

Gymnostomum tétragone : *Gymnostomum tetragonum*, Bridel, *Spec. Musc.*, 270 ; Schwægr., *Suppl.*, 1, t. 8 ; Schkuhr, *Deut. Moos.*, t. 11, 6 ; *Pyramidula tetragona*, Brid., *Spec. Musc.*, 4, p. 20. Tige droite, simple, fort courte ; feuilles lancéolées, oblongues ou spatulées, entières, carénées ; celles du périchætium amincies en longues pointes ; capsule pyriforme ; opercule conique ; coiffe en pyramide presque quadrangulaire, étroite et circulaire à la base, fendue sur le côté. Cette mousse est fort petite. Elle croît en gazon dans les champs près de Gotha et en Franconie.

Gymnostomum tronqué : *Gymnostomum truncatum*, Hedw., *Musc.*, t. 5 ; Schkuhr, *Dent. Moos.*, t. 10 ; *Bryum truncatulum*, Linn. ; Turn., *Musc. Hiber.*, t. 1, fig. *d-f* ; Dill., *Musc.*, t. 45, f. 7 ; A. E. Vaill., *Bot.*, t. 26, f. 2 ; Buxb., *Cent.*, 11, tab. 2, fig. 2-7 ; Hook. et Tayl., *Musc. Brit.*, tab. 7 ; *Engl. Bot.*, t. 1975. Tige droite très-courte, simple ; feuilles planes, ovales-lancéolées, terminées en pointes filiformes ; capsules droites, ovoïdes, tronquées au sommet ; opercule prolongé en bec obtus. Cette mousse est commune dans les champs et les jardins, sur les murs, etc. : elle forme des plaques ou gazons assez larges ; qui sont hérissés de pédicelles, de trois à quatre lignes, et rougeâtres. On la trouve partout en Europe ; elle se rencontre aussi en Orient : elle a été observée sur les murs de Jérusalem par Hasselquist. Ce naturaliste suppose que c'est là le fameux *hysope* de Salomon, la plus petite des plantes qu'il ait décrite : mais on peut supposer tout aussi bien que ce pourroit être une espèce de *phascum* ; car c'est dans ce genre que se trouvent les plus petites mousses, qui, cependant, ne sont pas encore les plus petites plantes cryptogames herbacées.

Gymnostomum intermédiaire : *Gymnostomum intermedium*, Turn., *Musc. Hib.*, 7, t. 1, fig. *a*, *c*; Schwæg., *Suppl.*, 1, t. 19; Dill., *Musc.*, t. 45, f. 7, F. K.; *Engl. Bot.*, t. 1976. Tige presque nulle : feuilles ovales-lancéolées, entières, planes, étalées, terminées en pointes aiguës ; capsules oblongues-tronquées. Cette espèce est un peu plus grande que la précédente. On la trouve dans les mêmes circonstances, en Angleterre, en Allemagne, en Italie, en France.

Gymnostomum de Heim : *Gymnostomum Heimii*, Hedw., *Musc.*, t. 30 ; Schkuhr, *Deut. Moos.*, t. 11 ; Hook. et Tayl., *Musc. Brit.*, t. 7 ; *Engl. Bot.*, 1951. Tige droite, simple; feuilles lancéolées-spathulées, aiguës, dentelées vers la pointe; capsules oblongues. Cette mousse se trouve partout en Europe. Elle a beaucoup de rapport avec les deux espèces précédentes, et toutes les trois sont assez difficiles à déterminer.

Gymnostomum obtus : *Gymnostomum obtusum*, Hedw., *Spec.*, t. 2, f. 3; *Engl. Bot.*, t. 1407 ; *Bryum obtusum*, Dicks., *Fasc.*, 2, tom. 4, fig. 7. Tige courte, droite, simple; feuilles ovales-lancéolées, aiguës, entières; capsules ovoïdes, droites. Cette espèce croît sur les pierres et les rochers, en Ecosse, en Silésie, en Séeland et dans les Pyrénées. Hooker et Taylor prétendent qu'on ne doit pas la distinguer du *gymnostomum* de Heim.

Gymnostomum a petite bouche : *Gymnostomum microstomum*, Hedw., *Musc.*; t. 30, f. B; Schkuhr, *Deut. Moos.*, t. 10; Hook. et Tayl., *Musc. Brit.*, t. 7; *Engl. Bot.*, t. 2215. Tige droite, courte et simple; feuilles lancéolées, linéaires, crépues par la sécheresse; capsule ovale, un peu aplatie sur le côté et resserrée à son orifice ; opercule conique, oblique. On trouve ce gymnostomum à l'ombre, sur la terre humide et battue. Hooker et Taylor ramènent à cette espèce le *gymnostomum rutilans*, Hedw.

Gymnostomum empenné : *Gymnostomum pennatum*, Hedw., *Musc.*, 1, tab. 29; Schkuhr, *Deut. Moos.*, t. 12; *Schistostega osmundaceum*, Web. et Mohr., *Tasch.*, t. 6, fig. *g*.; *Schistostega pennata*, Hook. et Tayl., *Musc. Brit.*, p. 14, tab. I et VII.

Tige courte, simple; feuilles lancéolées, planes, disposées sur deux rangs opposés, prolongées sur la tige sans se confondre : capsule droite sphérique. Cette mousse n'a guère plus d'une demi-ligne de hauteur : elle est la plus petite du genre, et très-remarquable par son port qui rappelle celui des *fissidens*, et notamment du *fissidens bryoides*, avec lequel elle peut être facilement confondue. Elle croît dans les creux, à terre et sur les murs, en Allemagne, et dans le Devonshire, en Angleterre. (Voyez ce que nous avons dit plus haut sur le genre que Weber et Mohr, et Hooker et Taylor ont cru devoir faire sur cette mousse.)

IIe. §. *Tige droite rameuse.*

Gymnostomum tordu : *Gymnostomum tortile*, Schwæg., *Suppl.*, 1, t. 10; Ejusd. *in* Schrad., *New. Bot. Journ.*, 4, tab. 1; Schk., *Deut. Moos.*, t. 11, *e*. Tige droite, rameuse; feuilles droites, étalées, lancéolées, subulées, carénées, se tortillant par la sécheresse; capsule ovale, resserrée à son orifice; opercule conique à la base, surmonté d'un long bec oblique. Cette espèce, qui paroît avoir été confondue avec le *gymnostomum à petite bouche*, croît dans les Pyrénées, en Provence (à Vaucluse), en Italie, en Suisse, en Allemagne, sur les murs et les rochers.

Gymnostomum des rochers : *Gymnostomum rupestre*, Schw., *Suppl.*, 1, t. 10; *Gymnostomum æruginosum*, Schkuhr, *Deut. Moos.*, p. 25, t. 11; *Excl. Syn.*, Smith. Tige droite, rameuse, fasciculée; feuilles linéaires, aiguës, un peu tortillées par la sécheresse; capsule ovale, à orifice contracté; opercule conique, un peu oblique. Cette mousse, qui a quelques rapports avec le *gymnostome à bec courbé* (voyez ci-après), a été observée sur les rochers humides, en Suisse, par Schleicher et, suivant Bridel, par M. Dejean, sur la terre argileuse, près des fontaines, en Dauphiné, au Pont-de-Beauvoisin, mêlée avec le *gymnostomum æruginosum*, Smith.

Gymnostomum a bec courbé : *Gymnostomum curvirostrum*, Brid.; Schkuhr, *Deut. Moos.*, 6, p. 22, f. 10; Hedw., *Musc.*, 2, t. 24; Hook. et Tayl., *Musc. Brit.*, 10, t. 6; *Engl. Bot.*, 2214. Tige droite, foible, rameuse, longue de huit lignes; feuilles linéaires, capillacées, recourbées; capsules ovales, droites :

opercule muni d'un bec long et grêle. Cette mousse croît en touffe sur les rochers, en Angleterre, en France, en Allemagne, dans les marais des Alpes, en Tyrol, etc.

Hooker et Taylor rapportent à cette espèce le *gymnostomum stelligerum* (*Bryum*, Dicks., *Fasc.*, 2, t. 4, f. 4) de Smith, *Fl. Brit.*, et *Engl. Bot.*, t. 2202; le *gymnostomum luteolum*, Smith, 15; le *gymnostomum rupestre*, Schwæg. (voyez ci-dessus *Gymnostomum tordu*); le *gymnostomum æruginosum*, Smith, et *Engl. Bot.*, 2200; et toutes ces mousses ne seroient, selon eux, que le *bryum æstivum*, Linn. Il est certain qu'il existe beaucoup de confusion dans les auteurs à l'égard de ces plantes.

III.ᵉ §. *Tige rameuse, couchée ou nageante.*

Gymnostomum rampant : *Gymnostomum prorepens*, Hedw., *Musc.*, tab. 3, fig. 1-4; *Anodontium prorepens*, Brid.; *Suppl.*, 1, p. 41. Rampante; rameaux très-nombreux; droits, simples, presque égaux; feuilles imbriquées, oblongues, lancéolées, étalées par l'humidité; capsule ovale; opercule conique. Cette mousse croît en Pensylvanie. Ses pédicelles sont terminaux et sur des rameaux fort courts : la coiffe est tordue latéralement.

Gymnostomum aquatique : *Gymnostomum aquaticum*, Decand., Fl. Fr., n.° 1182; Schkuhr, *Deut. Moos.*, t. 8; *Hedwigia aquatica*, Hedw., *Musc.*, 3, fig. 11; Brid., *Musc.*, 2, t. 1, f. 4; *Fontinalis subulata*, Lamk.; Dillen., t. 43, f. 7. Souche produisant cinq à six tiges droites, fermes, longues d'un à trois pouces, noirâtres, nues vers le bas; feuilles d'un vert foncé noir, imbriquées, luisantes, linéaires, subulées, sensiblement courbées, rejetées du même côté; capsules terminales sur des rameaux fort courts; pédicelles un peu plus longs que les feuilles; capsules oblongues ou ovales, un peu aplaties d'un côté; opercules obliques, surmontés d'un petit bec. Cette mousse, la plus belle espèce de ce genre, et qui s'en éloigne beaucoup pour le port, croît dans les ruisseaux, les rivières et les fontaines d'eau pure, attachée aux pierres : on la trouve dans presque toute l'Europe tempérée, excepté en Angleterre; elle forme des touffes souvent fort épaisses, et qui se chargent de capsules; les rameaux qui supportent celles-ci sont infiniment courts, de sorte qu'elles paroissent latérales sur la tige. Selon

Bridel, la coiffe, dans la maturité, est dimidiée, comme dans les autres espèces de ce genre, subulée et cuculliforme.

B. *Pédicelle terminal; coiffe fendue en plusieurs lanières.* (*Schistidium*, Brid.)

Gymnostome subsessile : *Gymnostomum subsessile*, Brid., *Spec. Musc.*, t. 35 ; *Gymnostomum acaule*, Web. et Mohr, *Tasch.*, t. 6, f. 4-8; Schkuhr, *Deut. Moos.*, t. 9; *Schistidium subsessile*, Brid., *Spec. Musc. Suppl.*, 4, p. 21. Presque sans tige; feuilles ovales, terminées par un poil, droites; capsules enveloppées dans les feuilles; opercules un peu aplatis, surmontés par un petit bec oblique. Cette plante croît en Allemagne, sur la terre argileuse près Jéna et Erfurt. Elle est excessivement petite, et le plus souvent couverte par la terre : elle est extrêmement voisine de la suivante. L'une des fentes de sa coiffe est beaucoup plus profonde que les autres. La coiffe a la forme d'une mitre.

Gymnostome en coussinet : *Gymnostomum pulvinatum*, Hedw., *Spec. Musc.*, t. 3; Schkuhr, *Deut. Moos.*, t. 9. Tiges droites, simples ou rameuses, rassemblées en petits coussinets : feuilles ovales-imbriquées, les supérieures pilifères; capsules presque sessiles, ovales, arrondies; opercule convexe, très-petit. Cette espèce a été trouvée sur les rochers, en Allemagne dans le Hartz, en Suisse, et, dans le Jura, à la montagne de la Dôle.

Gymnostome ciliatum : *Gymnostomum ciliatum*, Swartz, Smith ; *Gymnostomum Hedwigii*, Schkuhr, *Deut. Moos.*, t. 8; *Hedwigia ciliata*, Hedw., *Musc.*, t. 40; Brid., *Musc.*, 2, t. 1, f. 3; *Anictangium ciliatum*, Hedw., *Musc. Spec.* ; Brid., *Spec. Musc. Suppl.*, 1, p. 22; Hook. et Tayl., *Musc. Brit.*, 14, t. 6; *Schistidium ciliatum*, Brid., *Musc.*, 1, *Suppl.*, 4, p. 21; Dillen., *Musc.*, t. 32, f. 5; Vaill.; *Bot.*, t. 27, f. 18. Tige droite, grêle, haute d'un demi-pouce, noirâtre, très-rameuse; feuilles imbriquées, ovales-lancéolées, terminées par un prolongement blanc filiforme, aigu, souvent barbu, plus long dans les feuilles qui enveloppent la capsule; capsule presque sessile, ovale; opercule un peu aplati; coiffe en forme de longue mitre, découpée à sa base en plusieurs petites lanières, et élégamment réticulée. Cette mousse croît sur les rochers, presque partout en Europe. Elle a été observée en France, dans les Pyrénées, en Languedoc, en Bretagne, dans le Jura et dans les Alpes : elle se rencontre aussi aux Etats-Unis, où même l'on en trouve encore une variété à tige filiforme et à coiffe un peu velue.

Gymnostome strié : *Gymnostomum striatum*, Nob. ; *Hedwigia lapponica*, Hedw. ; *Gymnostomum lapponicum*, *ejusd. Suppl.*, c. 2, 3, f. 5, A; Swartz; Schkuhr, *Deut. Moos.*, t. 8; Hook. et Tayl., *Musc. Brit.*, t. 6; *Engl. Bot.*, 2216. Tige droite, rameuse, alongée, en touffes serrées; feuilles lancéolées, alongées, se crispant par la sécheresse; pédicelles un peu plus longs que les feuilles; capsule en forme de toupie, cannelée; péristome calleux, édenté; opercule convexe, surmonté d'un bec. Cette espèce se trouve en Allemagne, en Suisse, en Angleterre et dans les Alpes du Dauphiné. Elle se plaît dans les lieux escarpés et ombragés. Wahlenberg fait observer qu'elle est fort rare en Laponie.

C. *Pédicelle latéral.* (*Anictangium.*)

Gymnostome d'été : *Gymnostomum æstivum*, Schkuhr, *Deut. Moos.*, t. 11; *Excl. Syn.*; *Anoectangium compactum*, Schleich.; Brid., *Spec. Musc.*, *Suppl.*, 4, p. 23; Schwæg., *Suppl.* 1, tab. 11. Tiges droites, hautes de deux à trois pouces, très-longues, simples ou rameuses, rassemblées en touffes très-serrées; feuilles linéaires-lancéolées, obtuses; pédicelles latéraux fins, longs de six lignes; capsules droites, oblongues; opercule oblique, plan à la base, surmonté par un bec effilé, extrêmement long; coiffe subulée, fendue latéralement et caduque. Cette espèce croît en Suisse, en Tyrol, en Suède, sur les rochers. Elle fleurit en été, pendant le mois d'août.

Bridel pense que cette mousse n'est point la même que le *gymnostomum luteolum* de Smith, que cet auteur donne pour le *Gymnostomum æstivum* d'Hedwig. Bridel conclut, contre l'opinion de Mohr, Schkuhr et Wahlenberg, que c'est une espèce différente. Dans la mousse d'Angleterre, l'opercule est, selon Smith, hémisphérique, avec un léger gonflement au centre, tandis qu'il est très-courtement pointu dans le *gymnostomum æstivum*, selon Hedwig. Dans la plante de Suisse, l'opercule, aplani à sa base, s'alonge dans le milieu en un long bec subulé, oblique. Nous ajouterons que les observations de Smith ont pu être faites sur des exemplaires incomplets, ou bien que MM. Hooker et Taylor seroient tombés dans l'erreur commune; car, dans leur

Muscologie Britannique, pl. 16, on voit la figure du *bryum æstivum* avec un opercule longuement subulé; et, dans leur description, ils ramènent à leur espèce les synonymes de *bryum luteolum* (*Engl. Bot.*, 2201), et *æstivum*, Hedw. (Lem.)

GYMNOSTYLE, *Gymnostyles*. (*Bot.*) [*Corymbifères*, Juss.; *Syngénésie polygamie nécessaire*, Linn.] Ce genre de plantes, établi par M. de Jussieu, dans les Annales du Muséum d'Histoire naturelle, appartient à l'ordre des synanthérées, et à notre tribu naturelle des anthémidées, dans laquelle nous le plaçons entre le *cotula* et l'*hippia*, près de l'*eriocephalus*. Comme ce genre est un des plus remarquables de l'ordre des synanthérées, à raison des singularités qu'il présente, nous croyons devoir donner ici une analyse complète de la calathide du *gymnostyles anthemifolia*, que nous avons soigneusement étudiée sur des individus vivans, cultivés au Jardin du Roi.

La calathide est discoïde : composée d'un disque pauciflore, régulariflore, masculiflore, et d'une couronne large, multisériée, multiflore, apétaliflore, féminiflore. Le péricline, supérieur aux fleurs, est formé de squames subunisériées, à peu près égales, linéaires, membraneuses-foliacées, appliquées inférieurement, étalées supérieurement. Le clinanthe est hémisphérique; son disque est garni de très-longues fimbrilles capillaires, interposées entre les fleurs mâles; sa couronne est garnie de stipes courts, épais, informes, charnus, qui portent les ovaires des fleurs femelles. Les fleurs du disque offrent: 1.° un faux ovaire grêle, filiforme, inaigretté; 2.° une corolle formée d'un tube et d'un limbe peu distincts l'un de l'autre, à peu près égaux en longueur, et portant quelques globules pédicellés épars sur leur surface; le tube est cylindracé, large, un peu irrégulier; sa base paroît tantôt articulée, tantôt continue, avec le sommet du faux ovaire; le limbe, à peine plus large que le tube, est presque cylindracé ou ovoïde, un peu campanulé; sa partie supérieure est partagée ordinairement en trois, quelquefois en quatre ou cinq divisions plus courtes que la partie indivise, un peu divergentes, très-peu arquées en dehors, semi-ovales, épaisses, opaques, charnues, presque calleuses derrière le sommet, et un peu papillulées sur les bords de la face intérieure; 3.° des étamines dont le filet subcylindrique, épais, n'est greffé qu'à la partie basilaire du tube de la corolle; l'article anthérifère est un peu long et conforme au filet; les anthères sont entre-greffées; leur appendice apicilaire est petit, subligulé, ou demi-lancéolé, obtus; les appendices basilaires sont nuls ou presque nuls; le pollen est jaune; 4.° un nectaire interposé entre le sommet du faux ovaire et la base du style; 5.° un style simple, cylindrique, glabre, dont la base est articulée sur le nectaire, et dont le sommet forme une large troncature orbiculaire, garnie de collecteurs papilliformes peu apparens. Les fleurs de la couronne sont entièrement dépourvues de corolle, d'étamines et de nectaire, mais elles offrent : 1.° un ovaire inaigretté, dont la base est adhérente et presque continue au sommet du stipe qui la porte; cet ovaire est obcomprimé, c'est-à-dire aplati sur deux faces, l'une intérieure, plane, l'autre extérieure, convexe; il est oblong, élargi et épaissi supérieurement, un peu arqué en dedans, bordé sur ses deux côtés, ainsi qu'à la base et au sommet, par un énorme bourrelet large, épais, charnu, spongieux, celluleux, blanc, ridé transversalement, devenant subéreux; le milieu de chacune des deux faces, encadré par le bourrelet, forme une aire ovale-alongée, brune, hérissée de poils très-courts; le sommet de l'ovaire, occupé par le bourrelet, est hérissé de très-longs poils capillaires, flexueux; 2.° un style, dont la base paroit quelquefois semi-articulée, mais presque toujours parfaitement continue avec le centre du sommet de l'ovaire; il est cylindrique, aminci de bas en haut, charnu, hérissé de petites papilles tuberculiformes, à l'exception de sa partie supérieure qui est lisse; il porte, sur son extrémité, deux stigmatophores très-courts, cylindriques, amincis de bas en haut, arrondis au sommet, irrégulièrement courbés, couverts de papilles stigmatiques sur toute leur surface; après la fécondation, les stigmatophores se dessèchent et périssent; mais le style qui les porte persiste sur l'ovaire et continue de végéter avec lui; sa substance intérieure devient ligneuse, et elle est revêtue d'une écorce verte, scabre.

Gymnostyle a feuilles d'anthémis; *Gymnostyles anthemifolia*. Juss. C'est une petite plante herbacée, probablement annuelle, dont la tige est nulle ou presque nulle, en sorte que les feuilles et les calathides semblent naître immédiatement sur la racine. Les feuilles sont longues de deux pouces; leur partie inférieure est pétioliforme; la supérieure est pinnée, et ses pinnules sont elles-mêmes pinnatifides et dentées. Les calathides sont sessiles à la base des feuilles; elles paroissent être verdâtres, parce que les corolles du disque, qui sont jaunâtres, ont fort peu d'apparence. Suivant M. de Jussieu, cette singulière plante est indigène à la Nouvelle-Hollande : mais M. R. Brown pense qu'elle y a été apportée, et il croit qu'elle est originaire du Brésil.

Deux autres espèces de ce genre ont été décrites par M. de Jussieu : nous n'en parlerons point, parce que nous ne les avons pas observées.

M. R. Brown a remarqué que le genre *Gymnostyles* de M. de Jussieu pouvoit être réuni au genre *Soliva* de Ruiz et Pavon, publié long-temps auparavant dans le Prodrome de la Flore du Pérou et du Chili. Quoique nous n'ayons point vu les *Soliva*, nous sommes très-disposé à partager l'opinion de M. R. Brown, néanmoins, nous n'avons pas cru devoir renvoyer à l'article Soliva, nos observations sur le *gymnostyles anthemifolia*.

D'après l'analyse minutieuse que nous avons faite des organes floraux de cette plante, il est très-évident qu'elle appartient à notre tribu naturelle des anthémidées; car l'ovaire, le style masculin, les étamines, et la corolle staminée, offrent tous les caractères propres à cette tribu. Mais le *gymnostyles* présente en même temps des particularités qui donnent lieu aux remarques suivantes.

L'aspect général de la calathide, aussi bien que le port de la plante, établissent une certaine affinité entre le *gymnostyles* et le *grangea*; et cette affinité est confirmée par quelques caractères communs aux deux genres : remarquez que le *grangea* fait partie de la tribu des inulées, immédiatement voisine de celle des anthémidées; ainsi le rapprochement des deux genres n'empêche point de les classer dans deux tribus distinctes. L'avortement complet de la corolle est très-rare dans les synanthérées : cependant il a lieu dans les fleurs femelles des ambrosiées, comme dans celles du *gymnostyles*; et je remarque que la tribu des ambrosiées est immédiatement voisine de celle des anthémidées. Toutefois, je ne pense pas que le *gymnostyles* doive être placé sur la limite de ces deux tribus; mais je le rapproche du *cotula*, qui est une anthémidée, et dont les fleurs femelles ont la corolle réduite à un simple rudiment, ou même absolument nulle. Les stipes nés du clinanthe, et qui portent les ovaires des fleurs femelles, constituent un autre caractère également remarquable, commun au *gymnostyles* et au *cotula*, et qui fortifie leurs rapports. Remarquez que, dans le *grangea*, le clinanthe paroît être un peu stipifère. La forme des ovaires des fleurs femelles, et quelques autres caractères, viennent encore à l'appui de l'affinité qui nous paroît indissoluble entre le *gymnostyles* et le *cotula*. M. R. Brown paroît croire que la disparition de la corolle dans les fleurs femelles du *gymnostyles* résulte de ce qu'elle est greffée sur le style : nous pensons, au contraire, que cette disparition résulte d'un avortement et non d'une greffe; notre opinion est fondée sur l'analogie, car, dans le *cotula*, il est évident que la corolle des fleurs femelles n'est point greffée avec le style, mais qu'elle est réellement avortée; il en est de même dans les ambrosiées. L'*hippia*, qui est aussi une anthémidée, n'a pas moins d'analogie que le *cotula* avec le *gymnostyles* : or, nous remarquons que, dans les fleurs femelles de l'*hippia*, la base de la corolle, excessivement élargie, se confond entièrement avec la bordure de l'ovaire; nous supposons, par analogie, que cette confusion a également lieu dans le *gymnostyles*, et que l'avortement de la corolle résulte du prodigieux accroissement du bourrelet qui borde l'ovaire, et qui absorbe toute la nourriture destinée à cette corolle. Le style des fleurs mâles du *gymnostyles* n'offre aucune anomalie, car il est parfaitement analogue au style masculin de plusieurs *artemisia*, de l'*hippia*, et des autres anthémidées à disque masculiflore : mais le style des fleurs femelles présente deux anomalies singulières. La première consiste en ce que cet organe continue de croître avec l'ovaire après la fécondation : la cause de cette particularité est sans doute que la base du style est confondue avec le sommet de l'ovaire, au lieu d'être articulée sur lui. C'est ainsi que, dans le *zinnia* et le *tragoceros*, la corolle des fleurs femelles continue de végéter avec l'ovaire après la floraison, parce que cette corolle est confondue par sa base avec le sommet de l'ovaire. Cependant j'observe que, dans le *xanthium orientale*, le style, quoique non articulé sur l'ovaire, ne continue pas de croître avec lui après la fécondation : mais ces différences s'expliquent très-facilement. La seconde anomalie consiste en ce que les stigmatophores sont cylindriques et tout couverts de papilles stigmatiques, comme dans la tribu des tussilaginées, au lieu d'être demi-cylindriques et bordés de deux bourrelets stigmatiques, comme dans la tribu des anthémidées. (H. Cass.)

GYMNOTE. (*Ichthyol.*) Voyez Gymnonote. (H. C.)

GYMNOTE BLANC. (*Ichthyol.*) Voyez Carape. (H. C.)

GYMNOTE LONG-MUSEAU. (*Ichthyol.*) Voyez Carape. (H. C.)

GYMNOTHORAX. (*Ichthyol.*) Bloch a nommé ainsi les murènes proprement dites. Voyez Murène et Murénophis. (H. C.)

GYMNOTRIX. (*Bot.*) Genre de plantes monocotylédones, à fleurs glumacées, de la famille des *graminées*, de la *triandrie digynie* de Linnæus, très-peu différent des *pennisetum*, offrant pour caractère essentiel : Des épillets à une seule fleur hermaphrodite, et une stérile indiquée par une paillette ; les deux valves calicinales membraneuses et mutiques ; celles de la corolle également mutiques ; trois étamines ; deux styles ; un involucre composé de plusieurs filets simples, glabres, inégaux.

Gymnotrix a longues soies : *Gymnotrix longiseta*, Poir. ; *Gymnotrix Thuarii*, Pal. Beauv., *Agrost.*, p. 59, tab. 18, fig. 6 ; *Panicum longisetum*, Encycl. Supp. Espèce remarquable par son bel épi à longs filets sétacés. Ses tiges sont dressées, glabres, rameuses, cylindriques ; ses feuilles glabres, un peu étroites, alongées, rudes à leurs bords ; leur gaîne un peu large, très-glabre, fortement striée, pileuse à son orifice ; les fleurs nombreuses, disposées en un épi, long d'environ cinq pouces, très-simple, lancéolé, un peu aigu ; les épillets glabres, ovales, aigus, d'un brun rougeâtre, entourés d'un involucre roussâtre, composé de plusieurs filets très-longs, inégaux, sétacés. Cette plante croît aux îles de France et de Bourbon.

Gymnotrix chevelu ; *Gymnotrix crinita*, Kunth, *in* Humb. *et* Bonpl. *Nov. Gen.*, 1, p. 112. Plante du Mexique, dont les tiges s'élèvent à la hauteur de six ou huit pieds, divisées par entre-nœuds, alternativement canaliculés à un de leurs côtés, munies de feuilles planes, glabres, linéaires, rudes et denticulées à leurs bords; les gaînes ciliées à leur orifice; les fleurs disposées en un épi simple, touffu, cylindrique, long de six à huit pouces; les épillets sessiles, lancéolés, fortement imbriqués; l'involucre composé de soies rudes, nombreuses, presque de la longueur de l'épillet; les valves calicinales un peu rudes; l'inférieure ovale, trois fois plus courte; la supérieure oblongue, aiguë, à trois nervures; les valves de la corolle concaves, ovales-oblongues, presque égales, à cinq nervures; une paillette stérile, tridentée, à cinq nervures.

GYMNOTRIX A TROIS ÉPIS; *Gymnotrix tristachya*, Kunth, *in* Humb., l. c. Graminée découverte proche Puembo, dans l'Amérique méridionale, aux lieux humides et ombragés. Elle s'élève avec élégance à la hauteur de six à douze pieds, sur une tige dressée, rameuse, munie de feuilles planes, linéaires, lancéolées, rudes en dedans et à leurs bords; les gaînes purpurines; une languette très-courte et pileuse à leur orifice. Les fleurs sont disposées en épis cylindriques, pédonculés, longs de deux ou trois pouces, sortant trois ou quatre de la même gaîne; les épillets sessiles, oblongs; l'involucre à soies purpurines, une fois plus longues que les épillets; les valves calicinales blanchâtres, aiguës; l'inférieure très-courte, la supérieure une fois plus longue; les valves de la corolle presque égales, à cinq nervures; la paillette stérile, blanchâtre, presque rude. (POIR.)

GYMNOTUS. (*Ichthyol.*) Voyez GYMNONOTE. (H. C.)

GYMPEL. (*Ornith.*) Voyez GUMPEL. (CH. D.)

GYNANDRIE (*Bot.*), nom de la XXIIe classe du système de Linnæus, dans laquelle sont comprises les plantes qui, comme l'*orchis*, l'aristoloche, etc., ont les étamines et le pistil réunis en un seul corps. (MASS.)

GYNECANTHE (*Bot.*), nom donné par quelques auteurs, suivant Pline, à la vigne noire, plus connue sous celui de bryone. (J.)

GYNÈME, *Gynema*. (*Bot.*) [*Corymbifères*, Juss.; *Syngénésie polygamie superflue*, Linn.] Ce genre de plantes, proposé par M. Rafinesque, dans sa *Florula Ludoviciana*, publiée à New-Yorck, en 1817, appartient à l'ordre des synanthérées, à notre tribu naturelle des inulées, et à la section des inulées-gnaphaliées, dans laquelle nous le plaçons auprès du *gnaphalium*, dont il nous paroît difficile de le distinguer.

La calathide est discoïde, composée d'un disque pauciflore, régulariflore, androgyniflore, et d'une couronne plurisériée, multiflore, tubuliflore, féminiflore. Le péricline est cylindrique, et formé de squames imbriquées, foliacées, scarieuses, colorées. Le clinanthe est inappendiculé. Les ovaires portent une aigrette composée de squamellules filiformes. Les corolles de la couronne sont filiformes, bi-tridentées au sommet; celles du disque sont à cinq divisions.

Gynème balsamique; *Gynema balsamica*, Rafin. C'est une plante herbacée, dont la tige, haute de trois à quatre pieds, est cylindrique et pubescente; les feuilles sont alternes, pétiolées, décurrentes, grandes, ovales-oblongues, entières, visqueuses, d'un vert foncé. Les calathides sont rapprochées, grandes et d'une belle couleur lilas; les squames de leur péricline sont arrondies; le disque est composé de sept ou huit fleurs; celles de la couronne sont très-nombreuses. M. Rafinesque dit que cette plante est fort belle, qu'elle a beaucoup d'analogie avec le *conyza camphorata*, qu'elle fleurit en septembre et octobre, qu'elle a une odeur fortement aromatique et agréable, qu'elle est stomachique et sudorifique, et que les Sauvages de la Louisiane, où elle est indigène, la considèrent comme un remède puissant.

Gynème argentée; *Gynema argentea*, Rafin. Cette plante élégante a une tige haute de trois à quatre pieds; ses feuilles sont soyeuses et argentées; ses calathides sont petites et blanches. Elle a une odeur agréable, et est employée en infusion comme le thé. Elle habite la Louisiane. M. Rafinesque pense qu'elle peut appartenir au genre *Conyza*, ou au genre *Argyrocome*.

Gynème a petites calathides: *Gynema microcephala; Gynema parviflora*, Rafin. Sa tige est couchée sur la terre; ses feuilles sont blanchâtres; ses calathides sont excessivement petites et de couleur blanche. Cette plante, qui est odorante, croît dans les champs et les terrains incultes de la Louisiane.

M. Rafinesque dit que son genre *Gynema*, ainsi nommé parce que les fleurs femelles sont filiformes, est intermédiaire entre les *conyza*, *disynanthus* et *argyrocome;* qu'il ressemble à l'*Argyrocome* par le péricline, au *disynanthus* par la forme des calathides, et au *conyza* par leur disposition. Il pense que plusieurs espèces de *conyza*, douées d'une odeur agréable, peuvent appartenir à ce genre.

Nous ne connoissons le *gynema* que par les descriptions très-imparfaites et incomplètes de l'auteur. C'est pourquoi notre opinion sur ce genre se réduit aux conjectures suivantes. Nous croyons que la première espèce n'est point congénère des deux autres, et même qu'elle appartient à un groupe naturel différent. Selon nous, les deux dernières espèces seroient probablement de véritables *gnaphalium*, tandis que la première devroit être attribuée au genre *Pluchea*, que nous avons proposé dans le Bulletin des Sciences, de février 1817; ce genre *Pluchea* fait partie de notre tribu naturelle des vernoniées, et il a pour type la *conyza marylandica*, Mich., qui est peut-être la même espèce que le *gynema balsamica*, ou, tout au moins, une espèce très-peu différente. Cependant il se pourroit que le *gynema balsamica* fût une inulée-prototype, voisine des vrais *conyza*. (H. Cass.)

GYNERIUM. (*Bot.*) Genre de plantes monocotylédones, à fleurs glumacées, de la famille des *graminées*, de la *dioécie triandrie* de Linnæus, qui ne diffère essentiellement de l'*arundo* que par ses fleurs dioïques, très-rapproché d'ailleurs de notre *arundo phragmites*. Les épillets sont composés de deux fleurs, les mâles séparées des femelles sur des individus différens; la fleur inférieure sessile, la supérieure pédicellée; les valves calicinales plus courtes que la corolle; celle-ci munie de longs poils à sa base; trois étamines; deux styles.

Gynerium fausse canamelle : *Gynerium saccharoides*, Humb. et Bonpl., *Pl. Æquin.*, 2, tab. 115; *Gynerium sagittatum*, Pal. Beauv., *Agrost.*, 138. Cette belle plante s'élève à la hauteur de quinze à dix-huit pieds et plus, sur une tige dressée, épaisse de deux ou trois pouces en diamètre, munie de feuilles très-rapprochées, glabres, planes, coriaces, disposées sur deux rangs opposés, longues de quatre à cinq pieds, larges de deux pouces, denticulées, presque épineuses à leurs bords; la nervure du milieu concave et pileuse en dedans; les gaines glabres, ciliées à leur orifice. Les fleurs sont disposées en une panicule touffue, très-ample, longue de cinq à six pieds. Les fleurs mâles n'ont point été observées; les épillets femelles pédicellés et biflores; les valves calicinales linéaires, subulées, rudes et ciliées sur leur carène; la valve inférieure une fois plus longue que la supérieure; celles de la corolle blanchâtres; l'inférieure lancéolée, longuement acuminée, entourée de poils blancs plus longs que la fleur, la valve inférieure une fois plus courte, à double carène, rude et ciliée sur le dos; l'ovaire glabre, alongé; les stigmates en pinceau. Cette espèce a été découverte aux lieux humides, dans l'Amérique méridionale, proche Cumana. (Poir.)

GYNHETERIA. (*Bot.*) Dans le Bulletin des Sciences de février 1817, nous avons remarqué que le genre proposé sous le nom de *Gynheteria* par Willdenow, en 1807, dans les Mémoires de la Société des amis et curieux de la nature, de Berlin, étoit évidemment le même que le genre *Tessaria*, établi long-temps auparavant par Ruiz et Pavon. Le nom de *tessaria* doit donc être préféré à celui de *gynheteria*, et nous décrirons ce genre sous son premier nom. (H. Cass.)

GYNICIDIA. (*Bot.*) Voyez Gazoul. (J.)

GYNOBASIQUE [nectaire]. (*Bot.*) Lorsque le nectaire est placé sur le réceptacle, il est tantôt resserré sous l'ovaire, et ne s'étend pas beaucoup au delà (labiées, *ruta*, *cneorum*); tantôt étendu comme un enduit sur le réceptacle jusqu'à la ligne d'insertion des étamines (rosacées, myrtées, légumineuses); tantôt placé autour des étamines (*xilophylla montana*); tantôt autour de la corolle (*chironia frutescens*). C'est dans le premier cas, c'est-à-dire, lorsqu'il sert de base à l'ovaire, que M. Mirbel le nomme nectaire gynobasique. (Mass.)

GYNOPHORE, *Gynophorum.* (*Bot.*) Partie saillante du réceptacle de certaines fleurs, qui élève le pistil (*cleome*, *dianthus*, *myosurus*, etc.), et souvent sert en même temps de support, soit aux étamines (*passiflora*, *cleome pentaphylla*, etc.), soit aux étamines et à la corolle (*dianthus*, *silene*, etc.). Dans certaines plantes (*cneorum*, *zygophyllum monglana*, etc.), le nectaire exhausse l'ovaire de même que le gynophore, et ne se distingue alors de cet organe que par son tissu serré et glandulaire.

Le gynophore est dit monogyne, polygyne, staminifère, corollifère, etc., suivant qu'il porte un seul ovaire, plusieurs ovaires, les étamines, la corolle, etc. (Mass.)

GYNOPHORIEN [style]. (*Bot.*) Prenant naissance sur un gynophore (*scutellaria gomphia*). (Mass.)

GYNOPHOROIDE [nectaire]. (*Bot.*) Exhaussant l'ovaire

comme un gynophore, *zigophyllum monglana*, *cneorum tricoccum*. (Mass.)

GYNOPOGON. (*Bot.*) Genre de plantes dicotylédones, à fleurs complètes, monopétalées, de la famille des *apocynées* et de la *pentandrie digynie* de Linnæus, offrant pour caractère essentiel: Un calice fort petit à cinq divisions; une corolle hypocratériforme, nue à son orifice; cinq étamines non saillantes; deux ovaires; deux styles presque connivens; les stigmates obtus: deux drupes pédicellés, dont un avorte souvent: plusieurs semences; une seule parvient à maturité.

Les espèces qui composent ce genre sont jusqu'alors peu connues: ce sont des arbrisseaux glabres, lactescens, garnis de feuilles touffues, opposées ou verticellées, coriaces, toujours vertes; les fleurs axillaires ou terminales, blanches, souvent odorantes, quelquefois disposées en épis; les semences presque à deux lobes; le périsperme corné; l'embryon dressé ou un peu courbé. Ce genre, établi par Forster, a été depuis rectifié et augmenté par M. Rob. Brown, qui lui a donné le nom d'*alyxia*.

Dans l'*alyxia spicata*, Rob. Brown, *Nov. Holl.*, 470, les feuilles sont ternées, ovales-oblongues, pétiolées; les fleurs verticillées, presque sessiles, munies de trois bractées, disposées en épis axillaires; les pédoncules beaucoup plus longs que les pétioles. L'*alyxia tetragona*, Brown, l. c., a les feuilles oblongues, quaternées; les épis axillaires, chargés de fleurs verticillées, presque sessiles, munies de trois bractées; le pédoncule commun renflé en bosse à sa base. Dans l'*alyxia obtusifolia*, Brown, l. c., les feuilles sont ternées, ovales, très-obtuses; les fleurs disposées en une ombelle axillaire, pédonculée; les calices dépourvus de bractées. L'*alyxia ruscifolia*, Brown, l. c., a ses feuilles quaternées ou ternées, elliptiques ou lancéolées, terminées par une pointe épineuse, à veines en angle aigu. Les fleurs sont presque sessiles, terminales. Dans l'*alyxia buxifolia*, Brown, l. c., les fleurs sont presque géminées, axillaires; les feuilles opposées, ovales, obtuses, sans veines. Ces plantes sont toutes originaires de la Nouvelle-Hollande.

Forster avoit mentionné trois autres espèces de *gynopogon*, découvertes dans les îles de la Société et des Amis: savoir, *gynopogon stellatum*, Forst., *Gen.*, 36, et *Prodr.*, 19; Lamk., *Ill. gen.*, tab. 118, dont les feuilles sont lancéolées, verticillées ou ternées; *gynopogon alyxia*, Forst., l. c., dont les feuilles sont en ovale renversé, verticillées, au nombre de cinq à chaque verticille; *gynopogon scandens*, Forst., l. c. Plante grimpante, dont les feuilles sont opposées, ovales, à côtes saillantes. (Poir.)

GYNOSTRUM. (*Bot.*) Voyez Guapira. (J.)

GYNTEL. (*Ornith.*) Montbeillard, en décrivant cette prétendue linotte de Strasbourg, *fringilla argentoratensis* de Gmelin et de Latham, annonce qu'il ne la regarde pas comme une espèce particulière; et en effet, on l'a cherchée en vain dans le pays qui est indiqué comme sa demeure particulière. (Ch. D.)

GYOUNDON. (*Bot.* Voyez Djyoundon. (J.)

GYP, USUC. (*Bot.*) Clusius, dans ses *Exotica*, parle d'un suc concret d'Amérique, qui lui avoit été envoyé sous ces noms, sans indication du végétal dont il étoit extrait. Son odeur approchoit de celle de l'aneth. Il étoit noir, brillant, enveloppé dans des feuilles de bananier. Suivant le récit, les habitans l'employoient dans les fumigations et pour corriger le mauvais air émané des morts avant qu'on les portât à la sépulture. (J.)

GYPAETE, *Gypaëtos*. (*Ornith.*) Ce nom, qui est formé des mots grecs *gyps*, vautour, et *aëtos*, aigle, indique, chez l'oiseau auquel on l'a appliqué, des rapports avec les deux genres *Vultur* et *Falco*; mais, quoique les gypaëtes aient, ainsi que les aigles, la tête tout-à-fait emplumée, ils se rapprochent davantage des vautours par leur conformation, leurs mœurs et leur habitude de vivre en troupes et non par paires. Ils ont, comme ceux-ci, les yeux à fleur de tête, les serres proportionnellement foibles, les ailes à demi écartées dans le temps du repos, le jabot couvert d'un simple duvet et saillant au bas du cou quand il est plein. Leurs caractères propres et distinctifs sont d'avoir un bec très-dur et très-fort, alongé, comprimé, à dos convexe et arrondi; la cire mince et couverte de poils nombreux, roides, dépassant la moitié du bec; les narines ovales, cachées par ces poils; la mandibule supérieure crochue et renflée vers le bout; l'inférieure plus courte, obtuse à sa pointe, couverte sur les côtés, vers sa base, de poils semblables à ceux de la cire, et garnie, derrière l'angle rentrant formé par l'union de ses deux branches, d'un pinceau de plumes ou soies plus déliées, longues, simples ou rameuses, aplaties, pendantes et imitant une barbe; la langue charnue, échancrée, mais dépourvue d'aiguillons; la bouche large, fendue jusque sous les yeux; les tarses courts, épais, robustes et emplumés jusqu'aux doigts; les ongles intérieurs et postérieurs plus grands que les autres et plus crochus; une échancrure aux quatres premières pennes des ailes, dont la troisième est la plus longue.

Les caractères tirés du bec et des pieds sont assez bien exprimés dans la deuxième planche de l'ouvrage allemand de Meyer et Wolf, intitulé *Taschenbuch der deutschen Vögelkunde*, tom. 1, pag, 9.

Ce genre est le même que M. Savigny a formé, dans son Système des Oiseaux d'Egypte et de Syrie, sous le nom de *phene*. Quoique divers auteurs l'aient présenté comme composé de plusieurs espèces, elles se rapportent toutes à la même, qui est tout à la fois le *laemmer geyer* des Allemands, en françois vautour des agneaux, le vautour doré et le vautour barbu de Brisson, le *falco barbatus* et le *vultur barbatus* de Linnæus et de Gmelin, le *gypaëte des Alpes* de Daudin, tom. 2, pag. 23, pl. 10; le *nisser* ou aigle d'or de Bruce, tom. 5 in-4.°, pag. 182, pl. 31; le *phene ossifraga* de M. Savigny.

Pour ne pas confondre le gypaëte avec le *condor* et le *griffon*, il suffit de remarquer que le condor, *vultur gryphus*, Linn., a la peau de la tête et du cou glabre et caronculée, que ces parties sont simplement garnies d'un duvet court et laineux chez le griffon, Buff., *vultur fulvus*, Daud. et Lath., et que tous les deux ont la cire, les narines et les pieds nus; mais, quoique l'existence d'une seule espèce de gypaëte puisse dispenser d'une description particulière, comme les différences que son plumage éprouve peuvent avoir contribué à en supposer plusieurs espèces, il ne sera pas inutile de les signaler ici.

Les vieux, qui atteignent quatre pieds et même plus, de longueur, et jusqu'à neuf et dix pieds d'envergure, ont la tête et le haut du cou d'un blanc sale: une raie noire, qui part de la base du bec, s'étend au-dessus des yeux, et une autre, qui prend naissance derrière les yeux, passe sur les oreilles; la partie inférieure du cou et la poitrine sont d'un fauve clair et brillant qui s'affoiblit sur le ventre : le manteau et le dos sont d'un gris brun foncé, ainsi que les couvertures des ailes, dont chaque plume a au centre une raie blanche longitudinale; les pennes alaires et caudales, qui sont d'un gris cendré, ont les tiges blanches ; la queue est longue et très-étagée ; l'iris est orangé ; les paupières sont rouges, les pieds bleus et les ongles noirs.

On voit quelquefois des individus, et surtout des femelles, qui n'ont presque pas de jaune sur le plumage, lequel est alors d'un brun roussâtre. Les jeunes, dans les deux premières années, ont la tête et le cou d'un noir brun ; le dessous du corps d'un gris brun avec des taches d'un blanc sale ; de grandes taches blanches sur le haut du dos ; le manteau et les couvertures des ailes bruns, avec des taches plus claires; les rémiges d'un brun noirâtre ; l'iris brun et les pieds livides.

Le gypaëte est le plus grand des oiseaux de proie de l'ancien monde, dont il habite, mais en petit nombre, toutes les hautes chaînes de montagnes. On le trouve assez rarement dans les Pyrénées et dans les Alpes helvétiques, rhétiennes et noriques, mais plus fréquemment dans les montagnes du Tyrol et de la Hongrie. Pallas l'a rencontré en Sibérie, et Fortis dit avoir vu sur les rochers qui bordent la Cettina, en Dalmatie, un de ces terribles animaux qui avoit douze pieds d'envergure, ce qui n'égaleroit pas encore la taille de l'individu tué dans l'expédition des François en Egypte, et dont les ailes, mesurées en présence de MM. Monge et Bertholet, avoient vingt palmes d'envergure, évaluées a plus de quatorze pieds, ce qui a déterminé M. Savigny à l'indiquer comme une espèce particulière, sous le nom de *phene gigantea*. Le plumage de cet oiseau étoit, d'après une note fournie par M. Larrey, d'un brun noirâtre, parsemé de quelques taches grises, principalement sous le ventre.

La dénomination spécifique de *barbu*, qui pouvoit convenir au gypaëte, tant qu'on l'a laissé parmi les vautours ou les faucons, ne peut plus être accolée au nom générique qu'on lui consacre, puisque la barbe est un des caractères de ce genre; et, quoique celle de gpaëtes des Alpes, *gypaetos alpinus*, Daud., ait l'inconvénient de paroître restreindre les lieux d'habitation de cet oiseau, comme elle a déjà été adoptée, et qu'elle est la plus connue, peut-être doit-on la préférer, au moins jusqu'à ce qu'on se soit assuré s'il existe une autre espèce qui mette à portée d'établir une opposition dans la nomenclature.

Les gypaëtes attaquent les lièvres, les agneaux, les chèvres, les chamois, et, à ce qu'on dit, les hommes endormis; on prétend même qu'il leur est arrivé d'enlever des enfans. Il est permis de douter de ces derniers faits, que la férocité audacieuse de ces oiseaux aura porté à exagérer; mais on a eu occasion de s'assurer qu'ils n'ont pas de répugnance pour la chair morte. Ils nichent dans les rochers les plus escarpés, et y pondent deux œufs à surface rude, qui sont blancs et mouchetés de brun.

Bruce, en parlant du *nisser* qu'il a tué dans son voyage aux sources du Nil, cite, comme extraordinaire, un fait dont on peut facilement donner l'explication. Au moment où sa suite préparoit un repas sur la haute montagne du Lamalmon, cet oiseau s'approcha, non en fondant avec rapidité du haut des airs, mais en rasant la terre avec lenteur, et il emporta une cuisse de chevreau dans ses serres, sans s'élever plus haut qu'il n'avoit fait en venant. On cite cette circonstance du vol bas, parce qu'elle annonce l'habitude d'attaquer les mammifères plutôt que les oiseaux. Le nisser, étant revenu une seconde fois, tourna autour de la troupe en planant, et alla se poser à une distance peu considérable qui donna au voyageur le moyen de l'atteindre facilement d'un coup de fusil. Bruce, allant ramasser ce monstrueux oiseau, fut fort surpris de se trouver les mains couvertes d'une poudre jaune; et, en le retournant, il vit sortir du tube apparent des pennes qui vraisemblablement se renouveloient alors, une abondance de cette poudre, telle que si on l'eût jetée avec une houppe, et qui étoit de la même couleur que la partie dont elle provenoit. Bruce soupçonnoit cette substance destinée, pour le nisser et pour les autres habitans ailés des hautes montagnes du pays, à leur fournir un moyen de résister aux pluies abondantes qui y tombent pendant six mois de l'année; mais il ne s'agissoit ici que d'un effet de la mue, et c'étoit tout simplement la pellicule dont les plumes sont enveloppées à leur naissance, qui, se desséchant à mesure de l'épanouissement de barbes, se divisoit par parcelles très-fines, de la même couleur que la plume.

Daudin présente le *vultur aureus* et le *falco magnus* de Gmelin le voyageur, comme des variétés du gypaëte des Alpes, et le gypaëte des îles Falkland, ou gypaëte basané, Sonn., *gypaetos ambustus*, ainsi que le gypaëte d'Angola, *falco angolensis*, Gmel., et le *vultur angolensis*, Lath., comme des espèces réelles; mais aucun de ces oiseaux n'a les caractères des gypaëtes, notamment la barbe. Le *falco magnus* a les pieds duvetés, mais la cire et les narines sont découvertes. L'oiseau, qui est figuré avec des jambes nues et assez longues, dans les Illustrations de Brown, pl. 1, sous le nom anglois de *tawny vulture*, ne présente pas même l'apparence d'un vautour, et encore moins d'un gypaëte, quoique, suivant la description, il ait au menton une touffe de plumes dont la planche n'offre pas même de vestiges. Enfin le *falco* ou *vultur angolensis*, a de l'analogie avec le vautour de Norwége. (Ch. D.)

GYPAGUS. (*Ornith.*) M. Vieillot a donné ce nom latin à son genre *Zopilote*, qui comprend le roi des vautours. (Ch. D.)

GYPOGERANUS. (*Ornith.*) Illiger a formé sous ce nom un genre particulier avec le secrétaire ou messager. (Ch. D.)

GYPS (*Ornith.*), nom grec du vautour fauve ou vautour commun, *vultur fulvus*, Gmel. (Ch. D.)

GYPSE. (*Min.*) Le mot gypse est adopté en géognosie pour exprimer d'une manière à la fois claire et laconique les variétés les plus importantes de la chaux sulfatée, c'est-à-dire, celles qui se trouvent en très-grandes masses, et qui jouent un rôle important dans la nature. Le gypse est à la chaux sulfatée ce que le calcaire est à la chaux carbonatée, et quand on parle de l'un ou de l'autre, l'imagination se porte en entier sur les masses, les couches ou les montagnes qui sont entièrement composées de ces roches, en faisant abstraction momentanée des petits accidens qu'elles peuvent offrir.

Cet article n'étant consacré qu'à retracer les caractères géologiques et les différentes formations des gypses, on renvoie, pour ce qui tient à la minéralogie proprement dite, à l'histoire de la chaux sulfatée.

Les minéralogistes ne sont point entièrement d'accord sur le nombre et l'antiquité relative des formations gypseuses; cependant nous pouvons espérer que les belles observations de

MM. Brochant et Charpentier sur les gypses anciens contribueront infiniment, avec celles de M. Brongniart sur les gypses modernes, à éclaircir ce point géologique ; dans l'état actuel de nos connoissances, nous pouvons admettre :

1.° Des gypses primitifs, en les restreignant à un petit nombre de localités qui paroissent incontestables ;

2.° Des gypses alpins ou de transition ;

3.° Des gypses secondaires ou des salines ;

4.° Des gypses tertiaires ou des plaines ;

5.° Des gypses récens.

Tous ces gypses sont formés par cristallisation confuse, même les plus modernes ; mais nous allons tâcher de leur assigner d'autres caractères distinctifs qui les différencient, en les examinant successivement.

Gypses primitifs.

On avoit considéré comme primitifs tous les gypses alpins qui se trouvent sur le penchant des montagnes primordiales, ou dans le fond des vallées élevées que l'on rencontre dans ces mêmes terrains ; mais les observations de M. Brochant ont démontré que la plupart de ces dépôts gypseux appartiennent aux terrains de transition, c'est-à-dire, à ces terrains qui font le passage des primitifs aux secondaires ; et que leur application immédiate sur les roches gneisseuses, non plus que leur mélange de talc ou de mica, n'étoient point des raisons suffisantes pour que l'on dût les considérer comme appartenant à la formation primitive. Or, si l'on veut admettre comme primitif le gypse de Cogne en Piémont, sur lequel les données ne sont point assez précises pour que l'on puisse affirmer qu'il rentre dans le terrain de transition, celui du Mont-Cénis, et surtout celui de la gorge d'Isoverde, près la Bochetta dans l'Etat de Gênes, qui, suivant M. Cordier, est disposé en couches presque horizontales, s'enfonçant à contre-pente dans la montagne qui les renferme, et immédiatement recouvertes par plusieurs assises parallèles de serpentines porphyroïdes, à cristaux de diallage, lesquelles sont elles-mêmes surmontées par des schistes argileux primitifs, luisans et satinés, en couches également parallèles, composant un système très-puissant ; que si l'on veut ajouter encore à ceux-ci le gypse de Sibérie, dans lequel

Pallas prétend avoir reconnu du felspath, on aura l'énumération complète, jusqu'à ce jour, des gypses que l'on peut véritablement considérer comme primitifs, au moins d'après plusieurs savans naturalistes.

Gypses alpins ou de transition.

M. Brochant, qui a fait une étude particulière des gypses alpins, range tous ceux qu'il a été à même d'étudier sur place dans la formation des terrains de transition, qui sont essentiellement caractérisés par la présence de l'*anthracite* (1). Ces gypses, ainsi que les précédens, sont d'un blanc de neige, altéré parfois, et passant au gris ou au jaunâtre. Ils se trouvent presque toujours en amas superficiels et comme plaqués à la surface, ou sur la tranche des couches primordiales des gneiss talqueux. Quelques uns ont la texture imparfaitement schisteuse, mais le plus grand nombre se casse indifféremment dans tous les sens. Leurs masses sont tellement bouleversées, qu'il est souvent très-difficile d'en saisir la constitution, ce qui tient en partie à l'action dissolvante de l'eau, qui excave ces amas gypseux, qui produit des éboulemens, et qui détruit les traces de la conformation première. Les cavernes gypseuses, qui sont quelquefois en forme de cloches, ont été observées par Saussure, Patrin et d'autres minéralogistes voyageurs. La plus célèbre est celle que Lecler a décrite sous le nom de labyrinthe de Kongour, et qui est remarquable par la faculté dont il jouit de conserver la glace pendant l'été.

Les gypses superficiels alpins sont quelquefois d'une pureté parfaite; mais ils contiennent souvent aussi des substances hétérogènes qu'il importe infiniment de faire remarquer; c'est ainsi que l'on en trouve de mêlés:

1.° De *mica*, ou plutôt de talc, disséminé uniformément ou par veines, sous la forme de paillettes ou de lamelles d'un blanc argentin ou d'un gris verdâtre, et communiquant alors à ce gypse une ressemblance assez frappante avec le *marbre cypolin*, qui est un calcaire saccaroïde mélangé de talc, qui recouvre parfois le gypse dont il est ici question, et qui a par conséquent

---

(1) Brochant de Villiers, Observat. sur les terrains de Gypse ancien. Ann. des Mines, tom. II, pag. 257.

avec lui plus d'un genre d'analogie, tel est le gypse du *Val-Canaria* au pied du Saint-Gothard, celui de *Brigg* dans le haut Valais, etc. ;

2.° De *stéatite* plus ou moins verte ou plus ou moins terreuse, disposée en petites plaques ou en fragmens anguleux irréguliers. Cette substance se trouve dans les gypses de Cogne, de Sarran, de Saint-Léonard en Valais, de la Grilla dans la vallée de Chamouny, et de Saint-Gervais-les-Bains, près Sallanches en Savoie ;

3.° De *fer oxidulé et de fer sulfuré*, de Saint-Béat aux Pyrénées. Ce gypse, que je n'ai point vu en place, mais seulement dans les magasins de Toulouse, m'a semblé tellement pareil à ceux que j'ai observés dans les Alpes, que je ne balance point à le citer ici comme appartenant aux mêmes terrains;

4.° De *chaux anhydro-sulfatée* (anhydrite de Charpentier). Ce gypse, qui n'est point susceptible de se réduire en plâtre par l'action du feu, qui est gris, violâtre, dont la cassure est lamellaire et saccaroïde, et qui est très-dur, comparativement au gypse ordinaire, se trouve au milieu de la chaux sulfatée hydratée, qui n'est, suivant M. Charpentier, que le produit d'une épigenie de l'anhydrite (pour les gypses alpins seulement). Cette opinion paroît au moins bien prouvée pour le gîte des salines de Bex, et j'ajouterai, à l'appui de cette observation, que le gypse de la Grilla, dans la vallée de Chamouny, renferme un assez grand nombre de nœuds ou de rognons d'anhydrite d'un blanc moins terne que celui de la masse, d'une cassure saccaroïde, d'une dureté infiniment plus grande que celle du gypse qui les entoure, et qui ne sont point susceptibles de se convertir en plâtre. Ayant fait exploiter ces gypses pendant plusieurs années pour le service de l'établissement des mines de Servoz, j'ai été à même de vérifier souvent le passage graduel et insensible qui existe entre l'anhydrite et la chaux sulfatée hydratée. Ce même gypse se présente aussi en aiguille capillaire flexible, de près d'un pouce de longueur, occupant les parois des fissures qui traversent sa masse en différens sens ;

5.° De *chaux carbonatée compacte*, d'un gris cendré qui passe au noir, engagée en fragmens anguleux ou arrondis, qui donnent à cette roche l'apparence d'une brèche ou d'un poudding dont le ciment seroit gypseux. Le gypse qui se trouve dans l'intérieur de la mine de plomb de Pesey, et qui est appliqué sur le tranchant des feuillets de la roche métallifère, est le meilleur exemple que l'on puisse citer de ce singulier agglomérat. M. Brochant ne se prononce pas positivement sur la formation contemporaine ou antérieure des fragmens calcaires;

6.° De *soufre*. Ce combustible, qui ne se trouve qu'en très-petites quantités dans les gypses de nos Alpes, paroît beaucoup plus répandu dans les gypses de Sibérie, puisque Pallas prétend qu'on en extrait douze milliers par an de la plâtrière de *Samara*, sur la rive gauche du Volga. Il se trouve en Savoie dans le gypse de Gébrulaz, près Pesey, et l'on m'a assuré l'avoir également reconnu dans celui de Saint-Gervais-les-Bains près Sallanches; mais je n'ai pu constater le fait sur place;

7.° De *soude muriatée et d'eau salée*. Le sel à l'état solide est disséminé dans les gypses en molécules si microscopiques qu'on n'en reconnoît la présence qu'à l'aide de la saveur qu'il leur communique, et d'une humidité constante dont ils sont presque toujours couverts. Les chamois, les chèvres et les moutons, attirés par ces rocs salés, en ont quelquefois procuré la découverte en venant les lécher avec avidité. Tel est le roc salé d'Arbonne, près Saint-Maurice en Tarentaise. Enfin, si les sources salées de Moutiers ne sortent pas précisément du gypse, elles en sont si voisines, que l'on peut bien, par analogie, et à raison de la constante union des gypses et du sel, les considérer comme lui appartenant aussi.

Le peu d'étendue de ces dépôts gypseux, la place qu'ils occupent au fond de certaines vallées, leur aspect même, avoient fait présumer à Lamanon qu'ils étoient le résidu de l'évaporation de lacs, dont l'eau étoit surchargée de sulfate de chaux. Patrin pensoit qu'ils étoient dus à la transformation des tufs calcaires par l'intermédiaire des pyrites, etc. Mais quelle que soit leur origine, il paroît bien certain que ceux même que l'on considère encore comme primitifs appartiennent tout au plus aux derniers membres de cette formation; mais que ceux qui ne sont point recouverts, et qui sont comme appliqués sur le penchant des montagnes primordiales, ont suivi leur formation de très-près; enfin, que tout porte à croire qu'ils appartiennent beaucoup moins qu'aux terrains véritablement primordiaux, aux terrains d'anthracites qui sont caractérisés par des schistes impressionnés, dont l'épaisseur des plantes est occupée par du talc et par la présence du grauwacke. Le gypse de la vallée de Chamouny et de Saint-Gervais-les-Bains, que M. Brochant n'a pas été à même de visiter, est très-rapproché de grands dépôts d'anthracite, et se trouve ainsi parfaitement analogue à ceux du Valais et de la Tarentaise. On doit ajouter aux gîtes de la Savoie, du Valais, du Val-Canaria, etc., ceux de Vizille, près Grenoble, qui reposent sur des roches schisteuses, micacées et argileuses, et qui présentent, suivant M. Héricart de Thury qui les a décrits (1), tout le désordre et toutes les cavités ou crevasses qui caractérisent les gypses alpins; ils contiennent, comme ceux de la Savoie, de la chaux sulfatée anhydre et du soufre disséminé; enfin, la petite montagne de *Cardonne*, en Catalogne, qui est composée de sel et de gypse, se rapporte aussi aux terrains de transition (2).

Gypses secondaires ou des salines.

1.° Dans le calcaire alpin. Le gypse des salines de Bex, en Suisse, semble, par sa proximité des gypses de transition par excellence, et surtout par des rapprochemens très-prononcés, devoir se trouver placé dans la description, immédiatement après nos gypses alpins et en tête de nos gypses évidemment secondaires. En effet, il résulte des observations de M. Charpentier, directeur de ces salines, que cette roche gypseuse forme deux couches fort épaisses dans le calcaire de transition argileux et carburé qui constitue la masse principale de ce terrain intermédiaire; que les deux couches ne sont qu'une très-petite portion d'une immense bande, ou, plus exactement, d'une file de différentes couches de gypses, que l'on peut suivre jusqu'au lac de Thoun (3); que ce gypse est accompagné de couches subordonnées au calcaire comme lui, de

(1) Journ. des Min., n.° 189, sept. 1812.

(2) Cordier, Ann. des Mines.

(3) Carpentier, Mém. sur le Gypse de Bex, Ann. des Mines, tom. IV, pag. 559.

schistes argileux, de grauwake, de pouddings et de brèches; mais ce gypse, infiniment plus étendu que ceux qui sont appliqués sur le revers des montagnes, ou qui sont déposés dans des espèces de bassins, en diffère aussi par ses caractères minéralogiques. En effet, le gypse de Bex est rarement blanc; il varie du gris de cendre au gris verdâtre, à la couleur de lilas, au rouge de brique, etc. Il est à l'état anhydre, et passe, à l'air, à l'état d'hydrate; il est souvent mélangé d'argile grisâtre, et ne présente jamais ni mica, ni talc, ni stéatite, tandis que ces subtances sont si communes dans les gypses blancs de transition; enfin il offre des cristaux de chaux sulfatée sélénite magnifiques pour la pureté et le volume, attachés aux cavités qu'il renferme dans son intérieur, et recèle dans sa masse, qui est très-souvent lamellaire, des cristaux de quarz d'une couleur grise et d'une netteté remarquable; or, rien de tout ceci ne se voit dans les gypses de transition, et nous pensons, avec M. Bonnard, que l'on doit considérer celui-ci comme appartenant plutôt à la formation du calcaire alpin qu'à celle du terrain de transition, quoiqu'il s'en rapproche aussi par la présence de la grauwacke.

2.° Au-dessus du calcaire alpin. Le gypse qui appartient à cette formation ne s'y présente point en couches ou en amas considérables; il se trouve disséminé en masses assez volumineuses dans l'argile salifère, et se présente ordinairement à l'état anhydre comme celui de Bex. Telle est la manière d'être des gypses de la plupart des salines de Bavière, du Tyrol, et surtout dans celles qui sont ouvertes au pied du mont Krapaks sur l'un ou l'autre revers, et où sont situées les fameuses exploitations de Bochnia et de Wiélickzka. Ici le gypse est associé, tantôt à l'eau salée et tantôt au sel gemme.

Cette seconde formation du gypse des salines passe insensiblement à celle qui est caractérisée par la présence des psammites ou des grès bigarrés; mais, dans cette troisième, le gypse prend un nouvel aspect: il est très-souvent fibreux, soyeux, radié; sa couleur passe du blanc neigeux au rose, au rouge et à la couleur fleur de pêcher; quelquefois aussi il est d'un assez beau jaune à sa surface. Il forme, au milieu de l'argile grise ou verdâtre, des amas irréguliers et interrompus; mais, quand on le trouve au milieu des psammites, il semble plus régulier et plus suivi. Le sel est rarement disséminé dans le gypse de cette formation ; cependant, on trouve un grand nombre de sources salées dans le grès bigarré qui l'accompagne ; ce qui a fait penser à quelques naturalistes que l'argile étoit plus infailliblement associée au sel que ne l'est le gypse. Une partie des sources salées que l'on exploite dans le nord de l'Allemagne, et les dépôts de sel du comté de Chester en Angleterre, paroissent appartenir à cette formation. Les gypses colorés de Saint-Cernain du Plein, près Couches, département de Saône et Loire, me paroissent appartenir à cette formation, quoiqu'on n'y ait trouvé aucune trace de sel. Il est contenu dans une argile verdâtre et accompagné de calcaire fétide. Les gypses rouges d'Espagne, qui renferment des cristaux de quarz hématoïde et des arragonites prismatiques, me semblent devoir aussi rentrer dans ce même groupe.

M. Leman a cru devoir mettre hors ligne les gypses fétides calcarifères, renfermant du soufre, qui se trouvent en Sicile, à Daxe, et qui reposent sur des bancs de calcaire coquillier. Leur association à la strontiane, leur odeur particulière, leur couleur jaunâtre, et surtout leur position supérieure au calcaire coquillier, a fait penser à ce naturaliste qu'ils devoient se rapprocher des gypses tertiaires ; mais, comme le gisement n'en est point assez connu, il a préféré d'en différer la réunion, avec d'autant plus de raison, que le soufre ne s'est jamais trouvé dans les gypses de Paris.

Gypses tertiaires ou des plaines.

Jusqu'ici nous n'avons rencontré aucun débris de corps organisés dans les différens gypses qui viennent de nous occuper. Les calcaires fétides, les argiles, les schistes qui les accompagnent, en ont souvent offert ; mais, jusqu'à présent, les gypses proprement dits, de ces diverses formations, n'en ont jamais présenté ; ce qui caractérise donc géologiquement ceux qui appartiennent aux terrains tertiaires est la présence des ossemens fossiles ou des coquilles que l'on y trouve ; de plus, ils sont alliés à une assez forte proportion de chaux carbonatée, ce qui leur donne la faculté de faire effervescence avec les acides, et ce qui leur a valu le surnom de *gypses calcarifères.*

Ces gypses, qui se trouvent sous les plaines ou sur des collines fort éloignées des terrains primitifs, appartiennent donc à une formation bien postérieure à celles qui précèdent; ils forment des bancs épais et continus, sensiblement horizontaux ou inclinés sans être contournés. Leur grain est grossièrement lamellaire, mais toujours cristallin, et ils renferment, au milieu de leurs masses, des débris de mammifères, d'oiseaux, etc., qui ont été rassemblés et décrits par M. Cuvier, avec la plus grande sagacité. Les couches de marne argileuse ou calcaire, qui séparent les bancs gypseux, renferment aussi des restes de corps organisés, particulièrement des coquilles dont les espèces sont très-variées et appartiennent tantôt à des genres marins et tantôt à des genres qui vivent aujourd'hui dans l'eau douce. Ceci se rapporte particulièrement aux gypses des environs de Paris, qui ont été si bien étudiés et si parfaitement décrits dans la Géographie minéralogique des environs de Paris, de MM. Brongniart et Cuvier. On trouvera, à l'article Terrains, le développement de ce beau travail, et les conséquences que ces savans naturalistes ont cru devoir en déduire.

Les gypses calcarifères tertiaires constituent la plupart des hauteurs qui dominent la ville de Paris; mais ils se trouvent aussi aux Luques près de Toulon, à Aix en Provence, à Aigue-Perse en Auvergne, à Strasbourg, dans le comté d'Oxfort en Angleterre, etc. On n'a trouvé jusqu'à présent ni soufre, ni sel gemme, ni eau salée dans ces gypses, mais on trouve, dans les couches marneuses qui les avoisinent, des espèces de rognons de strontiane, dont les cloisons sont tapissées en petits cristaux de cette substance. Plusieurs des bancs gypseux les plus épais ont offert un retrait prismatoïde assez régulier, qui a été décrit et figuré avec une grande exactitude par M. Desmarest père, et c'est à cette portion de la montagne de Montmartre que les ouvriers ont donné le nom de Hauts-Piliers: toutes les couches gypseuses ou marneuses, même les plus minces, ont reçu chacune un nom plus ou moins bizarre, mais qui aide à se reconnoître dans les différens escarpemens de cette colline.

Gypses récens.

Les gypses récens ou d'alluvion ne jouent qu'un rôle très-secondaire, non seulement par leur étendue, mais encore par leur peu d'importance géologique; il s'en forme tous les jours dans les solfatares et les fumeroles volcaniques, par l'action de l'acide sulfureux, qui s'y produit abondamment, et qui tend à décomposer les laves qui sont à portée de son action; mais le produit de ces jeux de l'affinité des acides pour les bases est si médiocre, qu'il mérite à peine d'être consigné dans l'histoire des gypses considérés en grand. L'on peut en dire autant des gypses que l'on rencontre dans les déserts de la Basse-Egypte, entre la mer Rouge et la Méditerranée, qui sont accompagnés de cailloux roulés, de sel gemme, de coquilles marines encore fraîches, adossés aux montagnes de calcaire coquillier, et entrecoupés de lacs saumâtres. Tout porte ici l'empreinte d'une formation nouvelle et de la retraite peu ancienne des eaux de la mer. Les changemens du Delta et des bouches du Nil ont peut-être occasionné cette petite révolution locale, où le gypse se trouve compris au nombre des témoins qui semblent l'attester.

Je ne rappellerai point ici les usages multipliés des gypses; tout le monde en connoît l'emploi dans l'art de bâtir, dans l'art de mouler les statues, et personne n'ignore aujourd'hui l'heureuse application qu'on a faite à l'amendement des terres et des prairies artificielles en particulier. Je voudrois pouvoir rapporter le travail de M. Héricart de Thury sur cette belle application de la minéralogie à l'agriculture, dont l'introduction en France ne remonte qu'à l'époque de la guerre de Sept-Ans, et est due à des militaires françois qui, dans les campagnes d'Allemagne, avoient remarqué ses bons effets sur les prairies artificielles. Ce fut dans les arrondissemens de Vienne et de la Tour-du-Pin, département de l'Isère, que les premiers essais en furent faits, et ce sont encore aujourd'hui les contrées où cet amendement est le plus employé. Il résulte, enfin, des recherches faites par M. de Thury, 1.° que la production brute d'un fonds exploité par les méthodes anciennes, est à celle du même fonds exploité par la méthode du plâtrage sans jachères, comme un est à trois; 2.° qu'une dépense de cent à deux cent mille francs en plâtre, rapporte autant de bénéfice qu'une dépense de deux millions en engrais ordinaire; 3.° que depuis 1793 jusqu'à 1804, le plâtre, provenant des environs de Vizille, a donné une production brute qui excède, de près de cinq millions, la valeur des recoltes que les sols fécondés auroient produites dans un temps ordinaire, indépendamment de celle qu'ont acquise les mêmes sols, et de l'accroissement des capitaux d'exploitation; 4.° enfin que chaque année, plus de trente mille mesures de terres, de vingt-cinq ares chacune, ont été fécondées par cet engrais minéral (1). (Brard.)

GYPSE-EN-GUHR. (*Min.*) Voy. Chaux sulfatée, Gypse niviforme et Guhr. (Brard.)

GYPSOPHILE. (*Bot.*) *Gypsophila*, Linn. Genre de plantes dicotylédones, de la famille des *caryophyllées*, Juss., et de la *décandrie digynie*, Linn., dont les principaux caractères sont les suivans: Calice monophylle, campanulé, persistant, à cinq découpures profondes; cinq pétales ovales, à onglets très-courts; dix étamines; un ovaire supérieur, presque globuleux, surmonté de deux styles filiformes, à stigmates simples; capsule globuleuse, à cinq valves, à une seule loge, contenant des graines nombreuses et arrondies.

Les gypsophiles sont des plantes herbacées, à feuilles simples, opposées, connées à leur base, et à fleurs petites, le plus souvent disposées en panicule terminal. On en connoît une vingtaine d'espèces, toutes naturelles à l'Europe ou à l'ancien continent. Nous nous bornerons à parler ici des plus remarquables.

Gypsophile paniculée: *Gypsophila paniculata*, Linn., *Spec.*, 583; Jacq., *Flor. Aust.*, 5, t. 1. Ses tiges sont noueuses, hautes de deux pieds, divisées en un grand nombre de rameaux très-déliés, garnis de feuilles lancéolées, très-pointues, un peu rudes sur les bords. Les fleurs, blanches, fort petites, sont extrêmement nombreuses et disposées, dans la partie supérieure des tiges et des rameaux, en panicules larges et étalés. Cette espèce est vivace; elle croît en Sibérie et en Tartarie. On la cultive au Jardin du Roi.

Gypsophile frutiqueuse; *Gypsophila strutium*, Lin., *Spec.*, 582. Dans cette espèce, le collet de la racine est une souche

(1) Héricart de Thury, Descript. minéralogique du département de l'Isère. Journ. des Min., n.° 189. 1812.

ligneuse, haute de quelques pouces, qui donne naissance à plusieurs tiges droites, dures, frutiqueuses dans leur partie inférieure, ordinairement simples, hautes de quinze à vingt pouces, garnies de feuilles linéaires, demi-cylindriques, charnues, redressées. Ses fleurs sont blanches, disposées en corymbe au sommet des tiges. Cette plante croît en Espagne, et on la cultive au Jardin du Roi. Ses racines et ses feuilles, broyées et mêlées avec de l'eau, forment une sorte d'écume savonneuse dont les anciens faisoient usage en guise de savon. En Italie et en Espagne on s'en sert encore pour dégraisser les laines.

Gypsophile des murs; *Gypsophila muralis*, Linn., *Spec.*, 583. Sa tige est haute de trois à cinq pouces, divisée en rameaux filiformes, étalés, garnis de feuilles linéaires, les supérieures presque sétacées. Ses fleurs sont petites, rougeâtres, portées sur des pédoncules capillaires, simples; elles ont les pétales échancrés. Cette plante est annuelle; on la trouve dans les champs sablonneux en France, en Allemagne, en Suisse, en Suède, etc. (L. D.)

GYPSOPHYTON. (*Bot.*) Ce nom est donné par Thalius, auteur du *Sylva Hercynia*, à une plante qui est le *gypsophila repens* de Linnæus, première espèce d'un genre auquel il en ajoute plusieurs autres. Adanson adopte le nom primitif pour un genre dans lequel il rapporte la même plante avec quatre *arenaria* et un *carustium* de Linnæus; mais ce genre n'a pas été conservé. (J.)

GYPTIDE, *Gyptis*. (*Bot.*) [*Corymbifères*, Juss.; *Syngénésie polygamie égale*, Linn.] Ce sous-genre de plantes, que nous avons proposé dans le Bulletin des Sciences de septembre 1818, appartient à l'ordre des synanthérées, à notre tribu naturelle des eupatoriées, et au genre *Eupatorium*. Il diffère des vrais *eupatorium* par plusieurs caractères suffisans pour constituer un sous-genre, dans ce genre composé d'un grand nombre d'espèces, et qu'il seroit par conséquent utile de diviser en plusieurs groupes, distingués par des noms et des caractères sous-génériques.

La calathide est subglobuleuse, incouronnée, équaliflore, multiflore, réguliflore, androgyniflore. Le péricline, à peu près égal aux fleurs, est formé de squames bi-trisériées, irrégulièrement imbriquées, appliquées, spatulées; à partie inférieure coriace, oblongue, plurinervée, striée; à partie supérieure appendiciforme, foliacée-membraneuse, élargie, arrondie. Le clinanthe est planiuscule, inappendiculé. Les ovaires sont oblongs, pentagones; leur aigrette est composée de squamellules inégales, filiformes, longuement barbellulées. Les corolles sont jaunes; les styles ont la base velue.

Gypiide pinnatifide; *Gyptis pinnatifida*, H. Cass., Bulletin des Sciences, septembre 1818. La tige est herbacée, haute de plus d'un pied, dressée, simple, épaisse, cylindrique, striée, pubescente, dépourvue de feuilles en sa partie supérieure. Les feuilles inférieures sont opposées, longues de quatre à cinq pouces, semi-amplexicaules, pétioliformes inférieurement, ovales, variables, munies de poils épars; tantôt simplement lobées, à lobes dentés; tantôt bi-tripinnatifides. Les feuilles supérieures sont alternes. Les calathides, composées de fleurs jaunes, sont très-nombreuses, entassées, disposées en fausse-ombelle corymbée au sommet de la tige. Cette plante, recueillie dans les environs de Montevideo, par Commerson, est nommée, dans l'herbier de M. de Jussieu, *eupatorium sophiæfolium?* Mais cette étiquette est sans doute inexacte, car Plumier dit positivement que l'*eupatorium sophiæfolium* a les fleurs purpurines.

Gypiide de Commerson; *Gyptis Commersonii*, H. Cass. C'est une plante haute d'un pied, dont la tige est ligneuse, rameuse, diffuse, tortueuse, épaisse, à écorce rude; ses branches sont cylindriques, subtomenteuses. Les feuilles sont opposées, pétiolées, petites, irrégulières, sublancéolées, dissemblables, les unes entières, d'autres dentées, d'autres presque lobées; elles sont trinervées, pubescentes, presque tomenteuses, couvertes d'une multitude de petites glandes saillantes sur les deux faces. Les calathides, composées de fleurs jaunes, sont disposées en petits corymbes qui terminent les rameaux. Nous avons observé cette espèce, chez M. de Jussieu, sur un échantillon innommé, en mauvais état, faisant partie de l'herbier de Commerson, et recueilli par ce voyageur naturaliste dans les environs de Montevideo.

Il existe, dans les herbiers de M. de Jussieu, plusieurs autres espèces de *gyptis;* mais les échantillons sont en trop mauvais état pour être décrits avec exactitude. (H. Cass.)

GYPTUS. (*Ornith.*) Voyez Gypaete. (Ch. D.)

GYR. (*Ornith.*) Les mots *gyr, geir, geier, geyer* signifient vautour en allemand, et le mot *gyrfalco* s'applique d'une manière spéciale au gerfault. Suivant Marsigli, *Danub.*, tom. 5, p. 86, le nom de *gyrfalco marinus* est aussi donné par quelques uns au kutgeghef, ou mouette tachetée, *larus tridactylus*, et *larus riga*, Linn. (Ch. D.)

GYRARIA. (*Bot.*) Nées ramène dans ce genre les espèces de tremelles contournées en cercle et comprimées, telles que la *tremella mesenterica*. Voyez Tremella. (Lem.)

GYRASOL (*Bot.*), un des noms vulgaires de l'*helianthus annuus.* Ce nom de *gyrasol* exprime que la plante tourne ses calathides du côté du soleil. (H. Cass.)

GYRAFFA. (*Mamm.*) Giraffe. Voyez ce mot. (F. C.)

GYRENIA. (*Bot.*) Les habitans de la Béotie, contrée ancienne de la Grèce, dont Thèbes étoit la capitale, nommoient ainsi le fragon, *ruscus*, au rapport de Ruellius, traducteur de Dioscoride. (J.)

GYRIN, *Gyrinus* (*Entom.*), nom latin tiré du grec, et rendu en françois par Geoffroy, par le mot de Tourniquet. Voyez ce mot. (C. D.)

GYRINOPS WALLA. (*Bot.*) Gærtn., *de fruct.*, 2, pag. 276, tab. 140, fig. 6. Genre établi par Gærtner pour une plante de l'île de Ceilan, dont le fruit seul est connu. Il consiste en une capsule coriace, comprimée, pédicellée, en ovale renversé, relevée en bosse à l'endroit des semences, à deux loges, entourée d'un rebord très-étroit, surmontée d'une pointe en crochet, s'ouvrant en deux valves; un réceptacle étroit, opposé aux deux valves; chaque loge renferme une semence ovale, assez grande, acuminée, convexe d'un côté, plane de l'autre, pourvue, à sa base, d'une queue triangulaire, lancéolée, plus longue que la semence. L'enveloppe extérieure de cette semence est coriace, un peu dure; l'intérieure membraneuse. Ce fruit est accompagné d'un calice inférieur, court, cylindrique, d'une seule pièce, sans dents. (Poir.)

GYRNAYA ZIBA. (*Ichthyol.*) Près des bords de la mer Caspienne, on donne ce nom au *cyprinus chalcoides* de Linnæus, qui est décrit par Pallas sous la dénomination de *cyprinus clupeoides*. Ce poisson, qui ressemble beaucoup au hareng, et qui est long d'un pied environ, rentre dans le sous-genre des Ables. Voyez ce mot dans le Supplément du premier volume de ce Dictionnaire. (H. C.)

GYROCARPE, *Gyrocarpus*. (*Bot.*) Genre de plante à fleurs polygames, de la *polygamie monoécie* de Linnæus, dont le caractère essentiel consiste dans les fleurs hermaphrodites, en un calice à quatre découpures inégales; point de corolle ; un appendice glanduleux à quatre divisions lancéolées, placées entre les divisions du calice; quatre étamines; un ovaire surmonté d'un stigmate sessile. Le fruit est un drupe uniloculaire, indéhiscent, surmonté de deux grandes ailes à une seule semence; les cotylédons roulés en spirale.

Gyrocarpe d'Amérique: *Gyrocarpus americanus*, Jacq, *Amer.*, tab. 178, fig. 80; Lamk., *Ill. gen*, tab. 850, fig. 1, var.; *Gyrocarpus Jacquini*, Roxb., *Corom.* 1, tab. 1; Gærtn., tab. 97, Lamk., *Ill.*, fig. 2; *Gyrocarpus asiaticus*, Willd., *Spec.*, 4, p. 982. Bel arbre, très-élevé, fort rameux, d'un port élégant, garni de grandes feuilles alternes, éparses, presque en cœur, plus ou moins profondément divisées en trois lobes ovales, aigus, quelquefois sans lobes, luisantes, longuement pétiolées; les fleurs disposées en grappes lâches, terminales : elles produisent des drupes ovales, à huit angles peu marqués, indéhiscens, terminés par deux grandes ailes coriaces, minces, oblongues, obtuses, rétrécies et rapprochées à leur base, longues d'environ deux pouces et plus : elles ne renferment qu'une seule semence blanchâtre, brune vers sa base, ovale, un peu globuleuse; les cotylédons foliacés, roulés en spirale autour de la plumule.

Cette plante croît au Mexique et dans plusieurs autres contrées de l'Amérique méridionale. Elle se trouve également sur les côtes du Coromandel; cette dernière, un peu différente de celle de l'Amérique, n'en paroît être qu'une variété dont les feuilles sont arrondies et non en cœur à leur base, les ailes des fruits moins rétrécies à leur partie inférieure. Les fruits de cet arbre, d'après Jacquin, servent de jeu aux enfans : ils en font des volans qu'ils chassent avec des raquettes. Poussés dans l'air, ils ne tombent qu'avec lenteur, et tournent continuellement sur eux-mêmes au moyen de leurs ailes.

Deux autres espèces de gyrocarpe, découvertes à la Nouvelle-Hollande, ont été mentionnées par M. Rob. Brown: 1.° *Gyrocarpus sphenopterus*, Brown, *Nov. Holl.*, pag. 405. Les feuilles sont en cœur, tomenteuses à leurs deux extrémités, de couleur cendrée en dessous; les feuilles florales entières, quelquefois à deux ou trois lobes: le pédoncule commun plus long que le pétiole; les ailes des drupes ovales-oblongues, obtuses, entières, quelquefois divisées. 2.° *Gyrocarpus rugosus*, Brown, l. c. Les feuilles florales sont presque en cœur, anguleuses, à trois lobes, molles, un peu glabres en dessus, ridées, tomenteuses en dessous; les lobes étroits, acuminés, très-écartés; le pédoncule plus long que le pétiole. (Poir.)

GYROFFLÉE DES DAMES. (*Bot.*) C'est, suivant Daléchamps, la julienne, *hesperis matronalis*. La gyrofflée d'eau est l'*hottonia palustris*. Le nom simple de gyrofflée a été aussi donné anciennement à l'œillet; mais il est resté définitivement au *cheiranthus*, et on l'écrit maintenant Giroflée. Voyez ce mot. (J.)

GYROGONITES. (*Foss.*) Ce corps fossile avoit été regardé d'abord comme une coquille; mais il paroît que l'opinion générale le regarde comme une graine de *chara*. Voyez le mot Fruits fossiles où il en est parlé. (D. F.)

GYROLE. (*Bot.*) C'est le nom qu'on donne aux racines de chervi dans quelques cantons. (L. D.)

GYROLE, GYROULE, GYROLLE. (*Bot.*) On donne aussi ces noms et ceux de *ceps*, de *cepe* et de *bruguet* au bolet comestible (*boletus edulis*). La *gyrole rouge* ou *roussile* est le bolet orangé (*boletus aurantius*, Pers.) On le mange lorsqu'il est jeune. (Lem.)

GYROME, *Gyroma*, *trica*. (*Bot.*) Réceptacles des organes reproducteurs de certains lichens (*umbilicaria*), formant sur la fronde du lichen une protubérance orbiculaire, marquée de plis saillans et contournés en spirale, qui se fendent dans leur longueur, à la maturité, et laissent échapper des élytres (réceptacles particuliers) contenant chacune huit séminules. (Mass.)

GYROMIA (*Bot.*). Nuttal, *Gen. of North. Amer.*, pl. 1, pag. 238. Genre de plantes dicotylédones, établi par Nuttal pour le *medeola virginica* de Linnæus, offrant pour caractère essentiel: Une corolle à six découpures roulées en dehors. Point de calice; six étamines; filamens et anthères libres; point de styles: trois stigmates filiformes, divergens, réunis à leur base; une baie à trois loges; cinq à six semences comprimées, à trois côtés, dans chaque loge.

Cette plante porte, dans l'Amérique septentrionale, sa patrie, le nom de *concombre des Indes*, à cause de ses racines tubéreuses, épaisses, oblongues et charnues. Sa tige est droite, simple, munie d'une gaine à sa base, couverte d'un duvet lanugineux, caduc. Ses feuilles sont glabres, entières, sessiles, lancéolées, réunies en un verticille vers le milieu de la tige, au nombre de six à sept, mais seulement deux ou trois au sommet de la même tige. Les fleurs sont terminales, agrégées, petites, pendantes, de couleur pâle, herbacées, soutenues par des pédoncules filiformes, au nombre de trois à six. Dans une variété, *gyromia picta*, les feuilles sont ovales, aiguës, d'un rouge cramoisi à leur base; les fleurs plus nombreuses ainsi que les semences. Elle croît dans le nord de la Caroline. (Poir.)

GYROMIUM. (*Bot.*) Voyez Gyrophora. (Lem.)

GYROPHORA. (*Bot.*) Acharius, dans sa Lichénographie, a cru devoir adopter cette dénomination dérivée du grec γυρος et φορος qui signifient *abondant en cercles*, pour désigner le genre *Umbilicaria* d'Hoffmann qu'il avoit d'abord adopté sous le même nom que nous croyons devoir conserver. (Voyez Umbilicaria.) Ce genre, comme on sait, offre des scutelles ou gyromes marquées de plis concentriques.

Ce nom de gyrophora a donné naissance à celui de *gyromium* employé d'abord par Wahlenberg pour désigner ce même genre. (Lem.)

GYROSELLE, *Dodecatheon*. (*Bot.*) Genre de plantes dicotylédones, à fleurs complètes, monopétalées, de la famille des *primulacées*, de la *pentandrie monogynie* de Linnæus, offrant pour caractère essentiel: Un calice à cinq découpures; une corolle en roue; le limbe à cinq divisions rabattues; cinq étamines; les filamens courts, attachés au tube de la corolle; les anthères sagittées et connivontes; un ovaire supérieur, ovale-conique; un style; un stigmate simple. Le fruit est une capsule oblongue, uniloculaire, polysperme, s'ouvrant à son sommet; les semences attachées à un placenta libre et central.

Gyroselle de Virginie: *Dodecatheon meadia*, Linn.; Lamk., *Ill. gen.*, tab. 99; *Meadia*, Catesb., *Carol.*, 3, pag. 1, tab. 1;

Trew, *Ehret.*, tab. 12. Plante élégante, dont la racine est jaune et produit plusieurs feuilles toutes radicales, oblongues, étalées en rosette, rétrécies vers leur base, bordées de dents rares et obtuses, vertes, glabres, longues de cinq à six pouces. Il sort de leur milieu une ou plusieurs hampes nues, droites, hautes de huit à neuf pouces, terminées par une ombelle de fleurs pédonculées, pendantes, d'un beau rouge pourpre, munies, à la base des pédoncules, d'un involucre composé de plusieurs folioles oblongues, beaucoup plus courtes que les pédoncules. Le calice est persistant, d'une seule pièce, à demi divisé en cinq découpures réfléchies; la corolle en roue; le tube court; le limbe à cinq divisions ovales, oblongues-lancéolées, rabattues sur le pédoncule; le style filiforme, plus long que les étamines. Le fruit consiste en une capsule ovale-oblongue, uniloculaire, s'ouvrant à son sommet, contenant un grand nombre de semences fort petites, attachées à un placenta libre, petit et central.

Cette plante croît dans la Virginie et dans plusieurs autres contrées de l'Amérique septentrionale. On la cultive au Jardin du Roi, où elle fleurit tous les ans vers la fin d'avril. Elle produit un effet très-agréable dans les plates bandes des parterres, dans les corbeilles des bords des massifs, dans les jardins paysagers; lorsqu'elle est en pot, on peut la placer sur les marches des escaliers, sur les fenêtres, sur les cheminées. On la cultive même en pleine terre; cependant elle craint les hivers trop pluvieux et trop froids. Elle demande une terre substantielle et fraîche, mélangée de terre franche et de terre de bruyère: elle préfère l'exposition au nord ou au levant. On la multiplie par graines peu après qu'elles sont récoltées; elles lèvent en automne: on couvre, pendant l'hiver, de feuilles de fougères, le plant qui en provient, et on le tient dans l'orangerie. Il fleurit la troisième ou quatrième année. On peut encore la multiplier par la division de ses racines, qui se fait en automne; on les repique de suite, et elles donnent des fleurs dès l'année suivante.

Michaux, dans sa Flore de l'Amérique septentrionale, en a mentionné une nouvelle espèce, sous le nom de *dodecatheon integrifolium*: il y rapporte l'*auricula ursi virginiana*, etc., Pluk., tab. 79, fig. 6, que Linnæus attribuoit à l'espèce précédente. Celle-ci en diffère par ses feuilles oblongues, presque spatulées, très-entières, point dentées à leurs bords; les ombelles ro[illegible]les, bien moins garnies de fleurs: les folioles de l'involucre linéaires et non ovales. Cette plante croît sur le bord des rivieres, dans les forêts, sur les monts *Alléghanis*. (Poir.)

GYRRENERA. (*Ornith.*) Latham cite ce nom comme étant celui que porte, dans la Nouvelle-Hollande, un pygargue qui a des rapports avec l'aigle des Grandes-Indes, *falco ponticerianus*, et dont le plumage est d'un couleur de rouille sale, à l'exception de la tête, du cou et du ventre, qui sont d'un blanc pur. (Ch. D.)

GYSOPTERIS. (*Bot.-Crypt.*) Voyez Gisopteris. (Lem.)

GYWITZ. (*Ornith.*) Voyez Gyfitz. (Ch. D.)

GZEGZOLKA (*Ornith.*), nom polonois du coucou commun, *cuculus canorus*, Linn. (Ch. D.)

H

HAA-HIRNINGUR (*Mamm.*), nom sous lequel Olafsen et Polvesen paroissent désigner le dauphin gladiateur. Voyez Cachalot. (F. C.)

HAARKAPPE. (*Bot.*) C'est le nom allemand employé par Bridel pour désigner les mousses du genre *Polytrichum* qu'il appelle en françois Cappe-poil et Polytric. (Lem.)

HAARNASE (*Mamm.*), nom allemand qui signifie nez chevelu, et qu'on a donné à la taupe à museau étoilé, *sorex cristatus*, Linn. Voyez Taupe. (F. C.)

HAARPUDEL. (*Ornith.*) On nomme ainsi, en Allemagne, la petite bécassine, *scolopax gallinula*, Gmel. (Ch. D.)

HAAS, HAASEN. (*Mamm.*) Voyez Hase. (F. C.)

HAASTOR (*Ichthyol.*), un des noms par lesquels on désigne en Danemarck l'esturgeon ordinaire, *acipenser sturio*. Voyez Esturgeon. (H. C.)

HAAVELLA. (*Ornith.*) L'oiseau qui, selon Fabricius, n.° 45, et Mulier, n.° 123, est ainsi nommé dans le Groenland, est le canard à longue queue d'Islande, *anas hyemalis*, Linn., qu'on appelle dans cette île *havelda*. (Ch. D.)

HABAGBAG. (*Bot.*) Forskael cite ce nom arabe pour son genre *polycephalos* qui nous paroit devoir être réuni au *sphæranthus*, à la suite de la famille des cinarocéphales. (J.)

HABAK. (*Bot.*) Voyez Homæsch. (J.)

HABALNIL (*Bot.*), nom arabe cité, d'après Sérapion, par Rauvolf, pour une espèce de liseron, *convolvulus nil*, nommé ailleurs, selon lui, *hasinsea*, et par les Perses *acafra*. (J.)

HABALTE, HACHILLE (*Bot.*), noms arabes de la fève de marais, selon Daléchamps. C'est le *foul* des Egyptiens, suivant M. Delile. (J.)

HABANKUKELLA. (*Ornith.*) Ce nom est donné, dans l'île de Ceilan, à un francolin armé de deux éperons très-acérés, *perdix ceylanensis*, Lath. (Ch. D.)

HABARALA. (*Bot.*) Ce nom est donné, dans l'île de Ceilan, suivant Hermann et Linnæus, à un gouet, *arum macrorrhizum*. (J.)

HABASCON. (*Bot.*) C. Bauhin parle d'une racine de ce nom que l'on trouve dans la Virginie. Elle a la forme et le volume de celle du panais, et on l'emploie de même. (J.)

HABAZIS. (*Bot.*) Voyez Dulcichinum. (J.)

HABBEN (*Bot.*), un des noms arabes du ben, *moringa*, selon Daléchamps. (J.)

HABBURES. (*Bot.*) Camerarius donne ce nom, suivant C. Bauhin, à une espèce de plantain que celui-ci nommoit *holosteum*, et qui est voisin du *plantago cretica*. (J.)

HABCH. (*Ornith.*) Ce nom, qui s'écrit aussi *habich* et *habicht*, est donné, en Allemagne, à l'autour, *falco palumbarius*, Linn. (Ch. D.)

HABEBRAS (*Bot.*), un des noms arabes de la staphisaigre, *delphinium staphysagria*, selon Daléchamps. (J.)

HABECULCUL. (*Bot.*) C. Bauhin croit que la plante nommée ainsi par Sérapion, est une espèce de *curcas*, plante de la famille des euphorbiacées. Clusius, dans ses *Exotica*, dit qu'on doit la nommer *hab alculcul*, et il ajoute que c'est le *kilkil* de Rhasès. (J.)

HABEL MICKENES (*Bot.*), nom donné, suivant Rauvolf, dans le voisinage du Mont-Liban, au fruit de l'*osyris* ou *casia poetica* des anciens, qui est nommé *mackmudi* et *muckmisi*. (J.)

HABENAIRE, *Habenaria*. (*Bot.*) Genre de plantes monocotylédones, à fleurs incomplètes, irrégulières, de la famille des *orchidées*, de la *gynandrie diandrie* de Linnæus, offrant pour caractère essentiel : Une corolle à trois ou cinq pétales réunis en casque ; le sixième pétale, ou la lèvre, éperonné à sa base ; une anthère à deux loges séparées, ou soudées dans leur longueur ; les paquets du pollen pédicellés.

Habénaire a longue corne : *Habenaria macroceratitis*, Willd. ; *Orchis habenaria*, Linn. : Swartz, *Obs.*, pag. 319, tab. 9. Cette plante est pourvue d'une seule bulbe oblongue et tomenteuse. Il s'en élève une tige droite, anguleuse, haute d'environ deux pieds, garnie de feuilles alternes, ovales-lancéolées. Les fleurs sont blanches, disposées en un épi lâche, muni de larges bractées aiguës, presque aussi longues que l'ovaire ; le pétale supérieur en casque ; les deux latéraux un peu réfléchis ; la lèvre à trois divisions ; celle du milieu plane, lancéolée, aiguë ; les latérales filiformes, rabattues, trois fois plus longues ; un éperon quatre à cinq fois plus long que l'ovaire. Cette plante croît à la Jamaïque.

Habénaire trifide ; *Habenaria trifida*, Kunth, *in* Humb. *et* Bonpl. *Nov. Gen.*, 1, pag. 330. Il s'élève du tubercule alongé de ses racines, une tige glabre, cylindrique, longue d'un pied et demi, avec des feuilles oblongues, lancéolées, aiguës, striées, vaginales à leur base, longues d'un pouce et demi. Les fleurs sont peu nombreuses, pédicellées : les trois pétales extérieurs presque égaux, d'un blanc verdâtre, étalés, ovales, aigus ; les deux intérieurs trifides ; la lèvre à trois lobes linéaires, rapprochés, munis d'un éperon pendant, long de deux pouces, échancré et à deux tubercules au sommet ; la colonne des organes sexuels, courte, charnue, portant un grand stigmate à cinq angles : le fruit est une capsule glabre, oblongue, à six stries. Cette plante croît à la Nouvelle-Grenade.

Habénaire a feuilles étroites ; *Habenaria angustifolia*, Kunth, l. c. Cette espèce, très-voisine de la précédente, s'en distingue par ses pétales intérieurs latéraux et bifides. Ses feuilles sont lancéolées, rétrécies et acuminées à leur sommet, longues de trois pouces, larges de six lignes : les fleurs solitaires, pédicellées ; les trois pétales extérieurs ovales, alongés ; la lèvre à trois lobes linéaires, pendans ; l'éperon tubulé, long d'un pouce : l'ovaire long d'un demi-pouce. Cette plante croît aux lieux humides, dans la Guiane.

Habénaire a larges feuilles : *Habenaria latifolia*, Kunth,

l. c. Ses racines sont composées de fibres épaisses et velues; sa tige droite, striée: ses feuilles ovales-oblongues, aiguës, planes, striées, à cinq nervures, longues de deux pouces, larges de neuf à dix lignes; les fleurs réunies en un épi terminal, long de trois ou quatre pouces; les bractées plus courtes que les fleurs; la corolle brune par la dessiccation; les trois pétales extérieurs étalés, presque égaux, ovales, alongés, les deux intérieurs à deux découpures; la lèvre à trois lobes linéaires, divergens; la colonne des organes sexuels munie, de chaque côté, de trois dents subulées. Cette plante croît à la Nouvelle-Grenade, sur le revers des montagnes des Andes.

Habénaire a une seule bulbe : *Habenaria brachyceratitis*, Willd., *Spec.; Orchis monorrhiza*, Swart., *Fl. Ind. occid.*, 3, pag. 1391. Plante de la Jamaïque, remarquable par la grandeur de sa corolle. Sa bulbe est ovale, tomenteuse; ses racines filiformes, cylindriques, tomenteuses; ses tiges anguleuses, garnies de feuilles glabres, ovales-lancéolées; leur gaîne amplexicaule, blanchâtre à la base; les fleurs blanches, disposées en un épi terminal; les bractées recourbées à leur sommet; le pétale supérieur en voûte; les deux intérieurs plus courts; la lèvre partagée en trois découpures profondes; celle du milieu linéaire; les latérales plus longues, sétacées et réfléchies: les capsules trigones, rétrécies à leur base, à trois angles presque saillans en aile.

Habénaire a grandes bractées : *Habenaria bracteata*, Ait., *Hort. Kew.*, *ed. nov.; Orchis bracteata*, Willd. Espèce découverte dans la Pensylvanie, dont les bulbes sont palmées; les tiges droites, hautes de six pouces: les feuilles larges, ovales, réticulées; les fleurs vertes, un peu plus grandes que celles du *satyrium viride*; les bractées alongées, lancéolées, étalées, presque trois fois plus longues que les fleurs; les trois pétales supérieurs connivens; les deux latéraux droits, ovales, une fois plus larges: la lèvre linéaire, bifide avec une petite pointe dans le fond de l'échancrure; l'éperon très-court, obtus, en forme de bourse.

Habénaire ciliée : *Habenaria ciliata*, Ait. : *Hort. Kew.*, *ed. nov.; Orchis ciliaris*. Linn., *Spec.* Très-belle espèce, originaire de la Virginie et du Canada, remarquable par ses fleurs d'un jaune d'or. Elle s'élève à la hauteur de deux pieds, sur une tige un peu torse, à deux angles. Ses feuilles sont oblongues, aiguës; ses fleurs nombreuses, serrées; les pétales supérieurs petits, réunis en casque; les latéraux plus arrondis; la lèvre pendante, étroite, divisée en un grand nombre de filets capillaires, munie d'un éperon pendant, étroit et très-long.

Habénaire en crête: *Habenaria cristata*, Ait., l. c.; *Orchis cristata*, Mich., *Fl. Amer.*, 2, pag. 156. Cette espèce a été découverte dans les forêts de la Caroline et de la Virginie. Elle se rapproche beaucoup de la précédente: elle en diffère par ses fleurs plus petites; les pétales supérieurs arrondis et obtus; les deux intérieurs un peu aigus, et dentés en forme de crête; la lèvre finement déchiquetée en barbes de plume; l'éperon beaucoup plus court que l'ovaire.

Habénaire frangée: *Habenaria fimbriata*, Ait., l. c.; *Orchis fimbriata*, Encycl. Ses tiges sont presque tétragones, garnies de feuilles oblongues, aiguës. Les fleurs sont purpurines, disposées en un épi ovale, oblong, muni de bractées lancéolées, un peu plus longues que l'ovaire; les pétales planes, d'égale longueur; le supérieur droit, ovale; les latéraux intérieurs oblongs, obtus, élargis et légèrement dentés vers leur milieu; la lèvre plus longue, divisée en trois découpures égales, planes, élargies, cunéiformes, laciniées vers leur milieu en cils subulés; l'éperon plus long que l'ovaire. Cette plante croît au Canada. (Poir.)

HABER. (*Ornith.*) Gesner, pag. 765, cite ce nom arabe comme étant donné par le médecin R. Mosés, à un oiseau employé dans les maladies des yeux. (Ch. D.)

HABESCH. (*Ornith.*) L'oiseau ainsi appelé en Syrie, où Bruce l'a trouvé, et que Buffon place entre la linotte et le serin, est le *fringilla syriaca* de Gmelin et de Latham. (Ch. D.)

HABET. (*Bot.*) Voyez Cunhet. (J.)

HABHEL. (*Bot.*) L'arbre de ce nom, cité comme un *thuya* par Rauvolf, est aussi indiqué comme tel par Clusius qui le nomme abhel; c'est encore l'*abhal* de Guilandinus. (J.)

HABIA. (*Ornith.*) M. d'Azara a trouvé au Paraguay six espèces d'oiseaux qui y portoient ce nom. Les deux premières ont été par lui considérées comme des grives (*zorzales*) et décrites sous les dénominations de grive rousse et noirâtre, et de grive blanche et noirâtre, n.ºs 79 et 80 de ses *Apuntamientos por la His-*

toria natural de los paxaros del Paraguay. Il a réservé aux quatre autres le nom générique d'*habia*, auquel il a donné plus d'extension en l'appliquant aux oiseaux compris sous les n.os 81 à 91, dont les caractères présentent des différences assez essentielles, surtout chez les deux dernières. L'espèce sous le n.° 90, qu'il nomme *habia des lieux aquatiques*, paroit être un bruant ou une passerine de M. Vieillot, puisqu'il la regarde lui-même comme n'étant autre que l'*embérize à cinq couleurs;* et l'oiseau du n.° 91, qu'il appelle le *denté*, est évidemment un phytotome.

Au reste, les caractères physiques que M. d'Azara expose comme appartenant à tous ces oiseaux, sont un bec volumineux, d'une autre forme que celle du bec des grives, plus fort, plus solide, légèrement courbé dans toute sa longueur, échancré près de la pointe, tranchant sur les bords; la mandibule inférieure droite, aussi forte et aussi longue que la supérieure, les ouvertures des narines circulaires et placées près du front; le tarse robuste, comprimé et rude; la tête plus arrondie et plus de grosseur dans l'ensemble.

M. Vieillot, qui, adoptant la dénomination d'*habia* pour le nom françois de ce genre, et lui donnant en latin celui de *saltator*, y a ajouté des espèces de Cayenne et d'autres appartenant aux anciens genres *Tanagra* et *Coracias*, Gmel. et Lath., mais toutes de l'Amérique méridionale, en a ainsi établi les caractères: Bec épais à la base, robuste, convexe en dessus, comprimé latéralement et à bords tranchans; mandibule supérieure un peu fléchie en arc, couvrant les bords de l'inférieure, entaillée et courbée vers le bout; celle-ci droite et plus courte; les narines frontales, petites, ouvertes et orbiculaires; la langue épaisse et pointue; les quatres premières rémiges à peu près égales entre elles et les plus longues de toutes; les extérieurs des trois doigts de devant réunis à leur base, et l'intérieur libre.

M. Vieillot s'est probablement déterminé à donner au genre la dénomination de *saltator*, parce que M. d'Azara, après avoir observé que les habias pénètrent moins avant que les grives dans les bois et les broussailles, et se perchent plus haut sur les arbres, dont ils descendent rarement, ajoute qu'ils avancent par sauts et peu vite, tandis que la démarche des grives est très-leste. Suivant l'auteur espagnol, les habias ont d'ailleurs l'instinct sédentaire : ils vivent seuls ou par paires : leur vol n'est ni élevé ni prolongé.

Les quatres premiers habias dont M. d'Azara donne la description, et qui portent ce nom dans le pays, sont :

1.° L'Habia a sourcils blancs, n.° 81, dont M. Vieillot fait son Habia plombé, *Saltator cærulescens*, et qui a huit pouces et demi de longueur. La queue de cet oiseau est étagée ; un trait blanc ou d'un jaune paille s'étend au-dessus de l'œil ; la tête et les autres parties supérieures ont une teinte de plomb, plus rembrunie sur le croupion et sur les ailes. L'iris, roux en général, est quelquefois brun ; il y a, entre le bec et l'œil, une petite tache noire, et un trait de la même couleur descend de chaque côté du cou. Les autres parties inférieures sont roussâtres, et le bec est presque noir.

Cette espèce est la plus commune dans les halliers épais, où elle place, au milieu des buissons, un nid dont le diamètre extérieur n'a que quatre pouces et l'intérieur deux pouces et demi, et qui est tissu avec des petits rameaux et de lianes sèches et flexibles, entremêlées de feuilles d'arbre. La femelle pond deux œufs d'égale grosseur aux deux bouts, avec des taches noires sur un fond d'un bleu de ciel, et dont les diamètres sont, l'un d'environ un pouce, et l'autre d'un peu plus de huit lignes. Le plumage n'offre pas de différences ni pour les sexes ni pour l'âge. M. d'Azara a fait, sur un individu par lui élevé, la remarque qu'il n'avaloit pas les alimens à la manière des autres oiseaux, mais qu'il sembloit les mâcher comme les quadrupèdes, sans les assujétir avec les pieds ni les secouer.

2.° L'Habia a gorge noire, Azara, n.° 82, *Saltator atricollis*, Vieill. Cet oiseau, fort rare au Paraguay, où M. d'Azara n'en a vu que quatre individus, a beaucoup de rapports avec le précédent. Long de huit pouces, il n'a point de trait blanc ou jaune au-dessus de l'œil ; le dessus du corps est entièrement brun ; la gorge et une partie du devant du cou sont tout-à-fait noires sur des individus, et marbrées de brun et noir sur d'autres, ce qui doit provenir de la différence des âges : les parties inférieures sont d'un blanc rougeâtre ; et le dessous des ailes d'une couleur perlée ; le bec est d'un jaune paille et quelquefois orangé. On ne connoît pas ses habitudes.

3.° L'Habia a bec orangé, Azara, n.° 83, *Saltator aurantii collis*, Vieill. La longueur de cette espèce excède d'environ trois lignes celle de la précédente; une bandelette blanche, qui passe sur l'œil en partant du milieu, descend derrière les oreilles où elle prend une teinte fauve qui règne sur la gorge, dessous laquelle est une plaque d'un noir velouté, qui remonte sur les côtés de la tête et sur le front. Le dessus de la tête est noirâtre, et toutes les parties supérieures sont de couleur plombée: le dessous du corps est d'un brun roussâtre, et celui des ailes d'un blanc argenté. On voit, sur la penne extérieure de la queue, vers le bout de chaque côté, une tache blanche qui diminue sur la deuxième, et ne paroît presque plus à la troisième. Les tarses sont d'un brun clair, et le bec, en général d'une couleur orangée fort vive, est quelquefois rayé de noir.

4.° L'Habia robuste, Azara, n.° 84, *Saltator validus*, Vieill. L'oiseau, ainsi nommé par le naturaliste espagnol, d'après une induction tirée de ce qu'il lui a trouvé les ailes plus courtes, le corps plus arrondi et les tarses plus forts qu'aux précédens, a huit pouces de longueur. Une tache d'un noir velouté, qui commence aux narines, passe sur ses yeux, et couvre toute la partie inférieure de la tête. Le dessus du corps est brun, le dessous d'un blanc roussâtre, et les couvertures inférieures des ailes d'un gris de perle. Le bec, noir à la base de la mandibule supérieure, est d'une couleur orangée sur le reste.

On a pu remarquer dans la description des quatre premiers habias beaucoup de points de ressemblance et des variations qui ne doivent tenir qu'à l'âge ou au sexe. Ces circonstances, et le petit nombre des individus observés par un seul naturaliste dans la même contrée, paroissent des motifs suffisans pour faire douter de la réalité des quatre espèces, et désirer des études plus suivies, des rapprochemens plus nombreux, avant de prendre une détermination positive: ces espèces portent, d'ailleurs, le même nom de famille au Paraguay. M. d'Azara se presse trop, en général, d'en établir sur de légères différences dans les individus qui lui tombent sous la main, et il en est ainsi pour l'oiseau dont il a fait son habia rougeâtre, n.° 85, et pour l'habia tacheté, n.° 86.

Le premier, *saltator rubicus*, Vieill., n'a été par lui rencontré qu'une seule fois; et, avec son ami Noséda, il a tué le mâle et la femelle qui avoient, comme les autres habias, dix-huit pennes aux ailes et douze à la queue, laquelle étoit étagée. Le mâle avoit sept pouces et demi de longueur totale, et la femelle cinq pouces de moins. Le premier portoit une huppe d'un rouge de feu; le front, les côtés et le derrière de la tête, le dessous des ailes et les pieds étoient d'un brun rougeâtre; la gorge, les parties inférieures du corps et la queue d'une couleur de vermillon un peu terne, particulièrement sur le ventre; le dos étoit aussi d'un vermillon obscur, et le bec noirâtre. La femelle, d'un brun doré sur le corps et sur les ailes, avoit les parties inférieures de couleur d'or avec des nuances brunes.

Le second, *saltator maculatus*, Vieill., dont M. d'Azara n'a vu que trois individus, achetés au Paraguay, étoit long d'environ sept pouces; il avoit dix-neuf pennes aux ailes, et la penne caudale extérieure étoit, de chaque côté, plus courte de quatre lignes que les autres. Il avoit le dos brun, les ailes et la queue noirâtres avec des taches blanches; le dessous du corps étoit d'un roux pâle avec de longues taches de couleur brune sur le devant du cou; les plumes des côtés de la tête et du dessous des ailes, noirâtres au centre, étoient brunes sur les bords; les tarses, très-comprimés, étoient noirâtres, ainsi que la mandibule supérieure; l'inférieure étoit d'un bleu de ciel.

M. d'Azara a placé trois autres oiseaux parmi ses habias, mais il leur reconnoît lui-même plusieurs caractères différens, et la nécessité de les examiner de nouveau ne peut, en conséquence, faire la matière d'un doute. Ces oiseaux sont:

1.° L'Habia jaune, n.° 87, qui avoit le bec non comprimé, gros, un peu courbé et pointu; la mandibule supérieure échancrée profondément sur ses bords, avec une arête longitudinale en dedans; la langue étroite, assez forte; les tarses robustes, et les douze pennes de la queue presque égales. Les deux individus observés avoient huit pouces et un quart de longueur; les parties inférieures étoient d'un jaune foncé; l'œil etoit surmonté d'un trait de la même couleur, qui bordoit aussi les couvertures supérieures et les pennes des ailes, dont le fond étoit brun. Le reste du plumage étoit d'un brun jaunâtre, et le bec, noirâtre en dessus, étoit d'un bleu de ciel en dessous.

2.° L'Habia fonceau, n.° 88, dont M. d'Azara n'a possédé qu'un seul individu, long de sept pouces deux lignes, et qui avoit, comme le précédent, le bec un peu courbé, très-pointu, assez fort, non comprimé, et les douze pennes de la queue presque égales. Le trait qui s'étendoit sur les yeux étoit d'un rouge ponceau très-vif, ainsi que les parties inférieures. Les pennes et les couvertures alaires et caudales étoient bordées de la même couleur, qui, sur les autres parties du corps, étoit dominée par un brun sombre; le bec étoit d'un bleu de ciel obscur.

3.° L'Habia vert, n.° 89, qui avoit le bec fort, mais moins gros que ne l'ont généralement les habias, et plus comprimé sur les côtés; la mandibule supérieure, à laquelle on remarquoit une échancrure, étoit aussi plus courbée, quoique l'inférieure fût droite; la langue étoit plate et pointue, et de petits poils noirs recouvroient en partie les narines, d'où partoit un trait rougeâtre qui passoit sur les yeux. Le dessus de la tête étoit d'un brun qui s'éclaircissoit sur les côtés et par derrière; le manteau et la gorge étoient d'un vert jaunâtre; les ailes étoient jaunes, mais leurs barbes et celles des pennes caudales étoient brunes; la poitrine et les autres parties inférieures étoient blanches; le bec étoit d'un rouge de corail, terne en dessus et bleu en dessous.

Cet oiseau, fort commun au Paraguay et jusqu'à la rivière de la Plata, fréquente les halliers épais; il s'y rencontre seul ou par paires, et sa voix sonore exprime quatre fois de suite le mot *torribio*. Sonnini pense que c'est le bruant à poitrine et ailes jaunes, *emberiza chrysoptera*, Lath.; et, selon M. Vieillot, il a dans le bec de grands rapports avec les pyrangas, dont la mandibule supérieure offre la même échancrure.

On trouve, dans le genre *Habia* du nouveau Dictionnaire d'Histoire naturelle, plusieurs espèces non décrites par M. d'Azara: ce sont, d'une part, les habias grivert, à cravate noire, vert-olive, dont le premier est extrait du genre *Coracias*, et les deux suivans du genre *Tanagra*; d'une autre part, les habias à épaulettes bleues, noir et blanc, tacheté, à gorge blanche, et à tête rousse, auxquels M. Vieillot n'indique pas de synonymes.

Habia grivert: *Saltator virescens*, Vieill.; *Coracias cayennensis*, Gmel. et Lath., figuré dans les planches enluminées de Buffon, n.° 616, sous le nom de grivert ou rolle de Cayenne.

Cet oiseau, que M. Cuvier, Reg. Anim., p. 401, regarde comme un tangara, avoit été rapproché par M. d'Azara, de son habia à sourcils blancs, n.° 81 ; mais il en diffère surtout par son bec, qui est rouge, tandis que ce dernier l'a presque noir. Du reste, le grivert, long d'environ neuf pouces, a la queue un peu étagée, tout le dessus du corps d'un vert-olive, et le dessous d'un gris cendré.

Habia a cravate noire : *Saltator melanopis*, Vieill. ; *Tanagra melanopis*, Lath. ; Camail ou Cravate de Buff., pl. enl. 714, fig. 2. Le mâle de cette espèce, qu'on trouve à Cayenne dans les lieux découverts, a la tête, la gorge, le devant du cou noirs, et le reste du plumage d'un cendré bleuâtre ; la femelle est, dit-on, brune, et le jeune mâle est roussâtre sur les parties qui sont noires chez le mâle adulte.

Habia vert-olive ou des grands bois : *Saltator olivaceus*, Vieill. ; *Tanagra magna*, Gmel. et Lath. ; pl. enl. de Buff., n.° 205. Cet oiseau, qui fréquente les grands bois de Cayenne et les lieux découverts, est d'une couleur olivâtre sur la tête, le derrière du cou et tout le dessus du corps ; le dessous est d'un blanc roussâtre plus foncé sur les plumes anales. Les couleurs de la femelle sont les mêmes.

Habia tacheté a gorge blanche ; *Saltator albicollis*, Vieill. Les sourcils et la gorge de cet oiseau de Cayenne sont blancs ; les parties supérieures d'un gris rembruni, et les parties inférieures d'un gris clair, avec des taches longitudinales brunes. M. Vieillot, à qui l'individu a paru jeune, lui a trouvé de grands rapports avec l'*habia grivert ;* mais le bec de celui-ci n'a point d'échancrure, et la mandibule supérieure de l'autre en avoit une profonde. Le même auteur a, dans un autre endroit, rapproché l'oiseau dont il s'agit, de l'habia jaune.

Habia a épaulettes bleues ; *Saltator cyanopterus*, Vieill. Cette espèce du Brésil, dont la taille est un peu supérieure à celle du *tangara bluet*, a le plumage d'un gris bleu à reflets verts, et plus foncé sur le corps que dessous ; mais ce qui le distingue particulièrement, c'est une grande marque d'un bleu d'outremer que le mâle a sur le haut de l'aile, où elle présente la forme d'une épaulette.

Habia noir et blanc ; *Saltator melanoleucus*, Vieill. Cet oiseau de l'Amérique méridionale a la tête, la gorge, le cou, le dessus du corps, les ailes et la queue noirs, ainsi que le haut de la poitrine, où cette couleur se termine par une grande échancrure, dont les deux extrémités descendent sur les flancs. Le reste du plumage est d'un beau blanc. La mandibule supérieure du bec est noire, et une tache de la même couleur se remarque aux bords de la mandibule inférieure, dont le reste est jaunâtre.

Habia a tête rousse; *Saltator ruficapillus*, Vieill. Cet individu, envoyé du même pays que le précédent, est décrit comme ayant la tête, la nuque et toutes les parties inférieures rousses, le front et le ventre d'un noir roussâtre, et le dos, ainsi que la queue, d'un gris bleuâtre; les ailes noires et bordées de gris à l'extérieur : le bec, d'abord jaunâtre, et ensuite d'un noir bleuâtre. Les couleurs, non encore fixes, des différentes parties du corps de cet oiseau et du précédent, donnent lieu de penser qu'ils ne sont que des jeunes dont les différences tiennent à l'âge ou au sexe, et qui peut-être appartiennent à l'espèce de l'*habia à cravate noire*, dont ils ont la taille. (Ch. D.)

HABILLA. (*Bot.*) On lit dans le Recueil des Voyages que ce nom est donné dans le voisinage des côtes de l'Amérique méridionale baignées par la mer des Antilles, à un arbre du genre des béjuques, *hippocratea*, dont le fruit est nommé *fève de Carthagène*. Son amande, bonne à manger, est aussi regardée dans ces pays comme un antidote puissant contre la morsure des serpens. (J.)

HABITATION, STATION. (*Bot.*) L'habitation d'une plante est le pays où elle croît spontanément; sa station est la place où elle aime à végéter. L'habitation du riz, par exemple, est dans l'Inde, et sa station dans les endroits marécageux. C'est sous le rapport de la station que les plantes sont distinguées en aquatiques, marines, fluviatiles, fontinales, marécageuses, terrestres, alpines, campestres, sylvatiques, etc. (Mass.)

HABITATION DES INSECTES. (*Entom.*) Quelques auteurs de l'Histoire des Insectes, et en particulier Fabricius dans sa Philosophie entomologique, désignent ainsi les lieux et les substances où se développent les diverses espèces d'insectes.

Sous le rapport des lieux ou des régions, voici les noms par lesquels la plupart des naturalistes désignent les divers points de la surface du globe. Comme ce ne sont pas tout-à-fait ceux que nos géographes emploient, il est bon de savoir ce que Linnæus, Fabricius et les autres auteurs ont indiqué lorsqu'ils ont dit qu'une espèce d'insectes vivoit, se développoit ou habitoit dans tel climat. Ainsi,

Celui des *Indes*, correspond aux régions comprises entre les tropiques en Asie, en Afrique et en Amérique. Il n'y a point là d'hiver; l'eau n'y gèle jamais; la respiration ne laisse pas distinguer les vapeurs de l'haleine : la saison des pluies, qui dure quelquefois la moitié de l'année, correspond à l'hiver. Les plus hauts degrés de chaleur et de froid sont compris entre les trente-quatrième et vingt-huitième degrés du thermomètre de Réaumur.

Le climat d'*Egypte* est à peine différent de celui des Indes : il y fait une chaleur si forte et si constante pendant la moitié de l'année que les œufs des autruches, placés sous le sable, y éclosent sans autre incubation; pendant l'autre moitié viennent les pluies ou les inondations du Nil.

Le climat *Méridional* ou *Austral*, s'étend de l'Ethiopie jusqu'au cap de Bonne-Espérance : l'air y est dit tempéré, quand il est de dix-huit à douze degrés au-dessus de zéro. L'Amérique méridionale, le Pérou, le Brésil sont désignés sous ce nom de climat austral.

Le climat *Méditerranéen*, comprend tout le littoral de la Méditerranée, l'Arménie ou partie de l'Asie, l'Italie, la Gaule Narbonoise, l'Espagne, le Portugal. Il s'étend depuis Paris jusqu'au tropique du Cancer.

Le climat du *Nord*, *septentrional* ou *boréal* : il renferme le nord de l'Europe entre Paris et la Laponie.

Le climat d'*Orient* qui comprend le nord de l'Asie, la Sibérie, la Tartarie et partie de la Syrie, où le froid est très-intense pendant l'hiver.

Le climat *Occidental* ou de l'ouest, correspondant à l'Amérique du Nord, au Canada, comprend le Maryland, la Pensylvanie, la Caroline, la Virginie. On y rapporte aussi le Japon et la Chine.

Enfin le climat des *Alpes*, c'est-à-dire toutes les régions élevées où, selon la température de la région, il règne des neiges éternelles. Là l'hiver est très-long, l'été très-court, et l'air très-rare ou peu condensé. Il s'y rencontre très-peu d'insectes, ainsi que dans toutes les régions élevées, où ces animaux ne font que passer dans leurs migrations.

Quant aux substances qui servent à la *nourriture* des insectes, nous en traiterons sous ce nom. Linnæus a déjà donné une dissertation dans laquelle il indique les plantes dont se nourrissent les insectes. Elle est insérée dans le tome III des Aménités académiques, sous le titre suivant : *Hospita insectorum Flora*, et dans celle qu'il a intitulée *Pandora insectorum*. M. Jacques Brez a publié, sur ce même sujet, un travail beaucoup plus complet sous le titre de Flore des Insectophiles, à laquelle il a joint un extrait d'un manuscrit de M. Bosc sur le même sujet.

On trouve des insectes dans les eaux douces, sous la forme de larves ou dans l'état parfait, mais très-peu dans les eaux salées. Tous se nourrissent de matières organisées, vivantes ou mortes, nouvellement détruites ou altérées depuis long-temps. Les uns attaquent les racines, le bois, l'écorce, les feuilles, les fleurs, les fruits des végétaux. Quelques familles d'insectes s'attachent aux graines, tels sont les bruches, les charançons; d'autres aux feuilles, comme le plus grand nombre des larves des lépidoptères, des chrysomèles; d'autres attaquent les tiges, les pédoncules, les pétioles, les sarcocarpes. Il en est qui ne vivent que dans les tiges des monocotylédonées; d'autres dans les champignons. Quelques uns ne sucent que le nectar des fleurs, ou les sucs qui suintent naturellement de la surface des végétaux; d'autres, comme la plupart des pentatomes, des scutellaires, des cigales, des pucerons, percent le tissu même des organes pour en pomper les sucs. Il en est de même des espèces d'insectes qui se nourrissent des humeurs des animaux vivans ou morts. Voyez à l'article Nourriture des insectes. (C. D.)

HABITCH. (*Ornith.*) Voyez Habch. (Ch. D.)

HABIT-UNI. (*Ornith.*) Montbeillard a ainsi appelé un petit oiseau de la Jamaïque, placé avec ses demi-fins, et qui est la fauvette habit-uni, des méthodistes, *motacilla campestris*, Linn., et *sylvia campestris*, Lath. (Ch. D.)

HABITUS, Port, Manière d'être, Conformation, Configuration dans les insectes. (*Entom.*) Les auteurs d'histoire naturelle désignent sous le nom d'*habitus*, de *caractères habituels*, une certaine conformité d'apparences, d'analogie de formes, de structure, de mœurs et de transformation dans des espèces qui sont d'ailleurs rapprochées d'après d'autres caractères plus spéciaux et qui distinguent ces genres et ces familles. La plupart des entomologistes ont, sans l'avouer, consulté avec soin ces rapports lorsqu'ils ont rapproché les espèces. Linnæus et Fabricius y ont eu les plus grands égards, quoique ce dernier, dans sa Philosophie Entomologique, ait dit : *Nimis habitui adhærere, est stultitiam, loco sapientiæ, invenire, quum habitus determinari vel describi haud possit.*

L'habitude est, en effet, difficile à exprimer ; c'est une sorte de physionomie dont on est frappé au premier coup-d'œil, et dont il est difficile de se rendre compte. C'est une sorte de sentiment naturel, d'instinct qui ne peut frapper que celui qui a beaucoup vu et qui a su conserver la mémoire des formes, et qui est un excellent indice du caractère ou de la nature de l'objet observé.

Les caractères habituels sont tirés de la ressemblance dans les métamorphoses : c'est ce qui est évident pour certains ordres, comme pour les coléoptères, les hémiptères, les lépidoptères. Mais il n'en est pas de même, par exemple, pour les hyménoptères, dont les uns, comme les uropristes, proviennent d'une larve qui se suffit à elle-même, qui est agile, et qui change de lieu à volonté sous la forme de chenille ; tandis que la plupart des autres hyménoptères ont passé leur premier âge sous la forme de vers blancs, apodes, nourris par leurs parens ou déposés au milieu de leur nourriture. Il en est de même de certaines larves de diptères comme de celles des tipules et de la plupart des hydromies qui ressemblent, plus ou moins, à des chenilles ; tandis que d'autres sont tout-à-fait apodes. La même observation pourroit encore s'appliquer à l'ordre des névroptères, dont quelques uns, comme les odonates ou les libelles, sont agiles sous leurs trois états de larves, de nymphes et d'insectes parfaits, tandis que les stégoptères, comme les fourmilions, subissent une métamorphose complète.

Si l'on considéroit ainsi successivement la structure et les mœurs dans les différens ordres, on reconnoitroit qu'il y a réellement des points de conformation habituelle qui autorisent et nécessitent la distinction des familles, tandis que d'autres circonstances analogues ne doivent pas réellement être prises en considération.

On pourra voir, au mot Aptères, que beaucoup d'insectes n'appartiennent réellement pas à cet ordre, quoiqu'ils soient privés d'ailes, puisqu'on en voit parmi les coléoptères, tels que la femelle du lampyre ver-luisant, quelques meloës, qui n'ont que des rudimens d'élytres. Parmi les orthoptères, plusieurs gryllons et locustes, des mantes; parmi les névroptères, des psoques et des termites, et même les forbicines. Enfin, beaucoup d'hémiptères, comme les pucerons, les cochenilles femelles, la punaise des lits; des lépidoptères, comme les femelles de quelques bombyces; parmi les hyménoptères, des fourmis, des mutilles, des ichneumons, etc.; parmi les diptères, les mélobosques. Le nombre même des ailes ne suffit pas pour faire déterminer qu'un insecte est de l'ordre des diptères. Ainsi, quelques éphémères, des cochenilles, des pucerons, et même quelques coléoptères, n'ont réellement que deux ailes.

La structure même des ailes n'autoriseroit pas le rapprochement de certains genres. C'est ainsi que, parmi les hémiptères, la plupart des collirostres, comme les cigales, ont de véritables ailes de névroptères, tandis que leur transformation et le bec qui constitue leur bouche, les éloignent tout-à-fait des névroptères. Parmi les lépidoptères, quelques espèces de papillons diurnes, comme le gazé, l'apollon, sont privées des écailles qui garnissent les ailes, et elles ressemblent par là à des névroptères; des hémiptères, au contraire, tels que les aleyrodes, ont des ailes semblables à celles des bombyces. C'est encore ainsi que, par le port seulement, on voit des coléoptères, comme les molorques, qui ont la forme et l'apparence des ichneumons; d'autres, comme quelques zônitis, dont la bouche rappelle celle des abeilles et de quelques autres hyménoptères. Il y a de même, dans presque tous les ordres, des espèces qui ressemblent à d'autres, dont la structure, les mœurs, les métamorphoses sont tout-à-fait différentes. Tels sont les perce-oreilles et les staphylins, les flates et les noctuelles, quelques mantes avec des raphidies, des panorpes avec quelques hémiptères, des phryganes avec des noctuelles, des guêpes, des philanthes avec des sésies, des diptères qui ont reçu le nom de *craboniformes*, d'*ichneumonées*, de *bourdons*, d'*apiformes*, de *mellins*, comme quelques asiles, stratyomes, cénogastres, syrphes. Enfin, il est des diptères, tels que les mélophages, les nyctéribies, qui ressemblent à des poux, à des trombidies.

On voit, par cette énumération d'espèces d'insectes qui ressemblent à d'autres tout-à-fait différentes dans l'ordre naturel, qu'il ne faut pas que le naturaliste s'en rapporte à la première apparence. Au reste, il en est des insectes comme de certaines plantes qui ont le port d'autres végétaux, ou au moins avec lesquels ils ont quelque analogie dans les feuilles, les tiges, les racines. C'est ce que les botanistes ont souvent exprimé dans le nom de l'espèce: ainsi, parmi les renoncules, il en est à feuilles de plantain, de parnassie, d'ophioglosse, d'aconit, de platane, de rue, de persil, de cerfeuil, de mille-feuille, de lierre, etc.; et, dans la famille des bec-de-grue, tels que les pelargonium, géranium, les analogies sont beaucoup marquées encore. (C. D.)

HABLITZ. (*Ornith.*) L'oiseau qu'on nomme ainsi en Perse est la fauvette des Alpes ou Pégot, *motacilla alpina*, Gmel.; *accentor alpinus*, Mey. (Ch. D.)

HABLITZ (*Mamm.*), nom que l'on trouve appliqué, dans les planches de l'Encyclopédie, au *muspheus* de Pallas. Voyez Phé. (F. C.)

HABZELI. (*Bot.*) Cette plante de Sérapion est un poivre noir, *piper oblongum nigrum* de C. Bauhin. (J.)

HACCHIQUIS. (*Bot.*) Voyez Chissiphuinac. (J.)

HACH. (*Ornith.*) Flacourt dit, p. 164 de son Histoire de Madagascar, qu'on y appelle ainsi une sarcelle de couleur grise, dont les ailes sont rayées de vert et de blanc. (Ch. D.)

HACHAL-INDI (*Bot.*), nom péruvien de la belle-de-nuit, *nyctago*, suivant Clusius et Pison. Les Espagnols qui habitent le Pérou la nomment *marabillas* ou *maravillas*. (J.)

HACHE ou ACHE D'EAU (*Bot.*), nom vulgaire de la berle à feuilles larges. (L. D.)

HACHE ou BATON ROYAL. (*Bot.*) L'asphodèle rameux est quelquefois désigné ainsi. (L. D.)

HACHES DE PIERRE. (*Min.*) Les armes ou les instrumens de pierre connus sous les noms de haches, de casse-tête, de ceraunites, de sécures, de pierres de foudre ou de circoncision se découvrent assez souvent dans les fouilles, dans les attérissemens ou dans les tombeaux des vieux Celtes. Ces pierres travaillées, dont la forme est généralement celle d'un cône aplati latéralement et tranchant à sa base, considérées sous le point de vue minéralogique, présentent une suite de substances pierreuses, assez dissemblables, mais généralement solides, dures, tenaces, et susceptibles de se laisser polir et aiguiser par le frottement.

La roche qui semble avoir été employée de préférence à la confection de ces instrumens de guerre, est une espèce de jade d'un vert obscur, qui se fond aisément, au chalumeau, en un verre brun; mais, outre cette pierre tenace qui conserve parfaitement les arêtes et le tranchant, on a fait usage de la roche cornéenne, du jaspe, du porphyre, de la variolithe, de la calcédoine, du basalte et du silex blond pyromaque. Ce dernier surtout, par la faculté dont il jouit de se casser en éclats longs, droits et minces, semble avoir été très-recherché par les premiers habitans des Gaules, non seulement pour la fabrication des haches et des coins, mais encore pour celle des couteaux et des dards de flèches; car on trouve encore en France les traces et les débris de quelques uns des ateliers où l'on façonnoit ces divers instrumens; et M. Jouannet, qui a fait beaucoup de recherches sur ces armes antiques dont on trouve un grand nombre aux alentours de l'ancienne Vesunna (Périgueux), les a décrites dans une dissertation pleine d'intérêt, qui fait partie de l'Annuaire de la Dordogne pour 1819.

A quelle époque les haches de pierre étoient-elles en usage? à quelle époque a-t-on cessé de s'en servir? comment parvenoit-on à les tailler d'une manière aussi élégante et aussi uniforme sans le secours du fer? comment leur donnoit-on le poli qui nous surprend encore? comment emmanchoit-on solidement ces pierres lisses et coniques? par quelle conformité remarquable les habitans des îles de la mer du Sud fabriquent-ils encore aujourd'hui des haches de pierres parfaitement semblables, pour la forme, à celles que l'on trouve sur tous les points de l'Europe, et qui sont les monumens des premiers âges de la civilisation? Voilà des questions du plus grand intérêt, et auxquelles il seroit difficile de répondre d'une manière satisfaisante. (Brard.)

HACHETTE. (*Entom.*) On trouve ce nom parmi ceux des papillons d'Europe, décrits par Ernst. C'est le Bombyce tau. Voyez ce nom, tom. V, pag. 119, n.° 3. (C. D.)

HACHIC (*Bot.*), nom donné dans l'Inde, suivant Clusius, à l'arbre dont on retire le cachou, plus connu dans les mêmes lieux sous celui de *cate*. Cet arbre est une espèce d'*acacia*, commune en divers lieux méridionaux de l'Asie. (J.)

HACHILLE. (*Bot.*) Voyez Habalte. (J.)

HACHOAC (*Ornith.*), un des noms vulgaires de la corneille corbine, *corvus corone*, Linn. (Ch. D.)

HACQUETIA. (*Bot.*) Necker sépare du genre *Astrantia*, sous ce nom, l'*astrantia epipactis*, dont les fleurs sont en têtes portées sur une hampe. (J.)

HACUB. (*Bot.*) Vaillant, dans les Mémoires de l'Académie des Sciences, désigne le *gundelia* de Tournefort sous ce nom, sous lequel il étoit connu dans le Levant. (J.)

HADAGZ. (*Ornith.*) L'oiseau désigné sous ce nom et sous ceux de *hadah*, *hedah*, *haddaych* chez les Arabes, est le milan étolien, *milvus ætolius* de M. Savigny, qui, p. 29 des Oiseaux d'Egypte et de Syrie, lui donne pour synonymes le *falco ægyptius* et le *falco ater* de Gmelin. C'est le même oiseau dont le nom est écrit par Forskal, p. VI, n.° 1, *haddaj*; et par Bruce, t. 5, p. 175, de la traduction françoise, édit. in-4.°, *haddaya*. (Ch. D.)

HADAK (*Bot.*), nom arabe du *solanum cordatum* de Forskal. (J.)

HADAS (*Bot.*), nom hébreu, suivant Rauvolf, du myrte ordinaire, qui est indiqué comme l'*as* de l'Arabie heureuse. (J.)

HADDA DAS. (*Ornith.*) Les colons du cap de Bonne-Espérance donnent ce nom à un oiseau du genre *Tantalus*, que John Barrow ne désigne pas d'une manière plus particulière dans son premier Voyage dans la partie méridionale de l'Afrique, tom. 2, p. 51 de la traduction françoise. (Ch. D.)

HADDAJ, HADDAYA. (*Ornith.*) Voyez Hadagz. (Ch. D.)

HADELDE (*Ornith.*), nom donné par les colons, dans le nord du cap de Bonne-Espérance, à un oiseau dont il exprime assez bien le cri, et qu'ils appellent aussi Hagedash. Voy. ce mot. (Ch. D.)

HADES (*Bot.*), nom arabe, suivant Rauvolf et Daléchamps, de la lentille ordinaire, très-cultivée dans les environs d'Alep. M. Delile la nomme *ads*. (J.)

HADGINN. (*Mamm.*) Voyez Hadjinn. (F. C.)

HADHAD. (*Bot.*) C'est sous ce nom arabe qu'est connu le suc appelé *lycium* par Dioscoride, qui est extrait d'un arbre nommé *Dazaroa*, suivant Rauvolf. On le trouve décrit et figuré par Daléchamps, sous le nom de Lycion, auquel nous renvoyons pour de plus grands détails. Il est dans Clusius sous celui de *Hadath*. (J.)

HADJAL (*Ornith.*), nom arabe d'un gallinacé que Forskal, *Descriptiones Animalium*, etc., désigne, p. 11, par l'expression latine de *phasianus meleagris*. (Ch. D.)

HADJINN. (*Mamm.*) Suivant Forskal, un des noms arabes du dromadaire. (F. C.)

HADOCK (*Ichthyol.*), un des noms de l'églefin. Voyez Morue. (H. C.)

HADUTANA (*Bot.*), nom d'une cypéracée de l'île de Ceilan, mentionnée par Burmann, qui est le *scirpus capillaris* de Linnæus. (J.)

HAEGER. (*Ornith.*) C'est, en suédois, le héron commun, *ardea major et cinerea*, Linn. (Ch. D.)

HAEGNO (*Mamm.*), nom américain par lequel on désigne, suivant M. d'Azara, les coatis, que l'on rencontre isolés dans les lieux déserts : ce nom, en effet, signifieroit *qui va seul*. (F. C.)

HAEHER. (*Ornith.*) Ce nom et ceux de *haer*, *haetzel*, *haetzler* désignent en allemand, suivant Gesner et Aldrovande, le geai commun, *corvus glandarius*, Linn. (Ch. D.)

HÆLBE. (*Bot.*) Voyez Helbeh. (J.)

HÆLVAK (*Bot.*), nom arabe, suivant Forskal, de son *sœlanthus digitatus*, espèce de *cissus*, dont les feuilles acides sont employées en tisane dans les fièvres. (J.)

HÆMACATÉ (*Erpétol.*), nom d'une Vipère. Voyez ce mot. (H. C.)

HÆMANTHUS. (*Bot.*) Voyez Hemanthe. (Poir.)

HÆMARAGHO (*Bot.*), un des noms donnés dans l'île de Ceilan, suivant Linnæus, à son *ludwigia oppositifolia*. (J.)

HÆMASTICA. (*Ornith.*) Ce terme désigne la barge rousse, *limosa rufa* de Brisson, *scolopax lapponica*, Linn. (Ch. D.)

HÆMATOPUS (*Ornith.*), nom latin du genre *Huîtrier*.(Ch.D.)

HÆMATOXYLUM. (*Bot.*) Voyez Campêche. (Poir.)

HAEMFLING (*Ornith.*), nom suédois de la linotte commune, *fringilla linota*, Linn. (Ch. D.)

HAEMODORUM. (*Bot.*) Voyez Hémodore. (Poir.)

HAENCKEA. (*Bot.*) Les auteurs de la Flore du Pérou avoient d'abord fait sous ce nom un genre qu'ils ont reconnu ensuite être une espèce de *celastrus*. Ils ont postérieurement transporté le même nom à un autre qui a été conservé. D'une autre part, M. Salisbury a fait un *haenckea*, du *portulacaria* de Jacquin, *claytonia portulacaria* de Linnæus. (J.)

HÆPFNERITE. (*Min.*) On avoit proposé de donner ce nom à cette variété particulière d'amphibole, qui a été ensuite beaucoup plus connue sous les noms de trémolite et de grammatite. M. Galitzin assure que c'est M. Hæpfner qui l'a découverte le premier dans la vallée Levantine, et qu'elle n'a jamais été trouvée dans celle de Trémola. (B.)

HÆRANDA. (*Bot.*) A Ceilan, on nomme ainsi le ricin ordinaire, suivant Hermann et Linnæus. (J.)

HÆRATULÆ. (*Foss.*) Luid a donné ce nom aux huîtres fossiles. (D. F.)

HAERBA. (*Mamm.*) On donne ce nom comme étant celui du hérisson en Egypte. (F. C.)

HAERFOGEL (*Ornith.*), nom suédois de la huppe, *upupa epops*, Linn. (Ch. D.)

HAERNIA. (*Bot.*) La plante ainsi nommée par Sérapion, est reportée par C. Bauhin à une dont le fruit, semblable au poivre, est un peu strié, et celle-ci est nommée par Linnæus *vitex trifolia*. (J.)

HÆRUCA. (*Entoz.*) C'est le nom que Zeder, et Gmelin dans son édition du *Systema Naturæ* de Linnæus, avoient proposé de substituer à la dénomination de *pseudo-echinorhynchus*, employée par Goëze pour désigner un genre de vers intestinaux tellement rapprochés des véritables échinorhynques, que M. Rudolphi n'a pas cru le devoir adopter. En effet, il est probable que l'absence de trompe rétractile qu'on a cru remarquer dans l'*echinorhynchus muris*, type de ce genre, tient à un défaut d'observation. M. Rudolphi n'a cependant pas toujours pensé ainsi, puisque, dans ses premiers travaux, il avoit rapporté à ce genre une autre espèce trouvée dans le hérisson : c'est maintenant son *echinorhynchus napæformis*. Voyez Echinorhynque et Pseudo-Echinorhynque. (De B.)

HÆSINN. (*Mamm.*), nom allemand de la femelle du lièvre. (F. C.)

HAFERK. (*Bot.*) Voyez Hasach. (J.)

HAFFARA (*Ichthyol.*), nom d'un poisson du genre des sargues. Voyez Sargue et Spare. (H. C.)

HAFF-HERT. (*Ornith.*) L'oiseau auquel on donne ce nom et celui d'*haubest* dans les îles Féroë, est le pétrel cendré ou fulmar, l'*equus marinus* de Clusius, le mallemuke de Martens et de Willughby, *procellaria glacialis*, Linn. (Ch. D.)

HAFFPADDE. (*Ichthyol.*) A Heiligoland, on appelle ainsi le gras-mollet ou lompe, poisson du genre Cycloptère. Voyez ce mot. (H. C.)

HAFKIN (*Ornith.*), nom flamand de l'autour, *falco palumbarius*, Linn. (Ch. D.)

HAFLAX (*Ichthyol.*), un des noms suédois du saumon. (H. C.)

HAFLE (*Ichthyol.*), un des noms de la dorade, *coryphæna hippurus*. Voyez Coryphène. (H. C.)

HAFSAGG (*Malacoz.*), nom suédois du clio boréal. (De B.)

HAFS, HAFUS (*Bot.*), noms arabes de la noix de galle, selon Daléchamps. (J.)

HAFS-TJAEDER (*Ornith.*), nom suédois du cormoran, *pelecanus carbo*, Linn. (Ch. D.)

HAFSULA. (*Ornith.*) Cet oiseau, cité dans le Voyage d'Olafsen en Islande, tom. 3, p. 261, est le fou de bassan, *pelecanus bassanus*, Linn. (Ch. D.)

HAFTIRDILL. (*Ornith.*) Olafsen et Polvesen disent, tom. 5, p. 268 de leur Voyage en Islande, que ce nom est donné, à une espèce de grèbe. (Ch. D.)

HAGARD. (*Fauc.*) On appelle ainsi le faucon qui a été pris hors du nid, et qui s'apprivoise plus difficilement. (Ch. D.)

HAGARRERO (*Ornith.*), nom que porte à la baie de Dusky, dans la Nouvelle-Zélande, une grande espèce de colombe, citée par M. Temminck, dans son Histoire des Pigeons. (Ch. D.)

HAGEDASH. (*Ornith.*) L'oiseau auquel ce nom et celui de *hadelde* sont donnés par les colons du cap de Bonne-Espérance, et dont le D. Sparrman parle, tom. 1, in-4.°, de son Voyage,

p. 301, est une espèce de tantale, *tantalus hagedash*, Lath., ou *ibis hagedash*, Vieill. (Ch. D.)

HAGÉE, *Hagea*. (*Bot.*) Genre de plantes dicotylédones, à fleurs complètes, polypétalées, régulières, de la famille des *caryophyllées*, de la *pentandrie monogynie*, très-voisin des polycarpon, caractérisé par un calice à cinq folioles; cinq pétales échancrés; cinq étamines; un style simple: une capsule supérieure, à trois côtés, à une seule loge; les semences nombreuses.

Ce genre ne diffère essentiellement du polycarpon que par le nombre des étamines en plus, et celui des styles en moins. M. de Lamarck, qui en est l'auteur, l'avoit nommé *polycarpœa*. La consonnance de ce nom avec celui de polycarpon a déterminé Ventenat à y substituer celui d'*hagea*, nom latin de M. Delahaye, jardinier-botaniste, qui, employé dans le voyage entrepris pour la recherche de La Peyrouse, découvrit sur le pic de Ténériffe l'espèce qui a servi de type à ce genre. Willdenow l'a nommé *mollia* dans son *Hort. Berol.*

Hagée de Ténériffe : *Hagea Teneriffæ*, Vent.; *Polycarpea Teneriffæ*, Lamk., Journ. d'Hist. nat., vol. 2, p. 3, tab. 25. Plante herbacée, étalée sur la terre, dont les racines fibreuses poussent un grand nombre de tiges diffuses, rameuses, articulées; les feuilles sont vertes, opposées, verticillées, inégales, spatulées, un peu mucronées au sommet, accompagnées de petites stipules scarieuses, verticillées. La panicule est terminale, rameuse, dichotome, presque en corymbe, composée de petites fleurs panachées de vert, et de blanc argenté, les terminales ramassées par petits paquets, accompagnées de bractées stipulaires, scarieuses, blanches, argentées; les folioles du calice concaves, lancéolées, blanches et scarieuses à leurs bords; la corolle un peu plus courte que le calice; les filamens courts, un peu membraneux à leur base. Le fruit est une capsule ovale, aiguë, à trois faces, enveloppée par le calice persistant. Cette plante a été découverte sur le pic de Ténériffe. On la cultive au Jardin du Roi.

Hagée des Indes : *Hagea indica*, Vent.; *Polycarpœa indica*, Lamk., l. c., pag. 8; *Achyrantes corymbosa*, Linn.; Burm., *Zeyl.*, tab. 65, fig. 1; Boccon., *Mus.*, 44, tab. 39. Plante de l'île de Ceilan, dont les tiges sont herbacées, un peu pubescentes, cylindriques, articulées, rameuses, longues d'environ un pied, garnies de feuilles linéaires, opposées, très-étroites, un peu pubescentes, aiguës; des stipules en forme de paillettes; de petits paquets de feuilles axillaires, qui appartiennent à des rameaux non enveloppés. Les fleurs sont blanches ou un peu rougeâtres, disposées, à l'extrémité des rameaux, en corymbes dichotomes ou agglomérés; les capsules uniloculaires, à trois valves, polyspermes.

Hagée a feuilles de gnaphale: *Hagea gnaphalodes*, Pers., *Synops.; Polycarpea*, Poir., Encycl., Suppl.: *Polycarpea mycrophylla*, Cavan. *in* Ann., n.° 7, pag. 25. Cette plante a été découverte par Schousboë au royaume de Maroc. Il l'avoit nommée *illecebrum gnaphalodes;* mais elle appartient évidemment à ce genre par sa corolle. Ses tiges sont dures, couchées, presque ligneuses; les rameaux mous, nombreux, tomenteux, surtout dans leur jeunesse; les feuilles sessiles, épaisses, blanches, tomenteuses, un peu arrondies, petites, entières ou légèrement crénelées; les fleurs réunies par paquets à l'extrémité des rameaux; les bractées blanches, scarieuses, agglomérées; les folioles du calice tomenteuses; cinq pétales blancs, lancéolés, une fois plus courts que le calice; cinq étamines, le stigmate obtus, pileux à sa base; une capsule à trois valves, monospermes, s'ouvrant à leur sommet.

Hagée a larges feuilles: *Hagea latifolia*, Poir.; *Mollia latifolia*, Willd., *Enum. Plant.*, 1, pag. 269; *Polycarpea latifolia*, Encycl., Suppl. Cette espèce, très-rapprochée de l'*hagea Teneriffæ*, en diffère par ses tiges presque ligneuses et non herbacées, d'ailleurs diffuses, très-rameuses, glauques, presque rondes, un peu pubescentes; les fleurs sont disposées en corymbes terminaux et touffus; les calices argentés et scarieux. Cette plante croît dans l'île de Ténériffe. (Poir.)

HAGENIA. (*Bot.*) Les cinq angles aigus du calice du *saponaria porrigens*, avoient été jugés par Moench un caractère suffisant pour former sous ce nom un genre nouveau qui n'a pas été admis. Le Cusso d'Abyssinie (voy. ce mot), décrit par Bruce, est aussi maintenant nommé *hagenia* par les botanistes. (J.)

HAGIAS (*Bot.*), nom arabe de la prune, suivant Dalechamps. (J.)

HAGISTER (*Ornith.*), nom sous lequel la pie, *corvus pica*, Linn., est vulgairement connue en Angleterre. (Ch. D.)

HAGLEHEY (*Bot.*), nom caraïbe, cité par Surian, et relaté dans le Catalogue de Vaillant, d'une espèce de mauve des Antilles. (J.)

HAGLURES. (*Fauc.*) Les taches des pennes des faucons se désignent par ce nom et par celui d'*aiglures*. (Ch. D.)

HAGOJO (*Ichthyol.*), nom qu'auprès de Marseille on donne à l'orphie, *esox belone*, Linn. Voyez Orphie. (H. C.)

HAGUIMIT. (*Bot.*) Voyez Aimit. (J.)

HAGUR (*Ornith.*), un des noms hébreux de l'hirondelle, en latin *hirundo*. (Ch. D.)

HAHER (*Ornith.*), nom allemand du geai commun, *corvus glandarius*, Linn. (Ch. D.)

HAHLE (*Ornith.*), nom allemand, suivant Frisch, du bouvreuil, *loxia pyrrhula*, Linn., que, selon Gesner et Aldrovande, on nomme aussi *hail* dans le même pays. (Ch. D.)

HAHN (*Ornith.*), un des noms du coq en allemand, suivant Rzaczynski. (Ch. D.)

HAHUOL, MALAHUOL. (*Bot.*) Rumph dit qu'à Amboine on nomme ainsi son *caprificus amboinensis*, espèce de figuier. (J.)

HAI-ALEM MAOVI. (*Bot.*) Dans l'Egypte, suivant Prosper Alpin, on nomme ainsi une plante aquatique, qu'il prend pour un *stratiotes*, mais qui est un genre distinct sous le nom de *Pistia*. (J.)

HAIALHALEZ. (*Bot.*) Voyez Baiahalalen. (J.)

HAIAS. (*Bot.*) Dans le grand Recueil des Voyages, publié par Théodore Debry, il est fait mention d'une racine de ce nom, cultivée dans l'Amérique, laquelle est tubéreuse comme la patate, et employée de la même manière comme nourriture. Clusius, cité par C. Bauhin, la nomme *aies;* mais l'un et l'autre ne donnent aucune indication qui puisse aider à déterminer le genre de la plante qui la fournit; on la dit seulement semblable à la patate. (J.)

HAIDSCHWAMM (*Bot.*), nom allemand que l'on donne, à Nordlingue, au champignon de couche, *agaricus edulis*, Bull. (Lem.)

HAINGHA (*Ornith.*), nom donné, selon M. de la Billardière, dans les îles des Amis, à une petite perruche à tête bleue. (Ch. D.)

HAIRA. (*Mamm.*) Voyez Eira. (F. C.)

HAIRE ou HERE (*Mamm.*), nom du cerf commun à l'âge d'un an, au moment où ses dagues vont commencer à paroître. (F. C.)

HAIRI. (*Bot.*) Voyez Ebenus. (J.)

HAIRON. (*Bot.*) Rauvolf parle d'une variété du palmier-dattier, ainsi nommée, dont les dattes sont plus alongées. (J.)

HAIRON. (*Ornith.*) Voyez Héron. (Ch. D.)

HAIS (*Bot.*), nom arabe, suivant Daléchamps, de l'espèce de froment distinguée sous celui d'épeautre. (J.)

HAI-TSING. (*Ornith.*) L'oiseau que les Chinois nomment ainsi est, dit Grosier, tom. 13 de l'Histoire générale de la Chine, in-4.°, p. 428, le plus guerrier, le plus courageux, et celui qu'ils regardent comme le roi de leurs oiseaux de proie. Il est assez rare, et ne paroît que dans la province de Chen-si et dans quelques cantons de la Tartarie. Lorsqu'on en prend un, on est obligé de le porter à la cour, et de le remettre aux officiers de la fauconnerie de l'empereur. (Ch. D.)

HAJ (*Ichthyol.*), nom suédois des Squales. Voyez ce mot. (H. C.)

HAJE (*Erpétol.*), nom spécifique d'un serpent d'Egypte, qui est incontestablement le véritable aspic des anciens, et que nous décrirons à l'article Naja. (H. C.)

HAKÉE (*Bot.*), *Hakea*, Vaubier, Encycl. Genre de plantes dicotylédones, à fleurs incomplètes, de la famille des *protéacées*, de la *tétrandrie monogynie* de Linnæus, offrant pour caractère essentiel : Une corolle à quatre pétales; point de calice ; quatre étamines placées sous le sommet des pétales; un ovaire pédicellé, muni d'une glande unilatérale ; un style; un stigmate turbiné et mucroné. Le fruit est une capsule à une seule loge, à deux valves, contenant deux semences ailées.

Ce genre, institué par Schrader, adopté par Cavanilles et par la plupart des autres botanistes, est le même que le *conchium*, plus récent, de M. Smith. Il a de très-grands rapports avec les *bancksia*, dont il diffère par ses fleurs solitaires et non réunies en chatons, par ses capsules, à une seule loge. Les espèces, toutes originaires de la Nouvelle-Hollande, sont aujourd'hui très-nombreuses. On en compte plus de quarante : nous ne mentionnerons ici que les plus remarquables. Ce sont des arbrisseaux à feuilles simples, roides, souvent mucronées. Les fleurs sont solitaires, latérales, axillaires ou terminales.

Hakée a feuilles de houx; *Hakea ruscifolia*, Labill., *Nov. Holl.*, 1, pag. 30, tab. 39. Arbrisseau dont la tige est droite, glabre, cylindrique, haute de cinq à six pieds : les branches chargées de rameaux courts, alternes, pileux vers leur sommet, garnis de feuilles éparses, presque sessiles, touffues, ovales-mucronées, longues de six ou huit lignes, légèrement tuberculeuses, un peu pileuses. Les fleurs sont latérales, solitaires, axillaires, pédonculées : le fruit est une capsule d'un brun noirâtre, un peu tuberculée, médullaire et subéreuse en dedans, ovale, obtuse, à deux valves. M. Rob. Brown en a observé une variété à feuilles elliptiques, pétiolées, rudes et ponctuées en dessus, tomenteuses en dessous.

Hakée en massue; *Hakea clavata*, Labill., *Nov. Holl.*, l. c. Cette espèce est remarquable par ses feuilles presque en forme de massue, par ses capsules munies à leur sommet d'un éperon dorsal à chaque valve; ses tiges sont hautes de quatre à cinq pieds; ses rameaux glabres: les feuilles éparses, sessiles, un peu épaisses, longues d'environ trois pouces, arrondies, élargies et mucronées à leur sommet, rétrécies vers leur base. Les fleurs sont solitaires, latérales, médiocrement pédonculées: les capsules ovales, longues de huit à dix lignes, médiocrement pédicellées, aiguës à leurs deux extrémités, à deux valves; chaque valve portant sur le dos un éperon court, épais, oblique et obtus.

Les feuilles de cette espèce, ainsi que celles de l'*hakea gibbosa* et *epiglottis*, mentionnées ci-après, macérées dans l'eau, puis broyées, fournissent des fils fins, soyeux, assez solides pour être employés dans les arts.

Hakée en poignard : *Hakea pugioniformis*, Cavan., *Icon. rar.*, 6, tab. 533; *Hakea pulchella*, *Sert. Hann.*, tab. 17; *Conchium longifolium* et *pugioniforme*, Smith, *Trans. Linn.*, 9, pag. 121 et 122; *Lambertia teretifolia*, Gærtn., F. *Carpol.*, 3, tab. 217; *Conchium corniculatum*, Willd., *Enum.*, 1, pag. 141. Cet arbrisseau s'élève à la hauteur de sept à huit pieds, sur une tige revêtue d'une écorce brune. Le bois est blanc; les rameaux étalés, quelquefois pendans; les feuilles alternes, toujours vertes, étroites, glabres, cylindriques, longues de trois pouces, surmontées d'une pointe courte et rougeâtre. Du centre d'un bourgeon ovale sort un pédoncule court, velu, divisé en trois ou quatre pédicelles uniflores, presque en ombelle. La corolle est blanche, fort petite; les pétales velus; une glande jaunâtre à la base de l'ovaire : la capsule est ovale à sa partie inférieure, relevée en crête vers son milieu, ridée, prolongée en forme de poignard, très-aiguë, longue d'un pouce; les semences noirâtres, convexes, rudes à leur surface.

Hakée en bosse; *Hakea gibbosa*, Cavan., *Ic. rar.*, 6, tab. 534. Cette espèce diffère de la précédente par la forme de ses fruits. Elle s'élève à la hauteur de six ou huit pieds. Son écorce est brune; son bois blanc; ses feuilles éparses, nombreuses, velues dans leur jeunesse, glauques, cylindriques, terminées par une pointe rouge. Les capsules sont axillaires, pédonculées, presque ovales, rétrécies et obtuses à leur sommet, relevées en bosse un peu au-dessous, de la grosseur d'une petite noix; les valves ligneuses, s'ouvrant jusqu'à leur base, de trois couleurs à leur face interne; les semences noires, surmontées d'un aile presque noirâtre.

Hakée épiglotte; *Hakea epiglottis*, Labill., *Nov. Holl.*, 1, pag. 30, tab. 40. Quoique cette plante ait de grands rapports avec le *hakea gibbosa*, elle s'en distingue suffisamment par la forme de ses feuilles et par celle de ses capsules. Sa tige s'élève au plus à la hauteur de cinq ou six pieds, divisée en rameaux tomenteux dans leur jeunesse, garnis de feuilles alongées, très-étroites, rétrécies à leur base, d'abord courbées en arc, puis redressées, couvertes, dans leur jeunesse, d'un duvet roussâtre, longues de deux ou trois pouces. Les fleurs sont solitaires et latérales; les capsules épaisses, tuberculées, presque en cœur, fortement réfléchies, terminées par une longue pointe mucronée, s'ouvrant en deux valves ligneuses dans leur milieu.

Hakée a capsules globuleuses : *Hakea dactyloides*, Cavan., *Ic. rar.*, 6, tab. 535; *Conchium dactyloides*, Vent., Malm., tab. 110; *Bancksia dactyloides*, Lamk., *Ill. gen.*, tab. 54, fig. 3; Gærtn., *de Fruct.*, tab. 47. Arbrisseau très-rameux, dont le bois est traversé de zones rougeâtres. Ses feuilles sont éparses, ovales-lancéolées, glabres, coriaces, mucronées, longues de quatre pouces. Les fruits consistent en capsules axillaires, médiocrement pédonculées, globuleuses, un peu ovales, longues d'un pouce, raboteuses en dehors, à deux valves ligneuses, s'ouvrant jusqu'à leur base, renfermant une semence plane, convexe, surmontée d'une aile brune; l'intérieur des valves d'un brun rougeâtre dans le fond, d'un jaune blanchâtre vers les bords.

Hakée aciculaire : *Hakea acicularis*, Rob. Brown, *Trans. Linn.*, 10, pag. 181; *Conchium aciculare*, Vent., Malm., t. 111. Cette plante a des tiges droites, cylindriques, divisées en rameaux alternes : les dernières ramifications un peu soyeuses, garnies de feuilles éparses, sessiles, glabres, aciculées, de la longueur des fruits, munies en dessous, vers leur milieu, de deux stries peu marquées; les pédoncules hérissés, de la longueur des calices : ceux-ci sont parfaitement glabres; les capsules un peu ridées et rélevées en bosse, lacuneuses en dedans.

Hakée ridée; *Hakea rugosa*, Brown, *Trans. Linn.*, 10, p. 179. Ses tiges sont étalées; ses feuilles filiformes, glabres, entières, un peu plus longues que les fruits; les capsules courbées, en ovale renversé, ridées, munies d'une crête de chaque côté, terminées par une pointe lisse, subulée, ascendante. Dans le *hakea plexilis*, Brown, l. c., les feuilles sont filiformes, un peu comprimées; les capsules elliptiques, lisses, un peu convexes, légèrement aiguës.

Hakée a ailes blanchatres; *Hakea leucoptera*, Brown, l. c. Cette plante a des tiges droites, des rameaux redressés, effilés, un peu flexueux; les feuilles entières, cylindriques, une fois plus longues que le fruit. Les capsules sont ovales, relevées en bosse vers leur base, un peu comprimées vers leur sommet; les capsules d'un blanc cendré. Dans le *hakea obliqua*, Brown, l. c., les rameaux sont tomenteux; les feuilles cylindriques et entières; au-dessous de l'ovaire une glande placée sur le sommet oblique du pédoncule; les calices soyeux; les capsules relevées en bosse, un peu noueuses.

Hakée linéaire; *Hakea linearis*, Brown, l. c. Ses tiges se divisent en rameaux glabres, garnis de feuilles linéaires-lancéolées, très-entières ou munies de quelques dents épineuses, sans nervures, point ponctuées; les fleurs réunies sur un pédoncule commun, glabre, en faisceaux axillaires et terminaux; les capsules un peu comprimées, pourvues de deux éperons. Dans le *hakea florida*, Brown, l. c., les feuilles sont étroites, lancéolées, légèrement ponctuées, un peu rudes à leurs bords, munies de dents épineuses; le pédoncule commun ainsi que les rameaux, un peu pubescens; les capsules un peu convexes, armées de deux éperons.

Hakée a feuilles de saule : *Hakea saligna*, Brown, l. c.; *Embothrium salignum*, Andr., *Bot. Rep.*, tab. 215; *Embothrium salicifolium*, Vent.; *Conchium salignum*, Smith, *Trans. Linn.*, 9, pag. 124; *Conchium salicifolium*, Gærtn., *F. Carp.*, 3, tab. 219. Ses tiges se divisent en rameaux glabres, garnis de feuilles alongées, lancéolées-aiguës, très-entières, à une seule nervure, très-glabres, scarieuses à leur sommet. Les capsules sont axillaires, relevées en bosse, carénées de chaque côté, comprimées à leur sommet. (Poir.)

HAKELAR. (*Ichthyol.*) En Norwége, on donne ce nom aux jeunes saumons. (H. C.)

HAKEURIBI. (*Bot.*) Voyez Doronigi. (J.)

HAKIK (*Ornith.*), nom hébreu du pélican, *pelecanus onocrotalus*, Linn. (Ch. D.)

HAKINRIGI. (*Bot.*) Voyez Doronigi. (J.)

HAKUS. (*Ornith.*) Les Perses donnent ce nom et celui de *gakus* au grand-duc, *strix bubo*, Linn. (Ch. D.)

HALACHIA (*Ichthyol.*), l'un des noms de l'alose, poisson du genre Clupée. Voyez ce mot. (H. C.)

HALACHO. (*Ichthyol.*) Ce nom, comme le précédent, sert à Marseille pour désigner l'alose. Voyez Clupée. (H. C.)

HALADROMA. (*Ornith.*) Illiger, *Prodromus Mamm. et Avium*, p. 274, a donné à son 131.e genre d'oiseaux ce nom qui signifie courant sur l'eau, *in mari cursitans*, aux pétrels pélécanoïdes de M. de Lacépède, et il a indiqué comme espèce appartenant à ce genre, le pétrel plongeur, *procellaria urinatrix*, Gmel. (Ch. D.)

HALÆS, HALKA (*Bot.*), noms arabes du *sælanthus rotundifolius* de Forskal, reporté au genre *Cissus* dans la famille des vinifères. Il est nommé en Egypte *oud'neh roumy*, suivant M. Delile. (J.)

HALALAVIE. (*Ornith.*) On trouve parmi les oiseaux qui, suivant Flacourt, Histoire de Madagascar, p. 166, fréquentent les bois de cette île, le nom d'halalavie appliqué à un petit oiseau gris ayant le bec d'un perroquet : c'est vraisemblablement une perruche. (Ch. D.)

HALALZELIN. (*Bot.*) Daléchamps dit que ce nom arabe, cité par Sérapion, et signifiant grain-de-zelin, est celui du souchet comestible, *cyperus esculentus*, qui a déjà été mentionné dans ce Dictionnaire sous celui de Dulcichinum. Voyez ce mot. (J.)

HALAMEH. (*Bot.*) Selon Forskal, on nomme ainsi dans l'Arabie un gremil, qui est le *lithospermum callosum* de Vahl. (J.)

HALBFELCH (*Ichthyol.*), un des noms allemands du corégone de Wartmann. C'est celui qu'il porte pendant sa cinquième année. (H. C.)

HALBFLOSSER (*Ichthyol.*), nom danois de l'hémiptéronote, Gmelin. Voyez Hémipteronote. (H. C.)

HALBFUCHS (*Mamm.*), nom allemand qui signifie demi-renard, et qu'on a donné au Carcajou. Voyez ce mot. (F. C.)

HALBOPAL. (*Min.*) Les minéralogistes de l'Ecole de Werner donnent le nom d'halbopal à différentes variétés de notre quarz résinite, et à la plupart de celles que nous avons désignées pendant quelques années sous le nom de *pechstains*, dénomination dont on a abusé comme de tant d'autres. Voyez Hydrophane. (Brard.)

HALBOURG. (*Ichthyol.*) Sur nos côtes, on appelle ainsi une espèce de hareng plus gros que le hareng commun, et qu'on pêche isolément après le départ de ce dernier. Ce poisson n'a jamais ni œufs ni laite. On ne sait encore s'il doit former une espèce particulière. Voyez Clupée. (H. C.)

HALBRAN. (*Ornith.*) Voyez Hallebran. (Ch. D.)

HALBRÈNE. (*Fauc.*) Ce nom, qui s'écrit aussi *albrène*, désigne l'oiseau de vol dont les pennes sont rompues. (Ch. D.)

HALCEDO. (*Ornith.*) Ce nom et celui d'*halcyon* se trouvent, dans les anciens auteurs, à la place des mots *alcedo* et *alcyon*. Voyez Halcyon. (Ch. D.)

HALCON. (*Ornith.*), nom générique des faucons en espagnol. (Ch. D.)

HALCYON (*Ornith.*) Ce mot, qui désigne l'alcyon ou martin-pêcheur, étoit anciennement prononcé avec aspiration, et on l'écrivoit avec un h. Quoique Aristote ne parle distinctement que d'une seule espèce d'alcyon, on a supposé, d'après un passage équivoque, qu'il s'agissoit, dans son article, de deux oiseaux différens; et Belon, en appelant *alcyon muet* notre martin-pêcheur, malgré les cris assez perçans qu'il fait entendre, surtout lorsqu'il s'envole, a donné le nom d'*halcyon vocal* à la rousserole, *turdus arundinaceus*, Linn. Pour les jours halcyonides, qui ont donné lieu à des récits fabuleux, voyez DIES HALCYONIDES. (CH. D.)

HALÉ. (*Ichthyol.*) On appelle ainsi un poisson du Nil, qui est l'*heterobranchus bidorsalis* de Geoffroy. Voyez HÉTÉROBRANCHE. (H. C.)

HALEC ou ALEC. (*Ichthyol.*) Gesner nomme ainsi un petit poisson qu'il regarde comme le plus vil de tous, *fæx piscium*, et qui, selon Columelle, n'est bon qu'à servir de nourriture aux autres. (Voyez Gesner, *de Aquat.*, p. 39.)

On trouve aussi dans Artédi (*Ichthyol.*, part. v), le mot halec comme synonyme de hareng, ce en quoi il est d'accord avec Rondelet. (H. C.)

HALECIUM. (*Polyp.*) M. Ocken sépare sous ce nom de genre quelques espèces de sertulaires, dont la plus connue sert de type au genre Thoa de M. Lamouroux, et auxquelles il assigne pour caractères génériques, d'avoir plusieurs tubes réunis entre eux pour former une tige commune. Les espèces qu'il y range et qu'il subdivise en deux sections, suivant que la tête est droite ou pédiculée, sont les *sertularia halecinum*, *spinosa*, *verticillata* et *gelatinosa*. Voyez SERTULAIRE. (DE B.)

HALECULA. (*Ichthyol.*) L'anchois est désigné par ce nom dans Belon. Voyez ENGRAULE. (H. C.)

HALEKY. (*Bot.*) Le *croton aromaticum* est ainsi nommé à Amboine, suivant Rumph, qui en avoit fait son *halecus littorea*. (J.)

HALESIA. (*Bot.*) Le genre que P. Browne avoit fait sous ce nom est maintenant le *guettarda* de Linnæus, et le *halesia* de Loefling est devenu un *trichilia*. Ellis a donné, à un autre genre voisin du *styrax*, ce nom qui lui a été conservé. (J.)

HALÉSIER, *Halesia*. (*Bot.*) Genre de plantes dicotylédones, à fleurs complètes, monopétalées, de la famille des *ébenacées*, de la *dodécandrie monogynie* de Linnæus, offrant pour caractère essentiel : Un calice fort petit, à quatre dents ; une corolle grande, ventrue, campanulée, divisée à son limbe en quatre lobes courts ; douze à seize étamines ; les filamens réunis en tube à leur base, soudés sur la corolle ; un ovaire inférieur ;

un style; un stigmate simple. Le fruit est une noix, oblongue, à huit pans, recouverte d'une enveloppe; quatre des angles munis d'une membrane en forme d'aile; quatre loges monospermes, surmontées du style persistant.

Ce genre a été consacré au célèbre Hales, auteur de la Statique des Végétaux. Il comprend des arbrisseaux assez élégans, originaires de l'Amérique septentrionale, à fleurs blanches, latérales, pendantes, formant, par leur ensemble, une grappe presque terminale. Leurs feuilles sont simples, alternes, approchant de celles du merisier. Ces arbrisseaux réussissent assez bien en pleine terre dans notre climat. On en décore les bosquets où ils produisent un effet assez agréable, étant placés parmi les cytises et les arbres de Judée. Ils donnent des fleurs abondantes, étant cultivés dans un bon fond de terre; il leur faut peu de soleil. On les multiplie par marcottes, qui ne sont bien enracinées qu'au bout de deux ou trois mois: ils fournissent aussi en France des graines mûres qui ne lèvent souvent que la seconde année.

Halésier a quatre ailes: *Helesia tetraptera*, Linn.; Lamk., *Ill. gen.*, tab. 404; Gærtn., *de Fruct.*, tab. 32, Ellis, *Act. Angl.*, vol. 51, p. 331, t. 22, fig. A; Catesb., *Carol.*, 4, tab. 64; Cavan., *Diss. Bot.*, n.° 497, tab. 186. Arbrisseau qui s'élève à la hauteur de quinze à dix-huit pieds, chargé de rameaux lâches, cylindriques et alternes. Les feuilles sont pétiolées, alternes, oblongues, aiguës, acuminées, légèrement dentées en leurs bords, vertes en dessus, plus pâles et légèrement cotonneuses en dessous, principalement dans leur jeunesse, longues de quatre pouces sur deux de large; les pétioles pubescens, pourvus assez souvent de quelques petits tubercules glanduleux.

Les fleurs sont d'un blanc de neige, pendantes, latérales, pédonculées, réunies trois ou quatre ensemble par petits bouquets sur les vieux bois; elles s'épanouissent dans le mois de mai, avant l'entier développement des feuilles; les pédoncules sont pubescens; le calice court, persistant; la corolle campanulée, à quatre lobes, grosse comme le bout du doigt: les fruits oblongs, quadrangulaires, à quatre ailes rétrécies vers leur base, mucronées au sommet par le style persistant. Cet arbrisseau est originaire de la Caroline: il perd ses feuilles tous les hivers. On le cultive au Jardin du Roi.

Halésier a deux ailes : *Halesia diptera*, Linn., *Spec.*, 636 ; Willd., *Arbr.*, 138 ; Cavann., *Diss. Bot.*, 6, pag. 338, tab. 187 ; Ellis, *Act. Angl.*, vol. 51, tab. 931, fig. B. Cette espèce, qu'on pourroit soupçonner n'être qu'une variété de la précédente, en diffère par ses feuilles beaucoup plus grandes, à peine acuminées à leur sommet, glabres, douces et molles en dessous par un duvet de petits poils très-courts, seulement visibles à la loupe. Le fruit est pourvu de deux grandes ailes, les deux autres très-courtes, et le style persistant qui le termine est moins long. Ce fruit renferme une noix dure, cannelée, divisée intérieurement en quatre loges, dont deux avortent très-souvent; chaque loge renferme une semence. Cet arbrisseau croît dans la Caroline et la Pensylvanie. Il est cultivé dans plusieurs jardins de botanique de l'Europe. Il demande la même culture que le précédent.

Halésier a petites fleurs ; *Halesia parviflora*, Mich., *Flor. Bor. Amer.*, 2, pag. 40. Cet arbrisseau est distingué des deux espèces précédentes, par ses fleurs beaucoup plus petites, auxquelles succèdent des fruits également petits, fortement rétrécis à leur base, ayant la forme d'une massue, pourvue de quatre ailes courtes, inégales. Michaux rejette, comme insuffisante, la distinction des espèces, établie d'après les feuilles, et les glandes situées sur le pétiole, ces parties étant très-sujettes à varier, et la présence des glandes n'étant point constante. Le caractère spécifique doit être tiré particulièrement des fleurs et des fruits. Cette plante croît dans la Floride, aux environs de Matemça. Il est très-probable qu'elle pourroit être cultivée en France aussi bien que les deux espèces précédentes. (Poir.)

HALEUR (*Ornith.*), espèce d'engoulevent, autrement nommée engoulevent à lunettes, *caprimulgus americanus*, Linn. et Lath. (Ch. D.)

HALEX. (*Ichthyol.*) Chez les anciens, on appeloit ainsi une sorte de sauce composée avec la saumure et les entrailles d'un petit poisson, sans doute l'anchois ou la sardine. Voyez Clupée et Engraule. (H. C.)

HALFE (*Bot.*), nom arabe, suivant Forskal, d'une graminée qui est le *lagurus cilindricus* de Linnæus, *saccharum cilindricum* de Lamarck. (J.)

HALI. (*Ornith.*) Ce nom désigne la poule dans la Nouvelle-Calédonie. (Ch. D.)

HALIÆTUS. (*Ornith.*) Quoique l'oiseau de proie, désigné sous le nom d'haliœtos par Aristote, ne quitte point, suivant cet auteur, les rivages de la mer, beaucoup de naturalistes ont appliqué cette dénomination au balbuzard, *falco haliæthus*, Linn., dont les eaux douces sont le séjour ordinaire; mais M. Savigny, qui, dans son Système des Oiseaux d'Egypte et de Syrie, a donné le nom générique de *pandion* au balbuzard, a réservé celui d'haliæthus, qu'il écrit *haliœetus*, à l'aigle de mer ou pygargue, lequel est tout à la fois le *falco ossifragus* (orfraie), le *falco albicilla* et le *falco albicaudus*, Gmel., épithètes dont les deux dernières se rapportent au *vultur albicilla* et au *falco leucocephalus*, Linn. Ces changemens ont été adoptés par MM. Cuvier et Vieillot.

M. Savigny, dans ses Observations sur son Système, p. 12, explique d'une manière très-curieuse, et avec beaucoup de sagacité, le passage, jusque-là fort étrange, où Pline dit, d'après l'auteur du traité *de mirabilibus auscultis*, que les *haliœetus*, ou aigles de mer, proviennent du mélange de divers aigles, et ajoute que leurs petits sont de l'espèce des *ossifraga*, et que de celles-ci naissent de petits vautours, lesquels produisent de grands vautours, qui sont inféconds. M. Savigny, rangeant les grands oiseaux de proie dans une ordre de filiation qui présente la dégradation des rapports par lesquels les espèces sont liées entre elles, fait voir que rien ne s'offre au-delà du dernier rang, auquel on a pu, dans un sens figuré, appliquer l'épithète d'infécond. (Ch. D.)

HALICA. (*Bot.*) Voyez Chondrus. (J.)

HALICACABUM. (*Bot.*) Ce nom avoit d'abord été donné par Camerarius à un coqueret, *physalis angulata*, dont le principal caractère générique est un calice renflé en forme de vessie. Rumph, dans son *Herb. Amb.*, l'a donné aussi à la corindc, *corindum* de Tournefort et Adanson, *cardiospermum* de Linnæus, qui a également un calice renflé. Rivin le nommoit *vesicaria*: c'est l'*ulinja* des Malabares, le *pirudukka* des Brames. (J.)

HALICTE, *Halictus*. (*Entom.*) M. Latreille a nommé ainsi un sous-genre d'insectes hyménoptères, de la famille des mellites et du genre des andrènes. (C. D.)

HALICORNE (*Mamm.*), nom tiré du grec, qui signifie fille marine, et qu'Illiger a donné au genre qui se compose de la seule espèce de dugong.

Cet animal a l'organisation générale des cétacés : il est privé de pieds de derrière ; sa queue se termine par une nageoire horizontale ; ses membres antérieurs, quoique composés intérieurement des parties essentielles, qui constituent ceux des mammifères, sont tellement enveloppés par la peau, qu'ils sont transformés en véritables nageoires ; le cou est si court que la tête ne paroît point distincte du corps : mais les halicornes ne respirent point par des évents ; leurs lèvres sont garnies de moustaches ; quelques poils se développent sur leur peau, et ils ont aux deux mâchoires des molaires à couronne plate, ce qui les distingue essentiellement des cétacés proprement dits : aussi forment-ils, dans cet ordre, avec les lamantins et les stellaires, la division des cétacés herbivores établie par M. G. Cuvier. Leurs molaires sont au nombre de trois à chaque mâchoire ; elles ont des racines distinctes de la couronne, et semblent composées chacune de deux cônes réunis par le côté. leur mâchoire supérieure, qui se reploie à son extrémité, en descendant sur l'inférieure, a deux incisives proprement dites, qui, ne se trouvant point opposées à d'autres dents, se développent sans résistance, et deviennent de véritables défenses.

Le Dugong : *Trichechus dugong*, Gmel. ; Renard, Poissons des Indes, pl. 34, fig. 180. Cet animal a la tête arrondie vers le haut, oblique du front au museau, et brusquement coupée par un museau vertical qui la termine ; cette partie de la face est formée par la lèvre supérieure, qui pend de chaque côté de la bouche, et y forme deux larges babines mobiles et charnues, carrées en avant, arrondies en bas, et recouvrant latéralement une partie de la mâchoire inférieure ; ces babines sont parsemées de petites épines cornées, de la longueur d'un pouce environ, qui sans doute sont des moustaches, des organes du toucher ; elles laissent entre elles une échancrure en avant de la mâchoire supérieure, qui reçoit l'extrémité de la mâchoire inférieure, au-dessus de laquelle on aperçoit de chaque côté la pointe des défenses. L'intérieur de ces lèvres est garni de verrues cornées, que l'animal, à ce que l'on suppose, emploie à arracher les algues dont il se nourrit. Les narines forment deux fentes paraboliques, rapprochées à l'extrémité supérieure du museau ; l'ouverture de l'oreille est très-petite, et n'est point accompagnée d'une conque externe. Les yeux sont simples et petits ; les nageoires ne présentent aucun vestige d'ongles ; seulement elles sont garnies en dessous, près de leur bord antérieur, de callosités verruqueuses. La queue est horizontalement échancrée en arc de cercle. Le corps est plus large à son milieu qu'à ses extrémités, et le côté de la queue est plus mince que le côté opposé. La peau est lisse, avec quelques poils épars. Un individu, pris près de Singapour, et dont on doit la description et l'anatomie à MM. Diard et Duvaucel, avoit sept pieds de long, et voici quelques unes des observations qu'il leur a offertes : Ils ont trouvé suspendus dans les chairs de chaque côte, en face de la huitième vertèbre lombaire, deux os étroits et plats, c'est-à-dire, des rudimens de bassin ; ses vertèbres étoient au nombre de cinquante-deux, et ses côtes de trente-six. Les ventricules du cœur étoient séparés à leur origine : les poumons n'étoient point lobulés ; et la trachée-artère étoit bifurquée immédiatement au-dessous du larynx. Le foie étoit divisé en deux larges lobes, et la vésicule du fiel recouverte par un lobe plus petit, et en forme de langue. Les reins étoient gros, et la vessie pouvoit s'étendre considérablement.

L'animal avoit deux estomacs ; le second plus petit que le premier ; et, près de son orifice, deux cœcums coniques. Le gland de la verge avoit deux lèvres plissées, grandes et écartées, entre lesquelles sortoit un tubercule conique, percé, à son extrémité, par l'orifice de l'urètre : cette verge étoit longue, grosse, et renfermée dans un fourreau légèrement saillant.

Le dugong se trouve dans la mer des Indes ; les Malais l'appellent douyong, et estiment tellement sa chair, qu'elle est réservée pour la table du Sultan et des rayas. (F. C.)

HALIDRYS. (*Bot.*) Stackhouse caractérise ainsi ce genre, qui n'est qu'un démembrement de celui des *Fucus* : Substance de la fronde coriace ; une membrane rétiforme, intermédiaire ; des urcéoles remplies de mucilage, éparses sur toute la fronde et fixées après la membrane centrale ; rameaux munis d'une côte : fruits muqueux terminaux ; groupes de séminules plongés dans un mucilage rétiforme.

Les *fucus vésiculeux*, *dentelé* et *canaliculé* sont les espèces principales de ce genre, et sont décrits à l'article Fucus, §. 6 et 10. Stackhouse en cite huit autres. Voyez sa Néréide Britannique, seconde édition.

L'*halidrys* de Lyngbye répond aux genres *Siliquaria* et *Fistularia*, Stack., réunis. (Voyez Fucus, §. 4 et 7.) Il le définit de la manière suivante : Fronde comprimée, rameuse ; réceptacles latéraux ou terminaux, mucilagineux à l'intérieur, et remplis de tubercules sphériques, seminifères. (Lem.)

HALIEUS. (*Ornith.*) Ce nom, tiré du grec *αλιευς*, *piscator*, a été donné par Illiger au genre *Phalacrocorax* de Brisson, qui renferme les cormorans, en y comprenant la frégate. (Ch. D.)

HALILIG. (*Bot.*) Voyez Delegi. (J.)

HALIMATIA. (*Bot.*) Belon, dans son Voyage du Levant, parle d'un arbrisseau de ce nom qui paroît être le même que le *halimus*, dont on forme des haies, et dont les sommités sont bonnes à manger. (J.)

HALIMÈDE, *Halimeda*. (*Corallin.*) M. Lamouroux sépare sous ce nom un certain nombre d'espèces de corps organisés de la famille des corallines, parmi lesquelles en effet Pallas, Linnæus, Ellis, Solander et beaucoup d'autres zoologistes les rangent, et dont M. de Lamarck a fait son genre Flabellaire, en y réunissant cependant plusieurs autres espèces, que M. Lamouroux distingue sous le nom générique d'udotée. Ce sont réellement de véritables corallines phytoïdes, mais dont les articulations sont en général beaucoup plus planes, plus élargies, ce qui donne à l'ensemble de la coralline un aspect flabelliforme. Du reste, quant à la structure, elle est tout-à-fait semblable à celle des corallines ordinaires, c'est-à-dire, qu'elles sont composées d'un axe fibreux, élargi et encroûté d'espace en espace d'une écorce assez peu créatrice. Ellis est le seul observateur qui ait pu apercevoir, à la surface des espèces d'Amérique, des traces évidentes de pores qu'il suppose polypifères. M. de Lamarck leur trouve des rapports avec les alcyons, tandis que d'autres, et surtout des observateurs italiens, pensent que ce sont des corps organisés végétaux.

Quoi qu'il en soit, on ne trouve ces espèces de corallines ou d'halimèdes que dans les mers des pays chauds, et d'autant plus qu'on se rapproche des mers équatoriales. Adhérentes aux rochers sous-marins, elles sont toujours fort petites ; leur couleur est verte dans l'état vivant ; elles deviennent blanches en se desséchant. On en trouve ordinairement dans ce qu'on nomme dans les pharmacies mousse de Corse.

1.° L'Halimède épaisse : *Halimeda incrassata*, Ellis, *Corall.*, tab. 25, fig. a A ; *Corallina incrassata*, Gmel. C'est l'espèce la plus commune dans les collections ; les articulations de formes assez variables sont larges et planes, d'autant plus qu'elles sont plus inférieures. Des mers des Antilles.

Il nous semble, comme le propose M. Lamouroux, qu'on doit regarder comme une simple variété de celle-ci, la *corallina monile*, d'Ellis et Solander, tab. 20, fig. c.

2.° L'Halimède multicaule ; *Halimeda multicaulis*, Lmck., Ann. du M., t. 20, p. 302. Il paroit que celle-ci diffère principalement de la précédente par le grand nombre de ses tiges, et parce que les articulations inférieures sont presque cylindriques, et les supérieures planes, cunéiformes et peu lobées. On ignore sa patrie.

3.° L'Halimède irrégulière ; *Halimeda irregularis*, Lamx., Polyp. Flex., pl. 11, fig. 7. Cette espèce, qui vient aussi de la mer des Antilles, a ses articulations plus petites et polymorphes.

Elle me paroît avoir beaucoup de rapports avec la *corallina tridens*, Soland. et Ellis, tab. 20, fig. a, qui vient des mêmes mers, et qui a ses articulations aplaties et à trois lobes.

4.° L'Halimède raquette : *Halimeda opuntia*, Lamx., Pallas ; Ellis, *Corall.*, tab. 25, fig. b B. Espèce dont les articulations sont comprimées, ondulées et réniformes. Elle se trouve dans la Méditerranée. M. Lamouroux pense que Pallas l'a confondue à tort avec la suivante.

5.° L'Halimède tune ; *Halimeda tuna*, Lamx., Polyp. Flex., pl. 11, fig. 8 a, b. Les articulations sont comprimées, presque discoïdes. De la mer Méditerranée.

Je doute que cette espèce soit réellement distincte de la précédente. (De B.)

HALIMENIA. (*Bot.*) Halymenia. (Lem.)

HALIMUS. (*Bot.*) C. Bauhin désignoit sous ce nom plusieurs espèces d'arroche, *atriplex*, et Rumph le donne aussi au genre *Sesuvium*, qui est le *halimum* de Loefling. Lacuna, un des commentateurs de Dioscoride, faisoit aussi du troëne un *halimus*, et le même nom étoit donné par Tragus au *lonicera xylosteon* de Linnæus. Browne, dans son Histoire de la Jamaïque, nomme de même une autre plante, qui est le *portulaca halimoides* de Linnæus. (J.)

HALINATRON. (*Min.*) Le carbonate de soude impur que l'on rapporte d'Egypte, et celui que l'on recueille sur les murs de certains édifices, ont été désignés par quelques naturalistes sous la dénomination d'halinatron. Voyez Soude carbonatée, Natron. (Brard.)

HALION, HELION, (*Bot.*), noms arabes de l'asperge, selon Daléchamps. (J.)

HALIOTIDE, *Haliotis.* (*Malacoz.*) Genre de mollusques extrêmement aisé à reconnoître : aussi a-t-il été admis par tous les zoologistes; mais sur la place duquel, dans la série, il est assez difficile de se décider : c'est cependant presque toujours auprès des patelles et des subdivisions de ce genre qu'il se trouve ordinairement rangé, par la plupart des méthodistes. Aussi Linnæus, qui n'a pas établi de familles, le place-t-il immédiatement avant le genre Patelle. M. de Lamarck a varié dans presque tous ses ouvrages : ainsi, dans la première édition de ses Animaux sans vertèbres, il en faisoit un genre de la seconde section, c'est-à-dire, de coquilles sans canal et sans échancrure, et le mettoit entre la testacelle et le vermiculaire; dans sa Philosophie zoologique, c'est un genre de la famille des auriculaires, dans laquelle entrent aussi les genres *Melanopside*, *Mélanie* et *Lymnée;* enfin, dans l'Analyse de son cours, ainsi que dans sa Méthode conchyliologique, les haliotides sont rapportées avec les patelles, et sans subdivisions, dans une famille particulière, sous le nom de *macrostomes*. M. G. Cuvier n'a pas moins varié que M. de Lamarck. Dans la première édition de son Règne animal, c'est un genre placé entre les patelles et les nérites. Dans les tableaux d'anatomie comparée il en est encore à peu près de même; et, dans la deuxième édition du Règne animal, il est mis avec toutes les subdivisions du genre Patelle, sauf les patelles elles-mêmes, dans une famille à laquelle M. Cuvier donne le nom de Scutibranches. (Voyez ce mot). M. Duméril, dans sa Zoologie analytique, le range dans deux de ses familles; savoir : dans ses *dermobranches*, non seulement avec les patelles, mais encore avec les doris, les eolides, et même les os cabrions; et plus loin, il le reporte dans celle qu'il nomme *adelobranches*, avec la famille des limaçons, celle des laplysis, les planorbes et tous les cyclostomes marins et fluviatiles. M. Ocken en fait un genre de la troisième famille de la troisième tribu de son ordre trois, et il met dans cette famille les patelles, les phyllidies, les oscabrions. C'est pour nous le type d'une sous-division dans la section des megastomes, et très-probablement celui d'une famille particulière. M. Schweiger, dans son Histoire naturelle des Animaux sans vertèbres, imite entièrement M. Cuvier.

Les caractères de ce genre sont: Corps ovalaire, très-déprimé, pourvu inférieurement d'un large pied qui le déborde presque de toutes parts; et dans sa circonférence, d'une double frange garnie de filamens tentaculaires: tête bien distincte, avec quatre tentacules, dont deux plus grands, un peu aplatis, et deux plus courts, prismatiques, portant les yeux au sommet; cavité branchiale située à gauche, contenant deux longues branchies inégales, et terminée antérieurement par deux lobes inégaux du manteau: coquille très-déprimée, ovale, à spire très-basse, presque postérieure et latérale; à ouverture très-ample; le bord gauche ou columellaire replié et tranchant; une série de trous parallèles à ce bord, dont les antérieurs seuls sont perforés et servent au passage des lobes tentaculiformes du manteau.

Les haliotides ont réellement quelques rapports avec les patelles, et surtout avec les fissurelles. Leur corps est cependant encore beaucoup plus déprimé et moins conique : toute la partie inférieure est formée par un large disque musculaire servant d'organe de locomotion ; le dessus offre également, dans sa partie médiane, un espace ovalaire assez large, qui est aussi musculaire, et qui, provenant du pied, s'attache à la coquille; c'est, jusqu'à un certain point, le muscle de la columelle des autres mollusques à coquille spirale, et en même temps l'origine de la disposition du muscle adducteur des bivalves. De toute la circonférence de cet espace musculaire naît le manteau, qui est fort mince tant qu'il est appliqué sur la masse des viscères, et qui s'épaissit à mesure qu'il la dépasse. Son bord double, mais sans aucune trace de frange, règne dans toute la circonférence du corps de l'animal et borde la coquille, sans qu'il y ait division, si ce n'est en avant et à gauche :

en effet, dans cet endroit il est assez profondément fendu en deux lobes plus ou moins pointus, dont le gauche dépasse sensiblement le droit. Dans le reste de son étendue de ce côté, c'est-à-dire, entre le côté gauche du muscle supérieur et le bord latéral de ce même côté, le manteau forme une route assez vaste pour la cavité branchiale, qui, par conséquent, est tout-à-fait à gauche, et se prolonge fortement en arrière. Entre le pied et le bord du véritable manteau se trouve une assez large membrane évidemment musculaire, qui règne dans toute la circonférence du corps de l'animal, avec une seule échancrure antérieure pour le passage de la tête, c'est-à-dire qu'elle nait sur les côtes de celle-ci, en dehors des tentacules. Elle est bordée, dans toute sa circonférence, d'une double frange fort épaisse; l'inférieure est entièrement composée de petits tubercules charnus, irrégulièrement disposés sur plusieurs rangs; tandis que la supérieure n'en a qu'un seul : mais en outre, on voit, en dessus, une ligne de véritables appendices tentaculaires assez longs, qui semblent sortir d'un petit trou percé à leur base, et qui sont placés à des distances égales. Cette lame musculaire en avant se prolonge au-dessous des tentacules en espèces d'appendices qui peuvent, sans doute, dépasser beaucoup le pied, et même la tête. Entre cette lame médiane et le pied, règne un sillon assez profond, mais qui n'offre rien de remarquable : mais, entre elle et le bord libre du manteau, il en règne un autre dans lequel se trouvent la tête en avant, et la cavité branchiale à gauche. La tête, assez distincte, large, déprimée, présente deux paires d'appendices; la postérieure, supérieure et externe, est beaucoup plus courte; elle est assez grosse : elle porte à son extrémité un point noir bien distinct, qu'on regarde comme un œil. Cette paire est réunie à sa base par une membrane mince, transverse, qui cache une partie de la trompe. L'autre paire d'appendices est formée par les tentacules : ils sont assez longs, triangulaires et un peu déprimés; dans le milieu de leur face supérieure, existe une sorte de dépression longitudinale, et les bords de ces tentacules m'ont paru un peu frangés, ce qui tient peut-être au racornissement. Entre ces deux tentacules, et un peu en dessous, on voit saillir une sorte de trompe ou de masse charnue, aplatie, ridée transversalement, au milieu antérieur de laquelle est une fente verticale, bordée de lèvres assez épaisses pour la bouche. La cavité buccale est médiocre, et pour l'étendue, et pour les muscles qui l'entourent et qui la meuvent; à sa face inférieure est une langue triangulaire, pointue et libre en avant, élargie et comme canaliculée en arrière; elle est garnie de denticules brunes, cornées sur quatre rangs qui se prolongent sur un ruban lingual en arrière.

L'œsophage, qui se porte de suite à gauche, est assez étroit; il est accompagné de deux glandes salivaires assez longues; il passe ensuite, sous la paroi inférieure de la cavité branchiale, au côté gauche du disque musculaire supérieur, et parvient dans la masse viscérale, qui est tout-à-fait en arrière et au-delà du bord postérieur de ce disque. C'est dans cette masse que l'œsophage se renfle en un estomac membraneux assez considérable, situé tout-à-fait à son côté gauche, et qui est entièrement compris dans le foie qui, comme dans les bivalves, forme autour de lui une sorte de couche assez épaisse. Le canal intestinal, extrêmement court, naît de l'estomac, presque tout à côté de l'insertion de l'œsophage, et se porte d'arrière en avant pour former le rectum. Celui-ci, collé immédiatement sous le cœur, s'en dégage bientôt, et fait une saillie de près d'un pouce dans la cavité branchiale où il s'ouvre. Il m'a semblé que, dans sa partie libre, il est accompagné d'une sorte d'organe glanduleux.

La cavité branchiale, comme il a été dit plus haut, est située tout-à-fait à gauche; elle est grande, et surtout fort alongée d'avant en arrière; sa paroi inférieure est formée par la peau fort mince qui recouvre l'œsophage, et qui passe du côté externe et profond du muscle médian au lobe gauche du manteau; la paroi supérieure est également formée par le lobe droit du manteau qui se recourbe en arrière pour border le côté gauche du muscle médian, et qui passe ensuite transversalement pour aller joindre le lobe gauche du manteau. Nous avons déjà mentionné comment le bord antérieur de cette paroi de la cavité branchiale se prolonge en deux lobes triangulaires, inégaux, qui sortent par les trous de la coquille. A la face interne de cette paroi supérieure se trouvent une, et peut-être deux séries d'appendices triangulaires, très-aplatis, dont j'ignore la nature et l'usage, mais qui ne sont pas vasculaires. Les branchies proprement dites forment deux très-longs peignes étroits, qui occupent toute la longueur de la cavité branchiale. Le droit, qui est presque immédiatement collé contre le muscle médian, est cependant un peu plus court que le gauche. L'un et l'autre sont formés d'une quantité innombrable de petites lames qui reçoivent le fluide à élaborer par une veine branchiale qui en occupe le dos ou la partie adhérente, et qui est entrée à leur base, après avoir été formée de la réunion successive des veines de chaque côté du corps. Les artères branchiales occupent, au contraire, la face libre de chaque peigne branchial : nées à leur pointe, elles augmentent de diamètre à mesure qu'elles se portent en arrière ; parvenues à la partie antérieure de la masse viscérale, au-dessus du rectum, elles se réunissent dans une oreillette qui semble double, et qui s'ouvre dans le cœur, dont le péricarde est extrêmement adhérent à la racine du rectum, a peu près comme dans les mollusques bivalves. De ce ventricule partent ensuite les aortes qui se subdivisent de suite en plusieurs branches, dont les plus fortes pénètrent dans le foie et dans l'ovaire.

Les organes de la génération ne m'ont paru composés que d'un énorme ovaire qui non seulement enveloppe la presque totalité du foie, mais qui, seul et formant une masse considérable qui remplissoit la spire, se portoit à droite, et occupoit tout le côté du corps jusqu'à la partie antérieure du muscle médian. Je ne suis pas absolument certain d'avoir vu la fin de l'oviducte ; mais il m'a semblé unique et se terminer dans la cavité branchiale, collé contre le côté gauche du muscle central, au-dessous et un peu en arrière de la terminaison du rectum.

D'après ce que nous venons de dire de l'organisation de l'haliotide, il est évident qu'elle offre beaucoup de rapprochemens avec celle des mollusques acéphales ; c'est, pour ainsi dire, un acéphale beaucoup moins symétrique encore que les huîtres, par exemple ; en effet, pour en faire un de ces mollusques, il suffiroit presque de mettre d'abord l'animal sur le bord droit, puis de diminuer la largeur du pied et de la rendre plus semblable à celle du muscle median supérieur, de rabattre ensuite le côté gauche du manteau avec la lame frangée, et alors le corps se trouveroit compris entre deux membranes, l'une à droite et l'autre à gauche, dont le bord seroit divisé en deux parties : l'une attachée au bord de la coquille, et l'autre tentaculaire et libre, ce qui a également lieu dans une huître; la tête alors, tordue et ployée dans la ligne médiane, auroit, de chaque côté, une paire d'appendices comme dans ces mêmes animaux. Le bord droit deviendroit alors le bord inférieur de l'animal, et les branchies, le cœur, l'anus lui-même se trouveroient au bord opposé ou dorsal, ce qui a lieu dans presque tous les acéphales, avec cette différence, cependant, qu'ici c'est vers la bouche que l'anus est dirigé, tandis que c'est le contraire dans les acéphales. La simplicité du canal intestinal, la forme et la disposition de l'estomac et du foie offrent aussi plusieurs points de ressemblance; et l'on ne peut pas nier qu'il en soit de même de l'appareil de la génération, qui semble être réduit à l'organe essentiel femelle, mais avec un énorme développement.

La coquille des haliotides, plus connue sous le nom d'oreilles de mer, à cause de la grossière ressemblance qu'elle offre avec la conque auditive de certains animaux, est remarquable par la beauté de la nacre qui la tapisse intérieurement. Son bord droit est toujours mince et tranchant; il offre assez souvent à la partie antérieure une échancrure plus ou moins profonde, qui est le commencement d'un trou semblable à ceux qui perforent le disque de la coquille, et qui servent au passage des lobes tentaculaires du manteau, pour former sans doute une sorte de canal de respiration. Le nombre de ces trous est variable: ils se remplissent successivement et en dedans à mesure que la coquille s'accroît, de manière à ce qu'il n'en reste que cinq ou six d'ouverts; le bord gauche ou columellaire forme une sorte de lame tranchante nacrée qui pénètre dans le sillon du côté gauche du corps. D'après ce que dit Adanson, dans son Histoire du Sénégal, il paroit que ces coquilles varient beaucoup dans la même espèce avec l'âge, et cela non seulement pour la forme, c'est-à-dire, pour la proportion des deux diamètres, ce qui rend les unes plus longues, plus étroites, et les autres plus courtes, plus larges; pour les couleurs, pour le nombre des trous qui est de six ou sept dans les vieilles, et de trois ou quatre seulement dans les jeunes; mais encore pour le nombre des sillons dont la plupart sont ornés en dessus. Adanson dit, en effet, qu'il n'y en a que cinquante à soixante dans les jeunes, et jusqu'à cent cinquante dans les vieilles. Ce sont sans doute ces variations qui rendent la distinction des espèces de ce genre si difficile.

Les haliotides paroissent exister dans toutes les mers : comme les patelles, elles se trouvent principalement dans les lieux remplis de rochers qu'elles recouvrent quelquefois presque entièrement, quoiqu'ils puissent être découverts à la basse mer. Elles se meuvent aussi assez lentement, au moyen du large disque musculaire qui forme la partie inférieure de leur corps, mais cependant beaucoup plus vite que les patelles. Dans le moment où elles marchent, on ne voit pas leur pied proprement dit, et encore moins le manteau, mais, au contraire, la frange musculaire qui se trouve entre eux, se déploie de manière à dépasser beaucoup la coquille, et enfin à offrir une disposition de franges extrêmement élégante et régulière. On ignore à peu près entièrement l'espèce de nourriture que recherchent ces animaux. Il me semble cependant qu'elle est plus végétale qu'animale. Il est probable qu'il n'existe aucun rapport entre les individus, et que chacun d'eux produit, indépendamment de tout autre, un grand nombre d'œufs, ou mieux peut-être de petits : mais c'est sur quoi nous n'avons encore aucune donnée positive.

Comme les haliotides sont nombreuses dans les endroits qu'elles préfèrent, qu'elles atteignent un assez grand volume, et qu'elles contiennent beaucoup de parties charnues, on les mange presque partout; mais, comme leur chair est dure, ce ne sont guère que les pauvres, du moins dans nos pays, qui en font leur nourriture. Les pêcheurs les recherchent aussi pour servir d'appâts pour la pêche, et, entre autres, pour celle des crustacés.

Le nombre des espèces de ce genre est assez considérable; mais il est assez difficile de les distinguer, à cause des variations dont la coquille est susceptible, et l'on ne connoît que cela dans nos cabinets, encore souvent sont-elles encroûtées presque entièrement d'impuretés de mer, de serpules, ou de glands de mer, ou bien au contraire ont-elles été polies pour montrer la beauté de leur nacre. Les différences spécifiques les meilleures se trouvent sans doute dans la disposition des franges du manteau.

On a, dans ces derniers temps, établi plusieurs genres avec

quelques espèces que Linnæus rangeoit parmi les haliotides; ainsi Helblins, et par suite M. de Lamarck ont fait de l'*Haliotis imperforata* leur genre Stomatia. (Voyez ce mot.) MM. Denys de Monfort et Leach ont fait des espèces de véritables haliotides qui ont une sorte de sillon intérieur, parallèle à la série des trous, le genre Padolle.

1.° L'Haliotide ormier : *Haliotis tuberculata*, Linn.; vulgairement l'Ormier, l'Oreille de mer. Coquille ovale ou peu alongée, de quatre à cinq pouces de long sur trois et demi de large, rugueuse en dessus, par le grand nombre de cannelures dont elle est sillonnée; couleur ordinairement rouge, variée quelquefois de blanc.

On admet généralement que cette espèce se trouve dans toutes les mers, et même sur les côtes de Bretagne; mais, comme c'est celle-ci que j'ai disséquée, je doute un peu que ce soit la même que celle observée par Adanson, par exemple.

2.° L'Haliotide striée; *Haliotis striata*, Linn., *Mart. Conch.*, 1, t. 14, fig. 138. Très-voisine de la précédente dont elle ne diffère que parce que les stries, dont le dos est orné, sont plus régulières, moins tuberculeuses, elle est rouge ou verte, ou variée de ces deux couleurs. Des mers d'Asie et de Barbarie.

3.° L'Haliotide variée; *Haliotis varia*, Linn., *Mart. Conch.*, t. 15, fig. 144. Ovale, avec des stries longitudinales, dont les plus grandes sont tuberculées, de couleur blanche ou d'un brun jaunâtre, ou d'un vert sale; vingt à trente trous, dont quatre ou cinq sont percés. Mers de l'Inde.

4.° L'Haliotide marbrée : *Haliotis marmorata*, Linn.; Gm.; Gualt., t. 69, fig. A, C. C'est encore une espèce ovale de trois à quatre pouces de long, avec des stries longitudinales très-fines, et d'autres transversales, presque effacées; le nombre des trous est de trente environ, dont quatre à cinq sont ouverts. La couleur est variée de brun, de blanc, de vert et de rouge. Des mers d'Afrique et de l'Inde.

5.° L'Haliotide a doubles stries : *Haliotis bistriata*, Linn.; Gm., *Mart. Conchyl.*, 1, t. 15, fig. 142. Coquille ovale, ornée de stries transverses, élevées et doubles; couleur verdâtre, avec des espèces de rayons d'un brun pourpre, le côté droit sinueux. Mer d'Afrique.

6.° L'Haliotide asinelle : *Haliotis asinium*, Linn., Gm.; Gualt.,

Test., t. 69, fig. D. Coquille beaucoup plus étroite, plus lisse que les autres espèces, de trois pouces de long au plus, avec le bord droit, fortement arquée; couleur variée de brun, de vert et de blanc; les stries longitudinales auprès de la spire, tuberculées, et souvent ponctuées de rouge. Espèce rare de l'Inde.

7.° L'Haliotide australe : *Haliotis australis*, Linn.; Gm.; Chemm., *Conch.*, 10, t. 166, fig. 1603 et 1604. Coquille ovale, convexe, de dix à douze pouces de long sur deux et demi de large, cancellée, c'est-à-dire, striée dans les deux sens; la spire renflée et proéminente; couleur variée de rouge et de bleuâtre; les ouvertures rondes, rapprochées, et au nombre de six à sept. De la Nouvelle-Zélande.

8.° L'Haliotide de Guinée : *Haliotis guineensis*, Linn.; Gm.; Schroet., *Einl. in Conch.*, 2, p. 388, t. 4, fig. 18. Coquille ovale, subconvexe, solide, striée dans les deux sens, variée de blanc, de vert et de rouge; les ouvertures déprimées, au nombre de six entières. Côtes de Guinée.

9.° L'Haliotide très-belle : *Haliotis pulcherrima*, Linn.; Gm.; Chemm., *Conch.*, 10, p. 313, t. 166, fig. 1605 et 1606. Jolie petite espèce de sept lignes de long au plus, presque ronde, avec des stries granulées; la spire saillante; le bord gauche très-large, l'externe crénelé : couleur variée de blanc et de rose; trente ouvertures dont cinq entières. Iles de la mer du Sud.

10.° L'Haliotide de Midas : *Haliotis Midæ*, Linn.; Gm.; Gualt., *Test.*, t. 69, fig. 5. Coquille épaisse, de sept à neuf pouces de long, presque ronde, avec des stries longitudinales, ondulées en dessus; couleur ordinairement verte. Mers de l'Inde et d'Afrique.

11.° L'Haliotide géant : *Haliotis gigantea*, Linn.; Gm.; Chemm., *Conch.*, 10, p. 115, t. 167, fig. 1610 et 1611. Coquille très-aplatie, de quatre à six pouces de long sur trois et demi de large, rugueuse en dessus par des stries longitudinales, ondulées, croisées par des transverses; couleur variée de rouge et de blanc : le bord gauche très-large. Nouvelle-Hollande.

12.° L'Haliotide iris : *Haliotis iris*, Linn.; Gm.; Chemm., *Conch.*, 10, p. 317, t. 167, fig. 1612 et 1613. Coquille rare, ventrue, de quatre pouces et demi de long sur trois de large, rude en dessus par des plis transverses et longitudinaux, d'un jaune bleu en dessus, et brillante des plus belles couleurs de l'iris en dedans. Nouvelle-Zélande.

13.° L'Haliotide rouge; *Haliotis rubra*, Leach, *Melang. Zool.*, pag. 54, tab. 25. Très-belle coquille subovale, striée longitudinalement, avec des espèces de côtes transversales, provenant de trous qui sont ronds, très-nombreux (45 à 50), et très-serrés; couleur rouge de brique. Elle vient des mers de la Nouvelle-Hollande.

14.° L'Haliotide de Cracherode; *Haliotis Cracherodii*, Leach, l. c., p. 131, tab. 58. Ovale, de trois pouces de long, substriée, de couleur noire bleuâtre en dessus, irisée en dedans. Mer de la Californie. (De B.)

HALIOTIDE. (*Foss.*) Luid et Scheuchzer annoncent qu'on a trouvé des haliotides à l'état fossile. Bertrand dit, dans son Dictionnaire oryctologique, qu'il a possédé une coquille de ce genre, qui avoit été apportée de la Virginie, et qui ressembloit à une pierre ferrugineuse. Si l'on a trouvé des haliotides à l'état fossile, elles sont extrêmement rares, car on n'en voit aucune qui soit citée dans les collections existantes, et nous douterons que l'on en ait trouvé, jusqu'à ce que la preuve en soit mieux établie. (D. F.)

HALIOUTS. (*Ornith.*) Nom donné, dans l'île de Madagascar, suivant Flacourt, à un oiseau gris, de la grosseur du pigeon, qui a une longue queue, et vit dans les bois; on l'appelle aussi *harefets*. (Ch. D.)

HALIPHLEOS. (*Bot.*) On trouve sous ce nom, dans Daléchamps, l'espèce de chêne qui est le *quercus cerris* de Linnæus. C'est le *cerris* de Pline, l'*ægylops* à petit gland de Dodoens. Voyez Chêne. (J.)

HALIPLE, *Haliplus* (*Entom.*), nom donné par M. Latreille à une division de coléoptères pentamérés, comprise auparavant dans le genre *Dytique*, de la famille des nectopodes ou remipèdes.

Ce nom, comme nous l'avons fait remarquer dans la Zoologie analytique, n'est pas heureusement choisi; il ne signifie pas un bateau, mais un navigateur sur mer, *ἁλίπλοος*, *mare navigans*. Or, les insectes dont il est ici question ne se trouvent jamais dans les eaux salées.

Illiger, pour indiquer la particularité la plus remarquable qui distingue ce genre, et qui consiste dans une lame de la poitrine, qui s'étend au-dessus des pattes postérieures qu'elle recouvre, avoit donné à ces insectes le nom de *cnemidotus*, de κνημῖς, κνημιδος, la jambe, et de ὦτις, oreille.

Nous avons fait figurer, sous le n.° 3 de la planche des nectopodes, dans ce Dictionnaire, une espèce du genre Haliple. Geoffroy l'a très-bien indiquée sous le nom de dytique strié à corselet jaune. Il remarque que le dessous du corselet forme deux larges plaques qui recouvrent l'articulation des pattes postérieures et la moitié de leurs cuisses, ce qui les empêche de se mouvoir, si ce n'est horizontalement : aussi l'insecte nage-t-il très-bien par ce mouvement; mais il ne peut marcher sur la terre.

L'insecte dont il est ici question est l'haliple imprimé. Un autre, appelé oblique par Fabricius, porte sur les élytres, qui sont jaunâtres, cinq taches obliques brunes. Il est figuré dans le XIV.ᵉ cahier de la Faune de Panzer, sous le n.° 6. Une troisième espèce est appelée fauve par Fabricius.

Voyez l'article DYTIQUE. (C. D.)

HALIUN (*Bot.*), nom donné, dans les environs d'Alep, à l'orobanche, suivant Rauvolf. (J.)

HALIVE. (*Ornith.*) Sarcelle de Madagascar, qui, suivant Flacourt, p. 164, a le bec et les pieds rouges. (CH. D.)

HALKA. (*Bot.*) Voyez HALAS. (J.)

HALK-REGEL (*Ornith.*), nom allemand du rollier commun, *coracias garrula*, Linn. (CH. D.)

HALLADA (*Bot.*), nom espagnol de l'*aspalathus tertius* de Clusius, qui est le *spartium scorpius* des modernes. (J.)

HALLAL (*Bot.*), nom arabe, selon Forskal, de son *scirpus lateralis*. (J.)

HALLEBARDE (*Conchyl.*), nom que les marchands d'histoire naturelle emploient quelquefois pour désigner le pied de pélican, *strombus pes pelicanus*. (DE B.)

HALLEBRAN. (*Ornith.*) On appelle ainsi les jeunes canards sauvages. Ce mot paroit avoir été tiré de l'allemand *halberente*, qui signifie demi-canard. Aldrovande l'a rendu en latin par *Allabrancus*. (CH. D.)

HALLELUIA ou ALLELUIA (*Bot.*), nom vulgaire de l'oxalide surelle. (L. D.)

HALLER, *Halleria*. (*Bot.*) Genre de plantes dicotylédones, à fleurs complètes, monopétalées, irrégulières, de la famille des *scrophulaires*, de la *didynamie angiospermie*, de Linnæus, dont le caractère essentiel consiste dans un calice très-petit, persistant, à trois divisions inégales; une corolle renflée, infundibuliforme; le limbe oblique, irrégulier, à quatre divisions; la supérieure plus grande; quatre étamines didynames; un ovaire supérieur; un style; un stigmate. Le fruit est une baie terminée par une pointe, à deux loges polyspermes.

Ce genre a été consacré à la mémoire du célèbre Haller: il n'y a de bien connu que l'espèce suivante.

Haller luisant: *Halleria lucida*, Linn.; Lamk., *Ill. gen.*, tab. 526: Burm., *Afr.*, pag. 244, tab. 89, fig. 2. Arbrisseau d'une forme assez élégante, qui conserve ses feuilles en hiver. Il s'élève à la hauteur de dix à douze pieds sur une tige glabre, rameuse; les petits rameaux grêles, opposés, cylindriques, garnis de feuilles petites, pétiolées, opposées, glabres, ovales, d'un vert-luisant, dentées en scie sur les bords, longues d'environ un pouce. Les fleurs sont latérales, pédonculées, pendantes, d'un rouge vif; elles naissent ordinairement deux à deux, le long des rameaux, dans les aisselles des feuilles; elles s'épanouissent dans l'été: leur pédoncule est long d'environ un demi-pouce, accompagné de deux bractées. Leur calice est court: leur corolle tubulée, irrégulière, évasée de la base au sommet: le limbe oblique, non ouvert, à quatre lobes obtus; les étamines un peu plus longues que la corolle; les anthères petites, arrondies, à deux loges; l'ovaire supérieur ovale; le style filiforme, de la longueur des étamines; le stigmate obscurément bilobé. Le fruit est une baie glabre, ovale-arrondie, placée sur le calice, mucronée par le style.

La variété β de Linnæus et Burm., *Afr.*, tab. 89, fig. 1, a été présentée par Thunberg comme une espèce distincte, sous le nom de *halleria elliptica*, distinguée par un calice à quatre divisions, par les feuilles oblongues, aiguës, dentées, cunéiformes et entières à leur base; les lobes de la corolle égaux; les étamines non saillantes.

Cet arbrisseau croît au cap de Bonne-Espérance: on le cultive au Jardin du Roi. On le multiplie de drageons et de marcottes que l'on fait sur couche et à l'ombre, dans le courant de mai ou de juin. Il lui faut une terre un peu forte, de l'ombre et des arrosemens fréquens dans le temps des grandes chaleurs. Tous les ans, au printemps, on le change de pot et de terre ; quoique peu délicat, cet arbrisseau doit être tenu dans la serre tempérée pendant l'hiver. (Poir.)

HALLFFISCH. (*Ichthyol.*) En Ecosse, on donne ce nom au saumon lorsqu'il a atteint l'âge de cinq ans. (H. C.)

HALLIA. (*Bot.*) Genre de plantes dicotylédones, à fleurs complètes, papillonacées, de la famille des *légumineuses*, de la *diadelphie décandrie* de Linnæus, offrant pour caractère essentiel: Un calice à cinq divisions presque égales ; une corolle papillonacée ; dix étamines diadelphes ; une gousse non articulée, monosperme, à deux valves.

Ce genre a pour type plusieurs espèces d'*hedysarum* et de *glycine*, à feuilles simples, et dont les gousses sont monospermes, bivalves, sans articulations : il a été établi par Thunberg, qui l'a enrichi de plusieurs espèces découvertes au cap de Bonne-Espérance.

Hallia a feuilles en cœur : *Hallia cordata*, Willd., *Spec.*, 3, pag. 1168 ; *Hedysarum cordatum*, Jacq., *Hort. Schœn.*, 3, pag. 25, tab. 269 ; *Glycine monophylla*, Linn., *Mant.*, 101. Plante du cap de Bonne-Espérance, dont les tiges sont étalées sur la terre, longues de deux pieds, de l'épaisseur d'un fil, pileuses et trigones, garnies de feuilles simples, alternes, oblongues, en cœur, très-entières, un peu pubescentes à leurs deux faces, trois fois plus longues que le pétiole, terminées par une petite pointe molle, accompagnées de deux stipules. Les fleurs sont solitaires, axillaires ; les pédoncules uniflores, capillaires, plus longs que les pétioles ; la corolle violette ; un involucre fort petit et trifide ; l'ovaire oblong et velu.

Hallia asarine : *Hallia asarina*, Willd. ; Thunb., *Prodr.*, 131 ; *Crotalaria asarina*, Berg., *Pl. Cap.*, 194. Ses tiges sont très-longues, filiformes, herbacées, étalées sur la terre, striées, anguleuses, parsemées de longs poils ; les rameaux simples, alternes, filiformes, très-longs ; les feuilles pileuses, échancrées en cœur, obtuses, mucronées, veinées, réticulées deux stipules rabattues, ovales, aiguës, un peu pileuses : les fleurs petites, axillaires, solitaires et pédonculées ; les pédoncules capillaires, hérissés, un peu plus courts que les feuilles; le calice turbiné, velu, fort petit, à cinq découpures linéaires-lancéolées, aiguës, l'inférieure un peu plus grande; la corolle violette; l'étendard en ovale renversé, rayé. Cette plante croît au cap de Bonne-Espérance.

Hallia hérissé : *Hallia hirta*, Willd., *Spec.*, 3, pag. 1169; Pluken., *Amalth.*, 131, tab. 454, fig. 8. Cette plante avoit été confondue avec la précédente, dont en effet elle est très-rapprochée; elle en diffère par la petitesse de ses feuilles, par l'absence des stipules, par ses fleurs jaunes, par les pédoncules glabres et courts. Ses tiges sont diffuses, hérissées, rameuses, un peu cylindriques; les feuilles petites, nombreuses, à peine pétiolées, longues de deux ou trois lignes, un peu arrondies, échancrées en cœur, parsemées de points transparens et de poils à leurs deux faces, ciliées à leurs bords; les pédoncules très-courts, solitaires, axillaires; les gousses glabres, ovales, monospermes et bivalves.

Hallia a feuilles imbriquées : *Hallia imbricata*, Willd.; Thunb., *Prodr.*, 131; *Hedisarum imbricatum*, Thunb., *Nov. Act. Ups.*, 6, pag. 42, tab. 1, fig. 1. Cette espèce est facilement distinguée par la disposition de ses feuilles imbriquées, et par ses larges stipules. Ses tiges sont diffuses, filiformes, herbacées et rameuses; les rameaux simples, un peu velus; les feuilles sessiles, appliquées contre les tiges, ovales, en cœur, aiguës à leur sommet, ciliées; des stipules courtes, élargies; les fleurs solitaires, axillaires, cachées par les feuilles; leur calice velu, à cinq découpures étroites, profondes, ciliées par de longs poils blancs; la corolle purpurine, rayée par des veines noirâtres; l'étendard plus long que le carène; les ailes étroites, de la même longueur et presque aussi larges que la carène. Le fruit est une gousse bivalve, à une seule semence.

Hallia a feuilles bilobées : *Hallia sororia*, Willd., *Spec.*; *Hedysarum sororium*, Linn.; *Glycine monophyllos*, Burm., *Fl. Ind.*, 161, tab. 50, fig. 2; Petiv., *Gasoph.*, tab. 32, fig. 1. Cette espèce, originaire des Indes orientales, a des tiges glabres, sarmenteuses, herbacées, grêles, anguleuses, hautes d'environ un pied; les feuilles sont petites, distantes, pétiolées, arrondies, échancrées presque en deux lobes à leur sommet, en forme de rein à leur base, glabres, médiocrement réticulées ; les stipules courtes, ovales, élargies : les fleurs distantes, pédicellées, disposées deux à deux le long d'un pédoncule commun, axillaire, pubescent; les pédicelles très-fins, longs de trois ou quatre lignes; les calices très-courts, campanulés, pubescens, à cinq petites dents obtuses; la corolle petite, purpurine ou blanchâtre; les gousses courtes, ovales, comprimées, glabres, monospermes.

Quelques autres espèces d'hallia, toutes originaires du cap de Bonne Espérance, sont mentionnées par Thunberg, dans son *Prodrome*, pag. 131, telles que, 1.° le *hallia alata*, à feuilles simples, glabres, oblongues; des stipules courantes sur une tige ailée ; 2.° *hallia flaccida*, dont les feuilles sont lancéolées, glabres, mucronées ; les pédoncules uniflores, de la longueur des feuilles ; 3.° *hallia virgata* : les pédoncules sont plus courts que les feuilles ; ils ne portent qu'une seule fleur; les feuilles sont glabres, lancéolées, mucronées. (Poir.)

HALLIER. (*Ornith.*) Ce terme, qui désigne un plant de buissons et d'arbrisseaux, est également le nom d'une sorte de filets que, vraisemblablement, on appelle ainsi parce qu'étant tendus ils forment une haie, dans laquelle se prennent les oiseaux qui essaient de la traverser. La manière de construire les halliers et de s'en servir pour prendre des cailles et d'autres oiseaux, est indiquée sous le mot Filets. (Ch. D.)

HALLITE. (*Min.*) L'alumine native ayant été trouvée, pour la première fois, à Halle, en Saxe, fut appelée hallite par de La Métherie. Voyez Alumine native. (Brard.)

HALMATURUS (*Mamm.*), nom générique donné par Illiger aux Kanguroos. Voyez ce mot. (F. C.)

HALO. (*Phys.*) Cercle coloré qui se forme autour du soleil, de la lune et des planètes. Ce phénomène, dû à la réfraction et à la réflexion que les rayons lumineux souffrent lorsqu'ils passent au travers du brouillard, est du genre de l'Arc-en-Ciel. (Voyez ce mot.) Quelquefois il se produit plusieurs de ces couronnes, qui sont concentriques. C'est autour de la lune qu'il s'en montre le plus souvent, parce que la lumière du soleil est presque toujours trop forte pour les laisser apercevoir, et celle des planètes trop foible pour les produire. (L. C.)

HALODENDRUM. (*Bot.*) Ce genre de M. du Petit-Thouars

ne diffère de l'*avicennia* que par un calice à cinq divisions au lieu de quatre, et par son fruit à deux loges monospermes. Ne pourroit-on pas en conclure que, dans l'*avicennia*, l'unité de loge et de graine, généralement observée, n'est que le résultat d'un avortement? (J.)

HALOPHILA. (*Bot.*) Genre de plantes monocotylédones, à fleurs incomplètes, dioïques, de la famille des *naïades*, de la *dioécie monandrie* de Linnæus, établi par M. du Petit-Thouars (*Gener. Nov. Madagas.*, pag. 2), pour une plante herbacée de l'île de Madagascar, dont le caractère essentiel consiste dans des fleurs dioïques. La fleur mâle solitaire, dépourvue de calice et de corolle, munie seulement d'une gaine conique, en forme de spathe; une seule étamine; le filament alongé, ainsi que l'anthère; le pollen visqueux, agglutiné; la fleur femelle semblable à la fleur mâle, mais privée d'étamines; un ovaire simple, surmonté d'un style grêle, alongé, terminé par trois stigmates étalés; une capsule à une seule loge, à trois valves, contenant plusieurs semences fort petites, attachées aux parois internes de la capsule.

Cette plante est fort petite, pourvue de racines rampantes, d'où sortent des feuilles toutes radicales, pétiolées, transparentes, pourvues de stipules arrondies, également transparentes. Les fleurs sont solitaires, situées dans l'aisselle des feuilles. Cette plante croît dans les eaux, sur les bords de la mer. (Poir.)

HALORAGIS. (*Bot.*) Genre de plantes publié par Forster, qui est le même que le *cercodea* de Solander, type de la famille de cercodiennes. Murrai et Gærtner le nomment *cercodia*. (J.)

HALOS et HALOS-ANTHOS. (*Min.*) Suivant de Bomare, les anciens donnoient ce nom à des espèces de pellicules composées de sel et de bitume, qui surnagent à la surface de certaines fontaines salino-bitumineuses. On sait que ces deux substances sont souvent associées dans la nature, et particulièrement dans ces petits volcans froids et vaseux que l'on nomme salces. Voyez Salces. (Brard.)

HALOSACNE. (*Min.*) C'est le nom donné par les naturalistes de l'antiquité aux enduits salins et spongieux qui se déposent à la surface des rochers voisins de la mer, et même sur les plantes qui croissent sur ses bords. Voyez Soude muriatée. (Brard.)

HALOTECHNIE. (*Chim.*) Ce mot est dérivé de *αλς*, sel, et de *τεχνη*, art. Plusieurs savans l'ont employé pour désigner l'ensemble des connoissances qui se rapportent aux substances salines. (Ch.)

HALPAN (*Bot.*), nom d'un souchet, *cyperus longus*, à Ceilan, suivant Hermann et Linnæus. (J.)

HALQUE. (*Bot.*) Dans le Levant on nommoit ainsi une espèce de genevrier, suivant M. Bosc. (J.)

HALSBUK (*Mamm.*), nom du renne en Norwége. (F. C.)

HALT-BEC (*Ichthyol.*), nom hollandois du petit espadon. Voyez Demi-Bec et Gambarur. (H. C.)

HALTER (*Entom.*), nom latin du balancier des diptères. (C. D.)

HALTÉRIPTÈRES [Haltérés], *Halterata.* (*Entom.*) Scopoli a donné ce nom aux insectes à deux ailes pour indiquer, chez ces diptères, la présence de balanciers. Le mot *halter* a été emprunté en effet, par les Latins, aux Grecs qui désignoient ainsi, *αλτηρες*, les masses de plomb ou de pierre que les sauteurs portoient dans les mains pour conserver l'équilibre. Instrumens de gymnastique, dont Martial a dit : *Halteres agili rotat lacerto.* (C. D.)

HALTOMÈNE (*Entom.*), nom sous lequel Hedwigg, dans la Faune Etrusque de Rossi, a indiqué un genre de coléoptères de la famille des ornéphiles, espèce de serropalpe. (C. D.)

HALUS. (*Bot.*) Pline parle d'une plante ainsi nommée par les Gaulois, et qui est le *cotonea* des Vénitiens. Elle paroît avoir quelque rapport avec l'origan, et ne doit pas être confondue avec le *cotonea malus*, qui est le cognassier. (J.)

HALYDE, *Halys.* (*Entom.*) Fabricius (Syst. des Rhyngotes) a désigné, sous ce nom de genre, quelques espèces de punaises de bois ou de pentatomes, qui sont toutes étrangères. (C. D.)

HALYMENIA. (*Bot.*) Quelques plantes marines, de la famille des *algues*, placées d'abord par les botanistes parmi les Fucus et les Ulves, forment le genre *Halymenia* d'Agardh, *Synops.*, caractérisé de la manière suivante par cet auteur :

« Fronde membraneuse, quelquefois coriace; plane ou tubuleuse, sans nervures; seminules contenues dans la substance de la fronde, et disposées par petits paquets épars. »

Ce genre est divisé en deux sections par Agardh.

La première comprend des espèces planes qui rentrent dans la troisième section du genre *Delesseria* de Lamouroux, dans les genres *Sarcophylla* et *Hymenophylla* de Stackhouse, et dans le genre *Ulva* de Decandolle et de Lyngbye. Quatre espèces composent cette section; ce sont les *fucus floressia*, Clément.; *soboliferus*, Turn.; *edulis*, Turn.; *palmatus*, Turn. Les deux dernières espèces sont décrites à l'article Delesseria.

La seconde section représente en quelque sorte le genre *Dumontia* de Lamouroux, et renferme les espèces tubuleuses, au nombre de quatre; savoir :

1°. L'*halymenia ventricosa*, qui est le *dumontia ventricosa*, Lamx., Diss., t. 4, fig. 6. (Voyez Dumontia.)

2.° L'*halymenia ramentacea*, ou *dumontia sobolifera*, Lamx., même plante que l'*ulva sobolifora*, Fl. Dan., tab. 356, et que le *fucus ramentaceus*, Turn., et le *scytosiphon ramentaceum*, Lyng., *Tent. Hydroph. Dan.*, tab. 61.

3.° L'*halymenia saccata*, ou *fucus saccatus*, Lepechin., *Nov. Com.*, *Petr.* XIX, tab. 21.

4.° L'*halymenia fœniculacea.* Espèce douteuse, déjà placée par Agardh dans le genre *Scytosiphon.* Lyngbye la ramène de nouveau à ce genre, et il pense que cette plante peut être le *ceramium inflexum* de Roth. L'*huttchinsia flagelliformis intricata*, Agardh, et le *ceramium fibrosum*, Roth, seroient des variétés de cette espèce, selon Lyngbye. Ce genre ne nous paroît pas dans le cas d'être adopté. (Lem.)

HAM. (*Ornith.*) Voyez Hammer. (Ch. D.)

HAMAAQUA GROUS. (*Ornith.*) John Barrow dit, dans son premier Voyage dans la partie méridionale de l'Afrique, t. 2 de la traduction françoise, p. 50, que les oiseaux ainsi nommés au cap de Bonne-Espérance vivent en société près des sources; qu'ils forment de grandes volées, et qu'ils se laissent assez approcher pour qu'on puisse les assommer à coups de bâton ou de fouet. Le voyageur ne dit rien de la taille ni de la couleur de ces oiseaux; mais il s'agit vraisemblablement ici d'une espèce du genre *Tetrao* de Linnæus, *grous* en anglois, *tetrao namaqua*, Gmel. (Ch. D.)

HAMADRYADE, *Hamadryas.* (*Bot.*) Genre de plantes dicotylédones, à fleurs incomplètes, dioïques par avortement, de la famille des *renonculacées*, de la *dioécie polyandrie* de Linnæus, offrant pour caractère essentiel : Des fleurs dioïques ; un calice à cinq ou six folioles ; dix à douze pétales linéaires, alongés ; des étamines courtes et nombreuses dans les fleurs mâles ; des ovaires nombreux, réunis en tête dans les fleurs femelles ; autant de stigmates ; point de style. Le fruit consiste dans des capsules ovales, monospermes.

Hamadryade de Magellan : *Hamadryas magellanica*, Lamk., Encycl. ; Commers., *Herb.* Cette plante a l'aspect d'une renoncule ; elle est fort petite, et ne s'élève qu'à la hauteur de quatre à cinq pouces. Ses feuilles sont pétiolées, toutes radicales, lanugineuses, presque en cœur, profondément divisées en trois lobes aigus, laciniés, presque pinnatifides, larges d'environ un pouce ; le pétiole long de deux ou trois pouces, en gaîne à sa base. De leur centre s'élève une hampe simple, nue, lanugineuse, un peu plus longue que les feuilles, terminée par deux à cinq fleurs alternes, sessiles, dioïques, presque en épi, longues d'environ un demi-pouce, de couleur jaune. Les folioles du calice sont concaves, ovales, aiguës et caduques ; les pétales linéaires très-aigus, un peu plus longs que le calice ; les filamens des étamines courts, sétacés ; les anthères ovales-oblongues. Cette plante a été découverte par Commerson, au détroit de Magellan, sur le sommet des montagnes boisées.

Hamadryade tomenteuse ; *Hamadryas tomentosa*, Dec., *Syst. veg.*, 1, p. 226. Plante herbacée, blanche et tomenteuse sur toutes ses parties. Le collet de sa racine est couvert de filamens fibreux, reste des anciennes feuilles détruites. Toutes les feuilles sont radicales, presque orbiculaires, pétiolées, en cœur à leur base, à cinq ou sept lobes oblongs, entiers, élargis, aigus, quelquefois trifides ; blanches et très-tomenteuses en dessous, couvertes en dessus de poils disposés en toile d'araignée ; leur pétiole cylindrique, tomenteux, long de quatre à cinq pouces ; deux ou trois fleurs sessiles, très-rapprochées, placées au sommet de la hampe ; le calice velu ; environ vingt capsules ovales, réunies en tête, striées, acuminées par le stigmate persistant. Cette plante croît sur la pente des montagnes, dans l'Amérique méridionale ; elle fleurit vers le commencement du mois de février. (Poir.)

HAMADRYAS (*Mamm.*), nom donné par Linnæus au cynocéphale tartarin. Voyez Cynocéphale. (F. C.)

HAMADZ, HUMADH, HUNDH (*Bot.*), noms arabes, suivant Daléchamps, du *lapathum*, nommé aussi par lui *lapais*, qui est la patience des François, reportée au *rumex* de Linnæus. Forskal dit que le *rumex vesicarius* est le *hunbeyt* des Arabes, et que leur *hemsis* est son *rumex pictus*. M. Delile nomme ce dernier *hommeydt*, et l'assimile au *rumex roseus* de Linnæus. (J.)

HAMAGOGUM. (*Bot.*) On trouve, dans quelques anciens livres de matière médicale, la pivoine officinale désignée sous ce nom. (L. D.)

HAMAH (*Ornith.*), nom arabe de l'effraie, *strix flammea*, Linn. (Ch. D.)

HAMAM (*Ornith.*), nom arabe du pigeon, *columba*, selon Forskal, *Descriptiones Animalium*, etc., p. 9. (Ch. D.)

HAMAMA (*Bot.*), nom arabe d'une espèce de cardamome, suivant Rauvolf. (J.)

HAMAMELIS. (*Bot.*) Ce nom grec étoit donné, selon Daléchamps, par Athenæus, à l'amélanchier, *mespilus amelanchier* de Linnæus; maintenant celui-ci l'a appliqué à un genre très-différent. (J.)

HAMAMELIS. (*Bot.*) Genre de plantes dicotylédones, à fleurs complètes, polypétalées, de la famille des *berbéridées*, de la *tétrandrie digynie* de Linnæus, offrant pour caractère essentiel: Un calice persistant, à quatre divisions, entouré de deux ou trois écailles; une corolle composée de quatre pétales alternes avec les divisions du calice; une écaille à la base interne de chaque pétale; quatre étamines; les anthères attachées au bord des filamens; un ovaire supérieur, à deux lobes; deux styles. Le fruit consiste en une noix à deux loges, à deux valves bifides, contenant deux arilles coriaces, monospermes, s'ouvrant au sommet avec élasticité; les semences oblongues, luisantes; la cicatrice supérieure; la radicule descendante; l'embryon entouré d'un périsperme charnu.

Hamamelis de Virginie: *Hamamelis virginiana*, Linn.; Duham., *Arbr.*, 1, tab. 114; Lamk., *Ill. gen.*, tab. 88; Catesb., *Carol.*, 3, p. 2, tab. 2. Cet arbrisseau s'élève à la hauteur de quatre à six pieds. Il a le port et le feuillage du noisetier. Ses tiges se divisent en rameaux lâches, cylindriques, glabres et grisâtres, chargés d'un duvet très-court sur les bourgeons et les jeunes pousses. Les feuilles sont alternes, pétiolées, ovales, obtuses, crénelées, glabres, larges de deux ou trois pouces sur environ quatre pouces de long: les fleurs d'un blanc jaunâtre, latérales, ramassées, portées sur des pédoncules courts, pubescens ainsi que les pétioles; les pétales linéaires, étroits, alongés. Ces fleurs, ordinairement hermaphrodites, sont quelquefois monoïques ou dioïques, sessiles, et réunies trois ensemble dans un involucre à trois folioles ovales.

Cette plante croît dans la Virginie et dans plusieurs autres contrées de l'Amérique septentrionale; elle a été introduite en Europe par Collinson, en 1736. On cultive cet arbrisseau en pleine terre; il s'accommode assez bien de toute sorte de terrains, pourvu qu'ils soient un peu frais. Comme il fleurit en automne, il peut servir à la décoration des bosquets de cette saison; ses fruits mûrissent au printemps suivant. Quoiqu'il ne craigne pas la gelée, il fructifie rarement dans nos climats. On le multiplie de drageons et de graines qui ne lèvent ordinairement que la seconde ou troisième année. Son écorce a une saveur amère et astringente, qui laisse sur la langue une impression durable.

Pursh, dans le *Flor. Amer.*, 1, p. 216, a mentionné une autre espèce de hamamelis sous le nom d'*hamamelis microphylla;* elle croît dans la Nouvelle-Géorgie, et se distingue de la précédente par ses feuilles beaucoup plus petites, presque orbiculaires, échancrées en cœur à leur base, glabres en dessus, un peu rudes et ponctuées en dessous, à grosses dentelures obtuses. (Poir.)

HAMARGON, HAMAGDONG. (*Bot.*) Camelli cite sous ces noms un grand arbre des Philippines, à feuilles alternes et à fleurs axillaires blanches. Ses feuilles, mêlées avec un peu de chaux et cuites sous la cendre, donnent ensuite, par expression, un suc huileux et lactescent, qui, appliqué chaud sur les tumeurs, les résout promptement. On ne peut, sur cette courte description, déterminer le genre de ce végétal. (J.)

HAMBERGERA. (*Bot.*) Scopoli et Necker ont donné ce nom au *cacoucia* ou *cacucia* d'Aublet, qui a aussi été nommé *schousboea* par Willdenow. Il ne paroît pas que le changement du nom primitif soit nécessaire. Willdenow, dans les Mémoires des Curieux de la Nature à Berlin, a fait un autre genre *Lumnitzara*, qui, d'après sa description, ne diffère du *cacucia* que par deux bractées au-dessous du calice. (J.)

HAMBOUVREUX. (*Ornith.*) Cet oiseau, qui a été décrit par Albin, et figuré, t. 3, pl. 24, sous le nom de grimpereau de Hambourg, paroît n'être autre chose qu'un friquet ou moineau de bois, *fringilla montana*, Linn., quoique l'auteur anglois le donne comme excédant la taille du moineau proprement dit, *fringilla domestica*, et qu'il lui suppose les habitudes des grimpereaux. (Ch. D.)

HAMBURGE. (*Ichthyol.*) Voyez Carassin. (H. C.)

HAMCHAVELLA, INHAMEHAVELLA (*Bot.*), noms arabes de la berle, *sium*, selon Daléchamps. (J.)

HAMDAMANIAS (*Bot.*), nom donné, suivant Hermann, dans l'île de Ceilan, à une espèce de greuvier, *grewia asiatica*. (J.)

HAMEB ALHOMALEB, HAMEB ALCHAICH (*Bot.*), noms arabes, suivant Daléchamps, de la morelle, *solanum nigrum*. (J.)

HAMEÇON DE MER (*Ichthyol.*), un des noms vulgaires du *leptocephalus Morrisii*, Gmel. Voyez Leptocéphale. (H. C.)

HAMEÇONNÉ (*Bot.*), ayant le sommet rebroussé en hameçon. Les épines du *cactus spinosissimus*, par exemple, sont hameçonnées. (Mass.)

HAMEFITEOS (*Bot.*), nom arabe de l'yvette musquée, *teucrium iva*, selon Daléchamps. (J.)

HAMEL (*Bot.*), nom arabe de l'*alternanthera* de Forskal, qui est l'*illecebrum sessile* de Linnæus, selon Vahl. (J.)

HAMEL, *Hamelia*. (*Bot.*) Genre de plantes dicotylédones, à fleurs complètes, monopétalées, régulières, de la famille des *rubiacées*, de la *pentandrie monogynie* de Linnæus, offrant pour caractère essentiel : Un calice persistant, à cinq dents; une corolle infundibuliforme; le tube très-long, le limbe petit, cinq lobes; cinq étamines; un ovaire inférieur; un style; un stigmate. Le fruit est une baie ovale, couronnée par le calice, séparée en cinq loges par des cloisons membraneuses; des semences nombreuses dans chaque loge.

Ce genre renferme des arbrisseaux dont les fleurs sont fort

élégantes, assez généralement d'un beau rouge, ou d'un jaune orangé ; les feuilles opposées ou ternées. On en cultive plusieurs espèces qui exigent la serre chaude, une terre substantielle et des arrosemens fréquens en été. On les multiplie de marcottes faites dans des cornets, sur la plante, avec les pousses de l'année précédente ; elles prennent racine dans l'année, et doivent être coupées au printemps.

Hamel a feuilles velues : *Hamelia patens*, Linn. ; Lamk., *Ill. gen.*, tab. 155; fig. 2 ; *Flor. Per.*, 2, tab. 221, fig. a ; Burm., *Amer.*, tab. 218, fig. 2 ; Smith, *Exot.*, tab. 24 ; vulgairement Mort aux rats. Arbrisseau de cinq à six pieds, à rameaux anguleux, velus vers leur sommet, garnis de feuilles ternées, pétiolées, molles, ovales, aiguës à leurs deux extrémités, cotonneuses en dessous, longues de trois à quatre pouces ;les stipules petites, aiguës ; les fleurs rouges, disposées en grappes velues, paniculées, terminales, courbées ou dressées dans une variété, unilatérales, à pédicelle très-court. Les baies sont noires, et contiennent un suc d'un noir pourpre. On cultive cette plante au Jardin du Roi : elle croît dans l'Amérique méridionale au milieu des bois, dans le Pérou, aux environs de Carthagène, etc.

Hamel a fruits sphériques ; *Hamelia sphærocarpa*, Ruiz et Pav., *Fl. Per.*, 2, tab. 221, fig. b. Cet arbrisseau s'élève à la hauteur de dix à douze pieds sur des tiges dont les rameaux sont ternés, rougeâtres, velus dans leur jeunesse ; les feuilles ternées, oblongues, ondulées, velues à leurs deux faces, longues de trois pouces, à nervures rougeâtres, ainsi que les pétioles; les stipules lancéolées, caduques : les fleurs terminales, disposées en épis unilatéraux réunis en corymbe. Le calice est tubulé ; la corolle d'un rouge jaunâtre. Le fruit est une baie globuleuse, de la grosseur d'un pois, hérissée, d'un pourpre noirâtre ; les semences comprimées, orbiculaires. Cette plante croît au Pérou, dans les forêts.

Hamel a fleurs jaunes : *Hamelia chrysantha*, Swartz., *Fl. Ind. occid.*, 1, pag. 444 ; Jacq., *Icon. rar.*, 2, tab. 335 ; Lamk., *Ill.*, tab. 155, fig. 1 ; *Hamelia patens*, West., *St. cruc.*, pag. 200. Cette espèce, découverte sur les montagnes de la Jamaïque et à Caracas, est un arbrisseau dont les rameaux sont glabres, souvent rabattus, garnis de feuilles glabres, ovales-oblongues, acuminées; les fleurs disposées en grappes axillaires, paniculées, étalées, ou terminant de petits rameaux à peine plus longs que les feuilles. La corolle est jaune, longue d'un pouce et plus; le tube renflé dans son milieu, le limbe à cinq lobes ovales, obtus; les anthères très-longues, fendues longitudinalement; le stigmate en massue alongée. Le fruit est une baie saillante hors du calice, à cinq loges polyspermes.

Hamel a grandes fleurs: *Hamelia grandiflora*, Lhérit., *Sert. Angl.*, 4. tab. 7; *Hamelia ventricosa*, Swart., 446. Cet arbrisseau, originaire de la Jamaïque, a ses rameaux glabres, ses feuilles ternées, glabres, ovales, acuminées, quelquefois colorées en rouge à leurs bords; les stipules subulées, recourbées en forme d'aiguillon; les grappes terminales, quelquefois axillaires; leurs ramifications à trois divisions; les fleurs presque sessiles, inclinées; la corolle presque campanulée, jaune, longue d'un pouce; le tube ventru à sa base; le limbe à trois découpures droites, et deux autres supérieures un peu plus longues; une baie oblongue, presque à dix pans, de couleur écarlate, à cinq loges polyspermes.

Hamel a grappes axillaires: *Hamelia axillaris*, Swartz, *Flor.*, 443. Ses tiges sont à peine ligneuses, hautes de deux ou trois pieds; les rameaux glabres, herbacés; les feuilles d'un vert obscur, glabres, ovales, acuminées: les grappes axillaires, étalées; leurs ramifications trifides; les fleurs petites, sessiles, d'un jaune pâle, unilatérales; la corolle tubulée; le limbe à cinq lobes droits, égaux; le stigmate linéaire, comprimé. Le fruit est une petite baie oblongue, à cinq loges polyspermes. Cette plante croit sur les rochers à la Jamaïque.

L'*hamelia suaveolens* de Kunth, *in* Humb. *et* Bonpl. *Nov. Gen.*, 3, pag, 414, a de grands rapports avec l'*hamelia chrysantha*. Il en diffère par ses feuilles ternées ou quaternées, par ses fleurs purpurines, presque sessiles, odorantes. L'*hamelia xorulensis*, du même, diffère très-peu de l'*hamelia grandiflora*. Ses feuilles et ses rameaux sont légèrement pubescens; les fleurs disposées en cône. (Poir.)

HAMELIA. (*Bot.*) M. Lamarck et Willdenow ont réuni à ce genre l'*amaiova* d'Aublet, qui doit être conservé, parce que les diverses parties de la fructification sont augmentées d'un sixième, que l'ovaire ne tient au calice que par sa base, et que, dans chaque loge, les graines disposées sur deux rangs sont séparées par des membranes qui forment ainsi autant de demi-loges. (J.)

HAMELLUS. (*Foss.*) C'est un des noms que l'on a donnés autrefois aux huîtres fossiles. Scheuchzer désignoit sous ce nom les oreilles des peignes fossiles. (D. F.)

HAMESTER. (*Mamm.*) Voyez Hamster. (F. C.)

HAMGAHA (*Bot.*), nom donné, dans l'île de Ceilan, au champac de l'Inde, *michelia*. (J.)

HAMILTONIA. (*Bot.*) Le genre de plante, ainsi nommé par Muhlenberg et par Willdenow, est le *pyrularia* de Michaux. Beauvois avoit antérieurement décrit la même plante sous le nom de *pleurogonis*, dans une dissertation qui n'a pas été imprimée. (J.)

HAMILTONIA. (*Bot.*) Genre de plantes dicotylédones, à fleurs incomplètes, dioïques ou polygames, de la famille des *chalefs*, de la *polygamie dioécie* de Linnæus, offrant pour caractère essentiel : Des fleurs polygames ou dioïques; dans les hermaphrodites, un calice fort petit, à cinq divisions; point de corolle; un disque charnu, nectariforme, à cinq dents; cinq étamines attachées à l'orifice du tube du calice; un ovaire inférieur; un style; un stigmate en tête. Le fruit est un drupe couronné par les divisions du calice, contenant une petite noix uniloculaire, monosperme.

Hamiltonia huileux : *Hamiltonia oleifera*, Willd., *Spec.*, 4, pag. 1114; Pursh, *Flor. Amer.*, 1, pag. 178, tab. 13; *Pyrularia pubera*, Mich., *Amer.*, 2, pag. 233. Arbrisseau découvert dans la Virginie et dans les montagnes de la Caroline occidentale. Ses racines ont une odeur forte et désagréable. Sa tige s'élève à la hauteur de trois à six pieds et plus; elle se divise en rameaux pubescens, garnis de feuilles alternes, pétiolées, ovales-oblongues, entières, acuminées à leur sommet, glabres, veinées, pubescentes sur leurs veines, un peu rétrécies à leur base, longues de quatre pouces; les pétioles pubescens, longs d'un demi-pouce; les fleurs disposées en grappes, ou plutôt en épis terminaux, longs d'environ un pouce et demi; le calice légèrement pubescent, tubulé à sa partie inférieure; ses divisions réfléchies en dehors; les filamens des étamines courts, épais; les anthères ovales, à deux loges, stériles dans les fleurs femelles; le style droit, épais, p us court que les divisions du calice; le stigmate en tête comprimée. Le fruit est un drupe pyriforme, contenant une petite noix globuleuse, à une seule semence arrondie, huileuse, revêtue d'une enveloppe membraneuse, un peu fibreuse. (Poir.)

HAMIOTA. (*Ornith.*) Nom donné par Klein, *Prodr. Av.*, p. 122, à son 19.ᵉ genre, qui embrasse les trois tribus, *ardea*, *ciconia* et *anomaloroster*. (Ch. D.)

HAMITE (*Foss.*), *Hamites*, Parkinson, *Organ. rem.* Les singulières coquilles de ce genre, dont on ne trouve que des portions du moule intérieur se rencontrent dans les couches anciennes avec des bélemnites et des ammonites, et paroissent avoir été placées par M. Sowerby avec les baculites; mais, quoiqu'elles s'en rapprochent, à certains égards, ainsi que des ammonites, il est aisé de les distinguer, puisqu'elles ne sont ni droites comme les premières, ni roulées en spirale sur elles-mêmes comme celles-ci.

Voici les caractères que M. Sowerby leur assigne dans son ouvrage (*Min. Conch.*), t. 1.er, p. 135: Coquille cloisonnée, fusiforme, recourbée ou pliée sur elle-même, ayant le bord de ses cloisons ondé, et à syphon placé près du bord extérieur.

Les hamites ont de commun avec les baculites et les ammonites, d'avoir leurs cloisons découpées dans leur contour, et percées par un tube placé près du bord extérieur; mais il paroit que ces coquilles, après avoir pris en ligne droite un accroissement d'une certaine longueur, se replioient sur elles-mêmes, pour reprendre ensuite une nouvelle prolongation en ligne droite. Les cannelures dont elles sont couvertes, étant exprimées sur toute leur surface, il y a lieu de croire que leurs tours, ou plutôt leurs accroissemens repliés, ne s'appuyoient pas les uns sur les autres, comme les tours des ammonites qui sont toujours soudés sur le tour qui précède.

On trouve, dans l'ouvrage de M. Sowerby ci-dessus cité, pl. 61, fig. 6, la figure d'une coquille, ou du moule d'une coquille fossile, à laquelle il a donné le nom d'*hamites adpressus*, et dont le sommet paroît entier. Elle est pliée deux fois sur elle-même, en ligne droite, sur une longueur de sept à huit lignes. L'ouverture est ronde; et, les bords des cloisons n'étant pas sinueux, cet auteur soupçonne qu'il pourroit dépendre d'un autre genre que celui des hamites.

Voici les autres espèces que M. Sowerby a publiées:

Hamites tenuis. La portion du moule intérieur de cette espèce, qui se trouve représentée pl. 61, fig. 1, est droite, mince et chargée de cannelures obliques. Ce morceau, par sa forme droite, pourroit être pris pour une portion de baculite, si l'on en connoissoit quelque espèce qui fût chargée de pareilles cannelures; et c'est sans doute de pareils morceaux qui ont pu faire confondre ces dernières avec les hamites; mais il y a lieu de croire que celui dont il est ici question, étant une portion droite qui se trouvoit entre deux coudes, dépend de ceux-ci et non des baculites.

Hamites rotundus, Sow., l. c., fig. 2 et 3. Les morceaux figurés sont cylindriques et chargés de cannelures circulaires; ceux qui sont représentés sous le n.° 2 présentent une légère courbure, et celui qui est figuré n.° 3 présente un coude.

Hamites attenuatus, Sow., l. c., fig. 4. Cette figure représente un coude et deux portions parallèles d'un moule intérieur, dont l'une est proportionnellement beaucoup plus grosse que l'autre; l'espace vide entre ces deux portions indiqueroit que le sommet devoit occuper cette place.

Hamites compressus, Sow., l. c., fig. 7 et 8. Il paroît que ces morceaux ne diffèrent des précédens que par leur forme comprimée.

Hamites maximus, Sowerb., pl. 62, fig. 1; Parkinson, *Org. rem.*, t. 3, pl. 10, fig. 4. Ce morceau, qui a dix à onze lignes de diamètre sur deux pouces de longueur, présente une forte courbure, et a de très-grands rapports avec l'*hamites rotundus*.

Hamites intermedius, Sow., l. c., fig. 2, 3 et 4, à l'exception de la figure à droite; Parkinson, t. 3, pl. 10, fig. 1 et 2. Cette espèce, chargée de cannelures obliques, est moins grosse que la précédente, et paroît se rapprocher, par ses formes, de l'*hamites tenuis*.

Hamites gibbosus, Sow., l. c., fig. 4. Cette espèce paroît avoir beaucoup de rapports avec l'espèce précédente.

Toutes ces espèces se trouvent dans des couches anciennes, aux environs de Folkstone Kent, en Angleterre.

Hamites armatus, Sowerb., pl. 68. Cette espèce est très-remarquable par sa grandeur et par les épines dont son têt étoit armé. Le morceau que M. Sowerby a figuré pour la signaler a huit à neuf pouces de longueur sur un pouce de diamètre environ; il est d'une forme un peu comprimée. Il est composé de deux portions droites et parallèles, repliées par un coude arrondi, et distantes d'un pouce l'une de l'autre; et il est couvert de cordons de deux grosseurs qui alternent entre eux. Sur la carène dorsale de l'une d'elles il se trouve un double rang de pointes afilées, longues de six à sept lignes, et placées à un demi-pouce l'une de l'autre. Sur l'autre portion il se trouve, de chaque côté, une rangée de tubercules arrondis, placés, ainsi que les pointes, sur les plus gros cordons.

Ce morceau a été trouvé dans une marne craieuse à Roak, près de Benson en Oxfordshire.

Hamites spinulosus, Sow. Le joli morceau de cette espèce, figuré pl. 216, n.° 1, est un peu courbé; sa longueur est d'un pouce sur deux lignes de diamètre, et il présente sur sa carène dorsale de petites pointes aiguës.

Hamites spiniger, Sow., même pl., fig. 2. Les morceaux représentés sont légèrement courbés, déprimés sur les côtés, et chargés, sur leur courbure extérieure, de deux rangs de nœuds.

Hamites tuberculatus, Sow. Les morceaux représentés fig. 4 et 5 de la même planche, ainsi que de l'*hamites turgidus* et de l'*hamites nodosus*, figurés n.°s 6 et 3 de la même planche, ont beaucoup de rapports avec l'*hamites spiniger*.

On trouve ces espèces aux environs de Folkstone.

Hamites plicatilis, Sow., pl. 236, fig. 1. Le morceau représenté est courbé et déprimé sur les côtés; sa surface est chargée de légers cordons transverses, et il porte, de chaque côté, deux rangées de tubercules arrondis. Il a été trouvé dans une marne craieuse à Bishopstrow, près de Warminster en Angleterre.

Je possède quelques morceaux de ce genre, qui diffèrent de tous ceux ci-dessus décrits; mais l'on ne peut assurer qu'ils dépendent d'espèces différentes, attendu que tous les morceaux que l'on a rencontrés jusqu'à présent paroissent être des portions de la coquille ou de son moule intérieur, dont les derniers tours pouvoient différer des premiers, comme cela arrive pour quelques espèces d'ammonites avec lesquelles les hamites paroissent avoir beaucoup d'analogie. (D. F.)

HAMMAR. (*Ornith.*) Suivant le D. Shaw, Voyage en Barbarie, tom. 1, p. 328 de la traduction françoise, la bécasse, *scolopax rusticola*, est appelée, dans ce pays, *hammar el hadjel*, l'âne des perdrix. (Ch. D.)

HAMMEL (*Mamm.*), nom allemand du mouton. (F. C.)

HAMMER. (*Ornith.*) Ce nom, avec l'addition des mots *gerst* ou *yellow*, désigne, en allemand, le proyer et le bruant commun, *emberiza milliaria* et *emberiza citrinella*, Linn. (Ch. D.)

HAMMONIE, *Hammonia*. (*Entom.*) M. Latreille a fait connoître sous ce nom une espèce de coléoptère de la famille des sternoxes que Rossi avoit décrite comme un ténébrion douteux, et que nous avons nous-même fait connoître, sous le nom de cébrion à antennes courtes, tom. 7, pag. 330. (C. D.)

HAMMONITES. (*Foss.*) On a quelquefois donné ce nom aux cornes-d'ammon. (D. F.)

HAMONI. (*Ornith.*) L'oiseau qui se nomme ainsi en Perse, suivant Gesner et Aldrovande, est le pygargue ou orfraie, *falco ossifragus*, *albicilla* et *albicaudus*, Gmel. (Ch. D.)

HAMOS. (*Bot.*) Voyez Cotune. (J.)

HAMPE, *Scapus*. (*Bot.*) Le support des fleurs prend le nom de pédoncule, lorsqu'il part de la tige, des branches ou des rameaux; lorsqu'il naît de la racine, à la place de la tige, il prend le nom de hampe.

La hampe ne diffère de la tige que parce qu'elle ne porte point de feuilles.

Elle est simple ou rameuse. Elle est simple dans le pissenlit, le *statice armeria*, le *cyclamen*, etc. Elle est rameuse dans le plantain d'eau, la sagittaire, etc.

Elle naît ordinairement entre les feuilles (jacinthe, pissenlit, *bellis perennis*, etc.), et quelquefois d'un autre point que les feuilles (*convallaria majalis; limodorum purpureum*, etc.).

Dans un certain nombre de plantes elle ne porte qu'une fleur (*cyclamen*, *trithronium*, etc.); dans la plupart elle en porte plusieurs (jacinthe, *butomus umbellatus*, etc.).

Dans quelques espèces (*tussilago farfara*, *tussilago petasites*, *agave americana*, etc.), elle est garnie de rudimens de feuilles comparables à des écailles. Celle du bananier, enveloppée, dans presque toute sa longueur, par la base des feuilles, a l'aspect d'une véritable tige. (Mass.)

HAMPILLA. (*Bot.*) C'est une espèce d'astragale, qui est ainsi nommée à Ceilan, suivant Burmann. (J.)

HAMPINNA. (*Bot.*) Le petit arbre de ce nom, à Ceilan, regardé par Burmann comme un charme, d'après la première inspection de son fruit, est le *hedysarum strobiliferum* de Linnæus. (J.)

HAMP-MEIS. (*Ornith.*) L'oiseau, ainsi nommé en Norwége, est la mésange nonnette, *parus palustris*, Linn. (Ch. D.)

HAMRUR (*Bot.*), nom arabe d'un phyllanthe, qui est le *phyllanthus hamrur* de Forskal. (J.)

HAMRUR (*Ichthyol.*), nom d'un poisson du genre Lutjan. Voyez ce mot. (H. C.)

HAMSCHED. (*Bot.*) On nomme ainsi, dans l'Arabie, le *caidbeja* de Forskal, que Linnæus a reproduit sous le nom de *forskalea*. (J.)

HAMSTER. (*Mamm.*) Nom allemand d'une espèce de rongeur, que les François ont adopté pour le même animal, et dont les naturalistes ont fait un nom générique.

Le hamster est la seule espèce de ce genre qui soit bien connue; toutes les autres ne sont rapprochées de celle-ci qu'avec doute, et parce qu'elles ont avec elle un point commun d'organisation, des abajoues; c'est Pallas qui a formé ce groupe sous le nom de *mures buccati*; mais, comme il ne considéroit pas les caractères génériques sous le même point de vue qu'on le fait aujourd'hui, il restera beaucoup d'incertitude sur les véritables rapports de ces animaux, jusqu'à ce qu'ils aient été de nouveau étudiés, et comparés avec le hamster, plus complétement que Pallas ne l'a fait. C'est pour cette raison que nous ne donnerons point ici, contre notre usage, les caractères de ce genre, dans la crainte d'attribuer à des espèces des organes différens de ceux qu'elles auroient: nous rapporterons donc à chaque espèce tout ce qui sera connu de leur organisation; seulement nous dirons ici que toutes ont cinq doigts à tous les pieds, excepté les trois dernières. Ce plan, que nous avons suivi pour le genre Gerbille, a le double avantage de distinguer les genres artificiels des naturels, et de faire connoître les parties les moins avancées de l'histoire des mammifères, et qui demandent de nouvelles recherches et de nouvelles observations.

Le Hamster : *Mus cricetus*, Linn.; le Hamster, F. Cuv., Hist. nat. des Mammifères; Buff., tom. 13, pl. 14. Cet animal a trois molaires à chaque côté des mâchoires : la première supérieure a trois paires de racines et trois paires de tubercules formés par deux sillons transversaux, et par un troisième qui traverse la dent dans le sens de sa longueur; la seconde, plus petite que la première, n'a que deux paires de racines et deux paires de tubercules; et la troisième, la plus petite de toutes, a trois racines et trois tubercules. La première molaire de la mâchoire inférieure n'a que cinq racines et cinq tubercules, parce que sa partie antérieure n'est point divisée, et les deux qui suivent se ressemblent tout-à-fait : elles ont quatre racines et quatre tubercules, et sont de la même grandeur. Lorsque l'âge, en usant la couronne de ces dents, en efface les tubercules et les sillons, elles sont encore reconnoissables par le feston que leur bord présente, et dont les enfoncemens, comme les saillies, correspondent aux sillons et aux tubercules qui existoient auparavant. Les yeux sont petits, globuleux, saillans et à pupille ronde : la conque externe des oreilles est assez étendue, arrondie et simple; les narines sont ouvertes sur les côtés d'un petit mufle, partagé dans son milieu par un sillon; la lèvre supérieure est divisée par une fente qui n'est que le prolongement de ce sillon; l'inférieure, très-petite, couvre à peine les incisives; la langue est épaisse et douce; la lèvre supérieure est garnie de longues moustaches.

La paume est nue et à cinq tubercules : l'un, placé à la base du doigt externe et de l'annulaire, est alongé en travers; l'autre est arrondi et répond au doigt médius; le troisième répond à l'index; le quatrième est grand, arrondi et placé sous le pouce; et le cinquième est en carré arrondi; l'une de ses faces répond au premier tubercule, la seconde au quatrième; la troisième termine une partie de la paume, et la quatrième borde extérieurement cette paume. La plante est nue; seulement du côté externe, vers le talon, on voit un demi-cercle de poils à pointe dirigée vers le centre de la plante, qui est en outre garnie de cinq tubercules : l'un, arrondi et divisé par deux légers sillons en trois parties, répond aux doigts externe et annulaire; le second, petit et ovale, se trouve entre les doigts annulaire et médius; le troisième est placé entre le médius et l'index; le quatrième est immédiatement au-dessous de celui-ci, et vis-à-vis le pouce; et le cinquième est ovale, léger et placé un peu au-dessous et entre le premier et le quatrième. Enfin, la verge est dans un fourreau libre et pendant, et le scrotum se distingue très-peu de l'abdomen.

Cet animal a les parties supérieures d'un fauve grisâtre; les côtés de la tête, le tour des oreilles, les côtés du corps, les fesses et la queue d'un fauve assez brillant; tout le dessous du corps et le haut du bras sont noirs; le tour des lèvres et les parties antérieures des quatre extrémités sont blancs; trois taches, d'un blanc jaunâtre, se trouvent sur les côtés du corps : l'une sur la mâchoire inférieure, la seconde en avant, et la troisième en arrière de l'épaule; le tour des narines et les doigts sont nus et couleur de chair; les ongles sont blancs, et les moustaches noires et longues. Il a, de l'origine de la queue au museau, huit pouces; la queue a un pouce six lignes.

Le hamster se nourrit de racines et de toutes les graines céréales et farineuses que l'homme cultive; il peut cependant vivre de chair; et, lorsqu'il est poussé par la faim, il n'épargne pas même sa propre espèce; sa femelle deviendroit la première victime de ce besoin, si son instinct ne la portoit à s'éloigner de lui, dès que les besoins de l'amour ne les rendent plus nécessaires l'un à l'autre. Il se creuse un terrier à double canal : l'un, oblique, sert à rejeter les déblais de la terre, et l'autre, perpendiculaire, sert d'entrée et de sortie à l'animal; ces canaux conduisent à un nombre indéterminé d'excavations de forme circulaire, communiquant ensemble par des conduits horizontaux : l'une est garnie d'un bon lit d'herbes sèches, et sert de retraite à l'animal; les autres sont destinées à contenir les provisions qu'il amasse vers le temps de la maturité des moissons et des fruits, en les transportant à l'aide de ses abajoues, dont chacune contient, dit-on, une once et demie de blé; ces magasins peuvent recéler quelques boisseaux de différentes sortes, et lui servent à passer l'hiver sans éprouver de privations. Durant cette saison il s'engourdit, après avoir bouché les ouvertures de son terrier.

Il paroît que les hamsters se reproduisent trois ou quatre fois par an; que la durée de la gestation est de quatre semaines, et que la femelle met bas de six à douze petits qui la quittent après un allaitement très-court.

On dit que, pour mettre bas, elle se creuse un terrier à plus de deux issues, et formé de deux chambres seulement, l'une pour elle et ses petits, et l'autre pour les provisions, et qu'elle le quitte souvent après le départ des petits.

Cet animal vit solitaire, mais en grand nombre, en France, dans l'Alsace, l'Allemagne, et la partie australe de la Russie et de la Sibérie, et en Tartarie.

Le Hagri : *Mus accedula*, Pall.; le Hagri, Vicq-d'Azir, Syst. anat. des Animaux; *Mus accedula*, Pallas, *Gliris*, p. 257, pl. 18, a. Le nez est arrondi et pubescent : une bande placée au-dessus des narines, et un bourrelet en croissant, placé sur la cloison des narines, sont seuls nus. Celles-ci sont divisées par un sillon qui se continue sur la lèvre supérieure; la lèvre inférieure et les bords de la bouche sont singulièrement enflés; les incisives supérieures sont jaunes à leur face externe ; les inférieures sont plus blanches. Les oreilles sont demi-nues, oblongues, arrondies vers le bout, et légèrement sinuées vers le bord en arrière. Le rudiment du pouce de la main n'a point d'ongle; la paume a trois tubercules correspondans aux doigts, un quatrième correspondant au pouce, et un cinquième plus petit est parallèle : la plante a six tubercules.

Cet animal a le tour de la bouche et du nez, et le dessus des abajoues blancs; le reste du corps est, en dessus, d'un gris jaune mêlé de brun, et, en dessous, d'un blanc gris ; le bout des extrémités est blanc; la queue est brune en dessus, et blanche en dessous; les moustaches sont blanches et presque de la longueur de la tête. Il a, du nez à l'origine de la queue, trois pouces onze lignes, et celle-ci a neuf lignes.

Il se trouve dans l'Asie boréale, ne sort que la nuit, et émigre, dit-on, en troupes nombreuses.

Le Phé : *Mus phæus*, Pall.; le Phé, Vicq-d'Azir, Syst. anat. des Animaux; *Mus phæus*, Pallas, *Gliris*, pag. 261, pl. 13, a.

Le nez est nu, et il se trouve un pli au-dessus des narines; le nez et la lèvre supérieure sont divisés par un même sillon; les lèvres sont épaisses, et les oreilles ovales et velues au bout. On distingue, en avant du trou auditif, un pli annulaire et une petite lame externe, ronde et très-courte; le pouce des mains est sans ongle : il se trouve deux grands tubercules sous le carpe, et un autre conique et externe; la plante en a cinq, placés sous le métacarpe et disposés en pentagone; les ongles sont blancs.

Il est d'un cendré blanchâtre, légèrement brun en dessus : les côtés du corps, le front et le museau sont plus blancs; et le tour de la bouche, tout le dessous du corps et le bas des membres sont d'un beau blanc : il se trouve, de la nuque sur le dos, une ligne de longs poils noirs; les oreilles sont brunes, et la queue est brune en dessus, et blanchâtre en dessous; les moustaches sont noires et longues : il a, du museau à l'origine de la queue, trois pouces cinq lignes; celle-ci a neuf lignes et demie. Il vient des parties tempérées de la Perse, et on en trouve près d'Astracan. Pallas ne croit pas qu'ils hibernent, en ayant pris au piége au mois de décembre, et leur ayant trouvé l'estomac rempli d'alimens.

Le SABLÉ : *Mus arenarius*, Pall.; le Sablé, Vicq-d'Azir, Syst, anat. des Animaux; *Mus arenarius*, Pallas, *Gliris*, p. 265, pl. 16, a. Le nez est rougeâtre et pubescent : les moustaches sont plus longues que la tête, et très-nombreuses; les lèvres sont petites, et les incisives jaunes. Les oreilles sont grandes, larges, ovales, légèrement poilues et jaunâtres. Le pouce des mains a un ongle, et il y a deux tubercules sous le carpe : la plante en a cinq sous le métatarse, et le reste, jusqu'au bout du talon, est nu. Tout le dessus du corps est d'un gris perle, et le dessous, le bas des côtés, les quatre pieds et la queue sont d'un beau blanc. Il a, du nez à l'origine de la queue, trois pouces huit lignes; celle-ci a dix lignes. Il se trouve dans les plaines sablonneuses qui bordent le fleuve Ortin, ne sort que la nuit, et se repose le jour, dans un terrier à trois issues, garni au fond d'un lit d'herbes molles. Pallas a trouvé, à la fin de mai, dans un de ces terriers, une femelle avec cinq petits.

Le SONGAR : *Mus songarus*, Pall.; le Songar, Vicq-d'Azir, Syst. anat. des Animaux : *Mus longarus*, Pallas, *Gliris*, p. 269, pl. 16, b. Les moustaches sont plus courtes que la tête, et nombreuses; les lèvres sont épaisses, et les dents incisives sont jaunes. Les oreilles sont ovales, plissées, molles et légèrement velues; le pouce des mains est rudimentaire; les tubercules de la paume et de la plante sont peu distincts. Il a le dessus du corps d'un gris cendré, avec une ligne noire allant de la nuque à la queue. Il se trouve, de chaque côté du corps, quatre taches encadrées de brun roux vers le haut et jusqu'au milieu : l'une sur le cou, l'autre derrière l'épaule, la troisième sur la cuisse, et la quatrième sur les côtés de l'origine de la queue. Tout le dessous du corps et de la queue et les pieds sont de cette couleur. Il a, du nez à l'origine de la queue, un pouce une ligne; celle-ci a quatre pouces et demi.

Il se trouve avec le précédent, sort le jour, et se creuse un terrier oblique. Celui dans lequel se trouvent la femelle et ses petits, descend obliquement et se termine par une cavité ronde tapissée d'herbes sèches, dans laquelle sont les petits: de cette chambre descend un canal perpendiculaire qui aboutit sans doute à quelque autre retraite d'hiver.

L'Orozo : *Mus furunculus*, Pall., *Gliris*, p. 273, pl. 15, b; L'Orozo, Vicq-d'Azir, Syst. anat. des Animaux. Les incisives sont étroites, les supérieures sont brunes, et les inférieures jaunes; les moustaches sont de la longueur de la tête ; les oreilles sont grandes, ovales et presque nues. Le pouce des mains est onguiculé. Il est, en dessus, d'un brun jaune grisâtre, d'une teinte plus pâle sur les côtés, et d'un blanc sale en dessous; la jointure du carpe et du talon est d'un gris-brun, plus pâle que dans le reste du corps dans les uns, tandis que dans les autres, cette différence est à peine sensible autour du talon. Les pieds antérieurs sont blancs. Il se trouve une ligne noire longitudinale qui, partant de l'occiput, va jusqu'à l'origine de la queue où elle s'éteint un peu. La queue est blanche avec une ligne noire en dessus : les oreilles sont noirâtres avec un bord blanc.

Il se trouve dans les contrées sablonneuses des bords de l'Oby.

Les trois espèces suivantes ne peuvent être rapportées à ce genre qu'avec beaucoup plus de doute que les cinq précédentes.

L'une, le *Mus bursarius*, Schaw, Zoologie, p. 100, fig. 138, n'a pas d'oreille externe ; ses incisives supérieures sont cannelées longitudinalement. Il n'a que quatre doigts aux pieds de devant, et cinq à ceux de derrière. Les ongles de ceux-ci sont courts et petits ; ceux de devant sont plus forts, et les deux du milieu sont fort longs, recourbés et fouisseurs.

Cet animal est d'un brun jaune, plus pâle en dessous, aux extrémités et à la queue, et plus foncé vers la tête ; les doigts sont couverts de poils blancs : les abajoues sont pendantes et revêtues de poils gris blancs ; elles sont entourées, en dessus, de poils qui se relèvent comme une sorte de fraise. Il se trouve au Canada.

Le Chinchilla : *Mus laniger*, Molina, Hist. nat. du Chili ; le Chinchilla, Geoffroy, Catal. des Animaux du Muséum. Le corps est couvert de poils doux, longs et soyeux, et le pelage est irrégulièrement ondulé de blanc, de gris et de brun ; le ventre et les pattes sont tout-à-fait blancs. Les oreilles sont assez grandes, arrondies et membraneuses. Il a, dit-on, quatre doigts aux pieds antérieurs, et cinq aux postérieurs : sa queue est médiocre, et on ne sait s'il a des abajoues. Molina le dit du Chili.

Le *Mus anomalus*, Thomson, Trans. de la Société linnéenne, dont M. Desmarest a fait son *Hamster anomal*, Desm., Nouv. Dict. d'Hist. nat., qui auroit : des abajoues : cinq doigts à tous les pieds, armés d'ongles aigus ; le pouce très-court ; une queue longue, presque nue et écailleuse, et des épines lancéolées, mêlées en grand nombre dans son poil. Ses formes générales seroient celles des rats proprement dits ; et les abajoues seroient tapissées, en dedans, de poils rares et blancs.

Tout le dessus du corps est d'un brun marron ; les parties inférieures des joues et de la gorge, le dedans des membres, le ventre et la moitié inférieure de la queue sont blancs ; le dessus de la queue est d'une couleur qui approche du noir.

Il se trouve à la Trinité, et M. Desmarest a proposé, dans le cas où il devroit former un genre, le nom d'*Heteromys*. (F. C.)

HAMUL (*Bot.*), nom arabe de l'*utricularia inflexa*, de Forskal. (J.)

HAMULAIRE, *Hamularia*. (*Entoz.*) Genre de vers intestinaux, établi par Treutler pour une espèce de ver ascaroïde qu'il avoit trouvée dans les glandes bronchiales d'un homme exténué par la maladie vénérienne. Schranck a donné à ce genre le nom de linguatule; Zeder, celui de tentaculaire. M. Rudolphi qui, dans son grand ouvrage sur les Entozoaires, avoit adopté ce genre avec le nom imaginé par Zeder, et qui même y avoit ajouté deux espèces, quoiqu'il fît déjà observer que la paire d'appendices accompagnant la bouche, et qui forme le principal caractère de ce genre, avoit beaucoup de ressemblance avec les appendices mâles des ascarides, a changé d'avis dans son *Synopsis* : en effet, il y supprime ce genre; et, des trois espèces qu'il y rangeoit, les deux premières, c'est-à-dire, l'*hamularia subcompressa*, qui est l'espèce observée par Treutler, et l'*hamularia cylindrica* vont parmi les filaires, et la troisième, ou l'*hamularia nodulosa*, passe dans le genre *Trichosoma*. Nous croyons cependant donner les caractères de ce genre et faire connoître l'espèce trouvée par Treutler. Ces caractères sont : Corps arrondi, cylindrique sans traces d'articulations; une des extrémités (la tête?) munie de deux tentacules latéraux ou terminaux tubuleux; bouche, anus et terminaison des organes de la génération inconnus.

L'Hamulaire lymphatique : *Hamularia lymphatica*, Treutl., *Observ. path. an.*, p. 10, tab. 11, fig. 27. Ver d'un pouce de long à peu près, grêle, brun, varié de blanchâtre, arrondi, un peu comprimé sur les côtés; la tête non distincte, terminée par un sommet obtus sous lequel proéminent deux crochets (*hamuli*); la queue continue, obtuse.

Treutler, qui, comme il a été dit plus haut, a trouvé ce ver dans des glandes bronchiales, ajoute qu'il croit avoir vu l'animal fixé par ses deux tubes, à la paroi interne des vaisseaux lymphatiques, et qu'il n'y a pas d'autre bouche. Il paroît qu'il n'a été vu depuis par aucun autre observateur.

L'Hamulaire cylindrique : *Hamularia cylindrica*, Rud., *Entoz.*, tab. xii, fig. 6. D'après Zeder et Schranck. C'est maintenant une espèce de filaire pour M. Rudolphi : c'est un petit ver rond, égal, obtus à ses deux extrémités, d'un pouce et demi de long, ayant à l'une des extrémités (au-dessous suivant Zeder, et dans la même direction, selon Schranck) deux tentacules filiformes, courts et réunis à leur base. Il a été trouvé dans la plèvre d'une espèce de pie-grièche, *lanius collurio*.

Nous parlerons de la troisième espèce à l'article Trichosome ; mais nous ferons l'observation que M. Rudolphi, dans les caractères du genre Filaire, ne donne qu'un appendice unique pour l'organe mâle du *filaria papillosa*, la seule espèce dans laquelle il ait vu les organes de la génération ; en sorte qu'il se pourroit qu'il y eût réellement des vers intestinaux qui auroient ainsi l'une des extrémités pourvue d'une paire d'appendices, qui n'appartiendroient pas à l'appareil de la génération. Nous le supposerions d'autant plus volontiers, que nous avons observé nous-mêmes, dans la collection du Muséum, un ver très-grêle, cylindrique, de quatorze à quinze pouces de long sur une demi-ligne de diamètre, et dont une extrémité étoit pourvue d'une paire d'appendices un peu recourbés en dedans, en prisme obtus, de la même nature que le reste du corps ; et, à leur base, étoit une petite fente transversale pour la bouche. Nous ne voudrions cependant pas assurer que ce ver fût intestinal, parce que la peau étoit irisée à la lumière, comme cela a lieu dans le plus grand nombre des vers qui ne le sont pas. (De B.)

HAMULION, *Hamulium*. (*Bot.*) [*Corymbifères*, Juss.; *Syngénésie polygamie superflue*, Linn.] Ce nouveau genre de plantes que nous proposons ici, appartient à l'ordre des synanthérées, à notre tribu naturelle des hélianthées, et à la section des hélianthées-prototypes, dans laquelle nous le plaçons auprès du genre *Verbesina*, dont il diffère principalement par l'aigrette. Voici les caractères génériques, que nous avons observés sur des individus vivans.

La calathide est très-courtement radiée : composée d'un disque multiflore, régulariflore, androgyniflore ; et d'une couronne irrégulièrement uni-bisériée, continue, multiflore, liguliflore, féminiflore. Le péricline orbiculaire, convexe, ou subhémisphérique, et inférieur aux fleurs du disque, est formé de squames irrégulièrement uni-bi-trisériées, peu inégales, appliquées, oblongues, subfoliacées, à partie supérieure appendiciforme, inappliquée. Le clinanthe est conique, et pourvu de squamelles irrégulières, variables, inférieures aux fleurs, demi embrassantes, oblongues lancéolées, submembraneuses, uninervées. Les ovaires sont très-comprimés bilatéralement, obovales-oblongs, hispidules ; une large bordure charnue se développe, après la floraison, sur chacune des deux arêtes antérieure et postérieure; l'aigrette est composée de deux squamellules opposées l'une à l'autre, continues à l'ovaire, très-épaisses, filiformes, subulées, cornées, spinescentes, absolument nues ou inappendiculées, l'extérieure beaucoup plus courte et droite, rarement nulle par avortement, l'intérieure plus longue et courbée au sommet en forme de crochet. Les corolles de la couronne, un peu plus longues que celles du disque, ont le tube aussi long que moitié de la languette, et la languette courte, elliptique, un peu bidentée au sommet.

Hamulion ailé : *Hamulium alatum*, H. Cass.; *Verbesina alata*, Linn., *Sp. Pl.*, *ed.* 3, p. 1270. C'est une plante herbacée, à racine vivace, dont les tiges, hautes d'environ trois pieds, sont dressées, un peu flexueuses, rameuses, cylindriques, ailées par la décurrence des feuilles, striées, poilues. Les feuilles, longues de trois à quatre pouces, sont alternes, sessiles, décurrentes, oblongues, étrécies inférieurement, obtuses ou très-peu aiguës au sommet, dentées et ondulées sur les bords, poilues sur les deux faces. Les calathides, larges de huit lignes, et composées de fleurs à corolle jaune-orangée, sont solitaires au sommet de longs rameaux nus, pédonculiformes, dressés, striés, pubescens. Cette plante habite l'île de Curaçao, Surinam, et les environs de la Havane, dans l'île de Cuba, où elle fleurit au mois de février.

Linnæus avoit dit (*Sp. Pl.*, *ed.* 3, p. 1270) que la *verbesina alata* diffère considérablement des autres espèces de *verbesina*, par son port et par sa structure, en sorte qu'elle doit peut-être constituer un genre particulier. M. Kunth professe une opinion contraire (*Nov. Gen.*, *ed.* in-4.°, t. IV, p. 203), parce que les deux squamellules de l'aigrette sont égales et droites au sommet dans la *verbesina discoidea*, Mich., qui est une espèce très-analogue, suivant lui, à la *verbesina alata*.

Le crochet de l'aigrette, qui caractérise notre genre *Hamulium*, est destiné sans doute à faire opérer la dissémination des fruits par les animaux qui passent auprès de la plante, et aux poils desquels ce crochet s'attache facilement. L'auteur de la nature a donné aux fruits de beaucoup d'autres plantes des instrumens analogues et ayant la même destination. (H. Cass.)

HAN. (*Mamm.*) Un des noms que Thevet donne à l'aï. (F. C.)

HANAB. (*Bot.*) Voyez Ennab. (J.)

HANCHA. (*Ornith.*) Flacourt, en citant ce nom parmi ceux des oiseaux qui habitent les bois de Madagascar, se borne à dire qu'il est grand, et de couleur grise. Voyez Hanchoan. (Ch. D.)

HANCHE DANS LES INSECTES, *Coxæ*, *coxarum*. (*Entom.*) C'est la partie de la région inférieure de la poitrine et du corselet qui reçoit la cuisse ou la première pièce des pattes antérieures, moyennes et postérieures.

La plupart des auteurs n'ont pas distingué cette première articulation de la patte, à moins qu'elle n'ait offert quelque particularité. Fabricius lui-même, dans sa Philosophie entomologique, n'a même pas nommé cette partie dans l'énumération qu'il fait des diverses articulations des pattes, et dans sa description du corselet ou thorax et de la poitrine. Cependant, la hanche offre des particularités des plus curieuses, parce que son mode d'articulation avec le tronc détermine la nature du mouvement général de la patte. Ainsi, dans les coléoptères, les pattes dites thoraciques ou antérieures sont, pour la plupart, articulées sur une hanche globuleuse, qui permet au coude ou à l'angle de la jonction de la pièce cornée du bras et de l'avant-bras, autrement dit, de la cuisse ou de la jambe antérieure, de se porter tout-à-fait en avant; tandis que, dans les pattes moyennes et postérieures, la hanche est ordinairement tellement emboitée, qu'à peine peut-elle s'y mouvoir. Quelquefois même la hanche est tout-à-fait soudée, et par conséquent immobile, comme on le voit dans les dytiques, les haliples, les tourniquets, les notonectes, où la rotation de la hanche auroit nui à la solidité que doivent avoir les rames représentées par les pattes de ces insectes. Dans les cétoines et les scarabées, au contraire, les pattes moyennes et postérieures sont supportées par une hanche très-développée, dont le plus grand diamètre est transversal et mobile sur cet axe, probablement pour procurer aux jambes une plus grande étendue de mouvement, lorsque ces insectes fouisseurs repoussent la terre à la manière des taupes.

Dans les blattes, les lépismes, les forbicines, la hanche est très-mobile et très-plate; dans les capricornes, les charançons, les chrysomèles, qui ne se servent guère des pattes que pour marcher, comme aussi dans la plupart des diptères et des hyménoptères, les hanches sont globuleuses. (C. D.)

HANCHOAN. (*Ornith.*) La Chesnaye-des-Bois, Dict. Univ. des Animaux, dit, d'après Rédi, qu'on nomme ainsi, au Brésil, un oiseau de proie fort semblable au busard pour la taille, la figure et le plumage, excepté qu'il a une bande noire à l'endroit où le cou se joint à la tête. Cet oiseau paroît être le même que celui qui a été décrit par M. d'Azara, Oiseaux du Paraguay, n.° 33, sous le nom de bûse brune des champs, lequel a une collerette de petites plumes noirâtres. Il est rapporté par Sonnini à la soubuse des marais, *falco uliginosus*, Linn. et Lath.; c'est le *circus campestris*, Vieill. (Ch. D.)

HANDACHACHA. (*Bot.*) Voyez Garch. (J.)

HANDALAM. (*Bot.*) Voyez Handhal. (J.)

HANDHAL, HANDHEL, HANDALAM, HENSAL, ALCA (*Bot.*), divers noms arabes donnés à la coloquinte et cités dans Rauvolf. (J.)

HANDIR-ALOU. (*Bot.*) Grand arbre du Malabar, décrit par Rhéede. C'est un figuier, *ficus septica* de Rumph et de Burmann, qui dure plusieurs siècles, et dont le fruit est fort recherché par les oiseaux. Le suc, retiré des feuilles, est employé dans la médecine de l'Inde. (J.)

HANFLING. (*Ornith.*) L'oiseau que, suivant Rzaczynski, on appelle ainsi en Allemagne, et dont le nom s'écrit aussi *henfling*, est le verdier, *loxia chloris*, Linn. Cependant le mot *haenfling* est aussi employé pour désigner la linotte, *fringilla cannabina*, Linn. (Ch. D.)

HANGEKOPF. (*Bot.*) Dénomination allemande dont fait usage Bridel, pour désigner son genre *antitrichia*, ou *penduline*, qui est fondé sur l'*hypnum curtipendulum*, Linn., ou *neckera curtipendula*, Hedw. Mousse assez commune. Voyez Penduline et Neckera. (Lem.)

HANGE-SO (*Bot.*), nom japonois du *saururus cernuus*, suivant Thunberg. (J.)

HANGHATSMAH. (*Bot.*) On nomme ainsi à Madagascar, suivant Flacourt, une plante basse, souveraine, dit-il, pour la brûlure, rapportée par Vaillant à un lycopode, qui est le *lycopodium cernuum* de Linnæus. Cependant, la mauvaise figure qu'en donne Flacourt, n.° 149, ne lui ressemble nullement. (J.)

HANIKENS (*Ornith.*), nom hollandois du courlis commun, *scolopax arcuata*, Linn. (Ch. D.)

HANIPON. (*Ornith.*) Suivant Salerne, ce nom est donné, dans le département du Pas-de Calais, à la petite bécassine qu'on appelle aussi bécot, *scolopax gallinula*, Linn. (Ch. D.)

HANKA, HANKAJA (*Bot.*), noms arabes, suivant Forskal, de son *scelanthus ternatus*, qui est maintenant une espèce de cissus, dans la famille des vinifères. (J.)

HANNAQUAW. (*Ornith*) C'est ainsi que Bancroft écrit, dans son Histoire de la Guiane, p. 176, le nom du parraqua de Bajon, Mémoires sur Cayenne, tom. 1, p. 378, pl. 1 et 2; et la différence d'orthographe n'est pas étonnante, puisque ce mot est formé des sons que fait entendre l'oiseau, qui est le *phasianus parraka* de Gmelin. (Ch. D.)

HANNEBANE (*Bot.*), un des noms françois anciens de la jusquiame. (J.)

HANNEKIN (*Ornith.*), nom flamand du choucas, *corvus monedula*, Linn. (Ch. D.)

HANNETON, *Melolontha*. (*Entom.*) Genre d'insectes coléoptères pentamérés, ou à cinq articles à tous les tarses, dont les antennes sont en masse feuilletée ou lamellée, et par conséquent de la famille des pétalocères ou lamellicornes.

Nous ignorons l'étymologie du mot hanneton : quant à celle du nom que Fabricius, d'après quelques auteurs anciens, a emprunté du grec μηλολωθη, μηλονθα, μηλονθος, μηλολονθη, on en ignore l'origine ; mais Aristophane, et surtout Aristote, l'emploient souvent pour indiquer, tantôt les coléoptères en général, tantôt les scarabées. C'est surtout Bochard, dans son Histoire des Animaux de l'Ecriture-Sainte (*Hierozoicon*), qui a cru reconnoître l'identité de notre hanneton avec le mélolonthe d'Aristophane, parce que ce poëte, dans sa comédie des Nuées, fait dire à son Socrate (vers 761) : Laissez aller votre pensée comme le mélolonthe, qu'on lâche en l'air avec un fil à la patte.

Quoi qu'il en soit, le nom de mélolonthe a été adopté par tous les auteurs systématiques depuis Fabricius. Voici les caractères auxquels on peut distinguer ce genre :

Le chaperon, ou la partie du front qui s'avance sur la bouche, est très-distinct, large, de forme carrée, alongée et étroite. D'ailleurs, les mélolonthes ont tous les caractères des Pétalocères. (Voyez ce mot.)

Les trox et les scarabées diffèrent en effet des hannetons, parce que leur chaperon est extrêmement court. Dans les coprides, ateuches et onites, en un mot, dans le genre Bousier, et dans celui des aphodies, le chaperon est en croissant; dans les géotrupes, il est rhomboïdal; enfin, dans les cétoines et les trichies, qui ont aussi le chaperon carré, cette partie est plus large que longue.

Les hannetons ont, en général, le port, la conformation et les mœurs des scarabées, parmi lesquels Linnæus les avoit placés. Cependant leur corps est moins déprimé; il est relevé en dessus et en dessous, comme bossu; la tête est engagée dans le corselet, qui est un peu plus étroit en devant et le plus souvent accolé aux élytres en arrière. Les antennes, en masse feuilletée, sont composées de dix articles, dont les derniers forment la masse en panache, que l'insecte étale à volonté comme des lames, quelquefois au nombre de sept, et qui sont beaucoup plus larges et mieux développées dans les mâles. Les élytres sont, en général, moins longues que l'abdomen.

Le corps des hannetons est très-souvent velu et couvert de poils et d'écailles imbriquées, colorées diversement comme dans les lépidoptères : quelques espèces même sont très-brillantes et sont ornées de couleurs métalliques qui reflètent les couleurs les plus agréables, tels sont l'écailleux violet de Geoffroy, l'argenté, le pulvérulent, etc.

Les hannetons font le plus grand tort aux végétaux, qu'ils détruisent sous les deux états de larves et d'insectes parfaits. Sous le premier, qu'ils conservent pendant plusieurs années, suivant les espèces, ils attaquent les racines, et on les connoit sous le nom de vers blancs ou de *mans*. L'insecte parfait conserve tout au plus pendant deux mois sa dernière forme : mais, comme la race de certaines espèces est très-multipliée, elle détruit les feuilles de plusieurs arbres, de manière à faire le plus grand tort aux plantations, et même aux forêts, dont toutes les premières feuilles sont dévorées au printemps, de sorte que les hannetons, dans certaines années où leur race est très-abondante, deviennent un véritable fléau pour les campagnes.

Les espèces principales du genre Hanneton, sont les suivantes :

Le Hanneton foulon, *Melolontha fullo*. Nous l'avons fait figurer dans l'atlas de ce Dictionnaire sur la planche des coléoptères pétalocères, n.° 6 : c'est le mâle.

Il est d'une couleur brune testacée, tachetée de blanc ; deux taches blanches sur l'écusson ; la masse des antennes est composée de sept feuilles larges.

Sa taille est du double de celle du hanneton commun. Sa couleur est d'un brun marron clair. Le corselet offre trois lignes longitudinales blanches. Les élytres sont parsemées de points et de taches blanches irrégulières, mais symétriques à droite et à gauche. On voit beaucoup de poils sous le corselet et à la poitrine, qui paroissent ainsi velus. Le dessous du ventre est cendré.

Cet insecte se trouve principalement dans les sables secs des bords de la mer, en Italie, en Provence, et même sur nos côtes de France, dans le Marquenterre, les dunes de Dunkerque, de Hollande. On assure même l'avoir trouvé à Fontainebleau.

Le Hanneton commun ou vulgaire, *Melolontha vulgaris*. La plupart des auteurs l'ont figuré : l'une des meilleures représentations a été donnée par Olivier, Coléopt., planche n.° V, pl. 1, fig. 1.

Il est noir ; les élytres et les pattes sont d'un brun rougeâtre ; son abdomen, terminé par une sorte de pointe, offre latéralement, sur chaque segment, une tache triangulaire blanche.

Le hanneton commun est l'un des insectes les plus nuisibles ; c'est pourquoi nous croyons devoir en présenter ici l'histoire avec quelques détails.

Les larves de hannetons, qu'on nomme vulgairement *vers blancs* ou *mans*, ressemblent à celles des espèces du genre Scarabée : mais elles sont beaucoup plus à redouter, parce que les dernières n'attaquent que les végétaux altérés par leur mort naturelle, ou les résidus de ces mêmes plantes dont les autres animaux avoient fait leur nourriture ; tandis que les mans s'attachent aux racines des plantes et des arbres qu'ils dévorent. On peut voir, dans les Mémoires de la Société d'Agriculture de Paris, pour 1787 et 1791, de très-bonnes observations sur ces larves, par M. le marquis de Goullier et Lefébure. Nous allons en extraire les faits principaux.

Ces larves vivent trois ou quatre ans sous cet état. Elles ne mangent cependant que pendant la belle saison : en automne, elles s'enfoncent plus profondément dans la terre, afin de se mettre à l'abri des gelées. A cette époque, on les trouve engourdies et dans une sorte d'hibernation, pendant laquelle elles ne font aucun mouvement et ne prennent aucune nourriture.

Au printemps, elles sortent de cet état, se rapprochent de la surface du sol. Il paroit qu'elles muent ou changent de peau plusieurs fois, mais surtout au commencement de chaque réveil annuel. Ce n'est qu'à la fin de leur troisième année, et lorsqu'elles ont pris tout leur accroissement, qu'elles se préparent à la métamorphose qu'elles doivent subir. Elles cessent alors de manger; elles se vident même du résidu de leurs alimens : elles sont alors très-grosses, dans toute la force du terme, c'est-à-dire que, si on les ouvre, on trouve dans la capacité de leur peau musculeuse une masse d'un tissu blanc comme de la crême, et véritablement huileux, qui surnage à la surface de l'eau, et qui paroît être mis là en réserve pour servir au développement ultérieur des organes et à l'alimentation pendant l'espace de temps, qui est à peu près de six mois, où l'insecte conservera la forme de nymphe.

Ces larves, pour subir leur métamorphose, s'enfoncent assez profondément dans la terre, quelquefois à plus de deux pieds. Là, elles se creusent un vide ou une loge arrondie, dont elles consolident les parois avec une sorte de bave qu'elles y dégorgent; on dit même qu'elles les consolident par quelques fils d'une soie grossière qu'elles sécrètent. Lorsque l'insecte a fait ce travail, il semble malade; il reste tranquille; il se gonfle en se raccourcissant : il éprouve une dernière mue, et, à la place de la peau qui le recouvroit, on voit une nymphe molle, blanchâtre, où tous les membres ratatinés et raccourcis, posés constamment de la même manière, laissent cependant distinguer les rudimens d'élytres, les antennes, enfin, toutes les parties. Peu à peu, cette nymphe prend de la consistance : alors elle se colore de plus en plus en brun. Ce n'est qu'au mois de février que l'insecte parfait peut quitter la peau mince qui enveloppoit les diverses parties extérieures de la nymphe. Le hanneton est alors très-mou, jaunâtre; de jour en jour, il prend plus de consistance. Vers le mois de mars ou d'avril, il gagne la surface de la terre, et ce n'est guère que sur la fin de ce dernier mois, ou au commencement de mai, qu'il sort tout-à-fait de terre; ce qui l'a fait nommer en allemand *mai käfer*, scarabée de mai.

Sous l'état parfait, les hannetons passent le plus souvent la majeure partie de la journée dans une sorte d'immobilité ou de sommeil sur les feuilles des arbres dont ils se nourrissent. Cependant, quand la trop grande lumière ou la chaleur du soleil les gêne, ils se réveillent et volent pour se mettre à l'abri. Mais le soir, à la chute du jour, presque tous les individus mâles et femelles s'élancent dans l'air, soit pour accomplir le grand but de la reproduction, soit pour chercher leur nourriture. Le vol de ces insectes est lourd et bruyant; il se fait presque toujours vent-arrière, et l'insecte en est si peu maître, qu'il a peine à se diriger, et qu'il heurte et s'abat sur tous les corps solides qui se rencontrent dans sa direction; de sorte que ce défaut de prévoyance est passé en proverbe en France, où l'on dit : *Etourdi comme un hanneton.*

L'accouplement des hannetons présente quelques particularités : le mâle qui est, en général, plus petit que la femelle, est toujours reconnoissable au grand développement qu'a pris la masse des antennes feuilletées. Avant l'acte, il est extrêmement actif; mais, aussitôt que l'intromission s'est opérée, il tombe dans une sorte d'anéantissement et de sommeil léthargique : la femelle alors le transporte avec elle en changeant de place, et il se trouve dans une position inverse, le dos en dessous et les pattes en l'air.

Les organes mâles de la génération sont aussi fort singuliers; ils sont construits de manière à ce que l'organe conducteur de la liqueur séminale puisse s'introduire au moyen de deux valves de corne alongées, qui, par leur rapprochement, constituent une sorte de pointe roide; mais ces deux pièces portent sur une autre, dans l'intérieur de laquelle sont des muscles qui, à un instant donné, se raccourcissent et dilatent ainsi la gaine qui représente une sorte de gorgeret dilatateur. Ces lames, ainsi écartées, tiennent aussi alors les deux sexes dans un état d'adhérence qui est remarquable dans cette sorte de copulation.

Quand les hannetons mâles ont ainsi satisfait au grand acte de la reproduction, ils ne tardent pas à périr. Ils ne mangent plus, et ils meurent de faim et de foiblesse. La femelle fécondée quitte aussi les arbres; elle s'abat sur la terre, et, à l'aide de ses pattes, elle creuse une sorte de canal ou de tuyau à six ou huit pouces de la surface, et elle dépose au fond ses œufs qui sont fort gros, au nombre de cinquante à quatre-vingts. On prétend que ces femelles sortent de terre après leur ponte pour vivre encore deux ou trois jours, pendant lesquels elles prendroient de la nourriture sur les arbres; mais nous n'avons jamais eu occasion de vérifier ce fait.

Ces œufs ne tardent pas à éclore; les jeunes larves ou les vers blancs qui en proviennent se nourrissent des racines des herbes et des arbres qu'elles rencontrent sur leur route; car elles se creusent des sortes de galeries souterraines. Elles mettent, comme nous l'avons dit, près de quatre années à passer de cet état à celui d'insecte parfait; de sorte que, tous les trois ans, la race se perpétue, et non d'année en année. C'est ce qui fait qu'on a observé que certaines années sont, comme on le dit, des années aux hannetons; tandis que dans d'autres ces insectes sont beaucoup plus rares. Mais, tant de circonstances peuvent faciliter ou empêcher la propagation d'une race, que ces pronostications d'années aux hannetons n'ont pas toujours été vérifiées par l'observation.

On a proposé divers moyens pour s'opposer aux ravages des hannetons; mais la plupart sont inutiles ou inexécutables. Le meilleur seroit sans doute de faire recueillir dans une sorte de battue générale, par les femmes et les enfans, le plus grand nombre possible de hannetons, pendant quatre années consécutives; mais ce seroit une grande dépense, et encore, si on trouvoit le moyen de tirer quelque parti du grand nombre de ces insectes, qu'on pourroit recueillir de manière à intéresser à leur récolte, on s'opposeroit avec plus d'efficacité à leurs ravages. Il est probable qu'ils formeroient un excellent engrais. Peut-être pourroit-on en retirer une sorte d'huile ou de savon animal, qui seroient employés dans les arts ou dans l'économie domestique.

Hanneton cotonneux, *Melolontha villosa.*

Il est d'un fauve châtain; son écusson est blanc; les élytres sont couvertes d'un duvet farineux; le dessous du corps est très-velu, ainsi que les cuisses.

Il se trouve quelquefois aux environs de Paris et de Fontainebleau, vers le mois de juin, sur les ormes.

HANNETON SOLSTICIAL, *Melolontha solstitialis.*

C'est le petit hanneton d'automne de Geoffroy, tom. 1, pag. 74.

Il est testacé; les élytres sont jaunes, avec trois lignes élevées plus pâles. L'anus n'est pas prolongé; la masse des antennes est de trois lames.

Il est très-commun dans les prairies, dans les soirs d'automne, au jour tombant. Nous avons observé qu'il se nourrit principalement des excrémens des oiseaux.

HANNETON DE LA VIGNE, *Melolontha vitis.*

D'un vert métallique, surtout en dessous; bords du corselet jaunes.

On le trouve sur la vigne, dont il détruit les jeunes feuilles.

HANNETON DE FRISCH, *Melolontha Frischii.*

Il ressemble au précédent, mais ses élytpes sont testacées : il est beaucoup plus commun aux environs de Paris; le premier n'en est peut-être qu'une variété.

HANNETON VARIABLE, *Melolontha variabilis.*

C'est le scarabée couleur de suie. Geoff., tom. 1, pag. 84, n° 24. *Il est ovale, d'un noir soyeux; les élytres sont striées.*

Il varie pour la couleur, étant quelquefois jaune. On le trouve dans le tronc pourri de certains arbres. Il est rare.

HANNETON RURICOLE, *Melolontha ruricola.*

C'est le scarabée à bordure de Geoffroy, 1, pag. 80, n.° 15. *Il est noir, velu; les élytres sont striées, testacées, bordées de noir.*

HANNETON HUMÉRAL, *Melolontha humeralis.*

C'est le scarabée velours noir de Geoffroy, pag. 84, n.° 23. *Noir, pubescent, avec une tache testacée sur la base externe des élytres striées.*

HANNETON HORTICOLE, *Melolonthæ horticola.*

Petit hanneton à corselet vert. Geoffroy, tom. 1, pag. 75, n° 8. *D'un noir bronzé; tête et corselet verts; élytres fauves sans taches.*

HANNETON FARINEUX, *Melolontha farinosa.*

D'un jaune verdâtre, couvert d'une poussiere verte argentée; argenté en dessous.

Il est très-commun à Fontainebleau sur les fleurs de ronces.

Hanneton écailleux, *Melolontha squammosa*.

C'est l'écailleux violet de Geoffroy, pag. 79, n.° 3. *D'un violet changeant, métallique en dessus, d'un blanc brillant d'argent en dessous.* C'est le plus bel insecte de France. Il se trouve dans les troncs de saules pourris ou sur les fleurs des arbrisseaux.

Le genre Hanneton comprend près de cent cinquante espèces dans l'Entomologie de Fabricius, Système des Eleuthérates. M. Latreille y a fait trois autres subdivisions, suivant que la bouche est plus ou moins découverte par le chaperon, et que les mandibules sont plus ou moins solides et dentées.

Tels sont les *glaphyres* : tels que le hanneton du chardon, le maure et celui de la serratule de Fabricius.

Les *amphicomes* : tels que les mélolonthes, *meles*, *vulpes*, *vittata*, *abdominalis*, *bombylius*, *cyanipennis*, etc.

Et les *anisonyx* : tels sont les hannetons à crinière, à trompe, cendré, ours, lynx, qu'Olivier a figurés dans ses planches sous le n.° 5, et qui sont presque tous d'Afrique, et particulièrement du cap de Bonne-Espérance. (C. D.)

HANNONS. (*Malacoz.*) On donne assez vulgairement ce nom, dans plusieurs provinces de France, à des coquilles du genre Pétoncles. Voyez ce mot. (De B.)

HANSAPE. (*Bot.*) Le *coldenia procumbens*, de la famille des borraginées, est ainsi nommé à Ceilan, suivant Linnæus. (J.)

HANTA, HENTA, HENCHA (*Bot.*), noms arabes du froment cultivé, suivant Daléchamps. C'est le *hontah* de M. Delile, et Forskal nomme *hunta* l'épeautre, *triticum spelta*. (J.)

HAN-TA-HAN. (*Mamm.*) Buffon donne ce nom chinois comme le synonyme d'élan. (F. C.)

HANTHI. (*Mamm.*) C'est sous ce nom que Thevet parle de l'aï. (F. C.)

HANTOL, *Sandoricum* (*Bot.*) Genre de plantes dicotylédones, à fleurs complètes, polypétalées, de la famille des *méliacées*, de la *décandrie monogynie* de Linnæus, offrant pour caractère essentiel : Un calice court, à cinq dents; cinq pétales linéaires, plus grands que le calice; dix étamines réunies en un tube cylindrique, à dix dents, soutenant chacune une anthère; un ovaire supérieur; un style;

cinq stigmates bifides. Le fruit est une très-grosse baie pulpeuse en dedans, contenant cinq semences enveloppées d'un arille à deux valves.

Hantol des Indes : *Sandoricum indicum*, Lamk., Encycl., et *Ill. gen.*, tab. 350 ; Cavan., *Diss.*, 7, pag. 357, tab. 202, 203 ; *Sandoricum*, Rumph, *Amb.*, 1, pag. 167, tab. 64 ; vulgairement le Faux Mangoustan, Sonner. Grand arbre des Indes orientales, dont le bois est rouge dans son centre ; le tronc revêtu d'une écorce cendrée. Les feuilles sont alternes, ternées, longuement pétiolées ; les folioles pédicellées, grandes, ovales, un peu arrondies, très-entières, veinées, acuminées à leur sommet, glabres en dessus, tomenteuses et ferrugineuses en dessous ; les pétioles tomenteux ; les fleurs disposées en grappes axillaires, paniculées, nues, un peu plus longues que le pétiole. Leur calice est petit, campanulé, à cinq dents ; la corolle composée de cinq pétales linéaires-lancéolés ; l'ovaire supérieur, globuleux, chargé d'un style simple, d'un stigmate en tête, à cinq découpures bifides. Le fruit est une baie, au moins de la grosseur d'une orange, arrondie, un peu plus large que haute, légèrement tomenteuse en dehors, contenant une pulpe blanche et fondante ; cinq semences assez grosses, convexes sur le dos, comprimées latéralement, renfermées chacune dans une coque ou arille coriace, s'ouvrant en deux valves à sa base.

La pulpe de ce fruit est assez bonne à manger : elle a d'abord un goût un peu aigrelet, assez agréable ; mais elle laisse ensuite dans la bouche un arrière-goût qui approche de celui de l'ail. On en fait une gelée, un sirop, une conserve que l'on sert sur les tables au dessert. (Poir.)

HANTVARK. (*Ornith.*) Les Norwégiens appellent ainsi la piegrièche écorcheur, *lanius collurio*, Linn. (Ch. D.)

HANZACRA (*Bot.*), nom arabe du *coris* de Montpellier, suivant Rauvolf. (J.)

HAOSER, ALASER, ALHUSAR. (*Bot.*) Noms arabes, suivant Clusius, d'une plante qui laisse suinter de ses rameaux et de ses feuilles un suc abondant, dont le fruit, assez gros, donne un autre suc caustique, et contient, de plus, une matière propre à remplir des coussins. Il paroît que cette plante est la même que l'*alhasser*, décrit précédemment, c'est à-dire, l'*asclepias syriaca*. (J.)

HAOUAI. (*Bot.*) Voyez Ahouai. (J.)

HAPALANTHUS. (*Bot.*) Ce nom, que Jacquin avoit donné à un de ses genres, voisin de la comméline, a été changé par Linnæus, en celui de *callisia*, maintenant adopté. (J.)

HAPALE (*Mamm.*), nom générique donné aux ouistitis par Illiger. (F. C.)

HAPAYE. (*Ornith.*) Voyez Harpaye. (Ch. D.)

HAPLARIA. (*Bot.*) Genre de la famille des champignons, de l'ordre des *mucedines*, série des byssoïdées, dans la méthode de Link, voisin des genres *Acladium*, *Sporothricum*, *Chloridium*, etc., établis par le même botaniste. Voici son caractère: Filamens simples, ou bien un peu rameux et dichotomes, écartés, droits, cloisonnés, portant çà et là de petits amas de sporidies.

Haplaria grise; *Haplaria grisea*, Link, *in Berl. Mag.*, 3, p. 9, t. 1, fig. 12; Nées, Trait. Ch., tab. 4, fig. 49. Cette espèce se trouve sur les feuilles sèches des rubaniers, *sparganium*, des roseaux et d'autres plantes; elle forme, sur ces feuilles, de petites taches grisâtres, longues de cinq à six lignes, très-délicates, et cependant un peu roides.

C'est après ce genre que Nées place celui qu'il nomme *acrosporium*, auquel il assigne pour caractère: Filamens simples, réunis en tas, en forme de chapelet ou de collier; leur extrémité est garnie çà et là d'articulations qui se détachent. La seule espèce citée, l'*acrosporium* en collier (*Acrosporium Monilio*, Nées, Tr. Champ., pl. 4, fig. 496), forme de petites taches grises, très-minces, sur les feuilles vertes des graminées. Lorsqu'on les touche, elles donnent une poussière blanche. Ce genre est infiniment plus voisin de l'*alcadium* de Link que de l'*haplaria*. (Lem.)

HAPPE-FOIE. (*Ornith.*) La Chesnaye-des-Bois dit qu'on appelle ainsi un oiseau de mer, si friand du foie de morue, qu'on le prend aisément à la ligue, en mettant un morceau de ce foie au bout de l'hameçon, et qu'en conséquence on lui a donné, en latin, les noms de *hepato-prensor* et *hepatiharpagus*. Il est probablement ici question d'un cormoran ou d'un fou. (Ch. D.)

HAPPIA. (*Bot.*) Necker donne ce nom au *tococa* d'Aublet, genre de plantes de la famille des melastomées. (J.)

HARACHE. (*Ichthyol.*) On donne vulgairement, dans quelques cantons, ce nom à un poisson du genre Clupée, mais qu'on ne sait encore à quelle espèce rapporter positivement. (H. C.)

HARAHA, HARA, CHARBA (*Bot.*), noms arabes de la calebasse, *cucurbita lagenaria*, suivant Daléchamps. Voyez Charba. (J.)

HARAK (*Ichthyol.*), nom d'un poisson du genre Daurade. Voyez ce mot. (H. C.)

HARAM, HARAME. (*Bot.*) Arbre de Madagascar, cité par Flacourt et Rochon, dont on tire, par incision, une résine blanche, très-balsamique. Les femmes malgaches, dit Rochon, en font une pâte dont elles se frottent le visage pour conserver leur peau dans toute sa fraîcheur. Lorsqu'on brûle cette résine, il s'en exhale un parfum semblable à celui de l'encens. Cet arbre, dont Poivre a recueilli des échantillons existans dans notre Herbier, paroît avoir beaucoup d'affinité avec le genre *Poupartia*, de la famille des térébinthacées. Ses feuilles sont également pennées, à folioles opposées avec une impaire, et les fleurs sont disposées en panicules terminales. Le fruit est un brou qui recouvre une noix très-dure, terminée supérieurement en pyramide à trois pans. Cette forme pyramidale est peut-être l'origine de son nom : car, suivant l'observation de Volney, les pyramides sont nommées en Egypte haram, et l'on sait qu'une colonie d'Egyptiens a été très-anciennement transportée à Madagascar. (J.)

HARANGUET (*Ichthyol.*), nom que, dans quelques provinces du nord-ouest de la France, on donne à la sardine. Voyez Clupée. (H. C.)

HARANKAHA (*Bot.*), nom d'une zédoaire de Ceilan, suivant Burmann. Sa racine est regardée dans cette île comme un remède souverain contre les maladies les plus graves, et elle pousse fortement les sueurs et les urines. (J.)

HARB (*Bot.*), nom turc, suivant Clusius, de l'arbre connu sous celui d'ambare, sur la côte de Canara, dans la presqu'île de l'Inde. Voyez Ambarc. (J.)

HARBAJI (*Erpétol.*), nom que les Arabes donnent à l'éryx

céraste, de Daudin, *anguis cerastes*, Linn. Voyez Eryx. (H. C.)

HARBATUM (*Bot.*), nom arabe du peucédan, *peucedanum*, selon Daléchamps. (J.)

HARBETO FERO (*Bot.*) nom provençal de la bette ou poirée, suivant Garidel. (J.)

HARCHA (*Ichthyol.*), nom italien du glanis, poisson du genre Silure. Voyez ce mot. (H. C.)

HARCOMAN. (*Bot.*) Suivant Belon, cité dans Rauvolf, ce nom arabe est celui d'une variété à graines blanches d'un sorgho, *holcus sorghum*, de Linnæus, dont on fait, dans le Levant, un pain très-savoureux. (J.)

HARD-LOOPER (*Mamm.*), nom donné, par les Hollandois du cap de Bonne-Espérance, au phacochère de cette contrée. (F. C.)

HARDA, HARDILLA (*Mamm.*), noms espagnols de l'écureuil commun. (F. C.)

HARDE ou HORDE (*Mamm.*), nom par lequel on désigne une troupe de bêtes fauves. (F. C.)

HARDEAU (*Bot.*) On lit dans quelques livres, que ce nom est quelquefois donné à la viorne, *viburnum*. Il ne faudroit pas le confondre avec le charme, qui est nommé en anglois *hornbaam* ou *hardbeam*, suivant l'auteur du Dictionnaire Economique. (J.)

HARDER (*Ichthyol.*), un des noms allemands du mulet de mer, *mugil cephalus*. (Voyez Muge.) Remarquons aussi que les matelots hollandois donnent les noms de *harder* ou *herder*, qui signifient berger, à divers poissons, d'après des idées semblables à celles qui leur ont fait donner par les nôtres ceux de conducteur, pilote, etc. Voyez Pasteur. (H. C.)

HARDERIE. (*Min.*) L'un des noms du fer oxidé hématite qui sert à brunir les métaux, et qui est plus connu des artisans sous le nom de *ferret* ou *ferrette d'Espagne*. Voyez Fer oxidé hématite. (Brard.)

HARDOUCKIA, *Hardwickia*. (*Bot.*) Genre de plantes dicotylédones, à fleurs incomplètes, polypétalées, de la famille des *légumineuses*, de la *décandrie monogynie* de Linnæus, offrant pour caractère essentiel : Une corolle à cinq pétales réguliers; point de calice; dix étamines insérées sur le réceptacle, cinq opposées aux pétales, cinq alternes; un ovaire supérieur; le style ascendant; le stigmate large et pelté. Le fruit est une gousse à deux valves, ne renfermant qu'une seule semence vers le sommet.

Hardouckia géminé; *Hardwickia binata*, Roxb., *Corom.*, vol. 3, pag. 4, tab. 209. Grand et bel arbre des montagnes du Coromandel, chargé de branches nombreuses, alternes, étalées, garnies de feuilles alternes, pétiolées, géminées, composées de deux folioles sessiles, conniventes à l'extrémité d'un pétiole commun qui se prolonge entre les folioles en une petite pointe courte : ces folioles sont ovales, obtuses à leurs deux extrémités, entières à leurs bords, longues d'environ trois pouces sur deux de large; le pétiole cylindrique, long d'un pouce; les stipules petites, en cœur, caduques. Les fleurs sont disposées en panicules axillaires et terminales, munies de petites bractées caduques : il n'y a point de calice; la corolle est blanche, assez petite, composée de cinq pétales ovales, concaves, obtus, étalés; les étamines à peine plus longues que la corolle; les anthères tombantes, ovales, à deux lobes, surmontées d'une petite pointe; l'ovaire oblong, surmonté d'un style ascendant, un peu plus long que les étamines, et d'un stigmate pelté. Le fruit est une gousse lancéolée, longue d'environ trois pouces, striée, rétrécie à sa base, souvent terminée au sommet par une petite pointe en crochet; à deux valves vides dans leur partie inférieure, ne renfermant à son sommet qu'une seule semence cunéiforme. (Poir.)

HARDSCHA (*Ichthyol.*), nom hongrois du glanis. Voyez Silure. (H. C.)

HARDY-SHERW (*Mamm.*), nom anglois de la musaraigne. (F. C.)

HARE. (*Mamm.*) Voyez Hase. (F. C.)

HAREFOD. (*Ornith.*) Le lagopède, *tetrao lagopus*, Linn., est ainsi nommé en Norwége. (Ch. D.)

HAREIS. (*Ornith.*) L'ibis noir, *tantalus niger*, Lath., porte, en Arabie, ce nom, qui s'écrit aussi *hareiz* et *hereis*. (Ch. D.)

HARENG (*Ichthyol.*), nom vulgaire d'un poisson du genre Clupée, dont on trouvera l'histoire à ce dernier article. (H. C.)

HARENG A LA BOURSE. (*Ichthyol.*) Les pêcheurs appellent ainsi le hareng quand il a frayé. Voyez Clupée. (H. C.)

HARENGADE. (*Ichthyol.*) A Marseille, on donne ce nom aux grosses sardines. Voyez Clupée. (H. C.)

HARENG GAI (*Ichthyol.*), nom que les pêcheurs donnent au hareng qui ne montre encore ni laite ni œufs. (H. C.)

HARENG DE LA CHINE. (*Ichthyol.*) On a donné ce nom au clupanodon chinois. Voyez Clupanodon. (H. C.)

HARENG DES TROPIQUES. (*Ichthyol.*) Quelques auteurs ont ainsi nommé la clupée des tropiques, *clupea tropica*, Gmel. Voyez Clupée. (H. C.)

HARENG MARCHAIS (*Ichthyol.*), nom que donnent les pêcheurs au hareng qui, après le frai, a repris sa chair et sa graisse. Voyez Clupée. (H. C.)

HARENG PLEIN. (*Ichthyol.*) Les pêcheurs appellent ainsi le hareng qui a déjà des œufs ou de la laite. Voyez Clupée. (H. C.)

HARENG VIDE. (*Ichthyol.*) Voyez Hareng gai. (H. C.)

HARENGS.(*Géol.*) Les naturalistes genevois, et Saussure surtout (§. 679), ont désigné, par le nom de harengs, ces bancs de sable, étroits et pointus à chaque extrémité, qui se forment au milieu des torrens ou des rivières rapides, parallèlement à leur lit. Ces petits atterrissemens, qui naissent ordinairement pendant les grandes crues d'eau ou vers leur fin, sont souvent emportés par les crues suivantes; mais il arrive quelquefois aussi que, lorsqu'ils ont été déposés par une crue très-extraordinaire ou qui ne se renouvelle que très-rarement, ces bancs de sable se couvrent de végétation, prennent de la consistance, résistent à l'effort des eaux, augmentent par les nouveaux atterrissemens qu'ils arrêtent, et donnent enfin naissance à ces îles fertiles et boisées qui divisent le cours des rivières et le forcent à se partager en plusieurs bras. L'Arve, qui est sujette à des crues annuelles, forme souvent des harengs, qu'elle enlève l'année suivante, et c'est probablement à raison du voisinage de ce torrent fougueux, que les naturalistes gènevois ont adopté cette dénomination particulière à leur pays. (Brard.)

HARENGS NOUVEAUX ou HARENGS VERTS. (*Ichthyol.*) Dans le commerce, on nomme ainsi les harengs qui sont le produit de la pêche du printemps ou de l'été. Voyez Clupée. (H. C.)

HARENGS PECS ou PEKELS. (*Ichthyol.*) Dans le commerce, on appelle de ce nom les harengs pris pendant l'automne ou l'hiver. Voyez Clupée. (H. C.)

HARENGUS (*Ichthyol.*), nom latin du HARENG. Voyez ce mot et CLUPÉE. (H. C.)

HARETAC. (*Ornith.*) Flacourt, dans son Histoire de Madagascar, p. 164, cite, parmi les oiseaux aquatiques de cette île, le *haretac*, comme étant de la taille d'une sarcelle, portant une huppe rouge, et ayant le plumage et les pieds noirs. Dapper, qui le copie, dans sa Description des îles de l'Afrique, p. 459, n'en dit pas davantage. (CH. D.)

HARFANG. (*Ornith.*) Cette grande chouette est le *strix nyctea*, Linn., dont le nom est écrit en suédois *harfaong*. (CH. D.)

HARGILAS. (*Ornith.*) L'oiseau qui est connu au Bengale sous ce nom et sous ceux d'*argala* et d'*hurgill*, est le même que Marsden dit s'appeler à Sumatra *boorong cambing*, ou *boorong oolar* : il se rapporte à la grue argala de Sonnini, édit. de Buffon, à l'*ardea dubia* de Gmelin, et au *jabiru argala* de M. Vieillot. (CH. D.)

HARGUMP (*Malacoz.*), nom suédois des doris. (DE B.)

HARICOT, (*Bot.*) *Phaseolus*, Linn., Genre de plantes dicotylédones, de la famille des *légumineuses* de Jussieu, et de la *diadelphie décandrie* de Linnæus, dont les principaux caractères sont les suivans : Calice monophylle, un peu bilabié, la lèvre supérieure échancrée, l'inférieure à trois dents ; corolle papilionacée, à étendard réfléchi, et à carène roulée en spirale avec les étamines et le style ; dix étamines, dont neuf ont leurs filamens soudés ensemble ; un ovaire supérieur, oblong, un peu comprimé, surmonté d'un style contourné, terminé par un stigmate simple ; une gousse oblongue, s'ouvrant en deux valves, contenant plusieurs graines réniformes.

Les haricots sont, pour la plupart, des herbes annuelles, à feuilles alternes, ternées, munies de stipules à la base de leur pétiole, et dont les fleurs sont souvent disposées en grappes axillaires. On en connoît une trentaine d'espèces, toutes exotiques, dont plusieurs sont d'un assez grand intérêt à cause de leurs fruits qui forment un aliment très-nourrissant, et dont on fait grand usage, soit dans leur pays natal, soit dans beaucoup de contrées du monde où ils ont été transportés. Nous nous bornerons à parler ici des espèces qui sont cultivées en grand dans les campagnes, ou qu'on trouve dans les jardins de botanique.

* *Espèces grimpantes et volubiles.*

Haricot multiflore ou Haricot d'Espagne : *Phaseolus multiflorus*, Lamk., Dict. encyc., 3, p. 70; Willd., *Spec.*, 3, p. 1030. Sa tige est herbacée, volubile, rameuse, et peut s'élever, quand on lui donne un appui, à la hauteur de douze à quinze pieds. Ses feuilles sont composées de trois folioles ovales, portées sur un pétiole commun, canaliculé en dessus. Les pédoncules axillaires, fort longs, portent, dans leur partie supérieure, des fleurs disposées en grappe, attachées à des pédicelles pour la plupart géminés, et munies à leur base de deux petites bractées ovales, serrées contre le calice; ces fleurs sont assez grandes, d'un rouge écarlate très-vif dans une variété, et de couleur blanche dans une autre. Les gousses sont pendantes, épaisses et assez larges; elles contiennent des graines moitié plus grosses que celles du haricot commun, violettes et marbrées de taches noires dans la variété à fleurs écarlates, et de la même couleur que la fleur lorsque celle-ci est blanche. Cette espèce est, selon Miller, originaire des contrées chaudes de l'Amérique méridionale; le nom de haricot d'Espagne, sous lequel elle est le plus vulgairement connue, lui vient probablement de ce qu'elle aura été apportée de l'Espagne en France.

Ce haricot n'est le plus souvent cultivé dans les jardins que pour l'ornement, parce qu'il est chargé de fleurs éclatantes pendant tout l'été, et même pendant une partie de l'automne. « Mais, dit Rosier, dans son cours d'agriculture, je ne vois pas trop pourquoi, dans nos provinces du Nord, ce haricot est cultivé comme plante de simple agrément. D'après ma propre expérience, il est certain que ce légume, cueilli nouveau, est très-bon et s'accommode de tous les assaisonnemens qu'on fait aux haricots ordinaires. Les semences, parvenues à une certaine grosseur, sont très-bonnes mangées en vert; et, lorsqu'elles sont sèches, elles fournissent une bonne purée. » Miller est du même sentiment; mais il faut dire que, pour cultiver cette espèce en grand, ses tiges, qui s'élèvent beaucoup, ont l'inconvénient d'être difficiles à soutenir. Dans les jardins du nord de la France on sème ce haricot à la fin de mai. On l'emploie pour couvrir les murs, pour garnir des tonnelles; on le fait aussi monter autour du tronc des arbres.

Haricot commun : *Phaseolus vulgaris*, Linn., *Spec.*, 1016; Lob., *Ic.*, 59. Sa racine est fibreuse, annuelle ; elle donne naissance à une tige rameuse, volubile, haute de quatre à cinq pieds, garnie de feuilles alternes, pétiolées, composées de trois folioles ovales, pubescentes. Ses fleurs sont blanches ou un peu jaunâtres, disposées en grappes peu fournies et axillaires. Il leur succède des gousses qui contiennent des graines que tout le monde connoit, et qui, selon les variétés, sont plus ou moins réniformes et blanches, jaunâtres, rouges, violettes, noires, ou enfin jaspées de différentes nuances.

Ces graines portent le même nom que la plante elle-même ; selon les provinces on les appelle encore favioles, féveroles, petites féves, féves à visage, féves peintes, phaséoles, pois de de mer, etc.

Le haricot commun passe pour être originaire de l'Inde ; mais il est cultivé aujourd'hui dans les quatre parties du monde, et il fait, dans l'Europe méridionale et tempérée, un objet de culture assez important. Comme toutes les plantes dont l'homme prend soin depuis long-temps, il a produit de nombreuses variétés ; les plus répandues sont les suivantes :

Haricot blanc commun, nommé *mongette* dans quelques cantons.

Haricot blanc hâtif, propre principalement à être mangé en vert.

Haricot de Soissons. Il est plat et gros ; on l'estime plus à Paris que toutes les autres variétés. Il ne paroît cependant être que le haricot blanc commun. On le cultive presque partout ; mais il acquiert à Soissons une finesse de goût et de peau qui le rend supérieur à ceux de la même race cultivés dans la plupart des autres terrains. Ce haricot est tardif.

Haricot sans parchemin, ou *prudhomme blanc*. Sa gousse reste tendre jusqu'à ce qu'elle soit parvenue à toute sa grandeur, et qu'elle soit presque sèche. Cultivé surtout pour en manger les gousses en vert, il est aussi fort bon en sec ; ses graines sont petites et arrondies.

Haricot sabre. Ses graines sont blanches, aplaties, de moyenne grosseur. Cette variété produit considérablement, et elle est peut-être la meilleure de toutes. Ses gousses sont très-longues et très-larges ; jeunes, elles font d'excellens haricots verts ; parvenues presque à toute leur grosseur, elles sont encore tendres et charnues, et peuvent être mangées en cet état, soit fraîches, étant divisées par morceaux, soit en hiver, après avoir été coupées en lanières et confites au sel. Enfin les graines, soit fraîches, soit sèches, sont égales ou peut-être supérieures à celles du haricot de Soissons. Les tiges ont besoin de grandes et fortes rames, parce qu'elles grimpent très-haut.

Haricot sans fil. Variété qu'on cultive particulièrement dans les environs de Lyon. La nervure de sa gousse n'a point l'espèce de fil qu'on est obligé d'enlever à tous les autres haricots lorsqu'on veut les manger en vert. Les gousses vertes du haricot sans fil sont très-tendres et très-délicates ; ses graines sèches sont encore très-bonnes. Cette variété se sème en juillet et août, et pendant toute l'automne ; tant qu'il ne gèle pas, on en obtient des légumes frais.

Haricot rognon de coq. Il doit son nom à la forme de ses graines, semblables à celles d'un rein ou rognon de coq. Bon en vert et en sec.

Haricot riz. Ses graines sont très-petites, obrondes et blanches; elles sont très-bonnes, écossées fraîches. La plante rapporte beaucoup.

Haricot de Lima. Gousses larges, courtes et un peu chagrinées ; graines très-grosses et blanches. Cette variété produit beaucoup, et elle est d'une bonne qualité; mais elle est délicate et trop tardive pour les environs de Paris, où on ne peut l'obtenir qu'en la semant d'abord dans de petits pots qu'on met sur couche. Elle sera très-bonne pour nos départemens du Midi. Les tiges s'élèvent très-haut.

Haricot rouge d'Orléans. Ses graines sont petites, rougeâtres, avec l'ombilic blanc. Il est peu recherché aujourd'hui.

Haricot de Prague, ou *Pois rouge.* Graines arrondies, d'un rouge violet. Cette variété est très-productive quand l'automne est favorable ; mais elle ne mûrit que tard. Elle a besoin d'avoir des rames très-élevées. Ses gousses sont très-bonnes en haricots verts, parce qu'elles sont sans parchemin, c'est-à-dire, que leur membrane interne est tendre, et non dure et coriace comme dans plusieurs autres. Les graines sèches ont la peau un peu épaisse; mais elles sont très-farineuses et d'un fort bon goût.

Ce seroit ici le lieu de parler de la culture et des usages des haricots; mais comme le haricot nain, qu'on regarde comme une espèce distincte, appartient à la section des haricots à tiges droites non grimpantes, et que, sous beaucoup de rapports, ces deux espèces doivent être considérées sous un même point de vue, nous renverrons, à la fin de cet article, pour tout ce qui concerne leurs usages ou qui tient à leur culture, et nous continuerons la description des autres espèces dont nous nous sommes proposé de parler.

Haricot lunulé; *Phaseolus lunatus*, Linn., *Spec.*, 1016. Ses tiges, droites dans leur partie inférieure, deviennent volubiles dans leur partie supérieure, et s'élèvent à deux ou trois pieds. Ses feuilles sont composées de trois folioles ovales, pointues, dont les latérales ont le côté extérieur une fois plus large que l'autre. Ses fleurs sont petites, blanchâtres, disposées en grappes axillaires plus courtes que les pétioles. Les gousses sont comprimées, ont presque la forme d'un sabre, et elles contiennent des graines ovales-obrondes, plates, rougeâtres. Cette plante est originaire du Bengale; on la cultive au Jardin du Roi.

Haricot a grand étendard: *Phaseolus vexillatus*, Linn., *Spec.*, 1017; *Phaseolus flore odorato, vexillo amplo patulo*, Dill., *Elth.*, 313, t. 234, f. 302. Ses tiges sont velues, grimpantes, hautes de quatre à six pieds. Ses feuilles sont composées de trois folioles assez semblables à celles du haricot commun, mais plus alongées et plus étroites. Les fleurs sont grandes, odorantes, d'abord d'un blanc rougeâtre, ensuite purpurines ou d'un violet pâle, enfin d'un brun jaunâtre, et elles sont ramassées en tête trois à quatre au sommet d'un pédoncule commun; leur étendard est large, échancré et réfléchi; les gousses sont longues, étroites, presque cylindriques. Cette plante croît naturellement dans les Antilles; on la cultive au Jardin du Roi.

Haricot caracolle: *Phaseolus caracalla*, Linn., *Spec.*, 1017; *Phaseolus indicus, cochleato flore*, Triumf., *Obs.*, 93, t. 94. Sa racine, grosse, tubéreuse et vivace, produit une tige ligneuse inférieurement, divisée en rameaux menus, sarmenteux, volubiles, susceptibles de s'élever à six pieds et plus. Ses fleuilles sont composées de trois folioles ovales, pointues, glabres. Ses fleurs sont grandes, odorantes, d'une couleur purpurine, et disposées en une belle grappe axillaire; tous leurs pétales sont contournés en spirale. Cette espèce est originaire de l'Inde, et cultivée depuis assez long-temps dans les jardins. Dans le nord de la France on la met en pot, et on la rentre dans l'orangerie, et même dans la serre chaude, pendant l'hiver. Dans le midi de la France, où elle mûrit facilement ses graines, on la place, comme plante annuelle, au pied d'un mur ou à une exposition chaude.

Haricot pourpre : *Phaseolus semierectus*, Linn., *Mant.*, 100; Jacq., *Ic.*, 3, t. 558; *Phaseolus barbadensis erectior, siliquà angustissimà, tinctorius*, Dill., *Elth.*, 312, t. 233, f. 301. Ses tiges sont d'abord tout-à-fait droites jusqu'à la hauteur d'un pied et demi à deux pieds, mais ensuite elles s'affoiblissent, deviennent volubiles, et atteignent jusqu'à la hauteur de trois pieds. Les folioles des feuilles sont presque glabres en dessus, un peu velues en dessous, obtuses dans la partie inférieure des tiges, et pointues dans la partie supérieure. Les pédoncules axillaires, beaucoup plus longs que les feuilles, sont chargés, vers leur sommet, de plusieurs fleurs d'un pourpre foncé ou noirâtre, sessiles, géminées et disposées en épi. Cette plante croît naturellement dans les Antilles; on la cultive au Jardin du Roi.

Haricot paniculé; *Phaseolus paniculatus*, Mich., *Flor. boreal. Amer.*, 2, p. 61. Ses tiges sont vivaces, grimpantes, pubescentes ainsi que les autres parties de la plante. Les deux folioles latérales de ses feuilles sont ovales, élargies, et l'impaire est presque en cœur. Ses fleurs sont d'un pourpre-violet obscur, disposées en panicules pyramidales, très-garnies et souvent longues d'un pied. Les gousses sont comprimées, courbées en faucille, longues d'environ deux pouces; elles renferment des graines réniformes, comprimées, et d'un noir foncé. Cette plante est originaire de l'Amérique septentrionale; on la cultive au Jardin du Roi.

** *Espèces à tiges droites non grimpantes.*

Haricot nain : *Phaseolus nanus*, Linn., *Spec.*, 1017: *Phaseolus vulgaris, italicus, humilis seu minor*, etc., J. Bauh., *Hist.*, 2, p. 358. Cette espèce ressemble, sous beaucoup de rapports, au haricot commun ; mais elle en diffère essentiellement en ce qu'elle ne grimpe point, reste droite, et ne s'élève guère qu'à un pied ou quinze pouces. Originaire de l'Inde, et cultivée comme le haricot commun depuis un temps immémorial en Europe, elle a de même produit, par la culture, plusieurs variétés qui diffèrent par la grosseur et la couleur. Ses fruits, comme ceux de la première espèce, se mangent, soit entiers et en vert, soit écossés, frais ou secs. La plante est plus facile à cultiver, parce que ses tiges n'ont pas besoin d'échalas ou de rames pour se soutenir. Les variétés les plus connues sont :

Le *haricot nain hâtif de Laon*, ou le *haricot flageolet;* très-estimé, très-répandu aux environs de Paris, et fort employé pour faire des haricots verts, principalement ceux de primeur qu'on élève sous châssis. Ses graines sont blanches, étroites, alongées, un peu cylindriques.

Le *haricot gros pied*, ou *haricot de Soissons nain*; très-bon en grain, frais écossé et en sec.

Le *haricot nain blanc sans parchemin*. Ses gousses sont longues et en même temps très-larges. Ses graines sont blanches, aplaties, assez petites.

Le *haricot suisse blanc*. Cette variété a beaucoup de rapports, par la forme de ses graines et par la qualité de ses gousses, avec le *haricot suisse gris*, le *haricot suisse rouge*, le *haricot gris de Bagnolet*, et le *haricot ventre de biche*. Ces cinq variétés ont les graines alongées ; elles sont toutes très-bonnes en haricots verts, et c'est principalement pour cet emploi qu'elles sont cultivées.

Le *haricot nègre nain*. Il est hâtif, d'un bon produit. On le préfère en Touraine pour manger en vert.

Le *haricot nain jaune du Canada* est le plus bas et le plus hâtif des haricots sans parchemin ; son grain est presque rond, d'un jaune pâle.

Le *haricot de la Chine*. Ses graines, assez grosses, arrondies, couleur de soufre pâle, sont excellentes, fraîches écossées et en sec.

Haricot a gousses velues : *Phaseolus max*, Linn., *Spec.*, 1018 ; *Mungo seu Phaseolus orthocaulis*, Hernand., *Mex.*, 887. Sa tige est droite, velue, anguleuse, fléchie en zigzag, garnie de feuilles composées de trois folioles velues, ainsi que le pétiole qui est accompagné de stipules ovales. Les fleurs sont petites, jaunâtres, disposées en grappes axillaires. Il leur succède des légumes pendans, hérissés de poils, terminés par une pointe recourbée en crochet, et contenant une dizaine de graines noires, marbrées de roussâtre. Cette plante croît naturellement dans l'Inde, et les habitans du pays en mangent les graines; on en fait aussi usage comme aliment dans tout le Levant.

Haricot a rayons : *Phaseolus radiatus*, Linn., *Spec.*, 1018; *Phaseolus zeylanicus*, *siliquis radicatim digestis*, Dill., *Elth.*, 315, t. 235, f. 304. Les tiges sont velues, cylindriques, hautes de deux à trois pieds, garnies de feuilles à folioles ovales, pointues, velues sur les bords. Les fleurs sont mêlées de blanc et de pourpre, ramassées en tête, et portées sur des pédoncules anguleux. Les légumes sont presque cylindriques, disposés horizontalement et en manière de rayons. Cette plante est originaire de l'île de Ceilan ; on la cultive au Jardin du Roi.

Haricot a stipules; *Phaseolus stipularis*, Lamk., Dict. encyc., 3, p. 74. Sa tige est droite, simple, anguleuse, haute de quatre à cinq pouces, garnie inférieurement de feuilles longuement pétiolées, à folioles ovales, presque arrondies; les feuilles supérieures ont le pétiole plus court, et la foliole terminale est comme trilobée. Les fleurs sont mêlées de brun, de jaune et de blanchâtre, disposées en épi court sur un pédoncule beaucoup plus long que les feuilles. Les gousses sont cylindriques et horizontales comme dans l'espèce précédente. Ce haricot est originaire du Pérou ; il est cultivé, au Jardin du Roi, de graines envoyées par Dombey.

Haricot a fèves rondes : *Phaseolus sphærospermus*, Linn., *Spec.*, 1018; *Phaseolus erectus minor*, *semine sphærico albido*, *hilo nigro*, Sloan., *Jam.*, 72 , *Hist.* 1, p. 185 , t. 117, f. 1, 2, 3. Sa tige est droite, anguleuse, haute de cinq à six pouces, un peu velue vers son sommet. Ses feuilles sont composées de trois folioles ovales, portées sur un pétiole chargé de poils blancs renversés. Les fleurs sont d'un blanc jaunâtre, portées deux à trois ensemble sur un pédoncule velu comme les pétioles. Les gousses cylindriques, droites, contiennent des graines globuleuses, blanches avec une tache noire à l'ombilic. Cette espèce croît naturellement dans les Indes; on la cultive au Jardin du Roi.

Culture des haricots.

Les haricots, nous ayant été apportés des pays chauds, doivent nécessairement craindre les froids qui se font sentir dans nos climats; il n'est donc pas indifférent d'assigner l'époque à laquelle on doit les semer. Dans l'Inde, où il ne gèle jamais, on peut les mettre en terre dans toutes les saisons. En France on ne les sème qu'au printemps; mais un mois à six semaines plus tôt dans le midi que dans le nord, parce qu'on y a bien moins à redouter les froids tardifs. Il est très-avantageux de choisir, pour la culture des haricots, un endroit qui soit exposé au midi: le choix de la terre n'est également pas indifférent; il faut qu'elle soit fraîche, légère, et pourtant substantielle. Les lieux marécageux ne sont pas propres pour ces plantes, qui, au contraire, se plaisent davantage dans un terrain un peu sec.

La culture qu'on donne aux haricots dans les jardins, diffère de celle en grand, qui n'a pour but que la production des semences. Dans cette dernière on commence d'abord par fumer les terres où l'on veut semer. Les cultivateurs préfèrent le fumier de vache à celui de cheval, parce que ce premier conserve bien plus long-temps une sorte d'humidité qui est nécessaire pour ce légume. On passe ordinairement trois fois la charrue sur les terres qui sont destinées à recevoir des haricots; cependant on se contente de deux quand la terre est légère. On donne le premier labour vers le milieu de l'automne, et l'autre, à l'époque des semis.

On sème les haricots de deux manières: par raies ou en échiquier, et on laisse un sillon vide entre chaque raie, afin de pouvoir disposer les rames, et de manière à ce qu'on puisse cueillir les gousses facilement, lorsque c'est l'espèce grimpante que l'on cultive. Dans les champs des environs de Paris, c'est presque toujours en échiquier qu'on sème les haricots. On creuse une petite fosse dans laquelle on met de six à huit semences. Dans les endroits où l'on sème les haricots en grand, c'est-à-dire, pour en recueillir seulement les graines, on est dans l'habitude de semer à la volée; mais cette manière offre des inconvéniens.

Le semis en rayons se fait en laissant tomber une à une les graines dans les sillons, et on les recouvre ensuite avec la herse. On se sert encore du plantoir pour faire des trous dans chacun desquels on met une graine ; mais c'est la méthode la plus longue, et c'est aussi la moins usitée. On enfonce les semences à la profondeur d'un pouce ; il faut même avoir soin de ne pas les mettre beaucoup au-dessous de cette profondeur, parce que, dans les années où les froids sont tardifs, les haricots, n'ayant pas assez de chaleur, pourrissent très-rapidement. La distance qu'on doit mettre entre chaque semence est relative à la nature du terrain : ainsi, quand il est sec, on doit les éloigner davantage, surtout quand l'espèce s'élève beaucoup. Dans les environs de Paris, on sème les haricots en échiquier, à la distance d'un pied, et on ne donne que quatre pouces seulement pour les semis en rayons. Il en est des haricots comme de toutes les semences possibles, on doit toujours choisir les plus belles.

Dans le midi de la France, on a l'habitude de faire tremper les graines dans l'eau pendant vingt-quatre heures avant de les semer. C'est une chose favorable qu'il survienne un peu de pluie, afin que la germination soit plus prompte.

On donne jusqu'à trois binages aux haricots, et même davantage, afin que la récolte soit plus abondante. Le premier binage se pratique quand les plantes ont deux à trois pouces. Dans ce premier binage il faut avoir soin de ramener la terre autour des racines. Le second se fait quand les premières fleurs paroissent, et le troisième environ un mois plus tard.

A l'époque du second binage on met des échalas ou des rames pour fournir un appui aux tiges des espèces grimpantes.

Dans plusieurs départemens de la France, lorsque les haricots grimpans sont arrivés à une certaine hauteur, on en retranche le sommet, dans l'intention d'augmenter la quantité, et surtout la grosseur des gousses. Mais cette opération, qui peut être bonne dans le midi et dans les parties les plus chaudes de la France, est très-nuisible dans le nord, parce que la séve, se portant alors avec plus de force dans les boutons latéraux, fait naître de nouvelles branches dont les fleurs avortent presque toujours; tandis que dans le midi, au contraire, la chaleur permettant à la séve de se développer avec plus de vigueur, le nombre des gousses augmente en proportion qu'il se forme un plus grand nombre de rameaux.

Les pluies, comme les grandes sécheresses, sont très-nuisibles aux haricots, soit qu'on les élève pour en garder la graine, soit qu'on les destine à être mangés en vert. Une trop grande sécheresse nuit au développement de la semence, et surtout en rend la peau très-dure; les pluies abondantes, au contraire, favorisent trop leur développement en herbe, pourrissent les graines, ou même les font avorter quand les plantes ne sont encore qu'en fleurs. On peut quelquefois remédier à la sécheresse en pratiquant des arrosemens, quand on a de l'eau à portée; mais il est impossible d'empêcher les inconvéniens que la pluie occasionne.

Dans les pays froids on est obligé de cueillir les gousses une à une et à mesure qu'elles sont mûres, tandis que dans le Midi on arrache les tiges, et on attend pour cela qu'elles soient desséchées.

Pour que les haricots ne s'altèrent point, il faut les laisser dans la gousse et ne les en sortir que quand on est sur le point de les employer; de la sorte ils se conservent bien plus longtemps. Il est bon aussi de ne les enfermer qu'après leur avoir fait subir une dessiccation au soleil: alors on peut les rentrer au grenier ou les suspendre sous des hangars. Ce que nous disons ici ne peut s'appliquer à toutes les variétés en général; car les haricots ramés, surtout, se succèdent sans interruption pendant plusieurs mois : il y a presque toujours des gousses qui sont mûres alors que les dernières fleurs sont à peine épanouies, de sorte qu'on trouve sur le même pied des fleurs et des gousses vertes, et d'autres qui sont mûres et prêtes à être cueillies.

On écosse les haricots de deux manières, suivant qu'on les cultive en grand ou en petit. Quand on les cultive en grand, on se sert du fléau comme si on battoit du blé, et on vanne ensuite. La seconde manière consiste à écosser les haricots à la main; elle est préférable à la première, parce que les graines ne sont jamais brisées; mais elle est la plus longue, et parconséquent ne peut guère être appliquée qu'à la petite culture.

Les bestiaux n'aiment pas beaucoup les tiges sèches des

haricots ; on s'en sert ordinairement pour faire de la litière aux chevaux.

Jusqu'ici nous n'avons guère traité que de la culture des haricots en grand : celle qui se fait en petit, ou dans les jardins, ne laisse pas que d'être très-étendue ; car, dans les campagnes, et même dans les villes, il est bien rare, quand on a un coin de terre, qu'on ne cultive pas un peu de haricots pour l'usage du ménage. Comme il est alors bien plus facile de trouver une exposition au midi, et bien abritée, l'époque des semis varie d'autant plus qu'on se rapproche des provinces méridionales ; ainsi, dans la Provence, on sème les haricots vers la fin du mois de février ou dans les premiers jours de mars, tandis qu'aux environs de Paris il faut attendre la fin d'avril, et même le commencement de mai. Il est aussi bien plus facile de les garantir des gelées tardives, en les couvrant de paillassons, ce qui n'est pas praticable quand on fait des semis en grand. Dans les jardins on fait un choix de variétés, ce qu'on ne fait pas ordinairement dans les champs.

Voici la manière de semer les haricots dans les jardins :

On commence par bien labourer la terre avec la bêche, et on la recouvre ensuite avec du fumier un peu vieux ; et, afin que les planches soient régulières, on sème la graine au cordeau et en rayons. On peut encore les semer en touffes de cinq à six, et alors, de cinq en cinq rangs, on laisse un petit sentier. Ce sentier est d'autant plus utile, que les haricots qu'on cultive dans les jardins sont presque toujours destinés à être mangés verts, et qu'il faut un espace pour qu'on puisse passer pour cueillir les gousses. On doit biner trois fois comme dans la grande culture, et à peu près aux mêmes époques. Pendant l'été il faut les arroser fréquemment, afin que la sécheresse n'empêche pas les pieds de parvenir à toute leur grandeur.

A Paris on mange des haricots verts presque toute l'année ; mais leur saveur est bien loin d'égaler celle des haricots récoltés dans la saison favorable ; car, pour en avoir en hiver, on est obligé de les faire venir dans des serres, sous des châssis et sur des couches.

Lorsqu'on veut conserver les haricots, on les étale sur des claies qu'on met à l'ombre dans un lieu qui soit bien aéré ;

on les enferme ensuite dans des greniers bien secs, afin qu'ils ne se moisissent pas.

Dans des temps de disette, on introduit la farine de haricots dans le pain de froment ; cela rend ce pain beaucoup plus lourd et plus indigeste.

Les haricots, soit verts, soit secs, se mangent cuits de plusieurs manières. On en fait des potages ; on les met à des sauces particulières ou en salade. Les haricots secs sont plus nourrissans ; mais ils sont aussi beaucoup plus difficiles à digérer, et ne valent rien pour les estomacs délicats. Quand on les mange en purée, dépouillés de la peau qui les recouvre, et qui paroît être la partie qui cause des vents, ils sont plus faciles à digérer.

Les haricots sont un aliment fort en usage chez tous les peuples de l'Europe ; ils conviennent surtout aux personnes robustes qui ont besoin d'une nourriture solide, aux habitans des campagnes et aux jeunes gens. Ils sont au contraire préjudiciables aux enfans, aux femmes délicates, et en général à tous ceux qui ont l'estomac foible.

Dans la médecine on emploie fort peu les haricots ; ils passent cependant pour être apéritifs, diurétiques et emménagogues. On peut, en les réduisant en purée, en faire des cataplasmes émolliens et maturatifs. (L. D.)

HARIN, KARIN (*Bot.*), noms arabes de la vigne, selon Daléchamps. C'est l'ænab de Forskal, l'eneb de M. Delile. (J.)

HARING (*Ichthyol.*), nom par lequel les Hollandois et les Allemands désignent le HARENG. Voyez ce mot et CLUPÉE. (H. C.)

HARIOTA. (*Bot.*) Sous ce nom Adanson faisoit un genre du *cactus parasiticus*, différent de ses congénères, surtout par son fruit, de la grosseur et couleur d'une groseille blanche. (J.)

HARISH. (*Mamm.*) Dapper suppose que ce mot arabe est synonyme de celui d'*arweharis*, que les Ethiopiens, dit-il, donnent à un animal qui n'a qu'une corne, et qui ressemble à un chevreuil. (F. C.)

HARISSONA. (*Bot.*) Voici comment Adanson caractérise ce genre, qu'il établit dans la famille des mousses : Feuillage cylindrique et aplati ; feuilles alternes et triangulaires ; fleurs mâles : anthère, solitaire, axillaire, sessile, élevée, droite ; fleur femelle en cône, solitaire, axillaire, sessile sur le même pied ; étamines : anthère ovoïde, avec un opercule sans coiffe ; graines ovoïdes, entre chaque écaille des cônes.

Il ramène à ce genre le *fontinalis squammosa*, Linn., le *fissidens semi-completus*, Hedw., une variété de l'*hedwigia ciliata*, Hedw., les *neckera heteromalla*, Hedw., *patagonica*, Bridel, *undulata*, Hedw. (*fontinalis crispa*, Swartz), et *pennata*, Hedw. Dans toutes ces mousses l'urne est sessile et axillaire, et les gemmules (fleurs femelles, Adans. ; fleurs mâles, Hedw.), également axillaires, sont sur le même pied. Voyez NECKERA, FISSIDENS et FONTINALIS. (LEM.)

HARLE, *Mergus*. (*Ornith.*) Ce genre, de l'ordre des palmipèdes, et de la famille des lamellirostres ou dermorhynques, c'est-à-dire, dont les mandibules sont revêtues d'une peau molle, a pour caractères le bec droit, étroit, à peu près cylindrique, armé sur ses deux bords de petites dents pointues comme celles d'une scie, et dirigées en arrière ; la partie supérieure onguiculée et crochue à l'extrémité, qui est d'une matière dure et cornée : l'inférieure plus courte, droite et obtuse ; les narines latéralement situées vers le milieu du bec, de forme elliptique, et percées de part en part ; la langue hérissée de papilles dures et tournées en arrière comme les dentelures du bec ; les pieds courts et retirés dans l'abdomen ; les trois doigts de devant entièrement palmés, et dont l'externe est le plus long ; le pouce pinné, et portant à terre sur le bout ; la première rémige la plus longue de toutes.

Les harles vivent sur les lacs, les étangs et les rivières : ils détruisent beaucoup de poissons, et ils ont pour cela été comparés aux loutres. C'est afin de pouvoir retenir ces poissons glissans, que les mandibules et la langue sont garnies de ces dentelures et papilles qui en facilitent l'entrée dans le gosier ; la grosseur des poissons qu'ils avalent, est même quelquefois telle qu'ils ne peuvent les introduire tout entiers dans leur estomac, où le corps ne descend que quand la tête est digérée. Le gésier de ces oiseaux est moins musculeux que celui des canards ; leurs intestins et leurs cœcums sont plus courts. Le renflement du larynx inférieur des mâles est énorme et en partie membraneux.

Ces oiseaux, en nageant, tiennent la tête seule hors de l'eau ; ils plongent aussi à une grande profondeur pour aller à la recherche des crevettes; et comme l'air, qu'ils ont la faculté d'accumuler dans leur trachée, leur permet de rester quelque temps sous l'eau, sans venir respirer à la surface, ils ne reparoissent qu'à des distances fort éloignées. Malgré la brièveté des ailes, leur vol filé est long et rapide; mais la situation des pieds rend leur marche vacillante. Leur demeure habituelle est dans les régions arctiques des Deux-Mondes, et c'est là qu'ils se reproduisent le plus généralement; on ne les voit qu'en hiver dans les climats tempérés, où leur arrivée en grand nombre est regardée comme l'annonce d'un hiver rigoureux; et ce pronostic paroît d'autant plus fondé, que les harles, dont une espèce est appelée en Suisse *canard des glaces*, sont en effet chassés par les glaces du Nord, dont la densité et l'étendue ne leur permettent plus de chercher leur nourriture sur les lacs et les rivières de ces contrées.

Ces oiseaux retournent au printemps vers le Nord. On n'a pas de données certaines sur les endroits où ils nichent; il paroît que c'est dans les jones qui bordent les rivières et les lacs, entre les pierres roulées, dans des buissons, ou même dans des arbres creux, et que la femelle pond douze à quatorze œufs. Les mâles, au moins dans l'espèce du grand harle, se séparent des femelles après la naissance des petits, avec lesquels celles-ci forment bande à part; et c'est probablement cette circonstance qui a fait soupçonner à des naturalistes que ces oiseaux étoient polygames. C'est aussi à elle qu'on doit attribuer l'introduction, dans les livres systématiques, d'une prétendue espèce sous le nom de harle cendré ou bièvre, *mergus castor*, Gmel; car le plumage des jeunes mâles ressemblant à celui de la femelle, et la dissection ayant fait remarquer des testicules dans quelques uns de ces individus réunis, on en a conclu l'existence permanente des deux sexes sous la même livrée.

Les harles n'éprouvent qu'une mue par année: mais, suivant M. Temminck, celle des vieux mâles a lieu au printemps, tandis que les vieilles femelles et les jeunes mâles muent en automne.

Grand Harle: *Mergus merganser*, Linn. Cet oiseau, dont le mâle et la femelle sont représentés dans les Planches enluminées de Buffon, n.os 951 et 953; dans les Oiseaux de la Grande-Bretagne de Lewin, tom. 7, pl. 232 et 233; dans ceux de Donovan, tom. 3, pl. 49 et 65, est également connu sous les noms de *harle proprement dit*, et *harle vulgaire;* il est plus gros que le canard sauvage, et long de 26 à 28 pouces. La forme de son corps est large et sensiblement aplatie sur le dos. A l'âge de trois ans, la tête du mâle, d'un noir verdâtre et à reflets, ainsi que la partie supérieure du cou, est couverte de plumes courtes, fines et soyeuses, relevées en toupet; le bas du cou, la poitrine, le ventre, les couvertures des ailes et les scapulaires les plus éloignées du corps sont d'un blanc pur qui offre, dans l'oiseau vivant ou fraîchement tué, des nuances d'un rose jaunâtre, lesquelles sont rendues sensibles dans la figure du mâle, qu'on trouve dans le deuxième volume de l'Ornithologie angloise de Georges Graves. Le haut du dos et les scapulaires les plus près du corps sont d'un noir profond; le poignet de l'aile est noirâtre; le miroir est blanc sans bandes transversales; on voit un liséré de gris sur le croupion; la queue est grise et étagée. Le bec, noir en dessus et sur l'onglet, est d'un rouge foncé en dessous. Les pieds sont d'un rouge vermillon.

La femelle de cette espèce, plus petite que le mâle, a la huppe longue et effilée. La tête et la partie supérieure du cou sont d'un rouge bai; la gorge est d'un blanc pur; la partie inférieure du cou, la poitrine, les flancs et les cuisses sont d'un cendré blanchâtre; le ventre est d'un blanc jaunâtre, et toutes les parties supérieures sont d'un cendré foncé.

Les jeunes mâles de l'année ne diffèrent presque point des femelles: on distingue néanmoins ceux-là, lorsqu'ils ont atteint l'âge d'un an, à des taches noirâtres disposées sur le blanc de la gorge, à des plumes de la même couleur qui se montrent sur le sommet de la tête, et à des plumes blanches qui paroissent sur les couvertures des ailes.

Cette espèce, dont la chair est sèche et mauvaise à manger, est répandue dans le Nord jusqu'en Norwége, en Islande, et même au Groënland, où elle se nomme *paikpiarsuk* et *pararsuk*. On la trouve également dans l'Amérique septentrionale. On en voit, pendant les fortes gelées, en Angleterre, sur les côtes de France et de Hollande, sur les lacs de l'intérieur, et même jusque dans le Midi. Comme ce harle paroît presque tout blanc lorsqu'il vole en filant sur l'eau, on lui a donné dans quelques endroits le nom de *harle blanc*.

Harle huppé; *Mergus serrator*, Linn. et Lath. Le mâle de cette espèce est représenté dans les Glanures d'Edwards, tab. 95; dans les Planches enluminées de Buffon, n.° 207; dans le tom. 7, pl. 254 de Lewin; dans le tom. 2, pl. 38 de Donovan; dans la planche 69, fig. 2 de l'Ornith. amér. de Wilson; et la figure des deux sexes se trouve dans Naumann, tab. 61 et 62. Cet oiseau est de la grosseur du canard, et il a vingt-un à vingt-deux pouces de longueur; sa huppe, composée de brins fins, longs et dirigés de l'occiput en arrière, est, ainsi que la tête et la partie supérieure du cou, d'un noir verdâtre; un collier blanc entoure le cou; la poitrine est d'un brun roussâtre avec des taches noires: on voit cinq ou six grandes taches blanches bordées de noir à l'insertion des ailes; le miroir de l'aile est blanc comme dans l'espèce précédente, mais coupé par deux bandes transversales noires; le haut du dos et les scapulaires sont d'un noir foncé; le ventre est blanc; les cuisses et le croupion présentent des zigzags cendrés. Le bec et l'iris sont rouges, et les pieds orangés.

La tête, la huppe et le cou sont d'un roux sale chez la vieille femelle, qui est longue de dix-neuf à vingt pouces, et qui a la gorge blanche, mais dont le miroir, de la même couleur, est transversalement coupé par une bande cendrée, circonstance propre à faire distinguer cette femelle de celle du grand harle dont le miroir est tout blanc. Le devant du cou et la poitrine sont variés de cendré et de blanc; les parties inférieures sont blanches; et, en général, tout ce qui est noir dans le mâle, est d'un brun sale dans la femelle, dont le bec et les pieds sont d'un orangé terne.

Les jeunes mâles ont, dans la première année, la tête d'un brun foncé, la gorge d'un blanc cendré, le bec d'un rouge clair, et l'iris jaunâtre. Lorsque cette année est révolue, les parties supérieures sont variées de noirâtre, et des teintes roussâtres paroissent sur le cou et sur la tête. Naumann, t. 62, n.° 95, donne une figure exacte du jeune mâle.

Cette espèce, qui se trouve en Danemarck, en Russie, en Norwége, en Laponie, au Groënland, où on la nomme *paik* et *nyaliksak*, arrive accouplée, dans le commencement de juin, à la baie d'Hudson, où elle niche sur les mottes de terre qui s'élèvent au-dessus de l'eau dans les marais, et y pond dix à douze œufs d'un blanc cendré, et de la grosseur de ceux du canard. On la voit aussi communément en hiver dans les lagunes de Venise, sur les côtes de Hollande et dans le nord de l'Angleterre, où Lewin dit qu'elle multiplie au mois de juin. Cet oiseau étant très-farouche, on l'approche difficilement; et les Groënlandois ne parviennent à le tuer à coups de flèches qu'au mois d'août, lorsque les plumes de ses ailes tombent par l'effet de la mue.

Le harle noir et le harle blanc et noir, réunis par Buffon sous la dénomination de harle à manteau noir, doivent être considérés comme des individus appartenant à la même espèce, et de simples variétés d'âge ou de sexe.

Harle piette : *Mergus albellus*, Linn.; Pl. enl. de Buffon, n.° 449, le mâle; de Lewin, tom. 7, pl. 235 et 236, mâle et femelle; de Donovan, tom. 3, pl. 52, la femelle sous le nom de *mergus minutus*. Cette espèce est un peu plus grande que la sarcelle : le mâle a environ seize pouces de longueur, et la femelle quinze. Le premier, dans l'état adulte, a, de chaque côté de la tête, une large tache d'un noir à reflets verts, qui enveloppe l'œil, et une autre de la même couleur qui s'étend sur l'occiput, et au-dessus de laquelle une huppe, composée de plumes blanches, effilées, retombe comme la crinière d'un casque. Le cou, les scapulaires, les petites couvertures des ailes et toutes les parties inférieures sont d'un blanc pur; un demi-collier noir et étroit revêt le haut du dos et descend sur les côtés de la poitrine, et tout le dessus du corps offre un mélange de noir et de blanc. Le bec et les jambes sont de couleur plombée.

La tête non huppée de la femelle, ses joues et l'occiput sont d'un roux bai; le haut du cou, le ventre et les parties inférieures sont blancs; le bas du cou, la poitrine et les flancs sont d'un cendré clair; les parties supérieures du corps sont d'un brun cendré, à l'exception de taches blanches sur les côtés des ailes.

Cette espèce, qui niche dans les contrées boréales des Deux-Mondes, est de passage en automne, et surtout dans l'hiver, en Angleterre, en Allemagne, en Hollande, en France, et jusques en Italie. Elle niche sur les bords des lacs et des marais, et y pond, dit-on, comme les autres espèces, huit à douze œufs blanchâtres.

Le *mergus minutus*, Linn., et le harle étoilé, *mergus stellatus*, Brunn., *Ornith. boreal*, n.° 98, sont des femelles ou des jeunes de cette espèce; et il en est probablement de même du harle impérial de Cetti, qui, pag. 314 de ses Oiseaux de Sardaigne, ne lui trouve que de légères différences avec le harle étoilé.

Harle couronné; *Mergus cucullatus*, Linn. Cet oiseau, à peu près de la grosseur du canard, et que l'on rapporte aux deux ecatototl d'Hernandez, chap. 46 et 47, est figuré dans les Planches enluminées de Buffon, sous le nom de harle huppé de Virginie, n.os 935 et 936, mâle et femelle. La huppe dont la tête du mâle est ornée, a près de trente lignes de hauteur, et se compose de plusieurs plumes relevées en un disque qui est blanc au centre, et noir à la circonférence, effet qu'on n'a pas rendu dans la planche de Buffon, mais qui l'est beaucoup mieux dans celle que Catesby a fait dessiner d'après un individu vivant. La face, le cou et le dos sont noirs; la poitrine et le ventre sont blancs; les pennes caudales et une partie des pennes alaires sont brunes: mais les plus intérieures de ces dernières sont noires et marquées d'un trait blanc. Le bec et les pieds sont noirs, et l'iris est jaune. La femelle est presque entièrement brune, et sa huppe, plus petite, n'est que d'une seule couleur.

Cette espèce se trouve dans l'Amérique septentrionale, depuis le Mexique jusqu'à la baie d'Hudson, où les Sauvages l'appellent *omiska sheep*: elle arrive au printemps dans cette dernière contrée, où elle construit, avec des herbes, un nid qui est garni intérieurement de plumes que s'arrachent le père et la mère, et dans lequel la femelle pond quatre à six œufs tout blancs.

A ces quatre espèces auxquelles paroît se réduire le genre, le Nouveau Dictionnaire d'Histoire naturelle ajoute le harle à huit brins, *mergus octosetaceus*, Vieill., qui est décrit comme venant du Brésil, sans indiquer où il se trouve, quel est le voyageur qui l'a rapporté, ni quel auteur en a parlé le premier. Les huit plumes dont la huppe occipitale et verticale est formée, sont annoncées comme longues de deux pouces, étroites et à barbes désunies. Le plumage de l'oiseau est ardoisé sur le dos et blanc sur les parties inférieures, avec des taches sur les côtés. Sa taille est celle du harle piette, et la huppe de la femelle est plus courte que celle du mâle.

Latham présente, d'après Pennant, le harle brun, *mergus fuscus*, comme une espèce particulière; mais cet oiseau, qui se trouve dans les mêmes contrées que le harle couronné, ne paroît être autre chose que la femelle, d'après la description suivant laquelle il seroit brun sur le manteau, blanc en dessous, avec des taches noires à la gorge et à la poitrine, et une marque blanche sur l'aile, et se rapporteroit ainsi en tout point à la 936.ᵉ planche de Buffon.

L'auteur anglois présente encore, comme espèce particulière, un harle à queue fourchue, *mergus furcifer*, dont la tête non huppée seroit noire, et qui auroit les joues brunes, le cou blanc et entouré d'une bandelette noire, et les parties inférieures du corps blanches, ainsi que les pennes latérales de la queue; mais cette prétendue espèce n'offre aucun caractère d'authenticité, et il en est de même du *mergus cœruleus*, indiqué par Latham d'après la Zoologie arctique de Pennant, comme se trouvant à la baie de Hudson, étant huppé et ayant la tête, la queue et les pieds noirs, la gorge et le ventre blancs, et une tache de cette dernière couleur sur les ailes. (Ch. D.)

HARMALA. (*Bot.*) Voyez Harmel. (J.)

HARMEL. (*Bot.*) Ce nom arabe, transformé par les auteurs latins en celui de *harmala*, adopté par Tournefort pour un genre voisin de la rue, a été changé par Linnæus en celui de *peganum* qui a prévalu. (J.)

HARMOOU (*Bot.*), nom provençal de l'arroche cultivée, *atriplex hortensis*, suivant Garidel. (J.)

HARMOTOME. (*Min.*) C'est la substance minérale qui fut nommée hyacinthe blanche cruciforme par Romé-de-l'Isle, andréolithe par de Laméthrie, ercinite, par Naplone.

L'harmotome de M. Haüy est un minéral remarquable par la conformation particulière de ses cristaux prismatiques, qui sont ordinairement mâclés deux à deux, mais dans le sens longitudinal; en sorte qu'ils présentent l'aspect d'un prisme quadrangulaire, dont chaque arête auroit été remplacée par une rainure parallèle aux pans du prisme, et que la coupe de ces cristaux ou leur projection horizontale présenteroit la figure d'une croix dont les branches seroient égales et raccourcies, chacun de ces deux cristaux mâclés, pris isolément, est un prisme à quatre pans, terminé par des pyramides à quatre faces.

A ce mode particulier sous lequel les cristaux d'harmotome sont susceptibles de se mâcler, et qui devient caractéristique toutes les fois qu'il est visible, il faut ajouter que cette substance raye légèrement le verre, présente une cassure terne et raboteuse dans le sens transversal, fond au chalumeau en un verre blanc; que sa poussière jetée sur les charbons ardens y devient phosphorescente et d'un jaune verdâtre; enfin, que sa pesanteur spécifique est d'environ 2,33.

Les analyses de MM. Klaproth et Tassaert s'accordent sensiblement dans leurs résultats, qui sont :

Silice....................	49
Baryte....................	18
Alumine..................	16
Eau.......................	15

La présence de la baryte rend la composition de ce minéral très-remarquable, et le fait ressortir d'une manière saillante du milieu de cette foule de substances qui sont composées en proportions variables, il est vrai, de silice, alumine et chaux.

L'harmotome varie peu, jusqu'à présent, de couleur et d'aspect : ses principales variétés sont le blanc mat, le blanc de lait, le blanc rosé et le brun rougeâtre.

Ce minéral, doublement remarquable par sa cristallisation ordinaire et par sa composition, se trouva, pour la première fois, à Andreesberg, au Hartz, dans les filons du plomb sulfuré qui traversent les schistes argileux, et où il est associé au quarz, à l'argent rouge, à la chaux carbonatée, etc. C'étoit pour rappeler cette première localité qu'on lui avoit donné le nom d'andréolithe; mais, depuis lors, il fut reconnu à Strontion, dans le duché d'Argile en Ecosse, à Konsberg en Norwége, et dans les géodes d'agate et d'améthiste des environs d'Oberstein en Palatinat. Dans ce gisement que j'ai visité, l'harmotome se trouve en cristaux simples ou mâcles assez volumineux, et d'un blanc rosé, implantés à la surface de la chaux carbonatée métastatique, associée à la chabasie et au quarz améthiste. Je tiens de M. Léman que cette substance a été découverte dans les pierres rejetées par l'ancien Vésuve, et dans les vakites du Vicentin. (Brard.)

HARNEB (*Mamm.*), nom arabe du lièvre. (F. C.)

HAROD (*Bot.*), nom arabe, suivant Forskal, de son *malva montana*, que Vahl a reporté au *malva nicensis* d'Allioni. (J.)

HARONDELLE (*Ornith.*), ancienne orthographe du mot hirondelle, qu'on écrivoit aussi arondelle. (Ch. D.)

HARONIGI. (*Bot.*) Voyez Doronigi. (J.)

HARPA. (*Ornith.*) Il y a peu d'accord chez les anciens sur la signification de ce mot, qu'on écrit aussi *harpe*. Les uns rapportent cet oiseau au milan ou à l'orfraie ; d'autres en font une espèce de vautour. La ressemblance du nom pourroit encore en faire trouver avec la Harpaye; et c'est l'opinion de Camus, dans ses notes sur la Traduction des Animaux d'Aristote, tom. 2, p. 411. Voyez ce mot. (Ch. D.)

HARPACANTHA, ACANTHA (*Bot.*), noms grecs sous lesquels Dioscoride désigne l'acanthe ordinaire. Ruellius, son traducteur, ajoute que, dans divers lieux, il est nommé *melamphyllon*, *topiaria*, *mamolaria*, *cræpula;* que c'est le *pederota* des Romains. (J.)

HARPALE, *Harpalus*. (*Entom.*) Nom donné, par M. Latreille, à une division du genre Carabe, parmi les coléoptères pentamérés créophages. Il comprend de petites espèces qui offrent quelques différences légères dans les parties de la bouche. Le nom d'harpale est grec ἅρπαλος, et signifie qui vit de rapine. Tels sont les carabes bordé, porte-épine, à yeux blancs, etc., *carabus marginatus*, *spiniger*, *leucophthalmus*, *prasinus*, *etc*. (C.D.)

HARPALE (*Mamm.*), nom qu'Illiger a donné au genre Sagouin de Buffon. (F. C.)

HARPALION, *Harpalium*. (*Bot.*) [*Corymbifères*, Juss.; *Syngénésie polygamie frustranée*, Linn.] Ce sous-genre de plantes, que nous avons proposé, dans le Bulletin des Sciences de septembre 1818, appartient à l'ordre des synanthérées, à notre tribu naturelle des hélianthées, à la section des hélianthées-prototypes, et au genre *Helianthus*. Il diffère des vrais *helianthus* par l'aigrette, composée de plusieurs squamellules unisériées, par le péricline inférieur aux fleurs du disque, hémisphérique, et formé de squames régulièrement imbriquées, entièrement appliquées, coriaces, inappendiculées, enfin, par les squamelles du clinanthe, qui sont arrondies au sommet.

La calathide est radiée : composée d'un disque multiflore, réguliflore, androgyniflore; et d'une couronne unisériée, liguliflore, neutriflore. Le péricline, inférieur aux fleurs du disque, est hémisphérique, et formé de squames imbriquées, appliquées, ovales, obtuses, subcoriaces, nullement appendiculées. Le clinanthe est convexe, et garni de squamelles inférieures aux fleurs, demi-embrassantes, subfoliacées, oblongues, arrondies au sommet. Les ovaires sont comprimés, obovales-oblongs, hispides; leur aigrette est composée de plusieurs squamellules unisériées, paléiformes, membraneuses, caduques, dont deux grandes, lancéolaires, l'une antérieure, l'autre postérieure, et les autres petites, oblongues, latérales. Les fleurs de la couronne ont un faux-ovaire inovulé, le style nul, la languette large.

Harpalion roide; *Harpalium rigidum*, H. Cass., Bull. des Sc., septembre 1818. La tige est herbacée, haute d'environ cinq pieds, dressée, rameuse, cylindrique, garnie de poils roides. Les feuilles sont opposées, presque sessiles, lancéolées, pas sensiblement dentées, d'une substance ferme et roide, d'un vert glauque ou cendré, munies sur les deux faces de poils courts et roides. Les calathides sont grandes, solitaires au sommet des rameaux nus et pédonculiformes; les fleurs sont jaunes. Cette plante est cultivée au Jardin du Roi, où nous avons observé, sur des individus vivans, les caractères génériques et spécifiques que nous venons de décrire. M. Desfontaines pense que c'est l'*helianthus diffusus*, plante vivace, de l'Amérique septentrionale, décrite dans le *Botanical Magazine*. (H. Cass.)

HARPAX. (*Ornith.*) Suivant Oth. Muller, c'est ainsi que les Danois appellent la piegrièche commune, *lanius excubitor*, Linn. (Ch. D.)

HARPAYE. (*Ornith.*) Cet oiseau, du genre Buzard, dont la figure se trouve dans les Planches enluminées de Buffon, sous le n.° 470, et qui est décrit, tom. 5, p. 461 de ce Dictionnaire, est le busard roux de Brisson, *falco rufus*, Linn. (Ch. D.)

HARPE, *Harpa*. (*Conchyl.*) Genre de coquilles univalves, établi par M. de Lamarck, pour un assez petit nombre d'espèces de buccins de Linnæus, mais qui avoit été déjà, depuis long-temps, proposé et distingué par Klein sous le nom de *cithara*. Les caractères que j'assigne à ce genre, dont l'animal inconnu est très-probablement fort voisin de celui des véritables buccins, sont les suivans : Coquille ovale-bombée, assez mince, garnie de côtes longitudinales, parallèles et formées par la conservation des bourrelets successifs du bord droit ; la spire très-courte, pointue ; le dernier tour beaucoup plus grand que tous les autres pris ensemble ; ouverture grande, ovalaire, largement échancrée antérieurement ; le bord droit très-excavé et épaissi en bourrelet ; le bord gauche entièrement formé par la columelle qui est lisse et terminée en pointe antérieurement. Les coquilles de ce genre nous viennent des mers des pays chauds, et surtout des mers orientales. On ignore même si l'animal est pourvu d'un petit opercule corné, comme les véritables buccins.

Les conchyliologistes distinguent plusieurs espèces dans ce genre ; mais sont-elles bien certaines ?

1.° La Harpe commune ; *Harpa ventricosa*, Lamck., Encycl. méth., pl. 404, fig. 1, a et b. C'est celle qui atteint les plus grandes dimensions : ses côtes paroissent plus nombreuses, et surtout plus serrées, parce qu'elles sont beaucoup plus larges et plus aplaties que dans aucune autre espèce.

2.° La Harpe noble ; *Harpa nobilis*, Lamck., l. c., fig. 3, a. b. Généralement un peu plus petite, plus mince ; elle se dissingue surtout de la précédente parce que les côtes sont plus séparées et plus étroites, au nombre de treize, et bariolées de blanc : elle a deux pouces et demi de long sur deux de large ; elle est marbrée de diverses taches rougeâtres, brunes, gris de lin, interrompues par des zones de couleurs canelle et aurore, de diverses nuances. Elle est susceptible d'un assez grand nombre de variétés et pour le nombre des côtes, et surtout pour les couleurs. Elle est d'un prix très-élevé.

3.° La Harpe rose ; *Harpa rosea*, Lamck., l. c., fig. 2. Cette espèce, qui est remarquable par la grandeur et la vivacité des taches roses qui ornent sa robe, offre des côtes encore beaucoup plus grêles, plus étroites que la harpe noble, et ces côtes paroissent ne pas se terminer aux tours de spire en pointes aussi marquées que dans les deux précédentes espèces.

4.° La Harpe striée ; *Harpa striata*, Lamck., l. c., fig. 4. Enfin, la dernière espèce que M. de Lamarck distingue dans ce genre est la plus petite de toutes, puisqu'elle n'a qu'un pouce et demi de long. La disposition et la forme de ses côtes a beaucoup de rapports avec ce qui a lieu dans la harpe noble, mais il paroit que les stries longitudinales qui existent, plus ou moins marquées dans les intervalles des côtes des autres espèces, sont dans celle-ci beaucoup plus marquées. Mais ces différences ne tiendroient-elles pas à l'âge? En général il est toujours difficile d'établir, d'une manière certaine, les espèces dans les coquilles dont on ne connoît pas l'animal. (Voyez Malacozoaire.)

Il est probable qu'il faut rapporter à la première espèce: 1.° la variété que les amateurs de coquilles nomment la Belle Harpe ou le Manteau de Saint-Hélène. Le nombre de ses côtes va à trente et au-delà: la surface est ornée de taches brunes et pourprées, qui forment une douzaine de zones inégales, sur un fond blanc et jaune. Elle atteint trois pouces de long sur presque autant de largeur. 2.° La grande harpe, qui a un moins grand nombre de côtes (quinze ou seize), s'élargissant quelquefois assez pour se toucher, et ornées de zones alternatives pourprées et couleur de rose. Elle atteint trois pouces et demi de long sur deux et demi de large.

La Petite Harpe est la harpe striée, sans aucun doute.

Quant à la Harpe plume, elle mériteroit peut-être, autant que les précédentes, d'être distinguée: elle est large, ramassée, avec quatorze à quinze côtes nuées d'incarnat et de brun. Ces côtes sont chargées de deux rangées de petites pointes, plus saillantes dans le haut de la grande; et, ce qui lui a mérité son nom, les intervalles des côtes sont ornés de traits arqués de couleur marron et pourpre obscur, ondulés et disposés de manière à imiter un peu des plumes d'oiseaux. (De B.)

HARPE. (*Foss.*) Quoique les coquilles de ce genre ne soient pas rares dans les mers des pays chauds, on en rencontre rarement à l'état fossile. Les deux seules espèces que je connoisse à cet état ont été trouvées dans les couches du calcaire coquillier grossier.

Harpe mutique; *Harpa mutica*, Lamk., Annales du Muséum d'Histoire naturelle, tom. 6, pl. 44, fig. 14. Coquille ovale, dont le dernier tour est couvert environ de douze côtes longitudinales élevées et un peu tranchantes. L'intervalle entre les côtes est couvert de stries écartées qui se croisent. Longueur, quinze lignes. On trouve cette espèce à Grignon, mais elle est rare. Elle a beaucoup de rapport avec une espèce que je possède à l'état vivant.

Harpe de Hauteville; *Harpa altavillensis*, Def. Cette espèce paroît ne différer de celle que l'on trouve à Grignon, que parce que l'intervalle entre les côtes n'est point couvert de stries croisées. On la trouve dans la falunière de Hauteville, département de la Manche.

Cette différence ne suffit peut-être pas pour établir une espèce différente de la harpe mutique, puisqu'on remarque que presque toutes les espèces qu'on pourroit regarder comme identiques, qui se trouvent dans cette falunière, diffèrent plus ou moins de celles qu'on trouve à Grignon. (D. F.)

HARPE (*Ichthyol.*), un des noms vulgaires de la trigle lyre. Voyez Trigle. (H.C.)

HARPÉ, *Harpe*. (*Ichthyol.*) M. de Lacépède a établi, sous ce nom, dans la division de ses poissons thorachiques, et d'après un dessin du P. Plumier, un genre qui ne renferme encore qu'une espèce, et qui est reconnoissable aux caractères suivans:

Plusieurs dents très-longues, fortes et recourbées, au sommet et auprès de l'articulation de chaque mâchoire; des dents petites, comprimées et triangulaires, de chaque côté de la mâchoire supérieure, entre les grandes dents voisines de l'articulation et celles du sommet, un barbillon comprimé et triangulaire, de chaque côté et auprès de la commissure des lèvres; les catopes et les nageoires dorsale et anale d'une grande étendue et falciformes; la nageoire caudale convexe dans son milieu, et étendue en forme de faux très-alongée dans le haut et dans le bas; la nageoire anale attachée autour d'une prolongation charnue, écailleuse, très-grande, comprimée et triangulaire.

L'espèce qui sert de type au genre est:

Le Harpé bleu-doré; *Harpe cœruleo-aureus*, Lacépède. La tête et les deux premières pièces de chaque opercule dénuées de petites écailles; plusieurs rangs de celles-ci sur la base de la nageoire du dos; diamètre vertical de la queue allant en augmentant depuis le second tiers de la longueur de cette partie, jusqu'à la base de la nageoire caudale; un seul orifice pour chaque narine; écailles du corps larges et polies.

Ce poisson ne montre que deux couleurs; mais ce sont celles de l'or et du saphir le plus pur. La première de ces deux nuances resplendit sur les lèvres, sur l'iris, sur les côtés, sur la partie inférieure du corps et de la queue, sur le haut de la nageoire dorsale, et à l'extrémité de la prolongation falciforme qui termine cette nageoire, sur les catopes, l'anale et la caudale. Le reste de la surface de l'animal est peint d'un azur que des reflets dorés animent et varient.

Le harpé bleu-doré a été dessiné par Plumier dans les mers d'Amérique. Il est très-bien représenté dans les peintures sur vélin qui sont déposées au Muséum d'Histoire naturelle de Paris. MM. Shaw et Cuvier regardent ce poisson comme très-voisin du *sparus falcatus*, qui doit rentrer dans la division des Dentés. Voyez ce mot. (H. C.)

HARPENS. (*Ornith.*) Belon, p. 146, ne cite ce mot que comme étant le nom vulgairement donné, dans les environs de Briançon, à des oiseaux qui fréquentent les lieux inaccessibles des hautes montagnes du Dauphiné, et nichent dans les ouvertures des rochers. Cet auteur n'a pas été à portée d'en reconnoître l'espèce. (Ch. D.)

HARPIE. (*Ornith.*) M. Cuvier a, dans son Règne animal, tom. 1, p. 317, formé, sous le nom de Harpies, *Harpyia*, une division d'aigles pêcheurs à ailes courtes, particuliers à l'Amérique, qui ont les tarses très-gros, très-forts, réticulés et à moitié emplumés, comme chez les aigles pêcheurs proprement dits, dont ils ne diffèrent que par la brièveté de leurs ailes, ayant d'ailleurs le bec et les ongles plus forts même que dans aucune autre tribu.

Le genre que M. Vieillot a établi sous le même nom a, pour caractères, le bec robuste, grand, presque droit et garni d'une cire à sa base; la mandibule supérieure à bords dilatés, crochue et acuminée à la pointe; l'inférieure droite plus courte, et obtuse; les narines ovales et transversales; les tarses très-épais, forts, vêtus en devant et au-dessus du genou, plus longs que le doigt intermédiaire, y compris l'ongle; les ailes d'une moyenne longueur; la première rémige la plus courte, et les troisième et quatrième les plus longues de toutes; la queue arrondie.

On a donné, dans ce Dictionnaire, au mot Aigle, tom. I, p. 353, la description de la grande harpie d'Amérique, qui paroît être le même oiseau que l'aigle destructeur de Daudin, le grand aigle de la Guiane, de Mauduyt; le *falco harpyia* et le *falco cristatus*, Linn.; le *vultur cristatus*, Jacq., ou *falco Jacquini*, Gmel.; le *falco imperialis*, Sh. M. Cuvier ne doute pas que ce ne soit également l'*izquauhtli* de Fernandez, chap. 100, dont la taille a été beaucoup exagérée. M. Vieillot associe à ce genre l'aigle d'Orénoque, indiqué par le P. Dutertre, l'ouiraouassou du Brésil, le calquin et le tharu du Chili, l'aigle plaintif d'Amérique, *falco plancus*, Gmel., et *vultur plancus*, Lath., qui ont aussi été décrits sous le mot Aigle; l'aigle austral de Daudin ou aigle des Etats, de Sonnini, *falco australis*, Lath.; enfin, l'aigle couronné de M. d'Azara, n.° 7, ou buse bleue des guaranis, que Sonnini ne distingue pas du calquin, et qui, au reste, d'après les mœurs que l'auteur espagnol attribue tant à cet oiseau qu'aux trois autres espèces décrites dans le même article, paroît tenir beaucoup plus des buses que des aigles, et s'écarter, par conséquent, des habitudes générales des harpies. (Ch. D.)

HARPIE (*Mamm.*), nom donné par Illiger aux animaux déjà nommés céphalotes par M. Geoffroy-Saint-Hilaire. (F. C.)

HARPONNIER. (*Ornith.*) Ce nom a été formé du mot allemand *harpunierer*, en latin *jaculator*, employé par Klein, *Ordo avium*, p. 127, pour désigner les hérons crabiers, qui se servent de leur bec, fort et alongé, comme d'un dard ou harpon, afin d'ouvrir les crabes dont ils se nourrissent. (Ch. D.)

HARP-SEAL, HEART-SEAL (*Mamm.*), noms anglois du *phoca groenlandica* d'Erxleben. (F. C.)

HARPURUS. (*Ichthyol.*) Forskal a donné ce nom à un genre de poissons que l'on a long-temps confondus avec les chétodons. Ce genre n'a point été généralement adopté, et les espèces qui le composent rentrent dans les Acanthures de Bloch, et les Theutis de Linnæus. (H. C.)

HARPYIA (*Mamm.*), nom donné par Illiger aux céphalotes de M. Geoffroy-Saint-Hilaire. (F. C.)

HARR. (*Ichthyol.*) En Suède et en Norwége, on donne ce nom au Thymalle. Voyez Corégone. (H. C.)

HAR-RINDO (*Bot.*), nom japonois du *gentiana aquatica*, suivant Thunberg. (J.)

HARRISONIA. (*Bot.*) Linnæus avoit réuni au *xeranthemum* de Tournefort toutes les espèces d'*elychrysum* du même, dont les écailles intérieures du périanthe ou calice commun sont longues, colorées, imitant des demi-fleurons, comme dans une fleur radiée. Il ajoutoit à ce caractère celui d'un réceptacle nu. Ce double caractère étoit exact pour les *elychrysum;* mais le *xeranthemum* de Tournefort, muni d'un réceptacle paléacé, a dû être séparé, et même reporté dans une autre famille ou section. Necker l'a nommé *harrisonia;* il étoit plus naturel de lui conserver son ancien nom, en restituant celui des *elychrysum* aux espèces à réceptacle nu; ce qui a été exécuté par Willdenow. Dillen avoit déjà nommé ces dernières *xeranthemoides.* (J.)

Harrisonia. (*Bot.*) Dans ses *Elementa Botanica*, publiés en 1791, Necker a divisé le genre *Xeranthemum* de Linnæus en trois espèces, suivant sa manière de s'exprimer, c'est-à-dire, en trois genres. Ces trois genres, qu'il nomme *Xeranthemum*, *Harrisonia*, *Trichandrum*, correspondent aux trois sections formées par Linnæus dans son genre *Xeranthemum*, et à trois genres de Gærtner publiés en même temps que ceux de Necker. Le *Xeranthemum* de Necker correspond à la troisième section du *Xeranthemum* de Linnæus, et au genre *Argyrocome* de Gærtner; l'*Harrisonia* de Necker correspond à la première section du *Xeranthemum* de Linnæus, et au genre *Xeranthemum* de Gærtner; le *Trichandrum* de Necker correspond à la seconde section du *Xeranthemum* de Linnæus, et au genre *Elichrysum* de Gærtner; Nous n'hésitons pas à préférer les noms génériques employés par Gærtner, et les applications qu'il en a faites, parce que les genres de ce botaniste, publiés en même temps que ceux de Necker, sont infiniment mieux établis, caractérisés, décrits et désignés; et parce que le nom de *xeranthemum* doit être conservé au genre ainsi nommé par Tournefort, Vaillant et Gærtner, préférablement à celui que Necker a désigné par ce nom. (H. Cass.)

HART (*Mamm.*), nom anglois du cerf. (F. C.)

HART-BEEST. (*Mamm.*) Nom sous lequel les Anglois et les Hollandois parlent d'antilopes d'Afrique, qui pourroient bien ne pas toutes appartenir à la même espèce. Barrow en parle comme d'un animal du Cap, dont les cornes partiroient d'un noyau commun, et qu'il dit être le *bos bubalis* de Linnæus, ce qui seroit une erreur. Solt, de son côté, parle d'un *hart-beest* en Ethiopie, mais sans le décrire, etc. Il est cependant vraisemblable qu'au cap de Bonne-Espérance les Européens donnent communément ce nom au caama, qu'ils appellent aussi cerf du Cap. Voyez Antilope. (F.C.)

HARTOGIA. (*Bot.*) Linnæus, primitivement, divisoit en deux le genre *Diosma*, à raison du disque placé sous l'ovaire, qui est ou simplement denté ou prolongé en cinq languettes. Il nommoit *hartogia* les espèces qui avoient ce dernier caractère. Dans la suite il a renoncé à cette séparation et supprimé ce dernier genre. Il existe un autre *hartogia* de Thunberg, adopté par Linnæus fils, qui paroît être entièrement congénère du *schrebera* de Linnæus, dans la famille des rhamnées. (J.)

HARUNDO. (*Bot.*) Voyez Arundo. (L. D.)

HARUNGAN, *Harungana, harunga.* (*Bot.*) Genre de plantes dicotylédones, à fleurs complètes, polypétalées, régulières, de la famille des *hypéricées*, de la *polyadelphie polyandrie* de Linnæus, caractérisé par un calice à cinq folioles persistantes; cinq pétales; des étamines nombreuses, réunies en plusieurs paquets; un ovaire supérieur; cinq styles; autant de stigmates simples. Le fruit est une baie à cinq loges; une ou deux semences dans chaque loge.

Harungan de Madagascar : *Harungana madagascariensis*, Lamk., *Ill. gen.*, tab. 645; *Arungana paniculata*, Pers., *Synops.*, 2, p. 91; Rougo, Poir., Encycl. Arbre ou arbrisseau découvert par Commerson dans l'île de Madagascar, dont les rameaux sont droits, pubescens, un peu comprimés, garnis de feuilles pétiolées, opposées, très-entières, ovales-oblongues ou lancéolées, parsemées, dans leur jeunesse, de points glanduleux; glabres, vertes et luisantes en dessus, cendrées et presque glabres en dessous, pubescentes sur leur pétiole, longues de cinq à six pouces sur deux et demi de large; les nervures simples, latérales, alternes et saillantes en dessous; les pétioles roides, épais, un peu comprimés, longs d'un pouce.

Les fleurs sont petites, d'un blanc jaunâtre; elles forment, à l'extrémité des rameaux, un beau panicule droit, ramifié par bifurcation; les rameaux pubescens, un peu roussâtres, légèrement striés, terminés par de petites touffes de fleurs ramassées et pédicellées. Le calice est glabre, très-court, à cinq découpures profondes, lancéolées, aiguës; la corolle composée de cinq pétales oblongs, rétrécis à leur base, légèrement ailés à leurs bords, un peu plus longs que le calice; les étamines en nombre indéfini : les filamens réunis au-delà de leur moitié en cinq paquets séparés, plus longs que la corolle, terminés par des anthères petites et globuleuses; l'ovaire globuleux; les styles rapprochés. Les fruits consistent en petites baies succulentes, d'un rouge vif, de la grosseur d'un grain de poivre, accompagnées à leur base du calice persistant, divisées en cinq loges, renfermant chacune une ou deux semences fort petites. L'embryon, d'après la remarque de M. du Petit-Thouars, est renversé, dépourvu de périsperme; la corolle renferme cinq petites écailles alternes avec les filamens.

Commerson a recueilli également, dans l'île de Madagascar, quelques autres espèces très-rapprochées de la précédente, et qui n'en sont peut-être que des variétés, telle que l'*harungana mollusca*, Pers., *Synops.*, 2, pag. 91, à feuilles ovales, acuminées, obscurément crénelées, molles, pâles en dessous; les fleurs axillaires, presque en corymbes. Dans l'*harungana crenata*, Pers., l. c., les feuilles sont plus élargies, ovales, à crénelures plus prononcées; enfin, elles sont pubescentes à leurs deux faces, ovales, lancéolées, aiguës, dans l'*harungana pubescens*, Poir., Encycl. Suppl. (Poir.)

HASACH, HAFERK (*Bot.*), noms arabes de la herse, *tribulus terrestris*, selon Daléchamps. (J.)

HASAR (*Bot.*), nom arabe de l'*indigofera oblongifolia*, de Forskal; la décoction de l'herbe fraîche est employée en Arabie contre la colique. (J.)

HASBECH. (*Ornith.*) Voyez Habesch. (Ch. D.)

HASCE (*Bot.*), nom arabe du thym de crête, *satureia capitata*, suivant Rauvolf et Daléchamps. (J.)

HASCHSE (*Bot.*), nom arabe de l'*heliotropium fruticosum*, selon Forskal. (J.)

HASE (*Bot.*), un des noms japonois cités par M. Thunberg, de son *lindernia japonica*, dans la famille des personées. (J.)

HASE (*Mamm.*), nom allemand du lièvre commun, dont on fait *haas*, *hause*, *haasen*, *jase*, *hare*, etc., dans les dialectes qui en sont dérivés. (F. C.)

HASECK, HASACH, HAFERK. (*Bot.*) Voyez GATRA. (J.)

HASEL-HUHN (*Ornith.*), nom allemand de la gélinotte, ou poule des coudriers, *tetrao bonasia*, Linn., que les Anglois appellent hasel-grous. (CH. D.)

HASÈLE (*Ichthyol.*), un des noms vulgaires du meunier, *leuciscus dobula*, que quelques auteurs latins ont nommé *hasela*. Voyez ABLE, dans le Supplément du premier volume de ce Dictionnaire. (H. C.)

HASEL MAUS (*Mamm.*), nom allemand du muscardin, et qui signifie proprement souris des noisettes. (F. C.)

HASEN FUSS (*Mamm.*), nom que quelques auteurs allemands ont donné au renard isatis, à cause de ses pieds couverts de poils en dessous, comme le lièvre, ce nom signifiant pied de lièvre. (F. C.)

HASEN MAUS (*Mamm.*), nom allemand qui signifie lièvre-souris, et que l'on a donné au LIÈVRE DE JAVA, de Catesby. Voyez ce mot. (F. C.)

HASEN SCHARTE (*Mamm.*), nom allemand du *vespertilio leporinus*, de Gmelin, dont on a fait le genre NOCTILION. Voyez ce mot. (F. C.)

HASIDA. (*Ornith.*) Voyez CHASIDA. (CH. D.)

HASINSEA. (*Bot.*) Voyez HABALNIL. (J.)

HASJISJET ERRITH, ou HACHYCHET ELRIK. (*Bot.*) Voyez HELXINE. (J.)

HASKEL (*Ornith.*), nom que porte, en Laponie, le stercoraire parasite ou labbe, *larus parasiticus*, Linn. (CH. D.)

HASPEL, HAUSEL (*Bot.*), deux des noms arabes de la scille, cités par Daléchamps. M. Delile la nomme *asgyl* et *basal el-far*. Voyez aussi ASCHIL. (J.)

HASSEK (*Ichthyol.*), nom spécifique d'un labre. (H. C.)

HASSEL. (*Ichthyol.*) En Autriche on donne ce nom au meunier, *leuciscus dobula*. Voyez ABLE dans le Supplément du premier volume de ce Dictionnaire. (H. C.)

HASSELQUIST (*Ichthyol.*), nom spécifique d'un poisson du genre Mormyre, lequel rappelle celui d'un célèbre voyageur dans le Levant. Voyez MORMYRE. (H. C.)

HASSELQUISTIA. (*Bot.*) Genre de plantes dicotylédones, à fleurs complètes, polypétalées, de la famille des *ombellifères*, de la *pentandrie digynie* de Linnæus, très-voisin des *tor-*

dylium, offrant pour caractère essentiel : Un calice à cinq dents; les fleurs de l'ombelle hermaphrodites à la circonférence, celles du centre mâles : cinq pétales bifides, recourbés; ceux du centre égaux; ceux de la circonférence inégaux, les extérieurs plus grands; cinq étamines; deux styles : les fleurs extérieures produisent deux semences ovales, comprimées avec un rebord épais, crénelé : les fleurs intérieures ne donnent qu'une seule semence hémisphérique, concave, urcéolée; celles du centre stériles.

Plusieurs auteurs ont rapporté, peut-être avec raison, ce genre aux *tordylium*. Il n'en diffère essentiellement que par les semences très-remarquables des fleurs intérieures des ombelles. Elles sont solitaires, semblables à une membrane vésiculeuse, chacune d'elles accompagnée d'une petite écaille sèche, qui paroît être la seconde semence avortée. Il seroit important de savoir si ces semences, placées dans une terre convenable, peuvent lever. Je l'ignore; mais l'expérience est d'autant plus simple à faire, qu'on cultive l'*hasselquistia* dans plusieurs jardins de botanique.

Hasselquistia d'Egypte : *Hasselquistia ægyptiaca*, Linn.; Jacq., *Hort.*, tab. 87; Gærtn., *de Fruct.*, tab. 21; *Tordylium ægyptiacum*, Lamk., *Ill. gen.*, tab. 193, fig. 2. Cette plante a des racines fusiformes : il s'en élève une tige haute d'un pied et demi, hérissée de poils rudes et blancs. Les feuilles sont alternes, ailées, composées de folioles pinnatifides, rudes en dessous sur leur principale nervure; les découpures presque linéaires, obtuses, inégales; le pétiole rude, vaginal et ventru à sa partie inférieure; les bords de la gaîne blanchâtres et lanugineux vers le sommet, de couleur purpurine à la base.

Chaque rameau se termine par un pédoncule roide, hérissé, presque à cinq angles; il supporte une ombelle composée d'environ dix rayons inégaux, plus courts dans le centre, munis d'un involucre court, à cinq ou trois folioles simples, subulées; les ombellules planes, offrant dans leur centre un corps charnu, noirâtre, pédicellé, hérissé en dessus; la corolle est blanche; les pétales extérieurs bifides; les anthères verdâtres. Cette plante croît dans l'Egypte et l'Arabie.

Hasselquistia en cœur : *Hasselquistia cordata*, Linn. fils,

Supp., 179; Jacq., *Hort.*, tab. 102; *Tordylium cordatum*, Encycl. Ses tiges sont flexueuses, pileuses, un peu striées : les feuilles alternes, les inférieures à trois folioles ; les deux latérales ovales, sessiles, crénelées ; la terminale pédicellée, obtuse, en cœur à sa base ; les feuilles supérieures simples et en cœur ; les ombelles sont composées de rayons nombreux, munis d'un involucre à plusieurs folioles sétacées ; point de fleurs stériles dans le centre ; dans les corolles de la circonférence, deux pétales plus grands ; les semences semblables à celles de l'espèce précédente, mais plus petites.

On ignore le lieu natal de cette plante : elle est cultivée dans plusieurs jardins de botanique, ainsi que la précédente. Ces plantes se sément sur couche au printemps, et doivent y rester, tout le temps de leur durée, à une exposition chaude. Elles demandent une terre légère et des arrosemens fréquens. (Poir.)

HASSI. (*Bot.*) Voyez Ngassi. (J.)

HASSING-BÉ. (*Bot.*) Voyez Assy. (J.)

HÄSSLING. (*Ichthyol.*) En Saxe on donne ce nom au meunier, *leuciscus dobula*. Voyez Able dans le Supplément du premier volume de ce Dictionnaire. (H. C.)

HASSUN (*Ichthyol.*), nom arabe du crénilabre lapine, *labrus lapina*, de Linnæus. Voyez Crénilabre. (H. C.)

HASTÉE [Feuille] (*Bot.*), dont la base se prolonge en deux lobes rejetés en dehors. On en a des exemples dans l'*arum italicum*, l'*antirrhinum elatine*, etc. (Mass.)

HASTINGIA. (*Bot.*) Kœnig donnoit ce nom à l'*abroma* de Jacquin, genre de la famille des malvacées : un autre *hastingia* de M. Smith, *Exot. Bot.*, t. 80, est notre *platunium* rapporté aux verbenacées, qui paroît être le même que l'*holmskioldia* de Retz. (J.)

HASTINGIE, *Hastingia*. (*Bot.*) Genre de plantes dicotylédones, à fleurs complètes, monopétalées, irrégulières, de la famille des *verbenacées*, de la *didynamie gymnospermie* de Linnæus, offrant pour caractère essentiel : Un calice campanulé, très-évasé, à cinq lobes à peine sensibles ; une corolle labiée ; la lèvre inférieure à quatre lobes ; la supérieure entière ; quatre étamines didynames ; un style ; un stigmate bifide ; quatre semences tuberculées, situées au fond du calice.

Hastingie écarlate : *Hastingia coccinea*, Smith, *Exot. Bot.*, 2, pag. 41, tab. 80; *Holmskioldia sanguinea*, Retz, *Obs.*, 6, pag. 31; et *in* Hoffm., *Phytogr. blaett.*, pag. 361, tab. 3; *Platunium rubrum*, Juss., Ann. Mus., vol. 7, pag. 76. Plante des Indes orientales, dont les tiges sont glabres, ligneuses, cylindriques, munies de quelques rameaux opposés. Les feuilles sont opposées, pétiolées, ovales, en cœur, assez larges, acuminées, glabres à leurs deux faces, longues de trois pouces, légèrement crénelées, sans stipules; les pétioles canaliculés, longs d'un pouce.

Les fleurs sont axillaires et terminales, pédonculées, presque en grappe, placées le long de petits rameaux courts, accompagnées de petites bractées. Leur calice est d'un rouge vif, très-éclatant, entier, évasé, à cinq lobes obtus, sans pointe épineuse, approchant de celui des moluccelles; la corolle d'un rouge écarlate plus foncé, un peu plus longue que le calice, tubulée à sa partie inférieure, divisée à son limbe en deux lèvres; l'inférieure à quatre lobes arrondis, les deux latéraux réfléchis; la lèvre supérieure un peu plus longue, entière, obtuse, roulée à ses bords, un peu crénelée à son sommet; les étamines didynames, un peu plus longues que la corolle; les anthères ovales; le style de la longueur des étamines; le stigmate bifide; quatre semences ovales, noirâtres, un peu tuberculées, situées au fond du calice. (Poir.)

HASTY-GASURCULI (*Bot.*), nom brame de l'*ana-schorigeram* du Malabar, décrit par Rhéede, qui paroît être une grande espèce d'ortie. (J.)

HATAR. (*Bot.*) Voyez Fatar. (J.)

HATATGNAO. (*Bot.*) L'arbrisseau des Philippines, mentionné sous ce nom par Camelli, remarquable par ses feuilles opposées, marquées de cinq nervures longitudinales, et ses fruits en baie à calice adhérent, paroît être une espèce de mélastome. (J.)

HATAWARYA. (*Bot.*) Une espèce d'asperge ligneuse, *asparagus falcatus*, est ainsi nommée à Ceilan, suivant Burmann et Linnæus. (J.)

HATI. (*Ornith.*) Les guaranis appellent ainsi les hirondelles de mer ou sternes, et ils nomment *hati guazu* le bec-en-ciseaux, parce qu'on le voit souvent sur la plage avec les hatis. (Ch. D.)

HATIVEAU (*Bot.*), nom d'une petite poire d'été. (L. D.)

HATLE (*Bot.*), nom cité par C. Bauhin, d'une racine de la Floride, dont on tire une farine employée dans les temps de disette pour faire du pain. (J.)

HATSCHE (*Ornith.*), nom donné en Silésie, suivant Schwenckfeld, au canard domestique, *anas domestica*, Linn. (Ch. D.)

HATTA. (*Bot.*) Dans une note manuscrite de M. Velez, apothicaire de Madrid, communiquée anciennement à Bernard de Jussieu, on lit que ce nom est donné en Espagne au *cistus ladanifera*, sur lequel on recueille une espèce de manne blanche en grains, nommée *manna de hatta*, qui purge comme la manne de Calabre. Nous ignorons s'il y a quelque rapport entre cette manne et le *ladanum* visqueux et odorant qui suinte de ses feuilles, ce qui lui a fait donner son nom spécifique. Ce ciste abonde dans la Sierra Morena en Espagne. La manne qui en coule se durcit facilement, et les bergers du lieu s'en nourrissent; mais la pluie la dissout facilement, et la fait disparoître. (J.)

HATTAB ACHMAR (*Bot.*), nom arabe, suivant Forskal, du *tamarix gallica*. (J.)

HATZLER (*Ornith.*), nom allemand du geai commun, *corvus glandarius*, Linn. (Ch. D.)

HAUBEST. (*Ornith.*) Voyez Haff-hert. (Ch. D.)

HAUBREAU (*Ornith.*), ancienne orthographe du mot Hobereau. (Ch. D.)

HAUCHFORELLE (*Ichthyol.*), nom que, dans quelques contrées de l'Allemagne, on donne à un poisson du genre des saumons, nommé aussi Huch. Voyez ce mot, Saumon et Truite. (H. C.)

HAUD (*Bot.*), un des noms arabes de l'*agallochum*, ou bois d'aloës, qui est aussi nommé *agalugen*. (J.)

HAUGE-HYLDE. (*Ornith.*) Suivant Muller, *Zool. Danicæ Prodromus*, n.° 253, l'oiseau, de l'ordre des passereaux, qu'on appelle ainsi en Danemarck, est le pipit des buissons, *alauda trivialis*, Linn., *anthus arboreus*, Bechst. (Ch. D.)

HAUHTOTOTL (*Ornith.*), nom que porte au Mexique le tangara scarlatte, *tanagra rubra*, Linn. (Ch. D.)

HAUKEB (*Ornith.*), nom arabe du grand aigle, ou aigle doré, *falco chrysaetos*, Linn. (Ch. D.)

HAUM (*Bot.*), espèce de vesce d'Egypte, mentionnée par Pockocke, cultivée dans ce pays, et ne contenant qu'une grosse graine dans chaque gousse. Les Egyptiens la mangent crue lorsqu'elle est verte: et, cuite, elle n'est point inférieure au pois. C'est peut-être le ciche, *cicer*, nommé Homos dans l'Egypte. Voyez ce mot. (J.)

HAUMIER. (*Bot.*) On désigne sous ce nom une variété du cerisier commun, ou une race particulière, qui comprend plusieurs sous-variétés qu'on distingue à la couleur de leurs fruits blancs, rouges-clairs, rouges et d'un pourpre noir. Les haumiers ont de grands rapports avec les bigarreautiers. (L. D.)

HAUR (*Bot.*), nom arabe du peuplier blanc, suivant Rauvolf. (J.)

HAUSCHEB. (*Bot.*) Forskal dit qu'on nomme ainsi, dans l'Arabie, le *cynoglossum linifolium*. (J.)

HAUSEGI, ALHAUSEGI, HAUSEIT (*Bot.*), noms arabes du nerprun, cités dans Rauvolf. (J.)

HAUSEL. (*Bot.*) Voyez Haspel. (J.)

HAUSEN (*Ichthyol.*), un des noms de l'*acipenser huso* ou grand esturgeon. Voyez Esturgeon. (H. C.)

HAUSHAHN (*Ornith.*), nom allemand du coq, *gallus*. (Ch. D.)

HAUSSE-COL. (*Ornith.*) Ce nom, avec les épithètes *doré*, *vert*, *à queue fourchue*, est donné à trois espèces de colibris, et l'on appelle aussi *hausse-col noir* une alouette et un merle. (Ch. D.)

HAUSSE-QUEUE. (*Conchyl.*) Les marchands de coquilles désignent ainsi le casque tuberculé, *cassida echinophora*, à cause de la manière dont se relève l'extrémité antérieure de cette coquille. (De B.)

HAUSSE-QUEUE (*Ornith.*), un des noms vulgaires de la lavandière, *motacilla alba* et *cinerea*, Linn. (Ch. D.)

HAUSSUNKE. (*Erpét.*) Les paysans saxons donnent ce nom, qui signifie crapaud domestique, au crapaud des joncs, *bufo calamita*, parce qu'il est commun dans leurs maisons, où, suivant Goëtze, il lèche les efflorescences nitrées qui se forment sur les murs des caves. Voyez Crapaud. (H. C.)

HAUSTATOR (*Conchyl.*), nom latin du genre Tire-fonds,

établi par M. Denys de Montfort, dans sa Conchyliologie systématique, pour une espèce de turritelle des conchyliologistes modernes dont l'ouverture est anguleuse. Voyez Turritelle et Tire-fonds. (De B.)

HAUSTELLÉS ou SCLÉROSTOMES. (*Entom.*) Noms que nous avons employés pour désigner une famille d'insectes à deux ailes, dont la bouche est formée par un suçoir saillant, alongé, sortant de la tête même dans l'état de repos, et souvent coudé. Le premier nom est tiré du latin *haustellum*. Voyez l'article suivant. *Sclérostomes* signifie bouches cornées. Il a été donné à ces diptères par oppostion aux astomes, comme aux oëstres, dont on ne voit pas la bouche, et aux sarcostomes, comme les mouches, les syrphes, les stratyomes, etc., qui ont une trompe charnue. Voyez Diptères et Sclérosromes. (C. D.)

HAUSTELLUM. (*Entom.*) C'est le nom latin donné par Fabricius au suçoir corné de quelques insectes qu'il caractérise ainsi : Gaîne cornée renfermant des soies dont le nombre varie de une à cinq. Voyez Suçoir, Diptères et Bouche dans les insectes, tom. V, pag. 252. (C. D.)

HAUT. (*Mamm.*) Niéremberg désigne sous ce nom le paresseux tridactyle ou l'aï. (F. C.)

HAUTAINS. (*Bot.*) Daléchamps dit qu'on nomme ainsi les érables sur lesquels on fait grimper la vigne, à laquelle ils servent de support. (J.)

HAUTE [Radicule]. (*Bot.*) Considérée dans sa situation, relativement au fruit, la radicule est tournée ou vers le centre ou vers la paroi, ou vers la base, ou vers le sommet, etc., du fruit; et, suivant ces positions, on dit qu'elle est centripète, ou centrifuge, ou basse, ou haute, etc. Le prunier, par exemple, le ricin, les conifères, etc., ont la radicule haute. (Mass.)

HAUTE-BONTE. (*Bot.*) C'est une variété de pomme à gros fruit, qui mûrit en automne. (L. D.)

HAUTE-BRUYÈRE. (*Bot.*) La bruyère à balais est quelquefois désignée sous ce nom. (L. D.)

HAUTE-GRIVE (*Ornith.*), dénomination vulgaire de la grive draine, *turdus viscivorus*, Linn. (Ch. D.)

HAUTIN. (*Ichthyol.*) On donne vulgairement ce nom à plusieurs poissons de genres différens ; savoir : une Argentine, un Corégone et un Tripteronote. (Voyez ces divers mots.)

Le corégone en particulier, qui s'appelle ainsi, est un poisson de la mer du Nord, auquel Schœneveld a transporté mal à propos le nom d'*albula nobilis*, et qu'Artédi et Linnæus ont confondu avec le lavaret, en quoi ils ont été suivis par Bloch. Ce poisson paroît être le même que le *salmo oxyrhinchus* de Linnæus, et que le *hauting* des Hollandois et des Flamands. (H. C.)

HAUYNE. (*Min.*) La hauyne est la même substance minérale qui fut nommée *latialite* par Gismondi, et *saphirin* par Nose. Il ne faut point la confondre avec la hauyne de Thomson, qui est une idocrase jaunâtre du Vésuve.

La hauyne proprement dite se présente ordinairement en grains ou en cristaux d'un bleu céleste, toujours engagés, jusqu'à présent, dans les produits volcaniques anciens ou modernes. Ce minéral est fragile, quoiqu'assez dur pour rayer le verre et le felspath. Il est infusible au chalumeau, et soluble en gelée blanche dans l'acide sulfurique et muriatique. Cette mi-solution est accompagnée d'un dégagement d'hydrogène sulfuré, très-sensible à l'odorat. La hauyne enfin s'électrise résineusement par le frottement et par communication.

Les principes constituans de cette espèce sont très-remarquables, et lui assurent un rang distingué dans la méthode du savant minéralogiste auquel Brun-Neergaard en fit un juste hommage.

Suivant M. Vauquelin, 100 parties de hauyne du Latium se sont trouvées composées de

Silice	30,0
Alumine	15,0
Sulfate de chaux	20,5
Chaux	5,0
Potasse	11,0
Fer oxidé	1,0
Hydrogène sulfuré, eau et perte.	17,0

Suivant le docteur Léopold Gmelin, 100 parties de la même substance contiennent :

Silice	35,48
Alumine	18,87

Sulfate de chaux...............	21,73
Chaux.......................	2,66
Potasse.......................	15,45
Fer oxidé.....................	1,16
Hydrogène sulfuré, eau et perte..	4,65

L'on voit par ces deux résultats que le sulfate de chaux n'est point accidentel, qu'il constitue plus du cinquième du poids total, et que la principale différence porte sur la proportion de l'hydrogène sulfuré, qui est un principe fugace et difficile à apprécier, et sur celle de l'eau de cristallisation, qui est souvent différente dans la même espèce minérale.

Jusqu'à présent, les variétés de forme de la hauyne sont peu nombreuses : les plus tranchées appartiennent au dodécaèdre, à plans rhombes et à ses modifications. Quant aux variétés de couleur, elles appartiennent au bleu céleste, au bleu de saphir, au bleu d'indigo et à toutes les nuances intermédiaires. On en cite même de verte et de noire; mais, ayant examiné cette dernière variété dans le Cabinet de M. de Bournon, je crois pouvoir assurer que cette prétendue hauyne noire n'appartient point à cette espèce : M. de Bournon partage aussi cette opinion.

Faujas avoit ramassé depuis long-temps des fragmens de pierre-ponce, renfermant des grains d'hauyne, aux environs de l'abbaye de Laach et de Pleyth, près d'Andernach, et il avoit appris du bibliothécaire du couvent que l'on avoit fait mention de ces petites pierres bleues sous le nom de *saphir*, dans une ancienne chronique du pays.

L'abbé Gismondi la découvrit sur plusieurs points du Latium, et particulièrement dans les environs des lacs Nemi, d'Albano et de Frascati; il la nomma *latialite*. Le Vésuve l'offrit aussi aux minéralogistes.

M. Cordier la trouva en cristaux dodécaèdres dans une lave poreuse d'Andernach, sur la rive gauche du Rhin. Nose leur donna le nom de *saphirin*. Ils ont pour gangue le felspath blanc et vitreux, que l'on a cru devoir désigner sous le nom de *sanidin*.

Enfin, tout fait présumer que les grains bleus découverts dans plusieurs roches volcaniques de l'Auvergne, par MM. Héricart de Saint-Vast, Weiss et Grasset, doivent se rattacher à l'espèce hauyne qui, je le répète, appartient jusqu'à ce jour exclusivement au sol volcanique. En effet, l'on remarquera que les ponces de l'abbaye de Laach, le sanidin d'Andernach, les roches de pyroxène micacées du Latium ou du Vésuve, les phonolites du Cantal, de Sanadoire et du Puy-de-Dôme, sont généralement regardés aujourd'hui comme évidemment volcaniques. (Brard.)

HAVASI-HORTSOK (*Mamm.*), nom hongrois de la marmotte. (F. C.)

HAVASI-KETSKE (*Mamm.*), nom hongrois du chamois. (F. C.)

HAV-EMMER. (*Ornith.*) Ce nom, dans Eggède, correspond à l'*alca impennis*, de Linnæus, ou grand pingouin de Buffon. (Ch. D.)

HAVELDA (*Ornith.*), nom islandois du canard à longue queue de Terre-Neuve, *anas glacialis*, Linn. (Ch. D.)

HAV-MAASE (*Ornith.*), nom que porte en Norwége le goéland à manteau noir, *larus marinus*, Linn. (Ch. D.)

HAV-SULE. (*Ornith.*) Ce nom norwégien est rapporté par Muller, *Zool. Dan. Prodr.*, au fou de Bassan, *pelecanus bassanus*, Linn. (Ch. D.)

HAV-HEST. (*Ornith.*) L'oiseau ainsi nommé par Pontoppidan, *Natur. Hist. of Norway*, tom. 2, p. 75, est le pétrel cendré, le même que le *haff-hest* des îles Féroë. (Ch. D.)

HAV-HEST (*Mamm.*), un des noms norwégiens de la vache marine. (F. C.)

HAV-HYMBER. (*Ornith.*) Suivant Oth. Fabricius, *Fauna Groenl.*, n.° 62, cet oiseau est le *colymbus glacialis* ou l'imbrim. (Ch. D.)

HAV-NODD (*Mamm.*), nom danois du lamantin. (F. C.)

HAV-OLD. (*Ornith.*) Ce nom norwégien est donné à l'*anas hiemalis*, Linn., qu'on appelle aussi *hav-œller*. (Ch. D.)

HAWA-SIRO-GOMI. (*Bot.*) Ce nom est donné dans le Japon, suivant Thunberg, à son *elæagnus umbellata*. (J.)

HAWA-SO (*Bot.*), nom japonois d'un chêne, *quercus serrata* de Thunberg. (J.)

HAWK (*Ornith.*), nom générique des faucons en anglois. (Ch. D.)

HAXIS CACHULE. (*Bot.*) Ce nom arabe, cité dans Garcias,

qui signifie herbe à laver, *herba lotoria*, suivant Rumph, a été donné au schenante, *andropogon schœnanthus*, parce que les Arabes le mêlent dans les eaux qu'ils emploient pour laver eux et leurs troupeaux. (J.)

HAY (*Mamm.*), nom sous lequel Laet (Hist. de l'Amér.), parle de l'aï, espèce de paresseux. (F. C.)

HAY-BIRD. (*Ornith.*) Les Anglois désignent, par cette dénomination, leur *pettychaps lesser*, correspondant au *motacilla hyppolaïs*, Linn. (Ch.D.)

HAYEN. (*Ichthyol.*) Ray paroît avoir désigné par ce nom une espèce de requin des Indes, *canis carchariæ S. Lamiæ species*. (*Synops. Meth. Pisc.*, p. 161, n.° 14.) (H. C.)

HAYNEA. (*Bot.*) Willdenow a, sans nécessité ni utilité, et par conséquent fort mal à propos, substitué le nom d'*haynea* à celui de *pacourina* employé par Aublet, pour désigner un genre établi par cet auteur de l'*Histoire des Plantes de la Guiane françoise*. Nous profitons de cette occasion pour appeler l'attention des botanistes sur un problème que ce genre présente à résoudre.

Aublet attribue au *pacourina* un clinanthe pourvu de squamelles arrondies, concaves, plus longues que les fruits, et interposées entre eux (*receptaculum carnosum, paleaceum, paleis subrotundis, concavis, longioribus quàm semina, seminaque distinguentibus*). Ce caractère est adopté, sans aucune hésitation, par MM. de Jussieu, de Lamarck, Willdenow, Persoon. M. Decandolle, dans ses Observations sur les Plantes composées ou syngénèses, présentées à l'Institut le 18 janvier 1808, déclare (premier Mémoire, pag. 21) avoir vérifié les caractères du *pacourina*, sur un échantillon sec de l'Herbier de M. Desfontaines; et, comme tous les botanistes qui ont écrit avant lui sur ce genre, il lui attribue un clinanthe pourvu de squamelles plus longues que les fruits. Au mois d'avril 1817, nous avons soigneusement analysé une calathide du seul échantillon existant à cette époque dans l'Herbier de M. Desfontaines, sous le nom de *pacourina*, et nous avons reconnu avec certitude que le clinanthe étoit parfaitement nu. A l'exception de ce point essentiel, la plante dont il s'agit ne nous a pas semblé différer de celle d'Aublet. Cependant la présence ou l'absence des squamelles sur le clinanthe est un caractère si facile à déterminer exactement, dans presque tous les cas, que le plus médiocre observateur ne peut presque jamais s'y tromper ; et, dans le cas particulier dont il s'agit, l'erreur est d'autant moins présumable, qu'Aublet décrit des squamelles arrondies, concaves, plus longues que les fruits, et interposées entre eux. Ces réflexions nous ont persuadé que la plante de l'Herbier de M. Desfontaines n'étoit point le *pacourina* d'Aublet ; que M. Decandolle avoit peut-être négligé d'observer le clinanthe sur cet échantillon, ou que peut-être il avoit examiné un autre échantillon appartenant au vrai *pacourina*, et qui auroit depuis disparu de l'Herbier de M. Desfontaines. En conséquence, nous avons proposé, dans le Bulletin des Sciences de septembre 1817, sous le nom de *pacourinopsis*, un nouveau genre voisin du *pacourina*, dont il ne diffère que par le clinanthe qui est inappendiculé. Dans le quatrième volume des *Nova Genera et Species Plantarum*, publié en 1820, M. Kunth a décrit, sous le nom de *pacourina cirsiifolia*, une plante qu'il regarde comme une espèce différente, mais congénère, du *pacourina* d'Aublet ; et, comme cette plante a le clinanthe inappendiculé, l'auteur croit pouvoir réformer les caractères du genre *Pacourina*, en lui attribuant un clinanthe nu, malgré l'assertion contraire d'Aublet. La plante de M. Kunth seroit à nos yeux une espèce de notre genre *Pacourinopsis*. Le possesseur de l'Herbier d'Aublet pourra seul résoudre ces difficultés, en vérifiant la structure du clinanthe sur l'échantillon authentique du vrai *pacourina*. (H. Cass.)

HAYS (*Ichthyol.*), nom que les matelots donnent aux grands requins. (H. C.)

HAYSARAN (*Bot.*), nom synonyme de *cheisaran*. (J.)

HAYSTRA. (*Ornith.*) Rzaczynski cite ce nom polonois comme désignant un oiseau d'assez grande taille, de couleur rembrunie, qui a un bec gros et long, pêche dans les rivières à la manière du héron, et niche sur les arbres. Plusieurs de ces circonstances sembleroient applicables au cormoran. (Ch. D.)

HAY-TSING. (*Ornith.*) Voyez Hai-tsing. (Ch. D.)

HAY-TSING (*Ichthyol.*), nom chinois d'un poisson que M. Bosc soupçonne devoir appartenir au genre Scorpène. (H. C.)

HBARA (*Ornith.*), nom arabe du faisan, *phasianus*, d'après Forskal, *Descrip. Anim.*, p. 8. (Ch. D.)

HEAULME, *Morio.* (*Conchyl.*) Genre de coquilles établi par M. Denys de Monfort pour un assez petit nombre d'espèces du genre Casque de Bruguières, mais qui en diffèrent par quelques caractères. M. de Lamarck, qui a cru aussi devoir faire cette subdivision, lui a donné depuis le nom de cassidaire. Pour Linnæus et tous les anciens conchyliologistes, c'étoient des buccins. Les animaux du genre Heaulme ne diffèrent certainement pas, du moins génériquement, de celui des pourpres et des buccins; et en effet Adanson dit de son fasin et de son saburon, qui sont, il est vrai, de véritables casques, qu'ils ressemblent en tout à celui de l'animal de la pourpre, si ce n'est que le manteau sort un peu sur la lèvre droite de la coquille. Les caractères de ce genre de coquilles sont: Coquille subglobuleuse, ventrue, tuberculeuse, à spire pointue et très-courte, le dernier tour étant beaucoup plus grand que tous les autres pris ensemble; ouverture un peu alongée, ovalaire, subcanaliculée antérieurement; le bord externe rebordé et s'évasant en dehors; la columelle débordée, lisse et formant tout le bord gauche ou interne.

Ce genre, véritablement artificiel, fait une sorte de passage vers les tonnes. Les espèces qu'il doit contenir ne sont pas encore bien déterminées. La principale, celle qui sert de type au genre, est le *buccinum echinophorum* de Linnæus, le casque tuberculé de Bruguières, vulgairement connu sous le nom de casque tuberculeux. M. Denys de Monfort le nomme le heaulme échinophore, *morio echinophorus*, cassidaire échinophore, Lamck., Enc. méth., pl. 405, 3, a b. C'est une coquille qui a quelquefois trois pouces de haut, la surface striée et cerclée transversalement, et en outre plusieurs rangs de tubercules disposés en lignes longitudinales. La couleur est fauve, rousse ou blanchâtre; elle vient des mers d'Amérique, de la Méditerranée, et surtout de la mer Adriatique.

M. de Lamarck figure encore, l. c., fig. 1, a et b, une espèce plus grande à laquelle il donne le nom de *cassidaria tyrrhena*. Elle diffère de la precédente en ce que sa surface extérieure, outre les stries transverses très-fines, a des bourrelets transversaux régulièrement espacés, ce que lui donne l'aspect cerclé des tonnes. Une troisième espèce, également figurée par M. de Lamarck sous le nom de *cassidaria striata*, est plus petite, plus alongée; sa surface est de même cerclée et striée, mais la lèvre droite est beaucoup moins évasée : elle est même un peu dentelée en dedans, ce qui la rapproche des véritables casques. Ne seroit-ce pas un jeune âge de la précédente? (De B.)

HÉAULME. (*Foss.*) Les espèces de ce genre, qui avoient été rangées autrefois parmi les casques, et dont depuis M. Lamarck a fait le genre Cassidaire, sont peu nombreuses à l'état fossile, et se trouvent dans la couche du calcaire coquillier au-dessus des craies.

Le Héaulme en harpe; *Cassis harpæformis*, Lamk., Annales du Mus. d'Hist. nat., tom. 6. pl. 43, fig. 1. Coquille ovale-enflée, portant des côtes longitudinales, saillantes, interrompues vers le haut du tour où il se trouve une et quelquefois deux rangées transverses de tubercules. Entre la dernière rangée et la suture il règne une gouttière qui circule autour de cette dernière. La base est striée transversalement; longueur, un pouce neuf lignes. On trouve cette jolie espèce à Grignon, département de Seine et Oise, et dans la couche du calcaire coquillier des environs de Paris, mais elle n'est pas très-commune.

Le Héaulme gaufré; *Cassis cancellata*, Lamk., Ann. du Mus. Coquille ovale-enflée, couverte de stries qui se croisent. Le dernier tour est chargé vers le haut de deux rangées transverses de tubercules; entre la plus élevée et la suture il règne quatre cordons d'inégale grosseur, qui circulent autour d'elle. Le bord droit est denté intérieurement dans toute sa longueur, et la columelle est couverte de petites côtes transverses.

M. Lamarck pense que cette espèce singulière pourroit n'être qu'une variété de la précédente; mais, quoique sa forme et sa grosseur soient à peu près les mêmes, elle en diffère beaucoup par ses stries croisées, par son ouverture dentée, et par les cordons qui se trouvent près de la suture. On la trouve à Parnes près de Gisors, à Chaumont (Oise), et à Hauteville (Manche).

Le Héaulme cariné : *Cassis carinata*, Lamk., vélins du Mus., n.° 4, fig. 2 : *Buccinum nodosum*, Brander, *Foss.*, n.° 131; Knorr, *Foss.*, pl. 39, fig. 6? Coquille ovale, couverte de fines stries transverses. Le dernier tour est chargé de quatre, et quelquefois de cinq rangées de tubercules disposés transversalement; longueur un pouce neuf lignes. Dans quelques variétés le bord droit est denté intérieurement. On trouve cette espèce à Grignon, à Parnes, à Fontenai-Saints-Pères près de Mantes, et à Betz, département de l'Oise; mais les individus qu'on trouve dans cette dernière localité sont plus petits. Elle a beaucoup de rapports avec le *buccinum echinophorum* de Linnæus, qu'on trouve vivant dans la Méditerranée.

Le Héaulme du Plaisantin, Def. Cette espèce, qui a plus de deux pouces de longueur, a beaucoup de rapports avec la précédente pour les stries et les rangées de tubercules dont elle est couverte; mais elle en diffère par sa grandeur, par son épaisseur, par des stries transverses beaucoup plus grosses, dont elle est couverte, et par l'intérieur de son bord droit, qui porte, ainsi que la columelle, des dents très-serrées. Quelques individus ne portent que deux rangées de tubercules. On la trouve dans le Plaisantin.

Le Héaulme tuberculeux, Def. Cette espèce, que l'on rencontre avec la précédente, a beaucoup de rapports avec elle; mais elle en diffère par sa longueur, qui est quelquefois de plus de trois pouces, ainsi que par son bord droit et par sa columelle, qui ne sont point dentés. Elle a les plus grands rapports avec une espèce à l'état vivant, qui se trouve dans les collections.

Le Héaulme côtelé, Def. Cette espèce, qui est de la grosseur d'une grosse noix, est chargée, sur le dernier tour, de quatre côtes transverses, unies, dont les deux plus élevées sont aiguës. J'ignore où elle se trouve.

Celles des coquilles de ce genre, qui sont chargées de tubercules, quand elles ont acquis tout leur accroissement, sont presque lisses à leur sommet. C'est le contraire pour beaucoup d'autres genres, et entre autres pour les volutes, dont les premiers tours sont beaucoup plus chargés de stries et de côtes que les derniers. (D. F.)

HEAUME. (*Bot.*) Voyez Helm. (J.)

HEAUMIER. (*Bot.*) Voyez Haumier. (L. D.)

HEART-SEAL (*Mamm.*), nom anglois du phoque du Groënland. (F. C.)

HEATOTOTL. (*Ornith.*) On nomme ainsi au Mexique le harle couronné, *mergus cucullatus*, Lath. (Ch. D.)

HEBBE. (*Bot.*) Voyez Heibeh. (J.)

HEBÉ. (*Bot.*) Voyez Véronique. (Poir.)

HÉBÉ (*Erpétol.*), nom spécifique d'un reptile du genre Couleuvre, *coluber hebe*, Daudin. Nous l'avons décrit tome XI, pag. 190 de ce Dictionnaire. (H. C.)

HÉBÉDÉ (*Ichthyol.*), nom que l'on donne quelquefois, en Égypte, au fitilé, *porcus bayad.* Voyez Bayad, dans le Supplément du quatrième volume de ce Dictionnaire. (H. C.)

HÉBEINE. (*Bot.*) C'est ainsi que Flacourt, dans son Histoire de Madagascar, orthographie l'ébène, nommé par les Malgaches Azou-Menti. Voyez ce mot. (J.)

HEBEL. (*Bot.*) La sabine est ainsi nommée en Arabie, suivant Mentzel. (J.)

HÉBENSTRÈTE, *Hebenstretia.* (*Bot.*) Genre de plantes dicotylédones, à fleurs complètes, monopétalées, irrégulières, très-rapprochées, de la famille des *verbénacées*, de la *didynamie angiospermie* de Linnæus, offrant pour caractère essentiel : Un calice d'une seule pièce, en forme de spathe, échancré au sommet, fendu en dessous ; une corolle tubulée, irrégulière. Une seule lèvre supérieure, à quatre lobes ; quatre étamines didynames ; un ovaire supérieur ; un style ; un stigmate simple. Le fruit est une petite capsule à deux loges ; une semence dans chaque loge. (Une seule loge, selon Gærtner, renfermant deux semences.)

On cultive, dans les jardins de botanique, plusieurs espèces d'*hebenstretia*, surtout la première et quelques unes de ses variétés. Elles produisent d'assez jolies fleurs, qui se succèdent pendant une grande partie de la belle saison. Elles exigent une terre un peu substantielle, et l'orangerie pendant l'hiver ; de fréquens arrosemens pendant l'été. On les multiplie de graines, plus ordinairement de boutures faites au printemps ou dans l'été, placées dans des pots sur couches ou sous châssis. Elles s'enracinent en peu de temps, et même fleurissent quelquefois dès la première année ; mais elles vivent peu et craignent beaucoup le transport. Elles se présentent sous la forme d'un buisson fleuri et serré, au moyen de rameaux droits et nombreux. Ce genre a été consacré à la mémoire d'Hébenstret, botaniste de Leipsick.

Hébenstrète dentée : *Hebenstretia dentata*, Linn. : Lamk.,

Ill. gen, tab. 571; Commers., *Hort.*, 2, tab. 109; Burm., *Afr.*, tab. 42, fig. 2. Petit arbuste qui s'élève à la hauteur d'environ un pied, dont les tiges sont droites, cylindriques, très-rameuses; les rameaux très-minces, très-simples, ascendans, garnis de feuilles éparses fort étroites, linéaires, subulées, garnies de dents rares, légèrement ciliées ou hispides. Les fleurs sont petites, blanchâtres, disposées en un épi sessile, très-serré, droit, terminal, long de deux ou trois pouces, chargé de bractées concaves, presque imbriquées; le tube de la corolle de la longueur de la bractée, fendu jusqu'à sa moitié à son côté inférieur : la lèvre plane, alongée, marquée d'une belle tache oblongue, d'un rouge orangé. Ces fleurs, d'après Linnæus, sont sans odeur le matin, d'une odeur fétide vers le midi, suave, et approchant de la jacinthe orientale vers le soir, que probablement la fraîcheur de la nuit dissipe à un tel point que ces fleurs sont inodores au lever du soleil, tandis que la forte chaleur du jour rend leurs émanations trop fortes et désagréables.

Cette espèce et les suivantes sont originaires du cap de Bonne-Espérance : quelques auteurs ont regardé comme espèces plusieurs variétés, telles que l'*hebenstretia aurea*, Andr., *Bot. Rep.*, tab. 252, dont les feuilles sont très-étroites, linéaires, entières, presque cylindriques, glabres, obtuses; les fleurs d'un jaune orangé. Dans l'*hebenstretia scabra*, Thunb., *Prodr.*, 183, les feuilles sont rudes et ciliées à leurs bords, linéaires et entières; les bractées glabres et entières, tandis qu'elles sont ovales et velues dans l'*hebenstretia spicata*, Thunb., l. c.; les feuilles linéaires, dentées seulement à leur sommet; les tiges herbacées.

On est encore très-porté à ne regarder que comme une simple variété de l'espèce précédente l'*hebenstretia integrifolia*, Linn., *Hort. Cliff.*, 497; *Royen. Lugdb.*, 300. Ses feuilles sont linéaires, très-entières, plus obtuses; les épis plus lâches; les bractées ovales; les corolles munies d'un tube très-long. Dans l'*hebenstretia ericoides*, Linn. fils, *Supp.*, pag. 286, les feuilles sont oblongues, pileuses, dentées en scie; les bractées hispides et entières.

Hébenstrète a feuilles en cœur; *Hebenstretia cordata*, Linn., *Mant.*, 420. Ses tiges sont droites, ligneuses, glabres, blanchâtres, ramifiées à leur partie supérieure, garnies de feuilles alternes ou opposées, sessiles, presque amplexicaules, échancrées en cœur à leur base, obtuses, charnues, légèrement crénelées, renflées ou gibbeuses en dessous; les fleurs disposées en un épi terminal et sessile; les corolles blanches, de couleur incarnate à leur origine; les anthères jaunes et comprimées. Dans l'*hebenstretia fruticosa*, Linn. fils, *Supp.*, 289, les tiges sont ligneuses; les feuilles glabres, lancéolées, dentées; les bractées entières. Je ne sais sur quoi fondé, M. Persoon rapporte à cette espèce l'*eranthemum parviflorum*, Berg., *Pl. Cap.*, pag. 2, qui n'a que deux étamines, le limbe de la corolle à cinq divisions. Voyez Eranthème. (Poir.)

HEBERDINIA. (*Bot.*) Banks avoit fait, sur une des plantes recueillies dans son voyage, un genre de ce nom, que Gærtner a reporté à son *anguillaria*, refondu postérieurement dans l'*ardisia* de Swartz, type de la nouvelle famille des ardisiacées, voisine des sapotées. (J.)

HEBI. (*Bot.*) Voyez Helbane. (J.)

HÉBRAÏQUE. (*Conchyl.*) C'est une espèce de cône, *conus hebraicus*, ainsi nommé à cause de la disposition des taches noires qui sont à sa surface, et que l'on a comparées à des caractères hébraïques. (De B.)

HÉBRAÏQUE. (*Erpétol.*) Daubenton et M. de Lacépède ont donné ce nom à une vipère que Linnæus a désignée par celui de *coluber severus*. Voyez Vipère. (H. C.)

HÉBRAÏQUE (*Ichthyol.*), nom spécifique d'un poisson rapporté par M. de Lacépède au genre Labre, et que nous avons décrit à l'article Girelle. Voyez Labre et Girelle. (H. C.)

HEBULBEN. (*Bot.*) Voyez Coulcoul. (J.)

HÉCATE, *Hecatea*. (*Bot.*) Genre de plantes dicotylédones, à fleurs incomplètes, monoïques, de la famille des *euphorbiacées*, de la *monoécie monandrie* de Linnæus, dont le caractère essentiel est d'avoir des fleurs monoïques; un calice à cinq divisions profondes; point de corolle; un disque charnu; trois anthères réunies en tête de clou sur un seul filament. Dans les fleurs femelles, un ovaire acuminé par un style court, terminé par trois stigmates. Le fruit est une baie renfermant trois semences.

Hécate a deux glandes; *Hecatea biglandulosa*, Pet.-Thou.,

Plant. d'Afr., pag. 13, tab. 5. Arbre observé par M. du Petit-Thouars dans l'île de Madagascar : il s'élève à la hauteur d'environ vingt pieds ; son tronc est divisé en branches diffuses, un peu touffues, garnies de feuilles pétiolées, opposées ou réunies trois par trois, ovales, entières, longues de trois à quatre pouces, larges d'un pouce et plus, un peu acuminées, élargies vers leur sommet, glabres à leurs deux faces, d'un vert foncé en dessus, plus pâles en dessous, munies, un peu au-dessus de leur base, de deux glandes orbiculaires, enfoncées à leur centre, à nervures fines, simples, distantes. Les fleurs sont disposées en un panicule terminal, feuillé, peu garni ; les ramifications alternes ; les pédicelles opposés ou ternés ; celui du centre portant une fleur femelle ; les deux autres des fleurs mâles ; leur calice divisé profondément en cinq lobes courts, arrondis ; point de corolle ; un disque central et charnu ; un filament court, terminé en tête de clou, divisé en trois fentes très-étroites, chaque fente contenant une anthère à une loge, formant trois anthères réunies ; le style court ; les stigmates fort petits. (Poir.)

HÉCATE. (*Erpétol.*) Dampier a parlé, sous ce nom, d'une tortue des îles de l'Amérique, laquelle paroît se rapprocher de la tortue terrapène de M. de Lacépède. Voyez Tortue et Chéloniens. (H. C.)

HECATOLITHE. (*Min.*) Le falspath adulaire nacré a reçu le nom d'hécatolithe ou de pierre de lune. La lumière douce et argentine qui flotte à sa surface a suggéré cette synonymie. Voyez Felspath adulaire nacré. (Brard.)

HÉCATOUNIA (*Bot.*), Lour., *Flor. Cochin.* Ce genre, établi par Loureiro, appartient aux renoncules ; et la plante qui lui sert de type, paroît se rapprocher beaucoup du *ranunculus sceleratus*, ce qui a été vérifié dans son herbier. (Poir.)

HECHT (*Ichthyol.*), nom allemand du brocheton ou jeune brochet. Voyez Esoce. (H. C.)

HECTOCERUS. (*Bot.*) Voyez Cérophore. (Lem.)

HEDEMIAS (*Bot.*), un des noms anciens de la conyse, cité par Ruellius. (J.)

HÉDENBERGITE ou EDEMBERGITE. (*Min.*) Fer siliciaté de Tunaberg, de Berzelius. (Brard.)

HÉDÉOMA. (*Bot.*) Genre de plantes dicotylédones, à

fleurs complètes, monopétalées, irrégulières, de la famille des *labiées*, de la *didynamie gymnospermie* de Linnæus, offrant pour caractère essentiel : Un calice à deux lèvres, relevé en bosse à sa base ; une corolle labiée : la lèvre supérieure droite, plane, un peu échancrée ; l'inférieure à trois lobes ; quatre étamines didynames, dont deux stériles : un ovaire supérieur à quatre lobes ; un style ; un stigmate bifide ; quatre semences nues au fond du calice.

Ce genre se rapproche beaucoup des *cunila* : il a été établi par M. Persoon, adopté par Pursh et Nuttal, qui y ont ajouté quelques nouvelles espèces. Il en renferme plusieurs : il diffère principalement des *cunila* par son calice, relevé en bosse à la base. Les espèces qu'il contient sont des plantes herbacées, à feuilles opposées ; les fleurs disposées par verticilles.

Hédéoma a petites bractées ; *Hedeoma bracteolata*, Nuttal, *Flor. Amer.*, *add.* Plante découverte dans l'Amérique septentrionale, particulièrement dans la Virginie : elle est pubescente sur toutes ses parties. Sa tige est grêle, point rameuse, garnie de feuilles opposées, linéaires, presque lancéolées, entières à leurs bords, aiguës à leurs deux extrémités ; les fleurs pédonculées, disposées en verticilles à la partie supérieure de la tige ; chaque verticille composé de trois à cinq fleurs, accompagnées de petites bractées ; les pédoncules sétacés ; le calice oblong, à deux lèvres égales ; la corolle petite.

Hédéoma hispide : *Hedeoma hispida*, Pursh, *Fl. Amer.*, 2, pag. 414 ; *Hedeoma hirta*, Nuttal, *Flor. Amer.*, 1, pag. 16. Plante naine, herbacée, pubescente, dont la tige très-courte se divise à sa base en rameaux garnis de feuilles opposées, très-entières, linéaires-lancéolées, pubescentes, aiguës à leur sommet, rétrécies à leur base, traversées par des veines ; les fleurs disposées en verticilles à l'extrémité des rameaux, accompagnées de bractées ciliées à leurs bords. Le calice est rude, à deux lèvres ; la corolle petite, plus courte que le calice. Cette plante croît dans l'Amérique septentrionale. Dans l'*hedeoma glabra*, Pers., *Synops.* ; *cunila glabra*, Mich., *Flor. Bor. Amer.*, 1, pag. 13 ; et Vahl, *Enum.*, 1, pag. 214, les feuilles sont glabres, les inférieures oblongues, les supérieures lancéolées, dentées en scie; les dentelures distantes; les fleurs pédonculées, verticillées, terminales, réunies trois par trois à chaque verticille; les dents du calice courtes, terminées par une arête.

Cette espèce a été découverte dans l'Amérique septentrionale.

Hédéoma a feuilles de pouliot : *Hedeoma pulegioides*, Pers., *Synops.; cunila pulegioides*, Linn.; Lamk., *Ill. gen.*, tab. 19. Selon M. Smith, cette plante seroit la même que le *mentha exigua*. Ses tiges sont pubescentes, hautes d'environ un demi-pied et plus, droites, rameuses; les rameaux garnis de feuilles pétiolées, ovales-lancéolées, bordées d'une à trois dents de chaque côté, glabres en-dessus, ponctuées en dessous, avec des poils très-courts, assez semblables à celles de la menthe pouliot: les fleurs disposées en verticilles axillaires, plus courts que les feuilles; les deux divisions inférieures du calice sétacées. Cette plante croit dans la Virginie et le Canada, aux lieux secs et arides. On la cultive au Jardin du Roi. Il faut encore ajouter à ce genre le *cunila thymoides*, Linn.; Moris., Hist., 3, §. 11, tab. 19, fig. 6. Cette plante ressemble, par son port, à la précédente. Ses rameaux sont simples, courts, peu nombreux; les feuilles glabres, ovales, obtuses, striées en dessous; les verticilles disposés dans toute la longueur de la tige. Elle croît dans les environs de Montpellier. (Poir.)

HEDEONA. (*Bot.*) Sous ce nom, M. Persoon a distingué les espèces de *cunila*, dans la famille des labiées, qui ont le calice bilabié, avec une gibbosité à sa base. Ce genre n'est pas encore adopté. (J.)

HEDERA. (*Bot.*) Ce nom étoit donné au lierre dès le temps de Dioscoride; mais, suivant Ruellius son traducteur, il en a reçu d'autres en divers lieux, tels que *citharon*, *cissaron*, *chrysocarpos*, *corymbetra*, *cyssion*, *dionysia*, *ithyotherion*, *persis*, *cemos*, *asplenos*, *poetica*, *helix*. C'est aussi le *cissos* ou *cittos* des Grecs, suivant Daléchamps.

Le nom *hedera* a encore été donné à d'autres plantes qui ont des rapports éloignés avec le lierre. L'*hedera cilissa* est un *smilax*; l'*hedera terrestris* est maintenant le *glecoma*; l'*hedera mollis* est le petit liseron ordinaire; l'*hedera saxatilis* de C. Bauhin est l'asarine, *antirrhinum asarina*. L'*aralia arborea* étoit un *hedera* de Plumier, et Plukenet donnoit aussi ce nom au *menispermum canadense*. (J.)

HEDERALIS (*Bot.*), nom donné par Ruellius au dompte-venin, *asclepias vincetoxicum*. (J.)

HEDERULA. (*Bot.*) Tragus donnoit ce nom à une variété du lierre rampant sur terre. Lobel nommoit *hederula aquatica* une lentille d'eau, *lemna trisulca*. L'*hederula* de Heister est la terrete, *glecoma hederacea*, qui est le *chamæcissus* de Tragus, le *chamæclama* de Cordus, et que l'on connoît généralement sous le nom de lierre terrestre. (J.)

HEDGE-HOG (*Ichthyol.*), nom anglois du guara, *diodon histrix*. Voyez Diodon et Guara. (H. C.)

HEDGE-HOG (*Mamm.*), nom anglois qui se prononce heyde-hog, signifie proprement cochon de haie, et qu'on donne au hérisson. (F. C.)

HEDGE-SPARROW (*Ornith.*), dénomination angloise de la fauvette d'hiver, ou traîne-buisson, *motacilla modularis*, Linn., la seule qui nous reste en hiver, et égaie un peu cette saison par son agréable ramage. (Ch. D.)

HÉDIOSME, *Hediosmum*. (*Bot.*) Genre de plantes dicotylédones, à fleurs incomplètes, monoïques, odorantes, de la famille des *amentacées*, de la *monoécie polyandrie*, offrant pour caractère essentiel : Des fleurs monoïques, les mâles disposées en un chaton sans calice et sans corolle; point de filamens; des anthères oblongues, imbriquées, conniventes, placées sur un réceptacle linéaire. Dans les fleurs femelles, un calice d'une seule pièce, à trois dents très-petites; un ovaire trigone, oblong; un style très-court, triangulaire; le stigmate simple, obtus. Le fruit est un drupe trigone, un peu arrondi, monosperme, entouré par le calice converti en baie.

Hédiosme a chatons pendans; *Hediosmum nutans*, Swartz, *Fl. Ind. occid.*, 2, pag. 959. Arbrisseau qui répand une odeur aromatique très-agréable. Il s'élève d'un à cinq pieds sur une tige droite, lisse et rameuse; les rameaux sont opposés, tétragones, géniculés, garnis de feuilles opposées, pétiolées, glabres, lancéolées, longuement acuminées, d'un vert pâle, dentées en scie, longues de deux ou trois pouces; les pétioles courts, réunis à leur base par une gaîne membraneuse en forme de stipule, tronquée, ciliée à ses bords.

Les chatons des fleurs mâles sont ovales, pendans, longuement acuminés; les pédoncules filiformes, opposés, longs de deux pouces, sortant de la gaine des pétioles; les femelles disposées en grappes terminales ou axillaires, droites, ramifiées; les fleurs vertes, petites, sessiles, accompagnées de quelques petites bractées ovales, acuminées. Le fruit est un drupe glabre, luisant, de la grosseur d'un grain de poivre, trigone, à une seule loge, enveloppé, par le calice charnu, d'un rouge éclatant. Cette plante croît à la Jamaïque sur les hautes montagnes.

Hédiosme en arbre; *Hediosmum arborescens*, Swartz, *Fl. Ind. occid.*, 2, pag. 961. Arbre des hautes montagnes de la Jamaïque, qui s'élève à la hauteur de douze à quinze pieds, dont les rameaux sont glabres, opposés, géniculés, garnis de feuilles opposées, pétiolées, ovales ou oblongues-lancéolées, luisantes, d'un vert-brun, obtuses; les pétioles courts, réunis par une gaine en capuchon, ample, munie de deux dents de chaque côté. Les fleurs femelles sont sessiles, rapprochées trois par trois, disposées en grappes droites, terminales, étalées, trifides, plus courtes que les feuilles; trois ou quatre écailles ovales, concaves, en forme de bractées, placées sous chaque feuille. Les fruits sont blanchâtres, presque diaphanes. (Poir.)

HEDIUNDA (*Bot.*), nom péruvien d'un cestreau, *cestrum hediunda*. (J.)

HEDONA. (*Bot.*) Ce genre, établi par Loureiro, dans sa Flore de la Cochinchine, appartient au *lychnis*. C'est le *lychnis grandiflora* de Jacquin. (Poir.)

HEDWIGIA. (*Bot.*) Ce genre, de la famille des mousses, est le même que celui nommé *anictangium* ou *anœctangium*. Hedwig, qui avoit adopté la première dénomination, est aussi l'auteur de ce changement de nom. Quelques botanistes ont fait comme Hedwig; mais le plus grand nombre, et, entre autres, Schreber, Weber et Mohr, Decandolle, Schkuhr ont réuni ce genre avec le *gymnostomum*: plusieurs ont placé seulement quelques espèces dans ce dernier genre, et *vice versâ;* quelques uns enfin ont partagé l'*anictangium* en deux genres, savoir: Bridel en ceux qu'il nomme *anœctangium* et *schistidium*; et Palisot de Beauvois, en ses genres *Anictangium* et *Hedwigia*; encore ces deux auteurs renvoient-ils quelques espèces à d'autres genres.

L'*hedwigia* ou *anictangium* d'Hedwig ne diffère du *gymnostomum* que par ses fleurs monoïques et axillaires. Son port est différent, et c'est peut-être là la seule bonne raison qui pourroit faire conserver ce genre. Bridel, qui avoit d'abord suivi le sentiment d'Hedwig, et dans le nom, et dans les caractères de ces mousses, ne met dans l'*anœctangium* que les espèces à coiffe subulée et dimidiée: et, parmi elles, nous citerons l'*anictangium setosum*, Hedw. Il range dans le *schistidium* les espèces dont la coiffe, en forme de mitre ou conique, est découpée à sa base en plusieurs lanières. Ce dernier genre de Bridel renferme aussi plusieurs espèces du genre *Gymnostomum* des auteurs, en sorte qu'il pourroit être considéré comme faisant le passage de ce dernier genre à l'*anictangium*. Les espèces les plus remarquables sont l'*anictangium lapponicum*, Hedw., et l'*anictangium ciliatum*, Hedw. Par une singulière circonstance, Bridel élimine de ce genre, et met dans le genre *Gymnostomum* l'*anictangium aquaticum*, Hedw., belle mousse aquatique qui, avec les deux précédentes, forme la première section du genre *Gymnostomum* de Decandolle. Il est vrai que cette mousse est fort difficile à classer. Cependant M. de Beauvois l'avoit, pour ainsi dire, donnée pour type de son genre *Anictangium*, caractérisé par l'absence de périchèse. Son *hedwigia*, caractérisé au contraire par la présence d'un périchèse, ne comprend que trois espèces, deux nouvelles d'Amérique, et une troisième, assez commune en Europe, et qui est l'*hedwigia ciliata*, ou *anictangium ciliatum* d'Hedwig.

Schwægrichen (*Suppl.* 2, p. 38) conserve le genre *Anœctangium* tel qu'il l'avoit admis, et en porte le nombre des espèces à huit; mais il n'y place plus l'*anictangium bulbosum*, Hedw., ou *hookeria pennata*, Smith, dont il fait, avec Labillardière, une espèce de *leskea*. Il rapporte avec Bridel, au genre *Schloteimia*, l'*anictangium cirrhosum*, Hedw., mousse qui, selon Swartz, est une espèce de *neckera*. Voyez ANICTANGE, GYMNOSTOMUM, HOOKERIA, SCHLOTEIMIA, SCHISTIDIUM. (LEM.)

HEDWIGIA. (*Bot.*) Ce nom, qui rappelle l'auteur célèbre

d'un traité précieux sur les mousses, a été donné à trois genres très-différens. Celui qui appartient aux mousses, et que Hedwig lui-même paroît avoir adopté, avoit d'abord été nommé par lui *anictangium*, et ensuite *hedwigia;* mais plusieurs auteurs ont pensé qu'il devoit être supprimé et réuni au *gymnostomum*. Plus tard, Medicus, observant dans le *commelina africana* des caractères particuliers qui le distinguoient un peu de la commeline, en avoit fait un *hedwigia* qui, jusqu'à présent, n'a pas été adopté. Mais très-antérieurement, Swartz, dans son *Prodromus Generum et Specierum Indiæ occidentalis*, avoit donné ce nom à un genre de la famille des térébintacées. Il est nommé dans les Antilles *bois cochon*, et voisin du *bursera*. Il en diffère soit par la réunion inférieure des pétales en une corolle d'une seule pièce, profondément divisée, soit par l'addition d'une quatrième partie dans le calice, la corolle et les étamines. Ces caractères ne paroîtront peut-être pas suffisans pour une distinction générique, d'autant que des pétales à large base s'unissent quelquefois ensemble, et que, dans les diverses espèces de *bursera*, le nombre des mêmes parties n'est pas constant, et s'élève même quelquefois au-dessus de celui qui est désigné dans l'*hedwigia* de Swartz. Ainsi, le genre qui doit conserver le nom d'*hedwigia* n'est pas encore déterminé invariablement. (J.)

HÉDYCAIRE, *Hedycaria*. (*Bot.*) Genre de plantes dicotylédones, à fleurs incomplètes, dioïques, de la famille des *urticées*, de la *dioécie polyandrie* de Linnæus, offrant pour caractère essentiel: Des fleurs dioïques; un calice plan, à huit ou dix découpures; point de corolle; environ cinquante anthères sessiles, barbues à leur sommet, à quatre sillons. Dans les fleurs femelles, des ovaires nombreux, pédicellés; point de styles; des papilles éparses qui paroissent constituer les stigmates. Le fruit consiste en six ou dix noix pédicellées, monospermes, presque osseuses.

Hédycaire denté: *Hedycaria arborea*, Forst., *Gen.*, pl. 128, tab. 64; Lamk., *Ill. gen.*, tab. 827. Arbrisseau de la Nouvelle-Zélande, glabre sur toutes ses parties, et dont les rameaux sont garnis de feuilles alternes, oblongues, dentées à leur contour, très-glabres, munies de veines presque transversales, portées sur des pétioles courts. Les fleurs sont disposées en grappes axillaires; elles sont dioïques. Leur calice est velu, plane, ouvert en étoile, à huit ou dix découpures lancéolées; les étamines nombreuses, privées de filamens, composées d'environ cinquante anthères oblongues, sessiles, placées dans le fond du calice sur le réceptacle commun, dont elles occupent la totalité. Dans les fleurs femelles, le calice persiste; il renferme des ovaires nombreux, pédicellés, globuleux, comprimés en dessus, dépourvus de styles, parsemés de papilles. Le fruit est composé de six à dix noix globuleuses, pédicellées, monospermes, placées sur un réceptacle lanugineux qui occupe le fond du calice. (Poir.)

HÉDYCARIA. (*Bot.*) Voyez Hédycaire. (Poir.)

HÉDYCHIUM. (*Bot.*) Voyez Gandasuli. (Poir.)

HÉDYCRE, *Hedycrum*. (*Entom.*) M. Latreille a rangé sous ce nom de genre les espèces de chrysides ou de guêpes dorées, qui offrent une lèvre alongée, échancrée, qui cache les palpes. Telles sont les espèces que nous avons indiquées sous les noms de dorée, royale.

Ce nom d'hédycre viendroit-il du grec ἡδυκρεος, dont la chair est de bonne saveur? M. Jurine n'a point adopté ce genre ni celui des parnopés. (C. D.)

HEDYCREA. (*Bot.*) Schreber et Vahl ont nommé ainsi le genre *Licania* d'Aublet, auquel paroit se rattacher le *karaia*, genre de la Guiane, établi par M. Richard dans son herbier, mais non encore publié. Il est apétale, à calice campanulé, portant trois étamines et entourant un ovaire libre, de la base duquel s'élève un style latéral terminé par un seul stigmate. Le fruit est uniloculaire, renfermant trois graines attachées au bas de la loge, dont deux avortent souvent. (J.)

HEDYOSMOS. (*Bot.*) Dioscoride nommoit ainsi la menthe. Ce nom a depuis été employé par Van Royen et Mitchell, pour désigner la plante qui est devenue le *cunila* de Linnæus, dans la famille des labiées. (J.)

HÉDYOTE, *Hedyotis*. (*Bot.*) Genre de plantes dicotylédones, à fleurs complètes, monopétalées, régulières, de la famille des *rubiacées*, de la *tétrandrie monogynie* de Linnæus, caractérisé par un calice persistant, supérieur, à quatre dents; une corolle infundibuliforme; le limbe à quatre divisions; quatre étamines attachées sur le tube de la corolle; un ovaire inférieur; un style terminé par deux stigmates. Le fruit est une capsule globuleuse, à deux lobes, biloculaire, couronnée par le calice, s'ouvrant à son sommet transversalement; plusieurs semences dans chaque loge.

Ce genre comprend des arbustes ou des herbes, originaires les unes de l'Amérique, les autres des Indes orientales. Leurs feuilles sont simples et opposées; les fleurs axillaires ou terminales. Cavanilles et les auteurs de la Flore du Pérou ont ajouté à ce genre plusieurs espèces nouvelles. On n'en cultive que rarement dans les jardins de botanique. Les hédyotes sont si voisins des oldenlandes, que plusieurs auteurs ont cru devoir y placer quelques espèces d'hédyote. L'*hedyotis americana* de Jacquin a été reconnu pour un *buchnera*.

Hédyote ligneuse: *Hedyotis fruticosa*, Linn., *Fl. Zeyl.*; Lamk., *Ill. gen.*, tab. 62, fig. 1; Burm., *Zeyl.*, tab. 107. Arbrisseau de l'île de Ceilan, dont la tige est glabre, tétragone; les feuilles opposées, lancéolées, nerveuses, glabres, entières, pétiolées; les stipules ovales, rhomboïdales; les fleurs petites, disposées en corymbes terminaux, trifides ou fourchus, accompagnées de bractées, presque en forme d'involucre; les étamines un peu saillantes hors de la corolle. L'*hedyotis paniculata*, Lamk., Encycl., assez semblable à la précédente, en diffère par ses tiges herbacées; par ses fleurs disposées en un panicule terminal, pyramidal, branchu; les ramifications opposées, terminées chacune par un paquet de huit à douze fleurs sessiles; la corolle deux fois plus longue que le calice. Cette plante croît dans l'île de Java.

Hedyote nerveuse: *Hedyotis nervosa*, Lamk., Encycl.; Burm., *Zeyl.*, tab. 108, fig. 1; *Hedyotis auricularia?* Linn., *Zeyl.* Ses tiges sont simples, ou à peine rameuses, longues d'un pied, velues à leur partie supérieure, garnies de feuilles lancéolées, un peu pétiolées, nerveuses, pubescentes sur leurs nervures, longues d'un à deux pouces; les fleurs sessiles, petites, ramassées dans l'aisselle des feuilles; les stipules conniventes et ciliées. Cette plante croît dans l'île de Java. Dans l'*hedyotis hirsuta*, Lamk., Encycl., *muriguti*, Rhéede, *Hort. Malab.*, 10, tab. 32, les tiges sont plus menues, moins élevées; les feuilles ovales, aiguës, presque sessiles, longues d'un pouce; les fleurs petites, axillaires, presque sessiles, réunies deux à cinq dans chaque aisselle. Cette plante croit aux lieux sablonneux dans les Indes orientales.

Hédyote herbacée : *Hedyotis herbacea*, Linn., *Fl. Zeyl.*; Lamk., *Ill. gen.*, tab. 62, fig. 3; *Oldenlandia tenuifolia*, Burm., *Ind.*, tab. 14, fig. 1; *Parpadugam*, Rhéede. *Malab.*, 10, tab. 23. Quelques auteurs ont prétendu que cette plante étoit le chayaver des Indes, employé dans les teintures; mais il ne peut lui être rapporté, si l'on consulte la description et la figure qui se trouvent dans les Lettres édifiantes, vol. 14, p. 224. Il convient beaucoup mieux à l'Oldenlandia umbellata. (Voyez ce mot). La plante dont il est ici question a des tiges herbacées, hautes d'environ un demi-pied, des rameaux étalés, presque dichotomes; les feuilles sont opposées, lancéolées, très-étroites, glabres, aiguës, longues d'un pouce; les pédoncules très-fins, longs d'un pouce, axillaires, solitaires ou géminés dans chaque aisselle, situés tout le long des tiges et des rameaux; les fleurs petites, infundibuliformes; les capsules blanchâtres. Cette plante croit dans l'ile de Ceilan.

Hédyote a grappes : *Hedyotis racemosa*, Lamk., Encycl., et *Ill. gen.*, tab. 62, fig. 2; Pluk., tab, 454, fig. 2. Plante des Indes, à tige herbacée, haute de huit à dix pouces, simple ou un peu rameuse, garnie de feuilles ovales-lancéolées, glabres, entières, longues d'un pouce et plus; les grappes pédonculées, peu garnies, un peu plus longues que les feuilles, situées au sommet des rameaux.

Hédyote a fleurs nombreuses; *Hedyotis multiflora*, Cavan., l. c., tab. 574, fig. 2. Plante découverte dans l'île des Amis, dont les tiges sont longues d'environ deux pieds, inclinées, glabres, lancéolées, dichotomes; les feuilles presque sessiles, ovales, oblongues, acuminées; les fleurs disposées en un ample panicule terminal; les rameaux terminés ordinairement par trois fleurs pédicellées, munies à leur base de deux petites folioles très-courtes.

Hédyote a feuilles de mélèze; *Hedyotis laricifolia*, Cavan., l. c., tab. 575, fig. 1. Espèce très-rameuse, d'environ un pied de haut, légèrement ligneuse; les rameaux grêles, opposés ou dichotomes, garnis de feuilles sessiles, linéaires, aiguës, larges à peine d'une ligne, longue de trois ou quatre. Les fleurs sont placées dans la bifurcation des rameaux en petits panicules; la corolle est un peu rougeâtre. Cette plante croît au Chili, sur les montagnes.

Plusieurs autres espèces d'hédyotes sont mentionnées dans la *Flore du Pérou*, dans les *Icones rar.* de Cavanilles, dans le *Nov. Gen.* Humb. *et* Bonpl., dans le Supplément au Dictionnaire de botanique de l'Encyclopédie, etc. (Poir.)

HÉDYPNOIDE, *Hedypnois.* (*Bot.*) [*Chicoracées*, Juss.; *Syngénésie polygamie égale*, Linn.] Ce genre de plantes appartient à l'ordre des synanthérées, et à la tribu naturelle des lactucées. Voici les caractères génériques que nous avons observés sur des individus vivans d'*hedypnois Tournefortii* et d'*hedypnois rhagadioloides.*

La calathide est incouronnée, radiatiforme, multiflore, fissiflore, androgyniflore. Le péricline, cylindrique et inférieur aux fleurs marginales, est formé de squames unisériées, égales, appliquées, embrassantes, linéaires; et il est accompagné, à sa base, de quelques petites squames surnuméraires. Le clinanthe est plan et inappendiculé; les ovaires sont cylindracés. munis de côtes plus ou moins saillantes, lesquelles sont hérissées d'aspérités plus ou moins manifestes; ceux qui occupent le milieu de la calathide sont souvent lisses; leur aigrette est composée de cinq ou six squamellules unisériées, dont la partie inférieure est paléiforme-laminée, lancéolée, et la partie supérienre, filiforme, barbellulée; cette aigrette offre souvent un second rang extérieur de squamellules rudimentaires, semi-avortées, paléiformes; les autres ovaires, disposés sur plusieurs rangs, portent une aigrette stéphanoïde.

Hédypnoïde de Tournefort : *Hedypnois Tournefortii*; *Hedypnois annua*, Tourn.; *Hyoseris hedypnois*, Linn.; *Hedypnois monspeliensis*, Willd. C'est une plante herbacée, annuelle, dont la tige, haute d'environ un pied et demi, est rameuse, cylindrique, munie de quelques poils très-courts, droits et roides; les feuilles inférieures sont longues de six à huit pouces, larges d'un pouce vers le sommet, étrécies vers la base, bordées de dents un peu écartées, pourvues de quelques poils roides; les feuilles supérieures sont sessiles, presque embrassantes, lancéolées; les calathides, composées de fleurs jaunes, sont d'une grandeur médiocre, terminales et portées sur pédoncules un peu épaissis au sommet; leur périeline, entièrement glabre, devient globuleux après la fleuraison. Cette espèce croît dans les champs cultivés ou incultes, en Dauphiné, dans la Provence méridionale, et près Montpellier.

Hédypnoïde rhagadiole : *Hedypnois rhagadioloides* ; *Hyoseris rhagadioloides*, Linn. Cette espèce ressemble beaucoup à la précédente, dont elle n'est peut-être qu'une variété, suivant M. Decandolle, quoiqu'elle paroisse en différer par ses feuilles plus embrassantes à leur base, et par ses péricline hérissés de poils roides. C'est aussi une plante annuelle qu'on trouve en Dauphiné et aux environs de Montpellier.

On connoît quelques autres espèces d'hédypnoïdes : mais nous avons dû nous borner à décrire celles qui sont indigènes en France.

Le genre *Hedypnois* fut d'abord établi sous ce nom par Tournefort. Vaillant reproduisit ensuite le même genre sous le nom de *rhagadioloides*. Linnæus a réuni en un seul genre, sous le nom d'*hyoseris*, le genre *Hedypnois* de Tournefort, ou *Rhagadioloides* de Vaillant, et un autre genre de Vaillant, nommé *taraxaconastrum*. Adanson, adoptant cette réunion, a désigné, par le nom de *trinciatella*, le genre *Hyoseris* de Linnæus. M. de Jussieu a distingué de nouveau l'*hedypnois* de Tournefort, et le *taraxaconastrum* de Vaillant, auquel il applique le nom d'*hyoseris*. Gærtner a distingué aussi un genre *Hyoseris* et un genre *Hedypnois*; mais il a interverti l'emploi de ces deux noms génériques, en sorte que l'*hyoseris* de Gærtner correspond à l'*hedypnois* de Tournefort et de M. de Jussieu, et que l'*hedypnois* de Gærtner correspond à l'*hyoseris* de M. de Jussieu. Necker a un genre *Hyoseris* qui paroît correspondre à l'*hedypnois* de Tournefort et de M. de Jussieu, et un genre *Achyrastrum*, qui paroît correspondre à l'*hyoseris* de M. de Jussieu. Les dénominations employées par M. de Jussieu sont adoptées par Willdenow, qui en fait la même application, en distinguant les deux genres. MM. de Lamarck, Decandolle, Persoon les réunissent, à l'exemple de Linnæus, sous le nom d'*hyoseris*. Allioni les réunit également, mais sous le nom de *rhagadiolus*. Hudson et M. Smith attribuent le nom d'*hedypnois* au genre *Leontodon*.

Les deux genres *Hedypnois* et *Hyoseris* diffèrent peu l'un de l'autre : cependant ils méritent d'être distingués, ainsi que nous le démontrerons dans notre article HYOSÉRIDE, auquel nous renvoyons le lecteur. (H. CASS.)

HEDYPNOIS. (*Bot.*) Ce nom latin, sous lequel Daléchamps désignoit le pissenlit ordinaire, *taraxacum*, et Lobel une crépide, *crepis tectorum*, avoit été appliqué par Tournefort à un autre genre de la même famille, que Linnæus a détruit en le réunissant à son *hyoseris*. Pline parle aussi de l'*hedypnois*, qu'il dit être une espèce sauvage de chicorée. (J.)

HEDYSARUM (*Bot.*), nom latin du genre Sainfoin. (L. D.)

HEEDE-LARKE. (*Ornith.*) On appelle ainsi, en Danemarck et en Norwége, l'alouette cajelier, *alauda arborea* et *nemorosa*, Linn. (CH. D.)

HEEL-SPOVE (*Ornith.*), nom danois du courlis commun, *scolopax arcuata*, Linn.; *numenius arcuatus* de ce Dictionnaire. (CH. D.)

HEERING (*Ichthyol.*), nom allemand du hareng. Voyez CLUPÉE. (H. C.)

HEERSCHNEPFE (*Ornith.*), nom allemand de la bécassine ordinaire, *scolopax gallinago*, Linn. (CH. D.)

HEGER. (*Bot.*) Voyez DARIRHE. (J.)

HEGESCHARA. (*Ornith.*) La poule d'eau, à laquelle, suivant Gesner et Aldrovande, les Allemands donnent ce nom et ceux de *hegesar*, *heggeschaer*, *heggschaer* et *eggenschaer*, est le *porphyrio rufescens* de Brisson. (CH. D.)

HEGETRE, *Hegiter*. (*Entom.*) Genre d'insectes coléoptères hétéromérés, voisin des blaps, établi par M. Latreille dans notre famille des lucifuges. M. Latreille n'indique, comme espèce, que le *blaps elongata* d'Olivier, avec ce signe ? qui marque le doute. (C. D.)

HEGG. (*Ornith.*) L'oiseau auquel les Arabes de Mataryeh donnent ce nom, qui s'écrit aussi *egg*, est, suivant M. Savigny, le petit aigle noir, *aquila melanæetos*, dans un âge avancé. (CH. D.)

HEGIN. (*Mamm.*) Suivant Marmol, dans sa Description de l'Afrique, c'est le nom qu'on donne au chameau de charge en Ethiopie. (F. C.)

HÉGRAT. (*Mamm.*) Ruysch, dans son *Theat. Anim.*, p. 102, rapporte qu'on nomme ainsi, en Amérique, un animal de la grandeur du chat, de couleur marron, qui aime beaucoup le miel, et dont la nature approcheroit de celle du blaireau, ce qui ne suffit point pour le faire reconnoître. (F. C.)

HEGRE. (*Ornith.*) On donne en Islande ce nom, qui s'écrit aussi *hegren* et *hejre*, au héron commun, *ardea major*, Linn., et particulièrement à la variété B, *ardea cinerea*. (Ch. D.)

HEHOC. (*Ornith.*) Flacourt, en citant ce nom parmi les oiseaux sylvestres de Madagascar, se borne à dire que c'est une poule de bois dont les plumes sont violettes, avec les extrémités rouges. (Ch. D.)

HEIDE-DROSTEL (*Ornith.*), nom allemand de la grive mauvis, *turdus iliacus*, Linn., que l'on appelle aussi, dans la même langue, *heiden ziemmer*. (Ch. D.)

HEIDEN-ELSTER (*Ornith.*), nom allemand du rollier commun, *coracias garrula*, Linn. (Ch. D.)

HEIL. (*Bot.*) Voyez Helbane. (J.)

HEINZELMANNIA. (*Bot.*) Necker a voulu substituer ce nom à celui de *montira*, un des genres d'Aublet, placé avec doute à la suite de la famille des personées ou scrophularinées. (J.)

HEINZIA. (*Bot.*) Voyez Dipterix. (J.)

HEISTER, *Heisteria*. (*Bot.*) Genre de plantes dicotylédones, à fleurs complètes, polypétalées, régulières, de la famille des *aurantiacées*, de la *décandrie monogynie* de Linnæus, offrant pour caractère essentiel : Un calice très-petit, persistant, à cinq lobes peu apparens; cinq pétales, dix étamines; les filamens plans, alternativement plus courts; les anthères arrondies; un ovaire supérieur; un style court; un stigmate presque à cinq divisions. Le fruit est un drupe monosperme, à demi enveloppé par le calice considérablement agrandi.

Heister a calice rouge : *Heisteria coccinea*, Linn., *Spec.*; Lamk., *Ill. gen.*, tab. 354; Jacq., *Amer.*, pag. 126, tab. 81; et *Icon. pict.*, pag. 64, tab. 122; *Borbonia fructu oblongo*, etc., Plum., *Gen. Amer.*, 4; vulgairement Bois-Perdrix. Arbre rameux qui s'élève à la hauteur de vingt pieds et plus, et qui offre l'apparence d'un laurier. Ses feuilles sont simples, alternes, pétiolées, oblongues, acuminées, très-entières, terminées par une pointe courbée latéralement, glabres, luisantes, longues d'un demi-pied; les pétioles courts; les fleurs petites, axillaires, solitaires, pédonculées. Leur calice est petit, campanulé, s'agrandit et se colore à mesure que le fruit grossit; la corolle est blanche, composée de cinq pétales ouverts, ovales, concaves, aigus; les filamens des étamines plans, ovales, aigus; les alternes plus courts; l'ovaire arrondi, aplati en dessus, surmonté d'un style droit et court, d'un stigmate obtus, à quatre divisions. Le fruit est un drupe de la forme d'une olive, oblong, obtus à son sommet, renfermant une noix ovale, obtuse, monosperme. Le calice, qui accompagne et entoure ce fruit à sa partie inférieure, acquiert une grande ampleur, et devient d'un rouge éclatant, avec le limbe très-étalé, à cinq lobes obtus. Cet arbre croît dans les forêts épaisses de la Martinique et de la Guadeloupe, au voisinage des torrens. Il fleurit dans les mois de février et de mars: les créoles le nomment bois de perdrix, qui signifie bois des tourterelles, parce que celles-ci portent le nom de perdrix à la Martinique, et qu'elles sont très-friandes des fruits de cet arbre. Bergius, dans ses Plantes du cap de Bonne-Espérance, a mentionné, sous le nom générique de *heisteria*, une plante qui appartient aux *polygala*, qui est le *polygala stipulacea* de Linnæus. (Poir.)

HEISTERIA. (*Bot.*) Linnæus avoit fait, sous ce nom, un genre que lui-même a ensuite réuni au genre *Polygala*, quoiqu'il ait les divisions du calice égales, la corolle non fendue, et l'ovaire surmonté de quatre pointes. Ces différences suffisoient pour établir ce genre; mais, comme dans l'intervalle Jacquin avoit fait un autre *heisteria*, adopté plus généralement, il a été nécessaire de donner un nom différent au premier genre. Necker en a fait le genre *Muralta*, qui fait maintenant partie de la nouvelle famille des polygalées, publiée dans le premier volume des Mémoires du Muséum d'Histoire naturelle. (J.)

HEIVA. (*Bot.*) Les habitans de l'île d'Otahiti nomment ainsi, suivant Forster, l'*eugenia malaicencis*, dont ils mangent le fruit, qui a un goût acide et sucré. (J.)

HEL (*Bot.*), nom persan du pêcher, suivant Rauvolf. (J.)

HELAMIS. (*Mamm.*) Nom dérivé du grec, et qu'a reçu le genre que j'ai formé de l'espèce de rongeur nommé auparavant lièvre sauteur, gerboise du Cap, etc., dans mes Essais sur de nouveaux caractères pour les genres de mammifères. (Annales du Muséum, t. xix.)

Cet animal a l'apparence extérieure d'une gerboise, c'est-à-dire que ses membres antérieurs sont très-courts, et les postérieurs très-longs ; de sorte que, quand il court debout sur ses pieds de derrière, il s'élance par sauts successifs, comme le font aussi les kanguroos. Sa taille surpasse celle des lièvres, et il avoit reçu le nom de lièvre sauteur à cause de ses grandes oreilles, assez semblables, pour la forme et les proportions, à celles de ce dernier animal. Ses dents ont des caractères particuliers, et qui seuls suffiroient pour le faire distinguer des autres rongeurs. Les incisives des deux mâchoires sont semblables, et les molaires sont dans le même cas. Leur couronne approche de la forme cylindrique, et présente, à leur surface, le cercle d'émail qui les entoure, mais interrompu par un repli qui partage la dent en deux parties égales. Ce pli à la mâchoire inférieure naît à la face interne des dents, et, à leur face externe, à la mâchoire opposée. Ces molaires sont au nombre de quatre de chaque côté de l'une et de l'autre mâchoires, et leur racine est semblable à leur couronne, c'est-à-dire qu'elles n'ont point de racines proprement dites. Il a quatre doigts aux pieds de derrière : l'externe est très-petit ; des trois suivans le moyen est le plus long, et les deux autres sont à peu près égaux. Tous quatre sont armés d'ongles très-épais, droits, pointus et triangulaires ; les pieds de devant ont cinq doigts très-distincts, terminés par des ongles longs, étroits et en gouttière. La plante est couverte de plis plutôt que de tubercules ; mais la paume a deux lobes charnus d'une grosseur démesurée : l'un, à la base du pouce, de forme sphérique, nu et de la dimension d'une petite noisette ; l'autre, à la base du petit doigt, a la forme d'un disque ; il ne tient à la paume que par un point de son tranchant ; le reste de cette partie est libre et garni de poils. Les pieds de devant lui servent principalement à fouir et à porter ses alimens à sa bouche ; il ne s'appuie dessus que lorsqu'il marche lentement ; et, quand il veut aller vite, il les applique contre son corps, et les cache dans ses poils de telle manière qu'il semble être bipède. Sa queue, très-épaisse, très-musculeuse, pourroit bien, comme celle des gerboises et des kanguroos, l'aider dans ses mouvemens ; les yeux n'ont aucun organe accessoire ; l'oreille, longue, étroite, terminée en pointe, est remarquable par un tragus long de plusieurs lignes et fort étroit ; les narines consistent dans deux fentes qui forment entre elles un angle droit ; elles sont entourées d'un poil très-fin, et, sous ce rapport, assez différent de celui du reste de la tête, pour donner à la partie qu'il recouvre l'apparence d'un mufle; la langue est charnue et garnie de papilles douces; la lèvre supérieure est entière, mais elle offre cette particularité bien remarquable que ses bords, de chaque côté de la mâchoire supérieure, se réunissent en arrière des incisives, et forment au-dessous de ces dents une poche dans laquelle on pourroit cacher une noisette, de sorte que le palais ne s'étend pas jusqu'à la base de ces incisives; l'intérieur de la bouche ne m'a point paru avoir d'abajoues. Le rectum et les parties génitales ont un même orifice à l'extérieur. La vulve est grande, simple; mais, de chaque côté du vagin, sur les bords de l'orifice commun à cet organe et à l'anus, se voient deux ouvertures assez grandes, profondes et terminées par un cul de sac, auxquelles aboutissent sans doute les sécrétions de quelques glandes. Le clitoris naît d'une cavité particulière, est obtus et divisé longitudinalement en dessus par un sillon; et l'abdomen, chez les femelles, a une poche analogue à celle des didelphes; mais les mamelles n'y sont point contenues, elles sont pectorales et au nombre de quatre, deux de chaque côté. La verge est dirigée en arrière, et a le gland verruqueux.

Ce que je rapporte des organes mâles a été pris de Sparrman (Transact. de la Société Royale de Suède, 1778). J'ai observé le reste sur une femelle rapportée par M. de Lalande, dans la liqueur. Les poils sont de deux sortes : les laineux en petite quantité, et les soyeux assez épais. De fortes moustaches garnissent les lèvres supérieures et le dessus des yeux.

Ces animaux, d'après les rapports de M. Lalande, vivent dans des terriers très-profonds d'où ils s'éloignent peu, et où ils rentrent précipitamment, et comme s'ils s'y plongeoient, dès que le moindre bruit alarme leur timidité qui est excessive. Ils passent une partie du jour à dormir, et ne pourvoient à leurs besoins que pendant la nuit ou durant les crépuscules. Allamand, qui a vu cet animal vivant en Hollande, nous apprend que, dans son sommeil, il ramène sa tête entre ses jambes de derrière, qui sont étendues, et qu'avec celles du devant il rabat ses oreilles sur ses yeux, et les y tient comme pour les préserver de toute atteinte extérieure. Sa voix ne consiste que dans un grognement assez sourd, lorsqu'il est calme.

Allamand nous apprend aussi que les Hollandois du Cap l'appellent *aermannetje*, *springende haas*, etc. En contractant le premier de ces noms, j'en avois fait celui de mannet pour désigner spécifiquement en françois cet animal qui ne peut conserver ni celui de gerboise du Cap, ni celui de lièvre sauteur.

Le Mannet: *Helamis cafer, Yerbua capensis*, Sparrman; *Mus cafer*, Pallas; *Dipus cafer*, Gmel.; Buffon, Suppl. VI, pl. 41, fig. de Forster.

Cet animal a le dessus de la tête, le dos, les épaules, les flancs et la croupe d'un brun jaune, légèrement grisâtre; le dessus de la cuisse est un peu plus pâle, la jambe est plus brune, et a une ligne noire en arrière vers le talon.

Le tarse et le dessus des doigts sont d'un brun jaune, très-pâle, et il se trouve, au côté interne du tarse, une ligne d'assez longs poils noirs; les côtés de la tête sont d'un brun jaune mêlé de blanc, et le dessous du menton, la poitrine, le ventre, l'intérieur des bras, le carpe, le dessus des doigts, le devant de la cuisse et de la jambe, et une ligne transversale placée en avant de chaque cuisse, sont d'un beau blanc.

L'intérieur de la cuisse est d'un brun pâle; la queue est d'un roux assez vif en dessus jusqu'à son milieu, grise à l'origine en dessous, blanche en dessous, de même jusqu'au milieu, et noire jusqu'au bout, en dessus et en dessous. Les oreilles sont rousses à la racine et noirâtres à la pointe; le dessus du nez est de cette couleur, et les ongles sont roses. Les moustaches sont noires et moins longues que la tête. Il se trouve quelques soies longues et de même couleur sur l'œil. (F. C.)

HELBANE (*Bot.*), nom arabe du petit cardamome, suivant C. Bauhin. Il est nommé *hebi*, *heil*, selon Mentzel. (J.)

HELBEH (*Bot.*), nom arabe du fenu-grec, *trigonella fœnum græcum*, suivant M. Delile. Il est écrit *hælbe* par Forskal; *helbe*, *helba*, *hebbe* par Mentzel. (J.)

HELBUNION (*Bot.*), un des noms anciens du dictamne de Crète, *origanum dictamnus*, cité par Gesner et Ruellius. (J.)

HELCALIMBAT (*Bot.*), nom arabe du térébinthe, selon Mentzel. (J.)

HELCH (*Bot.*), nom arabe du gui, selon Mentzel. (J.)

HELCION, *Helcion.* (*Conchyl.*) C'est une division générique établie dans le grand genre Patelle de Linnæus, par M. Denys de Monfort, pour les espèces bien symétriques, à bords horizontaux, dont le sommet médiane est très-rapproché du bord antérieur de la coquille, sans cependant reposer sur lui. Ce sont donc évidemment de véritables patelles dont la tête est toujours du côté du sommet de la coquille, et dont l'attache musculaire, et par conséquent son empreinte, est en forme de fer à cheval, ouvert en avant, ou du côté du sommet. Cette section doit contenir un assez grand nombre d'espèces; mais elles n'ont pas encore été suffisamment distinguées. Le type du genre est la *patella pectinata* de Gmelin, fig. dans Schroet., *Einl. in Conch.*, 2, p. 418, t. 5, fig. 3, que M. Denys de Monfort nomme l'helcion pectiné, *helcion pectinatus.* C'est une coquille de la Méditerranée, de deux pouces de long environ, sur presque autant de large, opaque, quoique mince, de couleur cendrée, et sillonnée à sa surface externe, de stries rugueuses, divergentes du sommet à la base, et de couleur brune. Voyez le mot Patelle, où nous ferons connoître un certain nombre d'espèces de chaque section, en ôtant de ce genre toutes celles qui ne lui appartiennent réellement pas. (De B.)

HELEA. (*Ornith.*) Pour l'oiseau qui est désigné sous ce nom et sous celui de *velia* dans Belon, p. 227, voyez Elea. (Ch. D.)

HÉLÉE, *Heleus.* (*Entom.*) M. Latreille indique comme appartenant à un genre qu'il forme sous ce nom, cinq espèces d'insectes hétéromérés, voisin des cossyphes ou de notre famille des mycétobies. Ils ont le corps orbiculaire; mais le corselet est échancré en devant pour recevoir la tête; les antennes grossissent insensiblement. Les cinq espèces rapportées à ce genre sont toutes de la Nouvelle-Hollande. (C. D.)

HELEGUG. (*Ornith.*) L'oiseau connu sous ce nom, dans la partie méridionale du pays de Galles, est le macareux, *alca arctica*, Linn. Voyez Helligog. (Ch. D.)

HÉLENE (*Erpétol.*), nom spécifique d'un serpent du genre Couleuvre. Nous l'avons décrit dans ce Dictionnaire, tom. X, pag. 179. (H. C.)

HÉLENE (*Ichthyol.*), nom spécifique d'un poisson du genre Muraenophis. Voyez ce mot, et Murène. (H. C.)

HELENIA. (*Bot.*) Voyez HELENIASTRUM. (J.)

HELENIASTRUM. (*Bot.*) Ce genre de composée, fait par Vaillant, a été adopté par Linnæus, qui l'a nommé *helenium*. C'est l'*helenia* de Gærtner, la *brasavola* d'Adanson. Il ne faut pas confondre avec l'*helenium* de Linnæus, l'*helenium* de Vaillant et d'Adanson, qui est celui des anciens, et dont Linnæus a fait son *inula*. (J.)

HELENIDE, *Helenis*. (*Conchyl.*) Genre de coquilles submicroscopiques, établi par M. Denys de Montfort, pour un corps crétacé, organisé, décrit et figuré par Leo. Von Fichtel, *Test. microscop.*, p. 115, tab. 23, fig. a, sous le nom de *nautilus aduncus*. C'est une sorte de coquille celluleuse, contournée symétriquement en disque aplati, dont la spire est apparente et excentrique sur les deux côtés; le dos ou le bord est caréné, et il paroit que ce que M. Denys de Montfort nomme la bouche, n'est qu'une partie de ce bord qui est criblé de pores. Ce petit corps, qui a deux lignes de diamètre, et qui a été trouvé dans la cavité de véritables coquilles venant de la mer Rouge, est de couleur blanche; ses deux flancs sont sillonnés par des stries qui vont dans le sens des cloisons intérieures, et qui sont croisées par d'autres: d'où résulte la structure celluleuse, et probablement la grande quantité de pores qu'on voit au bord d'accroissement. C'est dans ces petites cellules que M. Denys de Montfort suppose qu'existe l'animal, ou mieux, dit-il, des formules de mollusques vivans en société, comme les polypes dans les polypiers, mais plus rapprochés des sèches: ne seroit-il pas plus probable que ces petits corps, que M. Denys de Montfort s'efforce de définir comme des coquilles, ne sont autre chose que des corps crétacés intérieurs, comme l'os de la sèche? (De B.)

HÉLÉNIÉES, *Helenieæ*. (*Bot.*) La plus nombreuse des vingt tribus naturelles que nous avons établies dans l'ordre des synanthérées, est la neuvième, ou celle des hélianthées, qui est précédée par celle des tagétinées, et suivie par celle des ambrosiées. Comme elle comprend une centaine de genres, nous avons essayé de la diviser en plusieurs sections, qui ont été d'abord indiquées à la fin de notre quatrième Mémoire sur les Synanthérées, lu à l'Académie des Sciences le 11 novembre 1816, et publié dans le Journal de Physique de juillet 1817.

Ces sections nous paroissent assez naturelles, et assez bien caractérisées par la forme de l'ovaire et par la structure de son aigrette. Nous nommons la première *hélianthées-héléniées*; la seconde, *hélianthées-coréopsidées*; la troisième, *hélianthées-prototypes*; la quatrième, *hélianthées rudbeckiées*; la cinquième et dernière, *hélianthées-millériées*. Dans la section des hélianthées-héléniées, voisine de la tribu des tagétinées, l'ovaire est ordinairement à peu près cylindracé, souvent velu, muni de plusieurs côtes ou arêtes, qui divisent sa surface en autant de bandes longitudinales, et il porte une aigrette composée de squamellules paléiformes ou laminées, membraneuses, scarieuses, ou quelquefois filiformes-laminées et barbées. Dans la section des hélianthées-coréopsidées, l'ovaire est ordinairement tétragone et obcomprimé, c'est-à-dire, comprimé antérieurement et postérieurement, de sorte que le sens de sa largeur est de droite à gauche; l'aigrette est composée de quelques squamellules épaisses, roides, ordinairement triquètres, très-fortement adhérentes au corps de l'ovaire. Dans la section des hélianthées-prototypes, l'ovaire est ordinairement tétragone et comprimé bilatéralement, de sorte que son plus grand diamètre est de devant en arrière; l'aigrette est composée de squamellules adhérentes ou caduques, filiformes, triquètres ou paléiformes. Dans la section des hélianthées-rudbeckiées, l'ovaire est ordinairement tétragone, glabre, et pas sensiblement comprimé, de sorte que ses deux diamètres sont égaux: il est comme tronqué au sommet, qui porte une aigrette stéphanoide. Dans la section des hélianthées-millériées, voisine de la tribu des ambrosiées, l'ovaire est ordinairement épais, obovoïde, arrondi en son contour, et dépourvu d'aigrette; les ovaires extérieurs de la calathide sont souvent plus ou moins enveloppés par les squames du péricline. Remarquez que les caractères de nos sections, comme ceux de nos tribus, ne sont que des caractères ordinaires, c'est-à-dire, sujets à exceptions.

Nous attribuons à la section des hélianthées-héléniées, les vingt-six genres suivans, rangés ici dans l'ordre alphabétique: *Achyropappus*, Kunth; *Actinea*, Juss.; *Allocarpus*, Kunth; *Bahia*, Lag.; *Balbisia*, Willd.; *Balduina*, Nutt.; *Calea*, R. Br.; *Caleacte*, R. Br.; *Cephalophora*, Cav.; *Dimerostemma*, H. Cass.,

Eriophyllum, Lag.; *Florestina*, H. Cass.; *Gaillardia*, Fouger.; *Galinsoga*, Cav.; *Helenium*, Linn.; *Hymenopappus*, Lhér.; *Leontophtalmum*, Willd.; *Leptopoda*, Nutt.; *Marshallia*, Schreb.; *Mocinna*, Lag.; *Polypteris*, Nutt.; *Ptilostephium*, Kunth; *Schkuhria*, Roth; *Sogalgina*, H. Cass.; *Tithonia*, Desf.; *Trichophyllum*, Nutt. Cette liste n'est point définitive, et pourra être augmentée, diminuée, rectifiée par des observations ultérieures.

Le groupe de cinq genres, proposé en 1818 par M. Nuttal, sous le titre de *galardiæ*, se trouve compris dans notre section des hélianthées-héléniées, qui est beaucoup plus étendue, parce que ses caractères sont beaucoup moins restrictifs. Voyez notre article Galardies, dans lequel nous avons exposé les motifs qui nous empêchent d'adopter ce petit groupe. (H. Cass.)

HÉLÉNION, *Helenium*. (*Bot.*) [*Corymbifères*, Juss.; *Syngénésie polygamie superflue*, Linn.] Ce genre de plantes appartient à l'ordre des synanthérées, à notre tribu naturelle des hélianthées, et à la section des hélianthées-héléniées, dont il est le type. Il fut établi par Vaillant, en 1720, sous le nom d'*Heleniastrum*, dans les Mémoires de l'Académie des Sciences. Linnæus, ayant jugé à propos de donner le nom d'*inula* au genre *Helenium* de Vaillant, appliqua le nom d'*helenium* au genre *Heleniastrum*. Adanson a conservé le nom d'*helenium* au genre ainsi nommé par Vaillant, et il a donné à l'*heleniastrum* le nouveau nom de *brassavola*. La nomenclature de Linnæus étant généralement adoptée par les botanistes modernes, nous devons nous y conformer. Voici les caractères génériques que nous avons observés sur des individus vivans d'*helenium autumnale* et d'*helenium quadridentatum*.

La calathide est radiée; composée d'un disque multiflore, régulariflore, androgyniflore; et d'une couronne unisériée, liguliflore, féminiflore. Le péricline est double : l'extérieur, involucriforme, très-supérieur aux fleurs du disque, orbiculaire, plécolépide, est formé de squames unisériées, entregreffées à la base, un peu inégales, étalées, bractéiformes, linéaires-subulées, foliacées; l'intérieur peu régulier, beaucoup plus court que l'extérieur, à peu près égal aux fleurs du disque, est formé de squames subunisériées, inégales, libres, appliquées, linéaires-subulées, foliacées, squamelliformes. Le clinanthe est subglobuleux ou cylindracé, inappendiculé. Les ovaires sont cylindriques ; leur surface est divisée en douze bandes longitudinales, parallèles, dont les unes sont parsemées de globules jaunâtres, et les autres, alternes avec les premières, sont hérissées de très-longues soies roides ; l'aigrette est composée de six squamellules correspondantes aux six bandes velues ; elles sont unisériées, entre-greffées à la base, paléiformes, lancéolées ou arrondies, membraneuses, à base charnue, à bords entiers ou denticulés, à sommet obtus ou prolongé en une arête épaisse, cylindracée, denticulée. Les corolles de la couronne ont la languette large, cunéiforme, tri-quadrilobée au sommet ; les corolles du disque ont le tube extrêmement court, et le limbe cylindracé, divisé au sommet en quatre ou cinq lobes très-courts. Les étamines ont l'anthère jaune, devenant ensuite un peu noirâtre, pourvue d'un appendice terminal et de deux appendices basilaires. Le style est remarquable en ce qu'il est absolument conforme à celui des anthémidées ou des sénécionées.

Hélénion d'automne ; *Helenium autumnale*, Linn. C'est une plante herbacée, à racine très-vivace, produisant chaque année des tiges nombreuses, hautes d'environ cinq pieds, dressées, peu rameuses, ailées par la décurrence des feuilles : celles-ci sont alternes, sessiles, décurrentes, étroites, lancéolées, un peu dentées en scie sur les bords ; les calathides sont terminales, un peu corymbées, assez grandes, et composées de fleurs d'une belle couleur jaune. Il y a deux variétés de cette espèce, l'une à feuilles très-glabres, l'autre à feuilles pubescentes. Plusieurs botanistes les considèrent comme deux espèces distinctes. Ces plantes sont originaires de l'Amérique septentrionale, et cultivées en Europe dans les grands jardins, où elles produisent un bel effet quand on les mêle avec des asters pour rompre l'uniformité des couleurs. Elles fleurissent depuis le mois d'août jusqu'au mois de novembre. Tout terrain et toute exposition leur conviennent ; elles n'exigent d'autre soin que d'être soutenues par de forts appuis ; on les multiplie par le semis de leurs graines, et surtout par la division de leurs racines qu'on opère en automne.

On connoît une seconde espèce d'hélénion, *helenium quadridentatum*, à feuilles inférieures pinnatifides, à feuilles supérieures très-entières et glabres, à corolles du disque décou·

pées au sommet en quatre dents. C'est, comme la première espèce, une plante herbacée, de l'Amérique septentrionale; mais elle est moins belle, plus délicate et plus difficile à cultiver.

M. Kunth a récemment décrit une troisième espèce, sous le nom d'*helenium mexicanum*. (H. Cass.)

HELENIUM. (*Bot.*) Plante ainsi nommée, suivant Pline, parce qu'elle est née des pleurs d'Hélène. La première qui a porté ce nom, cité par Dioscoride, et qui auroit dû le conserver, est la grande aunée, *helenium vulgare* de C. Bauhin, dont Tournefort avoit fait son *aster*. Vaillant, dans les Mémoires de l'Académie, avoit rétabli le genre *Helenium*, augmenté de beaucoup d'espèces que Linnæus a réunies presque toutes à son genre *Inula*, en nommant l'espèce principale *inula helenium*. Plus récemment, M. Merat en a fait un genre distinct de l'*inula*, sous le nom de *corvisartia*, qui n'a pas encore été adopté. Daléchamps cite un second *helenium* de Dioscoride, dont la description est trop incomplète pour qu'on puisse en déterminer le genre. Plusieurs espèces de soleil, *helianthus*, ont aussi été nommées *helenium* par divers auteurs, et C. Bauhin en fait mention. Le *helenium* de Théophraste paroit être un thym, *thymus mastiliena*. Il est encore question d'un *helenium comagenium* de Dioscoride, cité par Cordus et C. Bauhin, dont la racine est nommée *costus amarus officinarum*, et qui n'est pas rapporté par les auteurs modernes. Linnæus, ayant réuni le premier *helenium* à son *inula*, a cru pouvoir appliquer ce nom, resté sans emploi, à un de ses autres genres dans la même famille, auquel on l'a laissé pour éviter de nouveaux changemens, toujours nuisibles à la science. (J.)

HELEOCHLOA. (*Bot.*) Genre de plantes, de la famille des graminées, établi par Aost, et qui ne diffère pas du genre Crypside. Voyez ce dernier article, vol. 12, p. 80. (L. D.)

HELEONOSTES (*Bot.*), nom donné par Ehrhart à une espèce de laiche, nommée, pour cette raison, *carex heleonostes* par Linnæus fils. (J.)

HÉLÉPHANT, HELFANT. (*Mamm.*) Le nom de l'éléphant se trouve quelquefois écrit ainsi dans des auteurs allemands. (F. C.)

HELEREBOSEMATA. (*Bot.*) Voyez Limonnoi. (J.)

HELEUX (*Ornith.*), nom sous lequel Descourtilz parle, au

deuxième vol. de ses Voyages d'un Naturaliste, p. 198, d'une espèce de héron, qui est l'onoré de Saint-Domingue. (Ch. D.)

HÉLIANTHE. (*Bot*) Voyez Heliocollis. (J.)

HÉLIANTHE, *Helianthus*. (*Bot.*) [*Corymbifères*, Juss.; *Syngénésie polygamie frustranée*, Linn.] Ce genre de plantes appartient à l'ordre des synanthérées, à notre tribu naturelle des hélianthées, et à la section des hélianthées-prototypes. Il fut d'abord établi par Tournefort, sous l'ancien nom de *corona solis;* mais ce botaniste y réunissoit des plantes de genres différens. Linnæus a convenablement réformé le genre dont il s'agit, et il lui a donné le nom d'*helianthus*, auquel Adanson a voulu depuis substituer celui de *Vosacan*.

Les hélianthes sont des plantes à racine vivace chez la plupart, à tige ordinairement herbacée, souvent très-élevée, rarement ligneuse; leurs feuilles opposées ou alternes, sont entières, ordinairement trinervées ou triplinervées, souvent roides et scabres; les calathides, composées de fleurs jaunes, sont terminales, et, le plus souvent, disposées en corymbes. On en connoît jusqu'à présent plus de trente espèces, presque toutes indigènes de l'Amérique. Nous pensons que ce genre doit être divisé en trois sous-genres caractérisés par la structure de l'aigrette et par celle du péricline. (Voyez notre article Harpalion.) Voici les caractères génériques, que nous avons observés sur des individus vivans de plusieurs espèces appartenant à celui des trois sous-genres qui doit conserver le nom d'*Helianthus*.

La calathide est radiée; composée d'un disque multiflore, régulariflore, androgyniflore, et d'une couronne unisériée, liguliflore, neutriflore. Le péricline, supérieur aux fleurs du disque, est formé de squames paucisériées, irrégulièrement obimbriquées (1), presque entièrement inappliquées, foliacées, ordinairement linéaires-aiguës. Le clinanthe est convexe, pourvu de squamelles inférieures aux fleurs, demi-embrassantes, oblongues, aiguës. Les ovaires sont oblongs, com-

---

(1) Les squames sont obimbriquées quand, étant disposées sur plusieurs rangs circulaires concentriques, celles des rangs intérieurs sont progressivement plus courtes que celles des rangs extérieurs. Voyez tom. X, pag. 149.

primés bilatéralement: leur aigrette est composée de deux squamellules opposées, l'une antérieure, l'autre postérieure, paléiformes, sublancéolées, articulées, caduques. Les fleurs de la couronne ont un faux-ovaire inovulé, à aigrette semi-avortée, le style nul, la languette elliptique.

Hélianthe a grande calathide : *Helianthus platycephalus ; Helianthus annuus*, Linn. C'est une plante herbacée, annuelle, dont la tige dressée, simple ou rameuse, épaisse, cylindrique, rude au toucher, acquiert depuis six jusqu'à quinze pieds d'élévation ; ses feuilles sont alternes, pétiolées, grandes, subcordiformes, pointues au sommet, dentelées ou crénelées sur les bords, trinervées, rudes comme la tige ; les calathides, larges quelquefois d'un pied, et composées d'une multitude de fleurs d'un beau jaune, sont terminales, solitaires, et inclinées de manière que leur disque est presque vertical, et le plus souvent exposé au midi. Cette espèce, indigène au Pérou, est cultivée depuis long-temps en Europe pour orner les jardins, où elle est connue sous les noms de soleil ou de tournesol. Elle a aussi quelques usages économiques. Ses fruits torréfiés ont une odeur et une saveur qui approchent, dit-on, de celles du café. On en fait, dans la Virginie, une sorte de pain, et de la bouillie pour les enfans. On en retire une huile bonne à brûler. Ces mêmes fruits sont une excellente nourriture pour la volaille ; ils plaisent beaucoup aux moineaux et aux serins. Les abeilles recherchent les fleurs. L'écorce pourroit être filée comme celle du chanvre. Toute la plante contient beaucoup de nitre. Il faut, dans nos climats, lui donner une bonne terre, et l'exposition la plus chaude, pour qu'elle puisse élever sa tige et produire ses calathides, qui fleurissent en juillet et août.

Hélianthe a calathides nombreuses : *Helianthus polycephalus ; Helianthus multiflorus*, Linn. Sa racine est vivace et produit des tiges nombreuses, herbacées, hautes d'environ quatre pieds, rameuses, rudes au toucher : ses feuilles sont alternes, pétiolées, dentées, rudes, trinervées ; les inférieures cordiformes, les supérieures ovales, pointues : les calathides sont nombreuses, terminales, solitaires, et composées de fleurs d'un beau jaune ; elles sont bien moins grandes que dans l'espèce précédente, et ne sont point inclinées. Cette espèce, originaire de la Virginie, est la plus agréable du genre, par le nombre, la beauté et la longue durée de ses calathides. Sa culture dans les jardins a produit une charmante variété, improprement dite à fleurs doubles, et qui consiste dans la métamorphose des corolles régulières du disque en corolles ligulées comme celles de la couronne. Cette variété décore, au mois d'août, nos parterres, où on la multiplie très-facilement en divisant ses racines en automne ou au printemps; elle n'exige aucun soin, et prospère dans la plupart des terrains.

Hélianthe a racines tubéreuses; *Helianthus tuberosus*, Linn. Sa racine est vivace, et composée de plusieurs tubérosités oblongues, assez grosses, charnues, rougeâtres en dehors, blanches intérieurement, ressemblant à la pomme de terre; les tiges sont herbacées, hautes de huit à douze pieds, dressées, souvent simples, épaisses, cylindriques; les feuilles, tantôt alternes, tantôt opposées ou même ternées, sont pétiolées, grandes, ovales, pointues, dentelées, un peu rudes, décurrentes sur le pétiole, triplinervées; les calathides, composées de fleurs jaunes, sont terminales, solitaires, point inclinées, petites relativement à celles des deux espèces précédentes et relativement à la grandeur de la plante. Elle est originaire du Brésil, et cultivée en Europe sous le nom de topinambour ou de poire de terre, à cause des tubérosités de sa racine qui fournissent une bonne nourriture aux moutons et autres bestiaux, pendant l'hiver, et que les hommes peuvent manger aussi, en les faisant cuire et les assaisonnant de diverses manières; leur saveur douce et sucrée a de l'analogie avec celle de l'artichaut; mais elle ne plaît pas aussi généralement que celle des pommes de terre, qui sont d'ailleurs beaucoup plus nourrissantes et plus saines. Comme la plante fleurit très-tard, ses graines mûrissent rarement dans notre pays: mais les racines se multiplient spontanément à un tel point, qu'après en avoir enlevé une partie pour les usages alimentaires, il en reste ordinairement assez pour que les places vides se trouvent remplies l'été suivant. On peut donc laisser ces plantes, pendant bien des années, dans le même lieu, et récolter leurs racines, sans qu'il soit besoin de les renouveler. Elles ne demandent aucun soin pour leur culture, et elles croissent dans les plus mauvais terrains: mais un bon terrain leur fait produire des racines plus grosses et d'une meilleure qualité. Ces tubercules, qu'on recueille au mois d'octobre, doivent être garantis de la gelée, dans un endroit qui ne soit ni trop sec ni trop humide; on peut, de cette manière, les conserver en bon état jusqu'à Pâques.

Les trois espèces que nous venons de décrire, étant les plus intéressantes du genre Hélianthe, qu'elles font suffisamment connoître, nous devons omettre ici les descriptions des autres espèces. (H. Cass.)

HÉLIANTHÉES, *Helianthecæ*. (*Bot.*) A l'époque où nous avons rédigé l'article Composées ou Synanthérées, inséré dans le tome X de ce Dictionnaire, nous n'avions pas encore fixé définitivement les caractères des tribus ou divisions naturelles de cet ordre de plantes. Quoique publiés depuis long-temps (1), ces caractères exigeoient un nouvel examen, avant d'être présentés avec une entière confiance. C'est pourquoi nous nous sommes abstenu de les exposer dans l'article qui auroit dû les contenir. Depuis cette époque, la révision des caractères des tribus a été terminée; nous croyons les avoir perfectionnés autant qu'ils en sont susceptibles, ou du moins autant que nos moyens nous le permettent; et le résultat de ce travail a été publié sous le titre de *Sixième Mémoire sur la famille des Synanthérées*, dans le Journal de Physique, de février et mars 1819. Il devenoit dès lors indispensable de remplir l'espèce de lacune laissée à dessein dans l'article Composées de ce Dictionnaire. La tribu des hélianthées étant la plus considérable de toutes, elle peut servir de prétexte pour offrir, dans l'article qui la concerne, le tableau général des caractères des tribus, qui doit être considéré par nos lecteurs comme un supplément destiné à compléter l'article Composées ou Synanthérées.

Nous divisons l'ordre des synanthérées en vingt tribus naturelles, qui sont: 1.° les *lactucées*, 2.° les *carlinées*. 3.° les *centauriées*, 4.° les *carduinées*, 5.° les *échinopsées*, 6.° les *arctotidées*, 7.° les *calendulées*, 8.° les *tagétinées*, 9.° les *hélianthées*, 10.° les *ambrosiées*, 11.° les *anthémidées*, 12.° les *inulées*, 13.° les *astérées*, 14.° les *sénécionées*, 15.° les *nassauviées*, 16.° les *mutisiées*, 17.° les

(1) Les caractères des tribus avoient été décrits dans nos quatre Mémoires sur les synanthérées, lus à l'Académie des Sciences en 1812, 1813 1814, 1816, et publiés dans les tomes 76, 78, 82 et 85 du Journal de Physique.

tussilaginées, 18.° les *adénostylées*, 19.° les *eupatoriées*, 20.° les *vernoniées*. Ces tribus sont caractérisées, 1.° par l'*ovaire*, avec ses accessoires; 2.° par le *style* androgynique, avec ses deux stigmatophores, ses stigmates et ses collecteurs; 3.° par les *étamines*; 4.° par la *corolle* staminée. Remarquons que cet ordre de description des caractères, conforme à l'ordre d'importance des organes, n'est point conforme à l'ordre d'importance des caractères; car, en général, c'est le style qui fournit aux tribus leurs caractères les plus importans.

I.re *Tribu*. Les LACTUCÉES (*Lactuceæ*).

Caractères ordinaires.

L'*ovaire*, en mûrissant, change plus ou moins de forme, de dimensions, de proportions, et il se développe à sa surface des excroissances dures, laminées, transversales, imitant des rides, des écailles, des tubercules ou des épines. L'aréole basilaire est ordinairement supportée par un pédicellule souvent difficile à dégager du clinanthe. La forme de l'ovaire et la structure de l'aigrette varient selon les genres, et souvent, sur la même plante, selon la situation centrale, marginale, ou intermédiaire, des fleurs dans la calathide.

Le *style* androgynique porte sur son sommet deux stigmatophores demi-cylindriques, qui, à l'époque de la fleuraison, divergent en s'arquant en dehors; le stigmate est formé de petites papilles, et couvre la face intérieure plane de chaque stigmatophore; les collecteurs sont piliformes, et occupent la face extérieure convexe de chaque stigmatophore, ainsi que la partie supérieure du style.

Les *étamines* ont le filet greffé à la corolle jusqu'au sommet de son tube; l'article anthérifère conforme au filet; l'anthère longue; le connectif grêle; l'appendice apicilaire oblong, terminé en demi-cercle, libre; les appendices basilaires très-variables, oblongs, non pollinifères, greffés avec les appendices des anthères voisines; le pollen composé de globules sphériques, mamelonnés, conservant leur forme sans altération, et dont chacun semble formé de l'agrégation de plusieurs globules beaucoup plus petits.

La *corolle* staminée est fendue, c'est-à-dire que l'incision intérieure se prolonge jusqu'à la base du limbe, les quatre autres étant incomparablement plus courtes. Cette corolle est longue, étroite, arquée en dehors; son limbe, primitivement cylindracé, s'épanouit en une lame plane. linéaire, opaque; ses cinq divisions sont courtes, épaissies derrière le sommet par une callosité mamelonnée. La jonction du tube et du limbe est souvent garnie d'une sorte de manchette de poils.

Remarques.

La calathide est incouronnée, radiatiforme, pluriflore, androgyniflore. Le clinanthe est le plus souvent inappendiculé, quelquefois squamellifère ou fimbrillifère. Les squames du péricline sont tantôt imbriquées, tantôt unisériées, et, dans ce dernier cas, ordinairement accompagnées de squames surnuméraires. Les feuilles sont alternes; les tiges presque toujours herbacées. Les vaisseaux propres contiennent un suc laiteux. Les corolles sont ordinairement jaunes, quelquefois orangées, rouges, violettes ou bleues; elles sont, en général, d'une substance très-délicate, et sujettes à éprouver les alternatives de la veille et du sommeil, suivant les heures du jour, ou suivant l'état de l'atmosphère.

Cette tribu diffère essentiellement de toutes les autres par la corolle fendue, et de presque toutes par le style, qui ne ressemble qu'à celui des vernoniées. Les apparences extérieures du pollen des lactucées nous persuadent que chaque globule est intérieurement divisé en une multitude de petites cellules, dont les extérieures forment à la surface les mamelons ou portions de petits globules, que d'autres botanistes considèrent fort mal à propos, selon nous, comme des facettes planes et anguleuses. La calathide radiatiforme est propre aux lactucées et aux nassauviées. Le but de cette disposition est d'empêcher que les organes sexuels des fleurs extérieures ne soient recouverts par les corolles des fleurs intérieures. C'est aussi pour dégager les mêmes organes que le limbe de la corolle des lactucées a dû être fendu d'un bout à l'autre sur le côté intérieur.

L'Europe produit un très-grand nombre de lactucées; il y en a moins en Asie et en Afrique, très-peu en Amérique, et point du tout aux Terres Australes.

II.ᵉ *Tribu*. Les Carlinées (*Carlineæ*).

Caractères ordinaires.

L'*ovaire* est ordinairement cylindracé, non comprimé, couvert de longs poils biapiculés, muni d'au moins cinq nervures fines non saillantes, ayant l'aréole basilaire sessile, non oblique. L'aigrette est ordinairement régulière, formée de squamellules uni-bisériées, à peu près égales, et entre-greffées inférieurement ou à la base; elles sont le plus souvent laminées inférieurement, filiformes supérieurement, roides, barbées, tendantes à s'arquer en dehors; quelquefois elles sont paléiformes.

Le *style* androgynique est un peu diversifié, et quelquefois anomal. Ordinairement, ses deux stigmatophores sont très-courts, à peu près semi-coniques, obtus, point ou presque point articulés avec le style, dont ils sont peu distincts, son sommet n'étant pas sensiblement renflé, ni entouré d'une zone de poils; ils sont entre-greffés, ou au moins appliqués par leur face interne plane, à l'exception des marges qui sont stigmatiques, lisses, libres et réfléchies; leur face externe convexe est garnie de collecteurs papilliformes, un peu plus longs à la base des stigmatophores.

Les *étamines* ont le filet greffé à la corolle jusqu'au sommet de son tube, laminé, parfaitement glabre, sans aucun vestige de poils ou de papilles; l'article anthérifère plus étroit que le filet; l'appendice apicilaire long, linéaire, aigu, coriace, greffé avec les appendices des anthères voisines; les appendices basilaires longs et barbus.

La *corolle* staminée est très-diversifiée, et souvent anomale. Elle est régulière, subrégulière, ringente ou palmée; sa substance est le plus souvent épaisse, subcartilagineuse, coriacée, peu colorée; tantôt elle est parfaitement glabre, tantôt toute couverte de poils extérieurement, et quelquefois même velue dans l'intérieur du tube; le limbe est ordinairement cylindracé et plus long que le tube, dont il se distingue foiblement; ses divisions sont courtes ou longues, demi-lancéolées ou linéaires; quelquefois elles sont surmontées d'une corne derrière le sommet.

Remarques.

La calathide est ordinairement incouronnée, rarement discoïde ou radiée. Le clinanthe est presque toujours fimbrillifère, et ses fimbrilles sont souvent entre-greffées inférieurement ou à la base. Les squames du péricline sont imbriquées; les intérieures souvent surmontées d'un appendice scarieux, coloré, radiant; il y a quelquefois un involucre outre le péricline. Les carlinées sont ordinairement plus ou moins épineuses; leurs feuilles sont alternes, souvent coriaces; leurs tiges sont assez souvent ligneuses; leurs corolles sont ordinairement jaunâtres ou rougeâtres, rarement bleues.

Cette tribu, quoique foiblement caractérisée, est naturelle, et suffisamment distincte. De tous les caractères qui la distinguent des centauriées et des carduinées, le seul qui soit exempt d'exceptions consiste dans la glabréité parfaite des filets des étamines.

Il y a des carlinées dans les quatre parties du monde.

IIIe *Tribu*. Les Centauriées (*Centaurieæ*).

Caractères ordinaires.

L'*ovaire* est comprimé sur les deux côtés, obovoïde; muni de quatre côtes ou arêtes plus ou moins prononcées, une intérieure, une extérieure, deux latérales rapprochées de l'intérieure; il est garni de poils rares, fugaces, extrêmement capillaires. L'aréole basilaire est sessile, et fortement adhérente à la substance du clinanthe; elle est très-oblique-intérieure, et située dans une large échancrure en losange, à bords curvilignes. Il y a un bourrelet basilaire peu distinct, et un bourrelet apicilaire coroniforme, crénelé, saillant au-dessus de l'aréole apicilaire. L'aigrette implantée sur le pourtour de cette aréole, en dedans du bourrelet, est double : l'extérieure composée de squamellules multisériées, régulièrement imbriquées et étagées, celles du rang le plus extérieur étant extrêmement courtes, et les autres progressivement plus longues; ces squamellules sont laminées, linéaires, obtuses, droites, roides, barbellées sur les deux bords; leurs barbelles cylindriques, obtuses, droites et roides, sont égales, très-rapprochées, appliquées, comme pectinées. L'aigrette intérieure est composée de squamellules unisériées, courtes, semi-avortées, membraneuses, linéaires, tronquées.

Le *style* androgynique, avec ses stigmatophores, ses stigmates et ses collecteurs, ne diffère point essentiellement de celui des carduinées; mais cet organe offre plus de diversité et d'anomalies chez les centauriées.

Les *étamines* sont semblables à celles des carduinées, si ce n'est que le tube, formé de la réunion des appendices apicilaires, est ordinairement courbe, au lieu d'être droit comme dans presque toutes les carduinées.

La *corolle* staminée ne diffère de celle des carduinées qu'en ce que les cinq incisions sont ordinairement moins inégales, en sorte que le plus souvent cette corolle est subrégulière, au lieu d'être obringente.

Remarques.

La calathide est ordinairement radiée, souvent discoïde, rarement incouronnée; sa couronne est composée de fleurs neutres, à corolle très-diversifiée, et le plus souvent anomale. Le clinanthe, plan, épais, charnu, porte des fimbrilles nombreuses, longues, inégales, libres, filiformes-laminées. Les squames du péricline sont imbriquées, coriaces, ordinairement pourvues d'un appendice ou d'une bordure très-diversifiés. Les feuilles sont alternes; les tiges presque toujours herbacées; les fleurs ordinairement purpurines, souvent jaunes, quelquefois bleues.

Les centauriées ne diffèrent essentiellement des carduinées que par l'ovaire et son aigrette : c'est pourquoi il seroit peut-être plus convenable de réunir ces deux tribus en une seule qu'on diviseroit en deux sections naturelles, sous les titres de *Carduinées-centauriées*, et de *Carduinées-prototypes*.

La plupart des centauriées sont européennes; il y en a beaucoup en Asie, plusieurs en Afrique, presque point en Amérique, aucune aux Terres Australes.

IVe *Tribu*. Les Carduinées (*Carduineæ*).

Caractères ordinaires.

L'*ovaire* est obovoïde, comprimé sur les deux côtés, glabre et luisant, muni de quatre côtes ou arêtes, une intérieure, une extérieure, deux latérales. L'aréole basilaire est sessile, large, plane, arrondie, un peu oblique-intérieure. Il n'y a point de bourrelet basilaire. Le bourrelet apicilaire est peu distinct, coroniforme. L'aréole apicilaire est souvent couverte d'un plateau charnu, entouré d'un anneau corné, qui porte l'aigrette et se détache spontanément. L'aigrette, souvent brune en sa partie moyenne, est formée de squamellules plurisériées, irrégulièrement disposées, inégales, barbellulées ou barbées: celles des rangs intérieurs sont laminées en leur partie inférieure, triquètres en leur partie moyenne, filiformes en leur partie supérieure, qui s'épaissit quelquefois au sommet; celles des rangs extérieurs sont plus courtes, plus grêles, presque entièrement filiformes. Les barbes et les barbellules sont courbes, inégales, distancées, irrégulièrement disposées: cependant les barbes occupent de préférence les deux côtés des squamellules, et les barbellules, leurs deux côtés et leur face extérieure.

Le *style* androgynique est, comme dans les autres tribus, formé d'un style proprement dit, portant sur son sommet deux stigmatophores. Le sommet du style est presque toujours entouré d'une zone de collecteurs piliformes, et souvent un peu renflé. Les deux stigmatophores sont articulés sur le style, et presque toujours greffés incomplétement ensemble par leurs faces intérieures respectives. Chacun d'eux a sa face extérieure convexe, couverte de très-petits collecteurs papilliformes, et sa face intérieure plane, parfaitement lisse. Les faces intérieures des stigmatophores sont ordinairement greffées ensemble dans toute leur étendue, à l'exception de deux marges latérales et d'une marge terminale, plus ou moins larges, qui restent libres, et qui se réfléchissent plus ou moins fortement pendant la fleuraison. Ces marges sont stigmatiques.

Les *étamines* ont le filet greffé à la corolle jusqu'au sommet de son tube, et hérissé sur sa partie libre, qui est arquée, en dedans, de poils ou de papilles plus ou moins manifestes; l'article anthérifère conforme au filet, mais un peu plus grêle et très-glabre; l'anthère longue et étroite; le connectif large; l'appendice apicilaire de substance ferme et sèche, à partie inférieure linéaire et greffée avec les appendices des anthères voisines, et à partie supérieure demi-lancéolée et libre; les appendices basilaires très-variables, pollinifères supérieurement, frangés vers l'extrémité, greffés l'un avec l'autre en leur partie supérieure, et entièrement greffés avec les appendices des anthères voisines; le pollen composé de globules blanchâtres, ovoïdes, à surface granulée, se déformant après l'émission.

La *corolle* staminée est obringente, c'est-à-dire que les deux incisions qui forment la division extérieure sont beaucoup plus profondes que les trois autres. Cette corolle est longue, étroite, arquée en dehors, glabre: le tube, qui s'alonge beaucoup à l'époque de la fleuraison, devient en même temps cannelé en dehors, et creusé, dans l'intérieur de sa substance, de cinq lacunes closes de toutes parts, qui règnent d'un bout à l'autre entre les nervures: le limbe est cylindracé, à base urcéolée, un peu gibbeuse du côté intérieur; il est opaque, et le plus souvent purpurin; ses divisions sont longues, étroites, linéaires, médiocrement divergentes, point arquées en dehors; leur sommet est épaissi extérieurement par une callosité conique; leur bordure est cartilagineuse, et forme une callosité à la base externe de chaque incision; leurs nervures sont intramarginales et fines.

Remarques.

La calathide est presque toujours incouronnée, très-rarement radiée: cependant les organes sexuels sont assez souvent imparfaits dans les fleurs extérieures; mais la forme de la corolle n'étant point altérée, il n'y a pas lieu d'admettre une couronne. Le clinanthe est ordinairement planiuscule, épais, charnu, garni de fimbrilles nombreuses, longues, inégales, libres, filiformes-laminées; rarement il est alvéolé, sans fimbrilles. Les squames du péricline sont imbriquées, coriaces, souvent spinescentes au sommet. Les carduinées sont le plus souvent épineuses; leurs feuilles sont alternes; leurs tiges presque toujours herbacées; leurs fleurs ordinairement purpurines, quelquefois jaunes, rarement bleues.

Cette tribu diffère des carlinées par les filets des étamines, hérissés de poils ou de papilles; des centauriées, par la structure de l'ovaire et de l'aigrette; des échinopsées, par beaucoup de caractères très-importans.

Les carduinées habitent l'Europe, l'Asie et l'Afrique; il n'y en a presque point en Amérique, et point du tout aux Terres Australes.

V.e *Tribu.* Les Échinopsées (*Echinopseæ*).

Caractères ordinaires.

L'*ovaire* est cylindracé, non comprimé, muni de cinq nervures. Sa partie inférieure est atténuée et prolongée en un pied cylindracé. L'aréole basilaire, qui termine le pied, n'est point oblique; elle n'adhère que par son point central au clinanthe, et elle est bordée d'un bourrelet basilaire pentagone. L'aigrette est quadruple, composée de squamellules multisériées, implantées sur toute la surface du corps de l'ovaire et de son pied. La première aigrette, située autour de l'aréole apicilaire, est formée de squamellules unisériées, paléiformes, courtes, souvent entre-greffées inférieurement. La seconde aigrette, qui occupe tout le corps de l'ovaire, est formée de squamellules multisériées, filiformes, longues, barbellulées. La troisième aigrette, naissant de la partie supérieure du pied de l'ovaire, est formée de squamellules plurisériées, paléiformes, foliacées, coriaces, très-grandes. La quatrième aigrette, implantée sur la partie inférieure du pied, est formée de squamellules plurisériées, laminées, membraneuses, divisées en lanières filiformes, barbellulées. Le placentaire est très-élevé.

Le *style* androgynique est semblable à celui des carduinées, si ce n'est que les deux stigmatophores sont complétement libres jusqu'à la base, et qu'ils divergent en s'arquant en dehors pendant la fleuraison, d'où l'on peut conclure que leur face intérieure plane est entièrement stigmatique.

Les *étamines* diffèrent de celles des carduinées, en ce que le filet est parfaitement glabre, et qu'il est greffé avec la corolle, non seulement jusqu'au sommet de son tube, mais encore jusqu'à la base des incisions du limbe. Les molécules polliniques nous ont paru être prismatiques, à quatre faces, avec un sillon longitudinal médiaire sur chaque face.

La *corolle* staminée est régulière et très-droite. Le limbe est plus long que le tube; sa partie indivise est extrêmement courte; ses divisions sont très-longues, étroites, linéaires, et coudées brusquement en dehors à quelque distance de leur base; un petit appendice plus ou moins manifeste, en forme d'écaille courte, denticulée, est situé transversalement sur la face intérieure de chaque division, à l'endroit où elle se coude.

Remarques.

La calathide est sphérique, incouronnée, équaliflore, multiflore, réguliflore, androgyniflore. Le clinanthe est sphérique, inappendiculé. Le péricline est très-anomal, formé d'une multitude de squames diffuses, rabattues, semi-avortées, analogues aux squamellules de la quatrième aigrette. Les feuilles sont alternes, épineuses, pinnatifides; les tiges herbacées; les fleurs blanches ou bleuâtres. L'ordre de fleuraison de la calathide est inverse, c'est-à-dire que les fleurs intérieures s'épanouissent les premières. Ordinairement les fleurs marginales ne se développent qu'imparfaitement.

L'ordre de fleuraison inverse, ainsi que le demi-avortement ou l'imperfection des fleurs marginales et du péricline, sont, selon nous, l'effet de la situation gênée et renversée des parties extérieures de la calathide, laquelle situation résulte de la sphéricité du clinanthe. C'est donc à tort que M. R. Brown (Journal de Physique, tom. 86, pag. 398 et 410) croit trouver dans l'ordre de fleuraison inverse une preuve certaine de l'opinion généralement admise, et qui attribue aux *echinops* un capitule composé de plusieurs calathides uniflores. Nous soutenons au contraire que les prétendues calathides uniflores de ces plantes sont réellement de simples fleurs, et nous démontrons rigoureusement cette proposition de la manière suivante.

Toute calathide est essentiellement composée d'une ou plusieurs fleurs, portées sur un clinanthe, et entourées d'un péricline qui est constamment implanté sur les bords du clinanthe. De cette définition incontestable, nous tirons deux conséquences : la première est qu'une prétendue calathide uniflore qui n'auroit ni clinanthe, ni péricline, ne seroit point une calathide, mais une simple fleur; la seconde est qu'un prétendu péricline qui naîtroit, non des bords du clinanthe, mais de la surface de l'ovaire, ne seroit point un vrai péricline. Posons encore un principe : c'est que tout ovaire de synanthérée est terminé inférieurement par une aréole basilaire, qui s'articule avec le clinanthe; d'où il suit que tout appendice qui auroit son origine au-dessus de cette aréole basilaire, dénotée par l'articulation, seroit une dépendance de l'ovaire, et non du clinanthe.

Appliquons ces principes à l'*echinops*. 1.° L'aréole basilaire de chaque ovaire repose immédiatement sur le clinanthe commun à tous, et il ne peut y avoir d'équivoque sur cette aréole, attendu qu'elle est jointe au clinanthe par une articulation manifeste, et qu'elle est bordée d'un bourrelet. Donc la prétendue calathide uniflore est dépourvue d'un clinanthe propre. 2.° Le prétendu péricline de la prétendue calathide uniflore est implanté sur l'ovaire, bien au-dessus de l'aréole basilaire. Donc ce n'est point un vrai péricline, donc la prétendue calathide est dépourvue de péricline comme de clinanthe; donc ce n'est point une calathide, mais une simple fleur.

Maintenant, si on nous demande pourquoi nous considérons comme une aigrette ce faux péricline, qui ne ressemble guère à une aigrette, et qui d'ailleurs est implanté sur la base de l'ovaire au lieu de l'être autour de son sommet, nous répondrons que tous appendices qui sont implantés sur des points quelconques de la surface de l'ovaire, entre les deux aréoles, basilaire et apicilaire, et qui sont manifestement analogues à des squames de péricline, ou à des squamelles de clinanthe, ne peuvent être assimilés à rien, si ce n'est à des squamellules d'aigrette.

La tribu des échinopsées, parfaitement distincte de toute autre tribu, et extrêmement remarquable par ses singuliers caractères, ne comprend qu'un seul genre composé d'un petit nombre d'espèces qui habitent l'Europe, l'Asie ou l'Afrique.

VI.e *Tribu*. Les Arctotidées (*Arctotideæ*).

Caractères ordinaires.

L'ovaire est obconique: sa partie inférieure est plus ou moins prolongée en un pied cylindracé. Il offre une face intérieure dépourvue de côtes, et une face extérieure munie de cinq côtes longitudinales. Ordinairement il est garni de très-longues soies membraneuses, qui occupent de préférence le pied et la face intérieure. Il y a un bourrelet apicilaire. L'aigrette est tantôt nulle, tantôt stéphanoïde, tantôt composée de squamellules unisériées ou plurisériées, paléiformes, laminées, ou filiformes, barbellées ou barbellulées. Le placentaire est élevé. La cavité de l'ovaire est souvent divisée en trois loges, dont une ovulifère correspond à la face intérieure, et les deux autres stériles et semi-avortées correspondent à la face extérieure.

Le *style* androgynique est composé de deux articles, dont l'inférieur est filiforme et glabre; l'article supérieur, plus court et plus gros, forme une colonne cylindrique, dont la partie supérieure est divisée en deux languettes; la surface extérieure de cet article est colorée, et toute couverte de collecteurs ponctiformes à peine saillans, qui présentent un aspect velouté; les collecteurs sont moins courts et piliformes sur le contour de la base, lequel est en outre un peu épaissi de manière à former un bourrelet annulaire, qui s'oblitère ordinairement à l'époque de la fleuraison. La surface intérieure des deux languettes constitue le stigmate; elle est plane, unie, glabre, et autrement colorée que la surface extérieure. A l'époque de la fleuraison, les deux languettes divergent en s'arquant en dehors, et leurs bords se réfléchissent en dessous.

Les *étamines* ont les filets greffés à la corolle jusqu'au sommet de son tube, et souvent papillés sur leur partie libre; les anthères souvent noirâtres en tout ou partie; les appendices apicilaires souvent semi-orbiculaires, et imbriqués latéralement durant la préfleuraison; les appendices basilaires souvent pollinifères, et entre-greffés des deux côtés.

La *corolle* staminée est régulière et droite; ses divisions sont longues, étroites, linéaires, souvent munies, derrière le sommet, d'une callosité très-remarquable; la substance du limbe est souvent subcartilagineuse.

Remarques.

La calathide est radiée; son disque est souvent masculiflore intérieurement, et androgyniflore extérieurement. Le clinanthe est alvéolé, et souvent en outre fimbrillifère. Les squames du péricline sont ordinairement imbriquées, quelquefois bisériées, rarement unisériées, très-souvent entregreffées inférieurement. Les feuilles sont rarement opposées. Les tiges sont tantôt herbacées, tantôt ligneuses. Les fleurs sont jaunes; quelquefois celles de la couronne sont blanches ou purpurines.

Cette tribu est très-remarquable par la structure de l'ovaire, surtout lorsqu'il est triloculaire. L'analogie frappante que nous avons observée entre les ovaires d'arctotidées et les ovaires de valérianées, nous a fermement convaincu que les ovaires d'arctotidées avoient pour type un ovaire réellement triloculaire et triovulé. Les arctotidées ne sont pas moins remarquables par la conformation du style, qui démontre leur affinité avec les échinopsées, les carduinées, les centauriées et les carlinées. Nous devons avertir que les caractères du style ne sont pas, chez toutes les arctotidées, aussi fortement prononcés que chez celles qui servent de type à cette tribu, et d'après lesquelles nous avons fait notre description; mais, malgré quelques modifications, on retrouve chez toutes ce qu'il y a d'essentiel dans la structure décrite.

Toutes les arctotidées habitent exclusivement la région du cap de Bonne-Espérance.

VII.ᵉ *Tribu.* Les Calendulées (*Calenduleæ*).

Caractères ordinaires.

L'*ovaire*, abstraction faite de ses appendices, est cylindracé ou obovoïde, quelquefois comprimé bilatéralement. En mûrissant, le péricarpe acquiert un développement très-considérable, et souvent il devient presque difforme, en produisant de sa surface des excroissances très-grandes et très-variées. Il n'y a point d'aigrette.

Le *style* androgynique porte deux stigmatophores très-courts, larges, arrondis au sommet, qui divergent en s'arquant en dehors; chaque stigmatophore est bordé, sur la face intérieure, de deux gros bourrelets stigmatiques cylindriques, oblitérés au sommet, très-saillans en dehors, confluens à la base avec les bourrelets de l'autre stigmatophore; la face extérieure de chaque stigmatophore forme au sommet un demi-cône dont la base est bordée d'une rangée de collecteurs piliformes.

Les *étamines* ne diffèrent de celles des hélianthées que par les appendices basilaires, qui sont subulés, aigus, dépourvus de pollen en leur partie inférieure, ordinairement libres des deux côtés.

La *corolle* staminée est régulière et très-analogue à celle des héliantées, dont elle diffère par la consistance des divisions du limbe, qui sont, comme sa partie indivise, minces, membraneuses, demi-transparentes, point épaissies sur la face intérieure par une lame charnue, ni par des papilles. Quelquefois le limbe est subcartilagineux, et muni de callosités situées derrière le sommet des divisions, et analogues à celles des arctotidées. Le limbe, en préfleuraison, est pyriforme.

Remarques.

La calathide est radiée; son disque est ordinairement masculiflore, rarement androgyniflore, quelquefois masculiflore intérieurement, et androgyniflore extérieurement; sa couronne est féminiflore. Le clinanthe est presque toujours inappendiculé, rarement fimbrillifère. Les squames du péricline sont unisériées ou paucisériées. Les feuilles sont ordinairement alternes. Les tiges sont tantôt ligneuses, tantôt herbacées. Les corolles sont ordinairement jaunes ou orangées, quelquefois blanches, pourpres ou bleues.

Les calendulées ont une odeur analogue dans toutes les espèces, et qui paroît exclusivement propre à cette petite tribu. Elles ont de l'affinité avec les arctotidées, ainsi qu'avec les héliantées-millériées. Si nous n'avions pas cru devoir restreindre, autant que possible, la trop nombreuse tribu des héliantées, nous y aurions compris celle des calendulées, qui est très-foiblement caractérisée.

La plupart des calendulées habitent l'Afrique, et surtout la région du cap de Bonne-Espérance; on trouve les autres en Europe et en Asie.

VIIIe *Tribu.* Les Tagétinées (*Tagetineæ*).

Caractères ordinaires.

L'*ovaire* est long, étroit, cylindracé ou prismatique, quelquefois un peu comprimé ou obcomprimé; il est obscurément et irrégulièrement anguleux, légèrement strié, hispidule, quelquefois pourvu d'un bourrelet basilaire très-élevé, pédiforme; son placentaire est très-élevé. L'aigrette très-diversifiée, et le plus souvent irrégulière, est composée de squamellules unisériées ou plurisériées, semblables ou dissemblables, ordinairement inégales et entre-greffées à la base, coriaces, roides; elles sont paléiformes, laminées, triquètres ou filiformes, très-barbellulées ou inappendiculées; souvent paléiformes inférieurement, et filiformes supérieurement; quelquefois paléiformes inférieurement, et divisées supérieurement en plusieurs lanières filiformes.

Le *style* androgynique porte sur son sommet deux stigmatophores qui divergent en s'arquant en dehors pendant la fleuraison; ils sont longs, demi-cylindriques, semi-coniques-obtus au sommet; deux bourrelets stigmatiques demi-cylindriques, papillulés, presque contigus, couvrent la face intérieure plane des stigmatophores, à l'exception de sa partie apicilaire, qui, n'étant point stigmatifère, forme un petit appendice; la face extérieure convexe des stigmatophores est hérissée, en sa partie supérieure, de collecteurs piliformes. Chez plusieurs tagétinées, le style androgynique est très-anomal, imitant parfaitement un style masculin, parce que les deux stigmatophores sont entre-greffés presque jusqu'au bout.

Les *étamines* ont l'article anthérifère long et conforme au filet; l'appendice apicilaire ordinairement demi-lancéolé-obtus; les appendices basilaires presque nuls.

La *corolle* staminée est régulière ou subrégulière; son limbe est ordinairement très-peu distinct du tube, et divisé en lanières longues, linéaires, dont la face intérieure est hérissée de papilles piliformes, quelquefois très-longues.

Remarques.

La calathide est ordinairement radiée, quelquefois quasiradiée ou discoïde, rarement incouronnée; le disque est androgyniflore; la couronne est composée d'un petit nombre de fleurs femelles ligulées à languette large et arrondie. Le clinanthe est inappendiculé, ou le plus souvent fimbrillifère. Les squames du péricline sont ordinairement unisériées, libres ou entre-greffées, quelquefois bisériées, rarement paucisériées et imbriquées. Les feuilles sont ordinairement opposées, tantôt pennées ou pennatifides, tantôt indivises, souvent ciliées ou frangées vers la base. Les tiges sont ordinairement herbacées, et souvent anguleuses ou striées. Les fleurs sont presque toujours jaunes ou orangées; la couronne est souvent veloutée.

Les tagétinées sont ordinairement glabres, et pourvues de glandes larges et souvent oblongues, situées sous les feuilles et sur le péricline; leur odeur forte, et d'une nature particulière, est due sans doute au suc propre contenu dans ces réservoirs glanduliformes.

Les tagétinées ne sont réellement qu'une section très-naturelle et très-remarquable de la tribu des hélianthées, dont elles diffèrent principalement par la forme de l'ovaire; elles ont surtout la plus grande affinité avec les hélianthées-héléniées, ainsi qu'avec les hélianthées-coréopsidées, et un genre d'hélianthées-prototypes: cependant quelques tagétinées semblent se rapprocher des sénécionées ou des astérées; mais c'est surtout pour diminuer un peu la trop grande tribu des hélianthées, que nous nous sommes décidé à en séparer les tagétinées.

Presque toutes les tagétinées habitent l'Amérique.

IX.e *Tribu*. Les Hélianthées (*Helianthea*).

Caractères ordinaires.

L'*ovaire* est oblong, obovoïde, arrondi ou tronqué au sommet; tantôt comprimé, tantôt, et plus rarement, obcomprimé; muni de quatre côtes ou arêtes plus ou moins prononcées, une intérieure, une extérieure, deux latérales, de sorte qu'il semble offrir quatre faces limitées par quatre arêtes, dont deux souvent oblitérées. L'aréole basilaire est sessile, et le plus souvent oblique-intérieure. L'aréole apicilaire est moins étendue que la sommité de l'ovaire. L'aigrette est tantôt nulle, tantôt stéphanoïde, tantôt composée de squamellules peu nombreuses, unisériées, souvent entre-greffées à la base, ordinairement très-fortement adhérentes à l'ovaire, quelquefois caduques; elles sont tantôt paléiformes ou laminées, tantôt triquètres ou filiformes, épaisses, roïdes, munies de fortes barbellules, quelquefois de barbelles.

Le *style* androgynique porte sur son sommet deux stigmatophores, qui, à l'époque de la fleuraison, divergent en s'arquant en dehors; ils sont demi-cylindriques inférieurement, et semi-coniques supérieurement; leur face intérieure plane porte deux bourrelets stigmatiques demi-cylindriques, papillulés, espacés à la base, devenant ensuite contigus, puis confluens, oblitérés et lisses, enfin s'évanouissant près du sommet;

leur face extérieure convexe est hérissée, en sa partie supérieure, de collecteurs piliformes. La base du style se prolonge souvent en une sorte d'appendice filiforme ou obconique, engaîné par le nectaire alors tubuleux.

Les *étamines* ont le filet greffé à la corolle jusqu'au sommet de son tube; l'article anthérifère à peu près conforme au filet; l'anthère noirâtre ou brune; l'appendice apicilaire libre, subcordiforme, cartilagineux; les appendices basilaires longs comme l'article anthérifère, obconiques, pollinifères, libres et divergens par leur côté intérieur, greffés par leur côté extérieur avec les appendices des anthères voisines; les molécules du pollen jaunes, sphériques, échinulées. Le filet se flétrit le plus souvent aussitôt après la fécondation, et avant l'article anthérifère.

La *corolle* staminée est régulière; son tube est court; la partie indivise du limbe est longue, subcylindracée; ses divisions sont courtes, épaissies sur la face intérieure, qui est hérissée de papilles cylindriques. Cette corolle porte des poils subulés, articulés; sa couleur est ordinairement jaune foncé; ses nervures sont le plus souvent intra-marginales, épaisses.

Remarques.

La calathide est ordinairement radiée, souvent incouronnée, quelquefois discoïde. Le clinanthe est ordinairement squamellifère, souvent inappendiculé, jamais fimbrillifère. Les squames du péricline sont ordinairement unisériées ou bisériées, égales ou peu inégales, souvent imbriquées. Les feuilles sont ordinairement opposées, souvent alternes, souvent trinervées. Les tiges sont ordinairement herbacées, souvent ligneuses. Les fleurs sont ordinairement jaunes, souvent blanches, quelquefois purpurines.

De toutes les tribus dont se compose l'ordre des synanthérées, celle-ci est la plus nombreuse en genres, et l'une des plus difficiles à caractériser : elle est très-naturelle, et cependant il n'y a peut-être pas un seul de ses caractères qui ne soit sujet à beaucoup d'exceptions ou de modifications plus ou moins graves. Il est indispensable de la diviser en plusieurs sections naturelles, dont nous avons exposé les titres et les caractères dans notre article Héléniées.

La plupart des hélianthées habitent l'Amérique ; plusieurs sont en Asie, quelques unes en Afrique ; l'Europe n'en a presque point ; les Terres Australes en paroissent dépourvues.

X.[e] *Tribu*. Les Ambrosiées (*Ambrosieæ*).

Caractères ordinaires.

L'*ovaire* est ovale, obcomprimé, à face intérieure plane, à face extérieure convexe ; il est glabre, lisse, marqué légèrement d'une dizaine environ de lignes longitudinales parallèles, quelquefois parsemé de globules ; l'aréole basilaire est sessile, irrégulière, oblique-intérieure. L'aigrette est nulle.

Le *style* féminin est court, quelquefois continu au sommet de l'ovaire ; il porte deux longs stigmatophores laminés, qui divergent en s'arquant en dehors pendant la fleuraison ; chacun d'eux est bordé de deux gros bourrelets stigmatiques, cylindriques, fortement papillés. Le style masculin est tantôt indivis, et terminé par une troncature garnie de collecteurs ; tantôt anomal et variable.

Les *étamines* ont les filets larges, épais, greffés à la partie basilaire seulement de la corolle, mais ordinairement greffés entre eux en un tube ; les articles anthérifères très-courts, et à peine distincts des filets ; les anthères libres, épaisses ; les appendices apicilaires charnus ; les appendices basilaires presque nuls, pointus ; le pollen un peu verdâtre.

La *corolle* staminée est régulière, et a la forme d'une figue ; sa substance est verdâtre, herbacée, analogue à celle d'un calice ; elle a le tube confondu avec le limbe, les divisions très-courtes, les nervures intra-marginales, les poils pour la plupart coniques, articulés.

Remarques.

Il n'y a, dans cette tribu, que des fleurs femelles et des fleurs mâles, qui, chez les ambrosiées-prototypes, sont disposées en calathides unisexuelles, réunies sur le même individu. La calathide féminiflore est composée d'une seule fleur dépourvue de corolle ; son clinanthe est inappendiculé ; son péricline est formé de plusieurs squames imbriquées, entre-greffées ; souvent deux calathides sont réunies par leurs périclines entre-greffés. La calathide masculiflore est composée de plusieurs fleurs ; son clinanthe est presque toujours squamellifère ; son péricline est formé de plusieurs squames unisériées, souvent entre-greffées. Les feuilles sont ordinairement alternes; les tiges sont ordinairement herbacées ; les fleurs sont verdâtres. Chez les ambrosiées douteuses, les fleurs femelles ont une corolle, et la calathide est bisexuelle, discoïde, à fleurs blanchâtres.

Les ambrosiées, qui ont une affinité bien remarquable avec certaines anthémidées, telles que l'*artemisia*, ne se rapprochent pas moins des hélianthées-millériées, auxquelles nous aurions pu les réunir : mais nous avons mieux aimé restreindre qu'étendre la tribu des hélianthées, qui a le défaut d'être trop nombreuse, trop diversifiée, et d'avoir en conséquence des caractères trop vagues. Nous avons souvent observé, sur quelques ovaires du *xanthium strumarium*, une sorte d'aigrette semi-avortée, épigyne, composée de squamellules difformes (ou, si l'on veut, des rudimens informes de corolle), accompagnées quelquefois d'une étamine épigyne. Les nervures de la corolle semblent un peu rameuses chez l'*iva frutescens*.

On a trouvé des ambrosiées en Europe, en Asie et dans les deux Amériques.

XI.[e] *Tribu*. Les Anthémidées (*Anthemideæ*).

Caractères ordinaires.

L'*ovaire* est épais ou large, irrégulier, anguleux, de forme diversifiée, glabre; muni de côtes très-fortes, inégales, souvent dissemblables, irrégulièrement disposées, arrondies ou aliformes ; quelques globules glanduliformes, substipités, sont épars entre les côtes, et il y a souvent des réservoirs de sucs propres logés dans la substance du péricarpe; l'aréole basilaire est sessile, large, irrégulière, point oblique. L'aigrette est le plus souvent nulle ou stéphanoïde, irrégulière, quelquefois composée de squamellules paléiformes.

Le *style* androgynique porte deux stigmatophores demi-cylindriques, qui, à l'époque de la fleuraison, divergent en s'arquant en dehors en forme de demi-cercles; leur face intérieure plane est bordée de deux bourrelets stigmatiques non-confluens; leur sommet est comme tronqué transversalement en une aire semi-orbiculaire, bordée de collecteurs piliformes.

Les *étamines* ont le filet greffé à la partie inférieure seulement du tube de la corolle; l'article anthérifère subglobuleux; les loges amincies en pointe à la base; l'appendice apicilaire ligulé, charnu; les appendices basilaires nuls ou presque nuls. Les anthères sont courtes, foiblement entre-greffées.

La *corolle* staminée a le tube au moins aussi long et presque aussi large que le limbe, très-irrégulier, presque difforme, inégalement anguleux, souvent prolongé par sa base autour du sommet de l'ovaire; d'une substance verdâtre, très-épaisse, fongueuse ou spongieuse, lacuneuse. Le limbe est régulier ou subrégulier, campaniforme, à nervures verdâtres; ses divisions, presque aussi longues que sa partie indivise, sont semi-ovales, très-divergentes et arquées en dehors, tapissées de très-courtes papilles sur la face intérieure, et épaissies derrière le sommet par une callosité quelquefois énorme. Des globules didymes, sessiles, ou élevés sur de gros et courts pédicules perpendiculaires à la surface qui les porte, sont épars en petit nombre sur cette corolle.

Remarques.

La calathide est ordinairement radiée, souvent discoïde, souvent incouronnée. Le clinanthe est tantôt squamellifère, tantôt inappendiculé, rarement fimbrillifère ou stipifère. Les squames du péricline sont ordinairement imbriquées. Les feuilles sont alternes, et le plus souvent très-découpées. Les tiges sont tantôt et le plus souvent herbacées, tantôt ligneuses. Les corolles inradiantes sont ordinairement jaunes, quelquefois blanches; les corolles radiantes sont ordinairement blanches, souvent jaunes. L'odeur aromatique et la saveur amère sont communes dans cette tribu.

Les anthémidées ont beaucoup d'affinité avec les hélianthées. Elles ressemblent par le style à beaucoup d'inulées, aux sénécionées et aux nassauviées; mais elles s'en distinguent bien par les autres organes floraux.

Les anthémidées habitent l'Europe, l'Asie et l'Afrique; il n'y en a presque point en Amérique, non plus qu'aux Terres Australes.

XIIIe *Tribu*. Les Inulées (*Inuleæ*).

Caractères ordinaires.

L'*ovaire* est ordinairement grêle, non comprimé, cylindrique, arrondi aux deux bouts, dépourvu de côtes ou de nervures saillantes, souvent garni de poils ou de papilles. L'aigrette est ordinairement très-longue, régulière, composée de squamellules peu nombreuses, égales, unisériées, assez souvent entre-greffées à la base; ces squamellules sont grêles, droites, ayant quelque tendance à s'arquer régulièrement en dehors, souvent caduques; elles sont filiformes, sublaminées en leur partie inférieure, qui est barbellulée, subtriquètres en leur partie supérieure, qui est barbellée, surtout dans les fleurs mâles; les barbellules sont ouvertes, rapprochées, régulièrement disposées sur deux ou trois lignes; les barbelles sont très-souvent appliquées, comme entre-greffées.

Le *style* androgynique porte deux stigmatophores demi-cylindriques, un peu élargis et épaissis vers le sommet, lequel est arrondi; leur face intérieure plane est bordée de deux bourrelets stigmatiques confluens au sommet; leur face extérieure convexe est munie, sur son tiers supérieur, de collecteurs piliformes, très-menus, très-courts et très-rares; à l'époque de la fleuraison, les deux stigmatophores divergent sans se courber sensiblement ni en dehors ni en dedans. Beaucoup d'inulées ont le style semblable à celui des anthémidées, c'est-à-dire que les stigmatophores sont arqués en dehors, et tronqués au sommet, que les collecteurs sont rassemblés sur cette troncature, et que les bourrelets stigmatiques ne confluent pas sensiblement au sommet.

Les *étamines* ont le filet greffé à la partie inférieure seulement du tube de la corolle; l'article anthérifère, grêle; l'appendice apicilaire, souvent sublinéaire, obtus, un peu greffé inférieurement avec les appendices des deux anthères voisines; les appendices basilaires, très-longs, subulés, souvent plumeux.

La *corolle* staminée est régulière, grêle, lisse et glabre, subcoriacée, à nervures peu manifestes, intra-marginales; le limbe, peu distinct du tube, est pyriforme; ses divisions sont courtes, peu divergentes, peu arquées, demi-lancéolées, épaissies sur les bords qui sont munis d'une arête cartilagineuse, très-saillante en dehors, et se prolongeant derrière le sommet en une corne calleuse ; des poils terminés en globule sont couchés verticalement sur la face extérieure des divisions.

Remarques.

La calathide est tantôt radiée, tantôt discoïde, tantôt incouronnée. Le clinanthe est ordinairement inappendiculé, souvent squamellifère, quelquefois garni d'appendices anomaux. Les squames du péricline sont ordinairement imbriquées, et souvent surmontées d'un appendice scarieux, coloré. Les calathides sont assez souvent rassemblées en capitules. Les feuilles, rarement opposées, sont ordinairement indivises, et le plus souvent tomenteuses en tout ou partie. Plusieurs inulées, de différens genres, ont les feuilles concaves et tomenteuses en dessus, convexes et glabres en dessous, et retournées sens dessus dessous par l'effet d'une torsion. Les tiges sont tantôt herbacées, tantôt ligneuses. La couleur des corolles est ordinairement jaune-pâle.

Beaucoup d'inulées ont le style semblable à celui des anthémidées, des sénécionées et des nassauviées : mais leur ovaire, leur aigrette, leurs étamines, leur corolle les fixent solidement dans la tribu des inulées. D'autres inulées, au contraire, sont fixées dans cette tribu par le style, quoique les autres organes offrent des anomalies. Les inulées ont des rapports d'affinité avec les carlinées.

Il y a des inulées dans les quatre parties du monde, et surtout dans l'Afrique méridionale ; presque toutes les synanthérées des Terres Australes appartiennent à cette tribu.

XIIIe *Tribu.* Les Astérées (*Astereæ*).

Caractères ordinaires.

L'*ovaire* est pédicellulé, plus ou moins comprimé sur les deux côtés, obovale-oblong, rarement glabre, le plus souvent garni de poils biapiculés ; muni d'une côte sur chacune des deux arêtes, et quelquefois d'autres côtes moindres sur les deux faces. L'aigrette irrégulière, courbée vers le centre de la calathide, comme chiffonnée, rarement nulle ou semi-avortée, est le plus souvent composée de squamellules très-inégales, filiformes ou subtriquètres, épaisses, flexueuses; hérissées de barbellules longues et fortes, rapprochées, irrégulièrement disposées. Quelquefois l'aigrette est composée, en tout ou partie, de squamellules laminées ou paléiformes.

Le *style* androgynique porte deux stigmatophores, dans chacun desquels on distingue une partie inférieure demi-cylindrique, bordée de deux bourrelets stigmatiques non confluens, et une partie supérieure ordinairement plus courte, semi-conique, non stigmatifère, hérissée de collecteurs sur la face extérieure convexe; à l'époque de la fleuraison, la partie inférieure stigmatifère se courbe en dedans, de sorte que les deux stigmatophores, arqués l'un vers l'autre, représentent une sorte de pince.

Les *étamines* ont le filet greffé à la corolle, ordinairement jusqu'au sommet de son tube; l'article anthérifère, souvent jaune ou orangé, très-distinct du filet; les loges arrondies à la base; l'appendice apicilaire, libre, demi-lancéolé, obtus, un peu sinué sur les côtés; les appendices basilaires nuls.

La *corolle* staminée est régulière ou subrégulière; le tube offre cinq côtes arrondies; le limbe est le plus souvent subpyriforme, à nervures cylindriques, charnues, épaisses; ses divisions sont semi-ovales, oblongues, sub-acuminées, membraneuses, demi-transparentes, bordées d'un gros bourrelet cylindrique, charnu; les poils, qui occupent presque toujours la partie inférieure du limbe, sont cylindriques, obtus, divisés en articles courts.

Remarques.

La calathide est ordinairement radiée, quelquefois discoïde, rarement incouronnée. Le clinanthe est ordinairement inappendiculé, fovéolé ou alvéolé, rarement fimbrillifère ou squamellifère. Les squames du péricline sont ordinairement imbriquées, quelquefois unisériées. Les feuilles ordinairement alternes, quelquefois opposées, sont toujours indivises. Les tiges sont herbacées ou ligneuses. Les corolles inradiantes sont jaunes; les radiantes sont jaunes, blanches, rouges, violettes ou bleues.

Cette tribu est caractérisée principalement par le style, qui suffit pour la distinguer de toute autre tribu, quand les caractères de cet organe sont bien prononcés. Dans le cas contraire, il faut recourir aux autres organes floraux, qui offrent aussi plusieurs bons caractères.

Les astérées sont répandues inégalement sur toutes les parties de la terre; il y en a beaucoup dans l'Amérique septentrionale et en Afrique.

XIV.ᵉ *Tribu.* Les Sénécionées (*Senecioneæ*).

Caractères ordinaires.

L'*ovaire* est pédicellulé, non comprimé, cylindracé; sa surface est divisée en dix ou vingt bandes longitudinales, qui, ordinairement, sont alternativement glabres et hérissées de poils papilliformes; l'aréole basilaire n'est point oblique. L'aigrette est le plus souvent longue, blanche, composée de squamellules filiformes, très-grêles, caduques par fragilité, striées longitudinalement, barbellulées; les barbellules ordinairement éparses, distancées, menues, courtes, obtuses, peu saillantes.

Le *style* androgynique porte sur son sommet deux stigmaphores demi-cylindriques, qui, à l'époque de la fleuraison, divergent en s'arquant en dehors, en forme de demi-cercles; la face intérieure plane des stigmatophores est bordée de deux bourrelets stigmatiques, quelquefois confluens; le sommet de chaque stigmatophore est ordinairement tronqué, et garni de collecteurs, qui se répandent aussi quelquefois sur la face extérieure convexe des stigmatophores; quelquefois un appendice collectifère, plus ou moins long, surmonte le sommet de chaque stigmatophore.

Les *étamines* ont le filet greffé à la corolle, ordinairement jusqu'au sommet de son tube; la partie libre du filet est le plus souvent contournée en zigzag avant la fleuraison; l'article anthérifère est presque toujours notablement épaissi et strié; les loges sont amincies en pointe à la base; les appendices basilaires sont nuls ou presque nuls.

La *corolle* staminée est régulière, grêle et glabre, à tube lisse, à limbe pyriforme; les divisions, beaucoup plus courtes que la partie indivise du limbe, sont semi-ovales, bordées d'un bourrelet souvent papillulé, et munies, sous le sommet de leur face extérieure, d'une petite bosse papillée, qui se prolonge inférieurement en une nervure surnuméraire plus ou moins étendue.

Remarques.

La calathide est tantôt incouronnée, tantôt radiée, quelquefois discoïde. Le clinanthe est ordinairement inappendiculé, souvent alvéolé, quelquefois fimbrillifère, jamais squamellifère. Les squames du péricline sont, le plus souvent, unisériées, ou subunisériées, égales, oblongues, quelquefois entregreffées inférieurement. Les feuilles sont alternes, tantôt indivises, tantôt découpées, et, dans ce dernier cas, presque toujours pennatifides. Les tiges sont herbacées ou ligneuses. Les corolles sont ordinairement jaunes, souvent rouges, violettes, orangées, blanchâtres.

Cette tribu se confondroit par le style avec les nassauviées, les anthémidées, et une partie des inulées; mais elle s'en distingue bien par les autres organes floraux.

On trouve des sénécionées dans toutes les parties du globe; l'Afrique méridionale, surtout, en produit un très-grand nombre. M. de Humboldt remarque qu'il y a beaucoup de sénécionées dans la région supérieure des Andes, située au-dessus de la limite des neiges perpétuelles, où le soleil a peu d'empire, où règnent habituellement des vents impétueux, et où aucun arbre ne peut croître (1).

XVe *Tribu.* Les Nassauviées (*Nassauvieæ*).

Caractères ordinaires.

L'*ovaire*, dans cette tribu, varie selon les genres.

Le *style* androgynique a ses deux stigmatophores d'une longueur moyenne, divergens, arqués en dehors, demi-cylindriques, tronqués au sommet qui est un peu épaissi; leur face interne plane porte deux très-petits bourrelets stigmatiques marginaux, souvent imperceptibles; leur troncature terminale est garnie d'une touffe de collecteurs piliformes. La base du style est souvent très-épaissie et globuleuse.

---

(1) Nova Genera et Species Plantarum, tom. IV, in-fol., pag. 240. Voyez, dans le Journal de Physique, de juillet 1819, notre Analyse critique et raisonnée de ce quatrième volume de l'ouvrage de M. Kunth.

Les *étamines* ont l'article anthérifère épaissi ; le connectif court ; l'appendice apicilaire long, linéaire, greffé inférieurement avec les appendices des deux anthères voisines ; les appendices basilaires longs, laminés.

La *corolle* staminée est labiée ; le tube et le limbe sont peu distincts l'un de l'autre ; les deux lèvres deviennent inégales en longueur, à l'époque de la fleuraison ; la lèvre extérieure plus longue, plus large, et à trois divisions plus courtes, est d'une substance plus épaisse, plus opaque, plus colorée, et d'une forme ovale ; la lèvre intérieure plus courte, plus étroite, et à deux divisions plus longues, mais quelquefois cohérentes, est d'une substance plus mince, plus transparente, plus pâle, et d'une forme demi-lancéolée.

Remarques.

La calathide est incouronnée, androgyniflore ; elle devient radiatiforme, à l'époque de la fleuraison, comme dans la tribu des lactucées, la lèvre extérieure de la corolle s'alongeant davantage dans les fleurs extérieures que dans les fleurs intérieures de la calathide. Le clinanthe est tantôt inappendiculé, tantôt fimbrillifère, tantôt squamellifère. Les squames du péricline sont ordinairement unisériées ou subunisériées, quelquefois bisériées ou paucisériées. Les feuilles sont alternes, quelquefois imbriquées, le plus souvent sessiles sur la tige, ordinairement plus ou moins dentées ou découpées en tout ou partie, souvent coriaces. Les tiges sont herbacées, ou quelquefois ligneuses. Les corolles sont ordinairement jaunes, quelquefois rouges, bleues ou blanches.

Cette tribu diffère de la suivante par le style, et de toutes les autres par la corolle ; car il ne faut point confondre la corolle labiée, qui est exclusivement propre aux nassauviées et aux mutisiées, avec les corolles biligulées et ringentes, qui se rencontrent dans d'autres tribus. Les nassauviées ont des rapports d'affinité très-remarquables avec les carlinées et les lactucées.

Les plantes de cette tribu habitent l'Amérique méridionale.

XVIe *Tribu*. Les Mutisiées (*Mutisieæ*).

Caractères ordinaires.

L'*ovaire* est cylindracé, rarement collifère, ordinairement couvert de grosses papilles charnues, arrondies; quelquefois garni de poils, ou glabre. Il y a souvent un bourrelet apicilaire dilaté horizontalement. L'aigrette est composée de squamellules nombreuses, filiformes, barbellulées, rarement barbées.

Le *style* androgynique a ses deux stigmatophores courts, non divergens, un peu arqués en dedans, demi-cylindriques, arrondis au sommet qui est un peu épaissi; leur face interne plane porte deux très-petits bourrelets stigmatiques marginaux, confluens au sommet, et souvent imperceptibles: leur face externe convexe porte sur sa partie supérieure quelques petits collecteurs papilliformes, épars.

Les *étamines* ont l'article anthérifère grêle; le connectif d'une longueur moyenne; l'appendice apicilaire long, linéaire, greffé inférieurement avec les appendices des deux anthères voisines; les appendices basilaires longs, subulés.

La *corolle* staminée est labiée; le tube et le limbe sont peu distincts l'un de l'autre; les deux lèvres sont égales en longueur, et linéaires; l'extérieure plus large, et à trois divisions plus courtes; l'intérieure plus étroite, et à deux divisions plus longues.

Remarques.

La calathide est ordinairement radiée, quelquefois discoïde-radiée, rarement incouronnée, jamais radiatiforme. Le clinanthe est ordinairement inappendiculé, rarement fimbrillifère, jamais squamellifère. Les squames du péricline sont plurisériées, ordinairement imbriquées. Les mutisiées sont des plantes herbacées, ou quelquefois ligneuses, assez ordinairement tomenteuses en tout ou partie, tantôt pourvues de vraies tiges, tantôt, et le plus souvent, n'ayant que des hampes. Leurs feuilles sont alternes, sessiles sur les tiges, tantôt indivises, tantôt découpées, et, dans ce dernier cas, lyrées, roncinées, pennatifides, ou pennées, quelquefois munies de vrilles. Les corolles du disque sont ordinairement jaunes, rarement purpurines ou blanchâtres; celles de la couronne radiante sont ordinairement plus colorées, jaunes, orangées, ou pourpres, et leur languette radiante est souvent épaisse, comme charnue, et velue en dessous; elles sont ordinairement biligulées, quelquefois simplement ligulées.

Cette tribu diffère de la précédente par le style, et de toutes les autres par la corolle. Elle a, comme la précédente, des rapports d'affinité extrêmement remarquables avec les lactucées et les carlinées : c'est pourquoi il conviendroit peut-être de ranger les mutisiées et les nassauviées entre les lactucées et les carlinées.

La plupart des mutisiées habitent l'Amérique méridionale; l'Afrique en produit plusieurs, et l'Amérique septentrionale quelques unes.

XVII.[e] *Tribu.* Les Tussilaginées (*Tussilagineæ*).

Caractères ordinaires.

L'*ovaire* est pédicellulé, oblong, non comprimé, cylindracé; l'aréole basilaire n'est point oblique; il y a un bourrelet basilaire et un bourrelet apicilaire; le corps est glabre, muni de cinq nervures ou de cinq côtes. L'aigrette est formée de squamellules unisériées, filiformes, barbellulées; les barbellules irrégulièrement disposées, distancées, courtes et fines.

Le *style* féminin a deux stigmatophores extrêmement courts, cylindriques, arrondis au sommet, couverts sur toute leur surface de petites papilles stigmatiques souvent imperceptibles. Le style masculin a sa partie supérieure épaissie en une masse hérissée de collecteurs, et fendue supérieurement en deux languettes.

Les *étamines* ont le filet et l'article anthérifère presque entièrement confondus ensemble, l'articulation étant à peine perceptible; l'appendice apicilaire demi-lancéolé-obtus, libre; les appendices basilaires extrêmement courts, arrondis, pollinifères, en forme d'oreillettes.

La *corolle* staminée est régulière, glabre. Le limbe est large, campaniforme, à nervures épaisses; ses divisions sont aussi longues que sa partie indivise, étroites, semi-ovales, membraneuses et demi-transparentes comme la partie indivise, bordées d'un bourrelet.

Remarques.

La calathide est discoïde, ou radiée, à disque masculiflore, et à couronne féminiflore. Le clinanthe est inappendiculé. Les squames du péricline sont subunisériées. Les tussilaginées sont des plantes herbacées, plus ou moins velues ou tomenteuses en tout où partie, et pourvues, au lieu de tiges, de hampes monocalathides ou polycalathides, garnies de bractées squamiformes. Les feuilles ne se développent qu'après la fleuraison; elles sont radicales, pétiolées, ordinairement suborbiculaires, échancrées à la base, et anguleuses ou dentées. Les corolles sont jaunes, rougeâtres ou blanchâtres.

Aucune tussilaginée connue jusqu'ici n'a de fleurs hermaphrodites; ainsi, nous n'avons pu décrire le style androgynique de cette tribu. Peut-être seroit-il semblable à celui des adénostylées; et, dans ce cas, les deux tribus devroient être réunies ensemble. En attendant, les tussilaginées se distinguent très-bien de toute autre tribu par la structure singulière de leurs styles, qui est surtout remarquable en ce que le stigmate occupe toute la surface tant extérieure qu'intérieure des stigmatophores.

Presque toutes les tussilaginées habitent l'Europe.

XVIII.e *Tribu*. Les Adénostylées (*Adenostyleæ*).

Caractères ordinaires.

L'*ovaire*, dans cette tribu, varie selon les genres.

Le *style* androgynique porte sur son sommet deux stigmatophores, qui divergent en s'arquant en dehors pendant la fleuraison: chaque stigmatophore est demi-cylindrique, arrondi au sommet; sa face extérieure convexe est toute couverte de collecteurs glanduliformes, dont souvent quelques uns occupent le sommet du style: sa face intérieure est creusée dans son milieu, depuis la base jusque près du sommet, d'une rainure très-étroite, qui sépare deux gros bourrelets stigmatiques poncticulés, confluens ensemble au sommet du stigmatophore, et confluens par la base avec les bourrelets de l'autre stigmatophore.

Les *étamines* ne paroissent pas pouvoir servir à caractériser la tribu.

La *corolle* staminée est régulière, souvent munie de nervures surnuméraires.

Remarques.

La calathide est tantôt incouronnée, tantôt discoïde, tantôt radiée, toujours pourvue de fleurs hermaphrodites. Le clinanthe est inappendiculé. Les squames du péricline sont ordinairement unisériées. Les feuilles sont alternes, pétiolées, indivises, ordinairement arrondies. Les tiges sont ordinairement herbacées. Les fleurs sont ordinairement rougeâtres.

Cette tribu a beaucoup d'analogie avec les eupatoriées, les tussilaginées et les sénécionées, et elle ne s'en distingue que par le style.

Les adénostylées sont, pour la plupart, européennes.

XIX.e *Tribu.* Les Eupatoriées (*Eupatorieæ*).

Caractères ordinaires.

L'*ovaire* est oblong, non comprimé, un peu épaissi de bas en haut, arrondi au sommet; ordinairement prismatique, à cinq faces limitées par cinq arêtes saillantes; quelquefois cylindracé, avec cinq ou dix nervures; il est glabre, ou garni de poils, ou parsemé de globules substipités. Cet ovaire est ordinairement porté sur un pied plus ou moins grand, et de forme diversifiée, souvent articulé avec le corps. Le placentaire est ordinairement très-élevé. Le fruit mûr est ordinairement de couleur noire. L'aigrette, rarement nulle ou stéphanoïde, est ordinairement composée de squamellules uni-bisériées, libres ou entre-greffées inférieurement, filiformes ou paléiformes.

Le *style* androgynique a ses stigmatophores longs, colorés comme la corolle, peu divergens pendant la fleuraison; leur partie inférieure, un peu arquée en dehors, est courte, grêle, demi-cylindrique, bordée de deux très-petits bourrelets stigmatiques; leur partie supérieure, un peu arquée en dedans, est longue, épaisse, subcylindracée, souvent élargie supérieurement, toujours arrondie au sommet, couverte de collecteurs papilliformes ou glanduliformes. La base du style est souvent velue.

Les *étamines* ont l'article anthérifère quelquefois épaissi; l'appendice apicilaire arrondi au sommet (nul dans le *piqueria*, denticulé dans quelques *stevia*); les appendices basilaires nuls ou presque nuls.

La *corolle* staminée est régulière, mais tellement diversifiée du reste, qu'elle ne peut fournir à cette tribu aucun autre caractère général. Celle des *stevia* et de quelques autres eupatoriées est remarquable par les poils qui garnissent sa surface intérieure.

Remarques.

La calathide est incouronnée, équaliflore, pluriflore, réguliflore, androgyniflore. Le clinanthe est presque toujours inappendiculé, rarement fimbrillifère, ou squamellifère. Les squames du péricline sont tantôt imbriquées, tantôt unisériées ou bisériées. Les feuilles sont ordinairement opposées, souvent alternes. Les tiges sont herbacées, ou quelquefois ligneuses. Les corolles sont ordinairement rouges, blanches ou bleues, quelquefois jaunes.

Les eupatoriées sont bien caractérisées par le style, qui ne permet pas de les réunir avec les vernoniées.

Presque toutes les eupatoriées habitent l'Amérique ; il y en a très-peu en Asie, encore moins en Afrique, et l'Europe n'en possède qu'une seule espèce.

XX.[e] *Tribu.* Les Vernoniées (*Vernonieæ*).

Caractères ordinaires.

L'*ovaire* est sessile ou pédicellulé. L'aréole basilaire est rarement oblique. Il y a ordinairement un bourrelet basilaire ; le bourrelet apicilaire manque souvent, mais quelquefois il acquiert un développement extraordinaire, et simule une aigrette stéphanoïde. Le corps, souvent parsemé de glandes, ou garni de poils, est tantôt cylindracé, ou subcylindracé, et muni de dix côtes; tantôt en pyramide renversée, à cinq arêtes plus ou moins saillantes, dont une ou deux sont souvent oblitérées ; tantôt dépourvu de côtes et d'arêtes, et atténué supérieurement en un col gros et court. L'aigrette est simple ou double, souvent caduque, quelquefois stéphanoïde, quelquefois nulle ; ses squamellules sont filiformes ou laminées, barbellulées ou inappendiculées.

Le *style* androgynique porte sur son sommet deux stigmatophores demi-cylindriques, qui, à l'époque de la fleuraison, divergent en s'arquant en dehors. Le stigmate, formé de petites papilles, couvre toute la face intérieure plane des deux stigmatophores. Les collecteurs, piliformes, ou quelquefois lamelliformes, occupent la face extérieure convexe des deux stigmatophores et le haut du style.

Les *étamines* ont l'anthère munie ordinairement d'appendices basilaires pollinifères.

La *corolle* staminée est ordinairement purpurine, membraneuse, et parsemée de glandes, souvent arquée en dehors; le tube et le limbe sont le plus souvent peu distincts l'un de l'autre : le limbe, presque toujours subrégulier, c'est-à-dire à incisions un peu inégales, est quelquefois palmé, jamais fendu; ses divisions sont longues, étroites, linéaires.

Remarques.

La calathide est ordinairement incouronnée, quelquefois discoïde, rarement radiée, rarement subradiatiforme, quelquefois uniflore, rarement unisexuelle. Le clinanthe est ordinairement inappendiculé, quelquefois fimbrillifère, rarement squamellifère. Les squames du péricline sont ordinairement imbriquées, quelquefois unisériées ou bisériées, quelquefois entre-greffées inférieurement. Les calathides sont quelquefois rassemblées en capitules. Les feuilles ordinairement alternes, rarement opposées, sont souvent parsemées de points glanduleux. Les tiges sont tantôt et le plus souvent herbacées, tantôt ligneuses. Les fleurs sont le plus souvent purpurines, quelquefois jaunes, blanches ou bleues.

Les vernoniées diffèrent essentiellement des lactucées par la corolle qui n'est point fendue, et de toutes les autres tribus, par le style qui est absolument analogue à celui des lactucées. Elles se rapprochent encore des lactucées par la corolle qui est quelquefois palmée, et par conséquent très-voisine de la corolle fendue, ainsi que par la calathide qui est quelquefois radiatiforme.

La plupart des vernoniées sont d'Amérique; les autres habitent l'Afrique ou l'Asie; aucune n'est indigène en Europe. (H. Cass.)

HÉLIANTHÈME, *Helianthemum.* (*Bot.*) Tournef., Juss. Genre de plantes dicotylédones, de la famille des *cistées*, Juss., et de la *polyandrie monogynie* de Linnæus, dont les caractères principaux sont les suivans : Calice de cinq folioles persistantes, dont deux extérieures plus petites; cinq pétales égaux, disposés en rose et très-caducs; étamines nombreuses, insérées au réceptacle; un ovaire supérieur, ovale, surmonté d'un style simple, et terminé par un stigmate aplati; une capsule à une seule loge, s'ouvrant en trois valves revêtues intérieurement d'une membrane, et munies dans leur milieu d'une nervure saillante à laquelle les graines sont attachées par de petits cordons ombilicaux.

Le mot latin *helianthemum* vient de deux mots grecs ηλιος, ανθεμον, qui signifient fleur de soleil, et ce nom paroît d'abord avoir été donné à une espèce de ce genre, l'hélianthème commun, dont la fleur est d'une belle couleur jaune d'or.

Les hélianthèmes sont des arbustes ou des herbes à feuilles pour la plupart opposées, accompagnées ou dépourvues de stipules, et à fleurs ordinairement disposées en grappes terminales. On en connoît aujourd'hui environ quatre-vingts espèces, dont plus des trois quarts croissent en Europe, et surtout dans ses parties méridionales. Jusqu'à présent on n'en a trouvé qu'un très-petit nombre en Amérique : ces plantes ne présentant d'ailleurs presque aucun intérêt sous le rapport de leurs propriétés ou de leurs usages, nous ne ferons mention ici que de quelques unes des plus remarquables.

* *Feuilles dépourvues de stipules.*

Hélianthème a ombelles : *Helianthemum umbellatum*, Desf., *Hort. Par.*, éd. 1, p. 152; Decand., Fl. Fr., 4, p. 815; *Cistus umbellatus*, Linn., *Spec.*, 739. Sa tige est ligneuse, haute de huit à douze pouces, divisée en rameaux grêles, pubescens, un peu visqueux, garnis de feuilles linéaires, d'un vert foncé en dessus, un peu blanchâtres en dessous. Les fleurs sont blanches, pédonculées, disposées cinq à six ensemble en une sorte d'ombelle terminale; elles sont très-fugaces, et ne durent que quelques heures. Cette espèce se trouve en France dans les lieux secs et sablonneux; elle est commune dans la forêt de Fontainebleau.

Hélianthème grêle : *Helianthemum levipes*, Desf., *Hort. Par.*, éd. 1, p. 152; Decand., Flor. Franç., 4, p. 816; *Cistus levipes*, Linn., *Spec.*, 739. Ses tiges sont ligneuses, un peu couchées, très-rameuses, hautes de sept à huit pouces, garnies de feuilles alternes, linéaires, d'une couleur glauque. Les fleurs sont jaunes, pédonculées, disposées cinq à huit au sommet des rameaux et en manière de grappe. Cette plante croît dans les parties méridionales de la France et de l'Europe.

HÉLIANTHÈME ALYSSOÏDE : *Helianthemum alyssoides*, Vent., Choix de Pl., n. et t. 20; *Cistus alyssoides*, Lamk., Dict. Enc., 2, p. 20. Sa tige est ligneuse à sa base, divisée en rameaux nombreux, étalés et couchés sur la terre, chargés, ainsi que les feuilles, de petites taches blanches, formées de poils très-courts qui, vus à la loupe, paroissent rayonnans. Ses feuilles sont ovales-oblongues, opposées; ses fleurs sont jaunes, pédicellées, disposées deux à trois ensemble à l'extrémité des rameaux. Cette espèce est commune dans les lieux sablonneux du midi de la France, et principalement dans les Landes, entre Bordeaux et Bayonne.

HÉLIANTHÈME TUBÉRAIRE : *Helianthemum tuberaria*, Mill., Dict., n. 10; *Cistus tuberaria*, Linn., *Spec.*, 741; Cavan., *Icon.*, t. 67. Sa racine est ligneuse, cylindrique, tortue; elle produit une à trois tiges herbacées, hautes de huit à dix pouces, garnies à leur base de feuilles ovales-oblongues, chargées de nervures longitudinales, saillantes, et de poils blancs soyeux. Les feuilles, placées dans la longueur des tiges, sont opposées, lancéolées et glabres; les fleurs sont jaunes, pédicellées, et forment, au sommet des tiges, une grappe courte ou un bouquet corymbiforme; leur calice est glabre, deux fois plus long que la capsule pubescente. Cette plante croît dans le midi de la France et de l'Europe.

HÉLIANTHÈME TACHÉ : *Helianthemum guttatum*, Mill., Dict., n. 18; *Cistus guttatus*, Linn., *Spec.*, 741. Sa tige est herbacée, plus ou moins rameuse, hérissée de poils, haute de six à huit pouces, garnie de feuilles oblongues, opposées, sessiles, velues. Les fleurs, disposées en une grappe lâche, au sommet de la tige et des rameaux, sont d'un jaune peu foncé, remarquables par une grande tache violette placée à la base de chaque pétale. Cette espèce croît dans les lieux sablonneux et sur les bords des bois : elle est commune aux environs de Paris.

* *Feuilles munies de deux stipules à leur base.*

HÉLIANTHÈME A FEUILLES DE SAULE : *Helianthemum salicifolium*,

Decand., Flor. Franç., 4, p. 820; *Cistus salicifolius*, Linn., *Spec.*, 742. Sa racine est grêle, annuelle, comme celle de l'espèce précédente; elle produit une tige quelquefois simple, souvent divisée dès sa base en plusieurs rameaux étalés, redressés, pubescens, hauts de quatre à six pouces, garnis de feuilles ovales ou oblongues, opposées, munies de stipules lancéolées. Les fleurs sont petites, d'un jaune pâle, disposées en grappes terminales et peu garnies. Cette plante croît dans les lieux stériles et sablonneux du midi de la France.

Hélianthème a feuilles de lavande: *Helianthemum lavandulæfolium*, Desf., *Hort. Par.*, éd. 1, p. 153: *Cistus lavandulæfolius*, Lamk., Dict. Enc., 2, p. 25; *Cistus syriacus*, Jacq., *Icon. rar.*, t. 96. Sa tige est ligneuse, haute d'un pied à dix-huit pouces, divisée en plusieurs rameaux redressés, couverts ainsi que les feuilles, les pédoncules et les calices, d'un duvet court et blanchâtre. Les feuilles sont lancéolées-linéaires, munies de stipules étroites. Les fleurs sont jaunes, nombreuses, pendantes avant leur épanouissement, et disposées, au sommet des rameaux, en grappes serrées. Cette plante croit sur les collines, en Provence et en Espagne.

Hélianthème commun: vulgairement Herbe d'or, Hysope des garigues, Fleur du soleil; *Helianthemum vulgare*, Desf., *Hort. Par.*, éd. 1, p. 153; *Cistus helianthemum*, Linn., *Spec.*, 744; Flor. Dan., t. 101. Sa tige est ligneuse à sa base, divisée en rameaux grêles, étalés, légèrement velus, longs de six à huit pouces, garnis de feuilles ovales-oblongues, opposées, portées sur de courts pétioles, vertes en dessus et blanchâtres en dessous. Ses fleurs sont jaunes, pédonculées et disposées en grappe lâche à l'extrémité des rameaux; leur calice est presque glabre. Cette espèce est commune sur les collines et sur les bords des bois, dans les lieux secs. Elle passoit autrefois pour vulnéraire et astringente. On trouve qu'elle a été conseillée contre le crachement de sang, la dyssenterie, la diarrhée, etc.; aujourd'hui elle est tout-à-fait tombée en désuétude. (L. D.)

HELIANTHEMOIDES. (*Bot.*) Boerhaave avoit donné primitivement ce nom à une plante dont Linnæus a fait depuis son *turnera cistoides*. (J.)

HÉLIANTHES. (*Bot.*) M. de Jussieu a proposé de diviser ses corymbifères en quatre groupes naturels, intitulés *eupa-*

toires, *asters*, *matricaires*, *hélianthes ;* mais il n'a indiqué ni les caractères de ces groupes, ni les genres qui les composent. Nos études sur les synanthérées nous ont appris que cet ordre de végétaux forme un ensemble tellement lié, qu'il est absolument impossible d'y faire un petit nombre de grandes coupes naturelles, susceptibles d'être caractérisées, et qu'on ne peut le diviser naturellement qu'en une vingtaine de petits groupes ou tribus, distingués par des caractères extrêmement compliqués, fort minutieux, équivoques, et sujets à beaucoup d'exceptions. Il en résulte que le plan proposé, mais non exécuté par M. de Jussieu, est, selon nous, inexécutable.

M. Decandolle, dans ses *Observations sur les plantes composées ou syngénèses*, a proposé de diviser cet ordre en trois tribus : 1.° Les *chicoracées* ou *semi-flosculeuses*, qui ont toutes leurs corolles en languette ; 2.° les *labiatiflores*, qui ont les corolles, ou au moins celles du disque, divisées en deux lèvres inégales ; 3.° les *tubuleuses*, qui ont les fleurons, tous, ou au moins ceux du disque, tubuleux, à cinq dents ou cinq lobes égaux. Il subdivise ensuite la tribu des tubuleuses en trois sections : 1.° Les *cinarocéphales*, remarquables par leur feuillage ferme et souvent épineux ; leur réceptacle charnu, toujours couvert de paillettes ; leurs corolles souvent brusquement renflées vers la gorge ; leurs anthères fermes, souvent contractiles ; leurs fleurs hermaphrodites ou stériles, mais jamais unisexuelles ; leurs styles souvent simples et noueux au-dessus des anthères : 2.° les *corymbifères*, qu'on peut reconnoître à leurs feuilles souvent alternes, rarement épineuses ; à leur réceptacle plus mince, souvent dépourvu de paillettes ; à leurs graines nues ou couronnées par une aigrette qui se sépare du sommet du fruit sans déchirement, et qui est presque toujours caduque : 3.° les *hélianthées*, qui ont les feuilles presque toujours opposées, les réceptacles presque toujours garnis de paillettes, et le fruit couronné, non par une véritable aigrette caduque et piliforme, mais par des appendices persistans, ordinairement durs ou écailleux, et qui sont évidemment des prolongemens du calice, lequel a son tube adhérent. Enfin, M. Decandolle distribue les genres des cinarocéphales en quatre divisions : 1.° Les *échinopées*, qui ont les fleurons solitaires dans chaque involucre ; 2.° les *gundéliacées*, qui ont les paillettes du réceptacle soudées et formant des loges monospermes ; 3.° les *carduacées*, qui ont dans chaque involucre plusieurs fleurons, tous hermaphrodites et attachés au réceptacle par un ombilic basilaire ; 4.° les *centaurées* qui ont le disque composé de fleurons hermaphrodites, le rayon composé de fleurons neutres plus grands, tous les fleurons attachés au réceptacle par un ombilic latéral. Cette méthode de classification des synanthérées est très-séduisante au premier aperçu ; mais en la soumettant à un examen approfondi, on reconnoit qu'elle n'est ni naturelle ni artificielle, et qu'elle a le défaut des méthodes mixtes, qui réunissent les inconvéniens de la méthode artificielle et ceux de la méthode naturelle, sans offrir les avantages de l'une ni de l'autre. (H. Cass.)

HELIAS (*Ornith.*), nom spécifique donné par Linnæus à l'oiseau du soleil, de Fermin, ou caurale et petit paon des roses, de Buffon, *ardea helias*, Linn. Voyez Caurale. (Ch. D.)

HÉLICE, *Helix*. (*Malacoz.*) Genre de mollusques conchylifères, admis par tous les zoologistes pour un grand nombre d'espèces d'animaux de la famille des limacinés, répandus dans toutes les parties de la terre, et qu'il est aussi aisé de caractériser par la forme de l'animal, que cela est difficile par celle de la coquille : aussi a-t-on proposé, dans ces derniers temps, d'établir dans ce genre un nombre assez considérable de sections génériques, pour faciliter la distinction des coquilles. Ses caractères sont : Animal de forme à peine variable, pourvu inférieurement d'un disque musculaire ou pied quelquefois subpédiculé, plus ou moins gibbeux et spiral en dessus ; le manteau formant, au point de jonction des deux parties du corps, une sorte de bourrelet ou d'anneau (collier), dans l'épaisseur duquel sont percés l'orifice arrondi de la cavité respiratrice et celui de l'anus. La tête peu distincte, avec deux paires de tentacules obtus, rétractiles, l'antérieure plus petite, la postérieure plus grande, et portant les yeux au sommet. La bouche accompagnée d'une paire d'appendices fort courts et obtus, et armée supérieurement d'un petit peigne dentaire. Les organes de la génération se terminant à l'extérieur par un orifice unique, situé au côté externe et postérieur du grand tentacule gauche. Coquille de forme extrêmement variable, en général plus ou moins globuleuse, quelquefois discoïde; à spire courte, obtuse; l'ouverture entière, arrondie, ordinairement transverse, à bords désunis, et plus ou moins modifiée par le dernier tour de spire : point d'opercule véritable, mais un épiphragme dans un grand nombre d'espèces.

L'organisation de l'animal des hélices, plus connues sous le nom de colimaçons, ou même de limaçons, a beaucoup de rapports avec celle des limaces. Pour s'en faire une idée, il faut concevoir une de ces limaces, c'est-à-dire, un corps ovalaire alongé, convexe en dessus, plane en dessous, dans lequel la masse des viscères de la digestion et d'une partie de ceux de la génération, auroit formé une sorte de hernie dans l'étendue du tiers moyen du dos, ou mieux, dans l'espace formé par le bouclier, et auroit entraîné avec elle la peau, considérablement amincie. Cette masse, au devant de laquelle est l'appareil de la respiration, se contourne en spirale, et est contenue dans une coquille de même forme. Alors nous avons à décrire le corps proprement dit, c'est-à-dire, la tête et l'empatement musculaire qui le termine en dessous et en arrière, et auquel on donne le nom de pied; la masse herniale des viscères, et le bourrelet qui forme le manteau autour de l'espèce de pédicule qui joint cette masse au corps, c'est ce qu'on nomme le collier; et enfin la coquille, qui revêt constamment celle-ci, et dans laquelle peuvent rentrer plus ou moins complétement la tête et le pied.

Le corps, comme nous l'avons circonscrit, est à peu près demi-cylindrique dans toute sa partie antérieure, étant plus ou moins convexe en dessus et plane en dessous; en arrière il se termine en une sorte de langue, ou de partie plus aplatie et ordinairement peu pointue, qui est entièrement musculeuse, et qui n'est que le prolongement du pied. On donne ce nom à la portion aplatie et fort épaisse de l'enveloppe extérieure qui occupe toute la face inférieure du corps de l'animal, parce que c'est sur elle qu'il se meut en rampant. Ce pied, tout à-fait libre en arrière, se prolonge jusque sous la tête, dont il est séparé par un sillon assez profond. Toute la surface inférieure du corps ou du pied est parfaitement lisse, au contraire de la supérieure, qui est rendue rugueuse par un grand nombre de tubercules peu saillans, séparés par des sillons assez irréguliers en général, mais dont quelques uns paroissent disposés d'une manière plus symétrique; ainsi on en voit un qui fait le tour du bord supérieur du pied, et il en est deux autres qui occupent la partie antérieure du dos, se dirigeant, de chaque côté, vers l'espace qui sépare le pied de la tête; celle-ci n'est réellement bien distincte, surtout en dessus, que par les organes dont elle est pourvue. Ces organes sont les tentacules; ils sont au nombre de deux paires : l'une antérieure et un peu interne, ce sont les plus petits, et l'autre postérieure et externe, ce sont les plus grands, qui, d'ailleurs, sont toujours reconnoissables, parce qu'on voit à leur extrémité un point noir regardé comme un œil. Ces tentacules diffèrent beaucoup des organes de même nature qu'on trouve dans les autres familles de mollusques, parce qu'ils sont rétractiles, c'est-à-dire, qu'ils peuvent entièrement disparoître en rentrant à l'intérieur de l'animal par un mécanisme qui sera expliqué plus loin. Enfin, à l'extrémité antérieure de la tête du limaçon est une ouverture plissée qui forme la bouche et, de chaque côté, la tête s'élargit en un appendice arrondi assez court, en forme d'oreillette; ce sont les appendices buccaux. Pour terminer tout ce qui a rapport à l'extérieur de l'animal, dans cette partie, nous ajouterons qu'on voit souvent, assez aisément, à peu de distance de la racine externe du tentacule droit, une petite fente dans une sorte de renflement; c'est par là que se terminent les appareils de la génération. La masse viscérale, comme il a déjà été dit, est entièrement cachée par la coquille; elle est plus ou moins en spirale, et plus ou moins saillante, couverte d'une peau extrêmement mince et lisse : elle est jointe au corps proprement dit par une sorte de pédicule formé par l'élévation dorsale de celui-ci, et qui est couverte d'une peau également rugueuse. Ce pédicule est plus ou moins long, suivant les espèces : il pénètre dans une sorte d'anneau musculaire fort épais qui borde la masse viscérale, et qui n'est autre chose que ce qu'on appelle le manteau dans les autres mollusques; ici on le nomme *collier*. Il borde tout l'orifice de la coquille, et fait un cercle complet. Il faut y distinguer deux parties assez distinctes : l'une interne, lisse, à bord mince, qui forme antérieurement une large échancrure droite, à l'extrémité de laquelle est, de chaque côté, un appendice arrondi. C'est également dans une échancrure latérale droite de cette membrane que se trouve l'orifice pulmonaire. L'autre partie du manteau est le collier proprement dit; elle est beaucoup plus épaisse, et forme un véritable bourrelet qui, en passant sur l'échancrure latérale droite de l'autre partie, la convertit en un trou à peu près rond. C'est entre ces deux mêmes parties, et en arrière de l'orifice pulmonaire, qu'est celui de l'anus, dans une sorte de fente verticale.

La coquille, dans les hélices, offre la même structure générale; et, par conséquent, le même mode d'accroissement que celle des autres malacozoaires : elle est médiocrement épaisse, souvent même fort mince, rarement couverte d'un épiderme, et jamais nacrée intérieurement. Elle est quelquefois assez disproportionnée avec le corps de l'animal, et de manière qu'il n'en est recouvert que dans une partie de son étendue : cette partie est toujours la masse des viscères, et surtout l'appareil de la respiration; par là ces espèces rapprochent le genre Hélice des vitrines. La forme générale de cette coquille est extrêmement variable. Ainsi, quelquefois elle est réellement déprimée, ou écrasée de haut en bas, et dans ce cas la spire est composée d'un petit nombre de tours, dont le dernier est très-grand; d'autres fois elle est globuleuse, et enfin il arrive qu'elle soit fortement comprimée ou planorbique; alors les tours de spire deviennent très-nombreux, s'enroulent presque dans le même plan, et augmentent insensiblement de diamètre. Enfin, on trouve quelques espèces qui sont trochiformes, ou dont la spire s'élève verticalement en pointe conique, tandis que la base reste plate. Quant à celles qui sont très-élevées, et même cylindriques, elles n'appartiennent pas au genre Hélice, tel que nous le considérons ici. Les tours de spire sont presque toujours carénés ou subcarénés dans le jeune âge; mais il est un certain nombre d'espèces chez lesquelles le dernier l'est constamment. Enfin, presque toutes les coquilles d'hélices sont ombiliquées, du moins encore dans le jeune âge; mais il en est plusieurs dans lesquelles cet ombilic disparoit ou est caché par une sorte de callosité, produite par un élargissement du bord gauche de l'ouverture, c'est-à-dire, de celui qui est en partie formé par le prolongement de la columelle. L'ouverture, ordinairement plus large que longue, est toujours parfaitement entière ou sans échancrure; elle peut être arrondie, ovale, ou semilunaire; mais elle est toujours plus ou moins modifiée par l'avant-dernier tour de spire, qui saille dans son intérieur. Les bords sont presque toujours désunis, ce qui forme le péristome discontinu, ou, s'ils sont réunis, ce qui est désigné par péristome subcontinu ou discontinu, cela n'est produit que par un dépôt calleux. Le bord gauche est formé en plus ou moins grande partie par le prolongement de la columelle; et, au point de jonction, on trouve souvent une sorte de petite saillie : cette partie columellaire du bord gauche s'élargit ordinairement à son origine, et cache plus ou moins l'ombilic quelquefois en se soudant complétement sur ses bords. Le péristome peut être tranchant, épaissi, ou bordé par un bourrelet marginal ou intérieur; il peut être droit, évasé ou rebroussé en dehors; mais, dans tous ces caractères, il y a des nuances insensibles. On voit aussi, dans la disposition des couleurs, quelque chose de général. Les hélices sont assez souvent de couleur uniforme, et alors elle est brune dans toutes ses nuances; mais, le plus généralement, sur un fond plus clair, se détachent des bandes colorées. Ces bandes peuvent être subdivisées en deux sortes : les inférieures et les supérieures; les inférieures sont les plus courtes et celles qui manquent le plus tôt; elles se décomposent en deux et même cinq filets continus, et quelquefois en taches. Le système de bandes supérieures est toujours borné par la carène ou sa place; il peut aussi se subdiviser en trois, cinq et plus de bandes continues ou décomposées, dont la plus constante et la plus étendue est celle qui suit la suture, et la carène dans toute sa longueur. Enfin, on trouve un groupe d'espèces d'hélices dans lesquelles la couleur est uniforme, sauf une bande brune ou blanche qui suit la carène. Il m'a semblé que la disposition des couleurs dénote assez bien les petits groupes naturels des espèces d'hélices.

De la coquille, qui ne tient au reste du corps que par les muscles rétracteurs du pied et de la tête, nous passerons maintenant à l'étude de l'organisation.

La peau ou l'enveloppe du limaçon est, dans les endroits qui ne sont pas recouverts par la coquille, d'une sensibilité extrême : aussi reçoit-elle une grande quantité de nerfs. Elle est rendue rugueuse, à la face supérieure, par un grand nombre de tubérosités irrégulières, peu saillantes, séparées par des sillons proportionnels, dans lesquels semble circuler la matière muqueuse, et se répandre sur toutes les parties. Sa structure ou composition anatomique est du reste la même que dans les autres mollusques, avec cette différence cependant que le nombre des pores muqueux doit encore être plus considérable, ce que l'on peut juger par la grande quantité de matière visqueuse ou muqueuse qu'elle rejette; il est cependant moindre que dans les limaces. Le collier offre surtout beaucoup de ces pores, dont on peut même apercevoir la disposition et la terminaison.

Ainsi le sens général du toucher doit être et est en effet extrêmement délicat dans ces animaux.

Il faut y joindre les tentacules dont nous avons déjà exposé la forme et la disposition : la peau qui les enveloppe paroît être d'une sensibilité encore plus grande que celle du reste du corps; elle est plus fine, moins visqueuse peut-être, et surtout beaucoup plus nerveuse.

Mais leur fonction se borne-t-elle à cette sensibilité générale ? n'en ont-ils pas une particulière ? C'est ce qui nous semble probable. Dans notre manière de voir, la paire de tentacules antérieure serviroit d'organes de l'olfaction. Quelques personnes ont pensé que toute la peau de ces mollusques étoit, pour ainsi dire, pituitaire, c'est-à-dire, qu'elle pouvoit leur transmettre la sensation des odeurs; mais, d'après l'analogie, cela ne nous semble pas probable. Quoi qu'il en soit, car ce n'est pas le moment de discuter ce point, il est certain que les colimaçons odorent très-bien, puisqu'ils sont aisément attirés par beaucoup de plantes dont l'odeur leur plaît.

La dernière paire de tentacules porte, comme il a été dit plus haut, un point noir plus ou moins étendu à leur extrémité: c'est ce que tous les auteurs sont d'accord pour regarder comme des yeux, et très-probablement, avec beaucoup de raison. Swammerdam en a même fait l'anatomie, et il dit y avoir trouvé toutes les parties qui composent un véritable œil. Il faut cependant qu'il soit assez imparfait, puisque l'on sait qu'en opposant un corps à la première ou à la seconde paire de tentacules de ces animaux, ils ne l'aperçoivent, à ce qu'il m'a semblé, pas plutôt avec l'une qu'avec l'autre.

On ne trouve, dans les limaçons, aucune trace d'un organe spécial de l'audition, et, en effet, ces animaux ne paroissent pas apercevoir le bruit, à moins qu'il ne devienne assez considérable et assez voisin d'eux pour produire un mouvement sensible dans l'air qui les environne.

L'appareil de la locomotion des hélices est général ou partiel; il est général tant que la fibre musculaire ou contractile n'est pas distincte de la peau dont elle forme la couche interne, en se dirigeant dans tous les sens; elle est seulement beaucoup plus épaisse, et elle prend une direction plus déterminée, lorsqu'elle appartient à la partie de l'enveloppe au moyen de laquelle l'animal se meut réellement: aussi l'épaisseur de la peau au pied est-elle beaucoup plus considérable qu'ailleurs, et les fibres musculaires, coupées en petits faisceaux, sont disposées longitudinalement. C'est, en effet, au moyen de ce pied que l'animal se meut, et même assez promptement, en contractant et en alongeant successivement chacun de ces petits faisceaux dans la direction longitudinale, de manière à former des espèces d'ondulations. Les organes partiels de la locomotion, sont les muscles proprement dits, c'est-à-dire, des faisceaux distincts de fibres, ayant une direction déterminée. Le plus remarquable de ces muscles est celui qu'on nomme le muscle de la columelle, parce qu'il a son origine à l'axe de la coquille. Ce muscle est considérable et formé de plusieurs faisceaux distincts: tous s'attachent à la coquille, comme il vient d'être dit. Le plus gros faisceau va se terminer à la partie médiane, à peu près, de la face supérieure ou viscérale du pied; c'est ce muscle qui rentre ce disque musculaire dans l'anneau formé par le collier, et par suite dans la coquille, en le ployant dans son milieu. Du côté externe du même faisceau, part un autre muscle; il pénètre dans l'intérieur du tube de chaque tentacule, dont il forme la paroi interne, et il va se fixer à son extrémité; en sorte que, par sa contraction, il fait rentrer le tentacule en dedans, et en le retournant comme un doigt de gant. Ces organes sont, au contraire, déployés par l'action des fibres annulaires de la peau qui les forme; une autre paire de muscles, appartenant au même faisceau columellaire, se termine sur les côtés de la masse buccale, et la tire par conséquent en arrière; elle est portée en avant par de petits muscles beaucoup plus courts, qui, de la circonférence de la lèvre, se terminent sur les bords antérieurs de cette masse. Enfin, il existe encore un muscle distinct qui, de la partie moyenne des muscles du collier, se porte à la racine de la partie renflée de la verge.

Les organes de la digestion ont encore plus de rapports avec ce qui a lieu dans les limaces, que ceux de la locomotion. La tête, que nous avons vue être séparée antérieurement du pied par un sillon assez profond, présente, de chaque côté, un petit appendice court et ovale, et, à son extrémité, un orifice de même forme, un peu transverse, dont les bords, et surtout le supérieur, sont plissés assez régulièrement: c'est la bouche. A son bord supérieur et un peu intérieurement se voit un petit peigne dentaire, corné, de couleur noire, et qui est divisé fort régulièrement en un nombre de dentelures, variable suivant les espèces. On pénètre ensuite dans la cavité buccale, qui est enveloppée de muscles assez épais dont l'ensemble forme la masse buccale : nous avons déjà dit comment cette masse, qui est composée essentiellement d'un gros muscle obliquement tissu de chaque côté, un peu comme dans le gésier des oiseaux, est portée en arrière au moyen d'une paire de muscles provenans du faisceau columellaire, et en avant, à l'aide de muscles également longitudinaux, mais beaucoup plus courts, qui, du point où arrivent les rétracteurs, vont se terminer à la circonférence de l'orifice buccal. Dans son intérieur on trouve inférieurement un renflement lingual qui ne se prolonge que très-peu en arrière, et qui n'est pas garni d'épines cornées. C'est contre ce bourrelet que, dans la mastication, agit le peigne dentaire supérieur, qui est tiré en arrière par un faisceau distinct de fibres longitudinales. A la paroi tout-à-fait supérieure de la masse buccale, commence l'œsophage qui est fort mince, et à l'entrée duquel viennent se terminer des glandes salivaires d'un blanc mat, granuleuses, et qui se prolongent en s'élargissant assez loin sur le canal intestinal; celui-ci, toujours membraneux, se prolonge au côté gauche de la masse viscérale, en augmentant d'abord un peu de volume, et formant ainsi une sorte de premier estomac peu distinct et longitudinal ; mais, parvenu vers l'extrémité de la spire, il se renfle un peu davantage, en formant un cul-de-sac peu considérable, d'où naît, tout près de la terminaison de l'œsophage, l'intestin qui revient en avant, et qui, après une circonvolution assez forte, appliqué contre le foie, suit la cavité de la respiration, se place au côté postérieur de son plancher, et vient s'ouvrir au dehors par un orifice situé immédiatement en arrière de celui de la respiration. Le foie, d'une étendue médiocre et de couleur d'un brun foncé, est composé de trois ou quatre lobes, dont le plus postérieur remplit la sommité de la spire avec l'ovaire ; les autres sont appliqués le long de l'intestin. Les canaux biliaires, successivement réunis, viennent se terminer par un canal unique dans l'estomac lui-même, dans l'intervalle du cardia et du pylore.

Des parois de ce canal intestinal, ainsi que de tous les autres viscères de la digestion et de la génération, comme du foie, de l'ovaire et des testicules, naissent, par des ramifications nombreuses, les veines faisant seules, et comme dans tous les autres mollusques, fonction de vaisseaux absorbans. Ces veines se réunissent successivement, et il en résulte une grosse veine qui suit le bord concave de la spire, et qui, arrivée vers la cavité respiratrice, suit le trajet du rectum : près de la terminaison de celui-ci, cette veine se réunit avec deux autres veines qui ont rassemblé le sang de l'enveloppe de l'animal, et qui sont placées une de chaque côté. Enfin il se réunit aussi à la veine commune un autre vaisseau veineux provenant des viscères situés en avant de l'organe de la respiration, et qui a passé sous le cœur. Il résulte de là que toute la cavité respiratrice est bordée par de gros vaisseaux veineux, qui maintenant, en se subdivisant dans cette cavité, vont faire l'office d'artère pulmonaire.

L'organe de la respiration est situé dans une vaste cavité placée au-dessus de la masse générale des viscères, et occupant tout le dernier tour de spire de la coquille, par conséquent obliquement dirigée de gauche à droite, et d'arrière en avant : nous avons déjà dit qu'elle communique avec l'air extérieur au moyen d'un orifice à peu près arrondi, et percé dans le côté droit du bord épaissi du manteau, ou dans le collier. Toute la partie inférieure de cette cavité est lisse, et formée par une membrane évidemment musculaire: mais la supérieure ou le plafond est presque entièrement vasculaire. Les ramifications d'une partie des vaisseaux qui s'y trouvent, proviennent des grosses veines que nous avons vues suivre la circonférence de la cavité; elles forment le plan le plus externe. De l'extrémité des ramifications de ces vaisseaux pulmonaires en naissent d'autres qui se réunissent successivement, les ramuscules en rameaux, les rameaux en branches; et, enfin, ces branches, au nombre de six ou sept, se portent d'avant en arrière, et se terminent dans un assez gros tronc qui occupe le milieu de la partie supérieure de la cavité, en se dirigeant vers son angle postérieur où il s'ouvre dans l'oreillette du cœur.

Ainsi le limaçon, comme tous les mollusques de la même famille, respire l'air en nature dans une cavité évidemment pulmonaire. Le mécanisme de cette fonction est assez simple: l'animal y fait entrer l'air en ramenant la cavité respiratrice dans le dernier tour de spire, c'est-à-dire, dans le plus large, en sortant de la coquille toutes les parties qui peuvent en sortir, et en dilatant fortement l'orifice pulmonaire; il l'en chasse, au contraire, en retirant son corps dans une partie plus étroite de la coquille, et cela d'autant plus complétement qu'il y fait rentrer davantage sa tête, son pied, etc.; mais jamais ces mouvemens de respiration ne sont isochrones ou réguliers.

Le fluide élaboré dans l'organe respiratoire, ou le sang qui est de couleur d'un blanc un peu bleuâtre, arrive, au moyen de la veine pulmonaire, dans le cœur. Cet organe est situé un peu obliquement au côté gauche et au tiers postérieur de la cavité respiratoire, dans une cavité particulière ou péricarde. Il est considérable et formé de deux parties triangulaires placées bout à bout, et se touchant par leur base. La veine pulmonaire entre par la pointe de l'oreillette, qui est sensiblement plus petite, et à parois plus minces que le ventricule. Au point de l'embouchure de l'une dans l'autre, existent deux espèces de petites valvules dirigées suivant le cours du fluide. De l'extrémité du ventricule sort, au contraire, l'aorte qui, après s'être renflée en un petit bulbe, se divise presque aussitôt en deux troncs, dont l'un va se ramifier dans la partie postérieure des viscères, c'est-à-dire au foie, à l'ovaire, au testicule, à l'oviducte, après avoir suivi la convexité de la spire; l'autre tronc se distribue, au contraire, aux organes antérieurs ainsi qu'au pied.

Nous devons commencer la description de l'appareil de la génération par celle d'un organe sur l'usage et la nature duquel les anatomistes ne sont pas d'accord, et que nous croyons appartenir à la dépuration urinaire : situé à la partie postérieure du plafond de la cavité pulmonaire, il forme un sac triangulaire, lisse en dehors, et, au contraire, garni intérieurement d'un très-grand nombre de lames placées de champ, et assez régulièrement disposées. Le long du bord qui se trouve du côté du rectum, règne un canal excréteur qui se porte en arrière jusqu'à l'angle postérieur de l'organe. Arrivé en cet endroit, il se recourbe subitement, et, suivant le rectum contre lequel il est collé, il se porte en avant et à droite pour se terminer, près de l'orifice de la cavité pulmonaire, par un sillon.

Les organes de la génération sont extrêmement compliqués dans ces animaux. Depuis long-temps on a fait l'observation que chaque individu est pourvu des deux sexes distincts, et que, par conséquent, il est véritablement hermaphrodite, quoiqu'il ne puisse cependant pas se reproduire sans l'action d'un autre individu.

Le sexe femelle se compose, 1.° d'un ovaire; 2.° d'un premier oviducte; 3.° d'une deuxième sorte d'oviducte, lieu de dépôt momentané que quelques auteurs nomment matrice; et enfin d'une vessie.

L'ovaire est assez peu considérable : il forme une petite masse composée de grains blanchâtres, et située dans le lobe postérieur du foie, presque tout-à-fait à l'extrémité de la spire.

L'oviducte est un canal blanc partant, d'une manière assez difficile à déterminer, de l'ovaire, et qui, après avoir d'abord augmenté de diamètre en formant un grand nombre de replis en zigzags très-serrés, s'amincit tellement, lorsqu'il est arrivé en connexion avec le testicule, et surtout avec la seconde partie de l'oviducte, qu'il est fort difficile d'assurer comment il s'y termine.

La seconde partie de l'oviducte est d'un diamètre beaucoup plus considérable : elle forme des boursouflures assez serrées, déterminées par la manière dont le canal déférent y adhère, et qui la font assez bien ressembler à l'intestin côlon des mammifères. C'est dans cette partie de l'oviducte que les œufs reçoivent leur enveloppe gélatineuse, que déposent sur eux les parois de cet organe. Près de sa terminaison, cette partie de l'oviducte n'offre plus de boursouflures, et elle s'ouvre largement dans le cloaque commun aux appareils des deux sexes.

Tout près de l'endroit de sa terminaison on trouve celle du canal d'une vessie, dont l'usage est totalement inconnu, et qui est profondément située parmi les viscères de la digestion. Elle est globuleuse ; ses parois sont minces ; elle contient un fluide blanc, bien liquide ; son canal, fort long, étroit, s'applique le long du canal déférent et de la seconde partie de l'oviducte ; et, avant de se terminer avec celle-ci, il se renfle assez fortement. M. G. Cuvier a fait l'observation que la longueur de ce canal est proportionnelle à celle de la verge.

Un peu plus en avant que l'ouverture des deux canaux que nous venons de décrire, de chaque côté, se voit un groupe de petits cœcums alongés, souvent fort nombreux (il y en a 66 dans l'hélice vigneronne), qui se réunissent quelquefois plusieurs ensemble avant de s'ouvrir par un canal commun dans le cloaque. Leur orifice est fort étroit : c'est encore un organe dont on ignore l'usage ; il n'existe pas dans les limaces. Le nombre des cœcums varie suivant les espèces : on les nomme quelquefois *vésicules multifides*, ce qui feroit croire qu'on les compareroit avec les vésicules séminales ; je les regarderois plus volontiers comme des espèces de prostates. Ils contiennent en effet un fluide d'une grande blancheur.

L'appareil mâle est composé, 1.° d'un testicule ; 2.° d'un épidydyme ; 3.° d'un canal déférent ; 4.° d'un organe excitateur ou verge.

Le testicule est beaucoup plus considérable que l'ovaire : il forme une masse alongée, assez lisse, d'un tissu presque homogène et assez ferme, collée contre l'oviducte, et se prolongeant aussi beaucoup en arrière ; à l'endroit où la première partie de l'oviducte se joint à la seconde, il y a aussi une connexion bien intime avec le testicule. C'est en cet endroit qu'on voit naître l'épidydyme. Celui-ci, dont le volume varie suivant l'époque à laquelle on dissèque l'animal, forme une assez large bande blanche, à replis transversaux nombreux, qui se collent contre la seconde partie de l'oviducte dont elle forme les boursouflures. Un peu avant la terminaison du canal de la vessie, contre lequel l'épidydyme est placé, celui-ci se continue en un canal unique, non plissé, d'un diamètre assez gros, et qui, après quelques flexions irrégulières, se termine au point de jonction des deux parties de la verge.

L'organe excitateur, ou la verge, est composé de deux parties: l'une, très-grêle et très-longue, presque filiforme, est librement flottante, dans la cavité viscérale, dans l'intervalle des viscères; son extrémité libre est terminée par un très-petit renflement: elle est entièrement creuse, et ses parois sont musculaires. La seconde partie de la verge est beaucoup moins longue, mais aussi d'un diamètre plus considérable; ses parois sont fort épaisses, formées de fibres annulaires ou transverses. Son extrémité antérieure saille en forme de mamelon dans le cloaque. On admet assez généralement que, dans l'accouplement, cette longue verge se retourne comme le font les tentacules, et que, par conséquent, elle devient extérieure.

Il nous reste à décrire un dernier organe qui n'appartient qu'aux limaçons, et dont l'usage est fort singulier, comme on le verra plus loin en parlant des mœurs de ces animaux; c'est ce qu'on nomme la bourse du dard. Il seroit difficile de décider à quel appareil il appartient: il est formé par une bourse plus ou moins alongée, obtuse, arrondie à son extrémité libre ou postérieure, et dont les parois sont fort épaisses et très-musculeuses: elle est située au-dessus des vésicules multifides; son intérieur présente une cavité fort peu considérable, à quatre sillons, et dont le fond a un mamelon: elle se termine dans le cloaque par un orifice étroit, au-dessous de l'orifice de l'appareil femelle. L'intérieur de cette poche, et surtout le mamelon, excrète une matière crétacée, comme spathique, qui, en se disposant par couches dans la cavité de la bourse, en prend la forme et produit une espèce de dard pointu et quadrangulaire, ayant un canal fort étroit dans son intérieur. Ce bord peut être remplacé lorsqu'il a été perdu ou rompu. Nous verrons bientôt l'usage de cette espèce de dard entièrement calcaire, qui ne commence à se former que vers le temps du rut, et qui paroît ne plus exister après la ponte.

Le système nerveux, dans les hélices, est très-considérable: il est formé d'une partie centrale supérieure au canal intestinal, ou d'une paire de ganglions fort gros, aplatis, réunis dans la ligne médiane par une commissure de continuité; c'est le cerveau proprement dit; les nerfs qu'il fournit de tout son bord externe sont assez nombreux et fort considérables. La première paire me semble naître d'une sorte de tubercule peu distinct, qui est un peu inférieur au ganglion; elle fournit un gros nerf qui se porte vers la racine du petit tentacule; une grande partie s'y perd, tandis que le reste va à l'appendice buccal. A la racine de ce nerf, et évidemment plus en dedans, naît un autre filet qui se porte à la masse buccale; un autre plus gros va aux muscles labiaux inférieurs. Enfin le plus gros de tous naît à part sur un plan plus supérieur, c'est le nerf du tentacule oculaire; il pénètre dans la cavité qu'y forme le muscle rétracteur, et, après s'être plus ou moins contourné en spirale, suivant que le tentacule est plus ou moins étendu, il se termine dans le point oculaire. L'angle externe et postérieur de chacun des ganglions supérieurs se prolonge en arrière par un cordon considérable, composé de trois filets, jusqu'à un double ganglion inférieur, qui est celui de l'appareil de la locomotion. Il est réellement situé sous l'œsophage où il semble ne former qu'une masse aplatie symétrique, plus grosse que le supérieur. Les nerfs qu'il fournit sont très-nombreux; les plus inférieurs, au nombre de trois de chaque côté, plongent de suite dans le pied avec les subdivisions du muscle de la columelle. Les antérieurs, très-fins, vont aux muscles columellaires des tentacules et de la masse buccale. Il y a un ganglion particulier pour l'appareil de la génération, qui est situé à la racine de la poche terminale: il reçoit un gros filet de communication du ganglion cérébral, et fournit des filets aux différentes parties de l'appareil. Quant au ganglion des viscères digestifs, quoique je ne me rappelle pas de l'avoir vu distinctement, je ne fais presque aucun doute qu'il n'existe comme dans les aplysies.

Les hélices se trouvent, à ce qu'il paroît, dans toutes les parties de la terre: on en connoît, en effet, de l'Europe, de l'Afrique, des deux Amériques, de l'Asie et de l'Australasie.

C'est en général dans les lieux humides qu'il s'en trouve davantage; mais on en rencontre aussi dans des endroits arides et secs, ce qui n'a jamais lieu pour les limaces. Elles se retirent ordinairement dans les excavations des vieux murs, des rochers, sous l'écorce des vieux arbres, et même dans la terre. Elles s'enfoncent plus profondément pendant la saison hibernale, du moins dans nos pays; car, dans les climats où la végétation est continuelle, il est probable que les limaçons n'hibernent pas, ou bien, c'est au contraire pendant les grandes chaleurs, et surtout pendant l'époque où il ne tombe pas de pluie. Avant d'entrer dans cet état de torpeur, les hélices de nos climats retirent entièrement leur corps dans la coquille, et produisent à son entrée une sorte d'opercule momentané, fixe, auquel on donne le nom d'*épiphragme*. Il est évidemment composé de molécules calcaires, peu abondantes, réunies par un gluten animal, et exsudées par couches des parties du corps qui rentrent les dernières dans la coquille, c'est-à-dire, du bourrelet externe du collier. Il est cependant un certain nombre d'espèces, même dans nos climats, qui ne produisent pas ainsi d'épiphragme: peut-être alors s'enfoncent-elles plus profondément dans la terre. C'est à la fin de l'automne que les limaçons se retirent ainsi. Pendant toute la belle saison, ils ne rentrent dans les excavations qui les recèlent que pendant la chaleur du jour, et surtout dans les temps secs; car, aussitôt qu'il vient à tomber de la pluie, et surtout des pluies fines et douces, on les voit sortir de toutes parts, comme ils le font ordinairement pendant la nuit. Leur mode de locomotion, que l'on peut aisément apercevoir en plaçant un de ces animaux sur un corps transparent, est une reptation particulière dans laquelle l'animal semble glisser sur le plan qui le supporte, et dont il suit toutes les anfractuosités; mais, en y regardant de plus près, on voit que cette reptation est exécutée au moyen de l'action successive de tous les rangs des petites fibres musculaires dont la face inférieure du corps est composée, un peu comme dans certains animaux articulés, dont le nombre des articulations est très-considérable. Quoique ce mode de locomotion soit fort lent, les limaçons ne laissent pas encore d'avancer plus qu'on auroit cru au premier abord. Comme leur point d'appui est toujours pris en avant, c'est toujours dans cette direction qu'ils se traînent, et jamais en arrière. La matière muqueuse qui sort de toutes les parties de ces animaux, mais surtout de leur pied, et qui leur sert à adhérer plus fortement aux corps même les plus lisses, reste à la surface de ceux-ci, et, par la dessiccation qui est très-prompte, laisse une trace comme argentée, qui trahit toujours la route que ces animaux ont pu suivre. C'est cette matière qui forme l'épiphragme, comme c'est de celle qui sort de toutes les parties de la peau, qui recouvre la masse viscérale, et surtout des bords du manteau ou du collier, que se produit la coquille. Je n'ai jamais vu d'hélices qui puissent nager, ni même ramper dans une situation renversée à la surface de l'eau comme les lymnées et genres voisins. C'est en général pour aller à la recherche de leur nourriture, ou d'un individu de leur espèce, dans le but de s'accoupler, que les limaçons sortent de leur retraite. Ils sont avertis de la présence des corps extérieurs seulement au moyen de la finesse de leur toucher : en effet, au moindre contact d'une partie quelconque de leur corps, mais surtout de leurs tentacules, ils se retirent plus ou moins complétement dans l'intérieur de leur coquille, et n'en ressortent que peu à peu et avec la plus grande précaution. Le choix que les limaçons font de certaines herbes ne permet pas de douter qu'ils soient pourvus du sens du goût. Il paroît qu'ils n'aperçoivent les corps à distance qu'à l'aide du sens de l'odorat, dont le siége doit être dans la première paire de tentacules, et cela d'une manière assez complète, puisqu'on sait que ces animaux sont attirés d'assez loin par l'odeur des plantes qu'ils préfèrent. Il n'est pas probable que l'organe de la vision qui se trouve à l'extrémité des grands tentacules leur soit d'un grand usage. D'abord, c'est pendant la nuit qu'ils agissent le plus; ensuite il est évident que la structure de l'organe est bien incomplète; et l'expérience montre en outre, qu'en approchant un corps de ces tentacules, le limaçon ne l'aperçoit pas plus tôt que lorsqu'on l'approche de même de la première paire. D'ailleurs, leur extrême timidité, les précautions qu'ils prennent, en marchant, d'étendre, autant que possible, les deux paires de tentacules en avant de leur corps, pour explorer tous les obstacles, indiquent évidemment un animal à peu près aveugle.

Les limaçons se nourrissent essentiellement de substances végétales, d'herbes tendres, succulentes, de fruits de même nature : mais il paroit qu'ils mangent aussi des substances animales, comme du fromage ; ils rongent les feuilles et les fruits au moyen de leur mâchoire opposée à la langue, et cela, avec une assez grande vigueur, et assez vite quelquefois pour faire beaucoup de tort dans nos jardins. Mais c'est surtout dans les temps chauds, et vers la fin du printemps, lorsqu'ils sortent de l'hibernation, qu'ils mangent davantage, et qu'ils font par conséquent plus de dégâts. A mesure que dans nos climats l'on s'approche davantage de l'automne, ils mangent de moins en moins, jusqu'à ce qu'enfin ils s'enfoncent dans quelque excavation, et tombent dans une espèce de torpeur.

C'est aussi vers la fin du printemps que les limaçons se recherchent dans le but de se reproduire. Chaque individu, comme il a été dit plus haut, contient les appareils des deux sexes, mais il ne peut se suffire à lui-même ; et il faut, pour que ses œufs soient fécondés, qu'ils le soient par le fluide séminal d'un autre individu semblable à lui, et auquel il rend le même office. Une hélice agit donc à la fois comme mâle et comme femelle : on conçoit bien que des animaux aussi craintifs ne pouvoient arriver à se joindre aussi complétement qu'ils le font qu'après une foule de précautions. Quelques jours avant de s'accoupler, les limaçons cessent de manger, ou au moins mangent très-peu, et se rassemblent ; lorsque deux individus se sont suffisamment rapprochés, ils se dressent verticalement dans la moitié antérieure de leur corps, l'autre moitié restant appliquée sur sol, la pointe de la coquille en bas. Le désir de la copulation est indiqué par la dilatation considérable de l'orifice de la respiration, et surtout par l'état presque convulsif de dilatation et de contraction de l'orifice commun des organes de la génération : c'est alors que, pour déterminer si l'un et l'autre sont arrivés à l'époque convenable, ils s'essaient, pour ainsi dire, en se lançant le dard qu'a produit la bourse. On dit que quelquefois il est lancé avec assez de force pour rester adhérent à la peau de celui qui l'a reçu, et d'autres fois il tombe à terre : il me paroit plus probable qu'il n'est pas lancé, mais que, retenu dans la poche qui le contient, et qui est à moitié retournée, chaque individu se pique l'un après l'autre, et qu'alors il peut entrer assez profondément dans la peau, ou tomber. Cependant les deux individus se rapprochent, et appliquent l'une contre l'autre la moitié redressée de leur corps. Il se produit alors des mouvemens extrêmement nombreux dans la tête, les appendices labiaux, et surtout dans les tentacules, qui sont dans une agitation presque convulsive; mais si les tentacules d'un individu viennent à toucher ceux de l'autre, alors ils se retirent subitement. Ces préliminaires durent quelquefois plusieurs jours, pendant lesquels les organes de la génération tendent à se déployer. On voit d'abord l'orifice commun se dilater, se renverser en dehors, et montrer alors les deux orifices particuliers intérieurs : il en résulte que le tentacule droit inférieur est obligé de se déjeter fortement en dedans, de manière à toucher celui du côté opposé. La poche commune de l'appareil femelle se retourne la première en dehors, comme le feroit un doigt de gant, puis la partie épaisse de l'organe excitateur mâle en fait autant, et enfin la partie grêle. Tous ces organes, considérablement gonflés par l'afflux des humeurs, présentent un aspect et une couleur d'opale. Ce premier développement au dehors se fait presque subitement, mais il n'en est pas de même du reste; et, en effet, chaque individu lance à l'autre son appareil d'une manière extrêmement lâche, et l'accouplement semble dépendre de la rencontre fortuite des parties qui se conviennent. Cependant, les deux individus s'étant entrelacés de manière à ce qu'ils se touchent l'un l'autre par le côté droit du cou, l'accouplement a lieu, c'est-à-dire, l'introduction réciproque de l'organe excitateur mâle dans le conduit de la femelle; c'est alors que la partie grêle de l'organe mâle se déploie davantage; et, suivant Swammerdam, on peut voir ses mouvemens à travers les parois transparentes de ce qu'il nomme la matrice. Pendant l'accouplement, les tentacules sont recourbés presque en cercle, et ils rentrent et se déroulent de temps en temps.

La durée de chaque accouplement est d'environ douze heures: le gonflement des organes empêche qu'on puisse séparer les deux individus accouplés, à moins que d'un assez violent effort. A chaque accouplement il se reproduit un dard.

Le rut de ces animaux dure fort long-temps, et l'on dit que même, après dix ou douze accouplemens, ils peuvent encore s'accoupler au bout de six semaines : il paroît même que la fécondation n'a lieu qu'au troisième accouplement.

Après que l'accouplement a cessé, les parties sortent gonflées, et ce n'est qu'au bout d'un bon quart d'heure que l'état d'irritation a cessé, qu'elles peuvent rentrer. L'animal alors semble épuisé : il paroît morne, rentre dans la coquille, ou rampe très-lentement.

Si l'on ouvre une hélice peu de temps après qu'elle s'est accouplée, on trouve la verge diminuée de volume, la bourse du dard contractée, et ne contenant plus de trace du dard, les vésicules multifides vides, le canal de la vessie plus dilaté, et renfermant quelquefois le dard, suivant l'observation de Swammerdam. Les ramifications de l'oviducte dans l'intérieur de l'ovaire renferment un fluide dans lequel nagent de petites membranes rondes, marquées d'un point noir, ou des œufs; la première partie de l'oviducte, proprement dit, offre quelques dilatations inégales, et comme remplies d'une matière calcaire. Sa seconde partie, ou la portion boursouflée, est manifestement augmentée dans toutes ses dimensions, et elle contient une grande quantité d'une matière blanche, analogue à de la laitance de poisson. Par la suite, la matière qu'elle contiendra sera gélatineuse, et se gonflant beaucoup dans l'eau. Quant au testicule, il paroît qu'il est encore rempli d'une assez grande quantité de fluide.

Quelque temps après, les embryons, détachés de l'ovaire, parviennent dans la portion renflée ou boursouflée de l'oviducte. Ils y sont enveloppés dans une quantité considérable de la matière dont nous venons de parler, et qui forme au petit animal le fluide dont l'absorption doit le nourrir plus tard, ou dans une autre partie de cet oviducte, il se dépose une membrane extérieure, quelquefois assez calcaire, et l'œuf est complet; c'est au bout de quinze jours que ces œufs sont rejetés. Duverney fait une observation curieuse sur la manière dont se forment, pour ainsi dire, ces œufs. Si on ouvre, dit-il, le limaçon, peu de temps avant qu'il ponde ses œufs, on ne lui trouve pas d'œufs, mais de petits embryons qui nagent dans une liqueur fort claire, et qui ont des mouvemens fort vifs; ils deviennent œufs dans le chemin qu'ils ont à faire pour sortir.

Les œufs des hélices sont ordinairement arrondis, assez gros et de couleur blanche : ils sont d'abord un peu glutineux, et surtout dans les espèces qui les déposent à la suite les uns des autres, et en forme de chapelet. Le plus souvent ils sont déposés un à un, ou en masse irrégulière, dans des trous que l'animal creuse dans une terre molle, mais beaucoup plus ordinairement dans des excavations naturelles, anfractueuses et plus ou moins profondes de la terre, des arbres, des rochers ou des vieux murs; en général, dans les lieux que la sécheresse ne peut atteindre, et où l'humidité est constante. Le nombre de ces œufs ne paroit pas extrêmement considérable.

Au bout d'un temps un peu variable, suivant les espèces, et peut-être aussi suivant les circonstances, les œufs éclosent, et il en sort un petit limaçon qui est déjà revêtu d'une coquille, il est vrai, extrêmement mince, et presque membraneuse : aussi craignent-ils beaucoup à cette époque l'action desséchante de l'air, et surtout celle du soleil, et ne sortent-ils des trous où ils sont nés, que pendant la nuit. Leur accroissement est d'abord assez prompt : mais ensuite il devient beaucoup plus lent; en sorte qu'à en juger par les stries d'accroissement de la coquille, ces animaux doivent vivre long-temps; mais c'est sur quoi il n'y a rien de bien connu. L'accroissement de leur corps nécessite en effet un accroissement proportionnel dans la coquille. A l'époque où cela a lieu, les hélices se rassemblent en troupes. L'animal reste en repos, s'enfonce dans quelque cavité, et il sort de toutes les parties du manteau, et surtout de son bord épaissi en bourrelet, une couche de matière glutineuse-calcaire, qui s'applique en dedans de la précédente, en la débordant un peu; c'est cet endroit de la jonction de cette nouvelle couche qui forme la strie d'accroissement; elle est d'autant plus large que l'animal est mieux nourri et plus vigoureux. Lorsque la coquille est parvenue à tout l'accroissement qu'elle peut atteindre, elle ne fait plus que s'épaissir, et elle forme, dans la plupart des espèces, une sorte de bourrelet plus ou moins épais; et il se dépose sur la partie de la spire qui modifie l'ouverture, une matière calcaire, ordinairement peu épaisse, qui peut en joindre les deux bords : c'est ce qu'on nomme callosité. Quoique ce soit là ce qu'on appelle coquille complète ou terminée, l'animal étoit adulte, c'est-à-dire, pouvoit se reproduire bien auparavant : mais il est important de faire l'observation que la coquille d'un même individu diffère beaucoup, suivant l'époque de la vie de l'animal à laquelle on l'examine. En général la spire est d'autant moins élevée que l'animal est plus jeune, et, par conséquent, le dernier tour est plus grand proportionnellement ; l'ombilic est plus découvert, l'ouverture est plus large, le bord plus tranchant, et la coquille est plus mince. Aussi, quand elle est terminée, le dernier tour sort de la ligne de la spirale, et devient tombant, ce qui rend l'ouverture plus étroite. Ces différences sont importantes à connoître : sans quoi, on s'exposeroit à considérer comme espèces des individus d'âges différens. On trouve aussi dans ces animaux, et surtout dans leurs coquilles, quelques anomalies : ainsi on en voit qui sont entièrement *gauches*, c'est-à-dire dont toutes les parties sont renversées de droite à gauche, et alors la coquille a son bord libre à gauche, et le columellaire à droite. On en trouve aussi dans lesquelles le tortillon ou la partie du corps qui est en spirale, au lieu d'être très-serré, est au contraire tordu d'une manière fort lâche, ou seulement un peu recourbé : alors la coquille a pris la forme d'une sorte de tire-bouchon, et se nomme *scalaire*. On ignore la cause de ces anomalies.

Les usages des hélices sont assez peu nombreux : il paroît cependant que les grosses espèces, et surtout l'hélice vigneronne, servent à la nourriture de l'homme dans plusieurs pays. Les Romains, d'après ce que rapporte Pline, liv. VIII, chap. 39, en faisoient une assez grande consommation, et les recherchoient beaucoup sur leurs tables, puisque cet auteur a cru devoir donner, dans son Histoire naturelle, le nom de celui qui, le premier, imagina d'élever ces animaux dans des espèces de parcs, et de les engraisser avec des substances choisies. Les meilleurs venoient de l'île d'Astypalée, l'une des Cyclades : les plus petits de Réate dans la Sabine ; les plus grands de l'Illyrie, et les médiocres du territoire de Solite, dans la Mauritanie tangitanne. Les Romains faisoient aussi beaucoup de cas des hélices de Sicile, des îles Baléares et de l'île de Caprée. On les enfermoit dans des espèces de garennes, et on les y engraissoit avec du vin cuit, de la farine, etc. C'est Fulvius Harpinus qui eut le premier cette idée peu avant la guerre civile du grand Pompée. Il séparoit avec soin chaque espèce, et il étoit parvenu à obtenir des individus dont la coquille contenoit *octoginta quadrantes*. Toute cette histoire est tirée de Pline; mais il paroît qu'il a fait ici quelque confusion, surtout pour la grandeur que l'éducation auroit produite; car Varron, d'après lequel il parle, ne dit cela que des espèces de Solite, qui atteignent cette grandeur naturellement. Au reste, il paroît que cette éducation des hélices ne dura pas long-temps, car Macrobe n'en parle pas. Quelques auteurs rapportent qu'on en mange encore dans différentes contrées, et entr'autres dans la Silésie, le Brabant, le pays de Liége, la Suisse, l'Italie, et plusieurs départemens de la France. On dit que, dans les environs de La Rochelle, on les fait parquer en les mettant les unes au-dessus des autres par couches, entre chacune desquelles on étend de la mousse ou d'autres plantes. On admet que les individus qui vivent dans les lieux élevés sont les meilleurs, et qu'ils prennent un peu le goût des plantes dont ils se nourrissent. En général il est fort probable que ce doit être une chair assez dure, à cause de la grandeur proportionnelle du pied. Ce qu'il y a de certain, c'est que plusieurs peuples à demi civilisés mangent des hélices boucanées, c'est-à-dire desséchées à la fumée.

Dans Paris, et dans plusieurs autres grandes villes, on en trouve une grande quantité au marché: mais ce n'est pas pour la nourriture qu'elles sont employées; on en fait des bouillons mucilagineux pour les personnes attaquées de certaines maladies de poitrine; et l'on conçoit qu'elles peuvent assez bien remplir l'indication qu'on se propose dans ce cas. Il est un peu plus permis de douter de la propriété qu'on attribue aux limaçons de pouvoir être employés avec avantage pour guérir les hernies commençantes, en produisant le rétrécissement de l'anneau inguinal. C'est cependant ce qu'assure l'auteur d'un petit traité intitulé Cochliopérie, M. Georges Tarenne. Il emploie pour cela le sang de l'animal qu'il a obtenu en piquant celui-ci avec un instrument aigu, et en le mettant, en forme d'une sorte de cataplasme, sur la pelotte du bandage. En quelques mois deux ou trois cents de ces animaux peuvent, dit-il, suffire pour une guérison complète. Je ne m'arrêterai même pas à énumérer toutes les autres propriétés qu'on a attribuées aux hélices entières, ou à quelques unes de leurs parties, et qui pour la plupart étoient conçues *à priori* de la viscosité du sang et de la matière calcaire que leurs humeurs contiennent. Les personnes qui désireroient les connoître, devront avoir recours à Gesner, à Aldrovande et aux anciens traités de thérapeutique, car les nouveaux n'en parlent guère, et avec raison.

Je vais m'étendre un peu davantage sur l'emploi que les physiologistes ont fait de ces animaux, pour prouver que la reproduction ne se bornoit pas à des parties peu essentielles et à des animaux peu élevés, mais qu'elle pouvoit également avoir lieu pour des composés d'organes nombreux et très-importans, c'est-à-dire pour la tête tout entière. C'est en effet sur les hélices que Spallanzani affirme positivement s'être assuré de ce fait par des expériences nombreuses; mais, comme dans presque toutes les questions de physiologie, où l'on a employé seulement ce qu'on nomme la méthode expérimentale, d'autres auteurs, s'appuyant également sur des expériences, ont nié le résultat annoncé par Spallanzani.

Les belles expériences de Trembley sur les hydres vertes, ou les polypes d'eau douce, avoient mis hors de doute que, dans ce degré d'organisation, un animal pouvoit reproduire non seulement les différentes parties de son corps, mais que, celui-ci coupé en morceaux, chacun d'eux pouvoit devenir un animal parfait; il étoit même parvenu à faire pousser six à sept têtes sur un seul corps, en divisant celui-ci longitudinalement en autant de lambeaux: c'est ce qui fut annoncé par Trembley à Réaumur, qui le fit connoitre dans la préface du sixième volume de ses Mémoires sur les Insectes; et ce qui fut détaillé avec tout le soin convenable dans l'ouvrage immortel du premier en 1744.

L'année suivante, c'est-à-dire en 1745, Bonnet, voulant répéter les expériences de Trembley, et n'ayant pu se procurer d'hydres vertes, essaya si des vers d'eau douce, espèce de naïs, ne pourroient pas reproduire aussi les parties qu'on leur auroit coupées; et, comme il ne pouvoit expérimenter sur les appendices, il ne le fit que sur le corps, et il vit que l'on pouvoit le couper en vingt-six parties, et que chaque partie reproduisoit un animal complet; en sorte que, par un calcul bien simple, il montra que d'un seul individu de deux pouces de long, que l'on couperoit en huit parties, et celles-ci successivement en un même nombre, à mesure qu'elles seroient devenues parfaites, on auroit, au bout de la quatrième année, 32,768 individus.

Cette faculté dont jouissent les vers de se reproduire quand on les mutile, fut démontrée également dans des animaux en apparence plus compliqués, c'est-à-dire, dans les actinies, par l'abbé Dicquemare: il fit voir, en effet, que l'on peut partager leurs corps en un assez grand nombre de parties, pourvu que dans le lambeau il se trouvât une partie de la bouche.

Jusques là, quoique ces faits parussent assez extraordinaires, cependant, comme ils n'avoient été observés que sur des animaux peu élevés dans l'échelle, et dont toutes les parties sont jusqu'à un certain point similaires, il se trouva un assez petit nombre d'incrédules, ou mieux, comme les expériences étoient faites sur des animaux qui n'étoient pas très-communs et faciles à se procurer, on y fit peut-être moins d'attention; mais lorsqu'en 1764, dans une lettre du P. Boscovich à M. de Lacondamine, où le savant géomètre annonça que les limaçons dont on coupoit la tête, en repoussoient une autre toute semblable, comme le prouvoient les expériences de l'abbé Spallanzani; et comme celui-ci le fit connoître plus en détail, d'abord dans une lettre insérée dans l'Avant-Coureur du 30 octobre de la même année, et ensuite dans un programme sur les reproductions, publié en italien en 1768, et traduit en françois la même année, un grand nombre de personnes massacrèrent une quantité innombrable de limaçons, dans le but de vérifier ces expériences. Voltaire lui-même, comme on le peut voir dans ses Questions sur l'Encyclopédie, article Colimaçon, se fit expérimentateur; mais il ne fut guère plus habile physiologiste, que dans une autre occasion il ne s'est montré bon géologue. En 1769 le célèbre Adanson, de l'Académie des Sciences, après en avoir fait l'essai sur plus de 1500 limaçons, nia que les individus auxquels on a coupé, non pas la tête entière, mais même les tentacules et la mâchoire seulement, mais sans en laisser de racines, reproduisissent ces organes, et il en conclut que Spallanzani, dans ses amputations, n'enlevoit que la calotte ou le bonnet.

M. Cotte, savant météorologiste, fit imprimer, dans le Journal de Physique de 1774, tom. 3, pag. 370, un article dans lequel il déclaroit qu'après des expériences nombreuses faites de 1768 à 1774, il étoit aussi obligé de conclure que les limaçons auxquels on a coupé la tête complétement, ne la reproduisent pas, et qu'ils meurent, quoiqu'ils puissent rester fort long-temps sans manger.

Valmont de Bomare essaya les mêmes expériences, en 1768 et en 1769, sur plus de cinquante limaçons, mais aussi sans succès, comme on le peut voir à l'article Limaçon de son Dictionnaire d'Histoire naturelle, édition de 1776.

Cependant, quelques personnes avoient été plus heureuses, et, entr'autres, la célèbre madame Bassi de Bologne, MM. Lavoisier, Schæffer, etc.; mais le Mémoire qui sembla mettre le résultat de l'expérience de Spallanzani hors de doute, fut celui que Bonnet inséra dans le Journal de Physique, tom. 10, p. 163. Il insista sur les précautions à prendre pour que l'expérience réussit; il accompagna son Mémoire de figures pour montrer les parties retranchées, et la manière dont elles se reproduisent par une sorte de végétation : on y voit qu'il n'a jamais coupé que les tentacules jusqu'à leur base, ainsi que toute la calotte de la tête et la mâchoire; et que la reproduction qui offre quelques variations, et pour le temps au bout duquel elle se fait, ainsi que pour l'ordre dans lequel les organes se reproduisent, a cependant réellement lieu. Malheureusement il ne fit pas l'anatomie des organes qu'il retranchoit, ni celle de ceux qui repoussoient; en sorte que ses expériences ne sont pas encore concluantes.

En 1778, M. O. Muller, Journ. de Physiq., t. 12, 2.e part., août, publia des expériences confirmatives de celles de Bonnet; il se servoit de ciseaux bien tranchans et il les plaçoit obliquement, de manière à n'enlever aussi que la moitié supérieure de la tête, c'est-à-dire les quatre tentacules, la lèvre supérieure, la mâchoire, et quelquefois une petite partie du pied.

Enfin des expériences sur le même sujet, beaucoup plus concluantes, ont été faites par M. G. Tarenne, qui les publia en 1808 dans un petit traité de cochliopérie, dont nous avons déjà parlé plus haut : ici il n'est plus permis de se refuser à croire que les limaçons peuvent reproduire leur tête tout entière, puisqu'il assure que le morceau qu'il coupoit subitement avec des ciseaux bien tranchans, et en les plaçant perpendiculairement un peu en arrière des grands tentacules et sous le pied, renfermoit non seulement les tentacules, la mâchoire et la lèvre supérieure, mais encore la masse buccale tout entière, le cerveau et la partie antérieure du pied. Il assure cependant que des limaçons ainsi mutilés, au bout d'un an et plus, ont repoussé une tête complète; et, si d'autres observateurs, dit-il, n'ont pas vu ce fait, c'est qu'ils n'ont pas mis l'hélice mutilée dans le cas de pouvoir se nourrir; car on ne sauroit trop remarquer, ajoute-t-il, que, si l'animal ne se nourrit pas, la reproduction de sa tête est impossible : cependant Spallanzani ne parle pas de cette circonstance, et il dit pourtant bien positivement que la tête se régénère, soit qu'on fasse la section au-dessus ou au-dessous du cerveau. Ainsi donc, quelque répugnance que l'on puisse avoir à admettre ce fait de la régénération de la tête tout entière des hélices, il seroit difficile de le nier. Elle a lieu deux ans environ après la décollation, et la tête nouvelle ne diffère de l'ancienne que parce que la peau qui la recouvre est plus blanche et plus lisse : quelquefois, en outre, il y a une sorte de sillon à la jonction du tronc. D'après Spallanzani, il paroît que la manière dont se fait cette reproduction est assez variable, et que quelquefois même elle reste incomplète; mais M. Tarenne dit qu'ayant coupé la tête à deux cents hélices, et les ayant jetées dans un bosquet humide à l'extrémité d'un jardin, afin qu'elles trouvassent plus aisément la nourriture qui pouvoit leur être convenable, il aperçut à tous les individus qu'il put retrouver à la fin de la belle saison, une nouvelle tête assez ressemblante à un grain de café; elle avoit quatre petites cornes, une bouche et des lèvres; à la fin de l'été suivant, les têtes furent parfaitement reproduites, si ce n'est que la peau en étoit lisse ou cicatrisée, de même qu'aux amputations partielles. Quoique Spallanzani ait donné moins de détails sur le procédé opératoire qu'il suivoit, que ne l'a fait M. Tarenne, on voit qu'il avoit déjà réellement obtenu les mêmes résultats, comme celui-ci se plaît à l'avouer. D'après cela il devroit rester constant que la tête entière des hélices peut se régénérer quand elle a été coupée, et cependant nous ne cacherons pas une certaine répugnance à admettre cette assertion comme un fait hors de doute. Nous concevons difficilement comment il se peut que les filets nerveux, les muscles, les vaisseaux qui ont été coupés dans le milieu de leur longueur, se raccordent avec les portions qui poussent de la tête, devenue une sorte de bourgeon, ou bien, en admettant que la régénération partiroit des filets nerveux et musculaires eux-mêmes, comment les filets nerveux, par exemple, pousseroient et donneroient naissance au cerveau? Pour que la conviction fût entière, il faudroit que l'on fît une dissection soignée de la tête reproduite, et qu'on la comparât avec celle que l'on auroit coupée. Au reste, ce n'est pas ici le lieu de parler de tout ce qu'auroient d'intéressant ces différentes recherches, c'est à l'auteur de l'article sur la régénération ou la reproduction dans les corps organisés animaux, de traiter un si beau sujet.

Si les avantages des hélices sont assez peu considérables, il n'en est pas de même de leurs désavantages, ou au moins de leurs inconvéniens; toutes les personnes qui s'occupent de jardinage les regardent comme une sorte de fléau. En effet, lorsque ces animaux sont abondans, ils détruisent souvent en une seule nuit tout le semis d'une plante oléracée, très-peu de temps après qu'elle est sortie de terre, et lorsqu'elle est encore extrêmement tendre : ils attaquent aussi les plus beaux fruits, et surtout les plus succulens, lorsqu'ils approchent de leur maturité, et ils en produisent bientôt la destruction, soit eux-mêmes, soit en facilitant l'action des autres animaux frugivores, comme les guêpes, les faucheurs, ou celle de la pluie d'où provient la pourriture. On s'est donc beaucoup occupé de rechercher les moyens propres à détruire les hélices, ou à les empêcher d'arriver jusqu'aux fruits. Le meilleur pour les détruire, est bien certainement d'en faire la chasse avec soin le matin, le soir, ou après une petite pluie, et de les écraser; mais on peut aussi empêcher leur propagation en ayant soin de tenir toujours les murs bien recrépis, sans lézardes ou anfractuosités, en rejetant les bordures touffues, et surtout celles faites avec du buis, les haies également serrées, et tous ces anciens ornemens de jardins formés d'if, d'aubépine: en général il faut éviter toute disposition qui pourroit offrir aux hélices l'humidité et l'abri, à moins qu'on ne s'en serve comme d'une espèce de piége dans lequel on puisse les trouver réunies en plus ou moins grand nombre pour les écraser. On préviendroit encore leurs effets nuisibles sur les fruits d'arbres isolés, en ayant soin d'en enduire une partie du tronc avec une matière très-visqueuse, et entr'autres, avec l'espèce de goudron, résidu de la distillation du charbon de terre, ou du charbon de bois. On obtient à peu près le même effet en mettant une certaine quantité de cendre ou de matière pulvérulente au pied de l'arbre; mais le goudron est meilleur, parce qu'il arrête aussi la marche de plusieurs autres animaux nuisibles.

Les espèces d'hélices paroissent être excessivement nombreuses dans la nature: long-temps elles ont été assez négligées par les conchyliologistes, parce que, en général, elles ne présentent rien de bien remarquable sous le rapport de la forme et des couleurs, et que d'ailleurs les marins, qui recueillent les coquilles pour nos collections, s'éloignant ordinairement assez peu des bords de la mer, n'en rapportoient que fort rarement; mais, depuis qu'il s'est fait des voyages spéciaux d'histoire naturelle, que les continens ont été exploités, et surtout depuis la distinction précisée que les géologues ont faite des terrains d'eau douce, ou des attérissemens méditerranéens, on a eu un bien plus grand besoin d'étudier les hélices, et on les a recueillies avec beaucoup plus de soin: mais aussi, il est résulté de cette grande accumulation d'espèces une bien plus grande difficulté de caractériser le genre qui doit les contenir, et de les distinguer entre elles. En effet, s'il est certain que les animaux n'offrent réellement aucunes différences génériques, ou d'une valeur un peu importante, il ne l'est pas moins qu'il est possible de trouver dans la coquille presque toutes les formes possibles, ou au moins un très-grand nombre de celles que l'on retrouve dans d'autres groupes de familles de mollusques, et dont on a fait des genres distincts, sans avoir égard à la forme de l'animal: faudra-t-il donc établir tous ces genres, ou s'en tenir à ce que Linnæus a fait? Certainement il étoit impossible d'en rester au point où Gmelin étoit lorsqu'il a caractérisé les espèces de ce genre, puisque dans les deux cent cinquante-deux espèces qu'il partage en six sections, d'après la forme générale de la coquille, l'existence d'une carène ou d'un ombilic, il confond des animaux extrêmement différens sous le rapport de l'organisation et, par conséquent, sous celui des mœurs et des habitudes; et, ce qu'il y a de remarquable, c'est que les espèces du même genre naturel sont quelquefois partagées dans des sections différentes. On peut donc hardiment assurer qu'il a gâté ce qu'avoient fait Adanson et Muller, qui avoient établi plusieurs genres bien caractérisés avec des espèces confondues sous le nom d'hélice. Bruguières, dans l'Encyclopédie méthodique, et surtout M. de Lamarck, adoptèrent ces différens genres qui furent confirmés par l'anatomie plus ou moins détaillée que M. G. Cuvier donna des espèces principales. Draparnaud, dans son Histoire naturelle des Mollusques terrestres et fluviatiles de France, établit encore quelques genres nouveaux qui furent généralement adoptés. Enfin M. Denys de Montfort, ne considérant absolument que les coquilles qui diffèrent si fort dans les hélices, propose encore un bien plus grand nombre de coupes génériques, que plusieurs zoologistes étrangers ont admis, de telle sorte que le genre *Helix* de Gmelin est, dans ce dernier conchyliologiste, partagé en trente-deux genres qui sont, en les subdivisant par familles: 1.° dans celle des cyclostomes, les genres Cyclostome, Cyclophore, Paludine et Valvaire; 2.° dans celle des ellipsostomes, qui est fort rapprochée de la précédente, les genres Ampullaire, Mélanie et Janthine; 3.° dans les pulmonés à deux tentacules contractiles, les genres Lymnée, Radix et Planorbe; 4.° dans les pulmonés à deux tentacules rétractiles, Scarabæus et Carychium; 5.° enfin dans les véritables hélices ou pulmonés à quatre tentacules contractiles, les genres Bulime, Ambrette, Agathine, Ruban, Polyphême, Vertigo, Clausilie, Maillot, Ibère, Zonite, Straparolle, Acave, Capraire, Polyodonte, Cépole et Tomogère, auxquels il faut joindre les genres Bulimule, Grenaille et Hélicelle, établis depuis. Dans l'établissement de ces genres, tant qu'on a eu égard, non pas seulement à la coquille, mais essentiellement à l'animal, les subdivisions qu'on a successivement proposées sont véritablement bonnes, et ont été presque généralement adoptées; mais il n'en est pas de même des autres, c'est-à-dire, des genres qui ne reposent que sur la considération de la coquille. Plusieurs zoologistes n'en admettent qu'un très-petit nombre; et ils refusent, par exemple, presque tous ceux que M. Denys de Montfort a établis dans le genre *Helix*, tel que Draparnaud l'a circonscrit. M. de Férussac, qui s'est occupé plus spécialement des animaux mollusques terrestres et fluviatiles, et qui publie sur leur histoire un ouvrage vraiment remarquable par la beauté et l'exactitude des figures, va plus loin, du moins en apparence; car, sauf les genres des quatre premières familles que nous avons indiqués plus haut, il veut qu'aucun des autres ne soit admis, et qu'ils soient réunis sous le nom générique d'*Helix* : mais je répète que ce n'est qu'en apparence, parce qu'en proposant des coupes sous-génériques auxquelles il donne des dénominations et des caractères particuliers, il rentre tout-à-fait dans la manière de voir de M. Denys de Montfort, qu'il a même peut-être encore exagérée; car il est évident que lorsqu'on voudra indiquer une espèce de coquille de son grand genre *Helix*, on citera de préférence la subdivision générique à laquelle elle appartiendra, et par conséquent la dénomination qu'il lui a assignée. Mais, comme M. de Férussac est bien certainement l'auteur qui a le plus complétement étudié les espèces excessivement nombreuses de ce genre, et qu'il est le seul surtout qui les ait fait figurer avec soin, sous toutes les faces et dans leurs différentes variétés, il est évident qu'il devra par la suite être cité de préférence à tout autre conchyliologiste; c'est pourquoi nous allons exposer la méthode de classification de son genre Hélice. Draparnaud, n'ayant à décrire que les espèces de France, qui ne sont qu'au nombre de soixante environ, et admettant comme de véritables genres les ambrettes, les bulimes, les clausilies et les maillots, a subdivisé ses véritables hélices en petites sections, d'après la forme générale conique, globuleuse, subdéprimée et aplatie de la coquille; les trois premières sont ensuite subdivisées, suivant que la coquille est ombiliquée, perforée ou imperforée : quant à la dernière, elle est partagée en trois divisions, d'après la considération du péristome ou du bord de l'ouverture qui est réfléchi, bordé, ou simple et tranchant. Cette disposition des hélices, quoique assez artificielle, facilite cependant beaucoup la distribution, et, par conséquent, la connoissance des espèces; mais elle est bornée à celles de France. M. Denys de Montfort a voulu nécessairement comprendre dans ses coupes génériques toutes les espèces connues au moment où il écrivoit; mais il a beaucoup moins égard à la forme générale de la coquille, et n'envisage guère que l'existence de l'ombilic, la carène de la spire et la forme de l'ouverture tranchante ou rebordée, dentée ou non; et, comme il ne cite qu'une seule espèce pour chaque genre, il est bien loin d'avoir autant contribué à une meilleure distribution des espèces que Draparnaud. Mais M. de Férussac, en employant, à peu de chose près, les mêmes considérations que celui-ci, avec cette différence, comme nous l'avons fait observer plus haut, qu'il fait rentrer dans son genre *Helix* toutes les subdivisions qu'on en avoit séparées, est arrivé à en comprendre toutes les espèces dans une table synoptique que nous allons donner, après en avoir exposé les bases. Il considère d'abord, comme l'avoit indiqué Draparnaud, l'animal et la coquille, et la proportion relative de l'un à l'autre, ce qui établit un rapprochement avec les pulmonés à quatre tentacules, qui sont nus ou presque nus; c'est là-dessus qu'est établie la première subdivision en espèces *redundantes*, c'est-à-dire, dont l'animal est très-gros pour sa coquille, au point de ne pouvoir que difficilement rentrer dedans; et les espèces *inclusæ*, qui offrent une disposition contraire. Il prend ensuite, dans chacune de ces coupes premières, en considération la forme générale de la coquille, suivant que la spire s'enroule plus ou moins dans le sens horizontal ou vertical; c'est ce qu'il nomme *helices volutatæ* dans le premier cas, ou hélicoïdes, et *helices evolutatæ*, ou cokloïdes dans le second. C'est de cette considération secondaire que sont tirées les dénominations de ce qu'il nomme sous-genres, qui ne correspondent même pas toujours aux genres de Draparnaud et de MM. Denys de Montfort et de Lamarck, quoiqu'ils soient établis sur les mêmes caractères, à très-peu de chose près, que ces auteurs ont employés, c'est-à-dire, sur l'existence ou non d'un ombilic, d'une carène plus ou moins évidente, d'un bourrelet et de dents au péristome, qui peut être continu ou discontinu; et enfin sur la forme et la manière dont se termine la columelle. Ainsi, tous les sous-genres qui appartiennent aux espèces hélicoïdes ont une dénomination formée du mot *helico*, réunie à un autre qui indique un caractère plus secondaire, tandis que, pour les sous-genres des espèces cokloïdes, leurs noms commencent toujours par le mot *coklo*; enfin chaque sous-genre est encore subdivisé en petites familles qui correspondent ordinairement aux genres des auteurs précédens, mais qui ne sont distinguées que par des épithètes. Quoique tout cet échafaudage soit évidemment artificiel, comme se plaît à l'avouer son auteur, s'il est vrai qu'il permette une distribution des espèces de manière à les faire plus aisément reconnoître, il devra être adopté, au moins provisoirement, jusqu'à ce que l'étude définitive des animaux confirme ou détruise ce premier aperçu : toujours est-il que, comme cette distribution renferme toutes les espèces connues, c'est celle que nous avons dû adopter; nous allons en donner le tableau, et nous ferons ensuite connoître une ou deux espèces de chaque section, en insistant davantage sur celles d'Europe, et surtout de France, car il nous seroit impossible de les faire connoître toutes.

Sous-genre Hélicogène, *Helicogena.*

* Les Columellées, *columellatæ. Espèces dont la columelle est solide et torse.*

1. L'Hélice naticoïde : *Helix naticoides*, Chemm.; de Férussac, pl. 11, fig. 17. Coquille subglobuleuse, un peu ventrue, mince, finement striée, d'une couleur uniforme, d'un brun verdâtre en dessus; l'ouverture grande, à bords presque tranchans; la columelle évidée intérieurement.

L'animal, d'une couleur grisâtre, peu foncée, est fort gros : aussi est-il contenu difficilement dans sa coquille, et son épiphragme est-il bombé en dehors. Il est très-hardi et craint beaucoup le froid : il s'enfonce de bonne heure dans la terre où il passe, dit Draparnaud, dix mois de l'année. De toutes les espèces d'hélices qu'on mange, il paroit que c'est celle dont la chair a le meilleur goût, et est moins indigestible. On la trouve dans la France méridionale, où elle est nommée *tapada*, ainsi que dans les îles et sur les côtes de la Méditerranée.

TABLE SYNOPTIQUE

DES DIVISIONS DU GENRE *HELIX* (pag. 421).

Genre	Espèces	Divisions	Caractères			Sous-genres.	Familles.
GENRE HELIX	*Sp. redundantes*	HELICOÏDES. *Volutatæ.*	Coquille perforée ou ombiliquée			HÉLICOPHANTE.	Vitrinoïdes. Vessies.
		COCHLOÏDES. *Evolutatæ.*	Columelle en filet solide			COCHLOHYDRE	Ambrettes.
	Sp. inclusæ	HELICOÏDES. *Volutatæ.*	ombilic masqué ; quelquefois la columelle solide : coquille globuleuse ou surbaissée : péristome non bordé			HÉLICOGÈNE	Columellées. Perforées. Acaves. Surbaissées.
			ouverture dentée : ombilic couvert ou visible			HÉLICODONTE	Grimaces. Lamellées. Maxillées. Anastomes. Impressionnées.
			coquille carénée, quelquefois conique : ombilic couvert ou visible			HÉLICIGONE	Carocolles. Tourbillons.
			coquille surbaissée ou aplatie : ombilic découvert, rarement masqué ou couvert : péristome réfléchi, simple ou bordé.			HÉLICELLE	Lomastomes. Aplostomes. Hygromanes. Héliomanes.
			columelle solide : coquille surbaissée ou trochiforme : quelquefois des lames ou des dents			HÉLICOSTYLE	Aplostomes. Lamellées. Canaliculées. Marginées.
		COCHLOÏDES. *Evolutatæ.* Ouverture	édentée : columelle	solide,	en filet non tronqué	COCHLOSTYLE	Lomastomes. Aplostomes.
					plate, tronquée, ouverture : élarg. : coq. coniq. ventrue	COCHLITOME	Rubans. Agathines.
					plate, tronquée, ouverture : étroite : coq. ovale ou turriculée	COCHLICOPE	Polyphèmes. Styloïdes.
				perforée ou ombiliquée : dernier tour de spire	moins long que les autres réunis	COCHLICELLE	Tourelles.
					généralemt renflé, et plus long que les autres réunis : quelquefois des dents	COCHLOGÈNE	Ombiliquées. Perforées. Bulimées. Hélictères. Stomoïdes. Dontostomes.
			dentée	avec gouttière : péristome généralement non continu		COCHLODONTE	Maillots. Grenailles.
				sans gouttière : péristome généralement continu		COCHLODINE	Pupoïdes. Tracheloïdes. Anomales. Clausilies.

2. L'Hélice parée : *Helix picta*, Linn.; de Férussac, pl. 12, 13 et 14, tout entières pour ses nombreuses variétés. Espèce dont la forme a beaucoup de rapports avec celle de la précédente, c'est-à-dire, qui est un peu globuleuse, renflée; l'ouverture est cependant moins grande proportionnellement. La couleur est extrêmement variable; le fond peut être d'un gris cendré, rose ou couleur de soufre, avec une bande brune plus ou moins étroite, décurrente de la pointe de la spire au bord de l'ouverture. Elle vit en Italie, d'après Gmelin. M. de Férussac dit qu'on n'est pas certain de sa patrie, et indique la Chine.

3. L'Hélice mélanostome; *Helix melanostoma*, Draparn., Hist. nat. des Mollus. terrest. et fluv., pl. 5, fig. 24. Coquille globuleuse, ventrue, épaisse, solide, large, grossièrement striée, d'un gris fauve, souvent avec une bande plus colorée sur la moitié des tours de spire, le dernier beaucoup plus grand que les autres. Le péristome ordinairement simple; l'intérieur de l'ouverture de couleur de café. L'animal est épais et lourd: la partie antérieure du corps est marquée de trois bandes blanchâtres, longitudinales; son épiphragme est assez mince.

Elle se trouve dans le midi de la France, à Marseille, dans les champs, au pied des amandiers; elle y est connue sous le nom de *terrassan*. On la mange.

4. L'Hélice de la Jamaïque: *Helix jamaicensis*, Gmel.; de Fér., pl. 14, fig. 6, 7, 8, 9. Coquille encore un peu globuleuse, mais plus épaisse, d'un pouce et demi de large, brune, fasciée de blanc: la spire obtuse; le péristome en bourrelet. Elle vient de la Jamaïque.

5. L'Hélice cornet de chasseur: *Helix cornu militare*, Linn., Gmel.; de Fér., pl. 15, fig. 5, 6, 7. Grosse et belle coquille, subdéprimée, et un peu carénée, dont le péristome est retroussé en bourrelet, avec une excavation sensible à la terminaison de la columelle. Couleur blanche, sous un épiderme brun; l'ouverture rousse. De l'Inde. Elle s'éloigne déjà beaucoup des deux premières. On ignore au juste sa patrie.

** *Les* Acaves, *Acavæ; sous-genre* Acave. (Den. de Montf.) *Espèces dont l'ombilic est entièrement couvert par une sorte d'épanouissement de la columelle.*

6. L'Hélice chagrinée: *Helix aspersa*, Linn.; Gmel.; vul-

gairement la Jardinière, de Fér., pl. 18 et 19, tout entière pour les variétés de couleur et les monstruosités. Dans cette espèce, malheureusement trop commune dans nos jardins, la coquille est globuleuse, à tours de spire bien arrondis; la surface est rugueuse; le fond de la couleur est d'un jaune quelquefois fauve, et d'autres fois plus foncé, traversé par quatre larges bandes brunes, décurrentes de la spire à l'ouverture, dont le péristome est blanc et évasé en dehors. Ces bandes sont souvent mal marquées et interrompues. La couleur de l'animal est d'un vert noirâtre en dessus, et plus clair en dessous. Elle est très-commune dans toutes les parties de la France, en Italie, etc. Elle est quelquefois gauche et scalaire.

7. L'Hélice sylvatique : *Helix sylvatica*, Drap.; de Fér., pl. 30, fig. 4, 9. Coquille globuleuse, assez mince et légère, ordinairement blanche en dessus, et jaunâtre en dessous; traversée par des bandes brunes ou fauves, variables en nombre, et dont la supérieure est quelquefois comme frangée. Le péristome, élargi, excavé et à bord tranchant, est de couleur violette, ainsi que la callosité de l'ombilic. Assez commune dans la France septentrionale, mais souvent confondue avec la suivante dont elle diffère principalement, parce que l'ouverture est moins déprimée, et que le bord columellaire offre une saillie moins sensible.

8. L'Hélice némorale : *Helix nemoralis*, Linn.; de Fér., pl. 33 et 34, tout entière; vulgairement la Livrée. Espèce assez voisine de la précédente dont elle diffère peut-être que parce que le péristome et la callosité de l'ombilic sont d'un brun très-foncé, ainsi que la partie de la spire qui modifie l'ouverture; du reste, le fond de la couleur est également jaune, quelquefois sans aucune bande, mais le plus souvent orné d'un nombre de bandes brunes, variables depuis une jusqu'à cinq. On en trouve dont le fond de la couleur est au contraire couleur de chair, ou qui sont toutes rousses, ou enfin d'un brun assez foncé. Quand elle est blanche, c'est qu'elle a perdu son épiderme, et qu'elle est morte depuis fort longtemps.

Elle se trouve dans les champs, les jardins et les forêts.

9. L'Hélice des jardins : *Helix hortensis*, Muller; de Fér., pl. 34, tout entière. C'est encore une espèce extrêmement voi-

sine des précédentes, et qui n'en diffère guère que parce que le péristome est blanc; car la disposition générale des couleurs, et même leur excessive variation, sont tout-à-fait les mêmes. Il paroit cependant qu'elle est en général plus petite, et que la spire est un peu moins élevée. On la trouve dans les mêmes lieux que la précédente.

10. L'Hélice vermiculée : *Helix vermiculata*, Mull.; Drap., pl. 6, fig. 7, 8. Coquille encore très-rapprochée des précédentes, mais un peu plus globuleuse, plus épaisse, dont la superficie est un peu chagrinée, et qui offre au bord columellaire un renflement plus sensible. La couleur est d'un gris plus ou moins fauve, parsemée de points blancs, avec des bandes brunes, dont les supérieures sont assez ordinairement décomposées. Le péristome est blanc. Elle habite les jardins, les vignes. On la mange.

*** *Les* Perforées, *Perforatæ, ou espèces d'hélices dont la coquille est plus ou moins globuleuse, et dont l'ombilic est un peu à découvert, en fente derrière l'épanouissement de la columelle.*

11. L'Hélice vigneronne : *Helix pomatia*, Linn.; de Fér., pl. 21, tout entière; et pour l'animal, pl. 24, fig. 1. Coquille globuleuse, ventrue, assez solide, marquée de stries transversales, irrégulières, de couleur roussâtre, avec des bandes souvent presque effacées de la même couleur plus foncée. Le péristome un peu épaissi, à peine évasé, et quelquefois d'un brun violet.

L'animal est fort gros, d'un gris jaunâtre, et couvert d'un grand nombre de tubercules alongés, irréguliers.

On trouve des individus gauches et des coquilles scalaires dans cette espèce.

Elle est commune dans la partie septentrionale de l'Europe : aux environs de Paris on la rencontre communément dans les vignes. On la mange, et surtout on l'emploie pour faire des bouillons visqueux. C'est elle que l'on trouve dans les marchés.

12. L'Hélice rubannée : *Helix ligata*, Mull.; de Fér., pl. 20, fig. 1, 4. Subglobuleuse, un peu ovale, d'un pouce et demi ou environ de long; ouverture ovale; péristome obtus, mais non réfléchi. Couleur blanche, avec cinq bandes brunes. L'ombilic paroit n'être guère visible. Elle vient d'Italie.

13. L'Hélice ceinte : *Helix cincta*, Mull.; de Fér., pl. 20,

7, 8. Beaucoup de rapports avec la précédente, dont elle ne diffère guère que parce qu'elle est plus grosse, et que la spire est proportionnellement un peu plus grande, et enfin que le péristome est de la même couleur que les bandes. Elle vient également d'Italie.

14. L'Hélice porphyre: *Helix arbustorum*, Linn.; de Fér., pl. 27, fig. 5 et 6, et pl. 29, fig. 1, 5. Coquille véirtablement globuleuse, solide, à tours de spire nombreux, et indiquant une trace de carène; l'ouverture assez petite, suborbiculaire, bordée par un bourrelet réfléchi de couleur blanche; le reste de la coquille étant ordinairement brun verdâtre, avec de petites taches jaunes; une bande brune sur la trace de la carène. Dans les haies et les arbustes de l'Europe septentrionale.

Il paroît qu'elle offre quelques variétés de couleur: ainsi quelquefois la bande brune est presque nulle. M. de Férussac en figure un individu gauche et un autre dont la spire étoit subscalaire.

15. L'Hélice porcelaine: *Helix candidissima*, Draparn.; de Fér., pl. 27, fig. 9, 12. Jolie espèce, assez semblable à la précédente pour la forme générale, mais encore plus globuleuse, plus solide; la spire plus bombée et parfaitement blanche. Le péristome est simple, obtus, et à peine évasé.

L'animal, noirâtre, a ses tentacules généralement plus courts que les autres espèces.

On la trouve en Provence et dans le Comtat, dans les champs et sur la tige des planches sèches.

**** *Les* Déprimées, *Depressæ*, *ou* imperforées. *Espèces déprimées, et dont l'ombilic est rempli.*

16. L'Hélice lactée: *Helix lactea*, Linn.; Gmel., d'après Muller; Chemm., *Conch.*, 9, f. 1161. Déprimée, imperforée; de couleur grise ponctuée de blanc; l'ouverture d'un brun sanguinolent et rebordée. Espagne, Portugal, et la Jamaïque?

L'Hélice plissée; *Helix plicata*, Lamck., planch. du Dictionn., Ellipsost., fig. 1 a. b. Coquille assez déprimée, d'une couleur uniforme brune jaunâtre, avec des stries transverses tellement saillantes, qu'elles forment des espèces de plis. L'ouverture très-modifiée par l'avant-dernier tour de spire, et fortement rebordée. La patrie de cette espèce m'est inconnue.

17. L'Hélice splendide; *Helix splendida*, Draparn., Mollusq. de Fr., pl. 6, fig. 9, 11. Coquille subdéprimée, lisse, luisante, mince, fort légère, et presque transparente, avec un petit enfoncement à la place de l'ombilic. L'ouverture presque arrondie, plus haute que large, à bords tranchans, avec un petit bourrelet blanc intérieur. Couleur blanche, avec une à cinq bandes brunes ou fauves, quelquefois un peu décomposées. France méridionale.

Sous-genre Hélicodonte; *Helicodonta, c'est-à-dire, espèces dont la coquille, plus ou moins globuleuse ou déprimée, a l'ouverture garnie de dents.*

* Personées, *Personatæ*.

18. L'Hélice grimace: *Helix personata*, Lamarck; *Helix isognomostomos*, Linn.; Draparn., l. c., pl. 7, fig. 26. Petite coquille déprimée, à spire un peu saillante, couverte d'une assez grande quantité de poils caduques; l'ouverture subtriangulaire, tombante et rétrécie par un péristome bordé et garni de dents à l'intérieur; couleur uniforme et cornée. Elle est commune en Alsace et aux environs d'Arbois. Gmelin ajoute qu'elle se trouve aussi en Thuringe et en Virginie, ce qui est plus douteux.

19. L'Hélice planorbe: *Helix obvoluta*, Muller; *Helix holosericea*, Linn.; Gmel.; Draparn., l. c., pl. 7, fig. 27, 28, 29; la Veloutée a bouche triangulaire, de Geoffroy. Petite coquille un peu plus grande que la précédente, de la même couleur, également hérissée de poils caduques, du moins dans la jeunesse, mais qui en diffère en ce qu'elle est entièrement déprimée, la spire étant plus concave que saillante; l'ouverture a aussi à peu près la même forme, avec cette différence qu'elle n'est pas rétrécie par des dents. Elle a d'ailleurs un ombilic très-ouvert.

Il paroît qu'on la trouve dans toute la France, en Allemagne, en Suisse, etc.

** Lamellées, *Lamellatæ*.

20. L'Hélice carabinée; *Helix carabinata*, de Fér. Cette espèce, nouvellement introduite par M. de Férussac, a été observée par lui dans la Collection de M. de La Tour; elle n'est pas encore figurée. On ignore sa patrie.

*** Maxillées, *Maxillatæ.*

21. L'Hélice empereur; *Helix imperator*, Den. de Montf., t. 2, pl. 154. Grosse et belle coquille, assez déprimée, subcarénée, ombiliquée, de couleur blanche, avec des stries d'accroissement très-marquées, et dont l'ouverture, un peu tombante et subcarrée, est rétrécie dans toute sa circonférence par six à sept dents très-fortes et très-saillantes. Le péristome renflé en bourrelet épais. De l'Inde. C'est le type du genre Polyodonte, de M. Denys de Montfort.

**** Anostomes, *anastomatæ.*

22. L'Hélice ringente : *Helix ringens*, Linn.; Gmelin; Leach, Mélanges de Zoolog., tom. 2, pl. 107. C'est une coquille assez singulière, en ce que l'ouverture arrondie, à péristome subcontinu et denté, est retournée vers le dos de la spire. Du reste, celle-ci est déprimée et non ombiliquée. La couleur générale est d'un blanc laiteux, avec des bandes étroites, orangées, décurrentes dans le sens de la spire; des taches de la même couleur en dessous. C'est une coquille rare des Indes orientales. Le nombre des dents de l'ouverture paroît beaucoup varier. C'est le type du genre Tomogère de M. Denys de Montfort. Elle est figurée dans les planches de ce Dictionnaire, sous le nom de Tomogère déprimé.

**** Imprimées, *impressæ.* (G. Cepole, Den. de Montf.)

23. L'Hélice bidentée : *Helix bidentata*, Linn.; Gmel.; Chemm., *Conch.*, t. 22, fig. 1052, *a B.* Coquille pyramidale, subcarénée, finement striée et ornée de bandes; le péristome réfléchi et garni intérieurement de deux dents. On dit que cette espèce a été trouvée dans le jardin de botanique de Strasbourg. Draparnaud n'en parle pas.

24. L'Hélice imprimée : *Helix impressa*, Lamck.; Nicolson, Histoire de Saint-Domingue, tab. 3, fig. 9. Le Cépole de Nicolson, de M. Denis de Montfort. Coquille globuleuse, subcarénée, de couleur brun foncé, avec une bande lactescente dans toute la spire; le péristome bordé, avec une dent au bord gauche; un pli ou une impression au dos et vers le bord de la coquille, formant une autre saillie intérieure. De l'île de Saint-Domingue.

Sous-genre Hélicigone. *Espèces dont la coquille est carénée.*

* Les Carocolles, *Carocolla.* (Den. de Montf.)

25. L'Hélice carocolle : *Helix carocolla*, Linn.; Gmel.; Lister., tab. 63, fig. 61; vulgairement l'Œil de bouc, la Fausse Lampe, le Carocolle. Coquille assez grosse, quelquefois de deux pouces de diamètre, à spire déprimée ou surbaissée, composée d'un grand nombre de tours; carénée; l'ouverture subanguleuse bordée par un péristome renflé en bourrelet et blanc. Tout le reste de la coquille ordinairement d'un brun de chocolat; l'ombilic est caché. On trouve des individus chez lesquels la teinte générale est plus claire, et où la carène est blanchâtre. C'est une coquille de l'Inde.

** Les Tourbillons, *Vortices*, genre Vortex. (Ocken.)

26. L'Hélice lampe : *Helix lapicida*, Linn.; Draparn., pl. 7, fig. 35, 37; vulgairement la Lampe. Petite coquille d'un brun assez foncé, ou quelquefois grise, avec des taches longitudinales d'un brun obscur, très-déprimée, fortement carénée, ombiliquée; l'ouverture subanguleuse; à péristome continu, large et évasé. L'animal est noirâtre. Elle se trouve sous les pierres, sur les rochers, dans toute l'Europe.

27. L'Hélice marginée : *Helix marginata*, Linn.; Gmel., d'après Muller. C'est le Carocolle a bandes des Planches de ce Dictionn., Ellipsost., fig. 3 a. b. Coquille de neuf lignes de diamètre, convexe en dessus, un peu plane en dessous, subombiliquée, striée obliquement; blanche, avec deux ou trois bandes brunes réduites à une près de l'ouverture, qui est transversale, subtriangulaire et à péristome rebordé. Patrie inconnue.

Sous-genre Hélicelle, *Helicella.* (Lamarck.)

* Lomastomes, *Lomastomæ.*

28. L'Hélice cornée; *Helix cornea*, Drap., pl. 8, fig. 1, 2, 3. Coquille transparente, déprimée, mais à peine carénée, un peu plus convexe en dessous qu'en dessus, avec un ombilic médiocrement évasé; l'ouverture ovale, oblongue; le péristome blanc, réfléchi, presque continu. Couleur de corne, avec une bande d'un brun rougeâtre, décurrente, et, vers le bord, l'origine de deux autres. L'animal est brun : il se trouve en

France aux environs de Castelnau. Il ne faut pas rapporter à cette espèce l'*helix cornea* de Gmelin, qui est une espèce de planorbe.

29. L'Hélice mignonne : *Helix pulchella*, Mull.; Draparn., pl. 7, fig. 30, 34.; la Petite striée de Geoffroy. Très-petite espèce, d'une à deux lignes de diamètre, déprimée, très-ombiliquée, de couleur blanche ou cendrée, garnie de côtes saillantes espacées, reste des péristomes successifs, mais ne provenant que de l'épiderme. Péristome entièrement continu, circulaire, épais, réfléchi et blanc.

Très-commune sous les mousses dans toute l'Europe.

L'Hélice des Pyrénées; *Helix pyrenaica*, Drap., l. c., pl. 13, fig. 7. Coquille très-rapprochée de l'hélice cornée, presque complétement planorbique, cornée, lisse, luisante, à peine carénée; ouverture ovale; le péristome réfléchi, un peu épaissi, blanc, et très-évidemment discontinu : couleur générale verdâtre, sans bande brune.

Cette espèce a été trouvée à Prats de Mello, dans les Pyrénées, d'après Draparnaud.

L'Hélice a zone : *Helix zonaria*, Linn.; Gmel., d'après Mull.; Chemm., *Conch.*, 9, t. 139, f. 1188-1189. Coquille assez mince, déprimée, planorbique, subcarénée, assez fortement striée; l'ouverture grande, oblique, à péristome évasé ou réfléchi, bordé et de couleur blanche; ombilic profond et ouvert; couleur d'un blanc sale, ou couleur de chair, avec une bande longitudinale d'un brun foncé, décurrente; quelquefois elle est d'une seule couleur blanchâtre, jaunâtre ou couleur de chair pâle, et d'autres fois elle offre de deux à six bandes brunes, dont les supérieures sont quelquefois décomposées. Il y en a une variété dont la spire est moins déprimée.

Cette espèce paroît n'exister que dans les parties méridionales de l'Europe et dans les pays élevés, dans les Alpes, et peut-être dans les Pyrénées. Muller dit qu'on la trouve aussi dans la Barbarie.

L'Hélice de Quimper; *Helix quimperiana*, de Féruss., Hist. nat. des Moll. terr. et fluv., pl. 66, fig. 2. Espèce rapprochée de l'hélice planorbe pour la forme et la disposition de la spire, enroulée absolument dans le même plan, la partie supérieure étant plutôt excavée que saillante, mais beaucoup plus mince, plus fragile, avec les stries d'accroissement bien marquées; l'ombilic très-profond, presque cylindrique, quoique large; l'ouverture semi-lunaire; le péristome élargi, plat, blanc, subtranchant à son bord externe et blanchâtre : couleur générale d'un brun de corne assez foncé, avec deux ou trois cercles blancs, provenant probablement d'anciens péristomes, à différens points de la longueur de la spire.

L'animal a les tentacules longs et grêles; il porte sa coquille très en arrière; et, à travers ses parois, on voit un assez grand nombre de taches noires sur la peau intérieure.

Cette espèce se trouve en France, aux environs de Quimper.

L'Hélice bandelette; *Helix fasciola*, Draparn., l. c., pl. 6, fig. 22. Espèce qui paroît voisine de l'hélice cornée, puisqu'elle est également déprimée, striée, assez lisse ou luisante, à peine carénée, un peu plus convexe en dessous qu'en dessus, le sommet étant également un peu relevé; elle est également de couleur de corne, avec une bande brune décurrente; mais elle en diffère, parce que l'ouverture est un peu triangulaire, et parce que le péristome est garni d'un bourrelet à peine blanc et un peu sinueux; que par conséquent il n'est pas réfléchi, et enfin qu'il est bien loin d'être subcontinu : l'ombilic est également profond et cylindrique.

Elle a été trouvée aux environs de La Rochelle.

** Aplostomes, *Aplostomæ.*

30. L'Hélice peson : *Helix algira*, Linn.; *Helix ægophtalmos*, Gmel.; Draparn., l. c., pl. 7, fig. 38; vulgairement le Faux œil de bouc. Assez grosse coquille fort déprimée ou planorbique, un peu convexe en dessus, et concave en dessous; très-fortement ombiliquée, subcarénée, quand elle est jeune; de couleur jaunâtre ou verdâtre; l'ouverture semi-lunaire, à bords tranchans. L'animal est d'un gris d'ardoise; les tentacules supérieurs sont fort longs. Il paroît que les organes de la génération offrent quelque différence d'avec ce qui a lieu dans l'hélice vigneronne, du moins pour la verge et le dard. Il s'accouple ordinairement en automne, ne forme pas d'épiphragme, et se cache sous les feuilles mortes ou dans des excavations. Il paroît que sa bave est très-abondante, mais qu'elle est très-aqueuse.

Cette espèce est très-commune dans la France méridionale, dans les jardins, les champs, les bois, etc. Gmelin dit en Barbarie, dans l'Inde et dans l'Amérique méridionale.

31. L'Hélice des celliers : *Helix cellaria*, Gmel., d'après Muller; Schroeter, Coq. terrest., t. 2, fig. 26. Coquille très-glabre, pellucide, du diamètre de trois lignes et demie, déprimée, convexe en dessous, jaunâtre en dessus, et lactescente en dessous, avec un large ombilic. L'animal est blanc et un peu transparent.

Elle est commune dans la Thuringe et dans les celliers du Danemarck.

*** Hygromanes, *Hygromanæ*.

32. L'Hélice bimarginée; *Helix carthusianella*, Drap., l. c., pl. 6, fig. 32-32. Coquille subdéprimée, assez mince, et cependant solide, transparente, lisse, avec une apparence de carène, produite par une ligne d'un blanc de lait, qui suit les tours de la spire; l'ouverture demi-ovale; le péristome tranchant, un peu évasé, avec un bourrelet blanchâtre intérieurement. Ombilic assez peu ouvert : couleur générale blanchâtre, brune vers le péristome, et plus blanche en dehors, à l'endroit du bourrelet.

L'animal pâle est légèrement tacheté de noir, ce qui s'aperçoit à travers la coquille.

Très-commune dans les champs et les jardins de la France méridionale.

33. L'Hélice douteuse : *Helix incarnata*, Mull.; Drap., l. c., pl. 6, fig. 30. C'est une espèce assez voisine de la précédente par la forme générale; elle est globuleuse, subdéprimée, assez solide, transparente, d'une couleur de corne claire ou de chair, un peu carénée, avec une ligne blanchâtre qui suit la carène. A la loupe, sa surface paroît comme finement guillochée par des stries spirales ondulées; la couleur du péristome est intérieurement plus rougeâtre, et il est peut-être plus réfléchi. Elle habite dans les forêts.

34. L'Hélice chartreuse : *Helix carthusiana*, Muller; Drap., l. c., pl. 6, fig. 33. C'est encore une espèce assez rapprochée des deux précédentes, mais qui est un peu moins bombée que l'hélice douteuse, et plus que la bimarginée; l'ouverture est

semi-lunaire, moins alongée et plus arrondie que dans celle-ci. L'ombilic est plus ouvert; enfin, le péristome est blanchâtre en dedans, et non brun; la bande blanchâtre à peine visible. Elle se trouve dans les champs.

33. L'Hélice glabelle; *Helix glabella*, Drap., l. c., pl. 7, fig. 6. Espèce beaucoup plus petite que la précédente, dont elle est cependant fort rapprochée; elle est plus colorée, carénée, et la bande blanchâtre de la carène est plus marquée; l'ouverture est plus arrondie, et le bourrelet blanchâtre intérieur moins marqué, et quelquefois nul.

Elle se trouve aux environs de Lyon, etc.

L'Hélice trompeuse: *Helix fruticum*, Mull.; *Helix terrestris*, Linn.; Gmel.; Draparn., l. c., pl. 5, f. 16-17. Coquille globuleuse, assez mince pour être transparente; l'ouverture ronde; le péristome très-évasé, un peu épaissi et garni d'un bourrelet intérieur; l'ombilic large et très-profond: couleur ordinairement toute blanche, quelquefois avec une bande rougeâtre ou variée de brun et de rougeâtre, ou enfin cornée, avec une légère teinte rose. L'animal varie aussi de couleurs: il est le plus souvent jaunâtre, soufré; ce qui se voit même à travers la coquille. De la Bresse.

L'Hélice lucide; *Helix lucida*, Draparn., l. c., pl. 8, fig. 11-12. Très-petite espèce subdéprimée, lisse, luisante, mince, transparente, de couleur de corne brune; ouverture médiocre, demi-ovale, semi-lunaire, à péristome tranchant; l'ombilic fort ouvert.

L'animal, qui est noir et gris, habite les lieux humides et marécageux: c'est l'*helix nitida* de Muller, suivant les observations de M. de Férussac.

L'Hélice brillante: *Helix cristallina*, Mull.; Draparn., l. c., pl. 8, fig. 13-17. Espèce quelquefois encore plus petite que la précédente, car elle varie assez pour la grandeur; encore plus comprimée ou aplatie, très-mince, très-fragile, très-transparente et très-brillante; couleur blanche un peu verdâtre; ouverture semi-lunaire et subdéprimée; le péristome tranchant et un peu rebordé; l'ombilic étroit: 2 à 3 millimètres.

Quand elle est morte, elle devient d'un blanc mat. Elle habite la France méridionale, à Montpellier; elle existe aussi aux environs d'Angers.

L'Hélice luisante : *Helix nitida*, Draparn. ; *Helix cellaria*, Mull. ; vulgairement la Luisante, de Geoffroy ; Draparn., l. c., pl. 8, fig. 23-25. Espèce plus grande (8 à 13 millimètres), très-aplatie, concave en dessous, convexe en dessus, lisse, mince, transparente ; couleur de corne claire en dessus, et d'un blanc de lait un peu verdâtre en dessous. Suture très-marquée ; ouverture grande, oblique, à bords tranchans. L'ombilic est infundibuliforme. L'animal est grand, d'un gris bleuâtre.

Elle se trouve communément dans toute la France, dans les lieux humides et ombragés.

L'Hélice nitidule ; *Helix nitidula*, Draparn., l. c., pl. 8, fig. 21-22. La plus petite de toutes les hélices luisantes (2 à 3 millimètres), également très-aplatie, concave en dessous, et surtout fort rapprochée de la précédente. Elle est cependant moins blanche en dessous. Son ouverture est moins grande, tranchante, moins oblique, et les deux bords se rapprochent davantage. L'ombilic est aussi plus évasé. L'animal est d'un gris de perle tacheté de points noirs et blancs.

Elle se trouve avec la précédente, dont elle n'est peut-être qu'une variété.

L'Hélice pygmée ; *Helix pygmea*, Draparn., l. c., pl. 8, fig. 8-10. Coquille, l'une des plus petites du genre, déprimée, un peu convexe en dessus, finement striée, un peu transparente, de couleur grisâtre ou brun pâle ; l'ouverture arrondie, semi-lunaire ; péristome tranchant ; ombilic infundibuliforme.

Des environs de Lyon.

L'Hélice bouton : *Helix rotundata*, Linn., Gmel., d'après Muller ; vulgairement le Bouton, Draparn., l. c., pl. 8, fig. 4-7. Espèce fort petite, déprimée, un peu convexe en dessus, subcarénée, striée ; la spire composée de six tours : un grand ombilic infundibuliforme ; l'ouverture transverse ; le péristome tranchant : couleur générale cornée ou brunâtre, avec des taches plus foncées et assez régulièrement disposées en dessus.

L'animal est noirâtre en dessus : les tentacules inférieurs sont très-courts. Cette espèce se trouve dans toute l'Europe, sous les feuilles pourries et le bois mort.

**** Héliomanes, *Heliomanes*.

L'Hélice striée ; *Helix striata*, Draparn., l. c., pl. 6, fig. 18,

21: le Petit Ruban, de Geoffroy. Coquille de 6 à 8 millimètres, tantôt subglobuleuse et tantôt presque déprimée, striée transversalement d'une manière assez égale, un peu carénée, le plus souvent blanche avec des bandes décurrentes brunes, dont une seule, et la plus large, atteint le bord, quelquefois toute blanche; le sommet est cependant toujours brun; l'ouverture arrondie; le péristome évasé et garni intérieurement d'un bourrelet blanc, quelquefois marqué d'une ou deux très-petites dents.

Cette espèce, qui offre un assez grand nombre de variétés, se trouve communément dans toutes les parties de la France, et recherche les lieux secs, rocailleux, le pied des murs, le gazon exposé au soleil.

L'Hélice ruban : *Helix ericetorum*, Gmel.; Mull.; Draparn., l. c., pl. 6, fig. 12; le Grand Ruban, de Geoffroy. Généralement plus grande que la précédente, dont elle est fort rapprochée (8 à 10 millimètres); elle est cependant plus déprimée; les stries sont moins saillantes; l'ombilic est plus ouvert; les deux bords de l'ouverture sont plus près de se toucher, et les traces de la carène du dernier tour sont encore moins sensibles : elle est aussi quelquefois toute blanche.

L'animal est blanchâtre, grisâtre en dessus.

On la trouve communément dans les mêmes lieux que la précédente, et elle semble rechercher le sol calcaire.

L'Hélice des gazons : *Helix cespitum ; Helix ericetorum*, var. *a*, Mull.; Draparn., l. c., pl. 6, fig. 14-17. C'est encore une espèce extrêmement voisine des deux précédentes, mais qui est encore un peu plus grande que l'hélice ruban; elle est ordinairement subdéprimée, quelquefois un peu subglobuleuse : sa couleur est du reste ou toute blanche ou bien ornée d'une ou plusieurs bandes brunes, dont une seule arrive jusqu'au bord; le péristome est presque toujours violacé, ainsi que le bourrelet interne : l'ombilic est très-évasé.

Des mêmes lieux que le ruban.

L'Hélice négligée : *Helix neglecta*, Draparn., l. c., pl. 6, fig. 13. Egalement rapprochée de l'hélice ruban, surtout pour la grandeur; son ombilic est également très-évasé; mais il paroît qu'elle est généralement plus globuleuse ou moins déprimée; elle est aussi généralement blanche ou brunâtre, fasciée de brun; mais les bandes qui se prolongent dans l'intérieur sont toujours confondues par de petits traits bruns qui vont de l'une à l'autre, ou interrompues par de petites taches blanches. Le péristome est d'un brun vineux.

Elle offre aussi quelques variétés. On la trouve, dit Draparnaud, à Lauserte et dans le Sorezois.

L'Hélice des oliviers : *Helix olivetorum*, Linn.; Gmel.; *Helix incerta*, Draparn., l. c., pl. 13, fig. 8-9. Coquille déprimée, et encore semblable, pour la forme, à l'hélice ruban, ordinairement plus bombée, mais qui en diffère beaucoup, parce qu'elle est assez mince, lisse, luisante, d'un roux foncé en dessus, et d'un roux pâle, blanchâtre ou bleuâtre en dessous : son ombilic est aussi fortement évasé; le péristome paroit toujours être tranchant, sans bourrelet intérieur.

Cette espèce, que Draparnaud avait reçue de M. de Férussac, se trouve, à ce qu'il paroît, dans la France méridionale, et en Italie, dans les oliveraies.

L'Hélice plébéie; *Helix plebeium*, Draparn., l. c., pl. 7, fig. 5. Cette espèce commence la série de celles dont la surface est hérissée de poils, malheureusement assez caduques. Elle est subdéprimée, mince, pellucide, légèrement striée; le dernier tour de spire, un peu caréné, est marqué d'une bande blanche, sur un fond brunâtre; le péristome est brunâtre avec un léger bourrelet intérieur blanc, formant à l'extérieur une bande plus claire que le reste de la coquille : l'ombilic est médiocrement évasé.

Elle est de France, et très-commune aux environs d'Arbois, en Franche-Comté, suivant M. de Férussac.

L'Hélice velue; *Helix villosa*, Draparn., l. c., pl. 7, fig. 18. Espèce un peu plus grande que la précédente, dont elle diffère surtout parce que la spire est un peu plus déprimée vers le sommet, et plus carénée; les poils sont longs et moins caducs, et l'ombilic est très-ouvert et très-profond; le péristome est moins coloré, et son bourrelet moins marqué.

Elle se trouve dans les montagnes de Savoie.

L'Hélice pubescente : *Helix sericea*, Mull.; Draparn., l. c., pl. 7, fig. 16-17. Coquille un peu globuleuse, subdéprimée, mince, transparente, un peu carénée, de couleur de corne claire, et hérissée de longs poils jaunâtres recourbés; le péristome simple ou tranchant, quelquefois avec un bourrelet intérieur; l'ombilic très-étroit : 4 à 5 lignes de diamètre.

Commune dans toutes les parties de la France, sur le gazon, dans les jardins.

L'Hélice sale; *Helix conspurcata*, Draparn., l. c., pl. 7, fig. 23-25. Dans cette espèce, qui est également commune dans les haies de toutes les parties de la France, dans les fentes des murs, la coquille est subdéprimée, marquée de stries serrées, inégales, et hérissée de poils déliés, mous, recourbés : la couleur est grise ou roussâtre, tachetée de brun ou de fauve; l'ouverture a ses bords tranchans; l'ombilic est médiocre.

L'Hélice hispide; *Helix hispida*, Linn.; Gmel.; Draparn., l. c., pl. 7, fig. 20-22; la Veloutée de Geoffroy. Petite espèce encore plus commune que la précédente, également subdéprimée, pellucide, très-mince, cornée, mais tout-à-fait brune et hérissée de poils recourbés blancs, ou de petites lames luisantes caduques; le péristome, simple, est quelquefois garni d'un bourrelet à l'intérieur.

Commune dans toutes les parties de la France.

L'Hélice albelle : *Helix albella*, Linn.; Draparn., l. c., pl. 6, fig. 25-27. Coquille extrêmement déprimée, tout-à-fait plate en dessus, convexe en dessous, fortement carénée, les stries d'accroissement très-visibles; l'ombilic très-profond, en entonnoir; ouverture anguleuse hémicardiforme; le péristome tranchant, avec un petit bourrelet intérieur; couleur uniforme d'un jaune pâle, avec la carène blanche ou toute blanche, si ce n'est le sommet de la spire, qui est brun.

Elle habite les plages maritimes de la France méridionale, et, suivant Gmelin, les rochers de l'Europe.

L'Hélice élégante : *Helix elegans*, Linn.; Gmel.; Draparn., l. c., pl. 5, fig. 1-2. Espèce extrêmement distincte de la précédente, quoique pour l'ensemble des caractères elle en doive être rapprochée, en ce qu'elle est trochiforme : du reste, elle est aussi fortement carénée, et la carène se prolonge sur les tours de spire; les stries d'accroissement sont très-sensibles, et l'ouverture de la même forme : elle est blanche, si ce n'est en dessous où se trouvent deux ou trois lignes concentriques de points bruns, et au sommet, qui est également brun et obtus. Il y a aussi un petit bourrelet intérieur.

Elle est commune dans les champs, sur les plantes sèches.

L'Hélice conique; *Helix conica*, Draparn., l. c., pl. 5, fig. 3, 4 et 5. Appartient encore à cette section et se rapproche beaucoup de la précédente : elle en diffère cependant en ce qu'elle est moins rigoureusement trochiforme, sa base étant moins plate, et que les tours de spire sont un peu plus renflés, moins rubanés; la ligne de la carène est cependant encore saillante et détachée de la spire : enfin, l'ouverture est moins déprimée; du reste, l'ombilic, les stries d'accroissement sont les mêmes. Un autre caractère distinctif est une bande brune décurrente sur la spire, et une série de petits points de même couleur qui la suit également. Le sommet est obtus et brun; le péristome, tranchant comme dans toutes les autres espèces de cette section, a aussi un petit bourrelet blanc intérieur.

Elle habite sur les côtes de la Méditerranée.

L'Hélice conoïde; *Helix conoidea*, Draparn., l. c., pl. 5, fig. 7. Egalement trochiforme, mais un peu plus alongée, et surtout beaucoup moins carénée; aussi l'ouverture est presque ronde: le péristome est tranchant, peut-être sans bourrelet intérieur. Le sommet est également mousse et brun; les tours de spire arrondis, avec des stries d'accroissement très-visibles: la couleur générale est blanche, avec une bande brune décurrente; la suture est profonde.

Cette espèce, qui offre quelques variétés sous le rapport de la division des bandes, se trouve, comme les précédentes, sur les côtes sablonneuses de la Méditerranée.

L'Hélice pyramidée; *Helix pyramidata*, Draparn., pl. 5, fig. 6. Cette espèce paroît être fort rapprochée de l'hélice conoïde, dont elle ne diffère guère que parce qu'elle est plus grande et moins exactement conique; son ouverture est cependant plus comprimée, et elle est plus ventrue: du reste, le péristome, un peu plus évasé que l'ombilic, est garni d'un bourrelet blanc intérieur; le sommet est obtus, brun; tout le reste étant blanc, avec les stries d'accroissement très-marquées.

Elle se trouve dans les mêmes lieux.

Sous-genre Hélicostyle.

* Aplostomes, *Aplostomæ*.

L'Hélice ochroleuque; *Helix ochroleuca*, de Fér., l. c., pl. 30, fig. 1. C'est une espèce nouvelle dont on ignore la patrie, et dont le nom indique la couleur d'un blanc roussâtre.

** Lamellées, *Lamellatæ*.

L'Hélice épistyle; *Helix epistylium*, Mull.; Lister., *Conch.*, tab. 67, f. 60. Coquille d'un pouce de diamètre, hyaline, striée, subglobuleuse, un peu plane et lisse en dessous, à sept tours de spire, imperforée; l'ouverture semi-lunaire; le péristome réfléchi et poli. La couleur est toute blanche. Sa patrie est ignorée.

*** Canaliculées, *Canaliculatæ*.

L'Hélice unidentée; *Helix unidentata*, Chemnitz.

**** Marginées, *Marginatæ*.

L'Hélice de Stouder; *Helix stouderiana*, de Fér., l. c., pl. 103, fig. 6.

Presque toutes les espèces qui entrent dans la seconde division du genre *Helix*, tel que M. de Férussac le dispose, appartiennent à des genres assez généralement admis, et par conséquent ont été ou seront décrites à l'article de ces genres. Nous croyons cependant, pour compléter le tableau, devoir au moins indiquer le nom d'une espèce pour chaque subdivision, parce qu'alors il sera aisé de s'en faire une idée. Pour plus de détails, on devra recourir au nom de genre.

S. G. Cochlostyle, *Cochlostyla*.

* Lomastomes, *Lomastomæ*. *Helix ventricosa*, Chemn.; *Bulimus ventricosus*, Brug.

** Aplostomes, *Aplostomæ*. *Helix undata*; *Bulimus undatus*, Brug.

S. G. Cochlitome, *Cochlitoma*.

* *Liguæ*, genre Ruban de Denys de Montf.; *Helix virginea*, *Bulimus virgineus*, Brug.

** *Achatinæ*, genre Agathine, Lamk.; *Helix zebra*; *Bulimus zebra*, Brug.

S. G. Cochlicope, *Cochlicopa*.

* *Polyphemæ*, genre Polyphème, Denys de Montf., *Helix glans*, Linn.; *Bulimus glans*, Brug.

** *Styloidæ*, Styloïdées; *Helix columna*, Linn.; *Bulimus columna*, Brug.

S. G. Cochlicelle, *Cochlicella.*

* *Turritæ; Bulimus decollatus*, Brug. et Draparn.

S. G. Cochlogène, *Cochlogena.*

* *Umbilicatæ; Helix flammea*, Mull.; Linn. Le Kambeul d'Adanson.

** *Perforatæ; Helix radiata*, Linn., Gmel.; *Bulimus radiatus*, Brug.

*** *Bulimæ; Helix obscura*, *montana*, Linn., Gmel.; *Bulimi Spec.*, Draparn.

**** *Helicteres; Turbo lugubris*, Chemn.

***** *Stomatoides; Voluta auris silenis*, Linn.; Gmel.; *Bulimi Sp.*, Brug.; *Auriculæ Spec.*, Lamk.

****** *Dontostomæ; Auriculæ Spec.*, Lamk.; *tridens*, *4-dens*, Draparn.

S. G. Cochlodonte, *Cochlodonta.*

* *Pupæ ; dolium*, *umbilicata*, Draparn.

** *Cereales*, genre Grenaille, G. Cuvier; *Pupa cinerea*, *secale*, Draparn.

S. G. Cochlodine, *Cochlodina.*

* *Pupoides; Helix carinula*, Linn., Gmel.

** *Tracheloides; Turbo cylindricus*, Chemn.

*** *Anomales; Pupa fragilis*, Draparn.

**** *Clausiliæ*, genre Clausilie de Draparnaud.

Enfin, je terminerai par une énumération des espèces de France, avec une disposition, d'après l'ensemble des rapports, en plusieurs petites sections qui me semblent très-naturelles, mais que je suis bien loin de regarder comme devant former ni genres ni sous-genres, c'est-à-dire, avoir des dénominations particulières, avant de s'être assuré si les animaux offrent quelques différences, ce qui n'est pas probable.

A. Espèces hémisphériques ou naticoïdes, dont le péristome est simple, sans être tranchant; l'ombilic entièrement caché par l'épanouissement de l'origine du bord gauche.

1.° *Helix naticoides*; 2.° *Helix melanostoma*.

B. Esp. globuleuses; le dernier tour beaucoup plus grand que les autres; la spire assez saillante; l'ouverture à bord simple, à peine évasée; l'ombilic un peu visible en fente.

3.° *Helix pomatia*; 4.° *Helix candidissima*; 5.° *Helix arbustorum*.

C. Espèces un peu déprimées; le péristome élargi, oblique, évasé, très-tranchant à son bord extérieur, et pourvu, à l'intérieur, d'un bourrelet séparé par une sorte de sillon, si ce n'est dans la première espèce; l'ombilic entièrement caché par l'origine du bord columellaire qui s'applique dessus en se soudant par son bord externe.

Coloration par bandes de plus en plus tranchées.

6.° *Helix aspersa*; 7.° *Helix vermiculata*; 8.° *Helix hortensis*; 9.° *Helix nemoralis*; 10.° *Helix sylvatica*; 11.° *Helix splendida*.

D. Espèces subglobuleuses, fort minces; le péristome tranchant, un peu évasé, sans bourrelet intérieur, commençant par un élargissement qui ne s'applique qu'obliquement sur l'ombilic, et dont le bord extérieur est toujours libre.

12.° *Helix rhodostoma*; 13.° *Helix variabilis*; 14.° *Helix maritima*; 15.° *Helix fruticum*.

E. Espèces encore un peu plus déprimées, minces, translucides, comme cornées, souvent subcarénées; l'ombilic visible et comme rétréci; le péristome tranchant, un peu évasé, et bordé intérieurement par un bourrelet bien distinct et épais; le bord gauche commençant par un élargissement qui borde l'ombilic, et dont le tranchant est tout-à-fait relevé.

Coloration uniforme plus ou moins lavée, souvent avec une bande lactée sur la carène.

16.° *Helix carthusianella*; 17.° *Helix carthusiana*; 18.° *Helix incarnata*; 19.° *Helix globella*; 20.° *Helix strigella*; 21.° *Helix limbata*; 22.° *Helix unidentata*; 23.° *Helix edentula*; 24.° *Helix cinctella*.

F. Espèces encore plus déprimées, tout-à-fait planorbiques ou quelquefois subconoïdes, minces; l'ombilic grand, infundibuliforme ou cylindrique; *le péristome tranchant, droit et sans bourrelet*. Couleur ordinairement uniforme et toujours sans bandes.

A. Espèces lisses et luisantes :

* Planorbiques.

25.° *Helix nitida*; 26.° *Helix nitidula* ; 27.° *Helix crystallina* ; 28.° *Helix lucida*.

** Subconoïdes.

29.° *Helix fulva* ; 30.° *Helix rupestris* ; 31.° *Helix aculeata*.

B. Espèces non luisantes :

32.° *Helix olivetorum* ; 33.° *Helix rotundata* ; 34.° *Helix pygmæa*; 35.° *Helix algira*.

G. Espèces tout-à-fait déprimées ou planorbiques, et quelquefois entièrement trochiformes, carénées ou non, mais toujours ombiliquées, et dont le *péristome est constamment tranchant, droit et garni intérieurement d'un bourrelet*.

Coloration par bandes ou uniforme.

a. Espèces planorbiques colorées par bandes :

36.° *Helix ericetorum* ; 37.° *Helix cespitum* ; 38.° *Helix neglecta*.

b. Espèces planorbiques de couleur uniforme, et ordinairement hérissées de poils :

39.° *Helix plebeium* ; 40.° *Helix villosa* ; 41.° *Helix sericea* ; 42.° *Helix conspurcata* ; 43.° *Helix hispida* ; 44.° *Helix striata*.

c. Espèces trochoïdes, disposées d'après l'évidence de la carène :

45.° *Helix conoidea* ; 46.° *Helix pyramidata* ; 47.° *Helix conica* ; 48.° *Helix elegans*.

d. Espèces planorbiques et fortement carénées :

49.° *Helix albella* ; 50.° *Helix lapicida*.

H. Espèces tout-à-fait déprimées ou planorbiques, ordinairement très-ombiliquées ; l'ouverture très-oblique, avec un péristome subcontinu, garni d'un bourrelet arrondi, épais, marginal. Couleur uniforme, cornée ou brune, souvent avec une bande plus foncée à la place de la carène.

a. Ouverture sans dents :

51.° *Helix cornea* ; 52.° *Helix pulchella* ; 53.° *Helix pyrenaica* ; 54.° *Helix zonaria* ; 55.° *Helix quimperiana* ; 56.° *Helix fasciola* ; 57.° *Helix obvoluta.*

b. Ouverture dentée :

58.° *Helix personata.* Cette espèce fait le passage à celles du genre Carocolle.

Ce qui fait en tout cinquante-huit espèces, c'est-à-dire le même nombre qu'en a figuré Draparnaud, quoique celui-ci ait compris à tort, comme de France, ses *helix rufa* et *brevipes*, qui n'en sont pas, comme l'a fait observer M. de Férussac, et qui d'ailleurs appartiennent au genre Helico-limace de celui-ci ; mais nous y avons compris une espèce nouvelle des environs de Quimper, sous le nom d'*helix quimperiana*, et l'*helix zonaria*, qui se trouve au pied des Alpes, et par conséquent très-probablement en France. (De B.)

HÉLICE. (*Foss.*) Les hélices proprement dites étant des coquilles terrestres, il doit paroître étonnant qu'on en rencontre à l'état fossile dans des dépôts marins. Quand cela est arrivé, c'est qu'elles y ont été transportées par les fleuves ou les rivières, ou par quelque irruption de la mer sur les terres ; et, dans ce cas, ce sont des témoins qui attestent que quand ces dépôts ont été formés, il y avoit des terres découvertes où avoient pu vivre les animaux qui les ont formées.

Le falun de la Touraine est, à ma connoissance, le seul endroit où l'on en ait trouvé. J'en possède deux qui viennent de ce dépôt, et qui m'ont été communiquées par M. de Tristan : elles ont les plus grands rapports avec l'*helix vermiculata* qu'on ne trouve à l'état vivant que dans nos départemens méridionaux, et elles sont remplies de débris de polypiers et de coquilles marines.

Les hélices fossiles se trouvent, en général, dans les terrains d'eau douce, où elles sont souvent accompagnées de lymnées et de planorbes, et où elles n'ont laissé souvent que leur moule intérieur. On en rencontre dans les brèches, et quelquefois dans les terrains qui ont été bouleversés par les volcans.

Voici les espèces qui ont présenté des caractères suffisans pour les distinguer.

Hélice de Ramond, *Helix Ramondi*, Brong., Ann. du Mus. d'Histoire naturelle, tom. 15, pl. 23, fig. 5. Cette espèce n'a que quatre tours de spire, dont le dernier s'élargit très-sensiblement vers la bouche : elle est couverte de stries obliques, un peu sinueuses ; diamètre, un pouce. Elle a quelques rapports avec l'*helix guttula*, Oliv. On la trouve dans les marnes calcaires, dures, mêlées dans le tuf de Vake, imprégné de bitume, à Pont-du-Château près de Clermont.

Hélice de Coq: *Helix Cocquii*, Brong., l. c., pl. 23, fig. 6. Coquille plate, à tours cylindriques, marqués de stries inégales, parallèles au bord de la bouche ; diamètre, six lignes. On la trouve à Nouette près d'Issoire, dans un calcaire dur, et aux environs d'Orléans. Elle a beaucoup de rapports avec l'*helix cathusiellana* de Draparnaud, qui vit dans le midi de la France.

Hélice de Morogue ; *Helix Moroguesi*, Brong., l. c., pl. 23, fig. 7. Coquille suborbiculaire, à cinq tours de spire, très-lisses ; diamètre, huit lignes. On la trouve avec la suivante dans le calcaire d'eau douce de la route de Pithiviers, à trois lieues d'Orléans, avec des planorbes et des lymnées.

Hélice de Tristan ; *Helix Tristani*, Brong., l. c., pl. 23, fig. 8. Coquille lisse, suborbiculaire, portant une carène peu élevée sur le milieu du dernier tour. Elle est composée de cinq tours peu convexes et peu séparés les uns des autres. Diamètre, quatre à cinq lignes. Elle a beaucoup de rapports avec l'*helix cinctella* de Draparnaud, qu'on trouve vivante à Loriol, Montélimart, à Beaucaire et autres endroits aux environs.

On trouve encore dans le même calcaire les moules intérieurs de grandes hélices qui ont dix lignes de diamètre, et qui paroissent avoir beaucoup de rapports avec l'*helix nemoralis*. Dans les mêmes lieux on trouve aussi une autre espèce d'hélice globuleuse, plus petite que la *Moroguesi*, plus grande que la *Tristani*, et n'ayant pas la carène de cette dernière.

Hélice de Leman ; *Helix Lemani*, Brong., l. c., pl. 23, fig. 9. Cette espèce a beaucoup de rapports avec l'*helix Cocquii* ; mais elle est plus bombée, moins striée, et elle est ombiliquée. Diamètre, quatre lignes. On la trouve dans les silex d'eau douce de Palaiseau, dépendans de la seconde formation d'eau douce.

Hélice de Desmarest ; *Helix Desmarestiana*, Brong., l. c., pl. 23, fig. 10. Coquille lisse, extrêmement plate, composée de six tours ou six tours et demi, qui diminuent insensiblement de grosseur; et le dernier, vu en dessus, n'est pas beaucoup plus large que les autres. Diamètre, deux lignes et demie. On la trouve avec la précédente.

Hélice de Menard; *Helix Menardi*, Brong., l. c., pl. 23, fig. 11. Coquille trochiforme, composée de cinq tours de spire à peu près égaux, marqués de stries ou côtes compactes, transversales et obliques. Diamètre, deux lignes et demie. On la trouve dans un calcaire d'eau douce, tantôt marneux, tantôt solide, gris et rempli de cavités, à une demi-lieue du Mans, entre la Sarthe et la route d'Alençon.

Hélice rude: *Helix scabra*, Def. Coquille suborbiculaire, composée de cinq tours chargés de petites aspérités. Avant d'avoir acquis toute sa grandeur, elle porte, comme beaucoup d'espèces de coquilles de ce genre, une carène sur la partie du tour où doit être placée la suture. Diamètre, cinq lignes. On la trouve dans le Batsberg.

M. d'Audebard de Férussac a trouvé dans le calcaire secondaire du Quercy et de l'Agénois les quatres espèces d'hélices fossiles ci-après.

1. *Helix nemoralis affinis*, de Féruss., Ann. du Mus. d'Hist. nat., tom. 19, pag. 242. La forme de cette coquille est absolument la même que celle de la némorale; mais elle est pourvue de stries qui la distinguent. Elle a aussi quelques rapports avec l'*helix Ramondi*.

2. Hélice de la garde, de Féruss., l. c. Coquille composée de quatre tours, ombiliquée et à ouverture rétrécie. Elle a beaucoup de rapports avec l'*helix arbustorum* de Draparnaud, que l'on trouve rarement aux environs de Paris, mais qui est commune dans le midi de la France.

3. Une autre espèce voisine de l'*incarnata*, Mull., ou peut-être la même.

4. Et une autre dont l'analogue lui est inconnue.

M. de Férussac admet que les hélices renfermées dans les brèches osseuses de Nîmes appartiennent aux espèces vivantes connues sous les noms d'*helix cornea*, d'*helix pisana*, d'*helix algira*, d'*helix lapicida* et l'*helix vermiculata*. Il a cru reconnoître l'*helix obvoluta* dans le fossile du cabinet de Caen, décrit par M. Brard.

On trouve des moules intérieurs d'hélices dans un calcaire dur à deux lieues à l'ouest de Mayence. Le diamètre des plus gros est de dix lignes, mais on ne peut reconnoître l'espèce.

On rencontre de pareils moules qui ont plus d'un pouce de diamètre, à Martigues, département des Bouches-du-Rhône.

M. Cuvier a reconnu l'*helix algira* dans les brèches osseuses de Nice. Je possède un morceau de la grosseur du poing, qui n'est composé que de coquilles qui paroissent dépendre de cette dernière espèce : elles sont liées par un ciment rougeâtre qui ne les remplit qu'en partie. Ce morceau est indiqué, par une étiquette, venir du mont Bolca.

On a encore trouvé des hélices dans les brèches de Cette, aux environs du Giengen en Souabe, à Schaffhouse, à Quedlimbourg dans la haute Saxe, aux environs de Francfort sur le Mein, d'Ulm, de Nordlingen, et en Angleterre.

Le genre *Helix* de Linnæus comprenoit des coquilles qui depuis ont été rangées par M. de Lamarck dans de nouveaux genres. De ce nombre sont les agathines et les ampullaires : et comme à ces deux mots il est fait, dans cet ouvrage, des renvois au mot Hélice, nous allons présenter ici les espèces fossiles qui se rapportent à ces deux genres.

On trouve dans les dépôts marins du Plaisantin une espèce de coquille qui est lisse, mince, globuleuse, et dont les caractères se rapprochent beaucoup de ceux des agathines ; mais cependant sa columelle n'est point tronquée à la base. Sa spire, composée de quatre à cinq tours, est très-courte, et le dernier tour est proportionnellement beaucoup plus gros que les autres. Sa longueur est de huit lignes : elle se trouve figurée dans l'ouvrage de Brocchi, *Conch. Foss. subapp.*, tab. 1, fig. 9. Cet auteur lui a donné le nom de *bulla helicoides*.

Quoique cette espèce ne réunisse pas précisément tous les caractères assignés aux coquilles terrestres auxquelles on a donné le nom d'agathines, et qu'elle se trouve dans un dépôt marin, nous avons cru devoir la rapprocher de ces dernières plutôt que de tout autre genre.

Les ampullaires étant des coquilles fluviatiles des climats chauds, il est étonnant qu'on ne les rencontre à l'état fossile que dans les dépôts marins. A la vérité ces dernières sont en général plus épaisses, et diffèrent assez de celles qui ne sont pas fossiles pour en être distinguées. On est fondé à croire que leur opercule étoit corné: car, quoique ces coquilles soient très-communes dans les couches du calcaire coquillier grossier, on ne rencontre jamais aucune trace de celui-ci. Il n'en est pas de même des natices, avec lesquelles quelques auteurs ont voulu les ranger; il n'est pas rare d'en rencontrer l'opercule calcaire qui s'est conservé.

M. de Lamarck ayant rangé d'abord dans le genre Ampullaire, et depuis dans un autre genre qu'il a nommé Ampulline, les coquilles dont il est ici question, nous croyons devoir les présenter, comme ce savant l'a fait dans les Annales du Musée d'Histoire naturelle.

Ampullaire pygmée; *Ampullaria pygmæa*, Lamk., Ann. du Mus., vol. 8, pl. 61, fig. 6. Coquille ventrue, discoïde-globuleuse, lisse, ombiliquée: ouverture alongée et tournée à gauche. Longueur, une ligne. On la trouve à Chaumont (Oise).

Ampullaire enfoncée; *Ampullaria excavata*, Lamk., l. c., Vélins du Musée, n.° 21, fig. 5. Coquille ventrue, subglobuleuse, lisse, à columelle enfoncée ou nulle. Longueur, trois lignes. On la trouve à Grignon près de Versailles.

Ampullaire conique; *Ampullaria conica*, Lamk. Coquille ovale-conique, à tours lisses et convexes, à ombilic à demi recouvert. Longueur, 14 lignes. On la trouve à Betz (Oise).

Ampullaire pointue; *Ampullaria acuta*, Lamk., l. c., vol. 8, pl. 61, fig. 5. Coquille ventrue, lisse, à spire courte et pointue, à ombilic à demi recouvert. Longueur, quatorze lignes. On la trouve à Grignon et à Courtagnon près de Reims.

Ampullaire acuminée; *Ampullaria acuminata*, Lamk., l. c., pl. 61, fig. 4. Coquille ventrue à la base, lisse, à spire alongée et pointue, à ombilic recouvert. Les coquilles de cette espèce que l'on trouve à Grignon, ont douze à dix-huit lignes de longueur, mais j'en possède qui ont deux pouces et demi de longueur et qui sont couvertes de stries transverses sur le dernier tour. J'ignore où elles ont été trouvées.

Ampullaire a rampe; *Ampullaria spirata*, l. c., pl. 61, fig. 7. Coquille ventrue, à spire courte, ayant une rampe plate autour de la columelle: quoique les coquilles de cette espèce, que l'on trouve à Grignon, n'excèdent pas neuf lignes de longueur, on est fondé à regarder comme dépendante de la même espèce l'ampullaire hybride, Lamk., que l'on trouve à Betz et à Hauteville, et qui est presque de la grosseur du poing.

Ampullaire déprimée; *Ampullaria depressa*, Lamk., l. c., pl. 61, fig. 3; *Nerita helicium*, Brocchi, tab. 1, n.° 10. Coquille globuleuse, épaisse, ombiliquée, portant une carène peu élevée sur le milieu du dernier tour. La base de la columelle est déprimée. Longueur, quatorze lignes. On la trouve à Grignon, à Parnes, à Acy (Oise), à Hauteville et dans le Plaisantin.

Ampullaire canaliculée; *Ampullaria canaliculata*, Lamk. Cette espèce a beaucoup de rapport avec la précédente: mais elle en diffère essentiellement parce qu'elle est constamment plus petite, et que la spire est canaliculée. Longueur, cinq lignes.

Ampullaire ouverte; *Ampullaria patula*, Lam., l. c., pl. 61, fig. 2; *Helix mutabilis*, Brander, fig. 57. Coquille lisse, ventrue, ombiliquée, à spire courte et pointue, à ouverture très-grande. Longueur, dix-huit lignes.

Ampullaire sigaretine; *Ampullaria sigaretina*, Lamk., l. c., pl. 61, fig. 1. Coquille ventrue, sans ombilic, à spire courte, à ouverture grande et auriculée. Longueur, dix-huit lignes. Ces trois dernières espèces se trouvent à Grignon, à Courtagnon, à Parnes, et dans le Hampshire en Angleterre.

Ampullaire globuleuse; *Ampullaria globulosa*, Def. Cette espèce se rapproche de l'ampullaire déprimée: mais elle est plus globuleuse et plus grande, et ne porte point de carène sur le dernier tour. On la trouve à Betz et à Montmirail.

On trouve, dans les volcans éteints de la vallée de Ronca, une espèce qui a beaucoup de rapport avec celle ci-dessus; mais elle est moins globuleuse et plus grande; et quelques individus portent sur le dernier tour deux larges bandes transverses d'un bleu noir. L'éruption volcanique, qui a saisi ces coquilles, les a placées dans des circonstances qui ont permis qu'elles aient gardé ces couleurs.

Ampullaire crassatine; *Ampullaria crassatina*, Lamk., l. c., pl. 61, fig. 8. Coquille très-ventrue, presque globuleuse, à têt épais et à spire courte, canaliculée, conique, composée de sept tours; la columelle offre à la base une courbure et un évasement qui semblent la rapprocher des mélanies. Elle est presque de la grosseur du poing. On la trouve à Pontchartrain et près de la Ménagerie de Versailles, dans une couche qui paroît appartenir à la seconde formation marine, dont on trouve les traces au haut de la butte Montmartre. Les espèces de coquilles fossiles qu'elle contient diffèrent de celles qu'on trouve à Grignon, qui n'est éloigné de Pontchartrain que d'une lieue.

M. Faujas a trouvé à Saint-Paulet, près de la ville du Pont-Saint-Esprit, dans une marne bitumineuse, au-dessus d'une mine de charbon fossile, une espèce d'ampullaire dont le têt est fort épais. Le bord supérieur de chaque tour porte une carène qui forme une rampe au tour de la spire. Elles diffèrent de toutes celles qu'on connoît, en ce que l'ouverture est ovale. Cet auteur en a donné la figure dans les Annales du Musée, tom. 14, pl. 19, fig. 1-6.

Ampullaire imperforée; *Ampullaria imperforata*, Def. J'ai cru devoir ranger cette coquille dans le genre Ampullaire dont elle paroît se rapprocher. Quoiqu'elle n'ait pas beaucoup plus d'une ligne de longueur, elle présente des caractères très-singuliers. Sa spire pointue est composée de trois tours dont le dernier est beaucoup plus grand que les autres, et le seul qui soit creux, les autres n'offrant aucun vide qui ait pu contenir l'animal. La columelle est ombiliquée, et le dessus du dernier tour porte de petites lames longitudinales. Il y a lieu de croire que cette coquille étoit recouverte par l'animal qui n'a pu y être contenu. On trouve cette espèce dans le falun d'Orglandes, département de la Manche, mais elle est rare.

Ampullaire difforme; *Ampullaria deformis*, Def. Coquille fusiforme, couverte de stries transverses peu marquées; le haut de chaque tour est plissé contre la suture; l'ouverture est ovale, et le bord droit porte une callosité très-épaisse, qui la rétrécit considérablement. Longueur, deux pouces; diamètre du dernier tour, un pouce.

Je n'ai pas cru devoir terminer cet article sans parler de cette très-singulière coquille qui m'a été communiquée par M. Sowerby : il annonce qu'elle a été trouvée avec plusieurs autres semblables à l'île Sainte-Hélène. Une certaine transparence qu'elle a conservée fait douter un peu qu'elle soit fossile; mais son extérieur prouve qu'elle a dû séjourner pendant très-long-temps dans la terre.

Le rétrécissement de l'ouverture qu'on croiroit pouvoir attribuer à quelque maladie de l'animal, si M. Sowerby n'avoit pas assuré qu'il en existe plusieurs semblables, est un caractère assez fréquent pour les coquilles terrestres; mais jusqu'à présent on n'a guère eu occasion de l'observer pour les coquilles marines: en sorte qu'il est très-difficile d'être assuré, non seulement qu'elle soit fossile, mais encore qu'elle soit marine. Cependant M. de Lamarck pense qu'elle appartient au genre Ampullaire plutôt qu'à tout autre. (D. F.)

HÉLICELLE, *Helicella*. (*Conchyl.*) Genre de coquilles établi, à ce qu'il paroit, par M. de Lamarck, et adopté comme sous-genre par M. de Férussac, pour les espèces d'hélices planorbiques ombiliquées, à péristome réfléchi ou même bordé. Voyez Hélice. (De B.)

HÉLICHRYSE, *Helichrysum*. (*Bot.*) [*Corymbifères*, Juss. = *Syngénésie polygamie superflue*, Linn.] On n'est pas d'accord sur l'étymologie et l'orthographe de ce nom générique. Les uns, tels que Tournefort, le faisant dériver de deux mots grecs qui signifient *or des marais*, écrivent *elychrysum* ou *elichrysum*; les autres, tels que Vaillant, le faisant dériver de deux mots grecs qui signifient *soleil d'or*, ou *doré comme le soleil*, écrivent *helichrysum*. On n'est pas plus d'accord sur les caractères du genre et sur les espèces qui le composent. Tournefort paroît n'avoir considéré que le péricline formé de squames brillantes, colorées, dorées ou argentées. Vaillant, beaucoup plus exact dans ses descriptions génériques, attribuoit au genre dont il s'agit, une calathide composée de fleurs toutes hermaphrodites, ou mêlées avec des fleurs qu'il nomme effleurées; des ovaires à aigrette simple ou plumeuse; le clinanthe nu; le péricline formé de squames qui ont au moins leur partie supérieure sèche, membraneuse, le plus souvent luisante. Linnæus, en adoptant les caractères de Vaillant, a imaginé de substituer au nom d'*helichrysum* celui de *gnaphalium*, appliqué par Tournefort au genre *Diotis*, et par Vaillant, au genre *Filago*. Adanson a rétabli le nom d'*helichrysum*, sans reformer convenablement les caractères génériques, ni la composition du genre. M. de Jussieu adopte le genre *Gnaphalium* de Linnæus, sans y faire aucun changement. Gærtner a proposé de rétablir l'*helichrysum* de Tournefort, en prenant pour type de ce genre le *gnaphalium orientale*, et en lui attribuant pour caractères: Une calathide composée de fleurs uniformes, toutes hermaphrodites et à cinq divisions; une aigrette simple; un clinanthe nu; un péricline de squames obtuses, scarieuses et ordinairement colorées. Le genre, présenté par Necker sous le nom de *trichandrum*, correspond à l'*helichrysum* de Gærtner. Willdenow et M. Persoon, qui admettent un genre *Helichrysum* et un genre *Gnaphalium*, les distinguent l'un de l'autre uniquement par le péricline, radié dans le premier, non radié dans le second.

Nous pensons qu'il convient de fonder ces deux genres sur des caractères moins vagues, mieux déterminés, et susceptibles d'une application plus exacte. Dans notre article GNAPHALE, nous avons décrit les vrais caractères de ce genre, que M. R. Brown avoit indiqués avant nous. Ceux du genre Hélichryse vont résulter des observations que nous avons faites sur des individus vivans de *gnaphalium stæchas* et de *gnaphalium orientale*. Nous avons choisi ces deux espèces, parce que l'une occupe le premier rang dans la liste des *helichrysum* mentionnés par Tournefort, et parce que l'autre est présentée par Gærtner, comme étant le type du genre *Helichrysum*.

Ce genre de plantes, qui appartient à l'ordre des synanthérées, à notre tribu naturelle des inulées, et à la section des inulées-gnaphaliées, offre les caractères suivans :

Calathide discoïde; disque multiflore, régulariflore, androgyniflore; couronne unisériée, ambiguïflore, féminiflore. Péricline tantôt un peu inférieur, tantôt égal, tantôt un peu supérieur aux fleurs, formé de squames imbriquées, appliquées; les intermédiaires coriaces-membraneuses, et surmontées d'un grand appendice inappliqué, scarieux, luisant, coloré, ovale, ordinairement concave; les extérieures presque réduites au seul appendice; les intérieures souvent presque inappendiculées. Clinanthe planiuscule ou convexe, fovéolé, à réseau papillulé ou denticulé. Ovaires oblongs, cylindriques, papillés; aigrette longue, composée de squamellules unisériées, libres, égales, filiformes, barbellulées. Fleurs de la couronne privées d'étamines, et pourvues d'une corolle qui ressemble à celles du disque, si ce n'est qu'elle est plus étroite, moins régulière, un peu variable, à quatre ou cinq divisions. Corolles du disque glabres et à cinq divisions. Style androgynique à stigmatophores tronqués au sommet. Anthères pourvues de longs appendices basilaires membraneux, subulés.

En comparant les caractères que nous attribuons à l'*helichrysum* avec ceux du *gnaphalium*, décrits dans le tome XIX, pag. 119, on reconnoît que ces deux genres diffèrent l'un de l'autre, principalement par les proportions du disque et de la couronne, et par la forme des corolles de la couronne. Dans l'*helichrysum*, le disque est large, multiflore, et la couronne étroite, unisériée, pauciflore, à corolles presque semblables à celles du disque. Dans le *gnaphalium*, le disque est petit, pauciflore, et la couronne large, multisériée, multiflore, à corolles tubuleuses, très-grêles, filiformes.

L'*helichrysum* a beaucoup d'affinité avec l'*argyrocome* de Gærtner, et avec notre genre *Lepiscline;* mais il ne doit pas être confondu avec eux, car il diffère suffisamment de l'*argyrocome*, dont l'aigrette est pénicillée ou plumeuse, et du *lepiscline*, dont le clinanthe est squamellifère et la calathide incouronnée.

Gærtner a commis une erreur en attribuant à l'*helichrysum* une calathide composée de fleurs uniformes, toutes hermaphrodites et à cinq divisions; et cette erreur a été reproduite par plusieurs autres botanistes. Nous pouvons affirmer qu'il y a une couronne de fleurs femelles, à corolle ambiguë, c'est-à-dire, d'une forme intermédiaire entre la corolle régulière et la corolle tubuleuse. La radiation du péricline, considérée par Willdenow et M. Persoon comme le caractère essentiel de l'*helichrysum*, a, selon nous, peu d'importance, parce qu'elle ne résulte souvent que d'un effet hygrométrique, variable comme l'état de l'atmosphère : cela est surtout remarquable sur le *gnaphalium orientale*, dont le péricline est radié quand l'air est sec, et non radié quand il est humide. La longueur des appendices du péricline contribue aussi à sa radiation; mais cette longueur est très-différente chez des espèces très-analogues. La distinction adoptée par Gærtner, et fondée sur l'aigrette simple ou plumeuse, nous semble préférable, bien qu'elle ne soit pas non plus exempte de difficultés. C'est pourquoi nous séparons les *argyrocome* des *helichrysum*, en considérant la structure de l'aigrette, et sans avoir égard à la radiation plus ou moins manifeste du péricline, que nous employons eulement pour diviser chacun des deux genres en sections.

Nous n'avons étudié que les trois espèces d'*helichrysum* décrites ci-dessous; mais il en existe sans doute un plus grand nombre, dont les caractères génériques n'ont pas encore été vérifiés avec assez de soin pour que nous puissions attribuer affirmativement ces espèces au genre dont il s'agit.

Hélichryse oriental : *Helichrysum orientale*, Gærtn.; *Gnaphalium orientale*, Linn. C'est une plante à tiges ligneuses, tortueuses, comme sarmenteuses, longues d'environ quatre pieds; les branches de l'année sont simples, cylindriques, tomenteuses, blanchâtres, garnies de feuilles plus ou moins rapprochées : ces feuilles sont alternes, sessiles, très-entières, uninervées, tomenteuses et blanchâtres sur les deux faces; les inférieures lancéolées-spatulées, longues d'environ deux à trois pouces, larges de quatre à cinq lignes; les supérieures linéaires-aiguës, courtes, larges d'une ligne et demie; les calathides sont disposées en corymbes qui terminent les branches; chaque calathide a trois ou quatre lignes en longueur et en largeur; le péricline est jaune pâle; les corolles sont jaunes. Nous avons fait cette description sur un individu vivant, cultivé au Jardin du Roi. Ce sous-arbrisseau, connu vulgairement sous le nom d'immortelle jaune, est indigène en Afrique, et cultivé en Europe, soit pour orner les jardins, soit pour former des bouquets secs et naturels qui rivalisent avec les fleurs artificielles, et sont employés aux mêmes usages. Il est délicat; on le multiplie de boutures, ou par ses graines semées sur couche : on l'élève dans un pot rempli de terre légère et substantielle, exposé au soleil, et qu'il faut serrer dans une orangerie pendant l'hiver. Il est, durant toute l'année, garni de feuilles vivantes, et il fleurit depuis le mois d'avril jusqu'au mois d'août. Ses péricline conservent, pendant plusieurs années, leur couleur et leur brillant éclat; mais il faut pour cela cueillir les corymbes dès que les péricline sont parvenus au dernier terme de leur croissance, et avant qu'ils ne s'ouvrent pour laisser épanouir les fleurs.

Hélichryse stæchas : *Helichrysum stæchas*, Decand.; *Gnaphalium stæchas*, Linn. Arbuste haut d'environ un pied et demi; le tronc épais, très-rameux, porte des branches menues, simples, longues, dressées, cylindriques, tomenteuses, blanchâtres, garnies de feuilles rapprochées, alternes, étalées : ces feuilles, longues d'un pouce, larges d'une ligne, sont sessiles, linéaires, obtuses, uninervées, très-entières sur les bords, qui sont courbés en dessous, tomenteuses et blanchâtres sur les deux faces; les feuilles supérieures sont plus courtes: chaque branche est terminée par un corymbe de calathides subcylindracées, longues d'environ deux lignes, dont le péricline est jaune pâle, et les corolles jaunes. On distingue deux variétés de cette espèce: l'une plus grande, à feuilles plus longues, tomenteuses et blanchâtres sur la face inférieure seulement; l'autre plus petite, à feuilles plus courtes, cotonneuses et blanchâtres sur les deux faces. C'est cette dernière que nous avons décrite sur un individu vivant, cultivé au Jardin du Roi. Le stæchas habite les coteaux arides des départemens méridionaux de la France, et de ceux de l'ouest jusqu'à Nantes: on le trouve aussi dans l'Alsace, la Bresse et le Lyonnois. Cette plante est employée en infusion, comme vulnéraire et diaphorétique; elle répand une odeur agréable quand on la froisse.

Hélichryse douteux; *Helichrysum dubium*, H. Cass. Plante herbacée, dont la racine, probablement vivace, produit plusieurs tiges longues de trois à six pouces, dressées ou ascendantes, très-simples, grêles, cylindriques, parsemées de longs poils mous et caducs; leur partie inférieure est très-garnie de feuilles, la supérieure est pourvue seulement de quelques bractées; les feuilles sont plus ou moins rapprochées, alternes, sessiles, demi-amplexicaules, longues d'environ cinq lignes, larges d'environ une ligne, oblongues-lancéolées, acuminées et presque spinescentes au sommet, uninervées, à bords très-entiers et un peu roulés en dessous, à face supérieure verte, d'abord hérissée de longs poils mous et caducs, portés chacun sur un tubercule qui persiste après leur chute, à face inférieure blanche et tomenteuse, excepté sur la nervure, qui est glabre; les bractées qui garnissent la partie supérieure des tiges sont alternes, distantes, appliquées, longues de deux lignes, lancéolées, squamiformes, scarieuses, transparentes et blanches, à l'exception de leur base, qui est foliacée; chaque tige est terminée par une seule calathide, ayant trois à quatre lignes en longueur et en largeur, et composée de fleurs à corolle jaune.

La calathide est composée de fleurs nombreuses, régulières, hermaphrodites, dont la corolle a le tube long et le limbe campanulé, quinquéfide; il y a en outre, à la circonférence, quelques fleurs dont la corolle n'a que quatre divisions, et dont les étamines sont avortées. Le péricline, un peu inférieur aux fleurs, est formé de squames régulièrement imbriquées; les intermédiaires étroites, linéaires, coriaces, surmontées d'un grand appendice oblong-lancéolé, uninervé, scarieux, transparent et incolore inférieurement, roux supérieurement, à bords frangés ou garnis de cils prolongés en longs poils mous flexueux; les intérieures à peu près semblables aux intermédiaires; les extérieures presque réduites au seul appendice. Le clinanthe est plan, inappendiculé. Les ovaires, grêles, portent une longue aigrette composée d'environ douze squamellules unisériées, entre-greffées à la base, égales, filiformes, blanches, dont la partie inférieure est garnie de barbellules libres, et la supérieure de barbelles entre-greffées.

Nous avons observé cette espèce, que nous croyons nouvelle, en février 1820, chez M. Desfontaines, sur des échantillons secs apportés de la Nouvelle-Hollande, et recueillis au Port-Jackson. Elle semble différer un peu des vrais *helichrysum* par ses caractères génériques, ainsi que par son aspect extérieur; et cependant on ne peut se dispenser de la rapporter à ce genre. (H. Cass.)

HELICHRYSOIDES. (*Bot.*) Vaillant, dans les Mémoires de l'Académie des Sciences, avoit établi sous ce nom un genre de la famille des corymbifères, qu'il caractérisoit par des calices ou périanthes particuliers, uniflores, à aigrettes plumeuses et réceptacle nu, réunis plusieurs en tête dans un périanthe commun. Les espèces de ce genre ont été rapportées par Linnæus à ses genres *Stœbe* et *Scriphium*. (J.)

HELICIA. (*Bot.*) Ce genre de Loureiro doit, selon Willdenow, être réuni au *samara* de Linnæus. Pour confirmer cette réunion, il faudroit savoir si les étamines sont opposées aux pétales, comme dans le *samara*. M. Persoon, regardant ce genre comme supprimé, a voulu abréger le nom *helixanthes* donné par Loureiro à un autre de ses genres, en le nommant *helicia*; ce qui peut introduire, dans la nomenclature, une confusion que l'on évitera en laissant subsister le nom du premier auteur. Voyez Hélicocanthe et Roupale. (J.)

HÉLICIGONE, *Helicigona*. (*Conchyliol.*) Sous-genre de

coquilles établi par M. de Férussac, dans son genre *Helix*, pour les espèces qui sont carénées, quelquefois coniques, ombiliquées ou non. Voyez Hélice. (De B.)

HÉLICINE, *Helicina*. (*Conchyl.*) Genre de coquilles établi par M. de Lamarck dans la première édition de son ouvrage sur les Animaux sans vertèbres, p. 34, pour une petite coquille dont on ne connoissoit pas alors l'animal, mais que l'on savoit operculé. Depuis ce temps, j'ai eu l'occasion de le voir, et je me suis convaincu que c'est auprès des cyclostomes qu'il doit être rangé. M. de Férussac, qui me l'a procuré, m'a cependant assuré que cet animal est pourvu d'un collier, et que le trou de la respiration est percé à gauche dans ce collier; tandis que l'anus se termine à droite. J'ai vu exactement le contraire; c'est-à-dire que la cavité respiratrice communique avec l'air extérieur par une large fente, comme dans les cyclostomes terrestres ou fluviatiles. D'après ce que dit M. Say de l'animal de son genre *Olygyra*, qui n'est autre chose que l'hélicine, je trouve confirmé ce que j'ai vu. En effet, l'animal est pourvu d'une tête proboscidiforme, bilabiée à son extrémité; les tentacules sont filiformes, au nombre de deux seulement, et les yeux sont situés à leur base externe; le pied est simple, court, arrondi avec le sillon transversal antérieur, comme dans tous les genres de cette famille. Quant à la coquille, en voici les caractères: Coquille subglobuleuse ou conique, à spire basse, un peu déprimée; l'ouverture demi-ovale, modifiée par le dernier tour de spire; le péristome un peu réfléchi en bourrelet; le bord gauche, élargi à sa base en une large callosité qui recouvre entièrement l'ombilic, et se joignant anguleusement avec la columelle qui est torse et un peu saillante; un opercule corné et closant complétement l'ouverture.

Il paroît que ce genre, qui fait le passage des hémicyclostomes ou nérites aux ellipsostomes et aux cyclostomes, contient plusieurs espèces, mais qui n'ont pas encore été suffisamment décrites. Elles paroissent être terrestres.

1.° L'Hélicine néritine: *Helicina neritella*, Lamk.; Lister, *Synops.*, tab. 61, f. 59, et pl. de ce Dictionn., *Ellipsostomes*, fig. 2, à tort avec les hélices. Assez petite coquille subdéprimée, subcarénée; le sommet de la spire assez pointu, de couleur jaune roussâtre.

2.° L'Hélicine orbiculée : *Helicina orbiculata*, Say : *Olygyra orbiculata*, Say, Journ. de la Soc. d'Hist. nat. de Philad., p. 285. Subglobuleuse, de couleur pâle, avec une bande blanche, décurrente et suivant la spire. Cette espèce est très-commune dans la Floride orientale, assez près de l'embouchure de la rivière Saint-Jean. (De B.)

HÉLICINE. (*Foss.*) Ce genre ne présente à l'état fossile que deux ou trois espèces qui ont été trouvées dans la couche du calcaire coquillier, ou calcaire à cérithe, savoir :

L'Hélicine douteuse ; *Helicina dubia*, Lamk., Ann. du Mus. d'Hist. nat. Coquille semi-globuleuse, lisse, un peu luisante, légèrement déprimée, et qui n'a que deux lignes et demie de largeur. Sa columelle est calleuse et aplatie inférieurement comme dans les hélicines ; mais son ouverture est arrondie-ovale, et se rapproche beaucoup de celle des *turbo*. On trouve cette espèce à Grignon près de Versailles, et elle n'est pas très-rare.

On trouve à Hauteville, département de la Manche, et à Laugnan près de Bordeaux, des coquilles qui paroissent dépendre de la même espèce, mais avec cette différence que celles que l'on trouve à Hauteville sont plus grosses, et que celles qu'on trouve à Lauguan sont plus petites que celles de Grignon.

L'Hélicine striée ; *Helicina striata*, Def. Cette coquille est un peu plus petite que l'hélicine douteuse que l'on trouve à Grignon, et la callosité de sa columelle est un peu plus élevée. Elle est très-remarquable en ce qu'elle est couverte de fines stries longitudinales.

On la trouve à Hauteville, et elle doit être rare, car je n'en ai pu rencontrer qu'un seul individu.

L'Hélicine comprimée ; *Helicina compressa*, Sow., *Min. Conch.*, pl. 10, les trois figures du milieu. Coquille à spire aplatie, à tours élevés dans leur partie supérieure. Ouverture petite et un peu anguleuse à sa partie supérieure ; diamètre, six à sept lignes. Cette espèce a été trouvée dans la pierre à chaux du Leicestershire en Angleterre. Mais il est douteux qu'elle dépende du même genre que celles ci-dessus décrites. (D. F.)

HÉLICITE. (*Foss.*) Gesner a autrefois donné ce nom aux Nummulites. Voyez ce mot. (D. F.)

HÉLICODONTE, *Helicodonta.* (*Conchyliol.*) Sous-genre de coquilles établi par M. de Férussac, dans son genre *Helix*, pour les espèces qui ont l'ouverture garnie de dents, l'ombilic étant visible ou non. Voyez Hélice. (De B.)

HÉLICOGÈNE, *Helicogena.* (*Conchyl.*) Sous ce nom, M. de Férussac comprend les espèces d'hélices les plus ordinaires, dont la spire est courte, le dernier tour beaucoup plus renflé que tous les autres; l'ombilic masqué ou couvert; l'ouverture sans dents, et le péristome épaissi ou réfléchi, mais non rebordé. (De B.)

HÉLICOIDES, *Helicoidæ.* (*Conchyl.*) M. de Férussac, dans son Nouveau Système de distribution du genre Hélix, donne ce nom aux espèces dont la spire est ramassée, courte, peu déroulée, quelquefois même planiforme; et il nomme, au contraire, cochloïdes, *cochloidæ*, celles dans lesquelles la coquille est déroulée, alongée, souvent mince, cylindrique ou fusiforme. (De B.)

HÉLICOLIMACE, *Helicolimax.* (*Malacoz.*) C'est le nom sous lequel M. d'Audebard de Férussac avoit proposé de réunir quelques petites espèces de limaces à coquilles, que Draparnaud, en ne considérant que la transparence de celle-ci, a depuis établies en genre sous le nom de vitrine. C'étoient des hélices pour Linnæus, Muller et Geoffroy: ce sont des testacelles pour M. Ocken. Les caractères du genre sont: Corps limaciforme, couvert en avant par une sorte de bouclier ou de cuirasse, et en arrière par une coquille mince, comme une pellicule, subauriforme, à columelle évidée ou tranchante, formant un bord gauche excavé, et qui peut être, en partie, recouverte par des lobes du collier ou du manteau. Du reste, tous les caractères des limacinés. D'après cela, il est évident que c'est un genre extrêmement voisin de l'hélixarion de M. de Férussac, dont il ne diffère guère que parce que, dans celui-ci, il y a un pore muqueux comme dans les limaces ordinaires. (Voyez Limaces.)

Les hélicolimaces ou vitrines paroissent être toujours fort petites, et rechercher les lieux ombragés. Draparnaud dit que l'appendice alongé en forme de spatule qui naît postérieurement du côté droit du manteau, et s'applique en dehors sur la coquille, presque vers son centre, est toujours dans une sorte de mouvement ondulatoire. M. de Férussac compte dix espèces d'hélicolimaces.

1.° L'Hélicolimace alongée : *Helicolimax elongata*, de Fér., Hist. nat. des Moll. terr. et fluv., pl. 9, f. 1 ; *Vitrina elongata*, Draparn. L'animal est trois ou quatre fois plus grand que la coquille, le bouclier recouvrant les deux tiers du cou : celle-ci est blanche, luisante, et l'ouverture est ovale-alongée.

Elle se trouve en Allemagne, et surtout dans la Souabe et le comté de Glatz.

2.° L'Hélicolimace vitrée : *Helicolimax vitrea*, Stouder; *Vitrina diaphana*, Draparn. ; de Fér., l. c., pl. 9, fig. 4. Très-petite coquille fort voisine de la précédente, mais moins alongée qu'elle, ou un peu plus raccourcie; la spire étant un peu plus forte, et composée d'un demi-tour de plus. Des Alpes de la Suisse.

3.° L'Hélicolimace pellucide : *Helicolimax pellucida*, Mull. ; *Helix fuscescens*, Gmel. ; la Transparente, Geoff. ; de Fér., l. c., pl. 9, fig. 6. Encore un peu plus courte, un peu plus ramassée, plus bombée que la précédente; aussi a-t-elle trois tours à la spire : son ouverture est moins grande proportionnellement, et l'animal peut y être entièrement contenu.

On la trouve dans toute l'Europe septentrionale et tempérée. M. de Férussac en distingue sous le nom d'*helicolimax Audebardi* ou d'hélicolimace d'Audebard, celle que Draparnaud a décrite sous le nom de vitrine transparente (*vitrina pellucida*), à laquelle il rapporte la transparente de Geoffroi, et qui provient de la France méridionale; mais j'ignore absolument sur quels caractères, car les figures qu'il en donne ne me paroissent nullement différer. L'hélicolimace annulaire, *helicolimax annularis* du même auteur, pl. 9, fig. 17, et qui habite les Hautes-Alpes, paroit ne différer encore de l'espèce précédente que parce que les stries d'accroissement sont plus marquées. Quant à ses *helicolimax pellicula* et *fasciolata*, l'une du cap de Bonne-Espérance, et l'autre de Ténériffe, les figures ni la description ne sont pas encore publiées.

Des deux autres espèces que M. de Férussac figure dans sa planche 9, consacrée au genre Hélicolimace, l'une, celle de Cuvier, est maintenant une espèce de son nouveau genre Hélixarion; et l'autre, celle de Lamarck, n'est pas mentionnée dans son tableau de la famille des hélices. (De B.)

HÉLICONIA. (*Bot.*) Voyez Bihai. (Poir.)

HÉLICONIENS. (*Entom.*) Linnæus appeloit ainsi, *papiliones heliconii*, les lépidoptères diurnes à antennes en masse, à ailes étroites, entières, souvent sans écailles, dont les supérieures sont longues et les inférieures très-courtes. La plupart sont de l'Amérique méridionale. Telles sont les espèces de papillons que Linnæus nomme polymnie, calliope, terpsichore, uranie, euterpe, melpomène, clio, thalie, erato, etc. (C. D.)

HÉLICOPHANTE, *Helicophanta*. (*Malocoz.*) Dénomination employée par M. Audebard de Férussac, dans son Système des divisions du grand genre Hélice, pour désigner les espèces dont le corps ne peut être entièrement contenu dans une coquille rapidement développée dans le sens horizontal, et dont le dernier tour de spire est énorme, comparativement avec les autres pris ensemble. L'ouverture est fort ample, et l'ombilic est perforé ou ombiliqué. Il subdivise ensuite les espèces, suivant que le péristome est simple, épaissi ou subréfléchi.

Dans la première section, ou les Vitrinoïdes, sont:

1.° L'Hélice pied-court: *Helix brevipes*, Draparn.; de Fér., Hist. nat. des Moll. terr. et fluv., pl. X, fig. 1. Coquille déprimée, très-mince, transparente, brillante et très-fortement striée, d'un blanc roussâtre; l'ouverture très-grande, ovale et oblique.

Elle vient de la Souabe, près du lac de Constance; elle a à peine deux lignes de diamètre, et se trouve dans la mousse humide.

2°. L'Hélice roussâtre: *Helix rufa*, Draparn.; de Féruss., l. c., pl. X, fig. 2. Espèce très-rapprochée de la précédente, dont le dernier tour est proportionnellement moins grand, et dont l'ouverture est plus circulaire: du reste, elle est de la même grandeur, et vient également de la Souabe.

Ces deux espèces, que Draparnaud a introduites à tort dans son Hist. nat. des Moll. terr. et fluv. de France, ont été découvertes par M. de Férussac père. Dans une méthode naturelle, elles doivent être placées près des espèces d'hélices planorbiques luisantes.

Dans la seconde section de ce sous-genre, ou les Vessies, M. de Férussac place, sous le nom d'*helix cafra*, une nouvelle espèce figurée pl. IX A de son ouvrage, et rapportée du cap de Bonne-Espérance par M. Delalande : et l'*helix cornu giganteum*, Chemn.; de Fér., l. c., pl. X, fig. 3 *a-c*. Grande et belle coquille de Madagascar, qui est fort déprimée, et dont l'œuf, qui est presque gros comme celui d'un petit pigeon, fait présumer que l'animal est le plus gros des hélices : sa couleur est ventre de biche; et, enfin, une troisième espèce, sous le nom de magnifique, *helix magnifica*, de Fér., pl. 10, fig. 4 *a* et *b*, dont l'ouverture est bordée par un bourrelet, qui est ombiliquée, et dont la robe est ornée de bandes décurrentes de couleur fauve-marron, sur un fond blanchâtre. Cette coquille, de deux pouces et demi de diamètre, est fort rare et vient des Grandes-Indes. On la connoît vulgairement sous le nom de vessie à bandes. La seconde espèce, est la vessie simple; et, quand elle est jeune, ou ombiliquée avec le péristome tranchant, c'est la vessie papyracée. (De B.)

HELICOSPORIUM. (*Bot.*) Genre de la famille des champignons, établi par Nées, et voisin du *circinotrichum* du même auteur (voyez Helmisporium), et du *campsotrichum* d'Ehrenberg. (Voyez la fin du présent article.) Dans ce genre, les espèces sont formées de fibres droites, roides, presque toujours simples, opaques, sur lesquelles sont disséminées des sporidies, roulées en spirale, géniculées de distance en distance, et très-fugaces.

L'Helicosporium bicolor; *Helicosporium vegetatum*, Nées, Trait., tab. 5, fig. 66, croît sur les tiges des herbes mortes, et y forme de petits tapis hérissés de fibres noires, écartées, très-courtes, garnies de sporidies ou séminules d'un vert jaunâtre.

Le genre *Campsotrichum* d'Ehrenberg, placé par Nées près de l'*helicosporium* et du *chloridium*, Linck, est caractérisé par ses fibres droites, roides, opaques, rameuses, à rameaux divisés, dichotomes, écartés, recourbés, portant à leur extrémité des sporidies éparses. Ses espèces croissent sur les feuilles mortes, et y forment de fort petites taches.

Le Campsotrichum bicolor : *Campsotrichum bicolor*, Ehrenb., *in* Spreng., Schrad. *und* Linck, *Jahrb.*, 1819, vol. 1, n.° 2, p. 55, t. 1, fig. 4; *Hort. Phys. Berol.*, 83, est étalé : ses fibres sont noires, et ses sporidies grosses et fauves. Ehrenberg a recueilli cette espèce en octobre sur l'*usnea plicata*, Ach.

Le Campsotrichum unicolor; *Campsotrichum unicolor velatrum*,

Ehrenb., *Hort. Phys. Berol.*, pag. 83, pl. 17, fig. 2, est formé de petites touffes noires ; ses sporidies sont petites et de même couleur. Cette espèce a été observée sur les feuilles d'un arbre inconnu, recueilli par Adal. Chamissus, dans son Voyage autour du Monde.

Ces deux genres, comme l'*helmisporium* et les genres que nous avons décrits à cet article, rentrent dans la série des byssoïdées de Linck. (Lem.)

HÉLICOSTYLE, *Helicostyla.* (*Conchyl.*) Sous-genre de coquilles établi par M. de Férussac, dans son genre *Helix*, pour les espèces dont la columelle est solide, dont la forme est surbaissée ou trochiforme, et dont l'ouverture est pourvue quelquefois de lames ou de dents. Voyez Hélice. (De B.)

HELICOTRICHUM. (*Bot.*) Ce genre de champignons, établi par Nées, diffère très-peu de celui qu'il a nommé *helicosporium*.

Dans ce genre, les fibres sont couchées, rameuses, entremêlées, et les sporidies roulées en spirale, presque cloisonnées et fugaces.

L'Helicotrichum coussinet; *Helicotrichum pulvinatum*, Nées, *in Nov. Act. Nat. Car.*, 9, p. 146, tab. 5, fig. 15, forme, au mois de mars, sur les troncs de chênes coupés, de petits coussinets de deux à quatre lignes de diamètre, irréguliers, à fibres molles, olivâtres, avec des sporidies d'un jaune verdâtre. Cette plante a une demi-ligne de hauteur totale. (Lem.)

HÉLICTE, *Helicta.* (*Bot.*) [*Corymbifères*, Juss. = *Syngénésie polygamie superflue*, Linn.] Ce genre de plantes, que nous avons proposé dans le Bulletin des Sciences de novembre 1818, appartient à l'ordre des synanthérées, à notre tribu naturelle des hélianthées, et à la section des hélianthées-rudbeckiées, dans laquelle nous le plaçons auprès du *wedelia* dont il diffère peu. Voici les caractères génériques présentés un peu autrement que dans le Bulletin des Sciences, où ils avoient été imparfaitement décrits.

La calathide est radiée, composée d'un disque multiflore, réguliflore, androgyniflore, et d'une couronne unisériée, décemflore, liguliflore, féminiflore. Le péricline campanulé, supérieur aux fleurs du disque, inférieur aux fleurs de la couronne, est formé de squames bisériées ; les extérieures, au nombre de cinq, sont plus longues, spatulées, ayant leur partie inférieure appliquée, oblongue, coriace, et leur partie supérieure inappliquée, appendiciforme, grande, elliptique, foliacée; les squames interieures sont plus courtes, appliquées, ovales, oblongües ou lancéolées, coriaces, foliacées ou membraneuses. Le clinanthe est convexe, pourvu de squamelles inférieures aux fleurs, embrassantes, oblongues, aiguës au sommet, membraneuses, uninervées. Les ovaires sont comprimés bilatéralement, obovoïdes-oblongs, étrécis inférieurement, hispidules supérieurement, bordés, sur leurs deux arêtes, d'un bourrelet peu apparent, épais, arrondi; l'aigrette (absolument sessile) est stéphanoïde, courte, irrégulière, épaisse, cartilagineuse, dentée supérieurement. Les corolles de la couronne ont le tube court, fendu jusqu'à la base, et la languette elliptique-oblongue, tridentée au sommet. Les corolles du disque ont le tube nul; les étamines ont le filet libre, c'est-à-dire, non greffé à la corolle, et l'anthère noire, portant de gros tubercules glanduliformes sur l'appendice apicilaire et le haut du connectif.

Hélicte sarmenteuse; *Helicta sarmentosa*, H. Cass. C'est un arbuste à tiges longues d'environ trois pieds, étalées, diffuses, rameuses, tortueuses, sarmenteuses, grêles, cylindriques; les jeunes rameaux sont épais, cylindriques, un peu hispidules: les feuilles sont opposées, un peu connées, presque sessiles, ou à pétiole très-court, large, semi-amplexicaule; elles sont longues de trois pouces, larges d'un pouce et demi, ovales, obtuses, bordées de quelques dents ou crénelures peu saillantes, écartées; leur partie inférieure est notablement étrécie, entière, et arrondie à la base; elles sont épaisses, coriaces-charnues, d'un vert luisant, parsemées de très-petits poils rares et roides, triplinervées, à nervures très-épaisses, saillantes en dessous; les calathides, larges de neuf lignes et composées de fleurs jaunes, sont terminales et axillaires, solitaires, pédonculées, à pédoncule long de trois pouces. Nous avons observé cet arbuste au Jardin du Roi, où il est cultivé depuis long-temps sous le faux nom de *verbesina mutica*.

L'*helicta* est remarquable par les corolles de la couronne dont le tube est fendu, par les corolles du disque dont le tube est nul, et par les étamines dont le filet est libre. Observons que la liberté du filet de l'étamine est la conséquence nécessaire de la nullité du tube de la corolle. Nous avons trouvé une disposition à peu près semblable chez quelques autres synanthérées, et notamment chez le *rudbeckia purpurea*, dont Mœnch a fait, sous le nom d'*echinacea*, un genre qu'on devroit peut-être adopter, en ajoutant aux caractères qu'il a proposés ceux de la corolle et des étamines qu'il a négligés. Indépendamment des particularités qui viennent d'être signalées, l'*helicta* diffère encore du *wedelia* par l'aigrette, qui n'est point membraneuse, frangée, ni portée sur un col formé par l'étrécissement du sommet de l'ovaire. (H. Cass.)

HÉLICTÈRE, *Helicteres*. (*Bot.*) Genre de plantes dicotylédones, à fleurs complètes, polypétalées, de la famille des *malvacées*, et de la *gynandrie décandrie* de Linnæus, offrant pour caractère essentiel : Un calice tubulé, oblique, à cinq divisions ; cinq pétales onguiculés, attachés à la base d'un pédicule qui porte à son sommet les organes sexuels ; dix étamines et plus ; les filamens réunis en tube vers l'extrémité du pédicule ; les anthères oblongues, placées à l'extrémité des découpures très-courtes du tube ; un ovaire supérieur à l'extrémité du pédicule, à cinq sillons ; un style subulé ; un stigmate à cinq divisions. Le fruit est composé de cinq capsules très-rapprochées, souvent torses en spirale, uniloculaires, univalves, contenant plusieurs semences.

Ce genre est très-remarquable par le caractère particulier de ses fleurs, par le pédicule qui sort du fond du calice et porte à son sommet les organes sexuels, enfin par la nature du fruit, composé de capsules roulées ordinairement en spirale, de manière à présenter l'apparence d'un petit baril. Les tiges sont ligneuses ou arborescentes ; les feuilles simples et alternes ; les fleurs latérales ou terminales. On en cultive quelques espèces dans les jardins de botanique : elles veulent être tenues dans les serres pendant environ huit mois de l'année ; on les multiplie de boutures ou de graines semées sur couche ; les fleurs ne se montrent ordinairement que la seconde année.

Hélictère a feuilles de guimauve : *Helicteros altheæfolia*, Lamk., *Ill. gen.*, tab. 735, fig. 1 ; *Isora altheæfoliis*, etc., Plum., *Gen.*, 24, et mss., vol. 5, tab. 48. Arbrisseau originaire des Antilles et de Saint-Domingue, cultivé au Jardin du Roi, distingué par son feuillage semblable à celui d'une guimauve. Il s'élève à la hauteur de six à huit pieds. Ses rameaux sont élancés, pubescens vers leur sommet, garnis de feuilles alternes, en cœur, aiguës, dentées, molles, un peu anguleuses, cotonneuses, un peu blanchâtres en dessous, amples, longues de six pouces; les pétioles courts; les fleurs sont latérales, axillaires, souvent géminées, médiocrement pédonculées; le calice presque labié; la corolle blanche; les capsules très-serrées, lanugineuses, contournées en spirale, longues d'un pouce et plus.

Hélictère a feuilles ovales : *Helicteres ovata*, Lamk., Encycl.; Pluken., tab. 245, fig. 3. Cette plante a des rameaux cylindriques, cotonneux vers leur sommet, garnis de feuilles ovales, aiguës, dentées, point échancrées à leur base, verdâtres en dessus avec des poils en étoile, blanchâtres en dessous; les stipules filiformes et cotonneuses; les fleurs latérales, axillaires, deux ou trois sur chaque pédoncule : le fruit cotonneux dans sa jeunesse, à cinq capsules en spirale, corniculées et anguleuses. Cette plante croît au Brésil.

M. de Lamarck regarde comme variété de cette espèce l'*helicteres isora*, Rumph, *Amb.*, 7, tab. 17; *Bot. Magaz.*, 2061. Cette plante, d'après Swartz, doit être distinguée de l'*helicteres jamaicensis*, Jacq. Ses feuilles sont elliptiques, un peu en cœur à leur base, dentées, glabres en dessus, tomenteuses et pileuses en dessous; les fleurs, au nombre de deux ou quatre sur chaque pédoncule axillaire; le fruit contourné, terminé par une longue pointe subulée. Cette plante croît sur la côte du Malabar et aux Moluques.

Hélictère a feuilles étroites : *Helicteres angustifolia*, Linn.; Osbeck, *Itin.*, 232, tab. 5. Espèce bien distinguée par la forme de ses feuilles et de ses fruits. Ses rameaux sont grêles, effilés, cotonneux, garnis de feuilles étroites, lancéolées, très-entières, glabres en dessus, cotonneuses en dessous; les fleurs latérales disposées deux à cinq ensemble dans l'aisselle des feuilles; pédoncules courts, souvent biflores; les pétales oblongs, munis d'une dent de chaque côté à leur base; le pédicule à peine de la longueur de la fleur. Le fruit est cotonneux, ovale, oblong, composé de cinq capsules droites, parallèles, rapprochées, aiguës. Cette plante croît dans la Chine.

Dans l'*helicteres hirsuta*, Lour., *Fl. Cochin.*, 2, pag. 721, les fruits sont droits, presque point contournés, très-velus; les feuilles tomenteuses, ovales, acuminées; les pédoncules axillaires, chargés de plusieurs fleurs; le tube du calice long et pileux. Cette plante croît dans les forêts à la Cochinchine.

Hélictère de Baru : *Helicteres baruensis*, Linn.; Jacq., *Amer.*, tab. 149, et *Icon. pict.*, tab. 227; Lamk., *Ill. gen.*, tab. 735, fig. 3. Arbrisseau de l'île Baru en Amérique, qui s'élève à la hauteur de douze pieds, dont les jeunes rameaux sont cotonneux; les feuilles en cœur, ridées, aiguës, dentées, cotonneuses et blanchâtres en dessous; les pédoncules terminaux, à plusieurs fleurs; le calice cotonneux, presque à deux lèvres; la corolle blanche; les fruits à cinq capsules torses en spirale; leur sommet droit.

Hélictère de la Jamaïque : *Helicteres jamaicensis*, Jacq., *Amer.*, tab. 179, fig. 99; *Hort.*, tab. 143; *Icon. pict.*, tab. 226; Lamk., *Ill. gen.*, tab. 735, fig. 2. Arbrisseau médiocrement rameux, qui parvient à la hauteur de dix ou douze pieds. Ses rameaux sont un peu cotonneux dans leur jeunesse; les feuilles molles, en cœur, crénelées, velues en dessous, d'un vert blanchâtre; les fleurs blanches, pédonculées, terminales, formant une petite panicule cotonneuse; le calice velu, oblique, campanulé : les pétales blancs, linéaires-lancéolés; les capsules corniculées, contournées en spirale, tomenteuses dans leur jeunesse. Cet arbrisseau croît à la Jamaïque. Dans l'*helicteres carthaginensis*, Jacq., *Amer.*, tab. 150, et *Icon. pict.*, tab. 228, les capsules ne sont nullement contournées, mais rapprochées, droites, oblongues, aiguës; les étamines nombreuses; les feuilles en cœur, dentées, cotonneuses à leurs deux faces. Les fleurs ont une odeur fétide et naissent dix ou douze ensemble, formant une panicule courte; leur calice est campanulé, enflé ou ventru; la corolle purpurine. Cette plante croît dans les bois, aux environs de Carthagène.

Hélictère apétale : *Helicteres apetala*, Linn.; Jacq., *Amer.*, tab. 181, fig. 98; et *Icon. pict.*, tab. 263, fig. 274; *Macpalxochi-quahnitl*, Hern., *Mex.*, pag. 383 et 459. Cette espèce se rapproche beaucoup des *sterculia*. C'est un bel arbre qui s'élève à quarante pieds de haut, terminé par une cime ample, d'un aspect agréable. Ses feuilles sont grandes, pétiolées, palmées, plissées, à demi divisées en cinq lobes ovales, arrondis, aigus, larges d'un pied et plus, un peu velues en dessous; les fleurs disposées en panicules amples, lâches, terminales, d'une odeur fétide, dépourvues de corolle, d'un jaune sale avec des taches purpurines. Leur calice est velu, campanulé, très-ouvert, à cinq divisions; le pédicule plus court que le calice; les étamines au nombre de quatorze ou quinze. Cette plante croît dans l'Amérique méridionale, dans les bois, aux environs de Carthagène.

On cite encore quelques autres espèces d'hélictères, mais bien moins connues. (Poir.)

HÉLIDE, HELIOPHYTON (*Bot.*), noms anciens du *smilax aspera*, cités par Gesner et Ruellius. (J.)

HELIMUS (*Bot.*), nom grec du panis, qui a été transporté par Linnæus à un autre genre de graminée, *elymus*. (J.)

HELIOCALLIS. (*Bot.*) Dodoens dit que ce nom avoit été donné anciennement à l'helianthème, parce que les grands de la Perse le mêloient dans une composition dont ils se faisoient frotter la peau pour lui donner une couleur plus agréable. C'est la même plante, mentionnée par Pline sous le nom d'*helianthe*, à laquelle la même propriété est attribuée. Voyez aussi Hermasis. (J.)

HÉLIOCARPE, *Hæliocarpus*. (*Bot.*) Genre de plantes dicotylédones, à fleurs complètes, polypétalées, régulières, de la famille des *tiliacées*, de la *dodécandrie digynie* de Linnæus, offrant pour caractère essentiel: Un calice coloré, caduc, à quatre folioles; quatre pétales; environ seize étamines; les anthères à deux lobes; un ovaire supérieur, pédicellé; deux styles très-courts; les stigmates simples. Le fruit est une petite capsule un peu comprimée, à deux loges, à deux valves, ciliées à leurs bords; une semence dans chaque loge.

Héliocarpe d'Amérique: *Heliocarpus americana*, Linn.; Lamk., *Ill. gen.*, tab. 409; Jacq., *Hort. Schœnbr.*, 4; et *Fragm.*, tab. 45, fig. 1; Trew, *Ehret.*, tab. 45. Grand arbrisseau, qui s'élève à la hauteur de quinze ou de dix-huit pieds sur un tronc rameux, dont le bois est tendre, plein de moelle; l'écorce cendrée, parsemée de points tuberculeux; les feuilles sont alternes, pétiolées, cordiformes, ovales, dentées, aiguës, vertes, presque glabres, un peu velues dans leur jeunesse, nerveuses, larges de deux pouces et demi; les pétioles un peu longs, légèrement ciliés; les stipules petites, subulées, caduques. Les fleurs sont petites, d'un vert blanchâtre, placées aux extrémités des branches sur de petites grappes rameuses, presque paniculées; les pédoncules velus; le calice à quatre folioles linéaires-lancéolées, concaves; la corolle composée de quatre pétales linéaires, plus courts que le calice; les étamines de la longueur du calice, attachées au réceptacle; les anthères ovales, l'ovaire supérieur, arrondi, pédicellé, hispide.

Le fruit est une petite capsule presque turbinée, obtuse, un peu comprimée; les valves ovales, élégamment ciliées à leurs bords, et comme plumeuses; une semence dans chaque valve. Cette plante a été découverte par Houston, aux environs de la *Vera-Cruz*. On la cultive au Jardin du Roi: l'hiver on la tient dans la serre chaude. On la multiplie de graines et de boutures, placées dans des pots sur couche et sous châssis: elle exige une terre franche, mêlée avec un tiers de terre de bruyère, qu'on renouvelle tous les ans; le plant fleurit au bout de deux ou trois ans; les boutures la seconde année. (Poir.)

HELIOCHRYSOS. (*Bot.*) Tragus, cité par C. Bauhin, nomme ainsi la cotonnière ou herbe à coton, *filago germanica*. Belon, dans son Voyage à l'île de Crète, parle aussi de l'*heliochrysos*, commun sur toutes les montagnes et nommé *lagochimithia* par le peuple du pays. (J.)

HELIODROMUS. (*Ornith.*) Gesner dit de cet oiseau des Indes, qu'aussitôt après sa naissance il s'envole vers l'Orient, et revient avec le soleil vers l'Occident. Cet auteur ajoute d'autres circonstances aussi étranges, et qui ne paroissent pas moins fabuleuses. (Ch. D.)

HÉLIOLITHE. (*Min.*) On peut croire que les anciens ont désigné, sous le nom d'héliolithe, *pierre du soleil*, un fossile ou plutôt une pétrification du genre des madrépores; l'organisation radiée de ces zoophytes autorise suffisamment cette opinion. De nos jours, la pierre du soleil des lapidaires est une variété précieuse de felspath. Voyez Felspath aventuriné. (Brard.)

HELIOLITHE. (*Foss.*) Guettard a donné ce nom aux polypiers pierreux, fossiles, qui présentent sur leur superficie des étoiles, ou parfaitement rondes, ou à rayons inégaux renfermés dans des figures circulaires. (D. F.)

HELION. (*Bot.*) Voyez Halion. (J.)

HÉLIOPHILE, *Heliophila.* (*Bot.*) Genre de plantes dicotylédones, à fleurs complètes, polypétalées, régulières, de la famille des *crucifères*, de la *tétradynamie siliqueuse* de Linnæus, offrant pour caractère essentiel : Un calice à quatre folioles étalées, dont deux extérieures un peu vésiculeuses, couvrant deux corps glanduleux, recourbés; quatre pétales en croix; six étamines tétradynames; un ovaire supérieur; le style court; le stigmate obtus. Le fruit est une silique alongée, cylindrique, un peu toruleuse, bivalve, quelquefois un peu mucronée, à deux loges polyspermes.

Quelques espèces d'héliophile sont cultivées dans les jardins de botanique, plutôt pour l'instruction que pour l'ornement. Elles exigent une terre de bruyère, d'être semées en pot et sous châssis au printemps; puis, lorsqu'elles sont levées, il faut les placer contre un mur abrité des vents du Nord, avec de légers arrosemens. Aux approches des froids et de l'hiver, on rentre dans la serre d'orangerie les espèces bisannuelles ou ligneuses. Ces dernières se multiplient de boutures et de marcottes, les annuelles de graines.

Héliophile pileuse : *Heliophila pilosa*, Lamk., Dict. et *Ill. gen.*, tab. 560, fig. 1; *Heliophila integrifolia*, Linn.; Burm., *Nov. Act. Ups.*, 1, tab. 7; Herm., *Lugd.*, tab. 367; Seba, *Mus.*, 1, tab. 17, fig. 5. Cette plante est originaire du cap de Bonne-Espérance, où elle croît dans les terrains incultes et pierreux. Sa tige est herbacée, haute d'un pied et demi, droite, velue, un peu rameuse, garnie de feuilles alternes, sessiles, linéaires-lancéolées, vertes, hérissées, un peu succulentes, la plupart entières, quelques unes trifides, incisées, même pinnatifides; les fleurs pédonculées, disposées en grappes terminales; la corolle d'un beau bleu; les gousses à peine noueuses : les gibbosités de la base du calice scarieuses, presque transparentes.

Héliophile a siliques pendantes : *Heliophila pendula*, Willd.; *Heliophila pinnata*, Vent., Malm., tab. 113; Lamk., *Ill. gen.*, tab. 563, fig. 2. Cette plante a des tiges grêles, très-glabres, droites, presque filiformes, rameuses, hautes de deux pieds; les rameaux étalés et diffus : les feuilles alternes, distantes, glabres, fort menues, la plupart ailées, un peu charnues, composées de cinq à sept folioles sétacées : les fleurs petites, disposées en grappes terminales; les folioles du calice obtuses, d'un jaune rougeâtre; la corolle d'un jaune pâle; les siliques glabres, noueuses, pendantes, longues d'un pouce, mucronées à leur sommet. Cette plante croît au cap de Bonne-Espérance. L'*heliophila coronopifolia*, Linn. et Herm., *Lugd.*, tab. 367, est très-rapprochée de la précédente. Les feuilles supérieures sont entières, linéaires, très-étroites; les inférieures ailées, à folioles très-étroites; les fleurs d'un violet clair; les siliques très-grêles, toruleuses.

Héliophile fluette : *Heliophila pusilla*, Linn. fils, *Suppl.*; Pluken., *Mant.*, tab. 432, fig. 2. Sa tige est glabre, et s'élève à peine à la hauteur de cinq ou six pouces, menue, rameuse; ses feuilles courtes, glabres, linéaires-sétacées, longues de cinq à six lignes : les fleurs blanchâtres, pédonculées, disposées en grappes lâches et terminales. Les siliques glabres, comprimées, moniliformes, longues d'environ un demi-pouce; les articulations bien séparées et presque orbiculaires.

Héliophile filiforme : *Heliophila filiformis*, Linn. fils, *Suppl.*; Lamk., *Ill. gen.*, tab. 563, fig. 3. Cette plante s'élève à la hauteur de six ou sept pouces sur une tige grêle, droite, munie vers sa base de rameaux d'abord très-étalés, puis ascendans, garnis de feuilles étroites, très-entières, presque filiformes, les inférieures nombreuses, longues d'environ trois pouces : les fleurs pédonculées, disposées en grappes terminales; la corolle une fois plus grande que le calice; les pétales bleus, pâles ou jaunâtres à leur base; les siliques glabres, linéaires, fort menues, point toruleuses.

Héliophile amplexicaule : *Heliophila amplexicaulis*, Linn. fils, *Suppl.*; Jacq., *Fragm.*, pag. 49, tab. 64, fig. 2. Cette plante est d'une saveur amère, tendre et glabre sur toutes ses parties. Ses tiges sont grêles, droites, hautes d'un pied, peu rameuses; les feuilles oblongues, amplexicaules, presque lancéolées, entières, un peu aiguës, glauques, longues d'un pouce et demi : les fleurs disposées en corymbes terminaux; les folioles du calice linéaires, lancéolées, ouvertes, concaves, un peu blanchâtres et membraneuses à leurs bords; la corolle blanche : les pétales plans, oblongs, obtus, rougeâtres par la dessiccation; une glande verte à la base des plus courts filamens. Les siliques sont glabres, comprimées, en grains de chapelet, longues d'environ un pouce.

Héliophile cornue : *Heliophila circæoides*, Linn. fils, *Suppl.*, 296 : *Chamira cornuta*, Thunb., *Gen.*, 48. Espèce remarquable par la saillie en forme d'éperon ou de corne à deux des folioles de son calice, caractère qui avoit déterminé Thunberg à en faire un genre particulier, sous le nom de *chamira.* Ses tiges sont foibles, herbacées, un peu couchées, glabres et rameuses : ses feuilles alternes, pétiolées, en cœur, un peu anguleuses; les inférieures plus grandes : les fleurs blanches, disposées en grappes terminales; les folioles du calice droites, lancéolées, les deux opposées offrant à leur base une saillie en éperon ; les pétales onguiculés, ovales, obtus, très-ouverts; une glande sessile, globuleuse, située à la base externe de chacune des étamines, plus courte sur le réceptacle; la silique presque articulée, longue d'un pouce.

Héliophile ligneuse : *Heliophila frutescens*, Lamk., Encycl., *Heliophila incana*, Ait., *Hort. Kew.*, 2, pag. 397; Burm., *Nov. Act. Mus.*, 1, pag. 94, tab. 7. Cette plante est un arbuste d'environ deux pieds de haut, dont les rameaux sont droits et lâches, garnis de feuilles nombreuses, éparses, ouvertes, un peu charnues, spatulées, pubescentes, d'un blanc grisâtre, un peu glauques, longues d'environ deux pouces. Les fleurs sont d'un pourpre bleuâtre ; les siliques droites, presque cylindriques, longues de deux pouces.

Toutes ces plantes croissent au cap de Bonne-Espérance. On en cite encore beaucoup d'autres, mais bien moins connues, telles que l'*heliophila digitata*, Linn. fils, *Suppl.*, 296, remarquable par l'épaisseur de ses tiges, dont les feuilles sont palmées, pinnatifides, velues; les découpures linéaires. *Heliophila crithmifolia*, Willd., *Enum.*, et *Hort. Berol.*, 2, pag. 682. Les fleurs sont de couleur incarnate ; les feuilles ailées, un peu charnues ; les folioles à demi cylindriques, canaliculées en dessus; les siliques linéaires, inclinées. *Heliophila platisiliqua*, Ait., *Hort. Kew.*, *ed. nov.*, 4, pag. 99. Plante entièrement glabre, à feuilles charnues, à demi cylindriques, entières; les siliques planes, comprimées, pendantes; les tiges presque ligneuses, etc. (Poir.)

HÉLIOPHILE ou HÉLOPHILE. (*Entom.*) M. Meigen, dans sa classification des diptères d'Europe, a donné ce nom, que l'on a écrit aussi élophile, à une division des syrphes ou éristales, qui ont la palette, ou la partie élargie de l'antenne qui porte la soie latérale au moins aussi longue que large. Il rapporte à ce genre les syrphes, *tenax*, *nemorum*, *arbustorum*, *œstraceus*, *tricolor*, *berberinus*, *etc.* (C. D.)

HÉLIOPHTHALME, *Heliophthalmum*. (*Bot.*) [*Corymbifères*, Juss. = *Syngénésie polygamie frustranée*, Linn.] Ce genre de plantes, proposé par M. Rafinesque, en 1817, dans sa *Florula Ludoviciana*, appartient à l'ordre des synanthérées, à notre tribu naturelle des hélianthées, et à la section des hélianthées-rudbeckiées. L'auteur dit qu'il diffère du *rudbeckia*, par la forme du péricline, par celle du clinanthe qui est plan, et par la disposition des squamelles du clinanthe. Voici les caractères génériques, tels qu'ils nous paroissent résulter de la description incomplète et peu intelligible présentée par ce botaniste.

La calathide est radiée, composée d'un disque multiflore, réguliflore, androgyniflore, et d'une couronne unisériée, octoflore, liguliflore, neutriflore. Le péricline est planiuscule, et formé de squames plurisériées, inégales; les extérieures plus longues et plus étroites, inappliquées, foliacées; les intérieures squamelliformes, scarieuses, colorées. Le clinanthe est plan et pourvu de squamelles scarieuses, colorées, disposées sur un seul rang circulaire, entre la couronne et le disque. Les ovaires portent une aigrette stéphanoïde, dentée. Les corolles de la couronne ont la languette ovale.

Héliophthalme a feuilles de cigue; *Heliophthalmum cicutæfolium*, Rafin. C'est une plante herbacée, dont la tige, haute de trois à quatre pieds, est rameuse, sillonnée, tétragone, à angles obtus; ses branches sont nombreuses, opposées, grêles, roides, monocalathides; les feuilles sont opposées, bipinnées, à folioles lancéolées et laciniées; les calathides sont terminales, solitaires, larges de deux pouces, composées de fleurs à corolle jaune et à anthères brunes. Cette belle plante, remarquable par ses jolies feuilles et ses grandes calathides, habite la Louisiane.

M. Rafinesque paroît attribuer au clinanthe de l'*heliophthalmum* deux rangs de squamelles, dont l'un entoureroit extérieurement la couronne, et l'autre le disque. C'est ainsi que la plupart des botanistes attribuent au clinanthe de l'*helenium* un rang de squamelles entourant extérieurement la couronne.

cela nous semble inexact et inconséquent. Si l'on veut que les descriptions génériques des synanthérées soient méthodiques, régulières, et comparables entre elles, il faut nécessairement admettre, comme une règle générale, que toutes les bractées qui se trouvent en dehors des fleurs extérieures d'une calathide, quelle que puisse être leur apparence, font partie intégrante du péricline, et que toutes les bractées qui se trouvent en dedans des fleurs extérieures sont des squamelles du clinanthe. Si l'on n'admet point cette règle, nous soutiendrons que toutes les synanthérées, sans exception, offrent un clinanthe squamellifère, ou, comme on dit vulgairement, un réceptacle paléacé; car il y a toujours un ou plusieurs rangs de bractées en dehors des fleurs extérieures; ainsi les bractées formant la rangée unique comme dans le *bellis*, ou la rangée intérieure comme dans le *chrysanthemum*, devront, suivant ce système, être qualifiées paillettes du réceptacle. En considérant arbitrairement les bractées dont il s'agit, tantôt comme des pièces du calice commun, tantôt comme des paillettes du réceptacle, sans avoir égard à leur situation relativement aux fleurs, les botanistes commettent une inconséquence qui produit une grande confusion. La manière dont ils décrivent le genre *Filago*, et celle dont ils décrivent le genre *Helenium*, sont deux exemples bien remarquables de la bizarrerie de leur système, et des inconvéniens qui résultent de l'absence d'une règle générale pour les descriptions: en effet, dans le *filago*, ils attribuent au péricline ce qui appartient au clinanthe, et dans l'*helenium* ils attribuent au clinanthe ce qui appartient au péricline. Cette discussion n'intéresse que la botanique descriptive; car, en théorie, les squames du péricline et les squamelles du clinanthe sont des bractées de même nature, ainsi que nous l'avons démontré dans notre article Composées ou Synanthérées, tom. X, pag. 151. (H. Cass.)

HELIOPHYTON. (*Bot.*) Voyez Hélide. (J.)

HELIOPSIDE, *Heliopsis*. (*Bot.*) [*Corymbifères*, Juss. = *Syngénésie polygamie superflue*, Linn.] Ce genre de plantes, établi par M. Persoon en 1807, dans son *Synopsis Plantarum*, appartient à l'ordre des synanthérées, à notre tribu naturelle des hélianthées, et à la section des hélianthées-rudbeckiées, dans laquelle nous le plaçons auprès des genres *Diomedea*,

Helicta, *Wedelia*, dont il diffère par ses ovaires absolument dépourvus d'aigrette. Voici les caractères génériques que nous avons observés sur des individus vivans d'*heliopsis lævis*.

Calathide radiée; disque multiflore, régulariflore, androgyniflore; couronne unisériée, liguliflore, féminiflore. Péricline supérieur aux fleurs du disque, irrégulier, formé de squames subunisériées, inégales, oblongues, à partie inférieure, appliquée, coriace, à partie supérieure appendiciforme, inappliquée, foliacée. Clinanthe conique-élevé, pourvu de squamelles inférieures aux fleurs, demi-embrassantes, linéaires, membraneuses, à sommet arrondi et coloré. Ovaires oblongs, tétragones, lisses, comme tronqués au sommet, inaigrettés.

Héliopside lisse; *Heliopsis lævis*, Pers. C'est une plante herbacée, à racine vivace, produisant des tiges hautes de cinq à six pieds, droites, fermes, rameuses, très-glabres, brunes à leur base; les feuilles sont opposées, pétiolées, ovales-lancéolées, pointues, dentées en scie, triplinervées, glabres, un peu rudes en dessus; les calathides, assez grandes et composées de fleurs jaunes, sont terminales et solitaires. Cette plante de l'Amérique septentrionale est facilement cultivée en Europe, et peut contribuer à l'ornement de nos jardins, où elle fleurit en août et septembre. Elle avoit été successivement rapportée aux genres *Buphthalmum*, *Helianthus*, *Rudbeckia*, *Silphium*. (H. Cass.)

HELIOPUS. (*Bot.*) Voyez Heliotropium. (J.)

HÉLIORNE. (*Ornith.*) Bonnaterre a le premier formé, sous le nom d'*heliornis*, un genre particulier de l'oiseau dont Buffon avoit donné une simple notice sous celui de *grèbe-foulque*, propre à indiquer la réunion de caractères appartenant au grèbe et à la foulque. Le plumage de cet oiseau n'offrant que des couleurs ternes, qui ne pouvoient aucunement motiver la dénomination d'oiseau du soleil, on a déjà exposé, au mot Anhinga, que ce nom provenoit vraisemblablement d'une confusion entre le *plotus surinamensis* de Gmelin et de Latham, et l'*ardea helias* des mêmes auteurs, qui donnent pour synonymes à ces deux espèces, bien différentes, l'oiseau du soleil de Fermin, Description de Surinam, t. 2, p. 192, ou petit paon des roses; et si déjà Illiger n'avoit créé, pour le caurale, le mot *eurypiga*, qui n'indique que des caractères tirés de la forme de sa queue, il auroit été plus naturel de transporter le terme générique de Bonnaterre à ce dernier, que de l'appliquer au grèbe-foulque, et de contribuer ainsi à propager une erreur et une confusion qu'il eût mieux valu détruire. Néanmoins l'on se contentera ici de cette observation; et comme l'auteur des articles d'Ornithologie, dans le Nouveau Dictionnaire d'Histoire naturelle, adoptant le mot Héliorne, *heliornis*, a décrit sous ce nom, outre le grèbe-foulque, une seconde espèce, pour ne pas introduire de nouveaux changemens dans la nomenclature, on va suivre celle qu'il a établie.

Les caractères du genre sont d'avoir le bec entier, cylindrique, à bords tranchans, un peu incliné vers le bout; les narines longitudinales, et d'égale largeur dans toute leur étendue, situées au milieu du bec et recouvertes d'une membrane; les pieds placés à l'équilibre du corps; les trois doigts antérieurs lobés, et le pouce lisse et portant à terre sur le bout.

Héliorne de Surinam; *Heliornis surinamensis*, Vieill. Cet oiseau, qui est le *plotus surinamensis*, Gmel. et Lath., a été figuré sous le nom de grébi-foulque, de Cayenne, dans les Planches enlum. de Buffon, n.° 893, et dans la trente-neuvième pl. de Brown, *Illustrat.*, sous celui d'hirondelle de mer de Surinam. Il a, suivant Latham, treize pouces de longueur et la taille d'une sarcelle; mais Brown, pag. 97, ne lui donne que celle d'un merle. Son bec, de couleur pâle, n'a, selon le même auteur, qu'un peu plus d'un pouce de longueur; le haut de la tête est couvert de plumes noires qui forment une sorte de huppe pendante; les joues sont d'un fauve clair; une ligne blanche part de chaque œil, et des lignes noires et blanches s'étendent longitudinalement sur les côtés du cou et par derrière; les ailes et le dos sont d'un brun obscur, ainsi que la queue, qui présente la forme d'un éventail, et se termine par une bande noire, suivie d'une autre blanche; cette dernière couleur est celle de la poitrine; les pieds sont d'un brun jaunâtre, et les doigts, réunis par une membrane jusqu'à la deuxième ou troisième articulation, sont traversés de trois ou quatre bandes noires et blanches.

Brown dit que cet oiseau, dont la tête et le corps sont dans un mouvement perpétuel, vit de mouches, et devient souvent domestique. Gmelin ajoute qu'il prend ces insectes avec une dextérité extrême; mais, comme cette particularité est citée par Fermin, à l'occasion de son oiseau du soleil, il y a lieu de craindre qu'elle ne soit attribuée à l'autre qu'en raison de ce rapprochement fautif, et l'on ne sait encore rien de certain ni sur les mœurs ni sur la propagation de l'espèce dont il s'agit, qui ne paroît pas différer du *macas à doigtier* de M. d'Azara, n.° 446. Le seul individu que le naturaliste espagnol ait eu occasion d'examiner au Paraguay, avoit neuf pouces et demi de longueur totale, et vingt-sept de vol. Le bec étoit noirâtre en dessus, blanchâtre en dessous, et rouge le long des bords.

L'autre espèce décrite dans le Nouveau Dictionnaire d'Histoire naturelle, et figurée, pl. E 32 du même ouvrage, est l'Héliorne du Sénégal, *Heliornis senegalensis*, Vieill. On n'y fait pas connoître à qui en est due la découverte, mais on annonce que sa taille est presque égale à celle d'un anhinga; que les parties supérieures du corps sont d'un brun qui est plus foncé sur la tête et sur le cou, dont les côtés sont, ainsi que les flancs, mouchetés de noir; qu'une raie blanche, partant du bec, passe au-dessus de l'œil, et descend sur les côtés de la gorge et du cou, dont le devant est blanc, de même que toutes les parties inférieures; que les pennes de la queue sont étroites, roides, étagées, et d'une couleur d'orange sur la tige; qu'enfin le bec et les pieds sont rouges. (Ch. D.)

HELIOSACTE (*Bot.*), un des nom anciens de l'yèble, *sambucus ebulus*, cité par Ruellius. (J.)

HELIOSCOPION. (*Bot.*) Pline parle d'une espèce de tithymale qui porte ce nom, et qui a des feuilles de pourpier. C'est probablement l'*euphorbia helioscopia* des modernes. (J.)

HÉLIOTROPE (*Bot.*), *Heliotropium*, Linn. Genre de plantes dicotylédones, de la famille des *borraginées*, Juss., et de la *pentandrie monogynie*, Linn., dont les principaux caractères sont les suivans : Calice monophylle, à cinq divisions profondes, rapprochées en tube; corolle monopétale, en forme de soucoupe, à limbe découpé en cinq lobes souvent séparés par cinq petites dents, et à tube nu à son entrée; cinq étamines très-courtes, placées dans la gorge de la corolle; quatre ovaires surmontés d'un seul style; deux à quatre graines ovales, entourées par le calice persistant.

Les héliotropes sont des plantes herbacées, ou des arbustes à feuilles simples, alternes, et à fleurs petites, tournées d'un seul côté, rapprochées en épis terminaux ou latéraux, recourbés et roulés à leur extrémité en manière de crosse, avant leur parfait développement. On en compte une cinquantaine d'espèces pour la plupart exotiques, et dont deux seulement croissent naturellement en France. Nous ne parlerons ici que de celles-là, et de quelques espèces étrangères qui sont cultivées dans les jardins.

Le nom latin *heliotropium*, d'où nous avons fait en françois héliotrope, est dérivé de deux mots grecs, ηλιος, soleil, et τρέπω, je tourne; les anciens donnoient ce nom à une plante dont les fleurs se tournoient toujours vers le soleil. Nous regardons comme fort incertain qu'aucun de nos heliotropes soit celui des anciens. Les descriptions que Dioscoride (*lib.* 4, *cap.* 185), et Pline (*lib.* 22, *cap.* 21), nous ont laissées, sont trop incomplètes pour qu'on puisse y reconnoître, avec un certain degré de certitude, la plante dont ils ont voulu parler sous ce nom, et ils sont d'ailleurs en contradiction l'un avec l'autre, quant à la couleur de la fleur que Dioscoride dit être blanche ou presque fauve, tandis que Pline l'indique de couleur bleue. D'un autre côté, Ovide en parle comme étant d'un violet foncé, et Apulée, d'une couleur approchante de la pourpre. Au reste, quelques auteurs ayant remarqué que les fleurs de l'héliotrope, que nous connoissons, ne sont pas tournées d'une manière particulière vers l'astre du jour, ont donné une autre explication du nom de cette plante, en disant qu'il vient de ce que celle-ci fleurit pendant le solstice d'été, lorsque le soleil retourne vers l'équateur.

Héliotrope d'Europe : vulgairement Herbe aux verrues, Tournesol; *Heliotropium europæum*, Linn., *Spec.*, 187; Jacq., *Fl. Austr.*, t. 207. Sa racine est fibreuse, annuelle; elle produit une tige droite, rameuse, plus ou moins étalée, quelquefois tout-à-fait simple, haute de six à douze pouces, chargée de poils courts, et garnie de feuilles ovales, pétiolées, un peu velues, ridées, et d'un vert blanchâtre. Les fleurs sont blanches, portées sur de courts pédicules, très-rapprochées les unes des autres, disposées, au sommet de la tige et des rameaux, sur des épis géminés, roulés en spirale avant leur parfait développement. Il leur succède quatre graines chagrinées, environnées par le calice qui est velu. Cette plante se trouve en fleurs pendant tout l'été, dans les champs et les lieux incultes.

Héliotrope couché : *Heliotropium supinum*, Linn., *Spec.*, 187; Clus., *Hist.* XLVII. Cette espèce diffère de la précédente par ses tiges plus rameuses, couchées, chargées, ainsi que les feuilles, de poils plus nombreux; par ses fleurs plus petites, disposées en épis moins garnis, souvent solitaires, et surtout par ses graines seulement au nombre de deux; presque lisses et entourées d'un rebord particulier. Elle se trouve dans les prairies du midi de la France et de l'Europe.

Ces deux espèces d'héliotropes n'ont aucune propriété bien déterminée : la première, appelée vulgairement *herbe aux verrues*, n'a pas reçu ce nom parce qu'elle est propre à détruire les verrues, mais peut-être à cause de la forme de ses graines qu'on aura pu comparer à ces excroissances de la peau, ou, plus vraisemblablement sans doute, parce que, le nom d'héliotrope ayant été transporté aux plantes de ce genre, on aura voulu aussi leur trouver les propriétés que les anciens avoient attribuées à leur héliotrope, et que celle de détruire les verrues est une de celles que Dioscoride et Pline reconnoissent à une des deux espèces dont ils font mention, ce qui avoit fait qu'on avoit aussi donné à celle-là le nom vulgaire d'*herba verrucaria*. Nous passerons sous silence les nombreuses et merveilleuses vertus sur lesquelles Pline (livre 22, chapitre 21) s'étend fort longuement, et qui ne sont pour la plupart que des contes absurdes, comme celui-ci : « On prétend que le scorpion ne pique jamais les personnes qui portent cette plante sur elles, et que, si l'on trace avec la même herbe un cercle autour de cet animal, il y reste arrêté, et n'ose en sortir. » Ou bien encore comme cet autre : « On dit que quatre grains de sa semence, pris en boisson, guérissent la fièvre quarte, et qu'avec trois on arrête la fièvre tierce. » On ne doit pas d'ailleurs être surpris de voir les anciens attribuer à leur héliotrope des vertus si étonnantes; cette plante étoit consacrée dans leur mythologie, et son origine étoit encore plus merveilleuse. Selon les poëtes (Ovide,

Métam., liv. 4, v. 256 à 270), Clytie, nymphe de l'Océan, aimée, et ensuite délaissée par Apollon, se laissa mourir de faim, tournant sans cesse les yeux vers le soleil, et l'accompagnant de ses regards pendant toute sa course, jusqu'à ce qu'enfin le dieu, touché de son malheur, la changeât en cette fleur qui tourne toujours vers cet astre, et qu'on a nommée à cause de cela héliotrope : *Heliotropii miraculum sæpius diximus, cum sole se circumagentis, etiam nubilo die: tantus sideris amor.* (Plin., l. c.)

Héliotrope des Indes : *Heliotropium indicum*, Linn., *Spec.*, 187; *Heliotropium americanum cæruleum, foliis hormini*, Tournef., *Inst.*, 139; Moris., Hist. 3, p. 451, sect. 11, t. 28, fig. 1. Sa racine est annuelle; elle donne naissance à une tige médiocrement rameuse, haute d'un pied à dix-huit pouces, garnie de feuilles pétiolées, ovales, pointues, un peu en cœur à leur base, très-ridées et rudes au toucher. Les fleurs sont bleuâtres, sessiles, rapprochées les unes des autres, sur deux rangs et d'un seul côté, en épis solitaires, les uns latéraux et opposés aux feuilles, les autres presque terminaux, et acquérant, en se développant, cinq à six pouces de longueur. Les fruits sont lisses et bifides. Cette espèce croît dans les deux Indes; on la cultive au Jardin du Roi.

Héliotrope a petites fleurs : *Heliotropium parviflorum*, Linn., *Mant.*, 201; *Heliotropium barbadense, parietariæ folio. flore albo minimo*, Dill., *Hort. Elth.*, 178, t. 146, fig. 175. Sa tige est droite, rameuse, un peu velue, haute d'un pied et demi ou environ, garnie de feuilles ovales, un peu rudes au toucher, verdâtres, pétiolées, et la plupart opposées. Les fleurs sont très-petites, blanches, sessiles, unilatérales, disposées en épis grêles, le plus souvent solitaires, placés à l'opposition des feuilles, ou dans la bifurcation des rameaux. Cette espèce est annuelle; Dillen la dit originaire de l'Amérique; et, selon Linnæus, on la trouve dans l'Inde. On la cultive au Jardin du Roi.

Héliotrope de Curaçao : *Heliotropium curassavicum*, Linn., *Spec.*, 188; *Heliotropium curassavicum, folio lini umbilicati*, Tournef., *Inst.* 139; Moris., Hist., 3, pag. 452, sect. 11, t. 31, *fig. ult.* Sa tige est droite, rameuse, haute d'un pied, glabre, ainsi que toute la plante, garnie de feuilles sessiles, linéaires ou linéaires-lancéolées, un peu charnues, d'un vert glauque. Les fleurs sont blanches, disposées en épis géminés, ou quelquefois trois ensemble sur le même pédoncule. Cette espèce croît dans les lieux maritimes des pays chauds de l'Amérique. On la cultive au Jardin du Roi.

Héliotrope du Pérou : *Heliotropium peruvianum*, Linn., *Spec.*, 187 ; Mill., *Ic.*, t. 143. Cette plante est un arbuste dont la tige ne s'élève guère dans nos serres qu'à un pied et demi ou deux pieds ; mais, dans son pays natal, elle atteint six à sept pieds de hauteur. Ses rameaux sont cylindriques, velus, garnis de feuilles ovales-oblongues, un peu pointues, ridées, légèrement velues, d'un vert brun en dessus, plus pâles en dessous, et portées sur des pétioles courts. Les fleurs sont d'un blanc violet ou bleuâtre, disposées au sommet des rameaux, sur des épis rameux, presque corymbiformes.

On cultive généralement, dans les jardins, cet héliotrope, à cause de l'odeur suave de vanille que répandent ses fleurs qui se succèdent les unes aux autres pendant tout l'été, et même pendant toute l'année, en lui donnant, pendant la mauvaise saison, une chaleur artificielle. Ses graines ont été envoyées pour la première fois en France, au Jardin du Roi, en 1740, par Joseph de Jussieu. Cette espèce se multiplie facilement de boutures ; elle donne aussi des graines, même dans le climat de Paris, et celles-ci lèvent facilement en les semant sur couche ; mais il faut beaucoup de soin pour garder les pieds pendant l'hiver, parce qu'ils sont très-sensibles au moindre froid, et ce n'est que dans une serre chaude que l'on réussit à les conserver. Les parfumeurs retirent des fleurs une odeur qui porte le nom de la plante.

Héliotrope a grandes fleurs : *Heliotropium grandiflorum*, Donn., *Hort. Cantabrig.*, éd. 6, p. 42 ; Lois., *Herb. Amat.*, n. et t. 131. Cette plante ressemble tellement, au premier coup d'œil, à l'héliotrope du Pérou, qu'on pourroit, en la regardant superficiellement, ne la prendre que pour une simple variété ; mais, après un examen attentif, on lui trouve bientôt des caractères suffisans pour la distinguer comme espèce. Ainsi ses tiges et ses rameaux sont plus élevés ; ses épis de fleurs sont plus grands, plus lâches, plus divisés ; ses corolles sont plus grandes, et leur tube est une fois plus long que le calice, et non pas égal à ce dernier; le stigmate, au lieu d'être presque sessile, est porté sur un style assez long; enfin ses fleurs, au lieu d'avoir une forte odeur de vanille, n'ont qu'une douce odeur, comme de miel.

Cet héliotrope est originaire du Pérou, et on le cultive en France depuis environ douze ans. Dans la serre chaude, ses fleurs se succèdent sans interruption pendant toute l'année; mais on peut le laisser à l'air libre pendant toute la belle saison. Il se multiplie facilement de graines, de marcottes et de boutures. En semant les premières sur couche au printemps, et en le mettant en pleine terre, quand le jeune semis est assez fort, on en fait, ainsi que de l'espèce précédente, une plante annuelle qui donne des fleurs pendant tout l'été, mais qui périt dès les premières gelées. (L. D.)

HÉLIOTROPE D'HIVER (*Bot.*), nom vulgaire du *tussilago fragrans*. (H. Cass.)

HÉLIOTROPE. (*Min.*) L'on confond assez souvent, dans le commerce, sous le nom d'héliotrope, un jaspe vert foncé, taché de rouge, dont la pâte est absolument opaque, avec un quarz agate, translucide dans certaines places, opaque dans d'autres, et parsemés de points roses; mais c'est au dernier seulement que l'on devroit, dit-on, appliquer cette épithète, et non pas au jaspe sanguin. Telle étoit au moins l'opinion de Deborn, de Laméthrie et de Patrin.

Peut-on croire que les anciens aient appliqué le nom de héliotrope (je tourne avec le soleil) à une pierre qui n'offre qu'un assemblage irrégulier de parties opaques et de parties translucides, et dont aucun accident ne rappelle l'aimable métamorphose de Clytie, amante du Soleil?

L'agate jaspée, piquée de rouge, que l'on est convenu de regarder comme l'héliotrope des naturalistes de l'antiquité, se trouve parmi les jaspes agates, et les agates jaspées de la Sicile, du Palatinat et de la Bohême; les parties méridionales de l'Asie fournissoient, dit-on, l'héliotrope des anciens. Voyez Quarz jaspe sanguin, Quarz agate, etc. (Brard.)

HELIOTROPIUM. (*Bot.*) Ce nom, qui signifie une plante tournée vers le soleil, est donné par les anciens au gremillet, *myosotis scorpioides;* au tournesol, *croton tinctorium*, et à l'herbe aux verrues, qui l'a conservé. Celle-ci est l'*heliotropus* de Pline; l'*heliopus* des Grecs, suivant Mentzel. (J.)

HELIOTROPIUM. (*Min.*) Voyez Héliotrope. (Brard.)

HELIUSTRUS. (*Bot.*) C'est, suivant Mentzel, un des noms grecs du suc que C. Bauhin dit être extrait de la racine d'un arbrisseau nommé *agasillis* ou *agazylon*, qu'il croît être une férule. Ce suc est l'*ammoniacon* de Dioscoride; le *gutta hammoniaca* de Cordus; le *gummi ammoniacum* des pharmaciens; la gomme ammoniaque employée dans la matière médicale, ainsi nommée parce que la plante qui la fournit croît dans l'Egypte, aux environs du lieu où étoit bâti le temple de Jupiter Ammon. Cette substance est plutôt une gomme-résine qu'une gomme. On croit généralement qu'elle provient d'une plante ombellifère, mais il n'est pas sûr que cette plante soit une férule. (J.)

HELIX. (*Bot.*) Nom ancien donné au lierre quand il est bas. On l'a encore appliqué, par comparaison, à une espèce basse de saule. Mitchel avoit aussi nommé *helix* la vigne vierge, dont Cornuti et Tournefort faisoient un lierre, mais qui est une véritable espèce de vigne. (J.)

HELIX (*Malacoz.*), nom latin du genre Hélice. (De B.)

HÉLIXANTHÈRE, *Helixanthera.* (*Bot.*) Genre de plantes dicotylédones, à fleurs complètes, monopétalées, de la famille des *loranthées*, de la *pentandrie monogynie* de Linnæus, offrant pour caractère essentiel: Un calice alongé et tronqué; une corolle en soucoupe, à cinq découpures profondes; cinq étamines; les anthères en spirale; un ovaire caché par le calice; un style; un stigmate épais. Le fruit est une baie monosperme, recouverte par le calice.

Hélixanthère parasite: *Helixanthera parasitica*, Lour., *Fl. Cochin.*, 1, pag. 167; *Helicia parasitica*, Pers., *Synops.*, 1, pag. 214. Plante parasite qui croît sur les arbres, à la Cochinchine, dans les lieux cultivés. Ses tiges sont ligneuses, alongées, rameuses, garnies de feuilles glabres, très-simples, lancéolées, entières, ondulées à leurs bords, réfléchies à leur sommet. Les fleurs sont petites, d'un rouge écarlate, disposées en épis simples, alongés, axillaires: le calice d'une seule pièce, cylindrique, tronqué au sommet, coloré comme la corolle, accompagné à sa base d'une bractée ovale et charnue; la corolle en soucoupe; le tube court; le limbe à cinq découpures réfléchies, oblongues, obtuses; un appendice urcéolé, à cinq angles, à cinq divisions, serré contre le style; les étamines attachées à l'orifice de la corolle; les anthères linéaires, roulées en spirale; un ovaire oblong, renfermé dans le calice; le style de la longueur des étamines. Le fruit est une baie ovale, alongée, d'un beau rouge écarlate, uniloculaire, monosperme, recouvert par le calice; la semence ovale. (Poir.)

HÉLIXARION. (*Malacoz.*) Nouveau genre des pulmobranches tétracères ou de limacinés, établi par M. de Férussac pour un petit nombre d'espèces rapprochées des vitrines ou hélicolimaces. L'animal, dont le corps est tronqué en arrière, est pourvu en avant d'une sorte de cuirasse, sous le bord antérieur de laquelle peut se retirer la tête, et qui, à la partie postérieure, offre une petite coquille extérieure, mince, transparente, fragile, dont la columelle est évidée, et dont l'ouverture est très-grande; le pied est séparé du corps par un sillon, et il y a un pore muqueux en forme de boutonnière à l'extrémité du pied. Du reste, les tentacules, l'orifice pulmonaire, la terminaison des organes de la génération, et même les appendices du manteau, qui peuvent se recourber sur la coquille, paroissent être comme dans les vitrines. M. de Férussac pense que ce petit genre lie les hélices aux parmacelles encore mieux que les hélicolimaces.

1.° L'Hélixarion de Cuvier; *Helixarion Cuvieri*, de Fér., Hist. nat. des Moll. terr. et fluv., pl. IX, fig. 8; et pl. IX A., fig. 1 et 2. Coquille héliciforme, subglobuleuse, déprimée, très-finement striée, d'un brun verdâtre, de 5 à 6 lignes de long sur 4 à 5 de large. On ignore au juste sa patrie; mais M. de Férussac présume qu'elle provient des Terres Australes.

2.° L'Hélixarion de Freycinet; *Helixarion Freycineti*, de Fér., l. c., pl. IX A, fig. 3-4. Cette espèce, dont la coquille n'est pas connue, est plus grande que la précédente. Sa couleur est d'un jaune grisâtre, et noirâtre en dessus à la partie postérieure, et parsemée en avant et sur les côtés de taches et de lignes noirâtres. Elle a été rapportée des environs du port Jackson de la Nouvelle-Hollande, par l'expédition du capitaine Freycinet. (De B.)

HELLALENIA. (*Ornith.*) Rai, *Synops. meth. Av.*, p. 65, applique ce nom à sa septième espèce de grive, *turdus zeylanicus auriculatus*. (Ch. D.)

HELLEBORASTER. (*Bot.*) On lit, dans Lobel et C. Bauhin, que ce nom est donné à l'hellébore vert, qui est le *consiligo* de Pline. Daléchamps nomme le même *elleboraster*. (J.)

HELLÉBORE. (*Bot.*) Outre les plantes anciennement connues sous ce nom, et qui font encore partie maintenant du genre *Helleborus*, il en est plusieurs qui n'avoient, avec ces dernières, que des rapports plus ou moins éloignés. De ce nombre est l'*adonis vernalis*, que Tragus croyoit être le véritable hellébore noir, l'hellébore d'Hippocrate, et que Gesner nommoit *helleborastrum nigrum*. Les anciens donnoient, à cause de quelques rapports de propriétés, le nom de *helleborus albus*, à deux espèces de *veratrum*, très-différentes d'ailleurs par leurs caractères, mais qui ont conservé pour cela le nom vulgaire de hellébore blanc. Dodoens, trompé par une ressemblance dans le port, donnoit le nom de hellébore noir à l'*astrantia* ou sanicle de montagne, qui, faisant partie de la famille des ombellifères, diffère beaucoup des vrais hellébores appartenant à celle des renonculacées. On en peut seulement conclure que, par l'intermède de ce genre, ces deux familles ont des rapports extérieurs, lesquels peuvent autoriser les rapprochemens qui en ont été faits dans l'école du Jardin royal de Paris. (J.)

HELLÉBORE (*Bot.*), *Helleborus*, Linn. Genre de plantes de la famille des *renonculacées* de Jussieu, et de la *polyandrie polygynie* de Linnæus, dont les principaux caractères sont les suivans : Calice de cinq folioles coriaces, persistantes ; corolle de cinq à douze pétales tubuleux ; étamines au nombre de trente à soixante, insérées au réceptacle ; trois à cinq ovaires supérieurs, supportant chacun un style subulé, arqué en dehors, à stigmate simple ; trois à cinq capsules ovales-oblongues, comprimées, s'ouvrant d'un seul côté, et contenant plusieurs graines arrondies, attachées à la suture opposée.

Le mot latin *helleborus* paroît tirer son origine des deux mots grecs ελειν, faire périr, et βορα, nourriture, et signifie d'après cela nourriture mortelle.

Les médicamens purgatifs furent les premiers employés chez les anciens Egyptiens comme chez les Grecs (Herod. II, 77 ; Diod. I, sect. 2, 30) ; et, de tous les purgatifs, aucun ne paroît l'avoir été plus anciennement que l'hellébore. Tout commence par quelque fable dans la haute antiquité : dès les siècles héroïques, Mélampe, berger, devin et médecin, ayant, dit-on, observé que ses chèvres étoient purgées quand il leur arrivoit de brouter l'hellébore, imagina de faire usage de cette découverte dans les maladies de l'homme, et cette invention lui valut le surnom de Καθαρτης, purgeur. Cette plante fut même appelée par la suite de son nom *melampodium*. Il s'en servit pour guérir l'étrange folie des filles de Prœtus, roi d'Argos, qui se croyoient changées en vaches. La main de l'une de ces princesses, et une partie du royaume d'Argos, furent le prix de ses soins, et on lui éleva des temples par la suite. Les cures les plus admirables ne sont plus ainsi récompensées.

Une foule d'auteurs anciens racontent cette histoire de la guérison des Prœtides, avec des circonstances un peu différentes; mais tous sont d'accord sur le fond. (Voyez Diosc., IV, 146; Plin., XXV, 5; Apollod., II, 2; Galen., *de Atrabil.*; Herod., IX, 33; Pausan., II et VIII.)

Les anciens, dont les dénominations génériques étoient aussi souvent fondées sur les propriétés que sur les caractères extérieurs des plantes, désignoient, sous le nom d'hellébore, deux espèces très-différentes, l'hellébore noir et l'hellébore blanc, qui ont pourtant quelquefois été confondues. Galien, par exemple (*de Atrabil.*), attribue à l'hellébore blanc, *veratrum album*, la guérison des filles de Prœtus, que Dioscoride et les autres rapportent à l'hellébore noir que l'on croit aujourd'hui, comme nous le dirons plus bas, être l'*helleborus orientalis*, trouvé par Tournefort dans les mêmes lieux où l'hellébore noir abondoit suivant les anciens. C'est Dioscoride qui semble avoir le premier bien distingué les deux hellébores dont Théophraste parle assez confusément.

Les anciens employoient plus particulièrement l'hellébore noir comme purgatif, et le blanc comme émétique. Le noir, celui d'Hippocrate, le *melampodion*, étoit une des principales ressources de la médecine antique, qui faisoit un usage fréquent des purgatifs, et n'en connoissoit guère que de drastiques. La racine de l'hellébore est un des plus violens : aussi l'art de tempérer, d'enchaîner son action par des correctifs, étoit-il regardé dans l'antiquité comme une partie importante de la science du médecin. Le satirique Perse attaque les médecins ignorans qui osoient prescrire l'hellébore sans la connoissance approfondie des moyens de dompter sa violence :

> Diluis helleborum, certo compescere puncto
> Nescius examen : vetat hoc natura medendi. SAT. V, v. 100.

On employoit l'hellébore dans une foule de cas, mais surtout contre la folie que les médecins de l'antiquité attribuoient ordinairement à l'atrabile. Le plus estimé, le plus célèbre étoit, comme tout le monde sait, celui d'Anticyre, île voisine de l'Eubée, où les malades alloient souvent en faire usage. Il étoit passé en proverbe d'y envoyer un homme pour dire qu'il avoit le cerveau malade :

> Naviget Anticyras.
> HORAC.

Le préjugé sur les vertus de l'hellébore étoit si fort que les plus célèbres philosophes en prenoient souvent avant de travailler pour se tenir l'esprit libre. Ce fut en prenant de l'hellébore que Carnéade se prépara à écrire contre Zénon, et Chrysippe, suivant Pétrone, en faisoit de même usage pour se rendre l'esprit plus inventif.

Une plante si célèbre ne put manquer de donner lieu à quelques superstitions : aussi falloit-il, pour jouir de ses propriétés, la cueillir avec certaines précautions, certaines cérémonies mystérieuses. (Diosc., IV, 146.)

En voilà beaucoup sans doute sur cette plante : mais il convenoit, en parlant du genre auquel elle a donné son nom, de rappeler ce qu'il y avoit de plus curieux sur un végétal aussi fameux chez les anciens. Nous allons nous occuper maintenant des espèces d'hellébore en général : on connoît une dizaine d'espèces, presque toutes naturelles aux contrées septentrionales ou orientales de l'ancien continent; nous citerons seulement ici les plus intéressantes.

HELLÉBORE FÉTIDE : vulgairement PIED DE GRIFFON : *Helleborus fœtidus*, Linn., *Spec.*, 784 ; Bull., *Herb.*, t. 71. Sa racine, composée de longues fibres cylindriques, produit une tige droite, haute de douze à vingt pouces, glabre comme toute la plante, simple inférieurement, rameuse, et comme paniculée dans sa partie supérieure. Les feuilles inférieures sont pétiolées, d'un vert sombre, coriaces, partagées, jusqu'à leur base, en huit à dix digitations alongées, aiguës, dentées en scie; les supérieures sont ovales-lancéolées, entières, d'un vert blanchâtre. Les fleurs sont verdâtres, un peu bordées de rouge, pédonculées, penchées et disposées plusieurs ensemble, à l'extrémité de la tige et des rameaux, en une sorte de panicule. Cette plante croît naturellement en France, en Allemagne, en Angleterre, etc., dans les lieux incultes et pierreux, sur les bords des bois.

Les feuilles et les fleurs de cet hellébore ont une odeur fétide, nauséeuse, et une saveur amère, très-âcre, même lorsqu'elles sont sèches. Les animaux n'y touchent point.

Depuis quelques années, l'hellébore fétide a été employé avec succès comme vermifuge. On peut donner un gros de ses feuilles fraîches en décoction, ou quinze grains de leur poudre, lorsqu'elles sont sèches. On se sert aussi de cette plante dans la médecine vétérinaire; avec ses racines on fait des espèces de sétons, et la décoction des feuilles est employée contre le farcin des chevaux.

Hellébore livide : *Helleborus lividus*, Willd., *Spec.*, 2, p. 1338; Curt., *Bot. Mag.*, t. 72. Sa racine est fibreuse, traçante; elle produit une ou plusieurs tiges cylindriques, simples dans leur partie inférieure, rameuses, glabres comme tout le reste de la plante, hautes de huit à douze pouces. Les feuilles inférieures sont pétiolées, coriaces, luisantes, d'un vert foncé, composées de trois folioles lancéolées, ordinairement dentées. Les feuilles supérieures sont sessiles, ovales, d'un vert plus clair. Les fleurs sont d'un vert blanchâtre, pédonculées, et deux à trois ensemble à l'extrémité de chaque rameau; elles ont les folioles de leur calice ouvertes, et les pétales au nombre de douze ou environ. Cette espèce croît naturellement dans l'île de Corse : on la cultive dans quelques jardins.

Hellébore vert : *Helleborus viridis*, Linn., *Spec.*, 784; Jacq., *Fl. Austr.*, t. 106. Sa racine est horizontale, charnue; garnie de longues fibres : elle produit une ou plusieurs tiges droites, glabres, hautes de six pouces à un pied, nues et très-simples dans leur partie inférieure, feuillées seulement à l'origine des rameaux. Les feuilles sont luisantes, un peu coriaces, partagées en sept à neuf et jusqu'à quinze folioles lancéolées, dentées en scie et disposées en pédale. Les fleurs sont verdâtres, peu nombreuses, inclinées, les unes terminales, les autres axillaires; elles ont les folioles de leur calice ouvertes, et les pétales au nombre de dix ou environ. Cette plante croît dans les bois et les lieux pierreux des montagnes, en France, en Suisse, etc.

Hellébore noir : *Helleborus niger*, Linn., *Spec.*, 783; Jacq., *Fl. Austr.*, t. 201. Cette espèce diffère de la précédente par ses feuilles plus coriaces, d'un vert plus foncé; par ses tiges plus simples, qui ne portent qu'une ou deux fleurs et deux ou trois feuilles ovales-lancéolées, blanchâtres, assez petites; par ses fleurs beaucoup plus grandes, d'une couleur blanche avec une légère teinte rose; et par son fruit ordinairement composé de six à huit capsules. Elle croît au pied des montagnes, en Dauphiné, en Provence, en Suisse, dans les Pyrénées, etc.

L'hellébore noir, sous le nom de rose de Noël, est cultivé dans les jardins pour la beauté de ses fleurs et pour l'avantage qu'il a de les donner à une époque où naturellement on n'en voit aucune autre, souvent lorsque la terre est couverte de neige. On peut laisser cette plante à la même place pendant plusieurs années; elle finira par former une touffe qui donnera d'autant plus de fleurs qu'elle sera plus considérable. Tout terrain et toute exposition lui conviennent. Pour la multiplier, on divise ses racines en automne, et on les plante tout de suite.

On a long-temps attribué à l'hellébore noir tout ce que les anciens ont débité de leur hellébore, qui est l'hellébore d'Orient, Lamk. Cette erreur a d'ailleurs été sans conséquence, notre plante indigène ne différant que très-peu de celle de l'Orient, et ses propriétés, comme ses effets, étant à peu près les mêmes.

La racine pulvérisée de l'hellébore noir s'employoit autrefois comme purgatif à la dose de six à vingt grains, et surtout dans les hydropisies, les affections vermineuses, la manie, les engorgemens des viscères; mais l'extrême irritation que causent les hellébores, les a fait abandonner par la plupart des médecins. On a vu leur usage indiscret causer d'affreux vomissemens, la cardialgie, des syncopes, et quelquefois même la mort.

Hellébore d'Orient : *Helleborus orientalis*, Lamk., Dict. Enc., 3, p. 96 ; Desf., Ann. Mus., 11, p. 278, tab. 32 ; *Helleborus niger orientalis amplissimo folio*, Tournef., *Corol. Inst.*, 20. Sa racine est grosse comme le pouce, dure, ligneuse, couchée en travers, et divisée en quelques fibres plus menues ; elle donne naissance à une tige haute d'un pied à un pied et demi, simple dans sa partie inferieure, rameuse dans la supérieure, garnie de feuilles alternes, sessiles, ou presque sessiles, placées à la base des rameaux ou des pédoncules. Ces feuilles sont partagées en trois à cinq lobes lancéolés et dentés en scie ; celles qui partent immédiatement de la racine sont quatre à cinq fois plus grandes, portées sur de longs pétioles, et composées de sept à neuf folioles. Les fleurs sont d'un vert brunâtre, larges d'un pouce et demi à deux pouces, pédonculées, penchées et disposées, dans la partie supérieure des tiges et des rameaux, en une sorte de panicule. Il leur succède trois à cinq capsules comprimées et terminées par le style persistant. Cette espèce a été trouvée par Tournefort sur le mont Olympe, à Anticyre, et sur les bords de la mer Noire.

« Il paroît assez bien prouvé (dit M. Desfontaines) que cette plante est le véritable hellébore noir que les médecins grecs et romains employoient autrefois avec un grand succès pour guérir la manie, le mal caduc, l'hydropisie et autres maladies. L'hellébore noir croissoit spontanément dans les îles d'Anticyre, dans la Béotie, dans l'Eubée, sur le mont Hélicon et autres lieux circonvoisins, où on le recueilloit pour l'usage de la médecine. (Théophraste, liv. X, c. 11 ; et Pline, liv. XXIII, c. 5.)

« Tournefort, en visitant ces mêmes contrées, n'y trouva que l'espèce d'hellébore dont il est maintenant question, et il en conclut, avec assez de fondement, que c'est l'hellébore des anciens. Tournefort essaya l'usage de l'hellébore ; mais les effets ne répondirent point à son attente. Il dit que l'extrait en est brun, résineux et très-amer : qu'en ayant donné à trois Arméniens depuis vingt grains jusqu'à un demi-gros, les malades se plaignirent d'avoir été fatigués par des nausées et des tiraillemens d'entrailles, qu'ils ressentirent une impression de feu et d'âcreté dans l'œsophage et l'estomac, accompagnée de mouvemens convulsifs et d'élancemens dans la tête, qui se renouvelèrent pendant quelques jours; qu'un médecin habile, qui avoit pratiqué long-temps la médecine à Constantinople, à Cutaye et à Pruse, lui assura qu'il avoit abandonné l'usage de cette plante à cause des mauvais effets qu'elle produisoit, et que les Turcs, qui la nomment *zoptème*, lui attribuoient néanmoins de grandes vertus.

« Les anciens médecins regardoient l'hellébore comme un remède violent; mais, pour en adoucir l'action, ils lui faisoient subir, avant de l'employer, différentes préparations qui nous sont inconnues. Ils avoient soin aussi de disposer les malades par une diète de plusieurs jours, par des médicamens préparatoires, et ils ne le donnoient ni aux vieillards, ni aux enfans, ni aux femmes délicates, ni à ceux qui étoient sujets à des hémorrhagies internes. Ils regardoient ce remède comme très-puissant et très-utile, lorsqu'il étoit prescrit à propos; et Pline rapporte que Drusus, tribun du peuple, fut guéri à Antycire du mal caduc, par l'usage de l'hellébore.

« Il seroit utile que des médecins habiles l'essayassent de nouveau, afin d'en bien déterminer l'action, et qu'ils l'employassent de différentes manières, à différentes doses et dans des cas différens; peut-être parviendroient-ils à obtenir des résultats utiles d'un remède dont l'antiquité a proclamé les vertus. » (Desf., Ann. Mus., 11, p. 280-282.) (L. D.)

HELLÉBORE BLANC (*Bot.*), nom vulgaire du vératre blanc. (L. D.)

HELLÉBORE D'HIPPOCRATE. (*Bot.*) Tabernæmontanus donne ce nom à l'adonide printanière. (L. D.)

HELLÉBORE D'HIVER. (*Bot.*) Les botanistes font aujourd'hui un genre particulier de cette espèce. Voyez ROBERTIE. (L. D.)

HELLÉBORE NOIR FAUX. (*Bot.*) On trouve, dans quelques auteurs, l'adonide printanière et la nigelle cultivée désignées sous ce nom. (L. D.)

HELLÉBORINE. (*Bot.*) Ce nom latin, consacré d'abord par Dodoens et Tabernæmontanus à un genre d'orchidée, a été adopté pour le même par C. Bauhin et par Tournefort; mais, à cause de son rapport avec le mot *helleborus* dont il paroît le diminutif, Linnæus, en le supprimant, lui a substitué celui de *serapias*, qui réunit les mêmes espèces. Swartz, dans une monographie des orchidées, a préféré, pour ce genre, le nom *epipactis*, indiqué primitivement par Camerarius pour le même, en reportant le nom *serapias* à un autre genre de la même famille. Plusieurs auteurs anciens suppriment la première lettre du nom donné par Dodoens, en l'appliquant aux mêmes espèces, et quelques uns en l'attribuant à d'autres plantes. Ainsi l'*elléborine* de Dioscoride, est, selon quelques uns, la turquette, *herniaria*, au rapport de Daléchamps; celui de Clusius est le *cypripedium*, et celui de Césalpin est l'*helleborus hyemalis*, ainsi nommé par lui parce qu'il étoit alors le plus petit des hellébores connus. Quelques uns donnent aussi ce nom à la double feuille, *ophrys ovata*. Voyez Elléborine. (J.)

HELLEBORITES (*Bot.*), nom grec de la petite centaurée, suivant Mentzel. (J.)

HELLEBOROIDES. (*Bot.*) Boerhaave a donné ce nom à l'*helleborus hyemalis*, qui se distingue de ses congénères par sa fleur solitaire, terminale sur une hampe, entourée d'une feuille en forme d'involucre, et dans laquelle on compte six feuilles du calice, six pétales et quatre ovaires. Ce genre a été adopté par Adanson avec le nom donné par Boerhaave; M. Biria, dans sa monographie, l'a nommé *koelera*; c'est le *robertia* de la Flore Parisienne de M. Merat. (J.)

HELLEBORUS (*Bot.*), nom latin du genre Hellébore. (L. D.)

HELLEBUT (*Ichthyol.*), un des noms par lesquels on désigne, dans certaines provinces, le flet, *pleuronectes flesus*. Voyez Flet et Plie. (H. C.)

HELLENIA. (*Bot.*) Genre de plantes monocotylédones, à fleurs irrégulières, de la famille des *amomées*, de la *monandrie monogynie* de Linnæus, offrant pour caractère essentiel : Un calice en forme de spathe, campanulé et bifide; le limbe de la corolle double; l'extérieur presque trifide, l'intérieur bifide ou à deux folioles; une étamine; un style; une capsule carénée, enflée, presque globuleuse, à trois loges.

Ce genre est peu connu : il se rapproche des *maranta* ou des *alpinia*. Retzius l'avoit publié sous la dénomination d'*heritiera*; mais ce nom ayant été appliqué à un autre genre (voyez Heri-

TIBRA et MOLLAVI), Willdenow l'a mentionné sous le nom d'*hellenia*.

Les espèces qu'il renferme n'ont été qu'imparfaitement observées. On y distingue,

1.° *Hellenia allughas*, Willd., *Spec.*, 1, pag. 4; *Heritiera allughas*, Retz., *Observat.*, *fasc.* 6, table 1; *Allughas*, Linn. fils, *Fl. Zeyl.*, n.° 448; *Mala inschikua*, Rhéede, *Malab.*, 11, pag. 29, tab. 14. Cette plante a des feuilles oblongues, aiguës, glabres à leurs deux faces, très-entières, munies, à leur contour, d'une bordure glabre, blanchâtre: les fleurs sont rouges, disposées en panicule; le limbe intérieur de la corolle à deux folioles; les fruits capsulaires, à trois loges, quelquefois parsemés d'une poussière cendrée. Cette plante croît à l'île de Ceilan, et dans les marais, aux environs de Colombo.

2.° *Hellenia alba*, Willd., l. c.; *Heritiera alba*, Retz., *Obs.*, *fasc.* 6, pag. 18; *Languas vulgare*, Kœnig., *apud* Retz., *Obs.*, *fasc.* 3, pag. 64; *Amomum medium?* Lour., *Fl. Coch.*, pag. 5. Cette plante est distinguée de la précédente par ses fleurs blanches, disposées en épis rameux. Ses feuilles sont oblongues, aiguës, glabres à leurs deux faces, blanchâtres et rudes à leurs bords. Elle croît à la Chine: on la cultive dans les Indes orientales.

3.° *Hellenia chinensis*, Willd., l. c.; *Heritiera chinensis*, Retz., *Obs.*, *fasc.* 6, pag. 18; *Languas chinensis*, Kœnig., *apud* Retz., *Obs.*, *fasc.* 3, pag. 65; *Arundo indica florido*, etc., Moris., Hist., 3, §. 8, tab. 14, fig. 7? Cette espèce a des fleurs jaunâtres; des feuilles oblongues, aiguës, courbées à leur sommet, glabres à leurs deux faces, blanchâtres et légèrement bordées de quelques poils rares à leur contour, finement denticulées à leur partie supérieure. Les Chinois la cultivent dans leurs jardins.

4.° *Hellenia aquatica*, Willd., l. c.; *Heritiera aquatica*, Retz., *Obs.*, *fasc.* 6, pag. 18; *Languas aquaticum seu sylvestre*, Kœn., *apud* Retz., *Obs.*, *fasc.* 3, pag. 67. Ses fleurs sont rougeâtres; ses feuilles velues et dentelées à leurs bords, oblongues, aiguës, glabres à leurs deux faces. Elle croît dans les Indes orientales, sur les bords des ruisseaux marécageux, parmi des arbustes. M. Rob. Brown en a découvert une espèce à la Nouvelle-Hollande, qu'il a nommée *hellenia cærulea*, *Prodr. Nov. Holl.*, 1, pag. 308. Ses fleurs sont bleues: ses feuilles glabres, très-entières; le style hérissé; les capsules glabres et colorées. (POIR.)

HELLIGOG. (*Ornith.*) Montagu, dans son *Ornithol. Dictionary*, donne ce nom comme synonyme de *razor-bill*, lequel est le pingouin de Buffon, *alca torda*, Linn. (Ch. D.)

HELLUO. (*Entom.*) M. Bonelli a décrit, sous ce nom, dans ses Observations entomologiques, une espèce d'insecte coléoptère pentaméré créophage, voisin des anthies, et provenant de la Nouvelle-Hollande. (C. D.)

HELLUO. (*Entomoz.*) M. Ocken, dans son Système général d'Histoire naturelle, me paroît avoir proposé, le premier, de former, sous ce nom, un petit genre avec les espèces de sangsues qui ont le corps aplati, rampant, terminé, comme à l'ordinaire, postérieurement par un disque préhensile, dont les points noirs, qu'on regarde comme des yeux, sont fort sensibles, et dont la bouche est presque entièrement dépourvue de mâchoires. Je l'avois également établi dans mes manuscrits sous le nom d'Erpobdelle, que M. de Lamarck a adopté dans son Système des Animaux sans vertèbres. M. Savigny, dans son Système des Annélides, qui n'est connu que depuis la fin de l'année 1820, désigne cette même coupe générique sous le nom de Néphélis. (Voyez ces différens mots, et surtout Sangsue.) Les espèces qui appartiennent à cette section sont, d'après M. Ocken, les *hirudo vulgaris*, *stagnalis*, *complanata*, *heteroclyta*, *marginata* et *lineata*, dont les trois dernières ne sont peut-être que des planaires. (De B.)

HELM. (*Bot.*) Nom donné, dans la Hollande, au roseau des sables, *arundo arenaria* de Linnæus, *psamma* de Beauvois, multiplié sur les digues de cette contrée pour retenir les sables, et très-commun aussi sur toutes les dunes. Il est nommé *heaume* à Blanckemberg, et *oya* depuis Ostende jusqu'à Boulogne. Cette note, jointe à un échantillon de la plante, me fut communiquée par M. de Malesherbes qui, dans un voyage en Hollande, avoit herborisé sur ces côtes par suite de son goût constant pour l'histoire naturelle, et surtout pour la botanique. (J.)

HELMINTHES, *Helmintha.* (*Entoz.*) C'est le nom que M. Duméril a proposé pour le groupe très-artificiel d'animaux que l'on connoît plus ordinairement sous la dénomination composée de Vers intestinaux, et que M. Rudolphi, dans ces derniers temps, a changée en celle d'Entozoaires, *Entozoaria.* Il paroît en effet que les anciens employoient le mot ελμινθες, en latin *lumbrici*, pour désigner les principaux vers que l'on rencontre dans le corps de l'homme, savoir : les ascarides et les tænias ; mais n'y comprenoient-ils pas aussi les véritables lombrics ou vers de terre ? (De B.)

HELMINTHIE, *Helminthia.* (*Bot.*) [*Chicoracées*, Juss. = *Syngénésie polygamie égale*, Linn.] Ce genre de plantes, établi par M. de Jussieu, en 1789, dans ses *Genera Plantarum*, appartient à l'ordre des synanthérées, et à la tribu naturelle des lactucées, dans laquelle il est immédiatement voisin du *picris*, dont il se distingue par son involucre et par ses fruits collifères. Vaillant, que nous considérons comme le fondateur de la *synanthérographie*, parce qu'il est le premier qui ait formé, dans l'ordre des synanthérées, un grand nombre de genres excellens et parfaitement bien caractérisés, Vaillant avoit réuni sous le nom d'*helminthotheca* les deux genres *Helminthia* et *Picris*, mais en indiquant soigneusement les caractères qui ont servi plus tard à les distinguer. Linnæus, qui les a également confondus, n'a pas aussi bien caractérisé son genre *Picris*, lequel n'est autre chose que l'*helminthotheca*, dont il a changé le nom sans aucun motif valable, puisque ce nom exprimoit la ressemblance du fruit avec le corps d'un ver. Adanson, encore moins juste que Linnæus envers Vaillant, a fait, sous le nom de *crenamum*, un très-mauvais genre, qui paroît être composé des trois genres *Barkhausia*, *Helminthia* et *Picris*. Enfin M. de Jussieu a convenablement distingué le *picris* et l'*helminthia*. Voici les caractères de ce dernier genre, tels que nous les avons observés sur des individus vivans d'*helminthia echioides*.

La calathide est incouronnée, radiatiforme, multiflore, fissiflore, androgyniflore. Le péricline ovoïde-cylindracé, inférieur aux fleurs marginales, est formé de squames unisériées, égales, contiguës, appliquées, demi-embrassantes, largement linéaires, obtuses, munies sur le dos, à quelque distance du sommet, d'un appendice cylindracé, spinelleux ; quelques petites squames surnuméraires, irrégulièrement disposées, appliquées, inégales, subulées, accompagnent la base du péricline, lequel est en outre environné d'un involucre plus grand que lui, composé de cinq bractées unisériées, cordiformes, foliacées. Le clinanthe est plan, hérissé de courtes fimbrilles piliformes. Les fruits sont pédicellulés, comprimés bilatéralement, oblongs, un peu obovales, munis de rides transversales, parallèles, ondulées; ils sont prolongés et atténués supérieurement en un long col cylindrique, élargi au sommet : leur aigrette est longue, blanche, composée d'environ vingt squamellules unisériées, à peu près égales, filiformes-laminées, garnies, d'un bout à l'autre, de longues barbes capillaires qui naissent principalement du dos et des deux côtés; les fruits marginaux sont difformes, velus, adhérens au clinanthe immédiatement par toute la surface de leur aréole basilaire, et leur aigrette est souvent courte, comme semi-avortée. Les corolles ont de gros et longs poils coniques, presque charnus, paroissant articulés, situés autour du sommet du tube et de la base du limbe.

Helminthie vipérine : *Helminthia echioides*, Gærtn.; *Picris echioides*, Linn. C'est une plante herbacée, annuelle, hérissée de poils roides, divisés au sommet en deux pointes divergentes et crochues; sa tige, haute d'un à deux pieds, est dressée, rameuse, cylindrique ; les feuilles sont luisantes, d'un beau vert; les inférieures obovales, un peu sinuées; les supérieures amplexicaules, oblongues, échancrées en cœur à la base, aiguës au sommet, entières sur les bords, étalées; les calathides, composées de fleurs jaunes, sont disposées en une sorte de panicule, et pédonculées; leur involucre est composé de bractées larges, ovales-cordiformes, un peu épineuses. On trouve cette plante dans les champs et sur les bords des chemins, dans presque toute la France, et notamment aux environs de Paris, à Bondy, Montmorency, Montreuil ; elle fleurit en juin et juillet.

M. Decandolle a décrit une seconde espèce nommée *helminthia spinosa ;* elle diffère de la première, principalement par son involucre composé de bractées courtes, lancéolées, épineuses sur les bords et au sommet : elle habite les Pyrénées.

On ne connoit jusqu'à présent que ces deux espèces. (H. Cass.)

HELMINTHOCHORTON (*Bot.*), c'est-à-dire *herbe à vers*, en grec. Dans les pharmacies, on donne ces noms et ceux de *mousse de Corse*, *mousse de mer*, d'*helminthocortos*, à un assemblage de diverses productions marines, soit de la famille des algues, soit de la classe des zoophytes, et qu'on emploie comme vermifuge. Nous avons décrit, à l'article Gigartina, l'espèce de plante qui paroît être celle qui donne à cet assemblage la propriété qui le fait employer. Voyez Gigartina vermifuge à l'article Gigartina, et Mousse de Corse. (Lem.)

HELMINTHOCORTON et HELMINTOCORTON. (*Bot.*) Voyez Helminthochorton. (Lem.)

HELMINTHOLITE (*Foss.*), nom sous lequel on a désigné les vers, ou ce qu'on a pris pour des vers de terre ou de mer fossiles. (Voyez Insectes fossiles.)

Autrefois on a aussi donné le nom d'helmintholites aux belemnites et aux débris de tiges d'encrines fossiles. (D. F.)

HELMINTHOLOGIE, *Helminthologia.* (*Zool.*) Nom de la partie de la zoologie qui traite spécialement des vers, et surtout des vers intestinaux. Ce seroit donc la place où nous devrions parler de l'histoire de cette partie de la science et des auteurs qui s'en sont occupés : mais, comme dans notre système de classification nous n'adoptons pas cette classe, nous renvoyons ce que nous avons à dire des Vers intestinaux au mot Vers. (De B.)

HELMINTHOTHECA. (*Bot.*) Le genre que Vaillant avoit fait sous ce nom, a été réuni au *picris* par Linnæus : c'étoit son *picris echioides* que nous avons de nouveau rétabli comme genre, en admettant le nom de Vaillant, mais abrégé. Il est nommé maintenant *helminthia.* (J.)

HELMISPORIUM. (*Bot.*) Genre de la famille des champignons, de l'ordre des *mucédines*, série des *byssoïdées*, dans la Méthode de Linck, créateur de ce genre adopté par Kunze et par Nées, et qui est un démembrement du *dematium* de Persoon. Il est formé de fibres droites, peu rameuses, épaisses, roides, opaques, souvent cloisonnées à leur extrémité, et sur lesquelles on voit des sporidies caduques, oblongues et annelées (pas toujours, selon Linck).

Ses espèces croissent sur les herbes mortes : elles forment de très-petites taches ou pointillures noires ou brunes.

1. Helmisporium soyeux : *Helmisporium velutinum*, Linck, *Berl. Mag.*, 3, t. v, fig. 9 ; Nées, Trait. Champ., t. v, fig. 65 ; *Dematium ciliare ?* Pers. Fibres éparses, un peu rameuses, noires ; sporidies en forme de poires alongées, adhérentes vers

la base. Si cette plante est bien le *dematium ciliare*, Pers., elle est aussi l'*hypoxylon ciliare*, Bull. On la trouve sur les tiges sèches.

2. Helmisporium petit : *Helmisporium minus*, Linck, l. c. Etalé, noir; fibres simples, ou peu rameuses; sporidies globuleuses, point annelées, éparses. On le trouve, comme le précédent, sur les branches et les herbes desséchées.

3. Helmisporium nain : *Helmisporium nanum*, Nées, Trait. Champ., pl. v, fig. 65, a; *Ejusd.*, *in Nov. Act. nat. cur.*, t. 5, fig. 13. Etalé, noir; fibres simples ou fourchues, un peu noueuses; sporidies presque cylindriques, annelées, un peu plus courtes que les fibres. Cette espèce croit sur les herbes sèches, et ne me paroît pas être la même que la précédente, plus développée.

4. Helmisporium articulé : *Helmisporium casispermum*, Linck, l. c.; *Dematium articulatum*, Pers. Fibres noires, un peu rameuses, réunies en faisceaux; sporidies globuleuses, point annelées, adhérentes de tous côtés. Il se trouve sur les tiges sèches des graminées, et ressemble à un *conoplea*. Ses sporidies s'ouvrent par un petit trou, ce qui paroît à Linck un caractère dont on pourroit se servir pour faire de cette espèce un genre qu'il propose de nommer *coelosporium*.

5. Helmisporium très-rameux ; *Helmisporium ramosissimum*, Linck, l. c. Fibres très-rameuses, fasciculées, noires; sporidies globuleuses, adhérentes vers la base. Il a été observé sur les herbes sèches.

On doit à Kunze la connoissance de plusieurs autres espèces, ainsi qu'à Théodore Nées, d'Esenbeck. Les *Helmisporium simplex*, Kunze; *tenuissimum*, Kunze; et *subulatum.*, Nées, sont figurés, fig. 11 à 12, pl. 5 du neuvième volume des nouveaux Mémoires des Curieux de la Nature de Berlin.

Le genre Helmisporium tient le milieu, selon Nées, entre le *cladosporium*, Linck, et le *circinotrichum*, et par conséquent appartient à la même série.

Dans le Cladosporium, les fibres qui le constituent sont droites, simples, ou bien un peu rameuses, assez brillantes, entassées; les sporidies sont placées par séries, et caduques.

Le Cladosporium des herbes : *Cladosporium herbarum*, Linck, *Berl. Mag.*, 3, p. 1; Nées, Trait., tabl., 5, fig. 64, B., forme sur les tiges séchées des herbes, de petites taches d'une belle couleur olivâtre ; ses sporidies sont ovales et se tiennent fortement. Voyez ce que nous avons dit sur ce genre à l'article Dematium.

Dans le Circinotrichum, les fibres sont opaques, couchées, ténues, courbées en cercle et embrouillées ; les sporidies sont transparentes, presque en forme de fuseau, éparses et fugaces.

Le Circinotrichum en forme de tache, *Circinotrichum maculiforme*, Nées, Trait., tab. v, fig. 66, paroît, sur les feuilles mortes, comme de petites taches ou points d'un noir olivâtre, semblables à de petits flocons soyeux.

Un troisième genre vient se placer très-près de l'*helmisporium* et du *cladosporium*, c'est l'Actinocladium d'Ehrenberg, genre qu'il caractérise ainsi : Fibres droites, roides, cylindriques, annelées, transparentes, en ombelles au sommet; sporidies transparentes, disposées sans ordre. Une seule espèce a été décrite par Ehrenberg : c'est son *actinocladium rhodosporum* (*in* Spreng., Schrad., etc., *Jahrb. Gewæchs.*, 1819, vol. 1, n.° 2, p. 52, t. 1, fig. 3) ; plante bissoïde fort petite, qui forme sur le tronc écorcé du charme, des pointillures, des taches ou plaques irrégulières, d'un beau rose violacé. Examinée à la loupe, on voit un amas farineux, entremêlé de petits filamens noirs. Ces filamens sont bifides à l'extrémité ; les sporidies ou séminules sont roses, et forment la partie farineuse. Ehrenberg a recueilli cette plante en décembre aux environs de Berlin (Lem.)

HELMONTITES. (*Min.*) Les anciens naturalistes désignoient sous le nom de *ludus helmontii*, de *jeux de vanhelmont*, d'*helmontites*, etc., des masses argileuses, ovoïdes ou sphéroïdales, dont l'intérieur s'étoit divisé par compartimens et par petits prismes, et dont les intervalles avoient été remplis par des incrustations calcaires. Ces pierres, d'un aspect assez singulier, reçoivent un beau poli, et sont recherchées par les amateurs des pierres figurées. (Brard.)

HELMYTON. (*Bot.*) Corps alongé, vermiforme ou cylindrique, gélatineux, élastique, jouissant d'une certaine translucidité ou transparence qui laisse voir les séminules ou gongyles situés dans l'intérieur. Ce genre, ainsi que le *Pexisperma*, établis tous les deux par Rafinesque-Schmaltz, sont placés par lui dans la famille des algues, et se rapprochent des ulves.

L'helmyton comprend les deux espèces suivantes :

Helmyton aggloméré : *Helmyton glomeratum*, Rafin., *Caract.*, p. 90; *Icon.;* vulgairement Vermicelle de mer, en Sicile. Filamens cylindriques, filiformes, très-longs, fixés par une de leurs extrémités; séminules ou gongyles arrondis, disposés en grappes. Cette plante forme de petites touffes vermiformes, entrelacées, qu'on a comparées à des paquets de vermicelle; elle varie entre le rouge olivâtre et le jaune orangé. Elle croît sur les côtes de Sicile.

Helmyton spirale; *Helmyton spiralis*, Rafin., l. c. Filamens repliés en spirale, cylindriques, aplatis, fixés par un côté; séminules, presque solitaires, semblables à des points obscurs, épars dans la substance diaphane de la plante. Celle-ci est jaune blanchâtre ou grisâtre; elle vit sur l'*ulva tomentosa*, Decand., qui est le *lamarckia vermilara* d'Olivi, ou *myrsidrum dilatatum* de Rafinesque. (Lem.)

HÉLOCÈRES ou CLAVICORNES. (*Entom.*) Noms sous lesquels nous avons désigné une famille d'insectes coléoptères pentamérés, à élytres dures, couvrant tout le ventre, et dont les antennes sont terminées en massue perfoliée, souvent alongée.

Ce nom, tiré du grec, est formé des deux mots ηλος, tête de clou, et de κερας, corne.

Il est facile de distinguer les insectes de cette division des coléoptères à cinq articles à tous les tarses, par les observations suivantes. D'abord, leurs élytres sont dures, et non molles comme dans les téléphores, les lyques, qui sont dits *apalytres*. Ces élytres ne sont pas raccourcies et ne laissent pas l'abdomen à nu dans la majeure partie de leur étendue, comme dans les *brachélytres*, tels que les staphylins. Leurs antennes ne sont pas en soie ou en fil comme dans les carabes, les dytiques, les taupins, les vrillettes, qui appartiennent aux familles des *créophages*, des *nectopodes*, des *sternoxes*, des *térédyles*; et, quoique leurs antennes soient en masse, elles ne sont pas feuilletées comme dans les hannetons, les cerfs-volants, qui appartiennent aux familles des *pétalocères* et des *priocères*. Les seuls *stéréocères* comme les escarbots, les anthrènes pourroient être confondus avec les hélocères, si, dans ces premiers, la masse des antennes n'étoit pas solide et non perfoliée ou formée d'articulations aplaties et comme percées de part en part, ou enfilées par le centre.

Les hélocères font leur nourriture principale des matières organisées qui sont privées de la vie, et qui commencent à se décomposer ou à entrer en putréfaction. Il semble qu'ils soient appelés par la nature à faire disparoître tout ce qui pourroit altérer l'éclat de son spectacle. Ces insectes pénètrent dans tous les lieux où peuvent être déposées les matières dont ils se nourrissent, dans les eaux et sur les rivages, dans les terrains les plus secs et les plus arides, dans l'intérieur de la terre ou à sa superficie. La plupart paroissent jouir du sens de l'odorat d'une manière très-parfaite; de sorte qu'à peine un cadavre est-il déposé dans un endroit, que les insectes de la famille des *hélocères*, alléchés par l'odeur, se rendent bientôt en troupes vers ces restes inanimés pour s'en repaître et pour y déposer leur progéniture. Quelques uns cependant ne paroissent vivre que des matières végétales qui se pourrissent et fermentent, dans les ulcères des arbres, ou du suc épaissi de la séve, dans lequel ils pénètrent. Quelques uns habitent dans l'épaisseur des bolets et des autres champignons qui s'altèrent et se décomposent.

L'histoire de ces animaux est en général très-curieuse; mais elle varie trop dans les différens genres pour qu'on puisse la présenter ici avec quelques détails, sans s'exposer à des répétitions. Nous renverrons en particulier aux genres Silphe, Bouclier, Nécrophore, Dermeste, Nitidule, Birrhe, Hydrophile, etc.

On a fait représenter, sur deux des planches de l'Atlas de ce Dictionnaire, les dix genres qui composent la famille des coléoptères hélocères. Nous prions le lecteur d'y recourir pour suivre l'exposition que nous allons faire des caractères principaux de ces genres, au moyen de l'analyse que nous en offrirons.

Le premier de ces genres semble lier cette famille à celle des lamellicornes: aussi quelques auteurs ont-ils rangé les sphéridies avec les scarabées. Ils ont en effet la tête plus arrondie et beaucoup moins alongée que tous les genres suivans : leurs pattes de devant sont dentelées et propres à fouir. On les trouve dans les bouses qui s'altèrent, sous les écorces des arbres qui se pourrissent, dans les humeurs qui découlent des ulcères des arbres, qu'ils semblent produire, ou du moins dont ils paroissent prolonger la durée et les ravages. Quelques espèces semblent préférer les corolles épaisses de certaines fleurs très-succulentes au moment où elles se fanent.

Les scaphidies ont le corps ové, c'est-à-dire, à peu près aussi épais que large, et ressemblent en cela aux birrhes; mais leur abdomen se prolonge en arrière en une sorte de pointe, comme dans les boucliers et les nécrophores. On ne les trouve guère que dans les bolets et les autres champignons, avec les mycétobies.

Les nitidules ressemblent à de petits silphes : leur corps est aplati, alongé; leur ventre est recouvert par les élytres; la forme des antennes est seulement différente. Elles ont à peu près les mêmes mœurs que les scaphidies et quelques dermestes.

Les silphes, les boucliers et les nécrophores se nourrissent, pour la plupart, des chairs des animaux à vertèbres; ils ne diffèrent entre eux que par la disposition des élytres et par la forme des antennes, plus ou moins globuleuses. Les seconds recherchent les cadavres les plus infects, même ceux des animaux noyés depuis long-temps et rejetés sur les rivages. Les derniers préfèrent ceux des petits animaux, comme ceux des souris, des musaraignes, des taupes, des grenouilles, des lézards. Ils se réunissent pour enterrer ces cadavres : ils leur creusent une sorte de fosse; et, avant de les recouvrir de terre, ils leur confient des œufs qui se développent ainsi sous terre.

Les élophores et les parnes se trouvent le plus souvent sur les plantes aquatiques qui se pourrissent. Ils diffèrent principalement par la forme du corps et des antennes. On ne connoit pas bien leurs mœurs.

Les hydrophiles ont toutes les pattes propres à nager. Leurs mœurs et leur conformation, qui offrent beaucoup d'intérêt, sont exposés avec détails, à leur article, dans ce Dictionnaire.

Les dermestes, qui ont reçu leur nom du choix qu'ils paroissent faire principalement pour leur nourriture de la peau des animaux, sont faciles à distinguer par la forme de leur corps, de leurs pattes, et par celle de leurs antennes, qui sont plus longues que leur tête.

On ne connoît pas encore les mœurs des birrhes, dont plusieurs espèces cependant ne se rencontrent que dans les plaies humides qu'on observe sur les écorces ou le tronc des arbres, d'où la séve altérée s'écoule ou se dessèche et prend une consistance spongieuse.

Le tableau suivant, extrait de la Zoologie analytique, indique les caractères essentiels de chacun de ces genres.

TABLEAU DE LA 6.me FAMILLE. — CLAVICORNES OU HÉLOCÈRES.

Coléoptères pentamérés, à élytres dures, couvrant la plus grande partie du ventre ; à antennes en masse perfoliée, ronde ou alongée.

Corps				N.°	Genre
hémisphérique : jambes antérieures dentelées, aplaties				1.	SPHÉRIDIE.
ové, à extrémités	pointues			2.	SCAPHIDIE.
	arrondies, obtuses			11.	BIRRHE.
aplati : élytres	plus courtes que le ventre : antennes à masse	globuleuse		6.	NÉCROPHORE.
		alongée		5.	BOUCLIER.
	longues, à bords	non relevés : corselet chiffonné		7.	ELOPHORE.
		relevés : antennes en masse	globuleuse	4.	SILPHE.
			alongée	3.	NITIDULE.
ovale : tarses	propres à nager, plats, ciliés			9.	HYDROPHILE.
	ambulatoires : antennes	plus courtes que la tête		8.	PARNE.
		plus longues que la tête		10.	DERMESTE.

(C. D.)

HÉLODE, *Helodes*. (*Entom.*) M. Paykull, dans sa Faune de Suède, et par suite Fabricius, ont employé ce nom pour indiquer un genre d'insectes coléoptères tétramérés phytophages, voisin des criocères, dont ils diffèrent : d'abord, parce que leurs antennes ne sont pas aussi longues que la tête, ni en fil, c'est-à-dire, de même grosseur de la base à l'extrémité libre; mais, au contraire, qu'elles vont en grossissant insensiblement : ensuite, parce que le corselet, au lieu d'être arrondi et plus étroit que les élytres, est au contraire aplati et beaucoup plus large que la tête.

Fabricius a adopté ce genre; et, pour éviter l'homonymie avec les élodes de la famille des apalytres, il a nommé ces derniers *cyphons*. M. Latreille, en adoptant le genre de MM. Paykull et Fabricius, lui a donné le nom de *prasocure*.

Voici comment peut être exprimé le caractère du genre Hélode : Coléoptères tétramérés, à antennes à peu près filiformes, grenues, non portées sur un bec, plus courtes que le corselet; à corselet plat, plus large que la tête.

M. Fabricius n'a rapporté que cinq espèces à ce genre, et trois se trouvent en France.

1.° Hélode du phellandrium, *Helodes phellandrii*. C'est la chrysomèle à bandes jaunes de Geoffroy, tom. 1, pag. 266, n.° 4.

Il est noir, avec les bords du corselet et deux lignes sur chaque élytre jaunes.

On trouve cet insecte sur les feuilles et dans les tiges du phellandrium : il est très-commun sur cette plante. Il vit en société comme la plupart des criocères.

2.° Hélode violet, *Helodes violacea*. Geoffroy l'a décrit, tom. 1, pag. 254, n.° 6, sous le nom de galéruque violette.

Cet insecte est en effet d'un violet foncé, surtout en dessous; ses élytres ont des stries de points; le corselet est également marqué de pointes enfoncées.

3.° Hélode champêtre, *Helodes campestris*. Linnæus l'a décrit comme une chrysomèle.

Il est d'un noir bleuâtre; le corselet est encadré de roux; les élytres sont bordées de jaune, et trois points de cette couleur s'y unissent.

Les deux autres espèces du genre Hélode, décrites par Fabricius, sont du cap de Bonne-Espérance. (C. D.)

HELONIAS (*Bot.*), un des noms anciens de la jacinthe, cité par Gesner et Ruellius. (J.)

HELONIAS. (*Bot.*) Genre de plantes monocotylédones, à fleurs incomplètes, polypétalées, de la famille des *colchicacées*, de l'*hexandrie trigynie* de Linnæus, offrant pour caractère essentiel : Une corolle à six divisions très-profondes; point de calice; six étamines souvent plus longues que la corolle; un ovaire supérieur, trigone, chargé de trois styles courts, réfléchis; les stigmates obtus. Le fruit est une capsule à trois loges polyspermes.

Helonias a fleurs roses : *Helonias bullata*, Linn., *Amœn. acad.*, pag. 12, tab. 1, fig. 1; Lamk., *Ill. gen.*, tab. 268; Miller, *Icon.*, 181, tab. 272; *Abalon*, Adans., Fam. des Pl.; *Helonias latifolia*, Mich., *Amer.* Cette plante a une racine fibreuse et charnue, de laquelle sortent des feuilles toutes radicales, lancéolées, aiguës, nerveuses, striées, étalées en rosette : la tige est simple, droite, cylindrique, haute d'un pied, garnie de quelques écailles éparses, distantes, lancéolées, aiguës; les fleurs d'un rose pourpre, disposées en une grappe courte, ovale, terminale; les pédicelles de la longueur des corolles; les anthères bleuâtres.

Cette plante croît aux lieux un peu sablonneux et marécageux, dans la Pensylvanie. On la cultive au Jardin du Roi. Il faut la placer dans une terre de bruyère et à l'exposition du nord, avec des arrosemens fréquens en été. On la multiplie de graines semées au printemps, dans des pots, sur couche et sous châssis, ou d'œilletons que produisent quelquefois ses racines. Il faut sortir des pots et placer en pleine terre les jeunes plantes dès qu'elles peuvent supporter la transplantation.

Helonias a feuilles étroites : *Helonias asphodeloides*, Linn., *Bot. Magaz.*, tab. 748; *Xerophyllum*, Mich., *Amer.* Cette plante a l'aspect d'une asphodèle : ses tiges sont très-simples, striées, hautes de deux pieds, garnies de feuilles éparses, glabres, linéaires, presque sétacées, un peu rudes sur leurs bords, relevées en carène; les fleurs blanches, petites et nombreuses, ramassées en épi terminal; la corolle ouverte en roue; les filamens un peu connivens à leur base; une capsule presque globuleuse, s'ouvrant par trois fentes à son sommet, à trois loges; deux semences dans chaque loge. Cette plante croît dans la Pensylvanie.

Helonias naine : *Helonias minuta*, Linn., *Mant.*, 225; *an Hypoxis minuta?* Linn. fils, *Suppl.*, 197. Petite plante du cap de Bonne-Espérance, dont la bulbe est conique, assez grosse, garnie, au sommet, d'écailles linéaires, conniventes, d'où sortent des feuilles linéaires, un peu charnues; les hampes plus courtes que les feuilles, écailleuses à leur base, munies de quelques rameaux, qui sont des pédoncules uniflores; les fleurs sont blanches; la corolle ouverte; les étamines plus courtes que les pétales; l'ovaire oblong, chargé de trois styles membraneux.

Helonias verdâtre: *Helonias virescens*, Kunth, *in* Humb. *et* Bonpl. *Nov. Gen.*, pag. 267. Cette plante est munie d'une bulbe ovale et de fibres fasciculées à la base : il s'en élève une tige droite, simple, longue de six à sept pouces : les feuilles, toutes radicales, planes, glabres, rétrécies aux deux extrémités, longues de six à huit pouces, munies, à leur base, d'une gaîne brune, longue d'un pouce et demi : les fleurs disposées en une grappe terminale, longue de deux pouces; la corolle blanche, campanulée; les pétales oblongs; les bractées ovales-lancéolées, aiguës; les pédicelles longs de trois ou quatre lignes; les filamens subulés; l'ovaire trigone. Cette plante croît aux lieux pierreux, dans la Nouvelle-Espagne.

Plusieurs autres espèces d'*helonias* sont citées par divers auteurs; l'*helonias angustifolia*, Mich., *Plant. Amer.*, dont les feuilles sont graminiformes; les tiges hautes d'un pied et demi; les fleurs blanches, disposées en une grappe terminale. Elle croît aux lieux humides, dans la Caroline. (Poir.)

HÉLONOMES, *Helonomi.* (*Ornith.*) Cette famille, de l'ordre des échassiers, tribu des tétradactyles, dans le Système de M. Vieillot, est composée d'oiseaux qui ont le bec droit ou arqué, presque rond, un peu grêle, dilaté ou arrondi à la pointe, et dont le pouce, articulé plus haut que les doigts antérieurs, est élevé de terre ou n'y pose que sur le bout; elle renferme les genres *Vanneau*, *Tournepierre*, *Tringa*, *Chevalier*, *Chorlite*, *Bécasse*, *Bécassine*, *Barge*, *Caurale*, *Courlis.* (Ch. D.)

HÉLOPE, *Helops.* (*Entom.*) Nom d'un genre d'insectes coléoptères hétéromérés, à élytres dures, larges; à antennes filiformes; à corselet presque carré, échancré en devant.

Les hélopes appartiennent par conséquent à la famille des ornéphiles ou sylvicoles. Ils paroissent lier ce groupe à celui des ténébrions, avec lesquels on les voit en effet rangés, quoique leurs antennes ne soient pas en masse.

Ce nom d'hélope est tiré du grec ελοψ; c'étoit celui d'un poisson que quelques auteurs croient être le nom de l'esturgeon, d'autres d'une sorte de brochet. C'est un de ces noms pris au hasard par Fabricius, comme celui d'un animal inconnu.

Nous avons fait figurer sous le n.° 1, dans les planches de l'Atlas de ce Dictionnaire, parmi les coléoptères ornéphiles, l'une des espèces de ce genre.

On trouve les hélopes sous les écorces des arbres ou dans les fentes qui y sont produites par la grande chaleur, et où découle la séve. Il paroît que leurs larves vivent aussi dans le bois qui se pourrit; elles ressemblent un peu aux larves du ténébrion de la farine. Les rossignols et les fauvettes paroissent les rechercher beaucoup : aussi les oiseleurs les recueillent-ils pour en faire des appâts.

Les principales espèces du pays sont les suivantes :

1.° Hélope bleu, *Helops cæruleus.* Figuré dans l'Atlas de ce Dictionnaire.

Il est de couleur bleue, un peu cuivreuse : le corselet est légèrement arrondi sur les bords; les élytres sont striées.

Nous l'avons trouvé dans la forêt de Fontainebleau.

2.° Hélope pied-laineux, *Helops lanipes.* C'est l'espèce la plus commune. Geoffroy l'a décrite, tom. 1, pag. 349, n.° 5, sous le nom de *ténébrion bronzé.*

Il est noir en dessous ou brunâtre, bronzé en dessus : ses élytres, striées, se prolongent un peu en pointe; les pattes sont velues.

Il se trouve souvent sous les écorces des hêtres. Il paroît qu'il n'est agile que le soir. Pendant le jour il paroît engourdi et comme en léthargie.

3.° Hélope noir, *Helops ater.* Il est tout noir.

La plupart des autres espèces sont étrangères. (C. D.)

HÉLOPIENS, *Helopii.* (*Entom.*) M. Latreille avoit d'abord indiqué, sous ce nom de famille, la plupart de nos coléoptères ornéphiles; depuis, il les a appelés sténélytres. Ce ne sont cependant pas nos sténoptères. (C. D.)

HELOPODIUM. (*Bot.*) Acharius, dans son Prodrome de la Lichénographie de Suède, avoit cru nécessaire d'établir ce genre jusques-là confondu avec le *cladonia*, par Hoffmann et par Schrader, et avec le *boemyces*, par Persoon. Il lui avoit assigné une place entre les *scyphophorus* et les *cladonia*, et il l'avoit cru assez distingué de ces genres par ses conceptacles fongiformes, terminaux, supportés par des tiges à peine divisées, creuses, un peu solides, et sensiblement dilatées vers les extrémités. Il avoit même jugé cette dernière circonstance assez essentielle pour mériter d'être exprimée par le nom générique *helopodium*, qui signifie en grec *pied en forme de clou*. Peu satisfait ensuite de cette définition, et même ne sentant plus la nécessité de conserver ce genre, Acharius, dans son *Methodus*, le réunit, ainsi que le *cladonia*, à celui-ci qu'il désigne par *Boemyces;* enfin, encore mécontent de ces rapprochemens, il réunit définitivement l'*helopodium* avec son genre *Cœnomyce*, qui n'est autre que le *cladonia* qui, par cette nouvelle séparation, se trouve avoir perdu son nom nonobstant son droit d'ancienneté, et l'avantage qu'il y avoit à le conserver. Le *Synopsis* d'Acharius ne présente plus d'autres changemens.

Quelques botanistes ont adopté le genre *Helopodium*, par exemple, MM. Decandolle, Michaux, etc. Nous apprenons que M. Léon Dufour se propose de publier bientôt la monographie de ce genre qui, au reste, ne contient que neuf espèces, et est l'intermédiaire entre les *cladonia* et les *boemyces*. Il a aussi beaucoup d'affinité avec les *scyphophorus*.

L'Helopodium délicat : *Helopodium delicatum*, Dec., Fl. Fr., n.° 918; *Cœnomyce delicata*, Ach., *Lich. univ.*, p. 569; *Lichen parasiticus*, Hoffm., *Enum. Lich.*, t. 8, f. 5. C'est l'espèce la plus commune : on la trouve sur le bois pourri qu'elle recouvre. Ctte plante est d'un vert blanchâtre, composée de petites feuilles ou écailles radicales imbriquées, crénelées ou déchiquetées. Du milieu de ces feuilles s'élèvent des pédicelles creux, ouverts au sommet, garnis de quelques folioles avortées, semblables à des grains partagés au sommet en un petit nombre de branches courtes qui portent des conceptacles ou tubercules globuleux, charnus, nombreux, rapprochés et groupés; d'abord bruns ou fauves, puis noirs. Cette petite plante n'a guère plus de six lignes de hauteur.

L'Helopodium rongé : *Cœnomyce cariosa*, Ach., *Nov. Act. Acad. Sc. Stockh.*, 5, t. 4, fig. 4; *Lich. univ.*, p. 567, tab. 11, fig. 5. C'est une seconde espèce qu'on trouve en France et dans le nord de l'Europe, dans les champs stériles. Les folioles de sa base sont lobées, très-petites et imbriquées; les pédicelles paroissent rongés et comme grillagés; ils sont rudes et se divisent au sommet presque en forme de doigts; les rameaux sont rapprochés en bouquet; les conceptacles également rapprochés sont d'un noir pourpré. Du reste, la plante est d'un vert pâle en dessus et blanchâtre en dessous. Elle est de la même grandeur que la précédente.

Les autres espèces, à trois près, dont deux sont de l'Amérique septentrionale, et une qui se trouve au cap de Bonne-Espérance, croissent en Europe, sur la terre, ou sur le bois pourri. (Lem.)

HELOPS. (*Ichthyol.*) Voyez Elops. (H. C.)

HÉLORE, *Helorus.* (*Entom.*) M. Latreille a désigné sous ce nom un petit hyménoptère, voisin des diplolèpes, dont il a fait un genre : c'est l'espèce de petit sphex que Panzer a décrite et figurée sous le nom d'*anomalipes*. M. Jurine l'a figuré sous le nom d'*helorus ater*, pl. 14 du Supplément de son Histoire des Hyménoptères. (C. D.)

HELORIUS. (*Ornith.*) Gesner écrit, pag. 327, avec une *h* ce nom d'un oiseau de rivage, qui paroît être le même que l'*elorios*, qu'on a déjà indiqué comme se rapportant au courlis. (Ch. D.)

HELOTIUM. (*Bot.*) Champignons stipités, à chapeau charnu, membraneux, bombé ou hémisphérique, quelquefois plan, et à bord replié en dedans, lisse sur ses deux surfaces, et portant des séminules disposées comme celles des pezizes, et situées en dessus, selon Persoon. Tode, en établissant ce genre, place la fructification à la surface inférieure. Ces champignons, semblables souvent à de petites épingles, sont fort petits, blancs, roses ou jaunes, et croissent en petites touffes, ou sont ramassés par tas sur les troncs d'arbres ou sur les rameaux morts et en putréfaction. Plusieurs espèces ont été placées dans le genre *Helvelle*, et d'autres dans celui des *leotia*, et même une espèce (*helotium galeatum*, Pers.) a été prise pour un *clavaria* par Holmskiold, et pour un *acrospermum* par

Tode et Persoon ; Gmelin (*Syst. veget.*) place ce genre entre le *xylostroma* et le *clavaria*. Persoon, *Synops.*, le loge entre les genres *Ascobolus* et *Stilbum*; Decandolle, immédiatement avant le *peziza*, genre avec lequel l'*helotium* a beaucoup d'affinité, suivant Fries; Nées d'abord entre les genres *Helvella* et *Leotia*, puis entre les genres *typhula* de Fries, et *Geoglossum*, qui ne sont que des démembremens du genre *Clavaria*. Ces diverses variations prouvent l'incertitude des botanistes sur la vraie place qu'on doit assigner à ce genre.

Le nombre des espèces est peu considérable; Gmelin en décrit six, mais la plupart ont été rejetées par M. Persoon, qui même regarde comme douteuses celles dont Tode s'est servi pour établir le genre. Ce genre ainsi réformé contient encore une douzaine d'espèces, parmi lesquelles nous signalerons les suivantes.

§. I.er *Espèces persistantes; fructification sur la surface supérieure.*

Helotium agaricoïde : *Helotium*, Pers.; *Helotium agariciformis*, Decand., Fl. Fr., n.° 189; *Helvella acicularis*, Bull., *Champ.*, t. 473, fig. 1; *Helvella agariciformis*, Bolt., *Fung.*, tab. 98, fig. 1; *Helotium agaricoides*, Gmel., *Syst.*, p. 1442. Blanc; stipe de la grandeur d'une petite épingle, plein; chapeau mince, bombé, uni des deux côtés, régulièrement arrondi. Cette espèce croît sur le bois pourri.

Helotium aciculaire : *Helotium acicularis*, Pers., *Syn.*, p. 677; Fries, *Obs. Mycol.*, 1818, p. 310; Bolt., *Exclus. Syn.*; *Leotia acicularis*, Pers., *Obs. Mycol.*, 2, tab. 5, fig. 1; *Helvella agariciformis*, Sowerby, *Fung.*, tab. 57. D'un blanc cendré; chapeau d'abord concave, puis convexe; stipe alongé, grêle. Cette espèce se rapproche beaucoup de la précédente : elle est également très-petite. On la trouve sur les troncs de chênes pourris. Fries en décrit une variété à chapeau hémisphérique rose, à stipe encore plus alongé, blanc et velu à la base; c'est probablement une espèce distincte. On en peut dire autant d'une autre variété décrite par Albertini et Schweinitz, c'est-à-dire, de leur *helotium acicularis abietinum*. Schumacher en a même fait une espèce distincte qu'il nomme *helotium elongatum*.

L'helotium aciculaire est considéré par les botanistes comme le vrai type du genre.

Helotium subtil : *Helotium subtile*, Fries, *Observ. Mycol.*, 1818, p. 311; *Helotium album*, Schum., Sœll. Fort petit, blanchâtre; chapeau d'abord plan, puis convexe; stipe extrêmement court. Cette plante forme de petites touffes sur les feuilles mortes des sapins. Elle n'a pas plus d'une ligne et demie de hauteur : elle a des rapports avec le *peziza chionea*, qui en diffère par son stipe beaucoup plus épais, et sa capsule toujours concave.

Helotium radiqué : *Helotium radicatum*, Alb. et Schw., *Consp.*, tab. 8, fig. 6; Nées, Trait., tab. 18, fig, 161. Blanchâtre; stipe floconneux, muni d'une racine; chapeau aplani, légèrement bordé. On trouve cette espèce sur les troncs des pins.

Helotium doré : *Helotium aureum*, Pers., *Syn.*; Decand., Fl. Fr., n.° 190; Bolt., *Fung.*, 3, t. 98, fig. 2? D'un jaune doré; stipe grêle, cylindrique, blanchâtre et cotonneux à sa base; chapeau arrondi, orbiculaire, ou en forme de lentille. Cette espèce ne s'élève pas à une demi-ligne de hauteur; elle croît sur les écorces des vieux troncs de sapins.

Helotium des fumiers : *Helotium fimetarium*, Pers., *Syn.*; Decand., Fl. Fr., n.° 190; *Leotia fimetaria*, Pers., *Obs. Myc.*, tabl. 3, fig. 4 et 5. D'un rouge vif; stipe grêle, cylindrique; chapeau un peu plan et un peu anguleux. Il varie de forme selon l'âge, d'abord presque conique, puis en forme de tête. Sa hauteur égale à peine une ligne. Il croît en automne sur les bouses de vaches desséchées, et est peu commun.

§. II. *Espèces fugaces dont la fructification est située à la surface inférieure du chapeau.* (*Helotium*, Tode.)

Helotium glabre; *Helotium glabrum*, Tode, *Fung.*, 1, p. 22, tab. 4, fig. 35. Très-fugace; blanchâtre, entièrement glabre. Se trouve sur les branches tombées et sur les tiges des herbes en décomposition. Il est tellement délicat qu'on le disperse en soufflant un peu fort dessus.

Helotium velu; *Helotium hirsutum*, Tode, l. c., fig. 36. Fugace; d'un blanc de neige; velu. Il croît en petits bouquets sur les branches mortes.

Ces deux divisions pourroient fort bien constituer deux genres; alors il faudroit laisser le nom d'*helotium* à celui qui seroit formé par la deuxième, comme étant le plus ancien. (LEM.)

HELSING. (*Ornith.*) L'oiseau auquel on donne en Islande ce nom, ou ceux d'*helsinger* et *helsingen*, est la bernache ou le cravant, *anas brenta* ou *bernicla*, Linn. (CH. D.)

HELT. (*Ichthyol.*) En Danemarck, on appelle ainsi le lavaret. Voyez CORÉGONE. (H. C.)

HELUNDO. (*Ornith.*) Ce nom, en ancien latin, correspondoit à *hirundo*, hirondelle. (CH. D.)

HELVELA et ELVELA. (*Bot.*) Ce champignon, cité par Cicéron, dans sa lettre à Gallus, est le même que le *boletus* de Pline et notre oronge franche que les anciens comme les modernes ont placée au premier rang des champignons comestibles, et qu'ils regardoient comme un mets délicieux. Ce champignon est étranger au genre *Helvella* des botanistes. Voyez AMANITE et ORONGE. (LEM.)

HELVELLA et ELVELA. (*Bot.-Crypt.*) Vulg. HELVELLE, MONACELLE. Linnæus, en établissant ce genre de la famille des champignons, le définissoit ainsi : *Champignons en forme de toupie et à surface unie.* Par la suite il ajouta : *A surface unie en dessous et en dessus.* Il n'y plaça d'abord qu'une seule plante, c'est l'*helvella mitra*, puis une autre espèce, son *helvella pineti*, qui paroit être une espèce de *thelephora*. Gleditsch, Bolton, Batsch, Schæffer, Scopoli, Bulliard, Sowerby, Bergeret, etc., ont successivement enrichi ce genre de beaucoup d'espèces, et on peut très-bien les porter à quarante-cinq. Les caractères assignés par Linnæus ne pouvoient point convenir à cette réunion, et demandoient à être modifiés. M. Persoon opéra les changemens les plus notables; vingt espèces environ furent rejetées par lui dans les genres *Merulius*, *Thelephora*, *Helotium*, *Peziza*, *Morchella* et *Spathularia.* Son *leotia* comprit une dizaine d'autres espèces, et il ne resta aussi dans le genre *Helvella* que dix espèces, celles dont le *chapeau est membraneux*, *enflé*, *un peu irrégulier*, *et plissé des deux côtés.* M. Decandolle ne pense pas qu'on doive séparer les *leotia* des *helvella.* Fries et Nées sont non seulement d'un avis contraire; mais encore ils subdivisent ces genres : le premier en trois,

Mitrula, Leotia et *Wersra*, et le second en deux, *Rhizina* et *Helvella*. Sans avoir égard à ces changemens, nous ne considérerons ici que le genre *helvella* de Fries, qui est le même que celui de Linck, de Nées, etc.

Les *helvella* sont des champignons charnus, transparens ou translucides comme de la cire; elles varient dans leurs couleurs: il y en a de grises, d'orangées, de fauves, de noirâtres, etc.; leur consistance est plutôt fragile que mollasse. Toutes sont formées d'un stipe ou pied, qui porte un chapeau irrégulier, voûté en dessus, à plusieurs lobes, plissé ou sinueux: ses deux surfaces sont parfaitement unies, et n'offrent point de veines comme dans les *merulius*, et le chapeau des *helvella* ne se retourne pas pendant la végétation, ce qui les distingue des *thelephora;* les séminules sont situées seulement à la surface inférieure.

Les *helvella* ont des liaisons avec les *peziza*, et même Adanson avoit réuni ces deux genres, qui, cependant, nous paroissent bien différens; c'est près du genre *Peziza* que Persoon place l'*helvella*. Nées, au contraire, porte le *peziza* dans une autre section, et loin de l'*helvella*. M. Decandolle met ce dernier genre immédiatement après les *tremella*, et avant les *clavaria*. Ces incertitudes prouvent que l'*helvella* a des rapports avec les genres que nous venons de citer. Il est le type de la section des *helvella* de Persoon.

Les espèces de ce genre sont peu nombreuses; on en peut compter une douzaine: elles vivent à terre, sur les mousses, sur les arbres morts. Elles forment de petites touffes; quelquefois aussi les individus sont solitaires: voici l'indication de quelques unes de ces espèces les plus remarquables.

§. I.er *Stipe sillonné ou marqué de côtes.*

Helvelle mitre: *Helvella Mitra*, Linn.; Bull., *Champ.*, t. 190 et 466; Decand., Fl. Fr., n.° 243; Morille en mitre, Paulet, Trait. Champ., 2, p. 411, tab. 189, fig. 5; Nées, Trait., fig. 163; *Helvella lacunosa*, Holmsk., *Ot.*, 2, t. 24: Fries, *Obs. Mycol.*, 1818, p. 305. Stipe lacuneux, sillonné, haut d'un à trois pouces; chapeau d'un à deux pouces, ayant deux ou trois lobes réfléchis, ou divisé en une infinité de petits lobes verticaux; bord du chapeau adhérent quelquefois au stipe. Cette espèce est transparente et fragile comme de la cire : il y en a trois variétés pour la couleur. La première est d'un gris blanchâtre, ou de couleur de paille; c'est l'*helvella pallida*, Schæff., *Champ. Bav.*, t. 282 : et la *morille lichen* ou *morille de moine*, de couleur pâle, de Paulet. La seconde variété est fauve ou roussâtre, c'est l'*helvella spadicea*, Schæff., tab. 283. La troisième est brune, plus ou moins foncée, quelquefois presque noire; c'est l'*helvella nigricans*, Schæff., tab. 154, et également une variété de la *morille lichen* de Paulet.

Elle se trouve partout en Europe. Elle croît çà et là, et en touffes, sur la terre, dans les bois; elle lance ses séminules par jets instantanés. Elle est agréable à manger, et de très-bonne qualité. Sa chair a le goût de celle de la morille ordinaire; son chapeau a le plus souvent deux lobes plus élevés que les autres, ce qui l'a fait comparer à une mitre d'évêque.

Persoon ramène à cette espèce, qui est le type de ce genre, et avec laquelle on a confondu beaucoup d'autres champignons qui portent le même nom, l'*helvella monacella* de Schæffer, tab. 162 : Mich., *Gen.*, tab. 86, fig. 8, qui est de moitié plus petite, à stipe plus égal, dont la couleur du chapeau est plus noire, et qui croît sur les troncs d'arbres.

J.-B. Porta est le premier qui nous ait fait connoître les champignons, qui, de son temps (1584), étoient connus à Naples sous la dénomination de *monachella* ou *monacella*, qui signifie *petite religieuse*. On ne se faisoit pas de scrupule de les manger : on leur préféroit cependant les morilles proprement dites, ou *spongiole*.

Helvella blanchatre : *Helvella leucophæa*, Pers., *Syn.*; *Helvella mitra*, Sowerby, *Fung.*, tab. 39; *Phallus crispus*, Scop. Stipe lacuneux, marqué de grosses stries ou saillies en forme de côtes, ventru ou renflé à la base; chapeau non adhérent au stipe, à plusieurs lobes découpés et onduleux, et comme frisé. Cette espèce a le chapeau d'un blanc jaunâtre en dessus, et d'un gris noirâtre en dessous; son stipe est blanchâtre et celluleux à l'intérieur. Toute la plante noircit avec l'âge. Elle croît sur le sol, dans les bois, et est souvent souillée de terre ou rongée par les vers; elle se trouve principalement en Angleterre et en Allemagne; et se rencontre également dans la haute Italie, si le *phallus crispus* de Scopoli est la même plante, comme le pense M. Persoon. Ce *phallus crispus* est le *fungoides*, Mich., *Gen.*, t. 86, f. 7, que quelques botanistes disent être la même espèce que l'*helvella mitra*.

§. II. *Stipe à surface unie.*

Helvella élastique : *Helvella elastica*, Bull., *Champ.*, tab. 242; *Helvella albida*, Pers., *Syn.*, 616; *Helvella lævis*, Bergeret, *Phytonomatotechnie*, 1, tab. 149. Stipe grêle, cylindrique, fistuleux, alongé; chapeau mince, lisse, un peu en forme de mitre, à deux ou trois lobes verticaux, plus ou moins contournés. Cette espèce croît sur la terre, principalement dans les bois plantés de hêtres. Elle est d'un blanc jaunâtre, quelquefois brunâtre (*Elv. fuliginosa*, Schæff., t. 320). Selon M. Persoon, elle devient roussâtre en se desséchant. Son chapeau a un pouce de diamètre au plus; ses bords adhèrent quelquefois au stipe. Le stipe, coupé dans sa longueur, donne deux moitiés qui se replient en leurs bords comme si elles étoient de gomme-élastique, et prennent chacune la forme cylindrique.

Helvella comestible : *Helvella esculenta*, Pers., *Syn.*; *Elvella mitra*, Schæff., *Fung. Bav.*, t. 160. Stipe raccourci, blanchâtre; chapeau arrondi, de couleur châtaine, ou presque noire, marqué de rides ou de plis contournés, formant des espèces de cellules naissantes, oblongues, transversales ou un peu en spirale. Ce champignon printanier croît au Hartz et en Bavière, dans les mêmes endroits que les morilles, et on le recueille pêle-mêle pour les manger. Il fait le passage aux morilles. Ses séminules sont lancées par des jets instantanés.

Helvella amère; *Helvella amara*, Loureiro, *Cochinch.*, p. 695. Stipe blanc, médiocre; chapeau presque orbiculaire, uni, renflé au milieu, blanc en dessus, d'un jaune brun en dessous. Ce champignon que nous croyons ne devoir point appartenir au genre *Helvella*, a été observé en Cochinchine par Loureiro. Il croît sur les arbres, et principalement sur le *melaleuca leucodendron*. Les naturels lui donnent le nom de *nam tram*, et s'en servent comme d'un aliment très-sain. Ils lui enlèvent son amertume par la cuisson. Loureiro indique deux autres espèces de ce genre en Cochinchine; l'une est donnée pour l'*helvella mitra*, et n'est certainement pas cette espèce, ni aucune de celles nommées ainsi par les autres botanistes : il est probable que c'est une espèce nouvelle. La seconde seroit, selon Loureiro, l'*helvella pineti;* mais cela n'est pas : ces deux plantes même sont sans doute des *thelephora.* Voyez LEOTIA et MERULIUS. (LEM.)

HELVERLING (*Ichthyol.*), un des noms allemands du corègone de Wartmann, pendant sa première année. Voyez CORÉGONE. (H. C.)

HELVIN. (*Min.*) Le minéral, nommé helvin par Werner, se présente en petits cristaux disséminés, dont la forme la plus commune est celle d'un octaèdre irrégulier; sa couleur est le jaune brunâtre, tirant sur le jaune serin, et même sur le blanc jaunâtre; il est à peine transparent, et quelquefois opaque. La surface est lisse et fort éclatante; il est fragile, et ne se trouve pas assez dur pour rayer le verre. Sa cassure n'offre aucun indice de lames; elle est inégale, raboteuse et peu éclatante. M. Cordier, à qui nous devons une bonne description de ce minéral, suppose, par approximation, que sa pesanteur spécifique est d'environ 3,0. L'helvin fond au chalumeau avec facilité en bouillonnant légèrement, et donne un émail brun noirâtre. Sa poussière n'éprouve aucun changement dans les acides nitriques, sulfuriques et muriatiques froids.

M. Cordier, en étudiant attentivement les petits cristaux d'helvin, s'est aperçu qu'ils appartiennent, dit-il, à un rhomboïde aigu, tronqué aux deux sommets par une facette perpendiculaire à l'axe qui, en prenant plus ou moins d'extension, fait passer ces cristaux de la forme d'un octaèdre irrégulier ou leur conserve l'aspect rhomboïdal.

Des observations plus nouvelles encore assignent à l'helvin le tétraèdre régulier, qui avoit été remarqué aussi par M. Cordier comme servant de noyau ou de forme primitive à cette espèce minérale.

Les caractères géométriques unis aux propriétés physiques que nous venons d'énoncer d'après M. Cordier (1), prouvent que l'helvin n'a d'analogie réelle avec aucun minéral déjà connu, et que les seules substances qui en rappellent l'aspect sont quelques variétés du schéelin calcaire, du corindon et du tétane siliceo-calcaire, et seulement quand les espèces sont opaques et jaunâtres.

---

(1) ANNALES DES MINES, tom. III, pag. 9.

L'helvin, qui paroît être une espèce minérale véritablement nouvelle, ainsi que l'avoit pensé Werner, est composé, dit-on, de manganèse et de silice (manganèse siliciaté), et a été découvert dans la mine de Swartzemberg, en Saxe; il a pour gangue une talc chlorite compacte, d'un vert noirâtre, tantôt clair et tantôt foncé, qui est mélangé de blende brune, et de chaux fluatée, incolore ou rosée. (Brard.)

HELVINGIA. (*Bot.*) Adanson nomme ainsi le *thamnia* de P. Browne, que Linnæus a réuni à son genre *Laetia.* Une nouvelle inspection est nécessaire pour déterminer si cette réunion est fondée, et si le genre de Browne ne doit pas être séparé et même porté dans une autre famille. M. Thunberg a nommé *osyris japonica* un arbrisseau très-singulier, ayant le port d'un orme, les fleurs dioïques. L'individu mâle lui a offert des fleurs en ombelle, portées sur la nervure moyenne des feuilles, comme dans le *ruscus*. Leur caractère est le même que celui des fleurs mâles de l'*osyris*. Il n'a point vu les fleurs femelles, et il présume que cette plante formera un genre différent. Willdenow, adoptant cette opinion, en a fait d'avance son genre *Helvingia*. (J.)

HELWINGIE, *Helwingia*. (*Bot.*) Genre de plantes dicotylédones, à fleurs incomplètes, dioïques, de la famille des *osyridées*, de la *dioécie triandrie* de Linnæus, offrant pour caractère essentiel: Des fleurs dioïques; les fleurs mâles, disposées en petites ombelles à la surface supérieure des feuilles: chaque fleur composée d'un calice à trois divisions très-profondes; point de corolle; trois étamines insérées sur le calice. Les fleurs femelles ne sont pas connues.

Ce genre a été établi, par Willdenow, pour une plante rapportée d'abord aux *osyris*, par Thunberg, dont les fleurs mâles offrent en effet le caractère. Les fleurs femelles n'ayant point été observées, il reste de l'incertitude sur le véritable caractère de ce genre; mais la disposition des fleurs mâles est si remarquable, si éloignée de celle de l'*osyris*, qu'il est difficile de croire qu'elle puisse appartenir au même genre.

Helwingie a feuilles de fragon: *Helwingia ruscifolia*., Willd., *Spec.*, 4, pag. 716; *Osyris japonica*, Thunb., *Pl. Jap.*, pag. 31, et *Plant. Jap.*, *fasc.* 3, tab. 21. Arbrisseau découvert par Thunberg, dans les montagnes de la Fakonie, au Japon. Il s'élève à la hauteur de cinq à six pieds sur une tige tuberculée, divisée en rameaux alternes, flexueux, glabres, cylindriques, redressés, garnis, principalement vers leur sommet, de feuilles nombreuses, alternes, pétiolées, ovales, acuminées, nerveuses, longues de sept à huit lignes, à dentelures sétacées; les pétioles courts; les fleurs dioïques : les mâles sont seules connues.

Ces fleurs naissent sur la surface supérieure des feuilles, où elles forment une petite ombelle très-simple, qui naît de la nervure mitoyenne des feuilles, composée d'environ huit fleurs sans involucre; les pédoncules propres capillaires, glabres, inégaux, longs d'environ une ligne; leur calice est glabre, profondément divisé en trois découpures ovales, concaves; point de corolle; les étamines insérées entre les divisions du calice; les filamens très-courts; les anthères arrondies, à deux lobes. Thunberg, sur le rapport des habitans du pays, dit que ses jeunes feuilles pourroient être employées comme aliment. (Poir.)

HELXINE. (*Bot.*) Ce nom, qui signifie herbe de murailles, étoit donné par Dioscoride à la pariétaire, qui, en effet, croît dans les fentes des murs, d'où lui vient son nom. Elle portoit encore, selon Ruellius, en divers lieux, ceux de *elitis*, *canocersœa*, *amelxine*, *eusine*, *amorgine*, *suco taches*, *pychuacos*, *melanipelos*, *cittampelos*, *cissamethos*, *anatetamenos*, *heraclea*, *clibodion*, *polyonymon*. Il ajoute que les Romains la nommoient *lapparon*, et les Egyptiens, *apap*. Ce dernier nom ne ressemble point à celui de *hasjisjet errith*, ou *hachychet el-rik*, herbe du vent, qui lui est donné par les Egyptiens modernes, suivant Forskal et M. Delile.

Le nom Helxine a été encore appliqué à d'autres plantes que la pariétaire. Thalius le donnoit à la circée, Cordus au liseron des haies, *convolvulus sepium*; Guilandinus, au *convolvulus cantabricus*; Dodoens au sarrazin grimpant, *polygonum convolvulus*; Linnæus, dans son *Hort. Cliff.*, avoit un genre *Helxine*, qu'il a ensuite réuni au *polygonum*, et ce nom est ainsi resté sans emploi.

L'helxine de Pline paroîtroit très-différent des précédens. Selon lui, c'est une plante rare qui ne croît pas dans tous les terrains, qui a une touffe de feuilles radicales, du milieu desquelles sort une espèce de pomme couverte d'autres feuilles, dont le sommet contient une larme d'une saveur agréable, qui est l'*acanthice mastiche*. Ces indications semblent prouver que cette plante de Pline est l'*atractylis gummifera*, plante épineuse qui offre la même disposition des feuilles, du milieu desquelles sort une tête de fleurs entourée d'écailles, en forme de calice commun; Prosper Alpin croit que c'étoit le *carduus pinea* de Théophraste; et Tournefort, qui l'a observée dans son Voyage du Levant, la nomme *cnicus acaulis... gummifer*, en ajoutant qu'elle donne en Crète une gomme (il auroit dû dire résine) que les habitans mâchent comme le mastic de Scio, pour adoucir l'haleine. (J.)

HELYCOMYCES. (*Bot.*) Ce genre de champignons, établi par Linck, est fondé sur une petite plante semblable à une moisissure rose, formée de filamens courts, brillans, articulés, contournés en hélice ou spirale, nus, presque droits et en touffe. Linck, *in Berl. Mag.*, 1, 3, p. 21, f. 35.

Par la suite, Linck a réuni ce genre à celui qu'il nomme *Sporodermium*, et présumé que sa plante pouvoit très-bien être l'*hyphasma roseum* de Rebentisch, *Fl. Meom.*, pag. 397, pl. 4, fig. 20, qui croît sur les vieilles portes des moulins, saupoudrées de farine.

Voici comme s'exprime Linck sur ce genre, *Berl. Mag.*, 1813: « Je le rapporte maintenant aux algues, car j'ai vu assez souvent les jeunes oscillatoires contournées en spirale. »

Nées persiste à conserver ce genre, et à le placer dans les champignons. Trait. Champ., tab. 3, f. 37. Il le sépare du genre *Hyphasma* de Rebentisch, et le place auprès de l'*Hormiscium* de Kunze. (Lem.)

HÉMACHATE (*Erpétol.*), nom d'une vipère de Perse et des Indes, appelée par Gmelin, *coluber hæmachates*. Voyez Vipère. (H. C.)

HÉMANTHE, *Hemanthus*. (*Bot.*) Genre de plantes monocotylédones, à fleurs incomplètes, régulières, de la famille des *narcissées*, de l'*hexandrie monogynie* de Linnæus, offrant pour caractère essentiel: Une corolle monopétale; le tube court; le limbe à six découpures égales; six étamines; un ovaire inférieur; un style; un stigmate simple. Le fruit est une baie à trois loges, à trois semences.

Ce genre renferme de très-belles espèces, presque toutes

originaires du cap de Bonne-Espérance ; les fleurs sont disposées en une ombelle terminale, munie d'un involucre composé de six folioles colorées, en forme de pétales, d'un aspect agréable ; les feuilles sont toutes radicales. Plusieurs de ces espèces sont cultivées dans les jardins de botanique : elles exigent une terre franche, mais légère, l'orangerie, et même la serre chaude dans l'hiver, une exposition en plein air en été, et dans un lieu ni trop chaud ni trop froid ; des arrosemens fréquens pendant leur végétation, très-rares quand elles ont perdu leurs feuilles. On les multiplie de caïeux qu'on sépare en automne. Comme la plupart des fleurs sont d'un beau rouge pourpre, on a donné à ce genre un nom composé de deux mots grecs qui signifient *fleurs couleur de sang*. Les espèces les plus remarquables sont :

Hémanthe écarlate : *Hœmanthus coccineus*, Linn. ; Lamk., *Ill.*, tab. 228 ; Redout., *Lil.*, tab. 29 ; Commel., *Hort.*, 2, tab. 64 ; Serr., *Cult.*, tab. 137 et 139 ; vulgairement la Tulipe du Cap. Cette plante est remarquable par le grand et bel involucre d'un rouge écarlate, qui environne les fleurs, et offre l'aspect d'une grosse tulipe, renfermant vingt à trente fleurs d'un rouge vif, disposées en ombelle. Sa racine est pourvue d'une grosse bulbe écailleuse, au moins de l'épaisseur du poing : il en sort deux feuilles larges, opposées, épaisses, en forme de langue, étalées sur la terre. Ces deux feuilles paroissent en automne, et se flétrissent au printemps. Vers le mois d'août paroît une hampe nue, haute de six pouces, parsemée de points d'un rouge pourpre, terminée par un involucre campanulé. Les divisions de la corolle sont étroites, linéaires ; les filamens plus longs ; les anthères jaunes. Cette plante est originaire du cap de Bonne-Espérance. On la cultive au Jardin du Roi.

Hémanthe ponceau : *Hœmanthus puniceus*, Linn. ; Dillen., *Elth.*, tab. 140, fig. 167 ; Schwert., *Fl.*, 1, tab. 62, fig. 3 ; Moris., §. 12, tab. 12, fig. 11 ; Rudb., *Elys.*, 2, pag. 210, fig. 3. D'une racine bulbeuse s'élève, à la hauteur de quatre à cinq pouces, une tige stérile, tachetée comme une peau de serpent, terminée par trois ou quatre feuilles lancéolées, ondulées, creusées en gouttière. A côté de cette tige naît une hampe tachetée, un peu épaisse, haute de cinq à six pouces, terminée par une grosse ombelle de fleurs, d'un rouge écarlate ; l'involucre médiocrement coloré, presque de couleur herbacée ; les folioles inégales. On la cultive au Jardin du Roi.

HÉMANTHE A OMBELLES SERRÉES ; *Hæmanthus coarctatus*, Jacq., *Hort. Schœnbr.*, 1, pag. 30, tab. 37. Ses bulbes, de forme ovale, et de la grosseur du poing, sont couvertes d'écailles épaisses et charnues : elles produisent des feuilles radicales, larges, très-lisses, en forme de langue, au nombre de trois ou quatre, presque longues d'un pied ; d'autres latérales, petites et rougeâtres ; la tige épaisse, un peu comprimée, parsemée de points rougeâtres ; l'involucre à six folioles inégales, oblongues, obtuses, un peu rougeâtres, longues d'un pouce et demi ; les fleurs nombreuses, serrées, longues d'un pouce et demi. Dans l'*hæmanthus tigrinus*, Jacq., l. c., tab. 36, les feuilles sont ciliées à leurs bords, plus grandes et plus larges, avec des grandes taches de sang ; la corolle blanchâtre à sa base, d'un rouge tendre à sa partie supérieure.

HÉMANTHE A QUATRE VALVES ; *Hæmanthus quadrivalvis*, Jacq., l. c., tab. 58. On distingue cette espèce à son involucre composé de quatre grandes folioles d'un beau rouge vif, lancéolées, un peu aiguës, plus longues que les fleurs ; le tube de la corolle court et blanchâtre ; le limbe droit, à six divisions. Les feuilles sont larges, planes, rétrécies à leur base, parsemées de taches rouges, velues vers leur sommet, à leur face supérieure, ciliées à leur contour ; les tiges un peu velues. Dans l'*hæmanthus albiflos*, Jacq., l. c., tab. 59, les folioles de l'involucre sont blanches avec des raies verdâtres, ovales, aiguës ; les fleurs blanches ; les baies luisantes, d'un rouge vif, de la grosseur d'un pois. Ces deux plantes, originaires du cap de Bonne-Espérance, sont cultivées au Jardin du Roi.

HÉMANTHE A TIGE ROUGE ; *Hæmanthus sanguineus*, Jacq., *Hort. Schœnbr.*, 4, pag. 4, tab. 407. Ses tiges sont d'un rouge de sang ; elles sortent d'entre deux feuilles très-glabres, étalées, opposées, larges, elliptiques ; l'involucre composé d'environ sept folioles rougeâtres, plus courtes que les fleurs ; les divisions de la corolle rougeâtres, marquées de blanc à leur sommet et à leur base. L'*hæmanthus heliocarpus*, Jacq., l. c., tab. 409, a deux feuilles en forme de langue, très-glabres, sans taches; la tige courte, très-comprimée; l'involucre plus long que les fleurs; les divisions du limbe de la corolle linéaires, longues d'un pouce, rouges, blanches à leur sommet; les baies globuleuses, blanchâtres, à demi transparentes, pleines d'une pulpe glutineuse; une seule semence glabre et brune.

Hémanthe a racines épaisses; *Hæmanthus crassipes*, Jacq., l. c., tab. 412. Ses racines sont grosses, épaisses, fusiformes, placées sous une bulbe de la grosseur d'une noix; les tiges comprimées, parsemées de points rouges; les deux feuilles radicales ciliées à leurs bords, couvertes en dessous de taches purpurines; l'involucre au moins de la longueur des fleurs, à cinq folioles inégales, lancéolées, aiguës, d'un rouge vif; la corolle turbinée, blanche à sa base; le limbe à six divisions, linéaires, concaves, obtuses; le stigmate aigu et bifide.

Hémanthe musqué; *Hæmanthus moschatus*, Jacq., l. c., tab. 410. Espèce remarquable par l'odeur de musc qui s'exhale de ses fleurs. Ses tiges sont très-comprimées, parsemées de taches vertes et livides, accompagnées de deux grandes feuilles radicales, longues d'un pied et demi, légèrement pubescentes, couvertes en dessous de taches disposées par zones. L'involucre est d'un rose pâle, à plusieurs folioles alongées, aiguës, plus courtes que les fleurs; le tube de la corolle court, anguleux; les divisions du limbe profondes, étroites, d'un rose pâle. Dans l'*hæmanthus amarylloides*, Jacq., l. c., tab. 408, les feuilles sont étroites, souvent purpurines à leurs bords, ne se montrant qu'après les fleurs; leur involucre à quatre folioles rougeâtres, plus courtes que l'ombelle; la corolle d'un beau rose, presque à six pétales rétrécis en onglet à leur base.

Hémanthe a feuilles en lance; *Hæmanthus lanceæfolius*, Jacq., *Hort. Schœnbr.*, 1, pag. 31, tab. 60. Ses bulbes ovales, de la grosseur d'une noix, produisent deux, quelquefois trois grandes feuilles étalées, lancéolées, rétrécies à leur base, glabres, ciliées à leurs bords: les tiges sont grêles, comprimées, à deux angles; l'involucre composé de quatre folioles purpurines, lancéolées, aiguës; les pédoncules plus longs que l'involucre, réunis en ombelle: la corolle blanche, lavée de rose en dessous; ses découpures profondes, linéaires, un peu obtuses; trois alternes, calleuses à leur sommet. On cultive cette plante au Jardin du Roi.

Hémanthe fluette; *Hæmanthus pumilio*, Jacq., *Hort. Schœn.*, 1, tab. 61. Espèce remarquable par sa petitesse. Ses tiges sont grêles, longues de deux ou trois pouces, un peu tachetées; les feuilles linéaires-lancéolées, redressées, un peu courbées en faucille, longues de quatre à cinq pouces, parsemées en dessous de quelques taches brunes; quatre ou cinq fleurs réunies en ombelle; le limbe de la corolle étalé; les pédoncules de la longueur des spathes.

Hémanthe a tige basse: *Hæmanthus humilis*, Jacq., *Hort. Schœn.*, 4, tab. 411. Cette plante parvient à peine à la hauteur de deux pouces sur une tige comprimée, accompagnée à sa base de deux feuilles droites, elliptiques, glabres, un peu aiguës, point tachetées, ciliées à leurs bords, longues de six pouces; l'involucre composé de six folioles lancéolées, inégales, de couleur de chair, presque aussi longues que les fleurs; la corolle petite, blanchâtre; ses divisions étroites, linéaires, obtuses. Le fruit est une baie blanche, ovale; elle renferme une seule semence blanche et luisante. Toutes ces plantes croissent au cap de Bonne-Espérance.

Sous le nom d'*hæmanthus dubius*, M. Kunth, dans le *Nov. Gen.* Humb. *et* Bonpl., 1, pag. 281, rapporte à ce genre une plante de l'Amérique méridionale, qui en diffère par ses capsules trigones, à trois loges polyspermes. Ses feuilles, toutes radicales, sont oblongues-lancéolées, glabres, un peu aiguës; sa tige cylindrique; les folioles de la spathe membraneuses, réfléchies, plus courtes que les fleurs: la corolle rouge, tubulée; ses divisions profondes, lancéolées, aiguës. (Poir.)

HEMARTHRIA. (*Bot.*) Genre de plantes mocotylédones, à fleurs glumacées, de la famille des *graminées*, de la *triandrie digynie* de Linnæus, offrant pour caractère essentiel: Des fleurs disposées en épi comprimé, point fragile aux articulations; les épillets biflores, sessiles; le calice bivalve; une valve intérieure soudée avec le rachis; trois étamines, deux styles.

Ce genre a été établi par M. Rob. Brown, pour une plante placée parmi les *rottbolla*, qui en diffère par ses épis comprimés, point fragiles aux articulations, par une valve intérieure du calice soudée avec le rachis.

Hemarthria comprimé: *Hemarthria compressa*, Rob. Brown,

Nov. Holl., 1, pag. 207; *Rottboellia compressa*, Linn. fils, *Sup.*, pag. 114; Roxb., *Corom.*, vol. 2, tab. 156; *Rottbolla tripsaeoides?* Lamk., *Ill. gen.*, 1, pag. 205, tab. 48, fig. 1. b. Cette plante, que l'on a découverte dans les Indes orientales, ne paroît s'élever qu'à une hauteur médiocre. Ses chaumes sont garnis, dans toute leur longueur, de feuilles planes, alternes, plus longues que les entre-nœuds, plissées ou un peu roulées à leurs bords, surtout les supérieures, aiguës à leur sommet, presque disposées sur deux rangs opposés. Les chaumes se terminent par un épi ordinairement très-simple, droit, comprimé, subulé, composé de fleurs sessiles, presque unilatérales, solitaires à chaque excavation du rachis. Leur calice n'offre extérieurement qu'une seule valve un peu aiguë; la seconde, intérieure, est soudée avec le rachis.

M. Rob. Brown rapporte à ce genre une autre espèce qu'il a découverte à la Nouvelle-Hollande, et nommée *hemarthria uncinata*. Elle se distingue de la précédente par le caractère particulier de la valve intérieure du calice, dont le sommet est libre ou détaché du rachis, acuminé et courbé en hameçon. (Poir.)

HÉMATINE (*Chim.*), *principe colorant du bois de campêche.*

Carmine, *principe colorant de la cochenille et du kermès.*

Après avoir traité de l'hématine, et établi un parallèle entre elle et le principe colorant du bois de Brésil, nous parlerons du principe colorant de la cochenille, qui, à l'époque où nous avons rédigé l'article Cochenille de ce Dictionnaire, n'avoit point été obtenu à l'état de pureté. Et, ce qui nous engage encore à traiter de ces substances, c'est que, quoique différentes, elles ont cependant plusieurs rapports dans la manière dont elles se conduisent avec les acides, les bases salifiables et les sels.

Hématine. Ce nom est dérivé du grec *αἷμα*, sang, qui est un des radicaux du mot *hæmatoxylum*, par lequel on désigne le genre auquel le bois de campêche appartient.

Composition. Elle paroît formée d'oxigène, d'azote (1), de

(1) La présence de l'azote ne me paroît pas suffisamment démontrée, dans l'hématine, par la petite quantité d'acétate d'ammoniaque que j'en ai retiré par la distillation.

carbone et d'hydrogène, unis dans des proportions qui n'ont pas encore été déterminées.

Propriétés physiques. L'hématine, qui a cristallisé lentement, est d'un blanc rosé qui a quelque chose du reflet de l'argent coloré par les vapeurs sulfureuses, ou de l'or musif pâle. Triturée avec une baguette de verre sur une glace, elle paroît d'un jaune rougeâtre par réfraction, et d'un blanc brillant par réflexion. Si on laisse tomber une goutte d'alcool sur cette poussière, la couleur est rouge de carmin par réfraction, et jaune d'or par réflexion, quand l'alcool est évaporé.

Vue à la loupe, lorsqu'elle est éclairée par un rayon de soleil, elle paroît formée de petites écailles ou de petits globules d'un gris métallique brillant.

L'hématine a très-peu de saveur; cependant, quand on la garde quelque temps dans la bouche, elle cause une légère impression d'astriction, d'amertume et d'âcreté.

Propriétés chimiques de l'hématine, dans le cas où elle n'éprouve pas d'altération.

Action de l'eau. L'hématine cristallisée est très-peu soluble dans l'eau froide.

Lorsqu'on en met $0^{gr},05$ avec 75 grammes d'eau dans une fiole de verre, et que l'on fait chauffer, on voit qu'au moment où le liquide commence à bouillir, la totalité, ou la presque totalité de l'hématine est dissoute. La liqueur en masse est d'un rouge orangé, tandis qu'en couche mince elle est d'un jaune orangé: quand on la regarde perpendiculairement, après avoir placé la fiole sur un papier blanc, elle est rouge. Cette dissolution peut être très-concentrée sans donner de cristaux; mais par le refroidissement elle se fige et semble cristalliser confusément.

Une propriété très-remarquable de la solution d'hématine, c'est qu'après avoir été tenue quelque temps à 100^{d}, elle a une couleur pourpre magnifique qu'elle perd vingt-quatre heures après s'être refroidie; alors elle est d'un jaune orangé. La liqueur décolorée, chauffée de nouveau, redevient pourpre, puis elle se décolore après le refroidissement. On peut répéter ces expériences un grand nombre de fois sur une même solution; mais il y a une époque où l'hématine est décomposée.

Ces changemens de couleur se manifestent dans des vases de platine et dans des vases de verre.

L'hématine est plus soluble dans l'alcool que dans l'eau. La solution alcoolique tire plus sur le jaune que la solution aqueuse.

L'hématine est dissoute par l'éther.

Action des acides. Une goutte d'acide sulfurique fait passer au jaune la couleur rouge orangée de l'eau saturée d'hématine. Une grande quantité d'acide la fait passer au rouge. En ajoutant de l'eau à la liqueur rouge, elle devient jaune; elle reprend sa couleur rouge si l'on y verse une quantité suffisante d'acide concentré.

L'acide hydrochlorique se comporte comme le précédent, avec cette différence, qu'au bout de quelque temps, la liqueur, rougie par un excès d'acide, tire un peu plus sur le jaune que ne le feroit la liqueur rougie par l'acide sulfurique.

L'acide nitrique agit comme les précédens; mais la couleur rouge qu'il développe finit par passer au jaune: alors l'hématine se décompose.

Les acides phosphorique et phosphoreux font passer l'hématine au rouge jaunâtre.

L'acide borique, préparé par la voie humide, et l'acide borique sublimé, qui ne change pas le sirop de violette, mis avec la solution d'hématine, la font passer au rouge sans pouvoir développer de couleur jaune, ainsi que le font les acides précédens, que l'on verse en petite quantité dans la solution d'hématine; et ce qu'il y a de bien remarquable, c'est qu'en versant un peu d'acide sulfurique foible dans l'hématine rougie par l'acide borique, la couleur passe au jaune, comme s'il n'y avoit pas d'acide borique, ou comme s'il étoit neutralisé par l'acide sulfurique, et la couleur rouge reparoît par l'addition d'une nouvelle quantité d'acide sulfurique ou borique.

La solution d'hématine, saturée de gaz acide sulfureux, est jaune; elle se conserve plusieurs mois sans que le principe colorant soit altéré.

Le gaz acide carbonique, que l'on fait passer dans une solution d'hématine, la jaunit.

Les acides acétique, citrique, oxalique et tartarique, jaunissent l'hématine; en plus grande quantité, ils la rougissent, mais très-légèrement.

L'acide benzoïque la jaunit sans jamais la rougir.

En saturant la solution d'hématine, de gaz acide hydrosulfurique, la couleur devient jaune. Si l'on conserve la liqueur dans un vaisseau fermé pendant quelques jours, la couleur s'évanouit presque entièrement. La liqueur ainsi décolorée paroît être une combinaison d'acide hydrosulfurique et d'hématine; car, 1.°, si on en fait passer dans une petite cloche renversée sur le mercure, et qu'on y introduise ensuite de la potasse, et même du potassium, l'acide est absorbé par la potasse, et l'hématine forme, avec l'alcali libre, une combinaison bleue; 2.° en chauffant un peu de la liqueur décolorée, au-dessus du mercure, dans une petite cloche, la couleur orangée disparoît quand l'acide est dégagé; et, si la température est suffisamment élevée pendant un certain temps, la solution d'hématine passe au pourpre; enfin, par le refroidissement, l'acide est réabsorbé, et la liqueur est décolorée.

Action des alcalis énergiques. Les eaux de potasse, de soude, de baryte, de strontiane, de chaux, d'ammoniaque, qui ne contiennent pas d'oxigène atmosphérique en dissolution, mêlées avec l'eau d'hématine pareillement dépouillée d'oxigène, forment, avec ce principe colorant, des combinaisons bleues qui peuvent être conservées pendant très-long-temps sans altération, lors même qu'elles sont exposées à la lumière.

Lorsque les sels des alcalis précédens agissent par leur base sur l'hématine, ils la rougissent, dans les circonstances où ces mêmes sels, avec excès d'acide, la feroient passer au jaune.

Action des bases qui sont considérées généralement comme salifiables. Les hydrates d'alumine, de glucine, d'yttria et de magnésie; l'oxide de zinc, par le feu; l'oxide de manganèse vert hydraté, le péroxide de fer hydraté, le protoxide d'antimoine, les fleurs d'antimoine, l'oxide gris de cobalt, l'hydrate de nickel, l'hydrate bleu de cuivre, l'oxide de bismuth, par le feu; le massicot, en se combinant plus ou moins lentement avec l'hématine, forment des combinaisons bleues, comme les alcalis.

Il en est de même du protoxide d'étain; et, ce qui est digne d'être remarqué, c'est que le péroxide de ce métal forme, au contraire, avec l'hématine, une combinaison rouge, à la manière des acides énergiques.

Nous avons établi ces deux actions, qui sont très-importantes pour la teinture et pour la manière dont on doit considérer la nature acide ou alcaline des composés de l'oxigène avec l'étain, sur plusieurs faits dont les plus démonstratifs sont les suivans :

1.° L'hydrochlorate, le nitrate de protoxide d'étain, mêlés avec l'infusion de campêche, donnent lieu à un précipité bleu.

2.° Si l'on chauffe de la potasse avec du péroxide d'étain, et qu'on traite la masse par l'eau, on obtient un résidu indissous, qui est probablement un surstannate de potasse, lequel se teint en rouge lorsqu'il est agité avec l'infusion de campêche.

Action des sels sur l'hématine qui se trouve dans l'infusion du bois de campêche.

Sels à base de potasse et de soude. Le sulfate de soude et de potasse n'ont pas d'action sur l'hématine; mais il faut qu'ils aient été cristallisés plusieurs fois. J'ai observé que l'hématine indiquoit un excès d'alcali dans des sulfates qui n'avoient aucune action sur le sirop de violette.

Les sulfates acides de potasse et de soude, calcinés dans des creusets de platine, donnent des résidus qui rosent non seulement l'hématine, mais qui verdissent encore le sirop de violette.

Le nitrate de potasse est sans action sur l'hématine.

Les acétates de potasse et de soude, qui sont sans action sur le sirop de violette, agissent par leur alcali, sur l'hématine, lors même qu'on les a mêlés avec un excès d'acide acétique qui est sensible au tournesol.

Action de plusieurs sels à base peu soluble ou insoluble dans l'eau.

Les sulfates de magnésie et de chaux, le nitrate de baryte, l'hydrochlorate de chaux cristallisé, les acétates de baryte, de strontiane et de chaux, agissent, par leur base, sur l'hématine.

Action de l'alun. Lorsqu'on mêle une infusion concentrée de bois de campêche avec une solution aqueuse étendue de 5 grammes d'alun à base de potasse, on obtient,

1.° *Un précipité d'un violet rougeâtre ;* 2°. *une liqueur d'un rouge foncé.*

Précipité. Traité par l'eau froide, puis par l'eau bouillante, jusqu'à ce qu'il ne cède plus à ce liquide que des atomes de matière colorante, il reste un composé bleu d'alumine, *et de matière colorante*, dont l'alumine est environ $\frac{1}{5}$ de la quantité contenue dans l'alun employé. Quant aux lavages des précipités, ils contiennent de l'alun et de la matière colorante, formée d'hématine et de beaucoup de matière brune.

On peut considérer le précipité non lavé comme une combinaison de matière colorante et d'alun avec excès de base, ou, plus simplement, comme un composé d'alumine et de matière colorante qui aura entraîné avec lui de l'alun, en exerçant sur ce sel une action analogue à celle qu'un solide exerce, en général, sur une substance dissoute, lorsqu'il la précipite par le contact.

Liqueur d'un rouge foncé. En la faisant concentrer, puis refroidir, on obtient des cristaux d'alun, colorés en rouge violet, ainsi que du sulfate de chaux (1). L'eau mère de ces cristaux, évaporée à siccité, et traitée par l'alcool, cède à celui-ci beaucoup d'hématine retenant de la matière brune; il reste un peu d'alun.

Tout l'alun, provenant de la liqueur d'un rouge foncé, étant redissous et cristallisé, donne environ quatre grammes d'octaèdres d'un beau rouge de grenat, qui présentent plusieurs phénomènes instructifs. Quoique leur couleur paroisse uniformément répandue dans toute leur masse, cependant elle n'est appliquée qu'à leur surface, car il suffit de les humecter légèrement et de les frotter entre les doigts, pour les décolorer. Si on dissout les cristaux colorés dans beaucoup d'eau, et si on évapore, il se dépose des pellicules bleues, formées d'alumine et de matière colorante. Il nous paroît que les cristaux d'alun agissent sur l'hématine répandue sur leur surface, principalement par leur acide et par une affinité foible que l'on pourroit appeler capillaire (2); tandis que, quand ils sont dissous, la matière colorante a, pour former avec l'alumine une combinaison insoluble, une tendance que l'action

(1) Ce sulfate provient de la décomposition de l'acétate de chaux contenu dans l'extrait, par l'acide sulfurique dont l'alumine s'est unie à la matière colorante, et par celui d'une portion de sulfate de potasse.

(2) Parce que l'alun exerce cette action, sans que sa forme soit altérée, et il l'exerce à la surface de ses cristaux. Nous pensons que toutes, ou

de l'acide sulfurique ne peut pas surmonter, au moins en totalité.

La production de cristaux d'alun, qui sont incolores dans l'intérieur de leur masse, au milieu d'un liquide qui contient un principe colorant doué d'affinité pour la potasse, l'alumine, l'acide sulfurique et l'eau, principes immédiats de ces cristaux, démontre bien l'influence de la force de cohésion, pour isoler certains composés les uns des autres.

Action de l'hydrochlorate de protoxide d'étain. Si l'on verse assez d'infusion de campêche dans une solution de ce sel, on peut en précipiter presque tout l'oxide. Dans ce cas, la liqueur est colorée; elle retient beaucoup d'acide hydrochlorique libre. Le précipité bleu qu'on obtient, traité par l'eau bouillante, se réduit en hydrochlorate acide qui se dissout, et en un composé bleu d'oxide pur et de matière colorante.

Action de l'acétate de plomb. L'infusion de campêche, versée dans l'acétate de plomb, y fait un précipité bleu, qui, étant épuisé par l'eau de toute matière soluble, est une combinaison d'oxide jaune de plomb et de matière colorante. La liqueur où ce précipité s'est formé, donne, à la distillation, de l'acide acétique, et laisse déposer de nouveaux flocons bleus.

Action de l'hématine sur la gélatine. On met dans un petit matras $0^{gr},05$ d'hématine et 40 gram. d'eau. On fait chauffer, jusqu'à ce que le liquide commence à bouillir. D'un autre côté, on fait dissoudre $0^{gr},5$ de colle de poisson dans 20 grammes d'eau. On prend 10 gr. de la solution d'hématine filtrée : on y fait tomber, à l'aide d'un tube effilé, 8 gouttes de solution de colle : il ne se fait pas d'abord de précipité; mais, au bout de vingt-quatre heures, il se dépose des flocons rougeâtres qui sont formés d'hématine et de gélatine. En faisant réduire 10 grammes de la dissolution d'hématine à 5 grammes, on obtient sur-le-champ un précipité abondant avec la colle.

---

presque toutes les teintures que l'on applique sur les étoffes, sont fixées par une affinité de ce genre. Plusieurs substances cristallisées, que l'on rencontre dans la nature, tantôt incolores et tantôt colorées, peuvent devoir leur couleur à une substance étrangère qui est fixée, par une affinité capillaire, tant sur leur surface que dans les interstices qui se trouvent entre les lames dont le cristal est formé.

Il est évident, d'après ces expériences, que l'hématine n'a qu'à un foible degré la propriété de précipiter la gélatine. Mais, ce qui est remarquable, c'est que l'union de la substance brune qui accompagne l'hématine dans l'extrait de campêche, augmente beaucoup l'intensité de cette propriété : on en a la preuve par l'expérience suivante. On prend 0gr,05 de la partie de l'extrait de campêche qui reste indissoute, après qu'on a traité cet extrait par l'alcool à 0,840, on les fait fait bouillir dans 40 grammes d'eau : on filtre. Le mélange de 10 grammes de cette solution et de 8 gouttes de gélatine donne lieu, sur-le-champ, à un précipité abondant, formé de gélatine, de matière brune et d'hématine. En mêlant 50 grammes d'eau à 10 grammes de la dissolution précédente, on obtient encore un précipité assez considérable avec la gélatine.

S'il y a une expérience propre à démontrer combien la précipitation de la gélatine est insuffisante pour caractériser un principe immédiat organique, c'est sans doute celle que je viens de rapporter. Elle prouve clairement que, si cette propriété étoit l'apanage exclusif d'un corps, la combinaison de ce corps avec un autre, loin d'en augmenter l'intensité, devroit au contraire la diminuer. Or, il arrive le contraire. L'hématine qui, dans son état de pureté, ne jouit de la propriété tannante qu'à un foible degré, acquiert l'énergie d'un véritable tannin, par son union avec un corps qui ne paroît pas capable de précipiter la colle quand il est isolé.

Cas où l'hématine se décompose.

L'hématine est décomposée par le chlore et l'acide nitrique : ce dernier donne lieu à une production d'acide oxalique.

Quelques gouttes d'eau de potasse aérée, versées dans dix grammes de solution saturée d'hématine, la font passer au rouge pourpre, qui a quelque chose de jaune. La liqueur, gardée dans un flacon bouché, passe au rouge jaunâtre.

Si on verse un excès de potasse dans la solution d'hématine, la couleur devient d'abord d'un bleu violet; après quelques minutes, d'un rouge brun; et, au bout de quelques heures, d'un jaune brun : l'hématine est alors décomposée.

Quelques gouttes d'eau aérée de baryte, de strontiane ou de chaux, font passer l'hématine au pourpre; une plus grande quantité précipite le principe colorant en flocons bleus. Un excès des bases conservées sur le précipité finit par décomposer le principe colorant.

L'ammoniaque aérée se comporte avec l'hématine comme la potasse.

Dans toutes ces décompositions de l'hématine, il y a absorption d'oxigène ; de sorte que l'alkali ne fait que faciliter la combustion de l'hématine. Je compte rechercher la nature des produits qui se forment dans cette circonstance (1).

$0^{gr},50$ d'hématine distillée donnent de l'eau, de l'acide acétique, une petite quantité d'acétate d'ammoniaque, des gaz, $0^{gr},27$ de charbon demi-fondu, brillant comme celui du sucre, dans les parties qui étoient en contact avec le verre. Ce charbon ne laisse qu'un atome de cendre, formée de chaux et d'oxide de fer.

Histoire. J'ai découvert l'hématine en 1810.

Usages. L'hématine, comme principe colorant du bois de campêche, est employée en teinture; mais, à l'état de pureté, on ne s'en est servi que comme réactif. Je dois à ce sujet présenter plusieurs observations. Lorsqu'il s'agit de reconnoître si un liquide aqueux est acide, rien de plus sensible que l'hématine, rendue légèrement pourpre par un peu d'alcali : dans ce cas, la couleur passe au jaune. S'il s'agit, au contraire, de reconnoître l'alcalinité, rien de plus sensible que l'hématine pure, parce qu'il suffit d'un atome d'alcali pour

---

(1) A l'article de l'Acide gallique, j'ai fait observer que l'on ne pouvoit pas unir cet acide aux eaux de potasse, de soude, de baryte, de strontiane et de chaux avec le contact de l'air, sans qu'il y eût une altération de l'acide gallique : depuis, je me suis assuré que les gallates de ces bases se produisent lorsqu'on les soustrait au contact de l'air, et qu'ils se conservent indéfiniment. Je me suis assuré que, dès qu'ils sont en contact avec l'oxigène, ils l'absorbent, et se colorent. J'ignore encore la nature du changement que l'acide éprouve; mais il m'a paru que le changement avoit lieu, sans que l'oxigène se portât sur du carbone; de sorte que, si je ne me suis pas trompé, la nouvelle substance seroit de l'acide gallique, plus de l'oxigène, ou bien de l'acide gallique, moins de l'hydrogène, c'est-à-dire, que l'acide gallique seroit, dans ce cas, une espèce d'hydracide. Je m'occupe maintenant de rechercher jusqu'à quel point ces conjectures sont fondées.

donner à sa solution une teinte pourpre. L'hématine est encore un excellent réactif pour reconnoître si les sels de soude et de potasse, composés d'un acide énergique comme le sulfurique et le nitrique, sont neutres; mais elle ne peut servir pour reconnoître la neutralité des sels dont la base est insoluble ou peu soluble, parce que, tendant à former, avec cette base, un composé insoluble, presque toujours il arrive que l'acide ne peut surmonter cette tendance, et que dès lors le principe colorant indique dans le sel un excès de base, quoique souvent il contienne réellement un excès d'acide. Ce que nous disons ici de la base seroit applicable à un acide insoluble comme le péroxide d'étain, qui seroit dissous dans la potasse ou dans la soude, et qui formeroit, avec l'hématine, un composé insoluble; dans ce cas, l'hématine pourroit indiquer un excès d'acide, quoiqu'il y eût réellement un excès d'alcali. Il est évident que le principe colorant, le plus propre à reconnoître la neutralité d'un sel, est celui qui, étant susceptible de changer de couleur, et par l'acide et par la base de ce sel, exerce sur ces élémens la moindre action possible. Nous reviendrons sur cet objet à l'article Sels.

Parallèle entre l'hématine et la couleur du bois de Brésil.

Le principe colorant du bois de Brésil n'a point été obtenu à l'état de pureté comme l'hématine. (Voyez Bois de Brésil.) Cependant, autant qu'il est permis de juger de ses propriétés, d'après celles de l'extrait du bois de Brésil, on peut croire que, comme l'hématine, il est soluble dans l'eau, l'alcool et l'éther hydratique; qu'il est susceptible de précipiter la gélatine; qu'il a moins de disposition à se décomposer spontanément que l'hématine.

Le principe colorant du bois de Brésil éprouve, de la part des acides foibles, le même effet que l'hématine; par leur contact, il passe à un jaune, qui m'a paru être moins orangé que celui de l'hématine.

Les acides qui rougissent cette dernière produisent le même effet sur la couleur du bois de Brésil, seulement la teinte tire moins sur le pourpre; elle est plus rose. Le péroxide d'étain a l'action d'un acide. L'acide hydrosulfurique décolore l'infusion du bois de Brésil.

Les bases salifiables, décidément alcalines, agissent sur cette dernière comme sur l'hématine, avec cette différence, que les combinaisons, au lieu d'être bleues, sont pourpres; le protoxide d'étain se comporte comme un alcali.

L'alumine, qui se comporte avec l'hématine à la manière d'un alcali, se conduit un peu différemment avec le principe du bois de Brésil; en s'y unissant, il forme un composé dont la couleur paroît intermédiaire entre celle qui est développée par un alcali et celle qui l'est par un acide.

Quant aux sels, ils se comportent d'une manière tout-à-fait analogue sur les deux principes colorans, en tenant compte toutefois de l'action que leur acide ou leur base exerce sur chacun des principes colorans en particulier.

Carmine.

MM. Pelletier et Caventou ont donné le nom de *carmine* au principe colorant de la cochenille, parce que c'est à lui que le carmin doit sa couleur. Nous allons présenter un extrait détaillé du travail intéressant que ces chimistes ont fait sur cette matière.

Composition. La carmine est formée d'oxigène, de carbone et d'hydrogène, suivant MM. Pelletier et Caventou. Ces chimistes, l'ayant distillée, en ont obtenu du gaz hydrogène carburé, beaucoup d'huile, et un peu d'eau très-légèrement acide. Ces produits ne contenoient pas d'ammoniaque.

Propriétés physiques. La carmine a un aspect grenu, comme cristallin; sa couleur est un rouge pourpre très-éclatant.

Elle se fond à 50^{d} environ.

Propriétés chimiques. Elle est très-soluble dans l'eau. Cette solution est d'un beau rouge qui tire sur le cramoisi; elle se laisse concentrer en un liquide syrupeux qui refuse de cristalliser.

L'alcool dissout d'autant mieux la carmine qu'il est moins concentré.

L'éther hydratique ne la dissout pas.

Les substances astringentes végétales ne la précipitent pas de sa dissolution.

Les huiles fixes et volatiles, les graisses ne la dissolvent pas.

L'albumine, la gélatine semblent faire tourner la carmine

au cramoisi (1); lorsqu'on précipite les substances animales de l'eau, de la carmine s'y unit.

Le chlore jaunit la carmine, en la décomposant; il ne la précipite pas.

L'iode la décompose également.

Le perchlorure de mercure est sans action sur la carmine: le perchlorure d'or l'altère sans la précipiter.

Action des acides. Aucun acide ne précipite la carmine pure de sa solution aqueuse. Ils la précipitent au contraire tous, lorsqu'elle retient de la matière animale de la cochenille.

Tous les acides font passer la couleur de la carmine successivement au rouge vif, au rouge jaunâtre et au jaune: quand ils ne sont pas très-concentrés, ces phénomènes sont produits sans que la carmine soit altérée.

L'acide sulfurique concentré la décompose, en mettant du charbon à nu; l'acide hydrochlorique la transforme en une matière jaune amère; l'acide nitrique la décompose plus rapidement que le précédent, et il y a production de cristaux dont la nature n'a point encore été déterminée.

Action des bases salifiables. La potasse, la soude, l'ammoniaque font passer la solution de carmine au violet cramoisi. Si l'on neutralise sur-le-champ l'alcali, le principe colorant ne paroît pas avoir éprouvé de changement dans ses principales propriétés; cependant il a subi quelque légère altération, car il ne se comporte plus avec certains corps comme il le faisoit auparavant.

En laissant réagir l'alcali sur la carmine (2), ou en élevant la température des matières, la couleur violette qui s'étoit d'abord produite s'évanouit; elle est remplacée par une couleur rouge, et enfin par une couleur jaune: alors la carmine est décomposée.

La morphine fait passer la carmine au cramoisi.

La baryte, la strontiane la font passer au cramoisi violet, sans la précipiter: la chaux la précipite en violet.

---

(1) Je me suis assuré que cette décomposition étoit due à une absorption d'oxigène, et non à l'action immédiate de l'alcali sur la carmine.

(2) J'ai tout lieu de penser que cette couleur pourpre est produite par l'alcali ou les sels alcalins, qui accompagnent toujours l'alumine et la gélatine de la colle forte.

L'alumine gélatineuse sépare toute la carmine de l'eau qui tient cette dernière en dissolution, en s'y unissant. La combinaison est d'un très-beau rouge ; mais, en élevant la température, la couleur passe au cramoisi, puis au violet. Ce qu'il y a de remarquable, c'est que quelques gouttes d'acide ou quelques grains d'un sel à base d'alumine, ajoutés à la solution de carmine avant d'y mettre l'alumine, accélère la production de la couleur violette par la chaleur ; et qu'au contraire, l'addition d'une petite quantité de potasse, de soude, d'ammoniaque, ou de sous-carbonate de ces bases, donne de la stabilité à la combinaison rouge qui se forme lorsqu'on met l'alumine dans la solution de carmine.

J'ai observé, il y a long-temps (1), que l'oxide d'étain, au minimum, se conduisoit, à la manière d'un alcali, avec le principe colorant de la cochenille ; tandis que le péroxide agissoit sur lui à la manière d'un acide.

Action des sels sur la carmine.

Les sels de potasse, de soude et d'ammoniaque, neutres, font tourner plus ou moins la couleur de la carmine au violet.

---

(1) Voyez ANNALES DE CHIMIE, tom. 66, pag. 262. A cette occasion, je ferai remarquer que MM. Pelletier et Caventou, dans leur Mémoire sur la cochenille, ont fait une citation tout-à-fait incomplete de mes expériences relatives à l'action des oxides d'étain sur l'hématine. Apres avoir dit qu'ils *établissent en principe que le protoxide d'étain agit sur la carmine comme un alcali, et le péroxide comme un acide*, ils mettent *en note* que j'avois déja vu que le protoxide d'étain se conduisoit avec l'hématine comme un alcali : pour être justes, ils auroient dû ajouter que j'avois vu aussi que le péroxide se comportoit à la maniere d'un acide. MM. Pelletier et Caventou pouvoient ignorer l'existence du Mémoire sur le bois du Brésil, qui se trouve dans les Annales de Chimie, tom. 66, où j'ai parlé de la cochenille : ils pouvoient ignorer encore l'existence d'un Mémoire spécial *sur l'influence de l'oxidation dans les combinaisons des oxides d'étain avec la couleur du campêche* ; mais, puisqu'ils connoissoient mon Mémoire sur l'hématine, je ne sais comment expliquer qu'ils n'aient vu, dans ce travail, où l'on a étudié pour la première fois, d'une manière méthodique et détaillée, l'action que les acides et les principales bases salifiables à l'état de pureté, et beaucoup de sels, exercent sur un principe colorant organique, qu'un seul fait, *celui de l'action du protoxide d'étain sur l'hématine*, qui eût de l'analogie avec leurs observations sur la cochenille.

Les sels de ces bases, avec excès d'acide, la font passer à l'écarlate. Dans les deux cas, il n'y a point de précipité.

Les sels de baryte, de strontiane, de chaux, rendent la carmine violette; excepté le sulfate de chaux, tous les autres ne la précipitent point.

Les sels d'alumine, même acidulés légèrement, rendent la carmine cramoisie sans la précipiter.

L'hydrochlorate de protoxide d'étain forme, avec la carmine, un précipité violet très-abondant, qui tire sur le cramoisi, si la solution étoit avec excès d'acide. L'hydrochlorate de péroxide ne fait pas de précipité, mais il fait tourner la couleur à l'écarlate.

Les sels de fer font tourner la carmine au brun sans la précipiter.

Les sels de cuivre la font tourner au violet, ils ne la précipitent pas.

Les sels de plomb rendent la carmine violette; l'acétate la précipite sur-le-champ.

Le nitrate de protoxide de plomb précipite la carmine en violet.

Le nitrate de péroxide de mercure la précipite en rouge écarlate.

Le nitrate d'argent paroît être sans action sur la carmine.

Analyse de la cochenille et préparation de la carmine.

La cochenille est composée, suivant MM. Pelletier et Caventou, de *carmine*, d'une *matière animale* que nous nommerons *coccine*, avec M. Lassaigne; d'une *matière grasse*, formée de *stéarine*, d'*élaïne* et d'un *acide odorant*, analogue aux acides butirique, delphinique, etc.: enfin, de *phosphate* et de *carbonate de chaux*; de *phosphate de potasse*, d'un *sel organique de potasse*, et de *chlorure de potassium*.

A. *Traitement par l'éther hydratique rectifié.*

Ce liquide, bouilli sur la cochenille, se colore en jaune d'or; il dissout la *matière grasse*, c'est-à-dire, la *stéarine*, l'*élaïne* et l'*acide odorant*, et, en outre, un peu de *carmine*.

En traitant l'extrait éthéré par l'alcool absolu bouillant, on obtient, par le refroidissement, la stéarine cristallisée; on la purifie en la traitant plusieurs fois par l'alcool.

L'alcool, d'où la stéarine s'est précipitée, retient de l'élaïne en dissolution, de l'acide odorant libre et de la carmine. En le distillant on obtient l'acide libre dans le récipient, et un résidu formé d'élaïne et de carmine retenant un peu de stéarine. En exposant l'élaïne au froid, on en sépare la stéarine à l'état solide; et, en dissolvant l'élaïne dans l'éther pur, agitant la solution avec l'eau, la carmine est dissoute.

Les auteurs du travail que nous analysons ont observé que la carmine pouvoit se combiner à la matière grasse et la rendre soluble dans l'eau, et que cette combinaison étoit orangée, ce qui, suivant eux, a induit en erreur les chimistes qui ont parlé de l'existence d'une matière jaune dans la cochenille.

Il est vraisemblable qu'une portion de l'acide odorant est engagée dans une combinaison d'aspect huileux qui se trouve dissoute dans l'élaïne, ainsi que cela a lieu, d'après mes observations, pour les acides butirique et delphinique qui sont en combinaison neutre dans les élaïnes du beurre et en de l'huile de Dauphin.

B. Traitement par l'alcool à 40^{d} de la cochenille épuisée par l'éther hydratique.

Il faut faire trente décoctions dans le Digesteur distillatoire (voyez ce mot), pour épuiser la cochenille de ce qu'elle peut céder à l'alcool.

a) *Les premiers lavages alcooliques* sont d'un rouge foncé tirant sur le jaune; par le refroidissement et l'évaporation spontanée, ils déposent des cristaux entièrement solubles dans l'eau. Ces cristaux sont formés de *coccine*, de *carmine* et de *stéarine*. En les traitant par l'alcool concentré à froid, la *coccine* n'est pas dissoute. L'alcool évaporé laisse un composé cristallisable de *carmine* et de *stéarine* dont on parvient à isoler la carmine : premièrement, en l'épuisant par l'éther, qui dissout la plus grande partie de la stéarine avec un peu de carmine; deuxièmement, en reprenant le résidu par l'alcool très-fort, et ajoutant à cette solution un volume égal d'éther, celui-ci, en s'unissant à l'alcool, forme un liquide duquel se précipite la plus grande partie de la carmine à l'état de pureté le reste est retenu en dissolution avec la stéarine.

La carmine pure se reconnoît à ce qu'elle n'abandonne rien à l'éther; qu'elle ne précipite par aucun acide, ni par le chlore, ni par le nitrate d'argent.

b) *Les seconds lavages alcooliques* ont la même composition que les premiers; ils sont seulement moins chargés de matière.

c) *Les derniers lavages* ne contiennent plus de carmine.

C. *Traitement par l'eau bouillante, dans le digesteur distillatoire, de la cochenille épuisée par l'éther et l'alcool.*

Premiers lavages : ils sont colorés en rouge cramoisi; ils contiennent de la carmine, de la coccine et de la matière grasse.

Deuxièmes lavages : ils sont incolores, et ne contiennent que de la coccine.

d) *Propriétés de la coccine qui n'a pas été dissoute dans l'eau.* Elle est blanche ou brunâtre, translucide; sèche, elle se conserve; humide, elle se pourrit.

Au feu elle se ramollit sans se fondre, donne les produits des matières azotées, et notamment beaucoup de sous-carbonate d'ammoniaque.

La coccine est fort peu soluble dans l'eau bouillante. Cette solution est jaune; évaporée, elle donne des pellicules qui se redissolvent facilement dans l'eau.

Ce qui la distingue de la gélatine, c'est que l'alcool mêlé à sa solution ne la trouble qu'au bout d'une heure, tandis que la solution de gélatine est troublée sur-le-champ; c'est en outre que tous les acides précipitent la coccine en flocons blancs, qui sont peu solubles dans un excès d'acide.

Le chlore la précipite abondamment, ainsi que le perchlorure de mercure et la noix de galle.

La potasse et la soude la dissolvent aisément, sans dégagement d'ammoniaque; en neutralisant l'alcali, la coccine se précipite.

Tous les sels, avec excès d'acide, la précipitent et deviennent neutres.

La coccine, mise avec des solutions de cuivre, de plomb, d'étain, de nitrate d'argent, se précipite, en entraînant avec elle de l'oxide et de l'acide.

Partie inorganique de la cochenille. On en détermine la nature en incinérant la cochenille. La cendre représente $\frac{1}{150}$ du poids de la matière brûlée.

En appliquant la méthode analytique suivie par MM. Pelletier et Caventou dans l'analyse de la cochenille, au kermès, M. Lassaigne a trouvé que ce dernier insecte étoit formé,

1.° D'une matière grasse, jaune, fusible à 45^{d}, inodore, sans action sur le tournesol, facile à saponifier par la potasse caustique;

2.° De carmine;

3.° De coccine;

4.° De phosphates de chaux, de potasse et de soude; de chlorures de sodium et de potassium; et enfin, d'oxide de fer.

Usages. La carmine à l'état de pureté est sans usage; mais, comme principe de la cochenille, elle est employée pour préparer le carmin; et, dans les teintures sur laine, elle sert à faire le cramoisi fin, l'écarlate, etc. (Ch.)

HÉMATITE. (*Min.*) L'hématite proprement dit est une variété du fer oxidé rouge. Il est remarquable par son tissu fibreux et rayonné, par sa couleur d'un rouge sombre, par son aspect métallique, et enfin par le haut degré de dureté qui lui est propre, et qui le fait rechercher pour l'art de brunir les métaux.

Le nom d'hématite s'étend aussi au fer hydraté brun, dont plusieurs variétés concrétionnées sont de la même couleur et du même aspect que l'hématite par excellence; on l'en distingue avec facilité, en la touchant avec une lime, car l'hématite faux produit une poussière couleur de jaune, de rouille, tandis que l'hématite ferret, qui est d'ailleurs beaucoup plus dur, produit une poussière rouge sombre. Voyez Fer oxidé hématite et Fer hydraté. (Brard.)

HÉMATOPOTE, *Hæmatopota*. (*Entom.*) M. Meigen, et par suite Fabricius, ont désigné sous ce nom les insectes diptères que nous avons décrits sous le nom de chrysopsides : ce nom signifie *buveur de sang*. Ce sont des espèces de taon, de la famille des sclérostones; mais le dernier article de leurs antennes est arrondi au lieu d'être denté. Ils ont ensuite un port tout particulier : la tête est plus large que leur corselet; et leurs yeux sont, pendant leur vie, très-brillans et comme métalliques. (C. D.)

HEMBAGRA. (*Bot.*) Dans le Catalogue manuscrit de l'Herbier de Vaillant, on trouve inscrit, sous ce nom, une plante graminée des Antilles, mentionnée aussi par Plumier sous le nom de *gramen avenaceum lappulaceum*, qui est le *pharus lappulaceus* d'Aublet. Le même nom est attribué, dans ce Catalogue, au *carex lithosperma* de Linnæus, réuni maintenant au genre *Sclerya*. (J.)

HÉMÉLYTRES. (*Entom.*) Ce nom, composé d'ημισυς, moitié, et de ελυτρον, gaîne, signifie demi-élytre. Il a été donné à l'ordre des insectes Hémiptères. Voyez ce mot. (C. D.)

HEMEN (*Bot.*), nom arabe du serpolet, selon Daléchamps. (J.)

HEMERIS. (*Bot.*) Suivant Gaza, cité par C. Bauhin, Pline nommoit ainsi le chêne ordinaire, *quercus robur*; c'étoit l'*hemeris* du mont Ida; l'*etymodris Macedonum* de Théophraste; l'*hemeris etymodrys* de Daléchamps. (J.)

HÉMÉROBE, *Hemerobius*. (*Entom.*) Nom d'un genre d'insectes à quatre ailes nues, à nervures réticulées, ou névroptères, de la famille des *stégoptères* ou *tectipennes*, à cinq articles à tous les tarses, et à antennes en soie.

Nous avons fait figurer une espèce de ce genre sous le n.° 5 de la première planche des névroptères stégoptères, dans l'Atlas de ce Dictionnaire.

Le nom d'*hémérobe* a été emprunté du grec par Linnæus, d'après un passage de Pline le naturaliste, qui est fort obscur, et qui paroît se rapporter à l'éphémère. Le mot ημεροβιος signifie qui ne vit qu'un jour; il conviendroit mieux à l'éphémère qu'aux insectes qui vont faire le sujet de cet article, et qui vivent pendant plusieurs semaines, quoique leur nom semble indiquer le contraire.

Les hémérobes sont des névroptères pentamérés, dont les parties de la bouche sont très-distinctes et non recouvertes par la lèvre inférieure, dont les antennes sont en soie alongée. Ce petit nombre de caractères suffit pour les distinguer de tous les insectes du même ordre; d'abord, des agnathes comme les éphémères et les friganes, dont la bouche est très-peu développée, ou qui ont des mâchoires et des mandibules excessivement petites, et ensuite, des odonates, comme les demoiselles, dont les antennes sont très-courtes, comme un poil, et dont la lèvre inférieure recouvre toute la bouche; parmi les autres stégoptères ou tectipennes, c'est-à-dire, qui ont les ailes relevées en toit sur le dos, les raphidies, les perles, les termites et les perles n'ont que quatre articles au plus aux tarses, le plus souvent trois ou deux; parmi les espèces pentamérées, les fourmilions et les ascalaphes ont les antennes en fuseau ou en masse, tandis que les panorpes et les semblides les ont semblables à un fil.

Sous l'état parfait, les hémérobes sont de très-jolis insectes à corps très-mou, soutenu par des ailes en réseau, d'une ténuité telle que la lumière se décompose et s'irise à leur surface; leurs yeux sont en général d'une couleur d'or brillante et très-métallique, ce qui les a fait désigner par Mouffet, sous le nom de *chrysopsides*. Ces insectes sont très-utiles, parce que, sous la forme de larves, ils détruisent les pucerons, ce qui leur a valu le nom de *lions des pucerons*, parce qu'ils ont quelque rapport avec les fourmilions.

Réaumur a décrit avec soin les mœurs de ces insectes qu'il a bien observés. Il en a consigné l'histoire dans le tome troisième de ses Mémoires. Nous allons en extraire les faits principaux.

Les larves des hémérobes sont plus alongées que celles des fourmilions. Elles ne marchent pas à reculons, mais directement en avant en s'accrochant par l'extrémité postérieure. Elles sucent les pucerons en les tenant entre les mandibules, qui sont percées à leur pointe comme celles des Fourmilions. (Voyez ce mot.)

La plupart n'emploient que seize à vingt jours avant d'arriver à leur métamorphose. A cette époque ces larves se retirent dans les replis de quelque feuille, et là elles se filent une coque de soie arrondie en boule de la grosseur d'un pois. Elles ont la filière placée comme les araignées, vers la partie postérieure inférieure du corps. Elles font agir, avec beaucoup d'adresse, cette partie du corps pour former l'espèce de peloton auquel leur corps sert ainsi de noyau.

Les nymphes des hémérobes sont semblables à celles des fourmilions; elles ne sont pas agiles sous ce dernier état, et quelques espèces le conservent tout l'hiver.

L'insecte parfait, qui sort de la coque, étonne par son volume, et l'on a peine à concevoir qu'il ait pu être renfermé dans un cocon aussi petit; il est vrai que ses ailes sont si minces et son corps si peu pesant qu'il a peine à se soutenir dans les airs qui le transportent.

Les œufs que pondent les hémérobes présentent une singularité qui en a imposé à plusieurs naturalistes, qui tantôt les ont décrits comme des plantes parasites, tantôt comme des fleurs avortées. Réaumur les a très-bien représentés dans la planche 32 du tome III de ses Mémoires; nous les avons nous-même fait figurer dans l'Atlas de ce Dictionnaire; mais le peintre les a représentés de moitié de nature, à cause de l'état de dessèchement dans lequel nous les lui avons offerts. Ce sont de petites masses globuleuses fixées à l'extrémité d'un long filament qui semble être attaché à une feuille ou à une tige dont un grand nombre partent comme d'un point commun en rayonnant. On trouve, page 117 du second volume des Actes de Curieux de la Nature, une observation et une figure sur une réunion de ces œufs fixés à une cerise, avec les larves qui en sont provenues. Réaumur présume que, quand la mère pond ces œufs, chacun est enveloppé d'une matière visqueuse, que cette matière se fixe sur le point où l'hémérobe a placé son anus, qui, en s'éloignant, en forme une sorte de filet, lequel se sèche et prend la consistance d'un gros brin de soie, à l'extrémité duquel se trouve l'œuf, qu'il supporte et soutient dans l'air, peut-être pour le protéger.

Toutes les larves des hémérobes se ressemblent, à peu près, pour la forme; mais les unes ont le corps nu, d'autres ont des touffes de poils sur les parties latérales; quelques unes se recouvrent des dépouilles on des peaux desséchées de pucerons qu'elles ont dévorés, et elles se cachent dessous ou en protégent leur corps, comme les larves des cassides ou de quelques criocères se recouvrent de leurs excrémens, ou les nymphes des réduves, de matières assez légères pour se coller à leurs poils visqueux : il paroît que ces insectes se servent de ces moyens pour dérober leur présence aux recherches des oiseaux, qui en sont fort friands.

Les principales espèces du genre Hémérobe sont les suivantes :

Hémérobe Perle; *Hemerobius perla*. C'est le lion des pucerons que Geoffroy a décrit, tom. II, et fait figurer pl. 13, fig. 6.

Elle est d'un vert jaunâtre ; les ailes sont transparentes comme de la gaze, avec des nervures vertes.

L'insecte frais porte une odeur très-désagréable que Petiver indique ainsi : *merdam redolens.*

HÉMÉROBE YEUX D'OR ; *Hemerobius chrysops.* C'est l'hémérobe à ailes ponctuées de Geoffroy, n.° 2. Son corps est vert, tacheté de noir; les ailes sont transparentes avec des nervures parsemées de brun. Elle est de moitié plus petite que la précédente. Sa larve se couvre des dépouilles de pucerons.

HÉMÉROBE PHALÉNOÏDE ; *Hemerobius phalenoides.* Réaumur en a donné une bonne figure, tome III, pl. 32, fig. 8. Elle est jaunâtre ; les ailes supérieures sont élargies à la base, et comme tronquées et découpées en arrière. (C. D.)

HÉMÉROBINS. (*Entom.*) M. Latreille a indiqué comme famille sous le nom d'*hemerobii*, le genre des hémérobes dont il a distingué, comme formant un genre à part, l'espèce que Fabricius nomme tachetée, *maculatus*, parce qu'elle a des stemmates, et qu'il a nommée *osmyle.* (C. D.)

HÉMÉROCALLE (*Bot.*), *Hemerocallis*, Linn. Genre de plantes monocotylédones, de la famille des *asphodélées* et de l'*hexandrie monogynie* de Linnæus, dont les principaux caractères sont les suivans : Calice nul ; corolle monopétale, infondibuliforme, tubuleuse inférieurement, ayant son limbe campanulé et découpé en six divisions; six étamines insérées sur le tube de la corolle ; un ovaire supérieur, arrondi, situé au fond du tube de la corolle sans y adhérer, surmonté d'un style filiforme, et terminé par un stigmate à trois lobes peu prononcés; une capsule à trois loges, contenant chacune plusieurs graines arrondies.

Les hémérocalles sont des plantes herbacées, à feuilles simples, la plupart radicales, et à fleurs grandes, d'un bel aspect, disposées en corymbe ou en grappe, dans la partie supérieure des tiges. Leurs fleurs sont en général de peu de durée, rarement elles vivent plus d'un jour, et c'est de là que ces plantes ont reçu le nom d'*hemerocallis*, qui vient de deux mots grecs, *ημερα*, jour, et *καλλος*, beauté; ce qu'on peut rendre par beauté d'un jour.

Les fleurs des hémérocalles ont beaucoup de ressemblance

avec celles des lis, lorsqu'on ne les examine que superficiellement; mais, si on les considère avec attention, on voit bientôt qu'elles présentent, dans leur organisation, des différences remarquables. En effet, la corolle des lis est formée de six pétales distincts, qui tombent séparément les uns des autres, lorsque la floraison est accomplie; tandis que, dans les hémérocalles, la corolle, monopétale, partagée seulement plus ou moins profondément en son limbe, ne tombe point tout de suite lors de la défloraison, mais est marcescente, et persiste autour du jeune fruit aussi long-temps qu'il n'a pas acquis un volume assez considérable pour la déchirer et la forcer à le laisser libre. Ce caractère distingue, non seulement les hémérocalles des lis, comme genre; mais il nous paroît exiger qu'elles soient placées dans une autre famille, celle des *asphodélées*, dont les fleurs ont toutes le même caractère, lequel, selon nous, sépare d'une manière positive ces deux familles, que quelques botanistes ont confondues, et confondent même encore l'une avec l'autre. M. de Jussieu, dans son *Genera*, place l'*hemerocallis* dans la famille des narcissées; mais, d'après la considération de son ovaire supère, nous pensons qu'il ne peut appartenir à ce dernier ordre, et qu'il a beaucoup plus de rapports naturels avec les asphodélées.

On connoît aujourd'hui six espèces d'hémérocalles, dont deux croissent naturellement en Europe; les autres sont exotiques. Nous parlerons ici de celles qui sont plus particulièrement cultivées dans les jardins.

Hémérocalle jaune : *Hemerocallis flava*, Linn., *Spec.*, 462; Jacq., *Hort. Vend.*, 2, t. 139. Sa racine, composée d'un faisceau de tubercules alongés, donne naissance à beaucoup de feuilles linéaires, canaliculées, longues d'un pied et demi à deux pieds, du milieu desquelles s'élèvent une ou plusieurs tiges nues, cylindriques, hautes de deux pieds ou environ, divisées, à leur sommet, en deux ou trois rameaux qui portent chacun autant de fleurs d'un jaune clair, presque sessiles, et d'une odeur agréable; les étamines sont plus courtes que la corolle. Cette espèce croît naturellement dans les bois des montagnes, en Suisse, en Piémont, en Hongrie, etc. On la cultive dans les jardins sous les noms de lis-asphodèle, lis jonquille, belle-de-jour. Elle aime un terrain frais et peu exposé au soleil. On la multiplie facilement en éclatant ses racines en automne. Ses fleurs paroissent en juin, et souvent en septembre, pour la seconde fois.

Hémérocalle fauve: *Hemerocallis fulva*, Linn., *Spec.*, 462; Rhéede, *Lil.*, n. et t. 16. Cette plante a beaucoup de rapports avec la précédente; mais elle en diffère par ses fleurs un peu plus grandes et plus nombreuses, légèrement pédonculées, d'un rouge fauve, ayant les étamines presque aussi longues que la corolle. On la trouve dans les montagnes, en Provence, dans les Pyrénées, en Suisse, et à la Chine, selon Linnæus. On la cultive, de même que la précédente, pour l'ornement des jardins; elle est encore plus rustique, et souvent même ses racines, qui s'étendent beaucoup, la multiplient considérablement, et la rendent incommode pour les autres plantes qui sont dans son voisinage. Ses fleurs paroissent en juillet; elles sont presque inodores.

Hémérocalle du Japon: *Hemerocallis japonica*, Thunb., *Fl. Jap.*, 142; Willd., *Spec.*, 2, p. 198. Sa racine, composée d'un faisceau de grosses fibres, donne naissance à plusieurs feuilles ovales, presqu'en cœur, pétiolées, marquées d'une douzaine de nervures et plus. Du milieu de ces feuilles, s'élève une hampe cylindrique, nue inférieurement, haute de douze à quinze pouces, chargée, dans sa partie supérieure, de quinze à vingt fleurs pédonculées, d'un blanc pur, d'une odeur très-suave, et disposées en grappe terminale; chacune d'elles est munie, à sa base, d'une bractée foliacée. Cette plante est originaire du Japon. On la cultive, depuis vingt et quelques années, en France, et elle brave maintenant nos hivers en pleine terre. Elle fleurit en août.

Hémérocalle bleue: *Hemerocallis cærulea*, Andrew, *Bot. Repos.*, t. 6; Vent., *Hort. Malm.*, t. 18; Rhéede, *Lil.*, t. 106. Cette espèce se rapproche beaucoup de la précédente; mais elle en diffère parce que ses feuilles n'ont ordinairement que seps nervures; parce que ses fleurs sont bleues, accompagnées de bractées semi-membraneuses. Elle fleurit aussi plus tôt; ses fleurs paroissent à la fin de juin et en juillet. On la multiplie de même que l'hémérocalle du Japon, en éclatant ses racines à l'automne. Elle peut, comme elle, être plantée en pleine terre. (L. D.)

HEMEROCALLIS. (*Bot.*) Ce nom, donné maintenant par Linnæus au lis-asphodèle, *lilio-asphodelus* de Tournefort, étoit employé, par Discoride et Matthiole, pour désigner le lis rouge, *lilium bulbiferum;* par Dodoens, pour le *lilium calcedonicum;* par Lobel, pour le lis martagon; par Clusius, pour le *pancratium maritimum.* (J.)

HEMEROS (*Bot.*), nom ancien du sureau, cité par Gesner et Cordus. Le concombre cultivé est nommé *hemeros sicys* par Dioscoride, suivant Mentzel. (J.)

HEMEROTES. (*Bot.*) Apulée, cité par Daléchamps, dit que c'est un des noms anciens donnés à la grande centaurée, *centaurea.* (J.)

HÉMIANDRE, *Hemiandra.* (*Bot.*) Genre de plantes dicotylédones, à fleurs complètes, monopétalées, irrégulières, de la famille des *labiées*, de la *didynamie gymnospermie*, offrant pour caractère essentiel : Un calice comprimé, à deux lèvres; la supérieure entière, l'inférieure à demi-bifide; une corolle labiée; la lèvre supérieure plane, bifide; l'inférieure à trois divisions; celle du milieu bilobée; quatre étamines didynames : les anthères à deux lobes; un des lobes vide, stérile; quatre semences au fond du calice.

Hémiandre piquant; *Hemiandra pungens*, Rob. Brown, *Nov. Holl.*, 1, pag. 502. Arbrisseau découvert à la Nouvelle-Hollande, à tige glabre, tombante, basse et rameuse, garnie de feuilles opposées, très-entières, terminées par une petite pointe piquante; les fleurs sont pédonculées, solitaires, placées dans l'aisselle des feuilles; les pédoncules munis, à leur partie supérieure, de deux bractées opposées; le calice, comprimé, nerveux, à deux lèvres mucronées au sommet de leurs divisions; la corolle blanche, mélangée ou ponctuée de pourpre; les anthères à deux lobes; un des lobes stérile. (Poir.)

HÉMIANTHE NAINE (*Bot.*), *Hemianthus micranthemoides*, Nuttal, *Gen. of roth. Amer.*, *Pl.* 2, pag. 41; *Journ. acad. of nat. scien. of Philadelp.*, 1, pag. 119, tab. 6, fig. 2. Genre de plantes dicotylédones, à fleurs irrégulières, de la famille des *utriculinées* de Jussieu, de la *diandrie monogynie* de Linnæus, ayant pour caractère essentiel : Un calice tubulé, à quatre dents avec une fente latérale : une corolle labiée; la lèvre supérieure peu sensible; l'inférieure à trois divisions; celle du milieu en lanière, beaucoup plus longue et tronquée, un peu recourbée; deux étamines: un filament à deux divisions, subulées, une seule munie d'une anthère à deux lobes; un style bifide; une capsule à une loge, à deux valves; plusieurs semences ovales, luisantes.

Cette plante est fort petite, rampante, garnie de feuilles entières, opposées ou verticillées; les fleurs sont très-petites, alternes, solitaires, pédonculées. Elle croit dans les marais de l'Amérique septentrionale. (Poir.)

HEMICHROA. (*Bot.*) Ce genre de M. R. Brown paroît devoir être réuni au *polycnemum*, dont il diffère seulement par cinq étamines, ou moins, légèrement réunies à leur base. Le *polycnemum* avoit d'abord été indiqué comme ayant trois étamines. Pallas lui a ajouté deux espèces, l'une à deux étamines, l'autre à une seule. Si on leur associoit celle de M. Brown qui en a cinq au moins, il suffiroit d'indiquer dans le *polycnemum* ce nombre véritable d'étamines. (J.)

HEMICHROA. (*Bot.*) Genre de plantes dicotylédones, à fleurs incomplètes, hermaphrodites, de la famille des *atriplicées*, de la *pentandrie digynie* de Linnæus, ayant pour caractère essentiel: Un calice à cinq divisions, persistant, coloré en dedans; point de corolle; cinq étamines, quelquefois moins, adhérentes à la base des filamens; un ovaire supérieur; un style profondément bifide; les semences comprimées verticalement, à double enveloppe.

Ce genre a des rapports avec le *polycnemum;* il comprend des arbustes originaires de la Nouvelle-Hollande, à feuilles alternes, à demi cylindriques. Les fleurs sont solitaires, sessiles, axillaires, pourvues, sous le calice, de deux bractées assez courtes. Les étamines varient de deux à cinq; les filamens, insérés au fond du calice, adhérens entre eux par leur base. M. Rob. Brown, auteur de ce genre, en a mentionné deux espèces:

1.° *Hemichroa pentandra*, Brown, *Nov. Holl.*, 1, pag. 409. Arbuste dont les tiges sont ligneuses; les feuilles alternes; les fleurs sessiles, solitaires, munies, à leur base, de deux bractées de moitié plus courtes que le calice: les fleurs renferment cinq étamines.

2.° *Hemichroa diandra*, Brown, l. c. Cette espèce diffère de la précédente par ses fleurs qui ne renferment que deux étamines, et par les bractées à peine plus courtes que le calice. (Poir.)

HEMICYCLOSTOMES, *Hemicyclostoma.* (*Conchyl.*) C'est le nom sous lequel nous avons réuni, dans notre Système de conchyliologie, toutes les coquilles non échancrées ni canaliculées, dont l'ouverture est en forme de gueule de four ou de demi-cercle. Cette division correspond au genre Nérite de Linnæus. Voyez Conchyliologie. (De B.)

HÉMICYLINDRIQUE (*Bot.*) : alongé et ayant une face plane et l'autre convexe. On en a des exemples dans les feuilles du *tipha angustifolia*, du pin sauvage, et dans la hampe du *convallaria majalis*, de la jacinthe d'Orient, etc. (Mass.)

HÉMIDACTYLES. (*Erpétol.*) M. Cuvier a établi, sous ce nom, un sous-genre parmi les geckos. Ce sous-genre renferme le gecko de Siam et celui de Java, entre autres espèces. Les animaux qui le composent ont tous cinq ongles et une rangée de pores des deux côtés de l'anus. Les écailles du dessous de leur queue sont en forme de bandes larges, comme celles du ventre des serpens. Voyez Gecko. (H. C.)

HEMIDESME, *Hemidesmus.* (*Bot.*) Genre de plantes dicotylédones, à fleurs complètes, monopétalées, de la famille des *apocynées*, de la *pentandrie digynie* de Linnæus, offrant pour caractère essentiel : Un calice persistant, fort petit, à cinq divisions; une corolle monopétale, en roue; cinq étamines; les paquets de pollen granuleux, attachés ensemble à leur base par un fil; deux pellicules; les semences aigrettées.

M. Rob. Brown, dans la nouvelle édition de l'*Hortus Kewensis*, a retranché du genre *Periploca* une plante qu'il a distinguée comme devant former un genre particulier, à cause de la disposition remarquable du pollen des étamines.

Hemidesme des Indes : *Hemidesmus indicus*, Rob. Brown, *in* Ait., *Hort. Kew.*, *nov. édit.*, 2, p. 75; *Periploca indica*, Linn., *Spec.*; Burm., *Zeyl.*, p. 187, tab. 83, fig. 1. Cette plante a des tiges grêles, sarmenteuses, très-glabres, arrondies, de couleur cendrée, un peu rudes, garnies de feuilles opposées, à peine pétiolées, glabres, ovales, oblongues ou elliptiques, entières, mucronées et obtuses à leur sommet, arrondies, et quelquefois un peu échancrées à leur base ; les pétioles à peine longs de deux ou trois lignes. Les fleurs sont opposées, axillaires, presque verticillées, formant des épis simples, très-courts, à peine pédonculés; chaque fleur séparée par une bractée en forme d'écailles, ce qui fait paroître ces épis comme imbriqués dans toute leur longueur. Les calices sont courts; la corolle en roue, presque campanulée à son limbe, divisée en cinq petites découpures un peu aiguës. Cette plante croît dans l'île de Ceilan, et dans plusieurs autres contrées des Indes. (Poir.)

HÉMIGÈNE, *Hemigenia.* (*Bot.*) Genre de plantes dicotylédones, à fleurs complètes, monopétalées, irrégulières, de la famille des *labiées*, de la *didynamie gymnospermie* de Linnæus, ayant pour caractère essentiel : Un calice pentagone, à cinq découpures ; une corolle à deux lèvres ; la lèvre supérieure plus courte, en casque ; l'inférieure à trois découpures, celle du milieu bilobée ; quatre étamines didynames, ascendantes sous le casque ; les anthères supérieures barbues ; un des lobes stérile.

Hémigène purpurine ; *Hemigenia purpurea*, Rob. Brown, *Nov. Holl.*, 1, pag. 502. Arbre de la Nouvelle-Hollande, glabre sur toutes ses parties ; les tiges sont garnies de feuilles ternées ; les folioles un peu cylindriques : les fleurs solitaires, placées dans l'aisselle des feuilles, accompagnées de deux bractées ; le calice à cinq angles, prolongés en cinq divisions, la corolle d'un bleu pourpre, presque en masque, à deux lèvres ; la lèvre supérieure, concave, entière, en forme de casque, plus courte que la lèvre inférieure ; celle-ci à trois divisions, celle du milieu partagée en deux lobes ; les étamines ascendantes ; les anthères à deux lobes ; l'un des deux stérile ; les deux anthères supérieures barbues. (Poir.)

HÉMIMÉRIDE (*Bot.*) : *Hemimeris*, Linn. ; *Hemitomus*, l'Herit. Genre de plantes dicotylédones, à fleurs complètes, monopétalées, irrégulières, de la famille des *personées*, de la *didynamie angiospermie* de Linnæus, offrant pour caractère essentiel : Un calice a cinq divisions profondes, presque égales : une corolle en roue, à cinq lobes, presqu'à deux lèvres ; la supérieure fendue presque jusqu'à la base, l'inférieure a trois découpures, celle du milieu plus grande ; quatres étamines didynames ; un ovaire supérieur ; un style ; un stigmate obtus. Le fruit est une capsule à deux loges, souvent une plus renflée ; à deux valves coupées par une cloison ; un placenta central adhérent aux cloisons; plusieurs semences dans chaque loge.

Hémiméride a feuilles de linaire : *Hemeris linariæfolia*, Kunth, *in Humb. et* Bonpl. *Nov. Gen.*, vol. 2, pag. 377. Arbrisseau découvert dans les andes du Pérou, dont les tiges sont très-rameuses, hautes de deux ou trois pieds; les rameaux opposés, glabres, tétragones, garnis de feuilles opposées, à peine pétiolées, glabres, un peu épaisses, linéaires-lancéolées, aiguës, ordinairement entières, longues de sept à huit lignes; les fleurs disposées en grappes au sommet des rameaux avec une bractée à la base des pédoncules : leur calice presque glabre; ses divisions oblongues, linéaires, aiguës, à trois nervures; la corolle rougeâtre, concave, en roue; quatre étamines insérées à la base de la corolle; l'ovaire comprimé; le style arqué; les capsules ovales, oblongues, acuminées, longues d'un demi-pouce; les semences petites, noires et nombreuses.

Hémiméride a feuilles d'ortie : *Hemimeris urticæfolia*, Willd., *Spec.*, 3, pag. 282; *Celsia urticæfolia*, Curt. *Bot. Magaz.*, t. 417; *Hemimeris parviflora*, Kunth, l. c. Cette plante est remarquable par ses feuilles assez semblables à celles de l'ortie. Ses tiges sont ligneuses, droites, rameuses; ses feuilles pétiolées; celles des tiges et des rameaux opposées, les florales alternes, glabres, ovales, un peu lancéolées, dentées à leur contour; les pédoncules alongés, filiformes, alternes, formant une grappe de fleurs d'un rouge écarlate, munies de quatre étamines; leur calice est à cinq divisions. Cette plante croît au Pérou. Elle varie; à tiges herbacées; la fleur plus petite.

Hémiméride a feuilles étroites : *Hemimeris linearis*, Encycl. Sup.; *Hemimeris coccinea*, Willd., *Spec.*; *Celsia linearis*, Jacq., *Icon. rar.*, 3, tab. 497. Arbrisseau du Pérou, dont les tiges sont glabres, brunes et rameuses; les rameaux alternes, étalés; les feuilles alternes, quelquefois opposées, solitaires ou ternées, glabres, linéaires, très-étroites, inégales, longues d'environ deux pouces, entières ou légèrement denticulées; munies, dans leur aisselle, de petites feuilles fasciculées. Les fleurs sont d'un rouge écarlate, disposées en grappes terminales; les pédoncules solitaires, opposés ou ternés, garnis, à leur base, d'une petite bractée subulée; les capsules ovales, oblongues, aiguës.

Cette plante est cultivée au Jardin du Roi, ainsi que la précédente. Leurs fleurs, d'un beau rouge écarlate, produisent un effet assez agréable. Elles exigent une terre substantielle, une exposition chaude et des arrosemens fréquens dans l'été, la serre d'orangerie dans l'hiver, une nouvelle terre tous les ans en automne. On les multiplie de graines semées dans des pots sur couche et sous châssis, ou par le déchirement des vieux pieds, qui a lieu au moment des rempotemens, ou enfin par boutures pendant toute l'année, mais principalement au printemps.

Hémiméride de mutis; *Hemimeris mutisii*, Kunth, *in* Humb. *et* Bonpl. *Nov. Gen.*, 2, pag. 376. Ses tiges sont droites, paniculées; ses rameaux opposés, quadrangulaires, un peu ailés sur les angles; les feuilles opposées, pétiolées, oblongues, aiguës à leurs deux extrémités, dentées en scie, glabres, longues d'un pouce; les pédoncules axillaires, uniflores; les divisions du calice ovales-oblongues, presque égales; le stigmate en tête; les capsules ovales, oblongues, obtuses; les valves bifides à leur sommet: les semences nombreuses, oblongues, noirâtres, striées. Cette espèce a été découverte dans les environs de *Santa-Fé-de-Bogota*, dans l'Amérique méridionale.

Hémiméride des sables; *Hemimeris sabulosa*, Linn. fils, *Supp.*, 280. Petite plante du cap de Bonne-Espérance, qui a l'aspect d'une pédiculaire. De ses racines fibreuses sortent plusieurs tiges, longues de deux pouces, avec des rameaux étalés, parfaitement glabres, garnis de feuilles opposées, pétiolées, oblongues, obtuses, pinnatifides, de la longueur des entre-nœuds; les fleurs purpurines; les pédoncules nus, solitaires, axillaires, uniflores, plus longs que les feuilles.

Hémiméride a longs pédoncules; *Hemimeris peduncularis*, Lamk., Encycl. Cette espèce, originaire du même lieu que la précédente, est trois ou quatre fois plus grande et remarquable par ses longs pédoncules. Ses tiges sont grêles: les feuilles distantes, beaucoup plus courtes que les entre-nœuds, pétiolées, spatulées, obtuses, pinnatifides; les caulinaires opposées ou presque verticillées; les radicales touffues et plus grandes; les fleurs purpurines, assez grandes; les pédoncules fort longs, axillaires, uniflores, réunis deux ou trois ensemble.

Hémiméride morgeline : *Hemimeris alsinoides*, Lamk., Encycl; Pluken., *Mant.*, tab. 331, fig. 3 ; *an hemimeris montana?* Linn. fils, *Suppl.*, 280. Ses tiges sont glabres, rameuses, presque trichotomes, longues de quatre à six pouces; les feuilles pétiolées, opposées, ovales, dentées, beaucoup plus courtes que les entre-nœuds ; les pédoncules uniflores, placés au sommet des rameaux. Le fruit consiste en une petite capsule ovale, mucronée, à deux loges s'ouvrant à leur sommet en deux valves bifides. Les pédoncules sont inclinés, et souvent divergens comme dans l'holosté ombellé. Cette espèce croît au cap de Bonne-Espérance.

Sous le nom d'*alonsoa*, les auteurs de la Flore du Pérou ont mentionné plusieurs plantes qui doivent être placées dans ce genre, telle que l'*alonsoa caulialata*, *Syst. Veget. Fl. Per.*, pag. 152. Cette plante croît sur les rochers, aux lieux humides, sur le bord des précipices; elle passe pour stomachique et anodine. Ses tiges sont herbacées, quadrangulaires, ailées sur leurs angles; ses feuilles ovales, aiguës, dentées en scie, etc. (Poir.)

HÉMIMÉROPTÈRES. (*Entom.*) M. Clairville, dans le premier volume de son Entomologie Helvétique, a voulu substituer à celui d'hémiptères, ce nom composé de trois autres : ημισυς, par la moitié, μερίζομαι, je divise, πτερα, ailes. Ces deux noms ne conviennent pas plus l'un que l'autre aux insectes de l'ordre qu'ils indiquent; car beaucoup, comme les cigales, les pucerons, ont les ailes supérieures également transparentes de la base à la pointe. (C. D.)

HEMIONION. (*Bot.*) Pline dit que quelques personnes nomment ainsi l'*asplenium*, plante ayant du rapport avec la fougère, et qui, comme elle, ajoute-t-il, n'a ni fleur ni fruit. Voyez Hemionitis. (J.)

HEMIONITE. (*Bot.*) Voyez Hemionitis. (Lem.)

HEMIONITIS. (*Bot. des anciens.*) Il y a tout lieu de croire que cette plante est une fougère et le *scolopendrium sagittatum*, Dec., Fl. Fr., Suppl. Cette espèce de *scolopendrium* est considérée par beaucoup de botanistes comme une simple variété du *scolopendrium officinarum*, Sw., ou *asplenium scolopendrium*, Linn. C'est l'*hemionitis vera* de Clusius, l'*hemionitis vulgaris* de C. Bauhin; enfin l'*hemionitis* vrai de presque tous les botanistes contemporains de ceux que nous venons de citer. Il paroît que cette espèce a été signalée pour la première fois par Anguillara, qui en fit la découverte près de Rome. Ces mêmes botanistes ont décrit, aussi sous le nom d'*hemionitis*, plusieurs variétés du *scolopendrium officinarum* et l'*asplenium hemionitis*, Linn., ou *scolopendrium hemionitis*, Sw., avec lequel le *scolopendrium sagittatum* a été très-souvent confondu. On a également donné ce *scolopendrium hemionitis* pour l'*hemionitis* des anciens botanistes, ce qui n'est pas dans les choses croyables, puisque cette fougère croît en Espagne, et qu'elle n'a pas été trouvée en Italie ni en Grèce. Cependant c'est l'opinion de Scaliger, commentateur de Théophraste : il en donne une figure, la même que celle qu'on voit dans Clusius. D'autres botanistes, en petit nombre, ont cru mieux rencontrer en citant le *ceterach* pour l'*hemionitis;* mais, à ces différences près, les auteurs s'accordent généralement sur l'idée de voir l'*hemionitis* des anciens dans l'espèce du *scolopendrium sagittatum*.

Suivant Dioscoride, l'*hemionitis*, que l'on désignoit aussi par *hemionion*, ou *hemonium*, *splenion*, avoit des feuilles semblables à celles du *dracontia*, avec des courbures en forme de croissant. Ses racines, menues, formoient des touffes : il ne produisoit ni tige, ni fleurs, ni fruits, et croissoit dans les lieux pierreux. C'est à cette espèce de stérilité qu'on lui attribuoit, et que l'on avoit comparée à celle des mulets, que cette plante devoit ses noms d'*hemionitis* ou *hemonium*, que Gaza change en celui de *mula*. L'infusion de l'*hemionitis* dans du vinaigre, consumoit, disoit-on, la rate, et, par suite de cette propriété de détruire ce viscère, l'*hemionitis* étoit encore appelé *splenion*, ou *asplenion;* mais il est à remarquer que ce n'est point là le véritable *asplenium* ou *splenion* des anciens, qui, au reste, étoit aussi appelé *hemionium*. Celui-ci est très-probablement notre cétérach des boutiques, et nullement la grande variété du *scolopendrium officinarum*, ou scolopendre, qu'il faut rapporter au *phyllitis* des Grecs et des Latins. Voyez HEMIONITIS ci-après, PHYLLITIS, SCOLOPENDRIUM, SPLENION. (LEM.)

HEMIONITIS. (*Bot.*) Dans ce genre, de la famille des fougères, la fructification forme, sous la fronde, des veines disposées en réseau, ou dichotomes, et qui suivent les nervures. Elle est dépourvue d'indusium ou tégument propre.

Ce genre n'est pas l'*hemionitis* de Tournefort, ni celui de Plumier. L'*hemionitis* de Tournefort est fondé sur l'*asplenium hemionitis*, Linn., Willd., etc., que quelques auteurs ont cru être l'Hemionitis des anciens. (Voyez cet article.) L'*hemionitis* de Plumier est un genre très-artificiel dont les espèces rentrent dans les genres *Polypodium*, *Aspidium* ou *Polystichum*, *Asplenium*, *Adiantum* des botanistes actuels, ainsi que quelques fougères décrites par Plukenet, Sloane, P. Browne, etc.; il faut en excepter cependant l'*hemionitis aurea* de Plumier, *Filic.*, tab. 151, qui est l'*hemionitis palmata*, Linn., et, par conséquent, le type du genre *Hemionitis* actuel, établi par Linnæus, adopté par Adanson, et modifié par Swartz, Desvaux et Robert Brown. Je ne cite point Bernhardi, parce que cet auteur a réuni le genre *Hemionitis*, Linn., à l'*asplenium*, et que quelques espèces que Swartz rapportoit à l'*hemionitis*, forment son *gymnopteris*, le même que celui nommé long-temps après *gymnogramma* par Desvaux, qui a eu l'avantage d'en faire connoître les espèces. (Voyez Gymnopteris et Gymnogramma.)

Le genre *Hemionitis*, tel qu'il est présenté ici, ne comprend que les fougères de la première division du genre *Hemionitis*, suivant Willdenow, *Spec.*, pl. 5, pag. 156. Il renferme neuf espèces auxquelles on en peut joindre quatre ou cinq autres récemment décrites, et qui croissent en Amérique. Dans ce nombre ne sont pas compris : l'*hemionitis parasitica*, Linn., espèce d'*acrostichum* ; l'*hemionitis grandifolia*, Sw., espèce de *diplazium*, ainsi que l'*hemionitis esculenta*, Retz.; l'*hemionitis prolifera*, Retz., espèce de *meniscium*; l'*hemionitis lineata*, Sw., qui est son *vittaria lanceolata*.

Robert Brown trouve que l'*hemionitis reticulata*, Forst., a beaucoup de rapport avec le genre *Vittaria*. Dans l'un et l'autre la fructification est rameuse, déprimée, située dans des sillons dont les bords relevés tiennent lieu de tégument, absolument comme dans le *vittaria lanceolata*. Il pense qu'on pourroit faire de ces deux plantes un genre différent du *vittaria* par sa fructification sur plusieurs lignes, et de l'*hemionitis* chez lequel la fructification est saillante, et par la présence d'une côte aiguë.

Lagasca (*Gen. et Spec.*, p. 33) ramène dans le genre *Hemionitis* le *polypodium leptophyllum*, Linn., ou *graminitis leptophylla*,

Sw., Willd.; et il fait observer que c'est à tort que l'on a réuni à cette espèce l'*asplenium leptophyllum* de Cavanilles.

Les espèces d'*hemionitis* sont toutes des fougères étrangères à l'Europe, si, dans ce nombre, on ne comprend pas les *hemionitis Pozoi* et *leptophyllum*, Lagasca. Elles croissent dans les Indes orientales, au Japon, dans l'Amérique méridionale, et quelques espèces à l'île Bourbon. Ces fougères sont très-élégantes par l'effet de la disposition de leur fructification. Elles ont généralement les frondes simples, entières, lancéolées ou ovales, quelquefois palmées, et plus rarement ailées. Elles ont rarement plus de six pouces de hauteur, et souvent moins.

§. I.er *Frondes simples, entières.*

Hemionitis lancéolé : *Hemionitis lanceolata*, Linn.; Willd.; Schkuhr, *Crypt.*, p. 6, tab. 6. Fronde lancéolée, linéaire, entière, rétrécie aux deux extrémités, portée sur un stipe très-court, velu. Cette espèce croît à la Jamaïque, à Saint-Domingue, à la Guadeloupe, etc. Linnæus lui rapporte le *lingua cervina villosa*, Plum., *Fil.*, t. 127. Fougère qui paroît devoir former un nouveau genre.

Hemionitis réticulé : *Hemionitis reticulata*, Forst., *Crypt.*, p. 6, t. 6; Spreng., *Anleit.*, 3, tab. 3, fig. 19. Fronde oblongue, entière, pointue, rétrécie à la base et décurrente sur le stipe; veines fructifères enfoncées. Cette fougère croit aux iles Philippines, dans les iles de la Société et à la Nouvelle-Hollande. Voyez plus haut les observations de R. Brown à son sujet.

Hemionitis de Bory de Saint-Vincent; *Hemionitis Boryana*, Willd., *Spec.*, pl. 5, p. 128. Fronde ovale, elliptique, pointue, entière, rétrécie à la base en forme de stipe; veines fructifères, saillantes. Cette fougère, haute de six à sept pouces, et très-jolie, a été découverte au pied des arbres à l'île Maurice, par Bory de Saint-Vincent. Ce naturaliste l'indique dans son Voyage aux quatre iles de la côte d'Afrique, sous le nom de *hemionitis reticulata.*

§. II. *Frondes simples, lobées.*

Hemionitis palmé : *Hemionitis palmata*, Linn.; Lamk., *Ill. gen.*, tab. 868, fig. 2; *Hemionitis aurea*, Plum., *Amer.*, tab. 23; *Filic.*, tab. 151; Sloan., *Jam.*; Moris., *Hist.*, 3, sect. 14, t. 1

fig. 5; Petiv., *Fil.*, tab. 8, fig. 11. Fronde en forme de cœur, à cinq lobes dentelés, ciliés; stipe alongé. Cette espèce, la plus commune de ce genre et la plus anciennement connue, croît à la Jamaïque, à Saint-Domingue, à la Martinique, à la Guadeloupe, à Sainte-Croix, à Caracas, et dans d'autres parties de l'Amérique méridionale. On l'a comparée à une feuille de renoncule, et à la feuille de la sanicle d'Europe.

§. III. *Frondes composées.*

Hemionitis de del Pozo; *Hemionitis Pozoi*, Lagasc., *Gen.*, p. 33. Fronde ailée, à frondules inférieures distinctes, et les supérieures confluentes. Cette fougère a été recueillie en Biscaye par don J. del Pozo.

C'est près de cette espèce que Lagasca range le *polypodium leptophyllum*, Linn. (Lem.)

HEMIONIUM. (*Bot.*) Voyez Hermionitis. (Lem.)

HEMIONUS (*Mamm.*), nom d'une espèce de Cheval. Voyez ce mot. (F. C.)

HEMIPODIUS (*Ornith.*), nom imaginé par M. Reinwardt pour désigner les cailles à trois doigts en avant, et privées de pouce. M. Temminck l'a adopté comme nom latin de ses *turnix*. (Ch. D.)

HÉMIPTÈRES, Hémélytres ou Hémiméroptères : *Hemiptera.* (*Entom.*) Noms de l'un des ordres principaux de la classe des insectes qui comprend tous ceux qui ont un véritable *bec* (*rostrum*) ou une bouche composée d'une sorte de tube, consistant en plusieurs pièces, et contenant des soies fines et aiguës, dont l'animal se sert pour percer la peau des corps organisés, et en absorber les humeurs qui servent à sa nourriture. (Voyez Bec dans les insectes.)

Le plus ordinairement, les hémiptères ont quatre ailes, dont les supérieures ne sont souvent transparentes ou membraneuses, que dans la moitié de leur longueur, du côté de l'extrémité libre; tandis qu'elles sont opaques à la base. Ce qui leur a valu le nom de demi-élytres ou de demi-gaînes, que leur a donné Linnæus, et que Geoffroy a également adopté, quoique Degéer ait appelé hémiptères quelques orthoptères, tels que les genres Mante, Sauterelle, Gryllon, Criquet et Blatte.

Fabricius a désigné cet ordre d'insectes sous le nom de rhyngotes. Il a même publié, en 1803, un ouvrage consacré uniquement à leur description, sous le titre de *Systema Rhyngotorum*, du mot grec *ρυγχος*, qui signifie un bec, un groin. C'est un des ordres les mieux fondés dans cette méthode, parce qu'en effet aucun autre insecte n'a la bouche conformée de cette manière, tandis qu'il y a beaucoup d'éleuthérates, d'ulonates, de glossates, d'antliates, etc., dont les instrumens cibaires ne correspondent aucunement au nom de l'ordre sous lequel on les range.

Quoique tous les hémiptères n'offrent pas ces demi-élytres qui n'appartiennent qu'à quelques familles, l'ordre qui les réunit n'en est pas moins très-naturel, puisque les métamorphoses et les manières de vivre sont absolument les mêmes dans toutes les espèces.

Avant d'entrer dans les détails qui feront connoître les faits généraux de l'histoire de ces insectes, il sera bon d'en exposer les caractères principaux et la manière dont les naturalistes les ont distribués en groupes.

Ainsi les hémiptères diffèrent des coléoptères, des orthoptères, des hyménoptères et des névroptères, parce qu'ils n'ont point de véritables mâchoires, ni de mandibules, et que leur bouche consiste en un véritable bec, sorte d'étui où sont renfermées quatre soies qui peuvent s'y mouvoir. Ce n'est pas une langue roulée sur elle-même en spirale comme dans les lépidoptères qui ont quatre ailes; enfin ils diffèrent aussi des diptères qui n'ont que deux ailes, et dont la bouche est autrement organisée. (Voyez les noms de chacun de ces ordres, et le mot Insecte.) On peut donc caractériser les hémiptères comme des insectes à quatre ailes, munis d'un bec articulé qui est constitué par les parties de la bouche tout-à-fait altérées dans leur forme et leur étendue.

Parmi les espèces d'hémiptères dont les ailes sont d'une semblable consistance dans toute leur longueur, sont rangés les insectes voisins des cigales, dont le bec paroît naître du col, et que l'on a nommés à cause de cela *auchénorinques* ou *collirostres*, qui ont trois articles aux tarses, et les insectes voisins des pucerons et des cochenilles qui ont le plus souvent des antennes alongées en fil et non en soie, et deux articles aux tarses: on les a nommés *phytadelges* ou *plantisuges*.

Toutes les autres espèces, lorsqu'elles ont des ailes, les portent croisées sur le dos ; et ces ailes sont à demi coriaces ou hémélytres ; elles sont excessivement étroites et linéaires dans les *vésitarses* ou *physapodes* ainsi nommées, parce que leurs pattesse terminent par une sorte de petite vésicule, tels sont les thrips. Les autres hémiptères ou hémélytres ont les ailes supérieures larges ; mais on a remarqué une grande différence dans les antennes : ainsi, dans les punaises aquatiques comme les naucores, les notonectes, les antennes sont très-courtes comme une soie, et les pattes postérieures sont aplaties, ciliées, et servent de rames à l'insecte, ce qui les a fait appeler *rémitarses* ou *hydrocorées*, tandis que ces antennes sont longues dans les deux autres familles ; mais dans l'une, qui renferme tous les insectes qui sucent principalement les humeurs des animaux, on a remarqué que tous ont les antennes en soie ; on les a nommés *zoadelges* ou *sanguisuges ;* tandis que les autres ont les antennes en fil ou en masse, et ceux-là n'attaquent que les végétaux, ils ont pris le nom de *frontirostres* ou de *rhinostomes.*

Voici un tableau synoptique qui présente les six divisions d'une manière analytique.

Cinquième ordre. Les HÉMIPTÈRES. A ailes supérieures

croisées : coriaces,	larges : antennes	longues, en	soie...........	2	ZOADELGES.
			fil ou en masse..	1	RHINOSTOMES.
		très-courtes, en soie.........		3	HYDROCORÉES.
	très-étroites, linéaires : tarses vésiculeux.			6	PHYSAPODES.
non croisées : membraneuses : articles aux tarses..			trois......	4	AUCHÉNORINQUES.
			deux au plus.	5	PHYTADELGES.

Les hémiptères ne subissent qu'une métamorphose incomplète, à peu près comme les orthoptères. Les seuls *phytadelges* présentent quelques différences à cet égard. Ils sont agiles sous les trois états de larves, de nymphes et d'insectes parfaits. Souvent même les larves, en sortant de l'œuf, et abstraction faite de la taille, ne diffèrent de l'insecte parfait que par la privation des ailes, de sorte que les changemens principaux ne sont, pour ainsi dire, que des mues, l'animal ne cessant ses mouvemens et ses autres actions que pour quelques heures. Il y a même dans cet ordre un très-grand nombre d'espèces chez lesquelles les ailes ne se développent pas, et qui restent ainsi aptères, avec ou sans élytres.

Les mœurs, ainsi que nous l'avons dit, ne sont pas les mêmes dans les diverses familles. Il est remarquable que parmi les espèces qui ont les ailes supérieures croisées l'une sur l'autre, et le plus souvent même à leur extrémité libre, toutes celles dont les antennes sont en soie, longues ou courtes, soit qu'elles vivent dans l'eau ou sur la terre, ne se nourrissent que des humeurs des animaux; tandis que celles qui les ont alongées, en fil ou en masse, sucent toutes, sans exception, les plantes ou les sucs des végétaux.

Les hémiptères qui n'ont pas les ailes croisées, diffèrent, sous plusieurs rapports, des véritables hémélytres : aussi Degéer en avoit-il formé une division particulière sous un autre nom d'ordre, *siphonata*. (C. D.)

HÉMIPTÉRONOTE, *Hemipteronotus*. (*Ichthyol.*) M. le comte de Lacépède a établi le premier, sous ce nom, un genre de poissons osseux holobranches dans la famille des lophionotes. Ce genre, que plusieurs ichthyologistes n'ont point adopté, et qui a été formé aux dépens des coryphènes de Linnæus, est reconnoissable aux caractères suivans :

Sommet de la tête très-comprimé et comme tranchant par le haut, et finissant sur le devant par un plan presque vertical ; une seule nageoire dorsale, ne faisant qu'égaler ou surpassant à peine la moitié de la longueur du corps et de la queue pris ensemble ; opercules distinctes ; dents des mâchoires et du palais en carde ou en velours.

Le genre Hémiptéronote, dont le nom, formé du grec, indique le caractère tiré de la nageoire du dos (*ημισυς*, *dimidius*, *πτερον*, *pinna*, *νῶτος*, *dorsum*), est, par conséquent, facile à distinguer des Coryphènes, chez lesquels la nageoire dorsale naît sur la tête ; des Coryphénoïdes, dont les opercules sont peu distinctes ; des Chevaliers, qui ont deux nageoires dorsales ; des Rasons, dont les mâchoires sont armées d'une rangée de dents coniques, et dont le palais est pavé de dents hémisphériques.

Ce genre ne renferme encore qu'une espèce bien caractérisée, c'est :

L'Hémiptéronote Gmelin : *Hemipteronotus Gmelini*, Lacép.; *Coryphæna hemiptera*, Gmel. ; *Coryphène à demi-nageoire*, Bonnaterre. Nageoire dorsale courte; mâchoires également avancées.

On pêche ce poisson dans les mers d'Asie. C'est M. de Lacépède qui l'a dédié au savant Gmelin, auquel on a l'obligation de la treizième édition du Système de la Nature de Linnæus.

Nous décrirons, à l'article Rason, l'hémiptéronote-cinq-taches de M. de Lacépède, ou le *coryphæna pentadactyla* de Linnæus. (H. C.)

HEMIRAMPHUS. (*Ichthyol.*) Voyez Demi-bec. (H. C.)

HÉMISPHÈRE (*Ichthyol.*), nom spécifique d'un poisson rapporté par M. Lacépède au genre Spare. Voyez ce mot. (H. C.)

HÉMISPHÉRIQUE [Scarabée]. (*Entom.*) Nom sous lequel on a désigné vulgairement les *coccinelles*. (C. D.)

HEMISTEMMA. (*Bot.*) Genre de plantes dicotylédones, à fleurs complètes, polypétalées, de la famille des *dilléniacées*, de la *polyandrie digynie* de Linnæus, offrant pour caractère essentiel: Un calice à cinq folioles concaves; cinq pétales obtus ou échancrés à leur sommet: des étamines nombreuses, placées latéralement; les extérieures stériles, en forme d'écailles; deux ovaires velus, libres ou connivens à leur base; deux styles; deux capsules hérissées, monospermes; les semences munies d'un arille membraneux et d'un périsperme charnu.

Ce genre comprend des arbrisseaux d'un port assez élégant, offrant quelques rapports avec les cistes. Les feuilles sont opposées ou alternes; les pédoncules axillaires, chargés de plusieurs fleurs sessiles, presque unilatérales, accompagnées de deux ou trois bractées. Commerson et du Petit-Thouars en ont découvert deux espèces à l'île de Madagascar; Rob. Brown, plusieurs autres sur les côtes de la Nouvelle-Hollande.

Hémistemme de Commerson : *Hemistemma Commersonii*, Dec., *Syst. Veg.*, 1, pag. 413; *Icon.*, t. 74; Poir., *Ill. gen. Sup.*, tab. 964, fig. 2; *Helianthemum coriaceum*, var. cc; Pers., *Synops.*, 2, pag. 76. Cette plante, découverte par Commerson à l'île de Madagascar, a des tiges ligneuses, des rameaux bruns, cylindriques, garnis de feuilles opposées ovales-oblongues, mucronées, glabres, luisantes en dessus, blanchâtres et veloutées en dessous, longues d'un pouce, larges de quatre à cinq lignes; les pétioles très-courts ; les pédoncules axillaires, tomenteux et lanugineux, ainsi que le calice, chargés de plusieurs fleurs presque unilatérales ; les pétales échancrés au sommet ; les étamines stériles, spatulées à leur sommet.

Hémistemme d'Aubert : *Hemistemma Aubertii*, Dec., t. 75, l. c. ; Poir., *Ill. gen. Supp.*, tab. 964, fig. 1 ; *Helianthemum coriaceum*, var., *angustifolium*, Pers., l. c. Cette espèce, découverte à l'île de Madagascar, par M. Aubert du Petit-Thouars, ressemble beaucoup à la précédente ; mais ses feuilles sont plus étroites et plus longues, lancéolées, rétrécies à leur base, aiguës à leur sommet, glabres en dessus, d'un blanc roussâtre en dessous, longues d'un pouce et demi, larges de quatre à cinq lignes ; les pédoncules pubescens et non tomenteux, axillaires ou placés entre les rameaux opposés ; les calices pubescens et soyeux ; les pétales échancrés ; les étamines stériles, terminées en spatule.

Hémistemme blanchâtre ; *Hemistemma dealbatum*, Dec., *Syst.*, l. c., t. 76. Arbrisseau de la Nouvelle-Hollande, ainsi que les espèces suivantes. Ses rameaux sont couverts, dans leur jeunesse, d'un duvet cendré, garnis de feuilles alternes, médiocrement pétiolées, oblongues, presque ovales, obtuses, mucronées, chargées en dessous d'un duvet blanchâtre très-serré, longs de deux pouces ; les pédoncules anguleux, plus longs que les feuilles, un peu pubescens, portant huit à dix fleurs sessiles, unilatérales, accompagnées chacune de deux bractées, l'une ovale, l'autre linéaire-subulée ; les divisions du calice ovales, oblongues, soyeuses et concaves ; les pétales ovales, obtus ; les étamines stériles linéaires, ainsi que dans les espèces suivantes ; les ovaires sphériques, tomenteux, connivens ; les styles glabres, filiformes.

Hémistemme de Bancks ; *Hemistemma Bancksii*, Dec., *Syst.*, l. c. Cette espèce a des rameaux cylindriques, glabres, et de couleur brune, tomenteux, veloutés, de couleur cendrée dans leur jeunesse ; les feuilles presque sessiles, alternes, oblongues, obtuses, rétrécies à leurs base, glabres et un peu ridées en-dessus, tomenteuses et légèrement roussâtres en dessous ; les pédoncules velus, un peu plus longs que les feuilles, chargés à leur sommet de deux ou cinq fleurs sessiles, unilatérales ; les bractées et le calice chargés de poils soyeux.

Hémistemme a feuilles étroites; *Hemistemma angustifolium*, Dec., *Syst.*, l. c., t. 77. Arbrisseau dont les tiges se divisent en rameaux très-grêles, cylindriques, un peu velus et pubescens dans leur jeunesse, garnis de feuilles sessiles, alternes, étroites, linéaires, longues de deux pouces, à peines larges d'une ligne, aiguës, glabres en dessus, blanches et pubescentes en dessous; les pédoncules à peine de la longueur des feuilles, portant six à sept fleurs sessiles; les calices et les bractées chargés d'un duvet roussâtre, un peu soyeux. (Poir.)

HEMITELIA. (*Bot.*) Ce genre, proposé par R. Brown, est un démembrement du *cyathea* de Smith. Voyez à cet article les caractères assignés à l'*hemicelia*, genre dont les fructifications, semblables à celles du genre *Alsophila*, sont munies de tégumens persistans. (Lem.)

HÉMITHRENE. (*Min.*) Roche essentiellement composée d'amphibole et de calcaire, dont on cite des exemples à Schmalzgrube et à Manersberg, en Saxe. Si, comme quelques minéralogistes le pensent, le marbre bleu turquin devoit sa teinte bleuâtre à de l'amphibole très-atténué, ce seroit un hémithrène. (Brard.)

HEMITOMUS. (*Bot.*) Lhéritier a fait, sous ce nom, le même genre établi par Linnæus fils sous celui de *hemimeris* qui a prévalu. Il appartient à la famille des personées, et M. Persoon lui a associé comme congénère l'*alonsoa* de la Flore du Pérou. Voyez Hémiméride. (J.)

HEMMERLING. (*Ornith.*) Voyez Embritz. (Ch. D.)

HÉMODORE, *Hæmodorum*. (*Bot.*) Genre de plantes monocotylédones, à fleurs incomplètes, de la famille des *iridées*, de la *triandrie monogynie* de Linnæus, offrant pour caractère essentiel: Une corolle composée de six pétales; point de calice; trois étamines placées vers le milieu des trois pétales intérieurs. Un ovaire inférieur; un style; un stigmate obtus. Le fruit est une capsule à trois loges.

Hémodore a corymbes : *Hæmodorum corymbosum*, Smith, *Trans. Linn.*, 4, pag. 213; Vahl, *Enum.*, 2, pag. 179. Cette plante, découverte sur les côtes de la Nouvelle-Hollande, a de grands rapports avec les *wachendorfia;* mais elle en diffère par son ovaire inférieur. Elle ressemble, par son port, à un *corymbium;* elle est glabre sur toutes ses parties. Ses fleurs sont d'un rouge écarlate, disposées en corymbe; elles noircissent par la dessiccation; les trois étamines sont situées sur les trois pétales intérieurs: il n'y en a point de stériles. (Poir.)

HEMORRHOIDALIS. (*Bot.*) Ce nom latin a été donné à diverses plantes auxquelles on attribuoit la propriété d'arrêter ou de calmer les hémorroïdes, telles que la petite éclaire, *ficaria*, une espèce de renouée, *polygonum*, un pissenlit, *leontodon bulbosum*. On le donnoit aussi au *carduus arvensis*, maintenant *cirsium arvense*, qui est le chardon hémorroïdal, dont les tumeurs, résultantes de piqûres d'insectes, et, ayant, dit-on, la forme d'hémorroïdes, étoient regardées comme utiles en amulettes pour guérir les hémorroïdes, ou empêcher leur retour: ce qui a été imprimé et cru très-sérieusement. (J.)

HEMORRHOIS. (*Erpétol.*) Aetius et Nicander ont parlé, sous ce nom, d'un petit serpent fort dangereux, et qui causoit à ceux qu'il mordoit des hémorrhagies mortelles par le nez, la bouche, l'anus, la vulve et le canal de l'urètre. Lucain a décrit, dans sa Pharsale, ces funestes symptômes. Ray dit que l'hémorrhois habite en Egypte, et Nieremberg le place aux Indes. L'histoire de ce reptile est fort obscure. Nous en parlerons plus en détail, en traitant des serpens vénimeux. Voyez Serpens. (H. C.)

HEN. (*Ornith.*) Ce nom anglois désigne la poule, qu'on appelle en allemand *henne*. (Ch. D.)

HENCHA. (*Bot.*) Voyez Hanta. (J.)

HENDEB, HENDEBEH. (*Bot.*) Voyez Chicoriee. (J.)

HENDIBE. (*Bot.*) Nom arabe, suivant Forskal, du *cichorium endivia*. Il indique le même pour son *lactuca flava*, qui est le *scorzonera dichotoma* de Vahl. Le nom *hendeb* est rapporté par le même au *cichorium intybus*. (J.)

HENGST (*Mamm.*), nom allemand de l'étalon. (F. C.)

HEN-HARRIER. (*Ornith.*) Les Anglois désignent par ce nom, qui signifie *déchireur de poules*, l'oiseau Saint-Martin ou soubuse, *falco cyaneus* et *pygargus*, Linn. (Ch. D.)

HENIOCHUS, *Heniochus*. (*Ichthyol.*) M. Cuvier s'est servi de ce mot, tiré du grec ἡνίοχος, cocher, pour désigner un genre de poissons formé aux dépens des chétodons, de la plupart des ichthyologistes. Ce genre présente tous les caractères des chétodons proprement dits, caractères que nous avons exposés en faisant l'histoire de ceux-ci (voyez Chétodon); mais il s'en distingue en ce que

Quelques unes des premières épines dorsales sont très-prolongées, et forment comme un long fouet; derrière elles, viennent d'autres épines plus courtes, et, enfin, les rayons mous à l'ordinaire; leur nageoire anale ne se prolonge pas dans la même proportion.

Les Héniochus, qui appartiennent à la grande famille des leptosomes, se distinguent, en outre, des Chelmons, parce qu'ils n'ont point le museau saillant en forme de bec; des Éphippus, parce que leur nageoire dorsale n'est point partagée en deux portions par une échancrure; des Chétodiptères, qui ont deux nageoires dorsales. (Voyez ces mots, Chétodon et Leptosomes.)

Ce genre ne renferme qu'un petit nombre d'espèces.

L'Héniochus grandes écailles : *Heniochus macrolepidotus; Chætodon macrolepidotus*, Linn.; Bloch, pl. 200, fig. 1. Mâchoires également avancées; tête couverte de petites écailles; couleur générale argentine; deux bandes transversales brunes; deux taches de la même couleur sur la tête; quatrième rayon de la nageoire dorsale terminé par un filament plus long, ou aussi long que le corps et la queue. Ecailles très-grandes.

Ce poisson vient des Indes orientales. Sa chair, grasse et d'une saveur délicate, a été comparée à celle de la sole. Il pèse quelquefois vingt-cinq à trente livres.

Ainsi que le pense M. Cuvier, le *chætodon acuminatus*, donné par Linnæus dans le *Mus. Adol. Frid.*, *tab.* xxxiii, paroît n'être que la femelle de cette espèce d'héniochus.

L'Héniochus cornu : *heniochus cornutus; Chætodon cornutus*, Linn. Troisième rayon de la nageoire du dos plus long que la tête, le corps et la queue pris ensemble; nageoire caudale en croissant; museau cylindrique, deux aiguillons au-dessus des yeux; écailles très-petites; deux rangées de dents à chaque mâchoire; deux orifices à chaque narine; dos très-élevé; opercules arrondies et couvertes, ainsi que la tête, et même le museau, d'écailles semblables à celles du corps. Teinte générale argentée; une bande transversale noire, large, souvent divisée en deux, et passant au-dessus de l'œil; une seconde bande transversale de la même couleur, s'étendant de la nageoire dorsale à l'anale ; une troisième bande noire, terminée par un croissant gris sur la nageoire caudale.

On trouve ce poisson dans les grandes Indes. Commerson l'a observé sur les rivages garnis de coraux ou de madrépores de la Nouvelle-France et de quelques îles du grand Océan équinoxial.

Sa chair est d'une saveur agréable.

Bloch l'a figuré, 200, fig. 2.

Cette espèce manque de piquans dans le premier âge. Aussi le *chætodon canescens*, figuré par Seba, III, XXV, 7, n'est-il qu'un jeune individu décoloré. (H. C.)

HENNÉ, *Lawsonia*. (*Bot.*) Genre de plantes dicotylédones, à fleurs complètes, polypétalées, régulières, de la famille des *lithraires*, de l'*octandrie monogynie* de Linnæus, offrant pour caractère essentiel : Un calice persistant, à quatre divisions ; une corolle à quatre pétales ; huit étamines disposées par paires entre les pétales ; un ovaire supérieur ; un style ; le stigmate simple. Le fruit est une capsule globuleuse, à quatre loges ; les semences nombreuses.

Henné d'Orient : *Lawsonia inermis*, Linn. ; Lamk., *Ill. gen.*, tab. 296 ; Desf., Fl. Atl., 1, pag. 325 ; Matth., *Comm.*, 154, *Ic.* ; *Cyprus*, Rumph, *Amboin.*, 4, tab. 17 ; *Mail-anschi*, Rhéede, *Malab.*, 1, tab. 40 ; Pluken., *Almag.*, tab. 220, fig. 1. Arbrisseau de huit pieds, qui a le port d'un troëne, chargé de rameaux opposés, étalés, très-ouverts. Son bois est dur, son écorce grisâtre et ridée ; les feuilles opposées, médiocrement pétiolées, elliptiques, aiguës à leurs deux extrémités, glabres, très-entières à peine longues d'un pouce. Les fleurs sont petites, blanches, nombreuses, disposées en une ample panicule terminale, dont les ramifications sont grêles, opposées, quadrangulaires. Le calice est glabre ; ses découpures ovales ; la corolle un peu plus grande que le calice ; les pétales ovales-lancéolés, ouverts ; les étamines une fois plus longues que la corolle, rapprochées paires par paires, placées sur le réceptacle, alternes avec les pétales : le fruit consiste en une petite capsule de la longueur d'un pois, globuleuse, mucronée par une portion du style, divisée en quatre loges, à quatre valves ; le semences nombreuses, petites, roussâtres, anguleuses. Les fleurs répandent au loin une odeur très-agréable.

Cette plante croît dans les Indes orientales, dans l'Arabie, la Perse, l'Egypte, la Barbarie, etc. Elle aime les lieux humides et ombragés; elle fleurit dans l'été. Elle exige, dans le climat de Paris, la serre tempérée. Il est très-probable qu'elle pourroit être cultivée en pleine terre dans les départemens méridionaux de la France. On la multiplie difficilement de marcottes, encore moins de boutures. Il faut donc la perpétuer de graines tirées de leur pays natal. On les sème sur couche et sans châssis. Il faut changer de pots les jeunes pieds tous les ans, en automne. Sous le nom spécifique de *lawsonia inermis*, Linnæus n'a fait que mentionner la même espèce dont les vieux rameaux endurcis deviennent épineux.

Le henné est connu depuis très-long-temps. Il portoit, chez les anciens, le nom de *cyprus*. On trouve d'anciennes momies dont les ongles ont conservé la couleur jaune dont les Orientaux font encore usage aujourd'hui, à moins, comme le dit Olivier, que cette couleur n'ait été produite par l'action des bitumes qu'on employoit en embaumant les corps. Les Arabes et les Maures cultivent encore aujourd'hui le henné, dont ils font un grand usage pour teindre leurs cheveux, plus particulièrement les ongles des pieds et des mains, ainsi que le dos, la crinière, le sabot, et même une partie des jambes de leurs chevaux; les femmes surtout en font un objet d'ornement, mais s'en abstiennent à la mort de leurs maris ou de leurs parens. On recueille les feuilles de henné au commencement du printemps; on les met sécher à l'air, puis on les réduit en poudre, dont on forme une pâte que l'on applique sur les parties que l'on veut teindre : elle sèche dans l'espace de cinq à six heures, et forme une couleur durable. Ces mêmes feuilles sont broyées et appliquées sur les plaies récentes pour les consolider, ainsi que pour résoudre les abcès.

Le henné, dit Olivier, est le *cypros* des Grecs, le *hacopher* des Hébreux. Ses fleurs ont une odeur forte, pénétrante, hircine, approchant de celle des châtaigniers et de l'épine-vinette. On en obtient, par la distillation, une eau dont on se sert pour les bains, et dont on se parfume dans les visites, et dans les cérémonies religieuses, telles que la circoncision et le mariage, ainsi que dans les fêtes du *Bairam* et du *Courban-bairam*. C'est sans doute, à cause de leur odeur, que les Hébreux répandoient les fleurs du henné dans les habits des nouveaux mariés, et c'est par la même raison que les Egyptiennes les aiment beaucoup, et en ont, pendant tout le printemps et l'été, dans leurs appartemens. Les feuilles de cet arbrisseau sont ramassées avec soin, et mises en poudre dans des moulins faits exprès. La quantité que le commerce en envoie dans toutes les possessions turques et persanes, est immense et d'un très-grand revenu pour l'Egypte. Les expériences faites en Egypte, par MM. Berthollet et Descotils, prouvent que la partie colorante du henné est très-abondante, et qu'on pourroit en teindre, avec avantage, les étoffes de laine. On obtiendroit des couleurs fauves ou diverses nuances de brun, selon qu'on emploieroit ces feuilles sèches, ou qu'on auroit recours à l'alun ou au sulfate de fer. (Olivier, Voyage en Egypte, vol. 2, pag. 171.)

Henné a longs pétioles : *Lawsonia acronichia*, Linn. fils, *Suppl.*, 219; *Acronichia lævis*, Forst., *Gen.*, 54, tab. 27. Cette plante, découverte par Forster, dans la Nouvelle-Calédonie, avoit été considérée, par ce célèbre voyageur, comme devant former un genre particulier qu'il avoit établi sous le nom d'*acronichia*. Le caractère de ses fleurs annonce qu'elle doit se rapporter aux *lawsonia*. Elle se distingue de la précédente par les pétioles de ses feuilles et les pétales de ses fleurs. Les pétioles sont très-longs, comme articulés à leur insertion, et s'épanouissent en une feuille cunéiforme. Le calice des fleurs est fort petit: les pétales linéaires, un peu concaves, terminés par une pointe courbée en dedans; l'ovaire entouré, à sa base, de huit petites écailles.

Le *lawsonia purpurea*, Lamk., Encycl., qui est le *poutaletsje* de Rhéede, *Hort. Malab.*, 4, tab. 57, a été exclu de ce genre; il paroit devoir être placé parmi les Petesia. Voyez ce mot. (Poir.)

HENNEBANE. (*Bot.*), nom vulgaire de la jusquiame noire. (L. D.)

HENOPHYLLUM. (*Bot.*) Gerard, auteur ancien, nommoit ainsi un petit muguet, *convallaria bifolia* de Linnæus, dont on a fait, plus récemment, le genre *Maianthemum*, distinct par ses divisions du calice et ses étamines réduites au nombre de quatre au lieu de six. (J.)

HÉNOPS. (*Entom.*) Illiger, Meigen, et par suite Fabricius ont désigné, sous ce nom tiré du grec ἔνοψ, et qui signifie brillant, un petit genre d'insectes diptères très-voisin des *cyrtes*, ou des *ocgodes* de M. Latreille, qui ne comprend que deux espèces, l'un est le *syrphus gibbosus*, l'autre le *syrphus orbiculus* de l'Entomologie systématique. Ils correspondent à la famille des diptères aplocères. Voyez CYRTES et OCGODES. (C. D.)

HENRICIE, *Henricia*. (*Bot.*) [*Corymbifères*, Juss. = *Syngénésie polygamie superflue*, Linn.] Ce genre de plantes, que nous avons proposé d'abord, dans le Bulletin des Sciences de janvier 1817, et que nous avons ensuite plus amplement décrit dans le Bulletin de décembre 1818, appartient à l'ordre des synanthérées, et à notre tribu naturelle des astérées, dans laquelle nous le plaçons auprès de l'*agathæa;* il est aussi très-voisin du *felicia* et du *bellis*. Voici ses caractères :

Calathide subglobuleuse, radiée : disque multiflore, régulariflore, androgyniflore ; couronne unisériée, liguliflore, féminiflore. Péricline égal aux fleurs du disque, subhémisphérique, formé de squames bisériées, égales en longueur, appliquées ; les extérieures foliacées, ovales-aiguës ; les intérieures membraneuses, scarieuses, un peu élargies supérieurement, obtuses et arrondies au sommet. Clinanthe convexe, inappendiculé. Ovaires cylindracés, hérissés de poils ; aigrette de squamellules filiformes, barbellulées.

HENRICIE AGATHÉIDE ; *Henricia agathæides*, H. Cass., Bull. des Sc., janvier 1817 et décembre 1818. C'est probablement un sous-arbrisseau ; sa tige, qui paroît être ligneuse, est cylindrique, grisâtre, pubescente, rameuse ; les feuilles sont alternes, un peu inégales, à pétiole long d'environ trois à quatre lignes, à limbe long d'environ un pouce neuf lignes, large d'environ dix à onze lignes, ovale-lancéolé, un peu décurrent sur le pétiole, denté en scie, ferme, paroissant un peu coriace, nerveux, ridé, scabre, hérissé sur les deux faces de poils courts et roides ; chaque branche est terminée par un corymbe peu ramifié, dépourvu de feuilles et de bractées, composé de calathides peu nombreuses, portées chacune sur un rameau pédonculiforme, long, très-menu, poilu : les calathides, larges d'environ six lignes, ont le disque jaune, composé de fleurs très-petites et très-nombreuses, et la couronne blanche: leur péricline est poilu extérieurement. Cette plante ressemble un peu à l'*agathœa cœlestis*, par sa tige et ses feuilles; mais ses calathides ont quelque ressemblance extérieure avec celles du *bellis*. Nous l'avons étudiée, dans l'herbier de M. de Jussieu, parmi ses *baccharis*, sur un échantillon innommé, recueilli par Commerson à Madagascar.

Le genre *Henricia* diffère du genre *Agathœa*, par la forme de sa calathide, qui est subglobuleuse, par son péricline composé de squames bisériées, dissemblables, et par ses ovaires cylindracés, non comprimés. (H. Cass.)

HENSAL. (*Bot.*) Voyez Handhal. (J.)

HENTA. (*Bot.*) Voyez Hanta. (J.)

HÉORO-TAIRES. (*Ornith.*) M. Vieillot a formé, sous ce nom, que la principale espèce porte à Atooï, l'une des îles Sandwich, un genre d'oiseaux qu'il a appelé en latin *melithreptus;* ce genre comprend tous les *certhia* des Terres Australes, dont le miel et les insectes paroissent former la nourriture, et qui n'ont ni les habitudes des véritables grimpereaux, ni la langue conformée comme la leur. Il a donné pour caractères à ces oiseaux le bec arrondi à la base, entier, plus court ou plus long que la tête, arqué, acuminé; les narines ovales, à demi couvertes d'une membrane; la langue longue, divisée en deux filets, ou ciliée à la pointe; les trois premières rémiges presque égales, et les plus longues de toutes chez la plupart; les deux extérieurs des trois doigts de devant unis à la base, et l'interne libre. M. Cuvier ayant reproché à M. Vieillot d'avoir placé parmi ses héoro-taires des espèces qui auroient été classées plus convenablement avec les *dicées*, les *fourniers* et les *philédons* du premier de ces auteurs, correspondant aux *polochions*, aux *créadions* et aux *picchions* du second, celui-ci a répondu que, le bec échancré étant un des caractères principaux du genre *Philédon*, plusieurs des héoro-taires que M. Cuvier y introduisoit n'en pouvoient faire partie, puisqu'ils avoient le bec entier; et il a cité particulièrement ses héoro-taires *bleu*, *noir et blanc*, *noir*, *melanops* et *cap-noir*.

M. Vieillot a divisé son genre en deux sections, caractérisées: la première, par un bec épais à la base, robuste, très-alongé et très-arqué; la seconde, par un bec grêle, plus ou moins courbé en arc, quelquefois plus long que la tête. Les trois espèces que comprend la première de ces sections sont les seules indiquées par M. Cuvier, qui ne reconnoît comme véritables héoro-taires que ceux dont la queue n'est pas usée, et dont le bec, extrêmement alongé, est courbé presque en demi-cercle. Ces espèces sont:

1.° L'HÉORO-TAIRE PROPREMENT DIT: *Certhia coccinea*, Gmel.; *Certhia vestiaria*, Lath., et *Melithreptus vestiaria*, Vieill., qu'on nomme *heoro-taire* à l'île d'Atooï, et *eee-eve* dans les îles des Amis. Cette espèce est figurée, t. 2, pl. 52, des Oiseaux dorés. Longue de cinq pouces deux lignes, elle est à peu près de la grosseur du moineau franc; le bec et les pieds sont blanchâtres; l'occiput et le haut du cou, de couleur de buffle chez les jeunes, sont d'un rouge écarlate chez les vieux, qui ont la tête, le dos, la gorge, la poitrine et le ventre de la même couleur; les pennes alaires et caudales sont d'un noir foncé. Les plumes rouges de cet oiseau servent, aux habitans des îles Sandwich, à fabriquer des manteaux qu'ils ont en grande estime.

2.° L'HÉORO-TAIRE AKAIÉAORA, nom qu'il porte à Owhyhée, l'une des îles Sandwich: *Certhia obscura*, Gmel. et Lath.; *Melithreptus obscurus*, Vieill., lequel, à l'exception d'une tache entre le bec et l'œil, a tout le plumage d'un vert olive sur les parties supérieures, et jaunâtre en dessous. Cet oiseau, figuré dans les Oiseaux dorés, tom. 2, pl. 53, est long de cinq pouces huit lignes, et a l'ongle du doigt postérieur très-alongé. Ses plumes, entremêlées avec celles des guépiers, etc., servent aux insulaires.

3.° L'HÉORO-TAIRE HOHO: *Certhia pacifica*, Gmel. et Lath.; *Melithreptus pacificus*, Vieill., pl. 63, tom. 2, des Oiseaux dorés, que les habitans d'Owhyhée nomment *hoohoo*. Cette espèce, de la grosseur de l'étourneau et de huit pouces de long, a le croupion, les couvertures de la queue et le ventre jaunes; les pennes primaires des ailes bordées de blanc, et le reste du corps noir; le bec de la même couleur, et long de vingt-deux lignes; les pieds noirâtres, grands; les doigts gros et converts d'écailles raboteuses; les ongles forts, noirs et très-crochus.

Les oiseaux qui composent la seconde section de M. Vieillot sont bien plus nombreux. Ceux qu'il a spécialement désignés comme ne pouvant se placer avec les philédons de M. Cuvier, attendu que leur bec est entier, sont les cinq espèces suivantes :

HÉORO-TAIRE BLEU : *Certhia cærulescens*, Lath.; *Melithreptus cærulescens*, Vieill., Oiseaux dorés, tom. 2, pl. 83. Cette espèce de la Nouvelle-Galles méridionale, longue de cinq pouces, a le dessus du corps d'un brun pâle; le dessous du cou d'un bleu grisâtre; les parties inférieures d'un blanc nuancé de couleur de chair; le bec brun; la langue divisée en deux branches depuis son milieu, et chaque division terminée en pinceau.

HÉORO-TAIRE NOIR ET BLANC; *Melithreptus melanoleucus*, Vieill., pl. 55 des Oiseaux dorés, tome 2. Cet oiseau de la Nouvelle-Hollande, d'environ six pouces de longueur, a la tête et les parties supérieures du corps d'un gris cendré; le devant du cou, le milieu de la poitrine et du ventre, et les couvertures des ailes noirs, ainsi qu'une bande demi-circulaire bordée de blanc sur les côtés de la gorge; les flancs gris; les pennes alaires et caudales noirâtres, avec une partie des barbes extérieures jaune.

HÉORO-TAIRE NOIR; *Melithreptus ater*, Vieill., pl. 71 des Oiseaux dorés, tom. 2. M. Vieillot qui trouve d'assez grands rapports entre cet oiseau, dont la longueur est de cinq pouces et demi, et le précédent, le regarde comme pouvant en être la femelle, ou celle de l'héoro-taire tacheté, pl. 57, lesquels sont tous deux de la même contrée. Quoi qu'il en soit, celui-ci a la tête et le dessus du corps d'un brun noirâtre, le haut de la gorge noir; une bande blanche longitudinale sur les côtés du cou; la gorge, la poitrine et le ventre noirâtres, ainsi que les ailes et la queue, dont les bords extérieurs sont jaunes.

HÉORO-TAIRE MÉLANOPS : *Certhia melanops*, Lath.; *melithreptus melanops*, Vieill., pl. 85 des Oiseaux dorés, tom. 2, sous le nom d'*héoro-taire mellivore*. Cet oiseau, qui a environ sept pouces de longueur, et qu'on trouve à la Nouvelle-Galles du Sud, a le dessus de la tête roux; une bande blanche passe au-dessus de l'œil, qui est entouré d'une tache noire plus large; une bandelette de la même couleur s'étend en forme de croissant depuis les oreilles jusqu'au bas de la gorge, qui est blanche, ainsi que la poitrine et les parties inférieures du corps, dont le dessus est roux. Le bec est noir, et les tarses sont bruns.

HÉORO-TAIRE CAP-NOIR : *Certia cucullata*, Lath.; *Melithreptus cucullatus*, Vieill., pl. 60 des Oiseaux dorés, tom. 2. Cette espèce a cinq pouces trois quarts de longueur; sa langue est ciliée; sa tête est couverte d'un capuchon noir; les côtés du cou et le menton sont jaunes; la gorge est traversée par une bande d'un brun roussâtre: la poitrine et les parties inférieures sont de couleur de souci; les pennes alaires et caudales sont noires. Il y a lieu de penser que l'héoro-taire à coiffe noire, *certhia atricapilla*, Lath., et *melithreptus atricapillus*, Vieill., dont la longueur est la même que celle du précédent, et qui habite comme lui la Nouvelle-Hollande, n'en est que la femelle.

Les héoro-taires *à collier blanc*, *neghobarra*, et *vert-olive*, pl. 56, 64, 67 et 68 de M. Vieillot, sont placés, par M. Cuvier, parmi les *fourniers*, et l'on en a parlé sous ce mot. L'héoro-taire *à croupion rouge*, a été décrit sous le mot Dicée, tom. XIII de ce Dictionnaire, pag. 175.

On trouve, dans la seconde section des héoro-taires de M. Vieillot, la description de beaucoup d'autres espèces, qu'on va se borner à indiquer avec leur synonymie.

Héoro-taire a ailes jaunes: *Certhia pyrrhoptera*, Lath.; *Melithreptus pyrrhopterus*, Vieill. Cet oiseau de la Nouvelle-Galles méridionale, dont les mouches sont la principale nourriture, est d'une extrême mobilité.

Héoro-taire ardoisé; *Certhia canescens*, Vieill. De la Nouvelle-Galles du Sud.

Héoro-taire a bec très-grêle: *Certhia tenuirostris*, Lath. 2e supp. du *Synopsis*, pl. 29; *Melithreptus tenuirostris*, Vieill. De la Nouvelle-Galles.

Héoro-taire brun: *Certhia fusca*, Gmel. et Lath.; *Melithreptus fuscus*, Vieill.

Héoro-taire a tête blanche et noire: *Certhia albicapilla* Temm.; *Melithreptus albicapillus*, Vieill., dont l'héoro-taire à gorge blanche, *melithreptus albicollis* du même auteur, qui se trouve, comme le premier, à la Nouvelle Hollande, paroît être la femelle.

Héoro-taire a gorge jaune; *Melithreptus flavicollis*, Vieill. De la Nouvelle-Hollande.

Héoro-taire jaunatre; *Melithreptus flavicans*, Vieill. De la même contrée.

Héoro-taire kuyameta : *Certhia cardinalis*, Gmel. et Lath.; *Melithreptus cardinalis* , Vieill. On le trouve à la Nouvelle-Hollande, et il est aussi fort commun à l'île de Tanna.

Héoro-taire moucheté : *Certhia guttata*, Lath. ; *Melithreptus guttatus*, Vieill., Oiseaux dorés, tom. 2, pl. 59. De la Nouvelle-Hollande.

Héoro-taire de la Nouvelle-Hollande : *Certhia Novæ Hollandiæ*, Lath. ; *Melithreptus Novæ Hollandiæ* , Vieill.

Héoro-taire rouge tacheté : *Certhia dibapha*, Lath. ; *Melithreptus dibaphus* , Vieill. Oiseau de la Nouvelle-Galles méridionale, qui, même suivant M. Vieillot, seroit peut-être mieux placé parmi les dicées.

Héoro-taire sanguin : *Certhia sanguinolenta* , Lath. ; *Melithreptus sanguinolentus* , Vieill. De la Nouvelle-Galles.

Héoro-taire a tête grise ; *Melithreptus gilvicapillus* , Vieill. De la Nouvelle-Hollande.

Héoro-taire véloce : *Certhia agilis* , Lath. , et *Melithreptus agilis*, Vieill. De la même contrée.

Héoro-taire verdatre ; *Melithreptus virescens*, Vieill. De la Nouvelle-Hollande.

Héoro-taire vert-brun ; *Certhia pipilans*, Lath. Cet oiseau, dont le chant est un babil continuel, se trouve dans la même contrée. (Ch. D.)

FIN DU VINGTIÈME VOLUME.

IMPRIMERIE DE LE NORMANT, RUE DE SEINE, N.° 8.